工业固废处理与利用技术研究及应用新进展

吴小缓　主编

中国建材工业出版社

图书在版编目（CIP）数据

工业固废处理与利用技术研究及应用新进展/吴小缓主编．--北京：中国建材工业出版社，2017.7
ISBN 978-7-5160-1954-2

Ⅰ．①工… Ⅱ．①吴… Ⅲ．①工业废物—固体废物处理 Ⅳ．①X705

中国版本图书馆 CIP 数据核字（2017）第 160203 号

内 容 简 介

《工业固废处理与利用技术研究及应用新进展》共收录论文 68 篇，涵盖了粉煤灰、脱硫石膏、钢铁冶金固废、有色金属冶炼渣、尾矿、煤矸石、煤化工废渣等工业固废处理与利用现状综述、技术进展、试验研究、生产应用等内容，反映了近年来本领域发展的部分成果。

编辑出版本书，旨在为电力、冶金、化工、煤化工、建材等行业从业人员全面了解工业固废处理与利用的技术、装备和产品，为工业固废综合利用企业项目选择和建设，为行业和企业发展提供指导和参考。该书同时作为 2017 工业固体废弃物处理与利用技术国际交流大会论文集，供参会人员学习交流。

工业固废处理与利用技术研究及应用新进展

吴小缓　主编

出版发行：中国建材工业出版社
地　　址：北京市海淀区三里河路 1 号
邮　　编：100044
经　　销：全国各地新华书店
印　　刷：北京中科印刷有限公司
开　　本：889mm×1194mm　1/16
印　　张：26.5
字　　数：850 千字
版　　次：2017 年 7 月第 1 版
印　　次：2017 年 7 月第 1 次
定　　价：298.00 元

本社网址：www.jccbs.com　　微信公众号：zgjcgycbs
本书如出现印装质量问题，由我社网络直销部负责调换。联系电话：(010) 88386906

目　　录

第一部分　粉煤灰

第二部分　脱硫石膏

第三部分 冶金渣

第四部分 其他

高铝粉煤灰制备莫来石多联产工艺研究

张建波[1,2]，李会泉[1,2]，李少鹏[1]，胡朋朋[1,2]

（1. 中国科学院过程工程研究所湿法冶金清洁生产技术国家工程实验室，
绿色过程与工程重点实验室，国家能源高效清洁炼焦技术重点实验室，北京，100190；
2. 中国科学院大学，北京，100049）

摘　要　高铝粉煤灰是内蒙古中西部、山西北部的一种特殊资源，其中氧化铝和氧化硅含量均可达 40％左右。现有资源化利用技术难以经济合理地解决其非晶相深度剥离、莫来石相高效分解及杂质有效去除等关键问题。针对上述问题，本文提出了高铝粉煤灰协同活化-深度脱硅制备莫来石联产聚合氯化铝、硅基材料技术思路，重点研究高铝粉煤灰物性调控制备莫来石、活化液耦合调控制备絮凝剂和脱硅液结晶调控制备硅酸钙三种技术工艺。结果表明，高铝粉煤灰经协同活化-物性调控制备得到的莫来石产品，铝硅比由 1.75 提高至 2.80 以上，体积密度高达 2.75g/cm³；活化液经过耦合调控后，制备得到聚合氯化铝产品氧化铝含量高达 11％，盐基度为 75％；脱硅液通过结晶调控及工艺优化，制备得到的硅酸钙产品钠含量低于 0.5％，含水率低于 60％。本研究可为高铝粉煤灰资源化利用提供可行的技术思路。
关键词　高铝粉煤灰；协同活化；莫来石；聚合氯化铝；硅酸钙

Abstract　High alumina coal fly ash is generated mainly by coal-fired power plants in Inner Mongolia and Shanxi province，China，which is regarded as a special resource due to existence of 40％～50％ alumina and 35％～45％silica. The amorphous silica and impurities cannot be removed deeply by traditional processes，which play a negative role on its high-valued utilization. In terms of the above problems，a novel technology "Preparation of mullite / polymeric aluminium / calcium silicate from high alumina coal fly ash" is firstly proposed. The results indicate that the Al/Si ratio of mullite can be elevated from 1.28 to 2.80，and the bulk density can be improved to 2.75g/cm³；the Al_2O_3 content in polymeric aluminium prepared by activated acid solution can reach 11％，and its basicity reaches 75％；the Na_2O content in calcium silicate prepared by the deslicated solution is lowered to 0.5％，and the moisture content is lowered below 60％. Therefore，this work will provide a feasible technology for the utilization of high alumina coal fly ash.
Keywords　high alumina coal fly ash；synergistic activation；polymeric aluminium；calcium silicate

1　引言

　　高铝煤炭是我国内蒙古中部、山西北部、宁夏东部地区特殊的煤炭资源，经燃煤发电转化成高铝粉煤灰，年排放量可达3000万 t 以上，但综合利用率仅为20％左右，未利用的粉煤灰占用大量土地并造成了严重的环境污染和生态危害[1]。同时因其特殊古地理位置使得煤中大量伴生勃姆石和高岭石等富铝矿物，使高铝粉煤灰中氧化铝、氧化硅含量均高达 40％以上，是一种非常宝贵的二次资源。十二五期间，国家相关部委分别制定了指导性文件推进高铝粉煤灰的资源化利用[2,3]。目前，高铝粉煤灰（HAFA）利用的途径主要包括建材化利用[4-6]、氧化铝提取[7-10]和铝硅系耐火材料（莫来石）制备[11-14]等方面，而高铝粉煤灰制备莫来石耐火材料是高铝粉煤灰高值化利用的新方向。

　　高铝粉煤灰制备莫来石关键在于原料铝硅比的提高，目前主要是通过掺入铝源或脱硅处理实现原料铝硅比的大幅提高。一方面，通过添加工业氧化铝、高品位铝土矿等富铝矿物提高原料铝硅比已展开广泛研究，其中 Dong 等[15]采用氢氧化铝同粉煤灰配料，于1000～1500℃下合成出氧化铝含量 0～41.2％的系列莫来石产品，结果表明加入氢氧化铝有利于增加产品孔结构，进一步抑制其烧结收缩性；Jung 等[16]将粉煤灰经600℃预烧 2h 除碳，按莫来石中氧化铝和氧化硅分子配比掺入工业氧化铝，进一步配乙醇球磨 24h，最后经1400～1600℃焙烧 2h 得到氧化铝含量＞70％的莫来石产品；孙俊民等[17]采用粉煤灰同工业氧化铝经不同比例配料、湿法球磨、加压成型及高温烧结后分别得到 M50、M60 和 M70 三种莫来石产品，其性能均达到国家一类标准。但上述思路铝土矿/氧化铝添加量大、杂质调控效果有限、产品性能不稳定，难以应用于实际生产过程中。另一方面，针对高铝粉煤灰富含玻璃相二氧化硅矿相特点，通过稀碱脱除非晶态二氧化硅是实现铝硅比大幅提高已成为该领域的研究热点，其中 Wang 等人[18]将高铝粉煤灰在 95℃稀碱体系下反应 2h，可实现部分非晶态二氧化硅的高效剥离，脱硅率可达 40％；Zhu 等人[19]进一步改进工艺，通过低温稀碱活化方式，将高铝粉煤灰中部分非晶态二氧化硅和氧化铝浸出，继续进行高温脱硅可实现非晶相二氧化硅的深度剥离，铝硅比可提高至 2.55，同时避免该过程生成沸石。但是，上述脱硅过程仍存在杂质含量高、脱硅效率低、过程复杂等问题。因此，如何实现高铝粉煤灰中非晶相二氧化硅的深度剥离，同时有效去除铁、钙等杂质将是制备高牌号莫来石的关键。

本文针对高铝粉煤灰元素组成及矿相特点，提出了机械-化学协同活化深度脱硅除杂方法，重点介绍了高铝粉煤灰协同活化-深度脱硅多联产技术路线与研究进展，并进一步完成了整体工艺经济性评价，形成了高铝粉煤灰制备莫来石多联产技术体系，为高铝粉煤灰资源化利用提供可行的技术思路。

2 高铝粉煤灰性质

2.1 高铝粉煤灰矿相分布及元素组成

实验所用高铝粉煤灰为来自内蒙古某电厂，其元素组成及主要矿相结构如表 1 和图 1 所示，高铝粉煤灰中主要元素为铝和硅元素，此外还有少量的钙、铁、钛等元素及微量的稀散金属锂、镓等。由 XRD 谱图可知，高铝粉煤灰的主要晶体矿相为莫来石、刚玉及少量石英，非晶相主要为无定形二氧化硅。通过粉煤灰剖面的扫描电镜观察发现粉煤灰中的莫来石、刚玉等矿相被非晶态二氧化硅包裹。

表 1 高铝粉煤灰的组成 （％）

组分	Al_2O_3	SiO_2	Fe_2O_3	CaO	MgO	Li_2O	TiO_2	Ga_2O_3	SrO	ZrO_2
HAFA	49.74	41.08	2.21	2.22	0.163	0.03	3.194	0.014	0.105	0.139

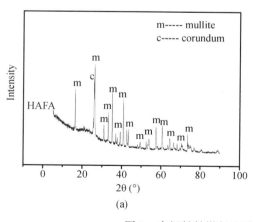
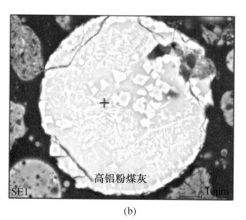

图 1 高铝粉粉煤灰及脱硅粉煤灰的 XRD 谱图

2.2 高铝粉煤灰元素赋存状态

在煤粉炉燃烧与排放过程中，由于存在高温急冷过程，高铝粉煤灰颗粒形貌呈现球形与非球形细杂弥散分布状态（图2）。由图可以看出，高铝粉煤灰中的铝硅元素分布区域相互重合，说明亮点处主要是铝硅酸盐。而根据其矿相分析，高铝粉煤灰中的铝硅矿相主要有莫来石相、玻璃相（主要为非晶态二氧化硅和玻璃相铝硅酸盐）、刚玉相等，因此可以推断晶相与非晶相之间相互嵌粘包裹，并且可以看出其中主要的钙、铁、钛杂质也被该复杂矿相包裹，从而导致杂质脱除较为困难。

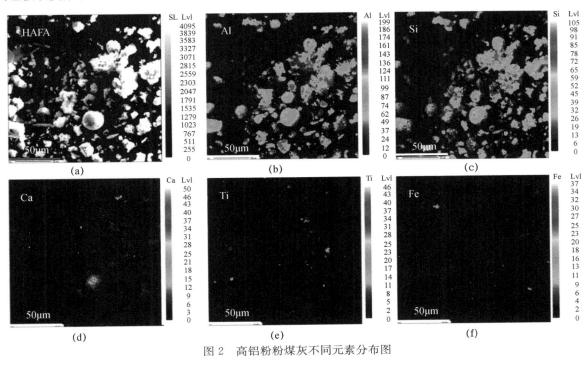

图2 高铝粉粉煤灰不同元素分布图

3 高铝粉煤灰深度脱硅制备铝硅系列材料多联产技术

莫来石（$3Al_2O_3 \cdot 2SiO_2$）是一种优质的耐火材料原材料，通常由铝土矿同高岭土、黏土、硅石等原料经配料、细磨后高温烧结合成。随着我国高品位铝土矿资源日益短缺，国内耐火材料行业面临巨大的高铝原料供应压力。20世纪90年代后，研究人员开始进行粉煤灰制备耐火材料的相关研究。主要思路集中于一方面通过掺入工业氧化铝、铝土矿等富铝矿物提高混合料铝含量[20]，但资源浪费严重，生产成本大幅度增加。另一方面，通过与稀碱反应降低粉煤灰硅含量[21,22]；但脱硅率约为40％左右，仅能将铝含量提高到60％，且产物中的钠、钙等杂质含量较高，影响产品耐火度。针对上述问题，本文系统提出了高铝粉煤灰协同活化-深度脱硅制备莫来石多联产的技术路线，并进一步开展了工艺优化与工程化推进。

根据高铝粉煤灰矿相及元素组成特点，形成了高铝粉煤灰制备莫来石多联产技术，其示意图如图3所示，上述技术思路主要包括如下三条关键技术路线：

（1）高铝粉煤灰协同活化-深度脱硅制备莫来石技术。

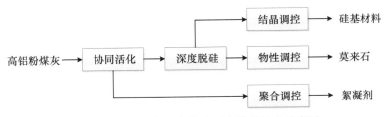

图3 高铝粉煤灰制备莫来石多联产技术示意图

（2）活化液物性调控制备聚合氯化铝技术。

（3）脱硅液结晶调控制备硅基材料技术。

3.1 高铝粉煤灰协同活化-深度脱硅制备莫来石技术

高铝硅粉煤灰协同活化结果如图4所示。由图4a所示，经过机械活化处理后，晶相/非晶相包裹程度大幅降低，大量杂质及非晶态二氧化硅暴露，比表面积大幅提高，从而增加其活性接触位点，活化指数由0.7%提高至1.7%以上，其反应活性增加一倍以上。由图4b所示，通过化学活化后，大量杂质高效分离，非晶态硅氧键反应活性大幅提高，活化指数由1.7%提高至10%左右，经过系统的工艺优化活化指数可达12.4%，较高铝粉煤灰原灰提高15倍以上。

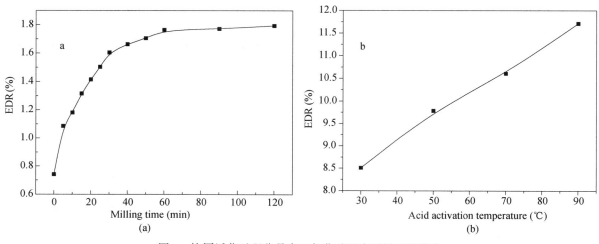

图4 协同活化过程非晶态二氧化硅反应活性工艺优化

深度脱硅过程工艺优化及矿相分析如图5所示。由图5a可知，协同活化粉煤灰中非晶态二氧化硅反应活性较高，稀碱脱硅过程脱硅率可达55%左右，铝硅比高于2.5，经系统的工艺优化后脱硅率可达60%，铝硅比高于2.8。由图5b可知，协同活化粉煤灰经过脱硅处理后，玻璃相"鼓包峰"消失，其他矿相基本不发生变化；被玻璃相包裹棒状莫来石晶粒经脱硅处理后，基本完全暴露，实现了晶相与非晶相的定向高效剥离。

温度是影响莫来石理化性能的重要因素。由表2可知，当温度超过1200℃时莫来石化开始进行，莫来石相含量逐渐增加，当焙烧温度达1600℃时莫来石含量最高，同时生成大量棒状莫来石（图6）。当焙烧温度为1600℃，焙烧时间2h时，显气孔率低至1.2%，体积密度达2.78g/cm³，抗压强度为169MPa，莫来石含量达88.33%。

表2 不同焙烧温度莫来石含量及物性（%）

样品	焙烧温度（℃）	显气孔率（%）	体积密度（g/cm³）	莫来石含量（%）	抗压强度（MPa）
SH	1200	44.17	1.62	47.94	36
SH	1300	33.80	1.97	48.12	43
SH	1400	26.61	2.20	68.68	80
SH	1500	12.53	2.53	78.05	104
SH	1600	1.20	2.78	88.33	169
HAFA	1600	2.02	2.06	53.34	72
SN	1600	10.75	1.49	0	—

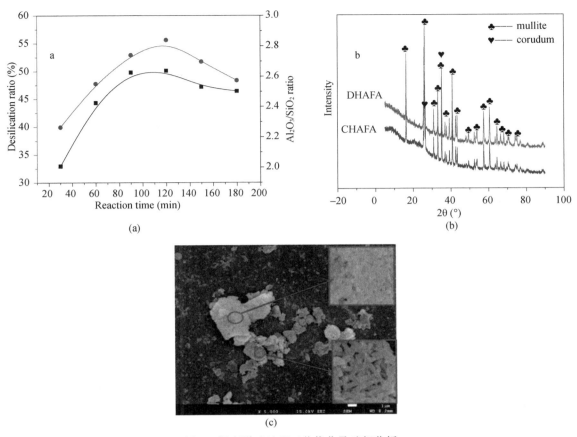

(a)　　　　　　　　　　　　(b)

(c)

图 5　深度脱硅过程工艺优化及矿相分析

图 6　不同烧结温度下莫来石形貌变化

3.2　活化液物性调控制备聚合氯化铝技术

目前，废盐酸资源化利用的主要方向为盐酸的再生利用和杂质离子的高值利用，其中常用技术主要包括蒸发法、高温焙烧法、结晶法、离子交换法等。张荣臻等人[23]通过加盐蒸馏回收盐酸，同时制备混凝剂实现其资源化利用；Amiri 等人[24]根据酸液的特性，通过焙烧将 $FeCl_2$ 转化为氧化铁和盐酸，其盐酸蒸汽被水吸收得到再生盐酸；Ozdemir 等人[25]开展了不同温度下金属离子溶解度变化规律的研究，进一步通过结晶法分离得到氯化铁；Maranon 等人[26]通过离子交换技术实现铁离子的高效分离，同时实现盐酸溶液的再生。但上述方法仍存在设备腐蚀严重、处理成本高等问题。因此，本章针对酸液中离子特点，开发了温和法调控制备聚合氯化铝技术，并开展了系统的工艺优化与机理分析。

如图 7a 所示，实验室小试实验结果表明，酸液循环过程各杂质离子浓度成线性上升，尤其是铝、钙、铁含量富集尤为明显。第一次酸活化过程酸滤液中铁、钙离子浓度在 2.5g/L 左右，铝离子浓度大约在 3g/L 左右，当酸液循环活化富集 8 次时，铝、钙、铁离子浓度富集分别可达 22g/L，14g/L，10g/L。当进行第九次循环时，富集程度略微降低，表明离子浸出基本达到平衡，继续活化会导致杂质离子被细物料吸附。因此，为了保证良好的活化效果以及酸液和杂质离子的充分利用，循环次数应不超过 8 次。如图 7b 所示，通过调控铝酸钙添加量，考察其对溶液中氧化铝含量和盐基度的变化影响，随着铝酸钙添加比例的增加，当溶液中氧化铝含量由 7.1% 提高至 14.2%，盐基度由 20% 提高至 72%。但添加量不能过高，如果铝酸钙添加量过高，溶液体系中的氢离子含量下降，不足以分解剩余的铝酸钙。因此，为了提高铝酸钙的溶解效率同时避免铝酸钙的损失，聚合过程铝酸钙与氢离子比例应控制在 0.5 左右。

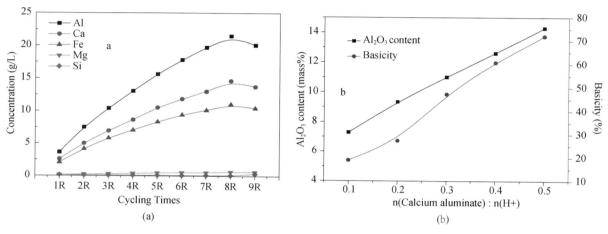

图 7　活化液制备聚合氯化铝工艺考察

经过系统的工艺优化，制备得到聚合氯化铝产品各项性能指标及国标要求见表 3，其中氧化铝含量可达 11%，盐基度为 76%，溶液密度为 1.2g/L，产品各项性能指标均优于标准要求。

表 3　聚合氯化铝产品性能指标

因素	性质	
	产品	标准 GB/T 22627—2008
Al_2O_3 含量（%）	11	≥6
盐基度（%）	76	30～95
密度（g/cm³）	1.2	≥1.1

3.3　脱硅液结晶调控制备硅基材料技术

通过深度脱硅处理得到的脱硅液中硅浓度可达 22g/L 以上，可作为硅基材料制备的重要原料，同时脱硅液中含有大量的铝离子，对硅酸钙产品形貌具有重要的影响。本工艺通过结晶调控可制备得到孔道丰富、强度较高的硅酸钙产品。

经过系统的工艺优化及机理研究，解决了系列关键技术问题，其中产品中钠含量可由调控前的 3%～5% 降低至 0.5% 以下，大幅提高产品品质；含水率可由 80% 降低至 60%，降低运输成本，实现远距离输送，促进其高值化应用。

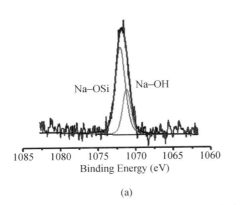
(a)

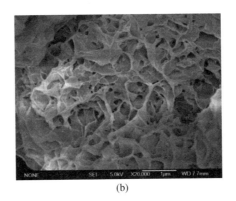
(b)

图 8 脱硅液制备硅酸钙表征分析

表 4 聚合氯化铝产品性能指标

因素	性质	
	调控后	调控前
Na	<0.5%	3%~5%
含水率	<60%	80%

4 研究进展

基于上述研究，本技术在内蒙古建成了高铝粉煤灰深度脱硅制备莫来石多联产技术 3000t/a 工程示范线（图 9），实现了长周期稳定运行，得到批量合格产品，吨莫来石利税可达 1800 元（表5），具有很好的经济效益。

(a)

(b)

图 9 3000t/a 示范工程生产线

表 5 经济效益分析

产品	产量	市场价格（元/吨）	本品售价（元/吨）
莫来石	1t	2200	2100
聚铝絮凝剂	0.8t	1500	1000
活性硅酸钙	0.6t	1500~2000	1000
销售收入			3500
成本			1700
利润			1800

5　结论

针对高铝粉煤灰元素组成及矿相特点，提出了高铝粉煤灰协同活化制备莫来石多联产技术思路。进一步详细介绍了高铝粉煤灰物性调控制备莫来石、活化液耦合调控制备絮凝剂和脱硅液结晶调控制备硅酸钙三条技术路线。主要结论如下：

（1）高铝粉煤灰物性调控制备莫来石，其铝硅比由 1.75 提高至 2.80 以上，体积密度高达 $2.75g/cm^3$，为耐火材料制备提供新途径。

（2）活化液经过耦合调控后，制备得到聚合氯化铝产品氧化铝含量高达 11%，盐基度为 75%，实现酸废液的高值化利用。

（3）脱硅液通过结晶调控及工艺优化，制备得到的硅酸钙产品钠含量低于 0.5%，含水率低于 60%，对固体废弃物中硅资源高值利用提供新方法。

项目： 江苏省协同创新资助项目（YCXT201612）；内蒙古自治区科技科技计划项目（201501059）。

参考文献

[1] 煤炭的真实成本-2010 粉煤灰调查报告. 绿色和平组织，2010，9.

[2] 中华人民共和国国家发展与改革委员会.《关于加强高铝粉煤灰资源开发利用的指导意见》. 发改办产业［2011］310 号文.

[3] 中华人民共和国工业和信息化部.《大宗工业固体废物综合利用"十二五"规划》. 工信部规［2011］600 号文.

[4] Lu X Y, Zhu X Y. Present situation and developing prospect of comprehensive utilization of fly ashes［J］. Journal of Liaoning Technical University，2006，24（9）：295-298.

[5] Zhang J S, Wang Y, Huo L J. The efficient way of fly ash application［J］. Liaoning building materials，2000，1：38-39.

[6] Gu D S, Hu J G. The current situation of fly ash application［J］. Mining Technology，2002，2（2）：1-4.

[7] Nayak N, Panda C R. Aluminium extraction and leaching characteristics of Talcher Thermal Power Station fly ash with sulphuric acid［J］. Fuel，2010，89：53-58.

[8] Verbaan B, Louw GKE. A mass and energy balance model for the leaching of a pulverised fuel ash in concentrated sulphuric acid［J］. Hydrometallurgy，1989，21：305-317.

[9] Jiang J C, Zhao Y C. Current research situation of Al extraction from fly ash［J］. Nonferrous Metal Engineering Research，2008（29）：40-43.

[10] 冯亮，一种提取氧化铝的方法：中国，201310722556.7［P］.

[11] Wang Z H, Zheng S L, Wang S N, et al. Electrochemical decomposition of vanadium slag in concentratedNaOH solution［J］. Hydrometallurgy，2015，151：51-55.

[12] Lin B, Li S P, Hou X J, Preparation of High Performance Mullite Ceramics from High-aluminum Fly Ash by an Effective Method［J］. Journal of Alloys and Compounds，2015，623：359-361.

[13] Zhang J B, Li H Q, Li S P et al.，Effects of metal ions with different valences on colloidal aggregation in low-concentration silica colloidal systems characterized by continuous online zeta potential analysis. Colloids and Surfaces A，2015，481：1-6.

[14] 李会泉，李少鹏，李勇辉，等. 一种利用高铝粉煤灰生产莫来石和硅酸钙的方法：中国，ZL 201210005531.0［P］.

[15] Jung J S, Park H C. Mullite ceramics derived from coal fly ash［J］. Journal of Materials Science and Letters. 2001，20：1089-1091.

[16] Dong Y C, Juan D W, Feng X F, Feng X Y, Liu X Q, Meng G Y. Phase evolution and sintering characteristics of porous mullite ceramics produced from the flyash-Al（OH）3 coating powders［J］. Journal of Alloys and Compounds，2008，460：651-657.

[17] 孙俊民，程照斌，李玉琼，邵淑英，司全景. 利用粉煤灰与工业氧化铝合成莫来石的研究［J］. 1999，28：247-250.

[18] Wang M W, Yang J, Ma H W, Shen J, Li J H, Guo F. Extraction of aluminum hydroxide from Coal fly ash by pre-desilication and calcination methods［J］. Advanced Materials Research，2012，396-398：706-710.

[19] Zhu G R, Tan W, Sun J M, Gong Y B, Zhang S, Zhang Z J, Liu L Y. Effects and mechanism research of thedesilication pretreatment for high-aluminum fly ash［J］. Energy & Fuels，2013，27：6948-6954.

[20] Li J H, Ma H W, Huang W H. Effect of V2O5 on the properties ofmullite ceramics synthesized from high-aluminum fly ash and bauxite［J］. Journal of Hazardous Materials. 2009，166：1535-1539.

[21] Guo A, Liu J C, et al. Preparation of mullite from desilication-flyash［J］. Fuel. 2010，89：3630-3636.

[22] 刘晓婷，王宝冬，肖永丰，等. 高铝粉煤灰碱溶预脱硅过程研究［J］. 中国粉体技术，2013，19（6）：24-27.

[23] 张荣臻，胡勤海，裴毓雯，宋雪斐，萧晨霞. 加盐蒸馏回收盐酸和混凝剂制备技术资源化利用盐酸酸洗废液. 环境工程学报，2014，8 (11)：4783-4787.

[24] Amiri M C. Characterization of iron oxide generated inRuthner plant of pickling unit in Mobarakeh Steel Complex [J]. Journal of Material Science and Technology，2003，19 (6)：596-598.

[25] Ozdemir T，Oztin C，Kincal N S. Treatment of waste pickling liquors：Process synthesis and economic analysis [J]. Chemical Engineering Communication，2006，193 (5)：548-563.

[26] Maranon E，Suarez F，Alonso F. Preliminary study of iron removal from hydrochloric pickling liquor by ion exchange [J]. Industrial and Engineering Chemistry Research，1999，38 (7)：2782-2786.

高铝粉煤灰预脱硅碱石灰烧结法
提取氧化铝项目进展

孙俊民，洪景南，朱应宝，杨会宾，胡　剑，许学斌

（国家能源高铝煤炭开发利用重点实验室，内蒙古鄂尔多斯，010321）

摘　要　大唐国际经长期开拓性研究与产业示范，在烧结物相分离、反应强化、成核调控、协同提取、工程放大与成套、产业链接等方面取得系列发明和创新，形成了具有自主知识产权的高铝粉煤灰提取氧化铝多联产技术。本文简要介绍了大唐国际再生资源 20 万 t 氧化铝示范生产线的产业化实施历程；示范生产线技术改造及生产运行取得的技术进展和成果；介绍了示范生产线的主要技术经济指标、社会效益与生态环境效益。

关键词　高铝粉煤灰；氧化铝；技术进展；技术指标

Abstract　After long-term pioneering research and industrial demonstration by Datang International Power Generation Co., Ltd., a series of inventions and innovations have been made in the aspects of phase separation, reaction strengthening, nucleation control, synergistic extraction, engineering amplification and complete sets, industrial links, etc., high alumina fly ash extraction combined alumina production technology with independent intellectual property rights has been formed. This paper briefly introduces the industrialization process of Inner Mongolia Datang International Recycling Resource Development Co., Ltd., 200 thousand alumina demonstration production line; technical progress and achievement of technological transformation and production operation of demonstration production line; main technical and economic indexes, social benefits and ecological environmental benefits of demonstration production line.

Keywords　high alumina fly ash; aluminium oxide; technological progress; technical indicators

1　前言

我国是世界第一燃煤及铝生产大国，粉煤灰排放量巨大而铝土矿资源短缺。粉煤灰提取氧化铝是关系到我国粉煤灰资源化利用与保障铝资源安全的重大问题。2003 年，大唐国际托克托电厂因烟气净化发现了我国特有的高铝粉煤灰资源，进一步追溯其燃烧煤种，查明了鄂尔多斯盆地晚古生代煤田煤铝镓共生的资源特性，其中蕴藏铝资源量相当于我国铝土矿的 3 倍以上，可使我国铝资源保障年限延长 50～60 年，具有十分广阔的开发利用前景。

如何保护宝贵的煤铝共生矿产资源，综合利用当地丰富的高铝粉煤灰等工业废弃物生产国民经济发展急需的有色金属产品，形成煤炭—电力—有色金属—化工—建材的循环经济产业，是关系到我国铝资源安全与西部地区经济、环境和社会长远发展的重大问题。据统计，我国高铝粉煤灰累计积存量已超过 1 亿 t，主要分布在内蒙古中西部和山西北部。近 10 年来，中国铝工业发展迅速，但铝土矿资源储量短缺。2015 年，中国进口铝土矿 5898 万 t，中国铝工业对外铝土矿资源依存度超过 50%。

大唐国际系统地研究了氧化铝生产工业现状，以高铝粉煤灰的结构特性为依据，避开了酸法提取氧化铝工艺对设备材质要求高、酸液循环困难的弊端，成功开发了碱法提取氧化铝生产工艺，率先实现核心技术及产业示范"零"的突破，2005 年完成实验室研究，2008 年完成工业性试验，2012 年世界首次实现工业化生产，技术经济指标与产业化进程均处于国际领先水平。以高铝粉煤灰提取氧化铝为核心，建立了我国特色的高铝煤炭—发电—高铝粉煤灰—氧化铝—铝合金—环境材料—化工填料—绿色建材的循环产业链。

2 示范项目产业化实践

2.1 总体思路

突破传统将粉煤灰作为火山灰材料用于建材建工的思路，真正将高铝粉煤灰作为矿物资源，对有价成分和物相梯级协同提取利用，将工业固废转化为有色金属、化工填料、节能材料与绿色建材等系列产品，建立了高铝粉煤灰循环利用的创新产业链。

基于对高铝粉煤灰显微结构与物相组成的深入研究，发现其中氧化铝主要存在于莫来石和刚玉相中，而氧化硅则以玻璃相和与氧化铝结合的莫来石相两种形态存在。确定了铝硅两段分离、梯级协同利用的总体思路工艺路线（图1），首先利用 NaOH 溶液提取非晶态氧化硅，利用其产生的硅酸钠溶液生产活性硅酸钙、轻质硅酸钙保温材料或 4A 沸石分子筛，同时回收 NaOH 溶液循环使用；化学脱硅不仅回收利用了宝贵的非晶氧化硅资源，而且使高铝粉煤灰的铝硅比提高 1 倍以上并显著提高脱硅粉煤灰的化学活性，为后续氧化铝提取创造极为有利的条件；然后针对莫来石相采用碱石灰烧结法实现氧化硅与氧化铝的二次分离，利用分离后得到的 $NaAlO_2$ 溶液制取冶金级氧化铝，同时提取母液中富集的氧化镓资源，提取氧化铝后剩余硅钙渣用于道路建设和生产绿色建材，充分体现物尽其用、变废为宝的循环经济理念。

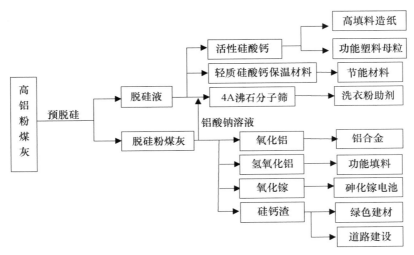

图 1 高铝粉煤灰资源化利用总体技术路线图

2.2 技术方案

根据高铝粉煤灰的化学、物相组成特点以及相关元素和矿物的化学行为，制定了一条利用高铝粉煤灰生产氧化铝联产活性硅酸钙技术路线，该技术路线的示意图如图2所示。其基本流程简述如下：

首先采用预脱硅技术，提高粉煤灰的铝硅比一倍以上，同时使用脱硅液生产活性硅酸钙并回收氢氧化钠，脱硅后的粉煤灰通过传统的碱石灰烧结法提取氧化铝，产生的硅钙渣经过洗涤、脱碱、脱水处理后用作水泥原料。

2.3 产业化成果

大唐国际在内蒙古托克托工业园区建设的高铝粉煤灰年产 20 万 t 氧化铝项目，自 2010 年已达到设计产能并实现连续稳定生产，主要技术经济指标：（1）高铝粉煤灰中 Al_2O_3 提取率 88.02%，非晶态 SiO_2 提取率 >80%；（2）熟料中 Al_2O_3 标准溶出率 >93%，实际回收率 >85%，Na_2O 标准溶出率和实际回收率均>

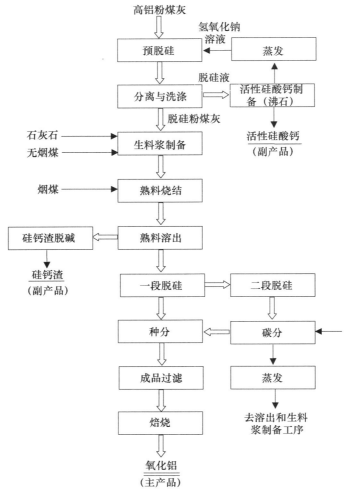

图 2　预脱硅-碱石灰烧结法工艺流程

95％；（3）提取每吨氧化铝综合能耗 1.726t 标煤，水耗 6.28t。高铝粉煤灰提取的冶金级氧化铝产品满足国家冶金行业产品质量标准，用于内蒙古大唐国际再生资源开发有限公司自产电解铝，氢氧化铝产品用于山东淄博鼎从化工技术有限公司生产阻燃剂，预脱硅生产的硅酸钠溶液用于内蒙古日盛可再生资源有限公司生产 4A 沸石分子筛，提取氧化铝联产的活性硅酸钙产品用于河南江河纸业股份有限公司生产高填料文化用纸，提取氧化铝后剩余的硅钙渣用于道路建设和水泥生产，示范项目充分体现了变废为宝、物尽其用的循环理念。产业示范成果对推广应用高铝粉煤灰生产氧化铝多联产技术提供了重要的技术支撑。

图 3　大唐国际高铝粉煤灰年产 20 万 t 氧化铝示范生产线

3　主要技术进展

示范线属国内外首条粉煤灰提取氧化铝生产线，国内外无可借鉴经验，所以在设计过程中部分参考了传统铝土矿碱石灰烧结法的工业设计。但是，整体工艺路线中多项新技术均是首次产业化应用，这为示范线稳定运行带来了巨大挑战，给设备选型和工艺流程的确定带来较多不可控因素。

针对影响示范线稳定运行的问题，开展了为期三年的生产线完善和优化专项攻关。对粉煤灰预脱硅及活性硅酸钙制备、熟料制备、熟料溶出及后续工艺、自动化控制等主系统存在的问题进行了专项整改和工艺优化，从而排除了多项影响系统连续运行和制约产能提高的关键问题。

3.1　预脱硅系统工艺优化及设备改进

（1）干灰输送与配料技术

针对皮带输灰尘能力不足进行了干灰输送改造，干灰输送能力占到总输灰量的 50% 以上，有效解决了原灰供应瓶颈问题；粉煤灰水分从 15% 左右降低到 1% 左右，有效降低了蒸水能耗。

（2）反应条件优化

试运行初期，受脱硅粉煤灰过滤效果影响，生产不连续，改造翻盘代替平盘后，解决了过滤问题，但脱硅效率不高；通过工艺优化摸索，将脱硅温度由原设计 (130 ± 5)℃ 下降至 (110 ± 5)℃，苛碱浓度下降到 (95 ± 5) g/L，脱硅时间由原设计 2h 下降到 0.5h。此优化措施使脱硅效率明显提升，能耗大幅下降。

（3）翻盘过滤机分离脱硅粉煤灰浆液

脱硅粉煤灰浆液分离与洗涤原设计采用平盘过滤机，残余滤饼易结硬，造成产能低、指标和生产连续性差等问题。通过研究试验，采用了翻盘过滤机后运行良好，设备产能达到 53t/台·h，超过 44t/台·h 的设计值。

（4）脱硅灰过滤条件优化

优化了工艺条件后，脱硅时间缩短，避免了粒度细化；脱碱浓度降低，物料黏度下降，过滤性能得以提高；平盘改翻盘后，提高了滤布再生效果；过滤性能的提高增加了洗涤效果，脱硅粉煤灰碱含量由原来 7.5% 以上下降到目前 4.8% 以下，减少了排盐苛化压力，降低石灰石单耗等指标。

3.2　熟料烧成系统工艺优化及设备改进

（1）低铁、低铝硅比烧结技术

由于粉煤灰熟料的铝硅比较低，烧结温度范围不到 60℃，物料易过烧、熔化，造成看火技术难度大。采用两段配料技术稳定生料碱、钙比；开发了回转窑自动控制与看火技术；改进煤粉燃烧器；控制回转窑"结圈"操作技术；使用高热值低灰分的煤等措施。基本解决了低铁、低铝硅比熟料烧结难题，保证了熟料窑的稳定运行，改善了熟料烧结性能，提高熟料质量；目前熟料的氧化铝标准溶出率达 92% 以上，氧化钠标准溶出率达 94% 以上。

（2）串联离心泵代替柱塞泵喂料

原设计喂料采用的柱塞泵喂料压力不稳定，连续性差，熟料窑尾温度难控制、用煤多、窑尾流浆等状况，另外供料管道出现异常堵料时，泵料斗憋压后易造成上盖及轴头密封刺料等现象，系统无法保证长周期稳定运行。改造后采用串联离心泵，保证熟料窑所需的喂料压力，使料浆达到充分的雾化，使物料在熟料窑内完全分解，提高烘干效果及熟料的合格率；减少用煤量，节约成本；防止了窑尾结圈、流浆，保证了生产的连续稳定运行。

（3）三辊破碎熟料及输送技术

原熟料中选用圆锥破碎机破碎熟料，破碎物料粒度不能满足溶出工艺要求，且设备故障率高。经过多次试验，三辊破碎机破碎物料效果明显优于圆锥破碎机，碎机改造完毕后熟料粒度小于 8mm 的大于 70%，满足溶出要求。

原熟料中选用槽式输送机运送熟料，设备运行过程中两个料斗之间的结合处容易漏料，严重污染环境且浪费物料。综合考虑原有机斗的设计缺陷，将原槽式输送机斗更换，改造为链斗式输送机，有效改善了漏料问题。

3.3　熟料溶出系统工艺优化及设备改进

（1）溶出磨提产改造

针对溶出产能不足进行了一系列设备改造，2 号溶出磨由球磨改为棒磨，3 号溶出磨增加了螺旋分级机由开路系统变为闭路系统。改造后，2 号、3 号溶出磨单台产能最高达到 60t/h，单台产能增加了 20t/h 以上，大大提高了系统产能，降低了系统能耗，目前溶出熟料产能达 135t/h 以上，单月产量可达到 97200t。

（2）二段溶出浆液槽和洗涤沉降槽锥底改造

将钠硅渣沉降槽改为溶出二段浆液沉降槽，主要处理磨机出口物料及溶出分离底流进行分离洗涤。改造后，硅钙渣分离洗涤系统产能大幅度提高，洗涤沉降槽运行周期已经突破 90d，快分翻盘滤布使用周期由原来 3d 左右延长到了 8d 以上，生产效率显著提高。

（3）快速分离技术

原溶出工序设计不合理，溶出、洗涤二次反应严重，易出现洗涤沉降槽管壁结疤、管道堵塞、耙机跳停、沉槽、硅钙渣品质下降乃至生产停运等问题。经过调研和攻关，增加了二段溶出浆液快速过滤系统。先将二段溶出浆液通过洗液稀释，再用快分翻盘代替洗涤沉降槽强制过滤，快速使铝酸钠溶液从二段溶出浆液中分离出来，从而降低了二次反应，提高了熟料的氧化铝溶出率，减少了硅钙渣中的氧化铝与氧化钠含量，保证了生产的连续稳定性。

（4）硅钙渣外排翻盘改造

由于原设计硅钙渣分离设备板框压滤机选型不合理，连续性差、故障率较高、滤布再生效果较差、脱碱效果较差且产能低，系统频繁发生堵管沉槽问题，无法连续稳定运行。后选用翻盘过滤机替换原有板框压滤机。实现了系统连续稳定运行，且增加了洗涤次数，大大降低了工人的劳动强度。

3.4　建设 4A 沸石分子筛生产系统

在氧化铝分厂生产流程中改造增加铝酸钠精液、硅酸钠精液外送流程，送至 4A 沸石厂生产沸石。铝酸钠精液、硅酸钠精液合成制备洗涤用 4A 沸石，是资源综合利用开发副产品的又一技术创新，再生资源公司销售铝酸钠、硅酸钠溶液，氧化铝生产流程大量缩短，单耗大幅下降。

经过一系列系统改造和完善，解决了影响生产流程稳定运行的部分瓶颈环节，设备运转率得到提高，生产稳定运行有了保障，生产指标不断优化，氧化铝产量持续提高，全流程达标达产有了良好的设备基础。

4　技术经济评价

4.1　主要技术指标对比

根据大唐国际再生资源现有示范生产线的生产运行情况，结合氧化铝行业内其他相关企业的生产数据，对两种生产工艺的技术指标进行对比，其中传统烧结法采用 A/S＝3 的铝土矿生产的主要技术指标，具体指标对比如下：

表1　预脱硅碱石灰烧结法与传统烧结法的技术指标对比

序号	项目名称	传统烧结法	设计值	生产值
	原材料消耗			
1	干粉煤灰（t/t. AO）	—	2.813	2.40
	石灰石（t/t. AO）	1.30	4.05	2.30
	碳碱（t/t. AO）	0.12	0.0583	0.18
	铝土矿（t/t. AO）	2.10	—	—
	燃料及动力消耗			
2	烧成煤（t/t. AO）	0.92	1.379	1.008
	电（kWh/t. AO）	600	710.0	980
	蒸汽（t/t. AO）	4.0	7.942	5.50
	新水（t/t. AO）	6.0	9.09	6.28
3	氧化铝总回收率（%）	90.0	85.0	88.0
4	总能耗（t/t. AO）	1.20 标煤	2.175 标煤	1.726 标煤

注：示范生产线运行数据是按照高铝粉煤灰提取氧化铝联产4A沸石分子筛的联营模式折算成吨氧化铝的单耗指标，其中硅酸钠溶液所创造的价值未计算在内。

4.2　主要经济指标

根据大唐国际再生资源现有示范生产线的单耗指标及当地的原材料价格，测算出吨氧化铝的变动成本见表2。

表2　预脱硅碱石灰烧结法变动成本

序号	项目名称	生产值	单位价格（含税）	单位成本（不含税）
1	干粉煤灰（t/t. AO）	2.40	50	120
2	石灰石（t/t. AO）	2.30	85	195.5
3	碳碱（t/t. AO）	0.18	875	157.5
4	烧成煤（t/t. AO）	1.008	300	302.4
5	电（kWh/t. AO）	980	0.387	379.26
6	蒸汽（t/t. AO）	5.50	66.61	366.355
7	新水（t/t. AO）	6.28	9	56.52
变动成本（小计）				1577.535

从上述主要技术指标及单位变动成本分析可知，高铝粉煤灰提取氧化铝过程中产出的硅酸钠溶液未计算效益，硅产品的目前利用途径只用作4A沸石分子筛，后期还可生产保温材料，制备活性硅酸钙应用于造纸、塑料、橡胶填料等领域，如果将这些可预期的效益考虑在内，则高铝粉煤灰预脱硅碱石灰烧结法的综合经济效益略优于传统烧结法。

4.3　社会效益与生态效益

20万t示范项目及其产业链带动了托克托县工业园区的区域经济发展。围绕粉煤灰提取氧化铝示范线，目前已经建设起28.7万t电解铝生产能力，20万t金属铝深加工能力（广银、华唐、国电三家企业），12万t洗涤用4A沸石生产能力（日盛），5万m³硅钙板生产能力（豪邦），5条不同应用途径的硅钙渣生产线。而且，这些企业的规模不断扩大，目前20万t氧化铝产能已经不能满足其生产需求。这些企业的建设不但促进了工业园区经济发展，而且促进了当地人员就业。

采用铝土矿生产氧化铝资源环境代价较大。平均每生产 1t 氧化铝需开采优质铝土矿 1.5～2t，消耗原生铝土矿资源 4～5t，破坏植被约 0.85m²，另需占地 0.22m²，开采和运输消耗燃油 80～120kg，产生 CO_2 和 CO 气体 320～480kg，拜耳法生产每吨氧化铝产生赤泥 1.2～1.5t，氧化铝提取率不到 80%，由于拜耳法赤泥成分复杂且含有大量碱液，对环境危害很大，其合理处置与资源化利用迄今仍是世界性难题；进口铝土矿中氧化铝含量仅 40% 左右，氧化铁含量高达 27%，目前近 3t 进口铝土矿才能产出氧化铝 1t，排放含铁赤泥 1.5～2t。由于进口铝土矿运输距离高达 1 万 km，不仅消耗大量石油和外汇，而且排放大量 CO_2 和赤泥，对生态环境构成较大危害。而利用高铝粉煤灰提取氧化铝，电厂粉煤灰无需运至灰场堆存而直接皮带运输至氧化铝车间，每提取 1t 氧化铝消耗粉煤灰 2.5t，氧化铝提取率达 85% 以上，节约铝土矿 2t 以上，节约土地 0.2m²，联产的 700kg 活性硅酸钙用于高填料造纸可节约原生木材 2.5t，减排 CO_2 4.6t，产生的 2.4～2.6t 硅钙渣与粉煤灰协同用于道路建设与绿色建材，可节约水泥 2t，减排 CO_2 1.3t。因此，利用高铝粉煤灰代替铝土矿提取氧化铝，其资源节约与环保效益十分显著，真正体现了铝产业的绿色发展方向，符合国家发改委《关于加强高铝粉煤灰资源开发利用的指导意见》的要求。

5　结论

（1）高铝粉煤灰"预脱硅碱石灰烧结法"提取氧化铝联产 4A 沸石分子筛工艺在技术上是可行的，指标上是先进的，大唐国际再生资源公司 20 万 t 氧化铝示范项目为规模化利用高铝粉煤灰提供了技术支撑和工程示范作用。

（2）高铝粉煤灰预脱硅碱石灰烧结法年产 20 万 t 示范生产线的综合经济效益略优于传统烧结法，但仍需加大硅产品的开发与利用，进一步提高项目的经济效益。

（3）利用高铝粉煤灰生产氧化铝是循环经济的典型案例，具有巨大的经济、社会和生产环境效益；为此建议各级主管部门从铝资源安全和循环经济的高度，对西北地区高铝煤炭资源实行保护性开采，并从产业规划、资源配置、科技支撑、税收优惠等方面制定相关政策，大力推进我国重大战略意义特色循环经济产业的发展。

粉煤灰制备轻质耐火材料的研究

闫　琨[1,2]，刘万超[1,2]，张　寒[3]

(1. 中国铝业郑州有色金属研究院有限公司，河南郑州，450041；
2. 国家铝冶炼工程技术研究中心，河南郑州，450041；
3. 武汉科技大学，湖北武汉，430081)

摘　要　粉煤灰是企业燃煤过程产生的工业固体废弃物，排放量大，综合利用水平低。粉煤灰的主要成分为 Al_2O_3 和 SiO_2，粒细、质轻、活性高，多呈球形，高温性能稳定，满足制备轻质耐火材料的前提条件。本研究以粉煤灰为主要原料，外加减水剂、结合剂和烧失物，经成型、养护、烧成，制备了轻质耐火材料。制备的试样最高使用温度为 1300℃，可作为中、低温隔热材料在工业窑炉、热工设备或建筑材料中使用。本研究为粉煤灰在轻质耐火材料领域中的应用奠定了基础。

关键词　粉煤灰；综合利用；轻质耐火材料；隔热材料

Abstract　Fly ash is an industrial solid waste produced in the process of coal combustion，which has a large amount of emissions but a low level of comprehensive utilization. Fly ash is mainly composed of Al_2O_3 and SiO_2，and has good physical and chemical properties as fine grain，light quality，high activity，spherical shape，and high temperature resistance. There fore，it is very suitable for the preparation of lightweight refractories. In this study，fly ash was used as main raw material to prepare lightweight refractories，supplemented with water reducing agent，binder and burning lost. After mixing，molding，curing，sintering，the fly ash lightweight refractories were prepared. The prepared sample can be use under the highest temperature of 1300℃ as medium and low temperature thermal insulation materials in industrial furnaces，thermal equipment and building materials. This study laid a foundation for the application of fly ash in the field of lightweight refractories.

Keywords　fly ash；comprehensive utilization；lightweight refractories；thermal insulation materials

1　引言

粉煤灰是火电、热电企业燃烧煤粉时，自锅炉中排出的工业固体废弃物，具有火山灰特性，主要由 Al_2O_3，SiO_2，Fe_2O_3，CaO 和 MgO 等成分组成[1]。粉煤灰是典型的硅酸盐固体废弃物，具有分布广、数量大、组成复杂、可降解性差、环境危害大等显著特点[2]。据统计，2013 年，我国的粉煤灰产生量约 5.8 亿吨，综合利用量 4.0 亿吨，综合利用率为 69%，仍有约 1.7 亿吨粉煤灰未得到利用[3]。截至 2015 年，我国约有 25 亿吨粉煤灰的累积堆存量[4]，预计到 2020 年，总堆存量可达三十多亿吨[5]。未利用的粉煤灰数量巨大，粉煤灰处理、利用面临的形势严峻，压力巨大。为保护环境，促进资源综合利用，国家先后出台了相应的法规政策，对粉煤灰安全处理处置进行了规范和约束，对促进粉煤灰资源利用发挥了积极作用。粉煤灰含有丰富的有用组分以及尚未被认识和有待发掘的有用性质，资源和材料属性明显，可广泛应用于矿物聚合材料制备、合成沸石、制备微晶玻璃与多孔陶瓷、制备复合催化材料等[6]。

研究表明，粉煤灰资源在矿业、陶瓷，尤其是轻质耐火材料领域均有广泛的应用前景。轻质耐火材料也称为保温耐火材料或隔热耐火材料（insulating refractory），是高温窑炉、热工设备等必备的节能材料，一般是指体积密度小、显气孔率高、导热系数低，具有绝热性能的耐火材料。粉煤灰颗粒微细、比表面积大，含有 Al_2O_3，SiO_2 等耐高温物相，粉煤灰中的 Fe_2O_3 能够起到梯度烧结的作用，可作为重要的氧化铝资源应用于耐火材料领域[7]。目前，对于粉煤灰制备轻质耐火材料的研究主要集中于漂珠砖[8-10]，到现在已发展到专业化的生产高强度轻质漂珠隔热耐火砖的规模，但漂珠从粉煤灰中提取的量很小，粉煤灰的利用率十分有限，这限制了漂珠隔热耐火砖的扩大生产与应用。肖继东等人[11-14]开展了粉煤灰原灰制备轻质耐火砖研究，以粉煤灰原灰为原料配以黏土或高岭土、珍珠岩等活性硅酸盐矿物及造孔剂、粘结剂制备了轻质耐火砖，但普遍存在制品密度大、收缩率大等缺点。

本文从粉煤灰的物理化学性质入手，针对粉煤灰原灰在耐火材料制备中的应用展开研究，通过一定的原料配比调节及合理的工艺控制，在保证耐火材料具有较高强度的同时，尽量降低其密度及收缩率，将成本低廉的工业固体废弃物资源转化为高附加值的轻质耐火材料，无论对节约能源、环境保护及资源的可持续发展均具有重要的战略意义，同时对高温工业的节能减排、稳定耐火材料价格起到重要的作用。

2　实验方法

2.1　实验原料

采用内蒙古某热电企业提供的粉煤灰在110℃烘干，其化学成分及物相组成分析分别见表1、图1。此粉煤灰的主要成分为 Al_2O_3 和 SiO_2，其总含量为88.5%，其中 $A/S=1.2$。粉煤灰的玻璃相含量约35.6%，主要杂质成分 CaO 含量为3.17%，Fe_2O_3 含量为2.70%，TiO_2 含量为1.92%，C 含量为1.45%，碱金属氧化物含量总和（K_2O+Na_2O）<0.5%。

表1　粉煤灰化学成分

成分	Al_2O_3	SiO_2	CaO	Fe_2O_3	MgO	TiO_2	K_2O	Na_2O	S	P	C	LOI
含量（质量分数）	48.30	40.24	3.17	2.70	0.03	1.92	0.28	0.13	0.064	0.092	1.45	1.70

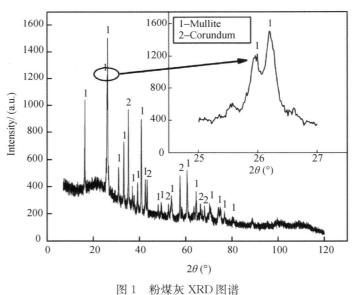

图1　粉煤灰 XRD 图谱

此粉煤灰的物相主要为刚玉相和莫来石相，杂质成分含量较低。经计算，实验所用的粉煤灰中莫来石的组成为 $Al_{4.75}Si_{1.25}O_{9.63}$，而非理论莫来石组成（$3Al_2O_3 \cdot 2SiO_2$）。

粉煤灰的粒度分布情况及微观形貌分析如图2、图3所示。

由图2可以看到，粉煤灰的粒度分布呈单峰正态分布，粒度分布范围较宽，尺寸均一度较低，D（50）为21μm，90%的颗粒粒度均在71μm以内。

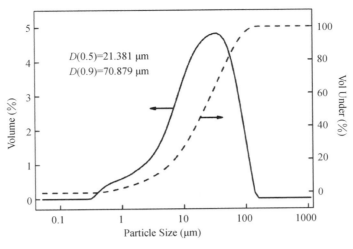

图2　粉煤灰粒度分布曲线

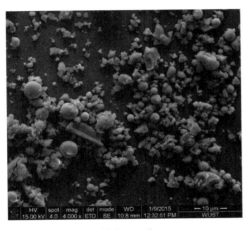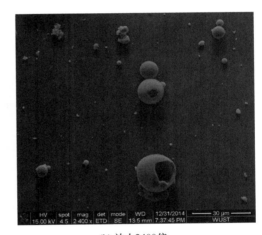

(a) 放大4000倍　　　　　　　　　　　　　(b) 放大2400倍

图3　粉煤灰SEM照片

由图3可以看到，粉煤灰颗粒分散较好，颗粒间团聚较少，颗粒呈规则的球形，表面光滑平整，但粒子尺寸差别较大，粒子尺寸约20～25μm，而较小的颗粒粒径约1～5μm。除了球形的粉煤灰颗粒外，还存在一些形状不规则的颗粒物，这可能是粉煤灰中的低熔相冷却后形成的颗粒。此外，样品中还观察到部分壁厚约2μm的空心球，这对于制备轻质隔热耐火材料是十分有利的。

对粉煤灰原灰进行热重分析，结果如图4所示。

从图4中的TG曲线可看出，从室温至1200℃，粉煤灰原灰的总质量损失为4.46%（质量残存95.54%）。在200℃以前粉煤灰的质量损失较小，仅为0.13%，这是因为粉煤灰是燃煤电厂煤粉燃烧后剩余的无机产物，灰分中不含结合水、结晶水等，此阶段的质量损失是从空气中进入粉煤灰中的自由水分挥发所致；在200～1200℃阶段，粉煤灰的质量损失约4%，这是由于粉煤灰中的残C及其他挥发分（［S］等）受热氧化。从图4中DSC曲线可看出在627.2℃和1030.7℃时均有明显的放热峰，在627.2℃时的放热峰是由于原灰中残余的炭粒的燃烧挥发造成的（伴随明显的质量损失）。在1030.7℃时这一放热峰可能是粉煤灰中的Al_2O_3和SiO_2合成莫来石（一次莫来石化温度约980℃）所致。对粉煤灰原灰进行耐火度检测，其耐火度大于1610℃。

从化学组成及物理性能上而言，该粉煤灰完全满足制备Al_2O_3-SiO_2系轻质耐火材料的前提条件。

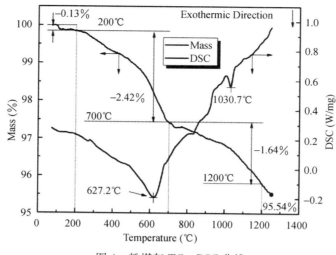

图4　粉煤灰 TG－DSC 曲线

2.2　实验仪器

实验涉及的主要仪器与设备见表2。

表2　主要仪器与设备

仪器名称	产地	型号
箱式中温电阻炉	中国洛阳	SX-13-15-10YL
胶砂搅拌机	中国无锡	GZ-85
电子秤	—	—
电热恒温干燥箱	中国上海	ZL-1000-L
直读游标卡尺	—	—
显气孔体密测定仪	中国郑州	XQK-2A
场发射扫描电子显微镜 & 能谱仪（EDS）	中国香港	Nova400Nano
液压式万能试验机	中国南通	WE-30B

2.3　耐火材料试样制备方法

将粉煤灰原灰过 180 目筛，选取筛下料作为原料备用。按表 3 称量配比，先将过筛粉煤灰原料、减水剂和水进行混合搅拌 2～3min，然后加入烧失物继续搅拌 2～3min，最后加入水泥作为结合剂搅拌 2～3min。将混合料倒入模具中成型为 25mm×25mm×125mm 的条形试样，自然养护24～30h 后经 110℃×12h 处理，经不同温度烧成，保温一定时间后进行性能检测。

表3　实验原料及配比

原料名称	粉煤灰	减水剂	结合剂	烧失物	水
配比	100%	0.12%	3.50%	0.90%～1.00%	50.00%±1.00%

2.4　耐火材料性能检测

根据 GB/T 2997—2015《致密定形耐火制品体积密度、显气孔率和真气孔率试验方法》，检测烧后试样的体积密度和显气孔率；根据 YB/T 4130—2005《耐火材料　导热系数试验方法（水流量平板法）》，采用水流量平板法测定烧后试样的导热系数（350～1000℃）；根据 GB/T 5072—2008《耐火材料　常温耐压强度试验方法》，检测烧后试样的冷态（高温）耐压强度；根据 GB/T 5988—2007《耐火材料 加热永久线变化试验方法》测定试样的加热线变化。

3 实验结果与讨论

3.1 烧成温度对试样线变化的影响

不同温度下烧后试样的线变化率结果如图 5 所示。

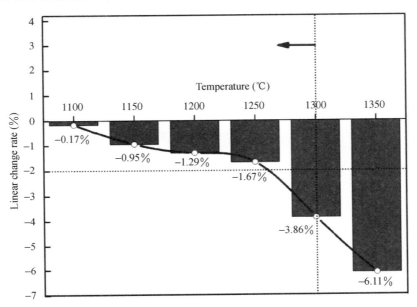

图 5 烧成温度对试样线变化的影响

由图 5 可以看到，经不同温度烧成后的试样均呈现收缩，随着烧成温度的升高，试样的烧后线收缩逐渐增大，烧成温度在 1150℃时，试样的线收缩仅为 0.95%，当烧成温度升高至 1300℃时，试样的线收缩达到 3.86%。

3.2 烧成温度对试样体积密度的影响

经不同温度烧成后的试样，采用真空浸液法测量并计算试样的体积密度，结果如图 6 所示。

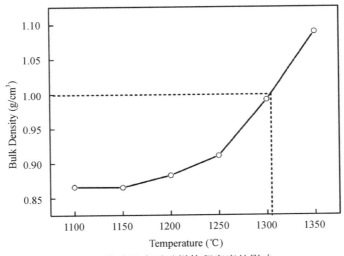

图 6 烧成温度对试样体积密度的影响

从图 6 中可看出，随着烧成温度的升高，试样的体积密度也随之增大。经 1100℃ 烧成的试样，其体积密度为 0.87g/cm³，当烧成温度升高至 1250℃ 时，试样的体积密度增长至 0.91g/cm³，且在 1100～1250℃ 之间，试样的体积密度随温度的升高而增长得较为缓慢；当烧成温度超过 1250℃ 后，试样的体积密度随温度的升高而增长得较为迅速，且烧成温度与体积密度呈明显线性关系；当烧成温度为 1300℃ 时，试样的体积密度为 0.98g/cm³，而当烧成温度达到 1350℃ 时，试样的体积密度达 1.09g/cm³。

根据以上实验及分析可知，在 1100～1350℃ 温度范围内，当升高试样烧成温度时，试样的体积密度增加，且试样的烧后线收缩也随之增大。因此，对试样的烧成温度应进行合理控制，以此降低试样的体积密度及烧后线收缩。

3.3 烧成温度对试样冷态耐压强度的影响

图 7 为烧成温度与试样的冷态耐压强度的关系曲线。

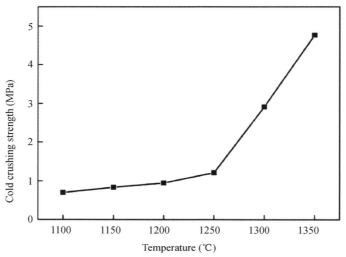

图 7　烧成温度对试样冷态耐压强度的影响

从图 7 中可看出，在 1100～1350℃ 温度范围内，轻质耐火材料的冷态耐压强度随烧成温度的升高而增大。当烧成温度为 1100℃ 时，烧后试样的冷态耐压强度仅为 0.70MPa，当烧成温度升高至 1250℃ 时，烧后试样的冷态耐压强度为 0.84MPa，且在 1100～1250℃ 温度范围内，烧后试样的冷态耐压强度随温度升高而增长得较为缓慢；进一步提高烧成温度，当烧成温度为 1300℃ 时，烧后试样的冷态耐压强度增大至 2.91MPa，进一步提高烧成温度到 1300℃ 时，烧后试样的冷态耐压强度增大至 4.76MPa，且在 1250～1350℃ 温度范围内，试样的冷态耐压强度随温度升高而增长得较为迅速。

烧后试样的体积密度与冷态耐压强度存在相同的变化趋势，即随着烧成温度的提高，试样的体积密度增大，冷态耐压强度也增大，且在不同的温度范围内表现出相同的增长趋势。由此，将体积密度与冷态耐压强度结合起来分析，结果如图 8 所示。

从图 8 中可看出，不同温度条件下烧成后的试样，体积密度与冷态耐压强度保持良好的线性关系。当烧成温度为 1300℃ 时，试样的体积密度为 0.98g/cm³，冷态耐压强度为 2.91MPa，其强度较高，体积密度较小。

3.4 保温时间对烧成试样线变化的影响

将轻质耐火材料试样在 1300℃ 条件下烧成，分别保温 20min，40min 和 60min，其烧后线变化检测结果如图 9 所示。

由图 9 可以看出，随着保温时间的延长，试样的烧后线收缩逐渐增大。当保温时间为 20min 时，试样的

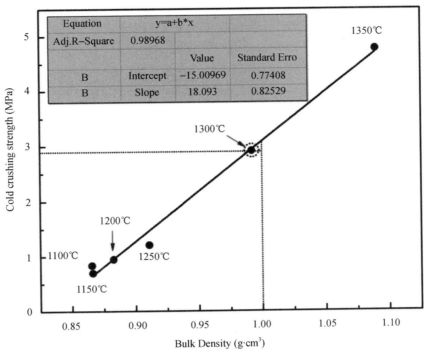

图 8　体积密度与冷态耐压强度的关系

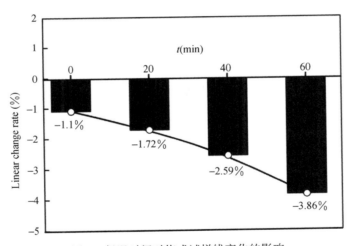

图 9　保温时间对烧成试样线变化的影响

烧后线收缩为 1.72%；保温时间延长至 40min 时，试样的线收缩增大至 2.59%；保温时间延长至 60min 时，试样的线收缩高达 3.86%。因此为降低烧后试样的线收缩，应尽量降低烧成试样的保温时间。

3.5　轻质耐火材料性能检测及分析

对 1300℃下保温 20min 制备的轻质耐火材料样品的性能进行测试，结果见表 4。

表 4　轻质耐火材料的性能

性能	体积密度（g/cm³）	显气孔率（%）	冷态耐压强度（MPa）	高温耐压强度（MPa）
数值	0.96	60	4.46	3.12

经测试及计算，试样的显气孔率约 60%，体积密度约 0.96g/cm³，冷态耐压强度为 4.46MPa，高温耐

压强度为 3.12MPa，其耐压强度大于国内铝硅系隔热材料的性质标准。

采用平板法测定烧成试样的导热系数，结果如图 10 所示。

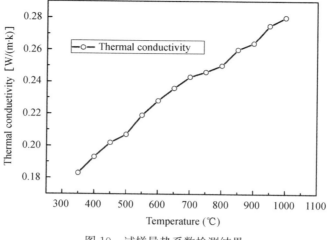

图 10　试样导热系数检测结果

从图 10 可知，试样的导热系数随着温度的升高逐渐增大，350℃时试样的导热系数为 0.16W/（m·K），当温度逐渐升高至 1000℃时，试样的导热增大至 0.25W/（m·K）。此外，从图中还可以明显观察到试样的导热虽然整体上呈线性增大，但在不同的温度阶段，其增长速率有所不同，即呈阶梯增长，因此，对试样的导热系数进行线性拟合，结果如图 11 所示。

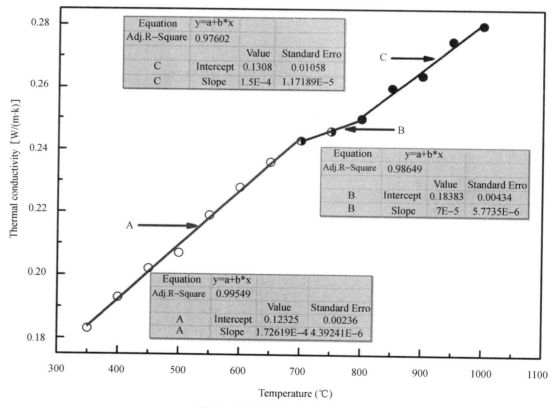

图 11　试样导热系数拟合曲线

图 12 为烧后试样的 XRD 图谱。

试样的导热系数经线性拟合发现，在 700℃之前，曲线斜率较大（1.72×10^{-4}），表明试样在此温度范围内导热系数随温度的增大而增大得较快，隔热性能相对较差；在700～800℃之间曲线的斜率较小（0.7×10^{-4}），试样的导热系数随温度变化较小，在此温度范围内试样的隔热性能较好；当温度高于800℃后曲线的斜率反而增大（1.5×10^{-4}），即导热系数随温度升高而增大得较为迅速。综上分析可知，该轻质耐火材料在700～800℃温度范围内使用更为适宜。

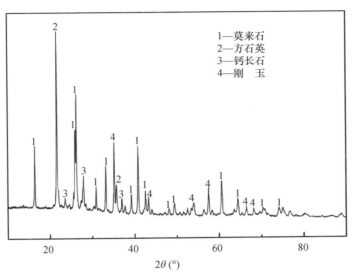

图12　烧成试样的 XRD 图谱

由图12可以看到，烧成试样的主要物相为莫来石，相较粉煤灰原灰而言，刚玉相的含量明显减少，且出现了新的物相——钙长石和方石英相。这主要是由于在高温烧成过程中，粉煤灰原灰中的杂质成分（碱金属及碱土金属氧化物）促进了莫来石的分解，并与刚玉相发生反应形成钙长石，（烧成温度超过1200℃后）游离的无定形 SiO_2 逐渐向方石英转化。

图13为烧后试样断口形貌的形貌照片。

(a) 放大2000倍　　　　　　　　　(b) 放大4000倍

图13　烧后试样的断口形貌照片

从图13中可看到，烧成后试样中仍然存在大量球形粉煤灰颗粒，颗粒尺寸大小不同，且有些为空心球状。结合粉煤灰原灰的显微形貌来看，烧后试样中的粉煤灰颗粒之间相互堆积，粒径较小的球形粉煤灰颗粒"附着"在大颗粒表面，或"填充"于粒径大的颗粒之间，这有利于试样强度的提升；此外，烧后试样中还发现"片状""絮状"的低熔相（钙长石），这与 XRD 的检测结果一致。低熔相"桥接"于粉煤灰颗粒之间，低熔相的形成可将大小球形的粉煤灰"粘结"起来，同时也会填充剩余的部分孔隙，更进一步增强了试样的结构致密化，增大了试样的强度。

4 结论

本文针对粉煤灰的原料特性和粉煤灰制备轻质耐火材料工艺参数开展实验研究，结果表明：

（1）粉煤灰主要成分为 Al_2O_3，SiO_2，其主要物相为莫来石和刚玉相；粉煤灰颗粒呈规则圆球形，颗粒表面光滑平整，并含有部分空心球，粒度分布范围较宽，尺寸均一度较低；粉煤灰高温性能稳定，无明显相变反应和体积效应，耐火度高，可作为开发轻质耐火材料的原料。

（2）以粉煤灰为原料，外加减水剂、结合剂和烧失物，经成型、养护后在 $1100\sim1350℃$ 温度条件下烧成，制备了粉煤灰轻质耐火材料，烧后试样的耐压强度、体积密度和线收缩均随着烧成温度的升高而增大，且在 $1250\sim1350℃$ 范围内试样的耐压强度和体积密度随温度升高而增大得较为迅速，烧成温度及保温时间对试样的烧结性能影响显著。

（3）$1300℃$ 保温 20min 制备的试样烧后线收缩为 1.72%，显气孔率为 60%，体积密度为 $0.96g/cm^3$，冷态和高温耐压强度分别为 4.46MPa 和 3.12MPa，性能满足国内铝硅系隔热材料的要求。

（4）导热性能研究表明，制备的粉煤灰轻质耐火材料的导热系数随温度升高而呈线性增大，在 $700\sim800℃$ 之间增长得较为缓慢，在此温度范围内轻质耐火材料的隔热效果更优。

（5）本研究所制备的粉煤灰轻质耐火材料，其最高使用温度为 $1300℃$。可作为中温隔热材料用于高温工业的各种工业窑（梭式窑、隧道窑）炉（加热炉、钢包、中间包等）炉墙的保温层（隔热层）；作为泡沫陶瓷用于建筑行业高层建筑墙体结构组员，起到保温隔热作用；作为高渗水筑路材料用在城市道路建设方面；作为优良的隔声材料用于需要隔声的场合。

参考文献

[1] 丁爱娟. 亚熔盐法粉煤灰提铝清洁工艺硫行为研究 [D]. 北京：北京化工大学，2013.

[2] 黄谦. 国内外粉煤灰综合利用现状及发展前景分析 [J]. 中国井矿盐，2011，42（4）：41-43.

[3] 国家发展和改革委员会. 中国资源综合利用年度报告（2014）[R]. 北京：国家发展和改革委员会.2014：7.

[4] 徐平坤. 利用粉煤灰生产耐火材料 [J]. 再生利用，2016，9（9）：38-42.

[5] 戴杰. 基于分形理论的粉煤灰孔隙结构及渗透率研究 [D]. 长沙：湖南大学，2013.

[6] Siddique R. Effect of fine aggregate replacement with class F fly ash on the mechanical properties of concrete [J]. Cement and Concrete Research，2003，33（4）：539-547.

[7] 黄朝晖，杨景周，刘艳改，等. 高铝粉煤灰在耐火材料中的应用研究 [J]. 耐火材料，2006，40（3）：210-212.

[8] 杨久俊，吴宏江. 不烧粉煤灰微珠隔热砖的研究 [J]. 耐火材料，2006，40（3）：210-212.

[9] 李德周，苗文明，尹延辉. 用粉煤灰漂珠生产轻质耐火材料 [A]. 《耐火材料》杂志社创刊四十周年暨耐火材料科技发展研讨会 [C]. 洛阳：《耐火材料》编辑部，2006：250-253.

[10] 伊延辉. 粉煤灰漂珠砖的生产 [J]. 轻工化工.2003，1：26.

[11] 崔崇，刘少明，程水明. 粉煤灰轻质隔热耐火砖的研制 [J]. 粉煤灰综合利用，2000，14（4）：61-63.

[12] 肖继东，王习东. 粉煤灰轻质耐火砖研制 [A]. 2013亚洲粉煤灰及脱硫石膏综合利用技术国际交流大会 [C]. 山西朔州：亚洲粉煤灰协会，2013：19-20.

[13] 陈若愚，李远兵，向若飞，等. 锯末粒径对粉煤灰轻质隔热耐火砖性能的影响 [J]. 耐火材料，2015，49（增3）：518-520.

[14] 张燕. 用粉煤灰和粘土生产耐火隔热砖 [J]. 国外耐火材料，2005，30（5）：17-21.

循环流化床固硫灰渣特性及其利用现状

贾鲁涛，陈仕国，魏雅娟

（华电电力科学研究院，浙江杭州，310030）

摘　要　为探究循环流化床固硫灰与普通煤粉炉粉煤灰品质的差异，采用水泥细度负压筛析仪、水泥胶砂流动度试验仪、X射线荧光光谱仪、扫描电镜等测试分析了固硫灰、粉煤灰的细度、需水量比、化学组成和矿物组成。试验结果表明，与粉煤灰相比，固硫灰一般存在细度、需水量比较大，SO_3、游离氧化钙含量较高的特点；同时由于燃烧温度和脱硫工艺的不同，矿物组成也存在明显的差别。结合固硫灰特性，在系统阐述国内外固硫灰渣研究现状的基础上，综述了固硫灰渣的利用途径，进而提出其应用过程中存在的问题，有助于其资源综合利用。

关键词　固硫灰；粉煤灰；理化特性；利用途径

Abstract　Fineness，water demand ratio，chemical composition and mineral structure of circulating fluidized bed（CFB）ashes and pulverized coal（PC）ashes were measured by apparatus of fluidity of cement mortar，X-ray diffraction and scanning electron microscope in order to explore the differences between FBC ashes and PC ashes. Results showed that the fineness，water demand ratio，content of SO_3 and f-CaO of FBC ashes were higher than PC ash. There are obvious differences in mineral composition due to the different combustion temperature and desulphurization process. Combining with the characteristics of FBC ashes，the ways and problems of utilization of FBC ash were summarized in this paper which contributes to its comprehensive utilization.

Keywords　CFB ash；PC ash；physical and chemical properties；utilization

0　引言

　　循环流化床燃烧技术是一种燃烧效率高、硫氧化物及氮氧化物排放量低、适应性好、投资低的燃烧技术[1,2]。燃煤固硫灰渣是指含硫煤与固硫剂（一般为石灰石）以一定比例混合后在流化床锅炉内经850～900℃燃烧固硫后排出的固体废弃物，其中从烟道收集到的灰状物为固硫灰，炉底排出的块状物为固硫渣[3]。循环流化床锅炉的灰渣排放量比普通煤粉炉的灰渣多30％～50％[4]，固硫灰渣的资源化利用是亟待解决的问题。

　　固硫灰的成分复杂，主要由脱硫剂、脱硫产物、飞灰等组成，且固硫灰性质不稳定，目前大多是以堆放处理为主[5]，同时，固硫灰与普通煤粉炉粉煤灰性能存在较大的差异，其需水量比较大，SO_3、f-CaO等含量较高，是制约其在水泥、混凝土等领域应用的主要因素[6]。

　　目前我国对固硫灰的性质和应用正处于起步阶段，发达国家的灰渣利用率也只有30％左右[7]，本文在分析固硫灰/粉煤灰需水量比、细度、微观形貌等的基础上，结合近年来固硫灰渣的研究成果，总结了固硫灰渣的化学组成、矿物组成、微观形貌、细度等物化特性，对固硫化渣的综合利用现状及存在的问题进行综述，对固硫灰渣性能的深入认识有助于其资源综合利用。

1　固硫灰渣的基本特性

1.1　细度和需水量比

　　粉煤灰的细度是评价其品质的重要指标之一，通常以$45\mu m$筛余量（％）作为粉煤灰细度指标。粉煤灰细度与煤粉细度、电厂锅炉类型、燃烧温度、收尘设备等都有关系，一般来说，粉煤灰细度越大，其需水量比也越大；另外，烧失量、颗粒形貌等也是影响需水量比的重要因素。粉煤灰、固硫灰的细度、需水量比的试验结果见表1。可以看出，固硫灰颗粒较粗，需水量比较大，而优质粉煤灰较细，具有形态效应和微集料效应，可起到一定的减水效果[8,9]。

表 1 固硫灰、粉煤灰的细度及需水量比

对比项 灰渣	细度（%）	需水量比（%）
固硫灰	49.2	109
粉煤灰	8.4	99

钱觉时[10]、杨蔚[11]等人研究了固硫灰渣和粉煤灰渣的标准稠度需水量，结果显示，固硫灰渣的标准稠度需水量远高于粉煤灰，固硫灰标准稠度需水量约为粉煤灰的 2 倍，而粉状固硫渣的标准稠度需水量也高出粉煤灰 50%。

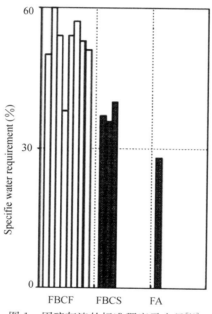

图 1 固硫灰渣的标准稠度需水量[10]

1.2 化学组成

不同区域、电厂因燃煤煤种、固硫效率、燃烧温度等的不同，粉煤灰、固硫灰的化学组成存在较大差异[12]。固硫灰渣的化学组成以 SiO_2，CaO，Al_2O_3，Fe_2O_3，SO_3 为主，与普通煤粉炉粉煤灰相比，由于在燃烧过程中加入了石灰石等固硫剂，造成其 CaO，SO_3 含量较高。同时，由于循环流化床锅炉燃烧温度低于普通煤粉炉，所以固硫灰的烧失量一般较大。

烧失量是表征粉煤灰中残留碳分多少的指标，量越大，表明未燃尽碳分越多。粉煤灰烧失量对需水量比也有一定的影响，烧失量大的粉煤灰中残留碳含量高，需水量比也较大[13]。

表 2 固硫灰、粉煤灰的化学组成（%）

化学组成 灰渣	LOI	SiO_2	CaO	Al_2O_3	Fe_2O_3	SO_3	K_2O	Na_2O
固硫灰	5.42	47.46	13.28	18.05	6.66	2.18	2.22	1.19
粉煤灰	2.24	49.68	3.46	37.74	6.60	0.56	0.70	0.15

1.3　自硬性和膨胀性

固硫灰渣的自硬性与其 CaO 和 SO_3 含量有关，含量越高，自硬性越高。钱觉时认为，f-CaO 是固硫灰渣自硬性的必要条件，$CaSO_4$ 是固硫灰渣自硬性的充分条件，$CaSO_4$ 有利于固硫灰渣的硬化和强度发展。

固硫灰渣与水混合后，硬石膏与水作用生成二水石膏，体积增大为原来的 2.26 倍，与活性 Al_2O_3 和 f-CaO 作用生成钙矾石，体积增大为原来的 2.22 倍；f-CaO 水化为 Ca（OH）$_2$，体积增大为原来的 1.98 倍。这些水化反应都会引起体积的明显膨胀，导致体积安定性不良，限制了固硫渣的利用[10,11]。

1.4　矿物组成

图 2 为固硫灰、粉煤灰的 X 射线衍射图谱，可以看出，固硫灰的主要矿物组成为石英、生石灰、石灰石、赤铁矿等，粉煤灰的主要矿物组成为石英、莫来石、镁铁矿等。

固硫灰与粉煤灰成分分析矿物组成差别较大的主要原因是：

（1）固硫过程中石灰石的引入

固硫灰中的石灰石为过量固硫剂，氧化钙为石灰石分解产物，硫酸钙为固硫产物；

（2）燃烧温度不同

固硫灰渣生成温度为 850～900℃，而粉煤灰生成温度约为 1400℃，黏土矿物在不同温度下存在形式及参与反应不同，造成最终矿物组成不同[14]。

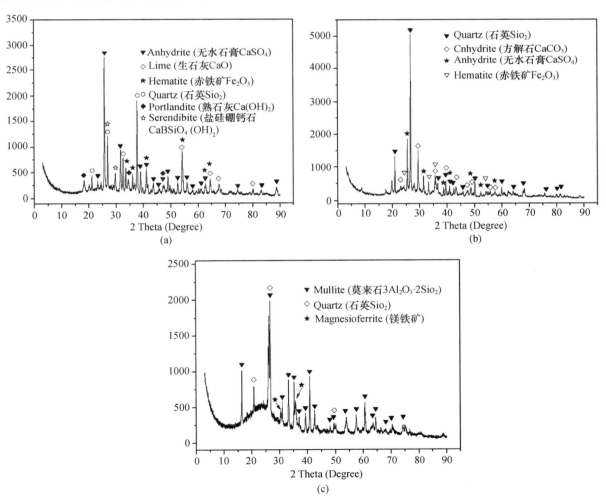

图 2　固硫灰、粉煤灰的 XRD 图谱（a、b 为固硫灰，c 为粉煤灰）

1.5　微观形貌

从微观角度分析，粉煤灰由玻璃体、结晶体以及少量未燃尽炭粒组成。从图 3（a）、图 3（b）中可以看出，固硫灰成无定形状态，颗粒粗大，表面粗糙；由图 3（c）、图 3（d）可以看出，粉煤灰主要是球状的玻璃体组成，另外还有少量的未燃碳等。其微观形貌相差较大的主要原因是粉煤灰是在高温流态化条件下快速形成的，玻璃相的出现使之在表面张力的作用下收缩成球形，在快速冷却的过程中形成多孔玻璃体。快速冷却阻止了析晶，大量粉煤灰粒子仍保持高温液态玻璃相结构，表面结构比较密实。固硫灰渣在其生成温度范围内难以出现大量液相，尽管可以产生明显的固相扩散作用，但不会出现较强致密化，并且在燃煤的过程中有大量 CO_2 的产生，从而造成固硫灰渣表面结构疏松[11]。

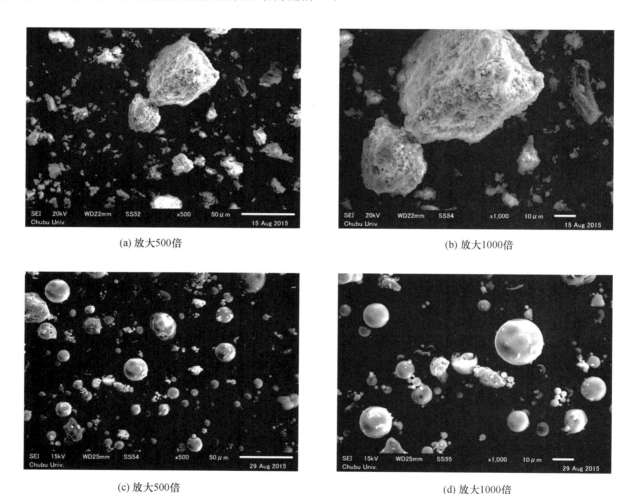

(a) 放大500倍　　　　　　　　　　　　　　　　(b) 放大1000倍

(c) 放大500倍　　　　　　　　　　　　　　　　(d) 放大1000倍

图 3　固硫灰、粉煤灰的微观形貌（a、b 为固硫灰，c、d 为粉煤灰）

1.6　活性

由于循环流化床和煤粉炉燃烧温度不同，固硫灰和粉煤灰在矿物组成、微观形貌上存在很大的差别，造成其活性差异较大[15]。莫来石对活性基本没有贡献[16]，偏高岭石等结晶度较差的过度相，对火山灰活性的贡献很大[17]。粉煤灰表面结构致密，活性 Al_2O_3，SiO_2 难以溶出，活性难以发挥[18]，固硫灰表面疏松，活性容易发挥。同时，石灰石在流化床内分解为 CaO，使硅酸盐矿物部分桥氧断裂，降低了［SiO_4］和［AlO_6］的聚合度，因此，固硫灰的火山灰活性高于粉煤灰[19]。

2　固硫灰渣的研究利用现状

2.1　国外固硫灰渣的研究利用现状

1991 年法国进行了 CERCHAR 水化法的研究，这是一种选择性的预水化方法，能使固硫灰渣中的 f-CaO 完全水化为 Ca（OH）$_2$，而不影响固硫灰渣中的其他组分。但是 CERCHAR 预水化条件较为苛刻：温度为 170～180℃，压强为 0.85MPa，能耗很大，难以推广[20]。J. Blondin[21] 等人将固硫灰进行预水化处理，然后用作水泥混合材或混凝土掺合料，并取得较好的效果。Maochieh Chi[22] 等进行了固硫灰用于碾压混凝土的研究，结果表明，固硫灰对碾压混凝土强度、抗硫酸盐侵蚀能力等都有积极的影响。加拿大学者利用固硫灰渣研制出一种无水泥混凝土，其成本非常低廉。

2.2　国内固硫灰渣的研究利用现状

近年来，国内固硫灰渣排放量增长迅速，引起了许多学者对固硫灰渣研究利用的高度关注。

固硫灰渣具有一定的自硬性和火山灰活性，一般来说，固硫灰渣不能直接用作矿物掺合料，但可以作为熟料组分引入水泥制造工艺中生产火山灰水泥，还可以作水泥生产助磨剂，并可代替石膏来调节水泥凝结时间，同时也可利用灰渣中的 CaO 和 SO$_3$ 作为水泥或混凝土材料的膨胀组分，研制微膨胀水泥或者混凝土。

（1）用作水泥生产原材料及混合材

固硫灰较普通粉煤灰有较大差异，较多的游离氧化钙和硬石膏导致固硫灰具有较高的活性，但也带来了膨胀性问题。赖振宇[23] 利用循环流化床固硫灰渣替代部分原料，可以制备低收缩水泥，不仅减少了水泥生产对自然资源的利用，而且为废渣的利用提供了有效的途径。柳瑞翠[24] 研究认为，随固硫灰掺量的增加，水泥熟料的标准稠度需水量增大，固硫灰作为水泥混合材时，其中所含的无水硫酸钙可替代二水石膏起缓凝剂作用，随固硫灰掺量的增加，强度降低，尤其是早期强度降低明显，但随着时间增长，后期强度持续增长。焦雷[25] 等研究了磨细处理改善固硫灰水泥胶砂物理力学性能和膨胀性能的可行性，结果表明，经磨细处理后固硫灰水泥净浆标准稠度需水量降低（相比原灰），但初凝时间提前；固硫灰替代部分水泥作水泥掺合料时对胶砂强度影响很大，当固硫灰颗粒较粗、掺量较大时，能极大地破坏水泥胶砂强度，所以必须严格限定固硫灰的细度和掺量；磨细处理能降低固硫灰水泥净浆的总膨胀能，并能将膨胀能提前释放。高燕[26] 等研究了不同细度和不同掺量固硫灰对水泥物理性能和水化性能影响，结果表明，当固硫灰掺量为 10％～30％时，水泥安定性、凝结时间符合国家标准，水泥强度随固硫灰细度的增加而增加，随固硫灰掺量增加先增加后降低，最佳掺量为 20％，同时，固硫灰的加入可改善水泥水化产物的热稳定性，适量的固硫灰掺量可促进水泥水化。石岩[27] 研究认为，固硫灰超细粉的活性可以达到 90.9％，掺加固硫灰超细粉的水泥胶砂强度明显高于掺加固硫灰原样的，其 28d 抗压强度提高了 11.7％。

（2）用作矿物掺合料

高燕[28] 以固硫灰取代石英粉制备活性粉末混凝土，通过湿热养护制备出的活性粉末混凝土抗折强度为 26 MPa，抗压强度为 140 MPa，固硫灰中的硬石膏和游离氧化钙可改善 RPC 的自收缩。夏艳晴[29] 利用循环流化床固硫灰制备了免蒸压无水泥加气混凝土，其认为，固硫灰越细，活性越高，制品强度越高。邓天明[30] 将固硫灰与固硫渣复掺，研究了复掺灰等质量代替粉煤灰对混凝土工作性能及强度的影响，结果表明，复掺灰安定性合格，复掺灰的活性指数可达 84.23％。陈雪梅认为利用固硫灰制备的泡沫混凝土强质比高、收缩小、吸水率大，导热系数和冻融循环次数均满足要求。

另外，利用固硫灰水化膨胀的特性，刘元正[31] 在灌浆材料中添加 30％～50％固硫灰，其性能均能满足早期微膨胀后期不收缩的要求。

（3）用于固化土壤

固硫灰渣具有较强的水化自硬性和较高的火山灰活性，同时水化之后会产生明显的体积膨胀，利用固硫灰渣的这些特性将其用于土壤固化领域，能够弥补水泥类土壤固化剂容易出现裂缝的缺点。纪宪坤[32]通过对固硫灰渣进行活性激发和膨胀控制，研发了固硫灰渣类土壤固化剂，可应用于土壤固化领域。万百千[33]研究了用固硫灰渣复掺碱激发剂用作土壤固化剂的研究，当固硫渣和碱激发剂的复合掺量为25％时，试件7d抗压强度可达2.54MPa。

（4）路基材料

李萃斌[34]等人用固硫灰和石灰石粉复合作为沥青新型填料，该复合填料制备的沥青混合料各项指标均能满足规范要求，可用于沥青道路。其中以约30％固硫灰取代石灰石粉制备复合沥青填料效果较好。

另外，也有固硫灰用于生产蒸养砖[35]、陶瓷[36]、复合肥[37]等的研究。

3 固硫灰渣利用存在的问题及建议

我国对固硫灰渣的研究和利用尚处于起步阶段，离真正大规模资源化利用还有很长一段距离，而限制其应用的主要有以下几方面的因素：

（1）受煤种、脱硫工艺等的影响，不同区域、电厂的固硫灰品质存在较大的差异，即使是同一电厂的固硫灰，其品质往往也存在较大波动，制约了其工业化大规模应用。

（2）固硫灰渣中的SO_3，f-CaO偏高，导致固硫灰渣的体积稳定性较差，这是限制其利用的主要障碍。

（3）固硫灰渣的需水量比普通煤粉炉粉煤灰大很多，是制约其在水泥、混凝土行业应用的主要因素。

建议：固硫灰渣存在较高的火山灰活性和水硬性，一方面可通过控制其细度等改善固硫灰渣的体积稳定性，或在基体内引入孔隙等为其膨胀提供空间，缓解膨胀压力，增加其在水泥、混凝土等领域的利用；同时，应充分利用其膨胀性能，加大其作为膨胀剂的研究，将劣势转化为优势，扩宽其应用前景。

参考文献

[1] 钟辉，王晓严. 循环流化床燃烧技术的发展 [J]. 发电设备，2005，19（2）：130-134.

[2] 吕淑萍. 循环流化床锅炉技术的发展状况 [J]. 科技与企业，2012（7）：137-137.

[3] 黄叶，钱觉时，王智，等. 循环流化床锅炉固硫灰与煤粉锅炉粉煤灰的比较研究 [J]. 粉煤灰综合利用，2009，3（7）：7-9.

[4] 王政，谢巧玲. 循环流化床脱硫技术对锅炉灰渣量的影响 [J]. 煤炭加工与综合利用，2001（3）：52-53.

[5] 王朝强，谭克锋，戴传彬，等. 我国脱硫灰渣资源化综合利用现状 [J]. 粉煤灰综合利用，2014，（2）：51-56.

[6] 朱文尚，颜碧兰，江丽珍. 循环流化床燃煤固硫灰渣研究利用现状 [J]. 粉煤灰，2011，23（3）：25-26.

[7] 赵翔宇，黄叶，黄煜镔. 流化床燃煤技术特点及其灰渣特性 [J]. 中国西部科技，2011，10（2）：12-14.

[8] 谢永红，魏发骏. 粉煤灰的形态效应在低水胶比条件下的特殊性 [J]. 混凝土与水泥制品，1996（2）：18-21.

[9] 王述银，彭尚仕. Ⅰ级粉煤灰的减水机理探讨 [J]. 人民长江，2002，33（1）：40-42.

[10] 钱觉时，郑洪伟，宋远明，等. 流化床燃煤固硫灰渣的特性 [J]. 硅酸盐学报，2008，36（10）：1396-1400.

[11] 杨蔚，董发勤，何平. 燃煤固硫灰渣的特性及其资源化利用现状 [J]. 粉煤灰综合利用，2013，4：50-56.

[12] 杨娟. 固硫灰渣特性及其作水泥掺合料研究 [D]. 重庆：重庆大学，2006

[13] 武斌，罗鑫，赵劲松. 粉煤灰品质对其需水量及活性的影响 [J]. 四川建材，2015，41（4）：23-24.

[14] 宋远明，钱觉时，徐惠忠. 流化床燃煤固硫灰渣微观结构研究 [J]. 粉煤灰，2008，20（5）：32-34.

[15] 宋远明，钱觉时，王智. 燃煤灰渣活性差异及来源研究 [J]. 粉煤灰综合利用，2007（6）：16-18.

[16] 李东旭. 低钙粉煤灰中莫来石结构稳定性的研究 [J]. 材料导报，2001，15（10）：68-70.

[17] 高琼英，张智强. 高岭石矿物高温相变过程及其火山灰活性 [J]. 硅酸盐学报，1989，17（6）：541-548.

[18] 李国栋. 粉煤灰的结构、形态与活性特征 [J]. 粉煤灰综合利用，1998，3（35.38）.

[19] 宋远明，钱觉时，王智，等. 固硫灰渣的微观结构与火山灰反应特性 [J]. 硅酸盐学报，2006，34（12）：1542-1546.

[20] Burwell S M, Anthony E J, Berry EE. Advanced FBC ash treatment technologies [R]. American Society of Mechanical Engineers, New York, NY (United States)，1995.

[21] J. Blondin, E J Anthony. A Selective Hydration Treatment to Enhance the Utilization of CFBC Ash in Concrete [C]. Int. Conf. on FBC, 1995（2）：1123

[22] Maochieh Chi, Ran Huang. Effect of circulating fluidized bed combustion ash on the properties of roller compacted concrete [J]. Cement & Concrete Composites 45 (2014)：148-156.

[23] 赖振宇，彭艳华，吕淑珍，等．循环流化床固硫灰渣低收缩水泥的制备及性能 [J] ．中国粉体技术，2012，18（4）：57-61．

[24] 柳瑞翠，曹凯，刘子全，等．固硫灰兼用作水泥混合材及缓凝剂的研究 [J] ．混凝土，2010（8）：88-89．

[25] 焦雷，卢忠远，严云，等．循环流化床燃烧产物固硫灰的细度对水泥性能的影响 [J] ．成都理工大学学报（自然科学版），2010，37（5）：523-527．

[26] 高燕，吕淑珍，段新勇，等．固硫灰对水泥性能的影响 [J] ．武汉理工大学学报，2013，35（4）：17-21．

[27] 石岩，陈海焱，冯启明，等．固硫灰超细粉对水泥胶凝性能的影响 [J] ．非金属矿，2014（2014 年 04）：10-12．

[28] 高燕，吕淑珍，卢忠远，等．掺固硫灰活性粉末混凝土的制备和性能 [J] ．材料研究学报，2014，28（1）：59-66．

[29] 夏艳晴，严云，胡志华．固硫灰免蒸压加气混凝土性能影响因素的研究 [J] ．武汉理工大学学报，2012，34（3）：23-28．

[30] 邓天明，张凯峰，孟刚，等．固硫灰与磨细固硫渣复掺用作混凝土掺合料的试验研究 [J] ．混凝土与水泥制品，2015（12）：14-18．

[31] 刘元正，陈德玉，陈雪梅．固硫灰制备灌浆材料的试验研究 [J] ．混凝土与水泥制品，2013（4）：80-83．

[32] 纪宪坤，周永祥．固硫灰渣用于土壤固化领域研究 [C] ．2011 年混凝土与水泥制品学术讨论会论文集，2011．

[33] 万百千，路新瀛．用固硫渣作土壤固化剂的可行性研究 [J] ．粉煤灰综合利用，2002，3：21-22．

[34] 李萃斌，苏达根，张京锋．脱硫灰与石灰石粉复合制备沥青填料研究 [J] ．青岛理工大学，2010，31（1）：54-57．

[35] 王红梅，王凡，张凡．半干半湿法脱硫灰制砖实验研究 [J] ．环境科学研究，2004，17（1）：74-76．

[36] 赵勇．利用脱硫渣等工业废渣生产陶瓷研究 [D] ．广州：华南理工大学，2010

[37] 柯亮，石林，耿曼．脱硫灰渣与钾长石混合焙烧制钾复合肥的研究 [J] ．化工矿物与加工，2007，36（7）：17-20．

干粉煤灰掺量对立磨粉磨水泥的影响

杜　鑫，张文谦，柴星腾，王维莉

（中材装备集团有限公司，天津北辰，300400）

摘　要　粉煤灰在水泥中已被广泛应用，对于添加干粉煤灰的水泥立磨，通过实验室半工业化立磨和工业化生产的分析，得到如下结论：在水泥立磨粉磨中，掺入低于40%的干粉煤灰，每增加1%，粉磨电耗降低0.16 kW·h/t，可作为选型设计参考；每增加1%的干粉煤灰，产品比表面积会有不同程度的增加。

关键词　干粉煤灰；粉磨；水泥；立磨

0　前言

从煤燃烧后的烟气中收捕下来的细灰称为粉煤灰，根据排放的方式又可分为干粉煤灰和湿粉煤灰。粉煤灰是燃煤电厂排出的主要固体废物，它是我国当前排量较大的工业废渣之一。据统计，每燃烧1t煤约产生250～500kg的粉煤灰，2013年我国粉煤灰产量高达4.6亿t，综合利用率70%[1]。由于粉煤灰在建材中良好的使用效果，随着环境保护和固体废弃物资源化的大力推进，粉煤灰在一些地区甚至成为紧俏资源[2]。在水泥生产中，粉煤灰多用作水泥混合材，掺入比例最高可达40%。由于粉煤灰形成过程的特殊性，其比表面积可达160～350m²/kg，粒径在0.5～300μm之间，掺入粉煤灰后不仅可以明显降低水泥粉磨电耗，而且可以提高水泥的使用性能[3,4]，因此粉煤灰也受到水泥生产企业的青睐。

目前，在水泥粉磨技术领域主要有三种不同的技术，分别是球磨机粉磨技术、辊压机与球磨机组成的联合粉磨技术、立式辊磨（简称立磨）终粉磨技术，其中立磨粉磨技术经济效益指标较为先进，国际上大的水泥粉磨装备企业也都陆续推出了不同生产规模的水泥立磨，并得到广泛的推广和应用[5,6]。截止到2016年4月，由中材装备集团研发的TRM型水泥立磨已累计出售41台。对于掺粉煤灰的系统，设计了与其他物料混合入磨、粉煤灰单独喂入选粉机两种粉磨方式，在工业生产中目前仅有潍坊特钢集团有限公司建材厂采用掺入5%的粉煤灰与其他物料混合入磨，在国外MPS立磨有掺30%的干粉煤灰使用业绩[7]。

在以往水泥立磨选型设计中，我们以粉煤灰对水泥比表面积的影响为基础，根据粉煤灰的掺入量和要求产品的比表面积，来进行设备的选型计算，但是立磨作为更高效的节能粉磨装备，粉磨原理与球磨机粉磨相比发生了明显变化，为了研究干粉煤灰掺量对立磨粉磨水泥的影响，优化选型设计参数，提高设备配置经济性和有效性，选择以TRM型半工业化立磨进行研究。

1　试验原料及试验内容

1.1　原材料

（1）熟料：取自天津振兴水泥厂，邦德功指数14.47kW·h/t，入磨物料级配见表1。

表1　入磨熟料粒度级配

孔径（mm）	10	7	5	3	1	0.5	0.25	0.145	<0.145
筛余百分含量（%）	6.74	26.30	30.03	16.43	12.04	3.08	1.39	1.19	2.81
累计筛余百分含量（%）	6.74	33.04	63.07	79.50	91.53	94.61	95.99	97.19	100.00

（2）干粉煤灰：取自河北唐山，其细度见表2。

表 2　干粉煤灰原灰细度

物料	R_{45} （%）	R_{80} （%）	密度（g/cm³）	比表面积（m²/kg）
干粉煤灰	44.37	30.80	1.79	254

（3）天然石膏：取自天津振兴。

1.2　试验系统

2011年公司建立了一套完整的半工业化立磨试验系统，主要用于水泥、钢渣、尾矿等立磨试验，主机规格为TRM5.6立磨，盘径560mm，磨盘转速70rpm，动力30kW，两辊，水泥粉磨设计能力1t/h。

系统流程如图1所示，一定粒度的物料由提升机送入料仓，再经可调转速圆盘喂料机、皮带机、锁风分格轮喂入磨内。物料在磨内被粉磨后由风提升经过辊磨上部的动态选粉机进行分选，粗粉返回到磨盘上再粉磨，细粉随气体进入袋收尘器被收下，干净空气排入大气。该系统在配置和设计上与工业辊磨系统完全相同，并带有外循环装置；采用集中控制，可以调节、记录有关参数。

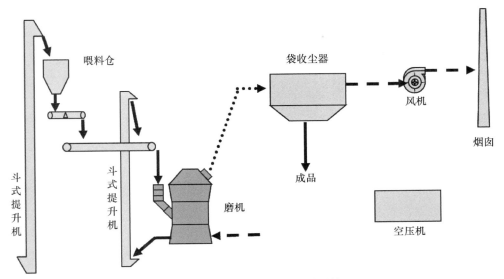

图 1　TRM5.6半工业化试验系统

1.3　试验方案

2013—2015年，以TRM5.6试验系统为基础，进行了粉磨电耗与水泥产品比表面积的相关性研究，在此基础上，我们选择产品比表面积为320m²/kg时为操作参数，通过固定试验参数、改变干粉煤灰的掺入量，研究干粉煤灰掺入量对立磨粉磨水泥产量的影响，为了试验数据的准确性，每组试验重复2次，具体试验方案和控制参数见表3和表4。试验过程中尽量保持功率不变，通过调整喂料量来控制功率，最后通过称量成品质量来计算台时产量和电耗。

表 3　干粉煤灰掺量对立磨粉磨水泥的影响试验方案

项目	1	2	3	4	5	6	7	8
熟料（%）	95	90	85	80	75	70	65	55
石膏（%）	5	5	5	5	5	5	5	5
干粉煤灰（%）	0	5	10	15	20	25	30	40

表4　试验控制参数

辊磨压力 （MPa）	输入功率 （kW）	挡料圈高度 （mm）	主电机转数 （r/min）	风机转速 （r/min）	风门开度 （%）	选粉机转速 （r/min）	试验时间 （min）
4.8	13～14	30	845	2500	100	520	30～40

2　试验结果与分析

通过 8 组对比性试验，得到不同干粉煤灰掺量下的成品比表面积和基准电耗，结果见表5。

表5　干粉煤灰掺量对立磨粉磨水泥的影响试验结果

掺量 （%）	比表面积 （m²/kg）	产量 （kg/h）	基准电耗（320） （kW·h/t）	掺量 （%）	比表面积 （m²/kg）	产量 （kg/h）	基准电耗（320） （kW·h/t）
0	334	644	19.33	5	335		19.80
	325	683	19.53		340		18.43
	329	664	19.43				
10	348		17.76	15	355		17.68
	340		18.49		350		19.04
20	366		18.33	25	369		15.29
	368		17.73		372		14.32
30	374		14.01	40	395		13.69
	378.5		13.49		394.5		13.52

注：基准电耗是将试验电耗通过比表面积与电耗的相关性折算到 320m²/kg 时的电耗。

2.1　干粉煤灰掺量对粉磨电耗的影响

从表 5 和图 2 中可以看出，基准电耗与干粉煤灰掺量呈负相关性，每增加 1% 的粉煤灰，基准电耗降低 0.16kW·h/t。因为粉煤灰原料较细，45μm 通过量达 56%，这部分材料入磨后随着磨盘气流上升至选粉机直接分选，无需粉磨，这就使得实际在磨盘上作用的物料量减少，利于提高产量，因此粉煤灰掺量的增加肯定会导致粉磨电耗的降低。

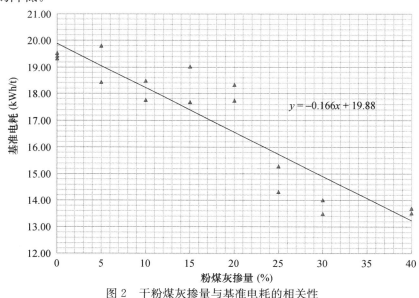

图 2　干粉煤灰掺量与基准电耗的相关性

2.2 干粉煤灰掺量对成品比表面积的影响

从表5和图3中可以看出，水泥成品的比表面积与粉煤灰掺量呈线性正相关性，每增加1%的粉煤灰，比表面积增加1.64m²/kg。由于粉煤灰在形成过程中，在表面张力的作用下，粉煤灰颗粒大部分为空心微珠，微珠表面凹凸不平，极不均匀，且存在大量微孔；一部分颗粒又在熔融状态下相互接触而连接成为表面粗糙、棱角较多的蜂窝状粒子，因此添加粉煤灰的水泥，在用比表面积表征产品细度时，产品的比表面积会有所增加的。另外，在试验过程中，为了保持立磨出力功率的不变，随着粉煤灰掺量的增加，产量也会有所增加。

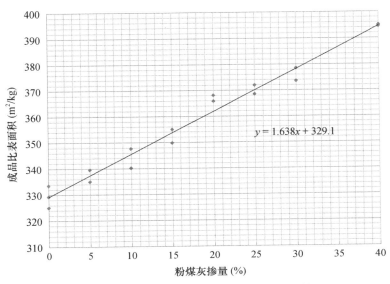

$$y = 1.638x + 329.1$$

图3 干粉煤灰掺量与成品比表面积的相关性

2.3 干粉煤灰掺量对水泥立磨选型设计的影响

通过2.1节和2.2节的介绍可知，在水泥立磨选型计算时可以按照每增加1%的粉煤灰电耗降低0.16kW·h/t来计算，也可以按照每增加1%的粉煤灰，比表面积增加1.64m²/kg来计算。我们以95%熟料＋5%石膏粉磨至320m²/kg时，电耗20kW·h/t为计算基准，可以得到表6。

表6 两种计算方法条件下得到的产品电耗和比表面积

基准电耗，20kW·h/t												
干粉煤灰掺量（%）	4	6	8	10	14	16	18	20	24	26	28	30
以干粉煤灰掺量对电耗的影响为基准，-0.16kW·h/t/+1%												
电耗1（kW·h/t）	019.36	19.04	18.72	18.4	17.76	17.44	17.12	16.8	16.16	15.84	15.52	15.2
SSB1（m²/kg）	327	330	334	337	345	349	353	357	366	370	375	380
以干粉煤灰掺量对比表面积的影响为基准，+1.64m²/kg/+1%												
电耗2（kW·h/t）	19.36	19.05	18.75	18.46	17.90	17.63	17.37	17.11	16.61	16.37	16.14	15.91
SSB2（m²kg）	327	330	333	336	343	346	350	353	359	363	366	369
两种方法的计算差值												
电耗2-电耗1（kW·h/t）	0.00	0.01	0.03	0.06	0.14	0.19	0.25	0.31	0.45	0.53	0.62	0.71
SSB2-SSB1（m²/kg）	-0.01	-0.15	-0.39	-0.72	-1.70	-2.36	-3.14	-4.04	-6.25	-7.57	-9.04	-10.68

从表 6 和图 4 中可以看出，在要求同样产能的条件下，以干粉煤灰掺量对基准电耗的影响为计算基准，所得产品电耗较低、产品比表面积较高，选型设计时立磨主机功率配置较为激进；以干粉煤灰掺量对比表面积的影响为基准，相反，配置较为保守。从两种方法的计算结果来看，基准电耗越大，则两者之间的差值越大。

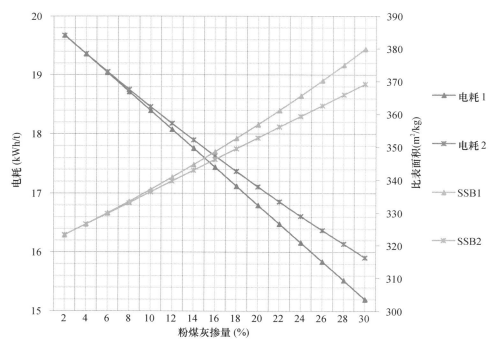

图 4 两种计算方法条件下得到的电耗和比表面积对比

在印度 Jaiprakash 公司，采用非凡的 MVR5600C-4 立磨，粉磨粉煤灰水泥，其中熟料占重量比 65%、石膏占重量比 4%、干粉煤灰占重量比 31%，所有物料混合入磨，设计产能 320t/h，装机 6600kW[8]。其 OPC 和 PPC 的生产情况对比见表 7。

表 7 印度 Jaiprakash 公司 MVR5600C-4 水泥立磨 OPC 和 PPC 生产情况对比

MVR5600C-4	OPC	PPC
熟料（%）	96	65
石膏（%）	4	4
干粉煤灰（%）	—	31
喷水（%）	2.8	0.8
喂料量（t/h）	380	320
比表面积（m²/kg）	280	390
电耗（kW·h/t）（含立磨、选粉机、风机）	20	19.1

从 Jaiprakash 公司粉磨 PPC 水泥来看，熟料温度对水泥产量、电耗、产品比表面积都会有影响，在熟料温度 115°时，水泥粉磨电耗（立磨、选粉机、风机）甚至可以低至 17kW·h/t。从表 7 中的数据来看，在扣除选粉机和风机电耗 5kW·h/t 后，以熟料和石膏的粉磨电耗 15kW·h/t、280m²/kg 为基准，则电耗降低程度为：[15－14.1×（2800/3900)^{1.3}]/31＝0.156，即每增加 1% 的干粉煤灰，电耗降低了 0.156kW·h/t，这与试验所得 0.16kW·h/t 非常吻合，在设备选型时可以参考。

同样，在扣除选粉机和风机的电耗后，若不考虑产量的影响，则比表面积增加程度为：（390－280）/31＝3.5，即每增加 1% 的干粉煤灰，产品比表面积增加 3.5m²/kg，与试验室数据相差较大。

柴星腾等[9]以熟料加粉煤灰为原材料，采用实验室小球磨机，在粉磨相同的时间下进行了不同干粉煤灰掺量下的试验，干粉煤灰原灰细度和试验结果见表8和表9。

表8　干粉煤灰细度

原料	R_{45}（%）	R_{80}（%）	比表面积（m²/kg）
干粉煤灰	18	9	454

表9　干粉煤灰掺量对比表面积的影响

粉煤灰掺量（%）	0	10	20	30
比表面积（m²/kg）	320.0	343.5	378.4	413.4

从表8和表9中可以看出，随着粉煤灰掺入量的增加，每增加1%的粉煤灰，成品比表面积增加3.2m²/kg，增加幅度比水泥立磨试验结果大，主要原因一是可能由于后者采用的粉煤灰较细，原灰中成品颗粒较多，易于产品比表面积的体现；另一个原因是球磨机试验采用闭路粉磨方式，在一定程度上会将粉煤灰磨细，且粉煤灰有一定的助磨作用，可以降低熟料与钢球的粘结，而立磨则会存在一部分的分选粉煤灰，细颗粒的增加对于料床的稳定反而是不利的，因此干粉煤灰对于水泥立磨粉磨产品比表面积的增幅低。从水泥立磨、工业生产、球磨机试验三个数据的对比情况来看，不同粉磨原理、不同细度的干粉煤灰掺入水泥中，成品比表面积增幅不同。在设备选型时，采用比表面积为基准时，需要根据客观情况适当调整。

3　结论

在水泥立磨粉磨中，掺入低于40%的干粉煤灰时，随着掺入量增加，粉磨电耗降低，每增加1%的干粉煤灰，粉磨电耗降低0.16kW·h/t，在水泥立磨设备选型时可以以此为基准；每增加1%的干粉煤灰，产品比表面积会有不同程度的增加。

参考文献

[1] 中华人民共和国环境保护部.2013年环境统计年报，2014-11-24：工业固体废物.

[2] 雷瑞，付东升，李国法，孙欣新，等.粉煤灰综合利用研究进展[J].洁净煤技术，2013（3）：106-109.

[3] Dale P. Bentz, Chiara F. Ferrari, Michael A. Galler. Influence of particle size distributions on yield stress and viscosity of cement-fly ash pastes [J]. Cement and Concrete, 2012 (42): 404-409.

[4] 张永辉.基于粉煤灰作混合材的水泥粉磨工艺的选择[J].新世纪水泥导报，2004（6）：18-20.

[5] 聂文海，杜鑫，谢小云.辊磨终粉磨水泥性能研究[J].水泥技术，2014（20）：22-27.

[6] Laura Cozzi, Cecilia Tam. Current developments and outlookin energy markets [C] 7th international VDZ congress progress technology of cement manufacturing 25-27 September 2013：12-18.

[7] Robert Schnatz, Caroline Woywadt, V. K. Jain. Operational experience from India's first MVRvertical roller mill for cement grinding [C]. 7th international VDZ congress progress technology of cement manufacturing 25-27 September 2013：138-143.

[8] Bernd Henrich. Operation of MVR cement mill without external heat [R]. 21-22 June at the Gartenschau Convention Centre in Kaiserslautern, Germany, for the Gebr Pfeiffer Convention 2012.

[9] 柴星腾，倪祥平，陈志辉.混合材对混合粉磨电耗的影响[C].《水泥技术》创刊20周年论文集，2004年：140-150.

文章来源：《中国水泥》，2017年第2期。

粉煤灰提取高附加值有价元素的技术现状及进展

程芳琴，王　波，成怀刚

（山西大学资源与环境工程研究所，国家环境保护煤炭废弃物资源化
高效利用技术重点实验室，山西太原，030006）

摘　要　粉煤灰作为一种潜在的矿产资源对于资源保护、经济发展及环境保护等具有深远的意义，但其关键在于如何实现粉煤灰中的硅、铝及其他有价元素的高附加值利用。对粉煤灰中提取有价元素的技术进展作了着重介绍，重点分析了各种技术路线存在的难点、解决对策以及粉煤灰精细化利用的方向。通过对国内外粉煤灰提取有价元素的研究和产业化的对比分析，认为粉煤灰资源开发利用前景十分广阔，粉煤灰的开发利用需要形成科学合理的工艺路线。建议在提取氧化铝和氧化硅的基础上，大力开发从粉煤灰中提取微量有价元素的技术路线，逐步提高粉煤灰中镓、锗、锂、钒、镍等稀散金属和能源金属元素的利用能力。

关键词　粉煤灰；有价元素；技术现状；研究进展

Abstract　Coal fly ash，as a kind of potential mineral resource，has a profound meaning for resource protection，economic development，and environmental protection，and the key point lies in how the silicon，aluminum，and other high value elements in fly ash are efficiently used. The technical progress of extracting valuable elements from coal fly ash was introduced minutely，and the difficulties and solutions of various technical routes and the directions of comprehensive utilization of coal fly ash were analyzed emphatically. The studies，comparison，and analysis of extracting valuable elements in coal fly ash from China and abroad were made and a great prospect of utilization of fly ash was indicated，but the scientific and rational process routes still need to be developed. Besides the extraction of alumina and silica，the further development of technology of extracting trace elements is strongly recommended，which include the gallium，germanium，lithium，vanadium，nickel，and other scare elements.

Keywords　coal fly ash；valuable elements；technical state；research progress

　　粉煤灰是燃煤电厂高温燃烧的副产品。目前，中国是世界上最大的煤炭生产国和消费国，随着煤炭消费的增加，燃煤电厂排放的粉煤灰已成为最大的工业固体废弃物之一[1]。粉煤灰本身是一种潜在的"城市矿产"，其化学组分主要包括 SiO_2，Al_2O_3，Fe_2O_3，CaO，MgO，K_2O，Na_2O，P_2O_5，TiO_2，MnO，SO_3 等，其中 SiO_2 质量分数约为 $35.6\%\sim57.2\%$，Al_2O_3 质量分数约为 $18.8\%\sim55.0\%$，是典型的硅铝酸盐矿物。此外，粉煤灰中还有微量的 Ga，Ge，Se，Li，V，Ni，Pt，Cu，U 等有价元素[2-4]。当前，中国的粉煤灰综合利用主要集中于水泥、混凝土、墙体材料、农业以及路基建设等行业，虽然可以消纳一部分的粉煤灰，但是其附加值不高。因此，实现粉煤灰高附加值利用成为近几年研究的热点。

　　随着粉煤灰高附加值综合利用的不断发展，近年来，一些研究者试图利用粉煤灰中含量较高的铝、硅等元素，用于制备氯化铝[5]和白炭黑[6]等，并开发了一系列的提取 Al_2O_3 和 SiO_2 的工艺技术路线[7-8]。与此同时，随着能源产业、电子通讯、军工产业、航空事业等不断发展，国内外的一些学者也逐渐开始关注粉煤灰中微量有价元素的提取和高附加值利用，相继开展了粉煤灰中镓、锗、硒、锂、钒、镍、铂、钡等微量元素的高附加值利用研究[2,9-10]。未来，逐步实现粉煤灰的精细化利用和开发是粉煤灰综合利用的趋势，这对于中国资源保护、经济发展、环境保护等方面具有重要的现实意义。

1　粉煤灰中各元素提取技术的研究进展

1.1　硅、铝等常量元素提取技术

粉煤灰是典型的硅铝酸盐矿物，对于粉煤灰中硅、铝资源的有效利用，其技术关键就是实现硅和铝的有效分离。近年来，随着粉煤灰资源化利用的不断推进，从粉煤灰中提取氧化铝和氧化硅的技术已趋于成熟。目前，实现硅铝分离的方法主要有烧结法、酸法及其他方法等[11]。

烧结法主要是在高温条件下，利用粉煤灰和烧结剂反应生成可溶性的铝盐，生成物通过碳酸钠溶液浸出，实现硅和铝的有效分离。烧结法通常使用碳酸钙和碳酸钠作为反应的介质，即石灰石烧结法、碱石灰烧结法以及预脱硅碱石灰烧结法。烧结法分离硅和铝，具有过程简单、对设备腐蚀小的优点，但是该过程容易出现能耗较高的问题，并产生较多的硅钙渣和温室气体等废弃物。酸法[12-13]是将粉煤灰直接用盐酸或者硫酸酸浸，使粉煤灰中的铝转变为可溶性铝盐，实现硅和铝的有效分离。酸法易于实现铝硅分离，对原料中的铝硅比要求不高，所以用于铝硅比低的粉煤灰或其他矿物。同烧结法相比，酸法分离硅和铝的成本低，产生的废渣少，但是容易产生氟化氢等污染性气体，同时铝和铁的分离也比较繁琐。

除上面的几种方法，一些特殊的方法也被报道，如水化学法、硫酸铵法和酸碱组合法等。一般来说，上述方法仍处于探索阶段，有待进一步尝试开发新的工艺流程和技术路线。

1.2　镓、锗、硒等稀散金属元素提取技术

现阶段，随着电子通讯、光纤通讯、红外光学、化学催化剂、光伏产业、航空航天、军工产业、医药保健品等领域的发展，每年需要消耗大量的稀散金属。在此背景下，从粉煤灰中提取高附加值微量稀散金属元素镓（Ga）、锗（Ge）、硒（Se）等逐渐成为近几年研究的热点。目前，从粉煤灰中提取微量稀散金属元素的方法主要包括沉淀法、吸附法、萃取法等。

沉淀法是基于溶液中微量元素的性质差异，通过沉淀剂与目标离子进行选择性沉淀，达到分离的目的。李金海等[14]通过单宁络合沉淀法对粉煤灰中的镓元素进行提取，其在最佳条件下可以得到镓质量分数为50.15%的氢氧化镓固体产品，镓的提取率高达85%。普世坤等[15]采用氟化铵-硫酸浸出法提取粉煤灰中的锗，最后以单宁酸沉淀锗。在最佳工艺条件下锗的回收率高达80.12%，相应的锗精矿品位为4.69%。

吸附法是利用吸附剂选择性地吸附粉煤灰浸出液中的微量目标离子，达到与其他离子选择性分离的目的。王莉平等[16]研究了聚氨酯泡沫塑料（PU）对镓的吸附性能，其静态饱和吸附容量为46.7 mg/g-PU，结果表明，在最佳条件下，聚氨酯泡沫塑料对镓离子吸附效果良好，吸附率达98%以上。杨牡丹等[17]讨论了从粉煤灰中分离及回收镓的实验条件及对结果的影响，在实验基础上确定最佳吸附酸度为6 mol/L左右的盐酸溶液、时间为1.5~2 h、温度为20~30℃时，泡塑质量为0.5g；解析液为0.5 mol/L的氯化铵，在最佳吸附解析条件下，最终镓的回收率为96.8%。

萃取法是利用化合物在两种互不相溶（或微溶）的溶剂中溶解度或分配系数的不同，使化合物从一种溶剂内转移到另外一种溶剂中，经过反复多次萃取，将绝大部分的化合物提取出来的方法。萃取法是一种非常有效的分离粉煤灰中微量元素的方法。刘建等[18]研究了以磷酸三丁酯为萃取剂，乙酸丁酯-二甲苯-石油醚-煤油为稀释剂，在6 mol/L盐酸的水相和体积分数为30%磷酸三丁酯（TBP）的有机相条件下，实现了镓的萃取分离。时文中等[19]采用氯化铵-二酰异羟肟酸作为萃取剂，通过萃取法从粉煤灰中回收锗。

此外，还有一些其他特殊的方法，如离子交换法、浮选法、电解法、乳状膜法等[20-22]。

对比分析以上几种方法，沉淀法的优势在于综合效益较高、设备简单、操作简便、成本低廉，但是容易受到其他杂质离子的影响，从而降低所提取微量元素的纯度。相对来说，吸附法工艺更加简单，对工业生产无特殊要求，但部分吸附剂价格昂贵等因素在一定程度上增加了该方法的生产成本。溶剂萃取法容易得到较纯的产品，然而萃取剂容易流失并污染提取液，因此其实际应用受到限制。综合分析上述方法，可以认为在

现阶段应从如何解决回收率不高、过程复杂、成本高、产品纯度不理想等诸多问题着手，进一步完善和改进从粉煤灰中提取稀散金属元素的方法。

1.3　锂、钒、镍等能源金属元素提取技术

随着中国能源产业的不断发展，每年都会消耗大量的不可再生的能源金属。基于这样的现状，使得从粉煤灰中提取微量的锂、钒、镍等能源金属元素成为颇受关注的研究领域。目前，从粉煤灰中提取稀散金属元素的方法，如吸附法、沉淀法及其他方法也适合用来提取锂、钒、镍等能源金属元素。粉煤灰浸出液中含有微量的能源金属元素，已有一些研究者开始利用吸附的方式来研究如何回收利用这些微量的元素。侯永茹等[9]采用离子筛（二氧化锰）对经预处理的粉煤灰碱性溶液中的锂离子进行吸附，将锂离子从大量的粉煤灰碱性溶液中分离出来，其分离效果可达 1.5g/L，分离效率为 $80\%\sim85\%$。侯永茹等[23]还以树脂作为吸附剂，对粉煤灰碱性溶液中锂离子进行吸附，考察了 6 种树脂，即酸性树脂 CD550、碱性树脂 201 * 7、螯合树脂 D851、两性树脂 TP-1、阳离子树脂（凝胶）和阳离子树脂（大孔）对锂离子吸附的影响。李神勇等[24]通过直接酸浸和碱法烧结联合酸浸两种工艺处理粉煤灰得到原液，通过离子交换树脂分离富集回收粉煤灰浸出液中的锂离子，并考察了浓度、pH 和温度等对树脂吸附杂质离子性能的影响。Maurizia Seggiani 等[25]以亚氨基二乙酸螯合树脂作为吸附剂，通过吸附法来回收粉煤灰中的有价元素镍，并考察了温度和阴离子等对镍吸附的影响。

由于粉煤灰浸出液中含有各种各样的离子，部分研究者通过选择性沉淀法来分离富集其中的能源金属。沉淀法早已应用于粉煤灰浸出液中金属离子的分离和回收，其主要是利用基于溶液中微量元素的性质差异，通过沉淀剂与目标离子进行选择性沉淀，达到分离的目的。R. Navarro 等[4]通过碱浸和沉淀过程，研究了粉煤灰浸出液中钒的回收问题，结果表明选择性的沉淀过程更适合于回收钒。Sandra Vitolo 等[26]通过煅烧、酸浸及氧化沉淀的方法来分离回收粉煤灰中的 V_2O_5。结果表明，在 850℃条件下，钒的回收率为 83%，V_2O_5 占沉淀总质量的 84.8%。M. A. Al-Ghouti 等[27]通过氨水选择性分离粉煤灰中的镍，再通过硫化钠生成硫化镍沉淀来分离粉煤灰中的镍，与此同时，以氯化铵为沉淀剂，通过沉淀法将钒分离出来。

此外，从粉煤灰中提取微量能源金属有价元素的方法还包括浮选法、萃取法、离子交换法等。

现阶段，虽然粉煤灰提取微量能源金属元素的技术尚不成熟，但是可以借鉴其他领域的研究成果，如盐湖提锂技术[28]。盐湖提锂技术相对而言发展较早，现阶段盐湖提锂技术主要包括沉淀法、萃取法、吸附法、碳化法以及其他方法。目前，盐湖提锂技术已发展到一定阶段，且有些技术优势比较明显，同时有一定的基础积累和指导经验，可以通过盐湖提锂的相应技术来指导粉煤灰提锂过程。由于粉煤灰浸出液体系比较复杂，含有各种金属元素，也可以考虑利用冶金行业的技术来进行金属元素的提取，如旋流电解技术[29]。旋流电解技术是一种有效分离和提纯金属的方法，目前该技术应用领域包括铜、锌、镍、钴、铅、金、银、贵金属及废水处理等多个方面，具有操作简单、设备可以模块化组装、应用领域广泛、溶液闭路循环、无有害气体的排放、选择性地对金属进行电解沉积等优势，适用于低浓度溶液中金属的高效提取。总之，提取回收粉煤灰中微量能源金属元素的技术可以结合各种行业的优势技术，进一步完善和开发粉煤灰提取微量能源金属元素的技术路线。

2　结论与展望

随着中国煤电、冶金、石油行业的不断发展，粉煤灰的排放量也日益增加。实现粉煤灰的精细化利用是未来发展的趋势，但是现阶段粉煤灰综合利用技术还存在需要进一步改进的不足，如存在粉煤灰中各元素提取方法相对独立、各元素提取技术尚待完善的现状。又如在研发中需要考虑怎样解决烧结法中钙硅渣的利用、酸法过程中有害气体的存在、稀有金属元素回收率如何提高、如何简化工艺、降低成本、提升产品品位等诸多问题，同时有待开发更加科学合理的全面可行的综合利用各元素的工艺路线。未来，实现粉煤灰的高附加值利用必须建立多种元素的综合利用工艺路线，探索合适的分离手段将残渣中的各种元素得到有效利

用，避免造成二次污染，采用新技术、新方法等提高粉煤灰中各元素的活性，解决设备的腐蚀及成本等问题。总的来看，虽然粉煤灰精细化利用尚待进一步完善，但是由于粉煤灰蕴藏着巨大的战略资源，其利用和开发无疑是具有重要的现实意义和应用前景的。

参考文献

[1] Yao Z T，Ji X S，Sarker P K，et al. A comprehensive review on the applications of coal fly ash [J]. Earth-Science Reviews，2015，141：105-121.

[2] Font O，Querol X，Lopez-Soler A，et al. Ge extraction from gasification fly ash [J]. Fuel，2005，84 (11)：1384-1392.

[3] Font O，Querol X，Juan R，et al. Recovery of gallium and vanadium from gasification fly ash [J]. Journal of Hazardous Materials，2007，139 (3)：413-423.

[4] Navarro R，Guzman J，Saucedo I，et al. Vanadium recovery from oil fly ash by leaching，precipitation and solvent extraction processes [J]. Waste Management，2007，27 (3)：425-438.

[5] 李广玉，李军旗，徐本军，等. 从粉煤灰盐酸浸出液中结晶氯化铝 [J]. 湿法冶金，2016，35 (2)：125-127.

[6] 徐洁明，谢吉民，朱建军，等. 粉煤灰气相法制备纳米白炭黑研究 [J]. 无机盐工业，2006，38 (7)：54-56.

[7] 蒲维，梁杰，雷泽明，等. 粉煤灰提取氧化铝现状及工艺研究进展 [J]. 无机盐工业，2016 48 (2)：9-12.

[8] 曹君，方莹，范仁东，等. 粉煤灰提取氧化铝联产二氧化硅的研究进展 [J]. 无机盐工业，2015，47 (8)：10-13.

[9] 侯永茹，李彦恒，代红，等. 用吸附法从粉煤灰碱性溶液里提取锂 [J]. 粉煤灰综合利用，2015 (3)：10-11.

[10] Nazari E，Rashchi F，Saba M，et al. Simultaneous recovery of vanadium and nickel from power plant fly-ash：Optimization of parameters using response surface methodology [J]. Waste Management，2014，34 (12)：2687-2696.

[11] Ding J，Ma S H，Shen S，et al. Research and industrialization progress of recovering alumina from fly ash：A concise review [J/OL]. Waste Management，2016-06-23 [2016-12-08]. http：//www. sciencedirect. com/science/article/pii/S0956053X16303142.

[12] Matjie R H，Bunt J R，Heerden J H P V. Extraction of alumina from coal fly ash generated from a selected low rank bituminous South African coal [J]. Minerals Engineering，2005，18 (3)：299-310.

[13] Nayak N，Panda C R. Aluminium extraction and leaching characteristics of talcher thermal power station fly ash with sulphuric acid [J]. Fuel，2010，89 (1)：53-58.

[14] 李金海，曹明艳，陈学文，等. 络合沉降法提取粉煤灰中的镓 [J]. 中国煤炭，2013，39 (5)：85-88.

[15] 普世坤，兰尧中. 从粉煤灰中回收锗的湿法工艺研究 [J]. 稀有金属与硬质合金，2012 (5)：15-17.

[16] 王莉平，刘建，崔玉卉. 聚氨酯泡沫塑料法从粉煤灰中回收镓研究 [J]. 应用化工，2014 (5)：868-870.

[17] 杨牡丹. 泡塑吸附法从粉煤灰中提取镓的实验研究 [J]. 能源与环境，2013 (6)：130-133.

[18] 刘建，闫英桃，赖昆荣. 用 TBP 从高酸度盐酸溶液中萃取分离镓 [J]. 湿法冶金，2002，21 (4)：188-190.

[19] 时文中，朱国才. 氯化铵氯化-二酰肟羟酸萃取法从粉煤灰中提取锗的研究 [J]. 河南大学学报：自然版，2007，37 (2)：147-151.

[20] Torralvo F A，Fern ández-Pereira C. Recovery of germanium from real fly ash leachates by ion-exchange extraction [J]. Minerals Engineering，2011，24 (1)：35-41.

[21] Hernandez-Exposito A，Chimenos J，Fernandez A，et al. Ion flotation of germanium from fly ash aqueous leachates [J]. Chemical Engineering Journal，2006，118 (1/2)：69-75.

[22] 王献科，李玉萍. 液膜分离富集镓 [J]. 轻金属，2002 (10)：31-34.

[23] 侯永茹，李彦恒，聂想，等. 离子交换树脂法从粉煤灰碱性溶液里提取锂 [C] //2015 亚洲粉煤灰及脱硫石膏综合利用技术国际交流大会论文集. 北京：建筑材料工业技术情报研究所，2015.

[24] 李神勇，康莲薇，刘建军，等. 粉煤灰中锂的分离富集提纯研究 [C] 椅中国硅酸盐学会固废分会成立大会暨第一届全国固废处理与生态环境材料学术交流会论文集. 北京：中国硅酸盐学会，2015.

[25] Seggiani M，Vitolo S，D Antone S. Recovery of nickel from Orimulsion fly ash by iminodiacetic acid chelating resin [J]. Hydrometallurgy，2006，81 (1)：9-14.

[26] Vitolo S，Seggiani M，Falaschi F. Recovery of vanadium from a previously burned heavy oil fly ash [J]. Hydrometallurgy，2001，62 (3)：145-150.

[27] Al -Ghouti M A，Al -Degs Y S，Ghrair A，et al. Extraction and separation of vanadium and nickel from fly ash produced in heavy fuel power plants [J]. Chemical Engineering Journal，2011，173 (1)：191-197.

[28] 刘元会，邓天龙. 国内外从盐湖卤水中提锂工艺技术研究进展 [J]. 世界科技研究与发展，2006，28 (5)：69-75.

[29] 邓涛. 旋流电解技术及其应用 [J]. 世界有色金属，2012 (12)：34-37.

文章来源：《无机盐工业》，2017 年 2 月，第 49 卷第 2 期。

黄灌区道路交通建设中粉煤灰推广应用的综合探讨

刘东风[1]，李 全[2]

(1. 内蒙古包头市土右旗交通运输局，内蒙古，014100；

2. 内蒙古国意环保科技有限公司，内蒙古，014100)

摘 要 我国燃煤电厂每年排放的粉煤灰（渣）等高达 5.8 亿 t，沿黄地区存量巨大，大规模综合利用迫在眉睫。本文以土默川平原道路施工实例为出发点，对黄灌区软土地基工程特征、地产粉煤灰材料特性及其道路建设中的适用性，以及粉煤灰填筑路堤、路床、路面底基层、路基两侧绿化带施工工艺等进行研究，综合探讨道路交通建设中当地粉煤灰的推广应用，为黄灌区治理软土地基道路翻浆沉降等病害，提供一种变废为宝、行之有效的方法。

关键词 黄灌区；道路交通；粉煤灰

Abstract Emissions from coal-fired power plants in our country every year of fly ash，slag and so on up to 580 million tons. The current inventory level in the area along the Yellow River，large-scale comprehensive utilization is imminent. Taking TuMoChuan plain road construction as the starting point，Soft soil engineering characteristics of the Yellow River irrigation area、local production of the material properties of fly ash and its applicability in road construction. In Yellow River irrigation areas using fly ash used as filling embankment，road bed and road subbase，embankment on both sides of the green forest belt construction techniques，and so on. Comprehensive discussion of the Yellow River irrigation area in the construction of road traffic，local application of fly ash. For the governance of the Yellow River irrigation area of soft soil foundation of road frost boil and subsidence and other diseases，provide a kind of change waste material into things of value recycle，effective ways.

Keywords the Yellow River irrigation area；the road traffic；the fly ash

0 引言

粉煤灰是燃煤电厂排出的主要固体废物，是从煤燃烧后的烟气中收捕下来的细灰，主要成分有 SiO_2，Al_2O_3，Fe_2O_3，CaO 等。当前我国粉煤灰年排放总量约 5.8 亿 t，且历年存量巨大，进行大规模有效治理迫在眉睫。我国粉煤灰综合利用率目前约 67%，主要用于生产水泥、制砖、泡沫玻璃、商品混凝土、加气混凝土、陶粒、轻质建材、填充材料等。本文首先阐述黄灌区软土地基工程特征，简述土默川平原道路施工应用粉煤灰具体情况；其次研究地产粉煤灰物理化学特性及矿物组成，分析其工程特性与道路建设的适用性；再者介绍黄灌区粉煤灰填筑路堤、路床、路面底基层、路基两侧绿化带地表土换填等施工过程，总结其工艺重点，为今后道路交通建设中粉煤灰推广应用提供参考。

1 黄灌区软土地基工程特征及土默川平原道路交通建设应用粉煤灰情况

1.1 黄灌区软土地基工程特征

黄灌区是指内蒙古高原中部黄河沿岸的平原，西到贺兰山，东至呼和浩特市以东，北到狼山、大青山、南界鄂尔多斯高原的河套地区。其山前为洪积平原，面积占平原总面积的 1/4，余为黄河冲积平原。大青山以南的称土默川平原（前套平原）。其自然地貌以河流地貌的河漫滩、冲积平原、河口三角洲等为主，其上叠加由挖渠引水、平坡修田等农业生产利用与改造土地形成的大范围的人为地貌，和局部未经人工改造的风积地貌的复合型纵向沙垄、金字塔沙丘、沙地等。河套平原地下水丰富，黄河北岸含水层，平原区埋藏较浅，山前埋藏较深，由2~3m递增至10~30m；涌水量由100t/h递减为60t/h；矿化度渐增，一般由0.5g/L增至3g/L。黄河南岸地下水埋深1~3m，涌水量10~40t/h，矿化度1~3g/L。属大陆性气候，昼夜温差大，地势平坦，土层深厚，便于引黄河水自流灌溉。因多年排水不畅，地下水位升高，导致土壤次生盐碱化严重。该地区按JTJ 003—1986《公路自然区划标准》划分，属Ⅵ区西北干旱区中二级自然区Ⅵ1内蒙古草原中干区的Ⅵ1a河套副区，详见表1。

表1　二级区划的特征与指标

二级区名（包括副区）	水热状态						地表情况		
	潮湿系数	年降水量（mm）	雨型	多年平均最大冻深（cm）	最高月平均地温（℃）	地下水埋深（m）	地貌类型	地表切割深度（m）	土质和岩性
Ⅵ1内蒙古草原中干区	0.25~0.50	150~400	夏雨	140~240	<30	一般2~4；谷地洼地1~2	干旱残积平原。丘陵、沙漠局部分布、熔岩台地和冲积平原	大部为平原，或≤200	砾黏性土和砂砾土，粗粒岩
Ⅵ1a河套副区	<0.25	150~200	夏雨	100~140	<30	<1.5	冲积平原	平原	黏性土和砂性土

黄灌区河漫滩、冲积平原、河口三角洲等为主的自然地貌，决定了其上粉土粉砂土路基毛细现象及水敏性强烈的特征。在外界水环境综合影响下，路基土含水率会迅速增高，路基支撑强度陡然下滑，路面结构逐步破损，直至彻底毁坏。击实试验表明：黄灌区低液限粉土粉砂土级配不良、粒间空隙大，作为路基填土压实困难；在低含水率与高含水率状态下，其击实曲线分别表现为部分无黏性与黏性土特征，变形特性复杂。对粉土粉砂土路基的吸水特性分析，通过降雨渗透、毛细水上升室内模拟试验发现，两者显著影响粉土粉砂土的含水率，且毛细水上升影响速度高于降雨入渗影响速度，最大上升高度达1.5m（图1）。实地检测表明：低路基（路基填土高度$H<2.5m$），其含水率沿深度方向分布特征呈"底部最大、顶部次之、中间最小"；一般的高路基（路基填土高度$H\geq2.5m$），含水率变化表现为"底部偏高、中上部较低"的特征，但所有实测值都高于其最佳含水率。通过回弹模量及三轴剪切试验发现，不同的含水率条件下，压实后的粉土粉砂土，当实际含水率大于等于最佳含水率时，路基土回弹模量、变形模量及黏聚力随着含水率增大都呈急速衰减态势；当含水量接近饱和状态时内摩擦角急剧降低。粉土粉砂土路基在吸水后，变形显著，强度陡然降低，是造成路基翻浆和沉降、导致路面结构早期病害乃至后期损毁的最主要原因。

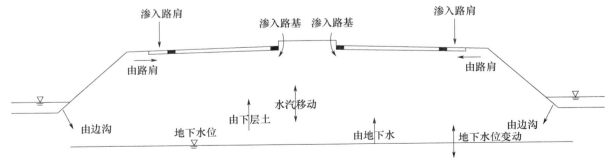

图1　黄河冲积平原粉土粉砂土路基内部水分运动示意图

1.2　土默川平原道路交通建设应用粉煤灰情况

以土右旗的通村公路、旅游公路、街巷硬化和部分农田道路为实例，粉煤灰在道路交通建设中得到了较为广泛的试点应用，总用量达 41345m³。

1.2.1　萨拉齐镇小袄兑下榆树营通村公路

长 2.934km，其中 K1＋940—K0＋K2＋080 和 K2＋660—K0＋K2＋780 合计长 260m，因征拆困难改线横跨黄河古河道，用地产粉煤灰（渣）填筑路堤、下路床、上路床和底基层共 3965 m³。路面结构为 4cm AC-16 中粒式沥青混凝土面层＋18cm 水泥稳定级配碎石基层（5∶95）＋30cm 粉煤灰底基层。作业方式为连续施工，底基层成型后紧接着在其上面铺筑水泥稳定级配碎石基层。

1.2.2　萨拉齐镇下榆树营村北垃圾场连接线公路

长 0.724km，路线位于黄河古河道南岸边缘，全线旧水泥路翻浆断板极其严重，不允许提高标高，导致征地拆迁，被迫实施下挖路床改建，用地产粉煤灰（渣）2414 m³填筑路床，成型后紧接着在上面铺垫层浇筑水泥混凝土面层，两侧路树仍长势良好。路面结构为 16cm 水泥混凝土面层＋20cm 天然级配砂砾垫层。

1.2.3　明沙淖黄河旅游园区公路

长 2.448km，设计路线位于黄河古河道南岸边缘，在原为鱼塘、农田、渠道密布的混合地貌上新建，路面结构为 5cm AC-16 中粒式沥青混凝土面层＋18cm 水泥稳定级配碎石基层（5∶95）＋30cm 砂砾垫层。结合乡村征拆实际，本着因地制宜、降低造价原则，按照《路基施工规范》《软土地基路基施工规范》有关要求，对 K0＋000—K0＋621 段进行粉煤灰（渣）补强路基施工。清表后按 12m 宽划边线，弯道内侧按图纸设计加宽，然后下挖：K0＋000—K0＋100 下挖 1m，K0＋100—K0＋280 下挖 0.5m，K0＋280—K0＋621 下挖 1.5m。槽内挖出的土沿边线内侧填筑成挡墙形成路槽，槽内填筑地产粉煤灰，分层碾压至路槽平，顶面用风积砂和炉渣混合覆盖，分层碾压至土基设计标高，共用粉煤灰（渣）16969 m³。

1.2.4　海子乡苗六圈村街巷硬化道路

共 22 条路线 5.548km，路面结构为 16cm 水泥混凝土面层＋20cm 天然级配砂砾垫层。该村沿黄河古河道两岸集中分布，古河道东西横向穿村而过，个别路线须粉煤灰（渣）补强路堤、路床后才能进行路面施工。其中 11 号线 K0＋000—K0＋220 段位于村庄南边缘，自然地面春融秋灌期间软弹沁水严重，村民穿上齐膝盖高的雨靴才能出行，该段用地产粉煤灰（渣）1470m³；5 号线 K0＋000—K0＋280 段位于村中古河道北岸，古河道基本上常年积水，原自然路因翻浆时断时通，用粉煤灰（渣）1680m³补强。两段路施工做法同上文的填槽法工艺。此外 7 号线 K0＋100—K0＋305 段，用粉煤灰（渣）掺拌天然级配砂砾（4∶6）处理上路床翻浆，用粉煤灰（渣）170m³。

1.2.5　海子乡秦家营村街巷硬化道路

共 2 条路线 1.192km，路面宽 3m，路面结构为 16cm 水泥混凝土面层＋20cm 天然级配砂砾垫层。该村被黄河古河道西北东南斜横穿而过，两条路线环绕古河道呈"∞"字形，为环人工湖非机动车道。冬季清挖人工湖的冰冻淤泥堆积在路线平面线位上，必须进行粉煤灰（渣）换填补强路堤、路床后才能进行路面施工。1 号线 K0＋000—K0＋613 段用粉煤灰、渣 4582m³，2 号线 K0＋000—K0＋447 段用粉煤灰（渣）3341 m³。做法为：恢复定线后，沿路线平面线位中线开挖冰冻淤泥堆积物成路槽，平均深 2.1m、平均宽 3.7m，槽内填筑粉煤灰，分层碾压填至路基顶面标高，粉煤灰顶面用天然级配砂砾跟进覆盖做成垫层。环湖路两侧路树成活，长势良好。

1.2.6　海子乡蒙特利种养殖园区出口连接道路

长 0.418km，位于海子乡南八份子村西南黄河古道中间，四周农田遍布，不便挖土修路。K0＋000—K0＋144 段直接在原地表上用粉煤灰（渣）填筑路堤，同时用当地黏性土包封，单一级配碎石 20cm 厚 8m 宽路面封顶，用粉煤灰（渣）5184 m³。

1.2.7　明沙淖乡刘贵村贺家圪旦通村路

共 2 条路线 1.263km，路面宽 4m，路面结构为 20cm 水泥混凝土面层＋20cm 天然级配砂砾垫层。1 号线 K0＋490—K0＋615 段东半幅（左侧）加宽 5m 横跨黄河古河道，用粉煤灰（渣）整体补强路堤、路床，其上直接路面施工，保证了路基整体强度，减少了不均匀沉降，用粉煤灰（渣）1570m³。

2 地产粉煤灰的物理化学特性、矿物组成、工程特性及道路建设适用性

2.1 物理化学特性

粉煤灰的化学成分、物理性能、力学特性，随各电厂所用原煤来源不同而呈较大差异。其物理性质有密度、堆积密度、细度、比表面积、需水量等，是其化学成分及矿物组成的宏观反映。粉煤灰属典型的混合物，组成范围波动大，物理性质差异也很大（详见表 2）。

表 2 粉煤灰的基本物理性质

粉煤灰的基本物理特性	项目范围均值
密度（g/cm^3）	1.9～2.9
堆积密度（g/cm^3）	0.531～1.261
比表面积（cm^2/g）	氮吸附法 800～19500
比表面积（cm^2/g）	透气法 1180～6530
原灰标准稠度（%）	27.3～66.7
吸水量（%）	89～130
28d 抗压强度比（%）	37～85

细度和粒度是粉煤灰很重要的物理性质，直接影响其他的性质。粉煤灰越细，细粉粒比例越大，活性越大。细度影响早期水化反应，而其化学成分影响后期反应。

粉煤灰为特殊的人工火山灰质材料，略有或没有水硬胶凝性。其化学性质（表 3、表 4 和图 2）表现为以粉状及有水存在时，能在常温或水热处理（蒸汽养护）条件下，与氢氧化钙或其他碱土金属氢氧化物发生化学反应，生成具有水硬胶凝性的化合物，成为增加强度及耐久性的材料。

表 3 我国电厂粉煤灰化学组成（%）

成分	SiO_2	Al_2O_3	Fe_2O_3	CaO	MgO	SO_3	Na_2O	K_2O	烧失量
范围	1.30～65.76	1.59～40.12	1.50～6.22	1.44～16.80	1.20～3.72	1.00～6.00	1.10～4.23	1.02～2.14	1.63～9.97
均值	1.8	1.1	1.2	1.7	1.2	1.8	1.2	1.6	1.9

表 4 抽检当地两家电厂粉煤灰化学组成（%）

检测项目	烧失量	SiO_2	Al_2O_3	Fe_2O_3	CaO	MgO	SO_3	Σ
华电	7.31	40.52	26.37	3.82	15.59	0.96	3.93	98.68
神东	4.37	49.37	24.34	5.15	11.48	2.38	1.32	98.41

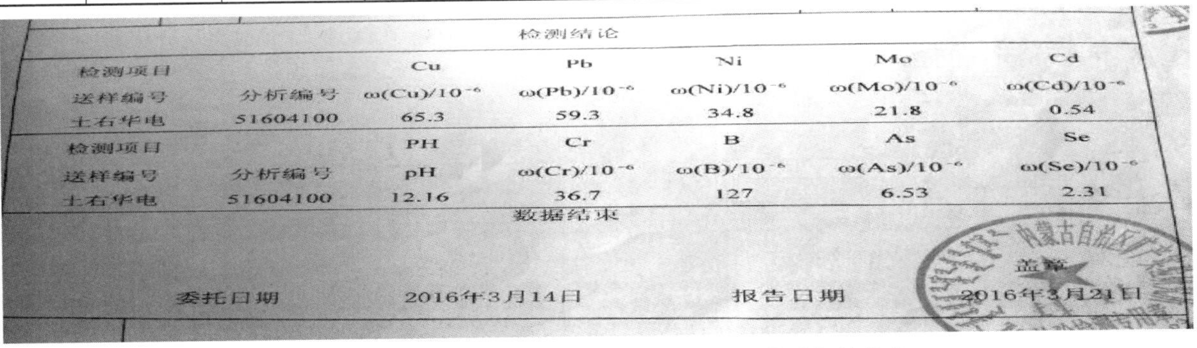

检测结论

检测项目		Cu	Pb	Ni	Mo	Cd
送样编号	分析编号	$\omega(Cu)/10^{-6}$	$\omega(Pb)/10^{-6}$	$\omega(Ni)/10^{-6}$	$\omega(Mo)/10^{-6}$	$\omega(Cd)/10^{-6}$
土右华电	51604100	65.3	59.3	34.8	21.8	0.54
检测项目		PH	Cr	B	As	Se
送样编号	分析编号	pH	$\omega(Cr)/10^{-6}$	$\omega(B)/10^{-6}$	$\omega(As)/10^{-6}$	$\omega(Se)/10^{-6}$
土右华电	51604100	12.16	36.7	127	6.53	2.31

数据结束

委托日期 2016年3月14日 报告日期 2016年3月21日

图 2 抽检当地土右华电电厂粉煤灰有毒化学物质相关信息

2.2　矿物组成

因原煤煤粉各颗粒间的化学成分不完全一致，其燃烧形成的粉煤灰在排出冷却中，则形成不同的物相，矿物组成范围波动较大，属晶体矿物和非晶体矿物的混合物。显微镜下显示，粉煤灰是晶体、玻璃体及少量未燃烧炭组成的一种复合结构的混合体。此三者所占比例，随燃烧煤粉所选用技术及操作工艺的不同而不同。晶体包括石英、莫来石、磁铁矿等；玻璃体包括光滑的球体形玻璃体粒子、形状不规则孔隙少的小颗粒、疏松多孔且形状不规则的玻璃体球等；未燃烧炭多呈疏松多孔形态。粉煤灰中晶体矿物的含量与粉煤灰冷却速度有关，冷却快，玻璃体含量较多，反之亦然。

2.3　工程特性

粉煤灰相比于其他筑路材料，其种类的选择、粒组成分的分析、最大干密度和最佳含水量的确定、粘结强度 C 和内摩擦角 Q 对路堤稳定性的影响，以及粉煤灰路堤、路床施工工艺、施工方法、质量保证措施等，因其具有的物理、化学及矿物组成的巨大差异性，目前世界各地仍处于研究探讨阶段，需通过不同地域、不同工程实体作进一步检验检测和完善，以利于找出其中的变化规律，形成规范或规程，指导更大范围的推广应用。

2.4　道路建设适用性

修路取土与农牧业、林业争地的矛盾日趋突出，粉煤灰修路用量大、范围广、技术成熟，既可有效缓解上述矛盾，又是当地变废为宝的首选。

2.4.1　软基处理及填筑路堤

软基处理中如换填、抛石挤淤、袋装砂井、砂桩、塑料排水板、粉喷桩、旋喷桩等，粉煤灰代替或部分代替水泥等胶结材料，可固结地基、提高承载能力、减轻土基压力，提高路堤水稳性和路基整体性，节省耕地，合理利用资源。

2.4.2　路面基层中应用

石灰、粉煤灰土基层（二灰土）是以石灰、粉煤灰与土按一定配合比混合，加水拌合、摊铺、碾压、养护而形成的一种基层结构。石灰粉煤灰类半刚性基层已成为我国公路，尤其是高速公路路面基层的主要类型。

2.4.3　路面面层中应用

（1）用于沥青混凝土路面面层，粉煤灰代替矿粉降低填充料成本，同时显著改善沥青混凝土路面的水稳性、高温和低温稳定性，提高沥青路面质量，延长路面使用寿命。

（2）用于水泥混凝土路面面层，采用掺加粉煤灰的干硬性水泥混凝土路面，能节约 25%～30% 的水泥，缩短养生期并可提前开放交通。普通商品混凝土添加粉煤灰，技术成熟、应用普遍。

2.4.4　防护工程中应用

当公路用地宽度和地质条件受到严格限制时，粉煤灰加筋挡土墙属柔性结构，在技术、经济等方面都是最佳首选。

粉煤灰修筑路堤和路床属于大宗利用，特别在用于软土地区路基填筑（轻质材料有利于路基稳定）时用量巨大，但涉及电厂供灰与加水、道路运输，涉及交警、运政、路政、环保、城管等多家行政执法部门的支持配合，涉及业主、监理、施工各方配合等问题。

近年来土默川平原及周边燃煤电厂粉煤灰产生量突破1200万t，比较典型的排放企业占地域总产生量的92%，达1100万吨（表5）。如按全国综合利用67%的平均水平计算，当地粉煤灰（渣）尚有约400万吨未综合利用。

表5　土默川平原及临近地域比较典型的燃煤电厂及其产灰量

序号	燃煤发电企业名称	总装机容量（万千瓦）	粉煤灰（渣）产生量（万 t）
1	大唐国际托克托发电有限责任公司	660	330
2	华电土右电厂	132	60
3	神东萨拉齐电厂（煤矸石发电）	60	60
4	山晟新能源自备电厂（煤矸石发电）	15	20
5	东方希望铝业有限公司	132	170
6	内蒙古华电包头发电有限公司	120	100
7	包头三电厂	60	50
8	包头二电厂	100	70
9	包头一电厂	105	80
10	华能北方联合电力达拉特发电厂	318	160
	合计	1702	1100

3　粉煤灰填筑路堤、路床、路面底基层及绿化带地表土换填的研究

3.1　运用状况

把粉煤灰用作路基填筑材料，国外已有七十多年的历史，我国也研究了三十多年。1993 年由交通部重庆公路科学研究所牵头，云南省公路规划设计院等六家省级设计、研究和主管单位合作，编制了 JTJ 016—1993《公路粉煤灰路堤设计与施工技术规范》（2007 年 1 月 1 日废止）。在此基础上，结合更广泛的多地调研，完善扩充了 JTG D30—2004《公路路基设计规范》（已废止）和 JTG F10—2006《公路路基施工技术规范》。相关条款明确定义粉煤灰路堤及其设计、施工的相关措施等，并提出了指导意见。公路建设中运用粉煤灰，主要是湿排灰（池灰），其次是调湿灰（二者均属硅铝型低钙粉煤灰）。道路修筑方面运用干灰、炉底灰渣和硫钙型的高钙粉煤灰，目前尚缺乏工程实际经验和应用实例。

土默川平原软土地基大规模沉积成型，最晚开始于 1872 年冬天，至今 144 年间尽管因黄河改道有过数百次范围不同、规模大小不同的淤积和冲刷，但总体上当地土体浅表层比较稳定，能满足正常天气和水文条件下的工程施工需求。前文应用粉煤灰的成功实例，均属于 JTG F10—2006《公路路基施工技术规范》，即原 JTJ 033—1995《公路路基施工技术规范》、JTJ 017—1996《公路软土地基路堤设计与施工技术规范》、JTJ 016—1993《公路粉煤灰路堤设计与施工技术规范》所指的"软土地区路基施工浅层处治"，主要采用了符合当地实际、满足工程进度需求和质量要求的新工艺——全幅填槽置换法施工工艺，大规模大量运用当地燃煤电厂产出的粉煤灰（渣），选用调湿灰大型自卸车封闭运输，遵照《公路路基施工技术规范》和 JTG/T F20—2015《公路路面基层施工技术细则》有关条款规定，常规做法用纯粉煤灰（渣）填筑路堤、路床、路面底基层，以及绿化带地表土换填并封土覆盖（图 3、图 4），经济效益和社会效益显著。黄灌区道路交通建设中，推广应用粉煤灰，更加彰显出必要性和紧迫性。

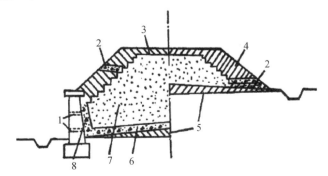

图 3　粉煤灰（渣）路堤、路床结构示意图

1—泄水孔；2—盲沟；3—封顶层；4—土质护坡；5—土质路拱；

6—粒料隔离层；7—粉煤灰（渣）；8—反滤层

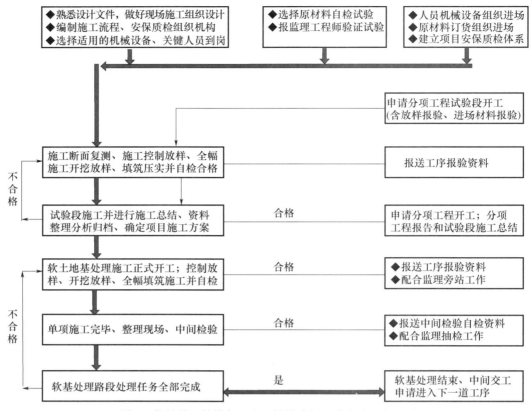

图 4　软基处理粉煤灰（渣）填筑路堤、路床施工流程图

3.2　工艺原理

地产粉煤灰（以华电为例）含有的 SiO_2（40.52％），Al_2O_3（26.37％），CaO（15.59％）都具有化学活性，经当地盐碱水（主要成分 $NaCl$，$MgCl_2$，KCl，$CaCl_2$，$MgSO_4$ 等）参与及催化作用，活性物质在细粉分散状态、常温下相互作用，生成含水的硅铝酸钙等新的胶凝物质晶体，具有较强的胶结能力，强度、刚度和水稳定性显著提高，抗冻性和温缩性也明显改善。

3.2.1　粉煤灰路堤、路床

摊铺应分层填筑，掌握好松铺系数，控制好最佳含水量。分层碾压应在最佳含水量状态下，确保碾压成型后压实度合格，重型压路机压实厚度≤30cm，中型压路机压实厚度≤20cm。碾压工艺应按履带式稳平—轻型光轮静压—震动压—静压的步骤进行，压实度检验符合要求，则继续填筑下一层。及时洒水、养护，保持表面处于湿润状态，封闭交通、加强初期养护，促进强度增长。不能连续铺筑，则必须洒水、保湿、覆盖并封闭交通，以防止表层失水松散。具体的施工工艺要求，参照原 JTJ016—1993《公路粉煤灰路堤设计与施工技术规范》有关条款规定较为稳妥。

3.2.2　路面面层

（1）沥青混凝土路面，是高级路面道路工程常用的面层结构，通过适当级配与比例的粗骨料、细骨料、填料与沥青拌合制成。通常用的矿粉填料，可用含碱性氧化物 20％～30％的粉煤灰替代。

（2）水泥混凝土路面，在商业混凝土中添加粉煤灰，应用普遍，技术成熟；在干硬性水泥混凝土路面中掺加粉煤灰，用振动压路机碾压成型，使混凝土骨料嵌锁形成承载能力，缩短养护期，加快进度。

3.2.3　加筋挡土墙填料

在承载能力较低的软土地基修建高填方路堤，设置粉煤灰加筋挡土墙，可降低造价、减缓沉降、减少征地拆迁。挡土墙由混凝土面板、筋带与粉煤灰填料组成，施工时应根据筋带竖向间距，进行粉煤灰分层摊铺和压实。

3.2.4　盐碱地路树绿化带表土换填

黄灌区重度盐碱地（含盐量≥6‰，农作物出苗率≤50％）和中度盐碱地（含盐量 3‰～6‰，农作物出苗率 80％～50％）进行道路交通路树绿化，首选换填种植土。直接在粉煤灰上栽树绿化，各地都有先例，成活率高。在软基处理全幅填槽置换法施工工艺下，同步一体化进行路树绿化带表土换填与路堤、路床换填，能有效提高路树栽植成活率，增加路堤路床接触软土地基的面积和整体性、稳定性，降低路基自重，减缓减少道路允许沉降，延长道路使用寿命。

4　结论

（1）粉土、粉砂土典型的毛细现象与强烈的水敏性特征，是导致黄灌区路基在吸水后，变形显著、强度陡然降低的最主要原因，也是导致路面结构早期病害乃至后期损毁的关键因素。

（2）交通工程中的路树绿化工程，在黄灌区的盐碱土地带，完全可以与路堤、路床一并通过全幅填槽置换法施工工艺施工，既减少路基沉降、延长道路使用寿命，又提高路树成活率和保存率。

（3）在黄灌区道路交通建设中，纯粹用当地粉煤灰填筑路堤、路床、路面底基层，能有效治理黄灌区软土地基道路翻浆与沉降等病害，将是地产粉煤灰、渣化害为利、变废为宝的主要途径之一。

参考文献

[1] 宋修广，张宏博，王松根，等. 黄河冲积平原区粉土路基吸水特性及强度衰减规律试验研究 [J]. 岩土工程学报，2010，V32（10）：1594-1602.

[2] 郑加伟. 粉煤灰路基施工的研究现状及作用. 中国论文网，[EB/OL]，http：//www. xzbu. com/8/view-4478705. html，2017-4-10/2017-4-29.

[3] 张轶，郎营. 内蒙古主要地区粉煤灰综合利用途径简析. 中国建材信息总网，[EB/OL]，http：//www. cbminfo. com/BMI/zx/jcfzyj/3018974/3018980/3019031/index1. html，2017-4-12/2017-4-29.

[4] 曾益军. 浅述粉煤灰材料在公路施工中的应用 [J]. 建筑学研究前沿，2012，11，　　[EB/OL]，中国期刊网，http：//www. chinaqking. com/yc/2013/292114. html，2017-4-20/2017-4-29.

[5] 肖景波. 湿法冶金工艺在粉煤灰综合利用中的应用. 南阳东方应用化工研究所，首页-成果推介，2015-05-07，http：//www. nypengmei. com/ch/news _ show. php？id＝438，2017-3-22/2017-4-29.

粉煤灰的高值资源特性及提取技术研究

李神勇，秦身钧，孙玉壮，李彦恒，赵存良，王金喜

（河北工程大学，河北省资源勘测研究重点实验室，河北邯郸，056038）

摘　要　我国是世界上粉煤灰排放量最大的国家，粉煤灰的综合利用率已达70％，但主要用于中低技术领域应用，在我国华北等地发现大量高铝粉煤灰且伴生稀贵金属的背景下，高效分级利用粉煤灰的高技术领域技术开发显得尤为迫切。本文根据高铝粉煤灰的资源特性，提出分级分质回收高值产品技术工艺，对当前提取有用金属和高值产品的技术进行了探讨，为高效综合利用粉煤灰提供新的思路。

关键词　粉煤灰；提取；高值资源；分级分质

Abstract　China is the largest country in the fly ash emissions in the world，and the comprehensive utilization of fly ash is 70％，but it is mainly used for low and medium technology application. A large number of high-alumina coal fly ash associated with rare metals was discovered in north China. Classification of efficient utilization of fly ash in high technology field development is particularly urgent. In this paper，based on the resource characteristics of the high-alumina coal fly ash，hierarchization and classification for recycling technology was put forward，and high value products for the current extract useful metal are discussed in this paper，which is providing a new method for the efficient utilization of fly ash.

Keywords　coal fly ash；extraction；high-value resources；hierarchization and classification

　　煤炭是我国重要的基础能源，2015年煤炭发电量占国家总发电量比例高达75％，比国际水平高出28％。燃煤发电过程将煤中有机物经高温燃烧释放的化学能转为热能，无机组分经历熔融、聚合等物理和化学变化，产生了大量的粉煤灰。2012—2016年粉煤灰年均产生量约5.8亿吨，但粉煤灰综合利用率在2014年刚达70％，加上已有的粉煤灰产生量，我国粉煤灰的历史堆存量至少有25亿吨。粉煤灰的堆存占据大量土地，露天堆放会造成严重的二次污染，无论是干排灰还是湿排灰，经长期自然堆存后会产生大气扬尘污染，经淋滤后有机致癌物和重金属等会进入土壤和水体，对周边环境和地下水造成巨大威胁。同时，在我国山西、内蒙古、宁夏等地电厂发现的高铝粉煤灰中氧化铝含量高达40％以上，高于普通粉煤灰10％以上。目前，我国西北地区高铝粉煤灰年排放量达2000万吨，累计积存量近1亿吨，资源潜在价值高。因此，了解粉煤灰的性质并分质分级综合利用，不断提高综合利用率具有十分重要的社会和环境意义。

1　粉煤灰的资源特性

1.1　粉煤灰的物理化学特性

　　粉煤灰的物理、化学性质随着原煤的产地、燃烧条件等成因的不同而复杂多变，颜色取决于未燃尽炭量，介于乳白色和灰黑色之间，其主要由硅、铝、铁、钙、钠、钛、镁、钾、等金属元素组成，这些组分存在形态以氧化物为主，还有一部分以硅酸盐和硫酸盐的形式存在。如表1，粉煤灰和高铝粉煤灰的主要化学基本相同，但是在铝、硅含量上差别很大，高铝粉煤灰的铝硅比大于普通粉煤灰，更利于铝的提取回收。

表1　粉煤灰的化学组成（质量分数）

组成	Al_2O_3	SiO_2	K_2O	CaO	TiO_2	Fe_2O_3	Na_2O	MgO
粉煤灰	16～35	33～59	0.6～2.9	0.8～10	0.4～1.8	1.5～19	0.2～1.1	0.7～1.9
高铝粉煤灰	30～45	37～50	0.3～0.8	1.4～4	0.6～2	1.4～4.7	0～0.4	0.5～2

除了上述常见元素外，据文献报道，粉煤灰中还含有大量微量金属元素，见表2，粉煤灰中有较高含量的锂、镓、钡、稀土元素等，也含有重金属元素如铅、铬、铜、镍等，且经脱硅过程后，主要稀贵金属元素含量基本不变，因此，从化学组成上看，与普通粉煤灰相比，高铝粉煤灰更具高值资源特性，从高铝粉煤灰中提取铝、硅、锂、镓、稀土[1]等资源前景广阔。

表2　某地高铝粉煤灰中微量元素含量（ppm）

元素	Li	V	Cr	Cu	Ga	As	Sr	Y	Zr
高铝粉煤灰	365	94.7	62.9	55.9	72.5	48.9	1073	70.5	790
脱硅粉煤灰	308	63.7	43	45.6	65.8	1.62	890	71	808
元素	Nb	Ba	La	Ce	Nd	Pb	Th	Zn	Ni
高铝粉煤灰	56.5	1048	133	246	101	132	57.9	213	39.7
脱硅粉煤灰	57.8	270	133	259	103	88.2	60.1	95.8	15.9

1.2　矿物组成和颗粒特性

从物相上看，如表3所列，高铝粉煤灰和普通粉煤灰均有结晶相、玻璃相和无定形相。晶体矿物结晶相主要有莫来石、石英、赤铁矿、磁铁矿及少量的方铅矿、褐铁矿、金红石、钙长石等，玻璃相主要是各种玻璃体和玻璃球，无定形相主要为多孔混合玻璃体、未燃尽炭。粉煤灰中含量最多的为玻璃体，约为50%~80%，具有良好的化学活性。高铝粉煤灰最基本的显微结构特点为莫来石、刚玉等硅铝质晶体矿物交叉构成基本框架，以非晶态为主要成分的玻璃相充填其中或覆盖于矿物表面，其聚合体构成了多种形态的粉煤灰颗粒，含铝矿物种类和含量更多，莫来石含量高，玻璃相较少，几乎不含石英，综合利用价值更高。

表3　粉煤灰物相组成（%）

矿物名称	石英	莫来石	刚玉	玻璃体	含碳量	烧失量
粉煤灰	6.4	20.4	12.4	65	8.2	7.9
高铝粉煤灰	1.8	36.1	4.0	53.7	4.1	3.9

从粉煤灰颗粒组成上看，是不同类型颗粒混合而成的群体，影响粉煤灰的品质和综合利用途径，按照可分离的不同颗粒，主要有几种：漂珠、沉珠、富铁微珠、海绵状多孔体、炭粒等，其中沉珠质量占比最大达85%，不同颗粒主要成分仍为 SiO_2 和 Al_2O_3，但富铁微珠中含铁量高，微珠形成过程复杂，与煤的种类和性质、锅炉状况、燃烧状况等均有较大关系，一般来说，烟煤燃烧后形成的漂珠多，褐煤极少。粉煤灰中炭颗粒往往对其综合利用产生负面影响，会降低粉煤灰活性。

因此，从粉煤灰的化学组成、矿物组成和颗粒特性上看，不同煤质、燃烧条件等形成的粉煤灰的特性差别很大，不进行差异化利用会造成高价值资源的大量浪费或分散化。因此，粉煤灰资源化利用应采用分质分级和协同提取回收的思路，结合经济效益核算，实现资源最大化利用。

2　粉煤灰的一般利用途径

目前，我国粉煤灰综合利用率已达到70%，但也呈现出发达东部地区利用率高，而西北等经济落后地区利用率偏低的特点。粉煤灰的中低技术综合利用途径主要有：（1）用作填筑材料，用来综合回填、矿井回填、小坝和码头等，约占15%；（2）用于修筑水库大坝等道路工程，约占20%；（3）农业应用，主要是用于改良土壤、制作磁化肥、微生物复合肥等，约占15%；（4）用作水泥原料、生产墙体材料、轻质多功能新型建筑材料，用于建筑工程等，约占45%；（5）用于废水、废气和大气治理等。按照国外对粉煤灰利用的应用和研究技术划分标准，（1）（2）（3）为低技术利用，（4）（5）为中技术利用。但是，一些特定地质环境下形成的煤炭往往异常富集部分金属，经过燃烧过程，绝大部分金属和高值产物仍固定在粉煤灰中，因此，这类特定粉煤灰应向高值化综合利用方向转变，加强高值利用技术的开发，实现分质分类利用的最终目的。

3 粉煤灰的高值化提取技术

高值化高技术领域的应用研究是指矿物质的分选利用、金属的提取等。从目前国内外的应用情况看，低、中技术的应用日臻完善和成熟，粉煤灰的利用率也大幅度增加。但高铝粉煤灰中常规金属如铝、铁、钙、镁和战略金属如镓、锂、镍、钴、银、铀、稀土元素等没有得到充分的回收利用。为了解决这个问题，就出现了如何高效、分级应用粉煤灰的高技术研究领域。

3.1 常规元素提取技术

粉煤灰中的常规元素有铝、硅、钙、镁、铁等，在提取过程中，最关键的是实现不同金属的分离，而粉煤灰的主要物相为莫来石 $3Al_2O_3 \cdot 2SiO_2$ 等硅铝酸盐矿物，硅铝键键能强，实现分离手段主要有湿法冶金、浮选、磁选回收铁等。在湿法冶金上，按照不同浸出体系，可分为烧结-水溶法、酸浸法、碱浸法、酸碱联合法、铵盐法等，主要是将其转变为离子态进入溶液，然后化学除杂分离实现铝、硅等回收。烧结法是通过添加碳酸钠、碳酸钙、氧化钙等在高温下熔融反应使硅铝键断开，并生成易溶态硅、铝产物。在粉煤灰预处理上，除了烧结法外，还有氟化物、微波助溶法等，有利于促进后续浸出过程。不同方法均有其优缺点，烧结法耗时费力，且浸出率低，并消耗大量能源，排渣量大，成本高；酸浸法虽然对金属浸出率，排渣量少，但对设备要求很高，酸溶的非特异性带来耗酸量大，溶液成分复杂等问题；碱浸法工艺简单，但是耗碱量也大，排渣量也大，浸出率不如酸浸法。浮选法主要对粉煤灰进行粗浮选、反浮选等，得到含铝矿物如莫来石等。此外，有研究采用碳还原粉煤灰制取铝硅合金。

3.2 稀贵金属元素提取利用技术

粉煤灰中稀贵金属元素主要包括稀散金属、贵重金属、稀土金属等，稀散金属通常是指镓、铟、铊、锗、硒、碲、铼、钒等，贵重金属指锂、镍等，稀土金属包括 15 种镧系元素及钪、钇等 17 种。这些提取技术总的来说分为两步，第一步是将粉煤灰进行预处理后采用酸法或碱法等溶出得到目标金属盐溶液；第二步采用分离提取技术富集提纯得到金属初产品。

3.2.1 稀散金属提取技术

目前有报道从粉煤灰提取稀散金属仅限镓、锗、钒，粉煤灰中稀散金属经湿法溶出后，从溶液中提取稀散金属产品的方法主要有分步沉淀法和溶剂萃取法。提镓技术还包括电化学法、离子交换法、溶剂萃取法、液膜法等，采用电沉积法提取获得金属镓；提锗技术还有氧化还原法、氯化蒸馏法等。

3.2.2 贵重金属提取技术

目前有报道从粉煤灰提取贵金属有锂、镍等，主要工艺有沉淀法、溶剂萃取法、吸附法等。锂提取技术在盐湖卤水中应用较多，由粉煤灰经处理后得到的含锂溶液也可以通过离子交换吸附法、电渗析法、纳滤法等分离，对锂的高纯精制可采用碳化法、尿素沉淀法、重结晶法等，可得到纯度达 99.5% 以上的高纯碳酸锂。

3.2.3 稀土金属提取技术

稀土元素是金属集合统称，又分为轻稀土和重稀土，轻稀土又称铈组，包括镧、铈、镨、钕、钷、钐、铕、钆，重稀土又称钇组，包括铽、镝、钬、铒、铥、镱、镥、钪、钇。不同类型粉煤灰的稀土元素含量差别较大，但总体来说，提取技术可分为酸法、碱法、氯化分解法和火法冶金制稀土合金。湿法冶金使稀土元素进入溶液，再通过分步结晶、离子交换、萃取等回收得到稀土氧化物，可进一步熔融电解、金属热还原得到稀土金属单质。

3.3 其他有用成分提取利用技术

从粉煤灰中提取单种金属难度大，成本高，可进行多种有用成分协同分离提取，减少资源浪费，提高粉煤灰利用价值。

我国粉煤灰中平均含碳量达 8%，少数锅炉高达 15% 以上，按照每年产生粉煤灰 5 亿吨计算，粉煤灰中炭每年产生量高达 4000 万吨，回收利用势在必行。从粉煤灰中回收炭有浮选法和电选法两种技术，浮选法通过起泡剂、捕收剂等利用粉煤灰和煤核表面亲水性能的差异将炭粒浮选为炭精矿。电选法利用导电性能不同，在电场力作用下而分离。

粉煤灰中的微珠是一种细小、轻质、中空的球形颗粒，具有耐磨、抗压、隔热等优良性能的多功能颗粒材料，广泛应用于建材、化工、塑料、橡胶、电子等领域，因此，实现粉煤灰微珠综合利用是分质高值利用的重要途径。微珠包括漂珠、沉珠、磁珠，在提取技术上，根据排灰机制不同，分为干排灰和湿排灰，两者分选微珠工艺不尽相同。磁珠分选采用磁选方法，干法分选漂珠、沉珠采用风力分选，湿法分选漂珠采用重力水选，分选沉珠采用重选或浮选分离、富集或分级，可得不同等级的沉珠产品。

4 结论

（1）粉煤灰的综合利用不能停留在中低值高容量利用技术上，对于特异性强如高铝、富锂镓、富稀土等类型的粉煤灰，要加大研发投入，弄清原煤分布规律和资源特性，做好综合利用评估，开展科技攻关。

（2）如图1所示，粉煤灰高值利用技术路线要遵循分级分质原则，科学计划，图中一级产品为微珠类，二级产品为粗金属、炭粒等，三级产品为金属产品。

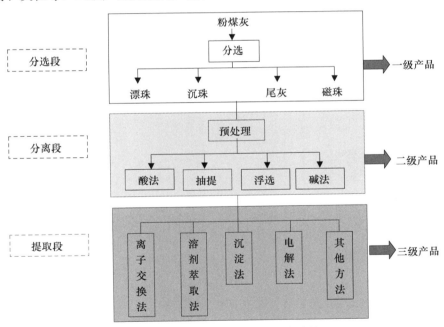

图1 粉煤灰分级分质利用技术路线

（3）粉煤灰高值化利用必须走资源协同提取和综合利用途径，合理规划技术路线，做好总体产业布局，实现有价资源最大化利用。

参考文献

[1] Bengen Gong，Chong Tian，Zhuo Xiong，Yongchun Zhao，Junying Zhang. Mineral changes and trace element releases during extraction of

alumina from high aluminum fly ash in Inner Mongolia，China ［J］. International Journal of Coal Geology，2016，166：96-107.

［2］张战军. 从高铝粉煤灰中提取氧化铝等有用资源的研究 ［D］. 西安：西北大学，2007.

［3］赵蕾，代世峰，张勇，王西勃，李丹. 内蒙古准格尔燃煤电厂高铝粉煤灰的矿物组成与特征 ［J］. 煤炭学报，2008，10（33）：1168-1172.

［4］Yuzhuang Sun ，Cunliang Zhao，Shenjun Qin，Lin Xiao，Zhongsheng Li，Mingyue Lin. Occurrence of Some Valuable Elements in the U-nique 'High-Aluminium Coals' from the Jungar Coalfield，China ［J］. Ore Geology Review，2016，72：659-668.

［5］Shenjun Qin ，Yuzhuang Sun，Yanheng Li，Jinxi Wang，Cunliang Zhao，Kang Gao. Coal deposits as promising alternative sources for galli-um ［J］. Earth-Sc. Rev，2015，150：95-101.

［6］孙玉壮，赵存良，李彦恒，王金喜. 煤中某些伴生金属元素的综合利用指标探讨 ［［J］. 煤炭学报，2014，39（4）：744-748.

［7］董秋实. 粉煤灰酸浸液中铜的分离富集技术研究 ［D］. 长春：吉林大学，2016.

［8］边炳鑫，赵凤林，王振国. 粉煤灰空心微珠的分选及综合利用的研究 ［［J］. 中国矿业大学学报，1993，22（2）：20-27.

粉煤灰中稀土提取技术研究

曲学锋，孙玉壮，李神勇

（河北工程大学地球科学与工程学院，河北邯郸，056038）

摘　要　稀土是新材料和高科技产业发展的重要战略资源，被称为"工业味精"，应用广泛。本文分析了国内外稀土矿资源分布与特征，重点关注从煤系共伴生矿产资源中提取稀土元素的技术，提出粉煤灰的稀土提取和再利用技术方案，找到高利用稀土资源途径，实现粉煤灰中稀土元素的循环利用。

关键词　粉煤灰；提取；稀土

Abstract　Rare earth，known as " industrial monosodium glutamate"，is the important strategic resources which is widely used for new materials and high－tech industry development. In this paper，the rare earth mineral resources distribution and the characteristics of both was analysed at home and abroad，and focusing on the extraction of rare earth elements in coal associated mineral resources technology. The project of rare earth extraction and reutilize technologies of fly ash is proposed and found a way to high use of rare earth resources，which is to realize the recycling of rare earth elements in fly ash.

Keywords　coal fly ash；extraction；rare earths

1　稀土资源分布及现状

稀土元素是指元素周期表中原子序数为 57 到 71 的 15 种镧系元素氧化物，以及与镧系元素化学性质相似的钪（Sc）和钇（Y）共 17 种元素的氧化物。已知含稀土的矿物约有两百余种，可供开采且具有工业利用价值的有十余种，其中轻稀土矿物主要有氟碳铈矿、独居石、铈铌钙钛矿；重稀土矿物主要有磷钇矿、褐钇铌矿、离子吸附型矿、钛铀矿等。目前开发利用的稀土矿物主要有五种：氟碳铈矿、离子吸附型稀土矿、独居石矿、磷钇矿和磷灰石矿，前四种矿占世界稀土产量的 95％以上。

世界稀土资源主要分布在中国、美国、澳大利亚、俄罗斯、巴西、加拿大等国，各国稀土矿类型不尽相同。我国稀土资源成矿条件好，稀土矿床类型齐全、分布广，但相对集中，主要有白云鄂博矿，四川冕宁矿，山东微山矿，江南七省的离子吸附型稀土矿，广东、广西、江西的磷钇矿，湖南、广东、广西、海南、台湾的独居石矿，长江重庆段淤砂中的钪矿，以及漫长海岸线上的海滨砂矿等。此外，稀土还广泛伴生在其他金属或非金属矿中，主要的稀土伴生资源有磷矿和铝土矿等。

20 世纪 90 年代以来，我国取代美国成为最大稀土生产国，大量中国廉价优质稀土出口，国外原主要稀土出口国减少开采，加强了战略资源保护，给我国带来了稀土过度开发、环境破坏严重的不良后果，我国近年来也加强了稀土资源保护，完善了出口管理机制和稀土出口配额分配办法，这将对稀土战略资源的有序开发，合理利用建立导向型基础。

2　稀土资源的应用

随着高科技产业发展，稀土已成为极其重要的战略资源有"工业味精""工业维生素""新材料之母"等美称，广泛应用于航天航空、电子、交通、医疗卫生和传统产业等 13 个领域的四十多个行业，特别是中重稀土，更是与高新技术材料和尖端科技产品密切相关，是发光材料、高性能磁性材料、激光材料、光导纤维、陶瓷材料等的重要成分。随着科技的进步和应用技术的不断突破，稀土氧化物的价值将越来越大。

在冶金工业上，主要是钢铁、有色金属中的应用，稀土金属或氟化物、硅化物加入钢中，能起到精炼、脱硫、中和低熔点有害杂质的作用，并可以改善钢的加工性能；稀土金属添加至镁、铝、铜、锌、镍等有色合金中，可以改善合金的物理化学性能，并提高合金室温及高温机械性能。在军事领域，利用稀土优良的光电磁等性能能大幅提高产品的质量和性能。在石油化工领域，利用稀土制备生成优良催化剂，具有活性好、选择性好、抗中毒能力强等优点。在玻璃陶瓷行业，用于各种高端玻璃陶瓷产品的抛光和提升强度功能，还能起到吸收紫外线、耐酸耐热等作用。在农业利用方面由来已久，稀土元素可提高植物叶绿素含量，增强光合作用，促进根系发育和种子萌发等。新材料产业的突起，稀土元素功不可没，广泛用于电子产品、航天工业、激光材料等高科技领域。

因此，加强稀土资源的管理和技术开发，提高产品的技术附加值和资源利用率，实现稀土产业的可持续发展。

3 稀土提取技术研究进展

稀土提取及分离是从稀土矿物中提取稀土，并经过净化、分离、提纯等工艺过程制备各种稀土化合物的过程。稀土提取及分离技术的基本内容有如下几个方面：稀土矿物的富集、稀土的提取、稀土富集物的制备、稀土元素的分离与提纯、稀土化合物的制备。

稀土矿冶炼方法有两种，即湿法冶金和火法冶金。湿法冶金属化工冶金方式，全流程大多处于溶液、溶剂之中，如稀土精矿的分解、稀土氧化物、稀土化合物、单一稀土金属的分离和提取过程就是采用沉淀、结晶、氧化还原、溶剂萃取、离子交换等化学分离工艺过程。现应用较普遍的是有机溶剂萃取法，它是工业分离高纯单一稀土元素的通用工艺。湿法冶金流程复杂，产品纯度高，该法生产成品应用面广阔。火法冶金工艺过程简单，生产率较高。稀土火法冶炼主要包括硅热还原法制取稀土合金，熔盐电解法制取稀土金属或合金，金属热还原法制取稀土合金等。火法冶金的共同特点是在高温条件下生产。

目前，从稀土矿浸取液中提取稀土的方法主要有沉淀法、沉淀浮选法、溶剂萃取法、离子交换法、液膜分离法等。

4 从粉煤灰中提取稀土元素国内外研究现状

虽然我国拥有丰富的稀土资源，是世界稀土资源大国，但稀土矿产资源是不可再生资源，对国家经济、技术和战略发展至关重要。因此，在粉煤灰中提取稀土元素在国家的战略技术储备上显得尤为重要。近年来，国内外鲜有关于在粉煤灰中提取稀土元素研究的文献。

Seredin 在巴甫洛夫卡煤炭矿床（俄罗斯远东）发现的稀土元素含量高达 1290mg/kg，多达 1% 的稀土元素在产生的灰中。

刘汇东等采用碱法烧结-分步浸出法，对重庆安稳电厂循环流化床粉煤灰中 Ga，Nb，REE 等稀有金属进行了联合提取实验。

Ross Taggart 等阐述了美国粉煤灰中稀土的含量和地区间的不平衡，阿巴拉契亚源灰平均总稀土元素含量（定义为镧系元素和钇和钪）为 591 mg/kg，明显高于伊利诺斯和粉河盆地的粉煤灰（分别为 403mg/kg 和 337mg/kg）。关键的部分稀土（Nd，Eu，Tb，Dy，Y，和 ER）占飞灰总量的 34%～38%，大大高于传统的矿石（通常小于 15%）。

陈博、来雅文、肖国拾等人在煤矸石中提取稀土元素，采用盐酸浸出稀土元素，用氢氧化铁共沉法分离富集稀土元素，继而用草酸盐沉淀将稀土元素与铁定量分离。

2012 年代世峰和俄罗斯科学家 Vladimir Seredin 合作，在《国际煤地质学杂志》发表论文，提出煤中稀土的分类和评价标准，后被广泛引用，称为"Seredin-Dai 分类"和"Seredin-Dai 标准"。

2014 年美国国会要求能源部进行"煤炭中经济回收稀土元素"的可行性研究，一年多以后，2016 年 3 月，美国能源部（DOE）启动 10 个从煤炭及其副产品中提取稀土元素的项目，预计到 2025 年开展大规模部署。肯塔基大学在 2014 年夏天得到 DOE 的资助，开始在肯塔基州和美国东南地区收集煤炭和煤灰样本，还进行了一些分离稀土元素的中试。在粉煤灰中提取稀土领域中，美国已经开始解决技术性和经济可行性的问题，现在我国还停留在科研水平上。

5 粉煤灰、煤矸石提取稀土元素的工艺介绍

5.1 粉煤灰中稀有金属镓-铌-稀土的联合提取

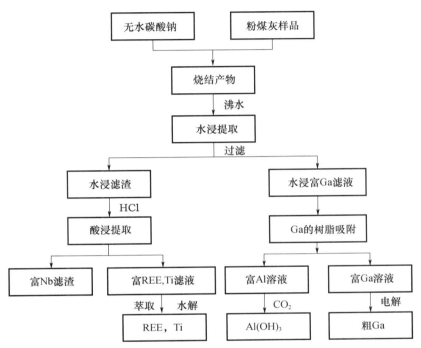

图 1　稀有金属 Ga-Nb-REE 的联合提取实验流程

　　将样品在干燥箱烘干，然后研磨。设置 4 组平行样品，碳酸钠与样品等比例混合，煅烧半小时。采用水浸法对烧结产物中的 Ga 进行提取。将水浸后的烧结产物过滤，测定滤液及滤渣中 Ga、Nb、REE 等稀有金属含量，并计算提取率。水浸滤渣烘干后待用。以水浸滤渣作为实验对象，进行酸浸法提取 REE 的操作，在富 REE，Ti 滤液中萃取得到 REE，计算酸浸 REE 的提取率。

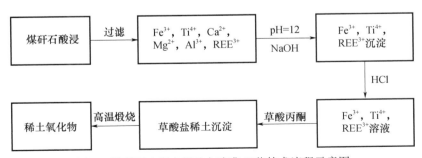

图 2　煤矸石中稀土提取与富集工艺技术流程示意图

5.2 煤矸石中稀土元素的提取富集工艺

　　定量称取煤矸石样品，置于马弗炉中焙烧，取出，冷却后倒入烧杯中，按一定比例的固液比加入 6mol/

L HCl 加热至近沸，浸取 4h，过滤后在滤液中加入浓度为 6mol/L 的 NaOH 溶液，调节溶液 pH 值为 12，过滤，滤液作提纯氧化铝之用。沉淀用浓度为 2mol/L 的 HCl 溶解，加入 400g/L 草酸丙酮溶液 25mL，加热至近沸，用 3mol/L 的氨水调节 pH 值为 1.5～2.5，加水稀释约为 80mL，保温 1h 以上。冷却，陈化，用致密定量滤纸过滤，将沉淀全部转移至滤纸上，用 10g/L 的草酸溶液（调节 pH 为 1.5～2.5）洗涤 7～8 次。将沉淀连同滤纸放到瓷坩埚中，置马弗炉中，低温烘干、灰化，850℃灼烧半小时。冷却后，对所得样品进行称量，得到混合稀土氧化物。

5.3　粉煤灰中稀土元素的提取富集工艺

结合煤矸石中稀土元素的提取富集工艺，设计如下实验方案：

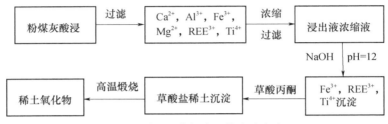

图 3　稀土元素提取工艺实验方案

检测粉煤灰中稀土含量；选择合适的酸浸出；过滤；过滤液浓缩；过滤；滤液加氢氧化钠溶液 pH 值至 12；过滤；沉淀用 HCl 溶液溶解；加入草酸丙酮加热至近沸；加氨水调节 pH 值为 2，保温 70～80℃ 1h；冷却、陈化；过滤；洗涤；焙烧。

6　结论

虽然我国拥有丰富的稀土资源，是世界稀土资源大国，但稀土矿产资源是不可再生资源，对国家经济、技术和战略发展至关重要。现在我国的煤电产区粉煤灰已经造成大量的堆积，如何合理有效地利用这些粉煤灰是一个严峻的考验。就目前的分离提取研究现状看，我国需要提高资源的利用率，保护和利用好国家的战略资源。同时加大从煤矸石、粉煤灰中提取稀土及其他微量元素的研发投入，逐步形成一套完善的粉煤灰综合利用系统。

参考文献

[1] Ross K. Taggart，James C. Hower，Gary S. Dwyer and Heileen Hsu-Kim. Trends in the Rare Earth Element Content of U. S. -Based Coal Combustion Fly Ashes［J］. Environmental Science & Technology，2016，50（11）：5919.

[2] 刘汇东，田和明，邹建华. 粉煤灰中稀有金属镓-铌-稀土的联合提取［J］. 科技导报，2015，33（11）：39-43.

[3] 陈博，来雅文，肖国拾，徐长跃. 煤矸石中稀土元素的提取富集工艺［J］. 世界地质，2009，28（2）：257-260.

[4] 白秀丽，于鹤. 稀土元素的研究与应用［J］. 长春师范学院学报，2006（04）：37-39.

[5] 王彬. 浅谈稀土元素的应用［J］. 内蒙古科技与经济，2013（12）：116-118.

[6] 蒋训雄，冯林永. 磷矿中伴生稀土资源综合利用［J］. 中国人口·资源与环境，2011，21：195-199.

[7] 程建忠，车丽萍. 中国稀土资源开采现状及发展趋势［J］. 稀土，2010，31（2）：65-69.

[8] 董秋实. 粉煤灰酸浸液中镧的分离富集技术研究［D］. 长春：吉林大学，2016.

热压成型与冷压成型粉煤灰基试块特性研究

段思宇，廖洪强，程芳琴，张金才，刘　勇

（国家环境保护煤炭废弃物资源化高效利用技术重点实验室，
煤电污染控制及废弃物资源化利用山西省重点实验室，
山西大学资源与环境工程研究所，山西太原，030006）

摘　要　实验研究了热压（120℃，20MPa）与冷压（20℃，20MPa）成型方法对粉煤灰基试块抗压强度的影响。采用 XRD，FT-IR，SEM，TGA 分析手段，分别对两种试块的矿物组成、成键结构、微观形貌和热失重特性进行对比分析。结果表明，热压成型试块的抗压强度是冷压成型的 2.5 倍；与冷压成型试块相比，热压试块的 XRD 谱图中检测出更加明显的硅铝酸盐水化产物衍射峰；FT-IR 谱图中的 ［SiO_2］吸收峰强弱为：粉煤灰原样＞冷压成型试块＞热压成型试块；热压试块 SEM 图片中的颗粒痕迹更加模糊，有更为大量的絮状物微观形貌，且能谱中的钙硅原子比（Ca/Si）约为 0.7，该比值为冷压型块的近 1/3；热压和冷压试块的自由水失重率分别为 3.0% 和 4.5%，硅铝酸盐水化物失重率分别为 1.2% 和 0.3%。说明粉煤灰基热压成型试块较冷压成型试块具有更加明显和更加深刻的水化反应。

关键词　粉煤灰；强度；XRD；FT-IR；SEM；TG

Abstract　Compressive strength of concrete block based on fly ash were tested under the condition of hot-pressing（120℃ and 20MPa）and room temperature-pressing（20℃ and 20MPa）. Some properties of the tow concrete blocks were analyzed by some analyzers of XRD，FT-IR，SEM and TGA，and these properties including the mineral compositions，chemical bonding structure，microstructure features and thermal weight loss characteristics，respectively. The testing results indicated that the compressive strength of hot-pressing block is about 2.5 times more than that of the room temperature-pressing block. In XRD spectrum，more enhanced diffraction peaks of aluminum-silicate hydrates from the hot-pressing block were detected comparing that of room temperature-pressing. In FT-IR spectrum，the order of the absorption peak strength for ［SiO_2］ bond from the three samples is fly ash＞ room temperature-pressing block＞ hot-pressing block. The pictures from SEM show that more fuzzy particle traces and more floc micro-morphology for the hot-pressing block was observed than that of room temperature-pressing，and the atom ratio of calcium and silicon from the hot-pressing blocks is nearly 1/3 of that from room temperature-pressing block. TG/DTG plot showed that the contents of free water weight in the hot-pressing block and in the room temperature-pressing block were 3.0% and 4.5%，the contents of aluminum-silicate hydrates weight were 1.2% and 0.3%，respectively.

Keywords　fly ash；compressive strength；XRD；FTIR；SEM；TGA

随着热电工业的发展，粉煤灰的排出量与日俱增，粉煤灰的大量堆积，不仅对土壤造成了破坏，而且造成大气污染和地下水污染[1-2]。粉煤灰作为一种二次资源，被广泛应用于建材、环保、农业、精细化工等多个领域[3]，建材化利用是实现粉煤灰规模化利用的重要途径，可以有效解决粉煤灰堆存问题，也可以降低建材行业对天然原材料的需求量，减少成本，节约资源，粉煤灰成型建材化利用的基本原理是利用了粉煤灰中潜在的火山灰活性，生成水化硅铝酸盐等水硬性化合物[4-5]。传统的粉煤灰成型建材化制备工艺是在常温条件下进行高压压制成型，由于粉煤灰的活性较低，使得其水化反应速率较低，成型后的粉煤灰建材一般需要经过较长时间（28～56d）的养护使其发生充分水化反应，之后才能获得所需要的抗压强度[6]。热压成型方法由于其高温高压的特点，能够在成型过程中使粉煤灰发生深度水化反应，使得粉煤灰材料在成型完成后便具有较高强度[7]，因此具有更好的生产应用价值，但是有关粉煤灰基热压成型的研究相对较少，有关水化机理有待于深入研究。

本文对比研究了热压成型和冷压成型方法对试块抗压强度的影响。同时利用 X 射线衍射分析（XRD）、傅里叶变换红外光谱（FT-IR）、扫描电镜（SEM）、热失重分析仪（TGA）等分析手段，分别对上述两种实验条件下粉煤灰试块的矿物组成、成键结构、微观形貌以及热失重特性进行系统分析研究，以期揭示粉煤灰建材在热压和冷压条件下的强度变化规律和水化胶凝特征。

1 实验

1.1 实验原料及设备

实验原料：采用国内某矸石电厂粉煤灰，粉煤灰颗粒的粒径分布范围为 $5\sim20\mu m$，D_{50} 为 $8.35\mu m$；P·O 32.5 商用矿渣硅酸盐水泥，河沙，生石灰。粉煤灰和水泥的化学成分见表 1。

表 1　原料化学成分

Table 1　Chemical composition of the raw

Sample	SiO_2（%）	CaO（%）	MgO（%）	Fe_2O_3（%）	Al_2O_3（%）	K_2O（%）	Na_2O（%）	SO_3（%）
Fly ash	39.46	9.79	2.17	4.77	35.67	0.47	0.13	4.59
Cement	25.46	52.09	3.34	2.55	9.28	0.68	0.85	2.94

实验设备及仪器：电子天平，砂浆搅拌机（HX-15），水热热压装置（Tohoku University），粒度分析仪（BV，Ankersmid），X 射线衍射仪（D2PHASER，Bruker），扫描电镜（JSM-670F，JEOL），压力测试机（TYA-2000），多功能热重测定仪（美国 PerkinElmer（Pyris1TGA）），傅里叶变换红外光谱仪（美国 Perkin Elmer 公司）。

1.2 实验方法

实验首先用电子天平准确称取粉煤灰 60g，水泥 4g，生石灰 10g，砂子 26g，置于砂浆搅拌机的搅拌锅中，搅拌 2～3min，然后向混合物料中加自来水 21g，继续搅拌 5min，使物料充分混合均匀。然后取出混合物料，并将物料放入自封袋中密封，自然条件下陈化 24h。待物料陈化完成后，称取陈化物料 20g 放入钢制模具中，在水热热压装置中压制成型。在成型压力均为 20MPa，稳压时间均为 30min 的条件下，分别考察在温度为 120℃和室温（20℃）时，所得试块的性能特征，主要考察试块的抗压强度、矿物组成、微观形貌、成键结构、热失重特性。

2 实验结果及讨论

2.1 试块的抗压强度

实验物料在成型压力为 20MPa，稳压时间为 30min，成型温度分别为 120℃和室温（20℃）条件下成型，试块自然干燥 12h 后测试其抗压强度，所得实验数据见表 2。表 2 数据显示，室温（20℃）条件下试块的抗压强度为 9.8MPa，120℃条件下试块的抗压强度为 24.2MPa，热压成型试块的抗压强度显著增加，约为室温（20℃）条件下试块的抗压强度的 2.5 倍。这说明热压成型有利于提高试块的强度。其可能原因是热压条件下，粉煤灰水化反应的速率加快，生成较多的水化硅酸盐凝胶，这些水化的硅酸盐凝胶通过析晶、生长，将骨料包裹，并且紧密链接在一起，从而使固化体具有了较高的抗压强度[8-9]。

表2 试块的抗压强度

Table 2 Compressive strength of the block

成型温度（℃）	抗压强度（MPa）	备注
20	9.8	成型压力 20MPa，稳压时间 30min，试块自然干燥 12h。
120	24.2	

2.2 试块的矿物组成特性分析

实验利用 X 射线衍射仪对热压（成型温度为120℃）试块和冷压（成型温度为室温20℃）试块的矿物组成进行了测试，所得对比 XRD 谱图如图1所示。由图1可以发现，试块中的矿物组成主要包括：SiO_2，$Ca_6 Si_6 O_{17} (OH)_2$，$CaCO_3$，$CaSO_4$，$Ca_2 SiO_4 \cdot 0.5H_2O$ 和 $CaAl_2 Si_2 O_8 \cdot 4H_2O$。与冷压成型相比，热压成型的 XRD 谱图中出现了较强的 $Ca_6 Si_6 O_{17} (OH)_2$（2θ 为 26.81°，27.56°）衍射峰，同时 SiO_2（2θ 为 20.86°，26.64°）衍射峰变弱，且 $CaAl_2 Si_2 O_8 \cdot 4H_2O$（$2\theta$ 为 27.89°，33.12°）衍射峰增强。这说明热压成型促进了试块中 SiO_2，Al_2O_3 等与 CaO，$Ca(OH)_2$ 之间的水化反应，生成了 $Ca_6 Si_6 O_{17} (OH)_2$，$CaAl_2 Si_2 O_8 \cdot 4H_2O$ 水化产物，从而可能导致试块的强度显著增加，这与上述抗压强度测试结果一致。

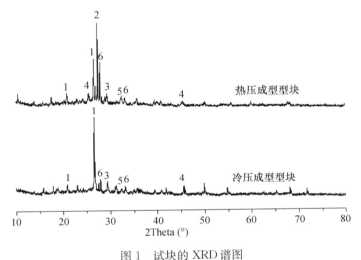

图1 试块的 XRD 谱图

Fig. 1 XRD plot of the block

1—SiO_2；2—$Ca_6 Si_6 O_{17} (OH)_2$；3—$CaCO_3$；4—$CaSO_4$；5—$Ca_2 SiO_4 \cdot 0.5H_2O$；6—$CaAl_2 Si_2 O_8 \cdot 4H_2O$

2.3 试块的红外光谱分析

实验利用傅里叶红外光谱（FT-IR）对试块的成键结构进行测试，测试谱图如图2所示。从图2可以看出，在波数为 510～550cm^{-1} 范围内，粉煤灰原样、冷压成型试块和热压成型试块的红外光谱图差异较大，而且变化规律明显，即粉煤灰原样吸收峰较强，冷压成型试块的吸收峰相对较弱，而热压成型试块的吸收峰几乎消失。由于波数为 510～550cm^{-1} 范围吸收谱带是由［SiO_2］的伸缩振动所产生[11]，这说明粉煤灰原样中 SiO_2 含量较大，冷压成型试块的 SiO_2 含量较少，热压成型试块 SiO_2 含量几乎消失。这一现象可能是由于粉煤灰在冷压和热压过程中发生了火山灰反应消耗了 SiO_2，使得 SiO_2 含量降低和消失，同时也说明热压成型较冷压成型更利于促进火山灰反应。在波数为 1100cm^{-1} 处，冷压成型试块与热压成型试块均出现较强的吸收峰，该峰是由［SiO_4］的弯曲振动所产生[10]，这与试块中的硅酸钙水化产物有关。在波数为 1410cm^{-1}、1632cm^{-1} 和 3438cm^{-1} 处的吸收峰分别为 $CaCO_3$ 的 C—O 弯曲振动、试块中自由水的 H—O—H 弯曲振动和 $Ca(OH)_2$ 的 O—H 伸缩振动所产生[11]。在此范围的冷压与热压试块吸收谱带内每一吸收峰的曲线形状相似、峰位相同，这说明冷压与热压试块的化学组成与结构相似。

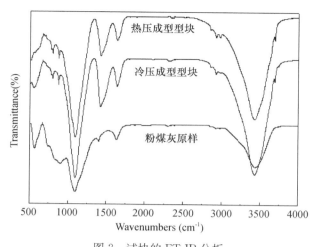

图 2　试块的 FT-IR 分析

Fig. 2　FT-IR plot of the block

2.4　试块的微观形貌分析

实验利用扫描电镜（SEM）对试块的微观形貌和水化胶凝物能谱分析，所得冷压成型试块的微观形貌和能谱分别如图 3 和图 4 所示，所得热压成型试块的微观形貌和能谱分别如图 5 和图 6 所示。从图 3 可以看出，冷压成型试块微观上显示出较为分明的颗粒形貌和少量的丝条状形貌，而且图 4 的能谱数据显示，冷压成型试块中水化胶凝物的钙硅原子比（C∶S）约为 2.2（18.85/8.59）；从图 5 可以看出，热压成型试块微观上显示出较为模糊的颗粒形貌和大量的絮状物形貌，而且图 6 的能谱数据显示，热压成型试块中水化胶凝物的钙硅原子比（C∶S）约为 0.7（12.28/17.73）。以上现象说明，与冷压成型相比，热压成型发生了更为充分的水化反应，生成了大量絮状胶凝产物；由于热压成型水化程度加深，使得水化胶凝物中的钙硅原子比降低。这一实验现象可能由于热压条件下更有利于粉煤灰中二氧化硅活化，促使更多的二氧化硅参与水化反应，生成水化胶凝物，也有利于增加试块的抗压强度[12]，这与上述抗压强度分析结果相一致。

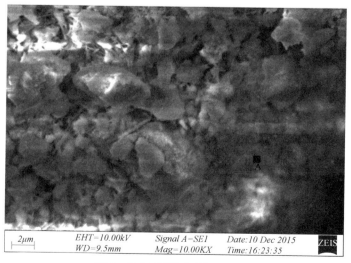

图 3　冷压条件下试块 SEM 图

Fig. 3　SEM picture of the room temperature-pressing block

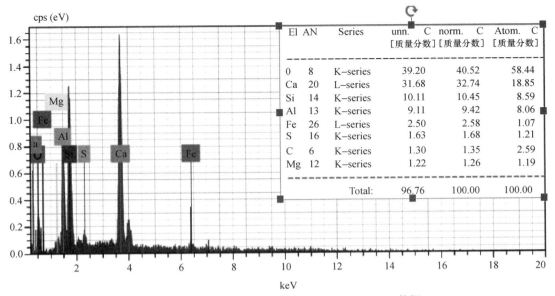

图 4　冷压条件下试块 SEM 图 A 点位置的 EDS 数据

Fig. 4　EDS data at the point of A in Fig. 3.

El	AN	Series	unn. C [质量分数]	norm. C [质量分数]	Atom. C [质量分数]
O	8	K-series	39.20	40.52	58.44
Ca	20	L-series	31.68	32.74	18.85
Si	14	K-series	10.11	10.45	8.59
Al	13	K-series	9.11	9.42	8.06
Fe	26	L-series	2.50	2.58	1.07
S	16	K-series	1.63	1.68	1.21
C	6	K-series	1.30	1.35	2.59
Mg	12	K-series	1.22	1.26	1.19
		Total:	96.76	100.00	100.00

图 5　热压条件下试块 SEM 图

Fig. 5　SEM picture of the hot-pressing block

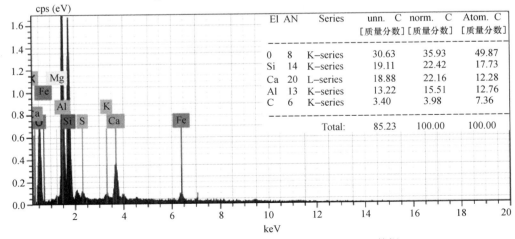

图 6　热压条件下试块 SEM 图 B 点位置的 EDS 数据

Fig. 6　EDS data at the point of B in Fig. 5

El	AN	Series	unn. C [质量分数]	norm. C [质量分数]	Atom. C [质量分数]
O	8	K-series	30.63	35.93	49.87
Si	14	K-series	19.11	22.42	17.73
Ca	20	L-series	18.88	22.16	12.28
Al	13	K-series	13.22	15.51	12.76
C	6	K-series	3.40	3.98	7.36
		Total:	85.23	100.00	100.00

2.5 试块的热失重特性分析

冷压成型和热压成型试块的 TG 曲线如图 7 所示,DTG 曲线如图 8 所示。由图 7 可知,热压成型试块与冷压成型试块的 TG 曲线变化规律相似,在 700℃ 以前均出现连续失重现象,且热压成型试块的 TG 曲线始终位于冷压成型试块 TG 曲线的上方,在 700℃ 以后均出现失重缓慢现象。由图 8 可知,热压成型试块与冷压成型试块的 DTG 曲线变化规律也基本类似,即冷压成型试块和热压成型试块均出现四次明显的失重峰,且失重峰的温度基本相似,这说明冷压试块与热压试块具有相似的组成物质。其中,第一次明显失重的温度区间约在 25℃ 到 100℃ 之间,且冷压试块的失重峰强度明显大于热压试块;由于第一次失重主要是自由水蒸发所致[13];第二次失重的温度区间约为 150℃ 到 200℃ 之间,该失重峰与水化硅酸钙的热解脱水有关[14];第三次失重的温度区间在 350℃ 到 400℃ 之间,该失重峰与试块中的铁铝酸钙水化物有关[13]。第三次失重的温度区间在 650℃ 到 700℃ 之间,这是由于 $CaCO_3$ 的热分解所导致的[14]。

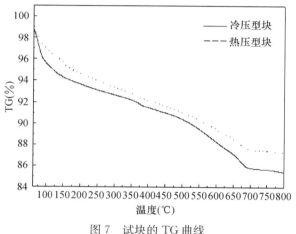

图 7 试块的 TG 曲线

Fig. 7 TG plot of the block

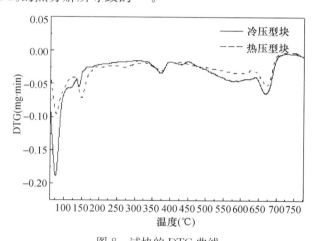

图 8 试块的 DTG 曲线

Fig. 8 DTG plot of the block

对热压成型试块与冷压成型试块的 TG/DTG 曲线进行定量分析,得出试块热失重特征参数见表 3。可以发现,冷压成型试块在 700℃ 以前的总失重量约为 14%,而热压成型试块的总失重量约为 12%。从分段失重量来对比分析可以发现,在失重温度为 25～100℃ 之间的第一次明显失重范围内,热压和冷压成型试块的失重率分别为 3.0% 和 4.5%,这说明热压成型试块中较冷压成型试块中的自由水含量更低,这可能与热压成型过程中试块失水量大有关;在失重温度为 150～200℃ 之间的第二次明显失重范围内,热压和冷压成型试块的失重率分别为 1.2% 和 0.3%,这说明热压成型试块中较冷压成型试块中含有更多的水化硅酸盐产物,也就是说明热压成型较冷压成型发生更为深刻的水化反应;在失重温度为 350～400℃ 之间的第三次明显失重范围内,热压和冷压成型试块的失重率分别为 0.7% 和 0.6%,这说明冷压成型与热压成型试块中的铁铝酸钙水化物含量相近;在失重温度为 650～700℃ 之间的第四次明显失重范围内,热压和冷压成型试块的失重率分别为 0.5% 和 1.1%,这说明冷压成型与热压成型试块中的碳酸钙含量相差较大,而且冷压成型试块中碳酸钙含量较大,可能的原因有待于进一步分析研究。

表 3 试块的热失重特征参数

Table 3 Special parameters of TGA for the blocks

成型方式	总失重率(%)	第一次失重		第二次失重		第三次失重		第四次失重	
		温度区间(℃)	失重率(%)	温度区间(℃)	失重率(%)	温度区间(℃)	失重率(%)	温度区间(℃)	失重率(%)
热压成型试块	12	25～100	3.0	150～200	1.2	350～400	0.7	650～700	0.5
冷压成型试块	14		4.5		0.3		0.6		1.1

3　结论

（1）实验研究表明，热压成型试块的抗压强度明显高于冷压成型试块。

（2）XRD 分析表明，相对于冷压成型试块而言，热压成型试块中检测出较强的硅铝酸盐水化产物 $[Ca_6 Si_6 O_{17}(OH)_2, CaAl_2 Si_2 O_8 \cdot 4H_2 O]$ 衍射峰。

（3）FT-IR 分析表明，在波数为 $510 \sim 550 cm^{-1}$ 范围内，不同试块样品的 $[SiO_2]$ 吸收峰强弱变化为：粉煤灰原样＞冷压成型试块＞热压成型试块。

（4）SEM-EDS 分析表明，冷压成型试块微观形貌出现明显的颗粒痕迹和少量的丝条状形貌，且能谱数据中的钙硅原子比为 2.2；热压成型试块微观形貌显示出较为模糊的颗粒痕迹和大量的絮状物形貌，且能谱数据显中钙硅原子比为 0.7。

（5）TG/DTG 分析表明，在 $25 \sim 100 ℃$ 之间，热压和冷压成型试块的失重率分别为 3.0% 和 4.5%；在 $150 \sim 200 ℃$ 之间，热压和冷压成型试块的失重率分别为 1.2% 和 0.3%；在 $350 \sim 400 ℃$ 之间，热压和冷压成型试块的失重率分别为 0.7% 和 0.6%；在 $650 \sim 700 ℃$ 之间，热压和冷压成型试块的失重率分别为 0.5% 和 1.1%。

4　致谢

该工作得到山西省科技重大专项（MC2014-06）和山西省煤基重点科技攻关项目（MC2014-04）的支持。

参考文献

[1] 李志钢．粉煤灰对环境的危害及其综合利用 [J]．魅力中国，2013（26）：267-267.

[2] 王立刚．粉煤灰的环境危害与利用 [J]．中国矿业，2001，10（4）：27-28.

[3] 王学武，赵风清，杜炳华，等．粉煤灰综合利用研究述评 [J]．粉煤灰综合利用，2001（6）：39-40.

[4] Chindaprasirt P, Pimraksa K. A study of fly ash-lime granule unfired brick [J]. Powder Technology, 2008, 182（1）：33-41.

[5] 柯国军，杨晓峰，彭红，等．化学激发粉煤灰活性机理研究进展 [J]．煤炭学报，2005，30（3）：366-370.

[6] 何惠，王超会，刘剑虹，等．粉煤灰免烧砖的制备及性能研究 [J]．环境保护，2009（2）：53-55.

[7] 纪莹璐，宋慧平，程芳琴，等．水热热压法制备地质聚合物 [J]．粉煤灰综合利用，2014（5）.

[8] Kumar S. A perspective study on fly ash-lime-gypsum bricks and hollow blocks for low cost housing development [J]. Construction & Building Materials, 2002, 16（8）：519-525.

[9] 雷永胜．水化硅酸钙微结构及其对粉煤灰免烧砖性能影响的研究 [D]．太原：中北大学，2014.

[10] 江虹．红外分析在水泥化学中的应用 [J]．贵州化工，2001，26（4）：30-31.

[11] 冯奇，王培铭．煤矸石热活化及水泥水化的红外分析 [J]．建筑材料学报，2005（3）：215-221.

[12] 魏风艳，吕忆农，兰祥辉，等．粉煤灰水泥基材料的水化产物 [J]．硅酸盐学报，2005，33（1）：52-56.

[13] 舒玲，鲁怡．差热分析在水泥化学研究领域中的应用 [J]．山东建材，2007，28（1）：15-17.

[14] 谢英，侯文萍，王向东．差热分析在水泥水化研究中的应用 [J]．水泥，1997（5）：44-47.

硫酸铵法绿色化、高附加值综合利用粉煤灰

翟玉春

（东北大学，辽宁沈阳，110819）

摘　要　铝是用量最大的有色金属，因其具有良好的性能，被广泛应用。随着我国多年的开采利用，传统的铝土矿已经使用殆尽，粉煤灰资源的开发利用已经提上了日程。粉煤灰是燃煤电厂排弃的固体废弃物，我国粉煤灰排放量非常大，它占用耕地、污染环境，制约了当地国民经济的可持续发展。因此开展粉煤灰的综合利用研究具有重大现实意义和长远战略意义。本文针对电厂粉煤灰进行了提取氧化铝和二氧化硅的研究。对粉煤灰详细考察后，设计了硫酸铵焙烧法提取粉煤灰中氧化铝、提铝渣浓碱浸出提取二氧化硅的工艺，并进行了详细的研究。

关键词　粉煤灰；硫酸铵法；氧化铝；二氧化硅；综合利用

Abstract　Aluminum is one of the base metals in industry and the first most common nonferrous metal in the world. Because of a good corrosion resistance and alloy performance, aluminum is widely used in modern industry. With the increasing amount of aluminum in China, bauxite, the main source of aluminum metal production, is nearly exhausted. For sustainable development, the development and utilization of fly ash source are necessary. Fly ash is rejects residue of coal combustion in power plants. The large amount of rejects fly ash occupies farm field, causes environment pollution, creates harm to residents nearby and restricts local economic development. Therefore, the study on fly ash utilization has significance both in practice and in strategy in the long run. This paper studied on extraction of Al_2O_3 and SiO_2 from fly ash emission from power plant. The process was designed and studied. Al_2O_3 was extracted from fly ash roasted by ammonium sulfate, and SiO_2 was extracted from fly ash leached by concentrated NaOH solution.

Keywords　fly ash; ammonium sulfate method; aluminum oxide; silicon dioxide; integrated utilization

1　综述

1.1　资源概况

粉煤灰是煤经高温燃烧后形成的一种类似火山灰质的混合物。燃煤电厂将煤磨成$100\mu m$以下的煤粉，煤粉用预热空气喷入炉膛呈悬浮状态燃烧，产生混有大量不燃物的高温烟气，经收尘装置捕集得到粉煤灰。

煤粉在炉膛燃烧时，其中气化温度低的物质先从矿物与固体炭连接的缝隙间逸出，使煤粉变成多孔型炭粒。此时煤粉的颗粒状态基本保持原煤粉的形态，但因多孔型使其表面积增大。随着温度的升高，多孔型炭粒中的有机质燃烧，而其中的矿物开始脱水、分解、氧化变成无机氧化物，此时的煤粉颗粒变成多孔玻璃体，其形态与多孔型炭粒基本相同。随着燃烧的继续进行，多孔玻璃体逐渐融化收缩而形成颗粒，其孔隙率越来越低，圆度越来越高，粒径越来越小，最终由多孔玻璃体转变为密度较高、粒径较小的密实球体，颗粒比表面积下降为最小。不同粒度和密度的灰粒的化学和物理性质显著不同。最后形成的粉煤灰分为飞灰和炉底灰，形成过程如图1所示。飞灰是进入烟道气灰尘中最细的部分，炉底灰是分离出来的比较粗的颗粒，也叫炉渣。

据统计，我以外的世界各国的粉煤灰产出及利用情况见表1。

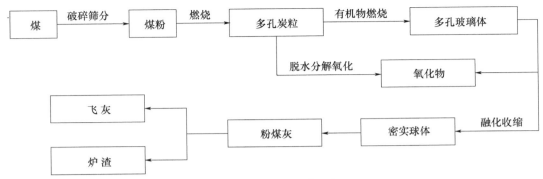

图 1　粉煤灰的形成过程

表 1　世界各国的粉煤灰产出及利用情况

项目＼国名	英国	德国	法国	荷兰	美国	日本
粉煤灰排出量（万 t/年）	1400	450	560	50	5800	230
粉煤灰利用量（万 t/年）	550	240	310	50	1350	70
粉煤灰利用量（％）	40	55	55	100	23	30
粉煤灰利用项目（万 t/年）						
（1）水泥工业						
水泥原料			40		40	10
水泥混合材	10	15	80	10	50	20
（2）混凝土工业						
混凝土掺合料	15	100	40		100	15
混凝土制品掺合料	70					5
水泥砂浆	15	40	40	4	150	
（3）建材工业						
砌块、砖	65	30	1	15	100	2
轻骨料	40	5			40	
（4）土木工程						
道路	190	40	50	10	135	
填煤坑、填土	50		40		125	
（5）其他	100	10	10	1	240	18
（6）贮藏	100	100	70		360	
（7）填筑、废弃	800	110	180		4400	160

我国是世界第一产煤和耗煤大国，煤炭是我国当前和今后相当长时间的主要能源。在一次能源探明总量中煤占 90％。虽然我国大力发展水电、核电、风电，但是燃煤发电仍占主导地位。燃煤发电必然产生大量粉煤灰。

我国燃煤电厂排放的粉煤灰总量在逐年增加，1995 年粉煤灰排放量达 1.25 亿 t，2000 年约为 1.5 亿 t，2014 年全国粉煤灰排放量达到 4.5 亿 t，每年粉煤灰排放量以 2000 万～3000 万 t 的数量增长。在东南部沿海发达地区粉煤灰的就地利用率达 85％以上，但在中西部地区特别是产煤大省山西、内蒙古等地，粉煤灰利用率极低，不到 3％，排放的粉煤灰堆放掩埋挤占农田或荒地，仅此一项，年占地就达 50 多万亩，不仅占用土地，还带来飞尘和水污染，给我国的国民经济建设及生态环境造成巨大的压力。

生产氧化铝的主要原料为铝土矿。2009年底，我国探明的铝土矿资源量约32亿t，其中可采储量只有10亿多t。2010年我国氧化铝的年产量2895万t，约占全球氧化铝总产量的1/3。2011年我国的氧化铝产量超过3200万t。国内已探明的铝土矿储量，按目前的开采量计算，最多只能供应10多年。我国是铝土矿稀缺的国家，每年要进口大量铝土矿。而粉煤灰中含有大量的氧化铝，如果利用粉煤灰生产氧化铝，弥补我国铝土矿的短缺，具有重要的现实意义。粉煤灰中的二氧化硅可以用来制备白炭黑，它是一种重要的化工原料，广泛应用于炼油、化肥、石油、橡胶等化学工业，也可以用二氧化硅制备硅酸钙，应用于建筑、保温材料、造纸等。

粉煤灰是人工二次资源，富含二氧化硅和氧化铝，二者含量之和在85％以上，粉煤灰粒度小、均匀，无需矿山开采即可用作原料。因此，开展绿色化、高附加值综合利用粉煤灰的新工艺技术研究具有重要意义。

1.2　粉煤灰利用技术

1）粉煤灰普通利用技术
（1）建筑材料和道路工程方面的应用
（2）在污水治理方面的应用
（3）在农业方面的应用
（4）在填筑方面的应用
2）粉煤灰精细化利用
（1）回收铁和微珠
（2）利用粉煤灰制备活性碳
（3）金属和非金属的利用
（4）合成沸石
（5）制备微晶玻璃
3）利用粉煤灰制备白炭黑
4）利用粉煤灰制备氧化铝

2　硫酸铵法绿色化、高附加值综合利用粉煤灰

2.1　原料分析

粉煤灰的化学组成和矿物组成与原煤的化学组成、矿物组成、燃烧条件有关。原煤中含有页岩、高岭土、黏土、黄铁矿、方解石、石英等多种矿物，在煤燃烧过程中会发生脱水、晶型转变、分解、熔化、沸腾、结晶和新矿物的生成。由于燃烧的气氛、温度不同，粉煤灰的矿物组成变化显著。

燃煤发电厂的主要炉型有链条炉、煤粉炉、沸腾炉三种，其中心温度分别为（1350±50）℃、（1450±50）℃、（1720±50）℃。大部分燃煤电厂的炉温均达到灰分的熔点以上，属于液相熔融反应。只有少数燃煤电厂炉温低于灰分的熔点，属于固液相反应。粉煤灰的熔融物经急速冷却后大部分形成玻璃体，一部分形成磁铁矿、石英、莫来石等晶体矿物。通常粉煤灰中的玻璃体是主要物相，但晶体物质的含量有些也比较高，主要晶体相物质为莫来石、石英、赤铁矿、磁铁矿、铝酸三钙、黄长石、默硅镁钙石、方镁石、石灰等，在所有晶体相物质中莫来石含量最多。

表2给出了高铝粉煤灰的化学组成，此种粉煤灰中二氧化硅和氧化铝含量都较高，二者总量大于90％。铁、钙、钛、镁、锰等组元，共占粉煤灰总量的8％左右。

表2　某电厂粉煤灰化学组成

组成	Al_2O_3	SiO_2	Fe_2O_3	CaO	TiO_2	MgO
含量（%）	35.12~48.66	40.00~55.65	0.51~3.02	0.31~1.26	0.86~1.65	0.18~0.45

粉煤灰的粒度及物理性质见表3和图7。

表3　粉煤灰的物理性能

性能	松装密度 ρ_a （g·cm^{-3}）	振实密度 ρ_p （g·cm^{-3}）	压缩度	均齐度	休止角（°）	崩溃角（°）	平板角（°）
参数	0.8033	1.015	21.2	15.38	33.4	31.6	51

粉煤灰的中位径 $D_{50}=138.08\mu m$，体积平均径 $D[4,3]=140.87\mu m$。粒径分布范围宽，在0.2~350μm之间，150~350μm之间的大颗粒所占比例大，达45%。

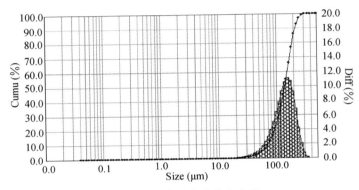

图7　粉煤灰的粒度分布曲线

图8是粉煤灰的XRD图谱。从图8可以看出粉煤灰中矿相以莫来石和石英为主，Ca、Mg以硅酸盐形式存在，Fe主要以Fe_2O_3形式存在。玻璃相在粉煤灰中占有很大比例，图8中10°~25°的区域出现比较宽大的衍射峰，表明存在玻璃相。

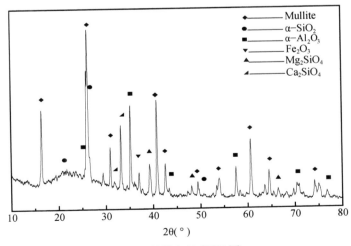

图8　粉煤灰的XRD图

粉煤灰的微观形貌如图9、10所示。

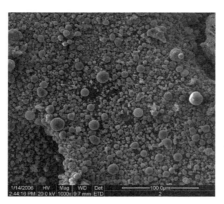

图 9　粉煤灰的 SEM 图

图 10　（a、b）粉煤灰中小颗粒的 SEM 图

　　玻璃珠主要富集在小颗粒的粉煤灰中。根据粉煤灰的形成过程，粉煤灰中的多孔玻璃体逐渐熔融收缩而形成颗粒，其孔隙率不断降低，圆度不断提高，粒径不断变小，最终由多孔玻璃转变为密度较高、粒径较小的密实球体，颗粒比表面积下降到最小。不同粒度和密度的颗粒其化学成分和矿相不同，小颗粒一般比大颗粒更具玻璃形态和化学活性。

　　从粉煤灰的 EDS 能谱图（图 11）可以看出，其中含有 Al、Si、Fe、Ti、Ca、Zn、C、O 元素。除氧外几乎无其他阴离子，因此各金属元素以氧化物、硅酸盐的形式存在。这与 XRD 分析结果吻合。

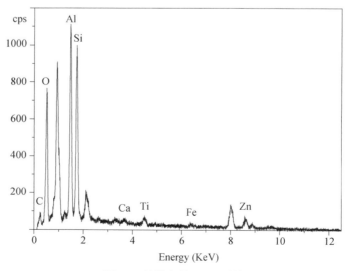

图 11　粉煤灰的 EDS 图谱

2.2　化工原料

硫酸铵法处理粉煤灰用的化工原料主要有硫酸铵、氢氧化钠、碳酸钙等。

1）硫酸铵（工业级）。

2）氢氧化钠（工业级）。

3）碳酸钙（工业级）。

2.3　硫酸铵法工艺流程

将硫酸铵和粉煤灰混合焙烧，粉煤灰中的氧化铝和氧化铁与硫酸铵反应生成可溶性硫酸盐，二氧化硅不参加反应。焙烧烟气除尘后降温冷却得到硫酸铵固体，和粉末一起返回混料。焙烧熟料加水溶出，硫酸盐溶于水中，二氧化硅不溶解。过滤得到硫酸盐溶液和硅渣。用氨调节溶液的 pH 值使铁铝沉淀。再用氢氧化钠溶液碱溶铁铝沉淀，分离铁铝，得到氢氧化铁和铝酸钠溶液。铝酸钠溶液种分得到氢氧化铝，煅烧得到氧化铝。硅渣用氢氧化钠溶液浸出，硅渣中的二氧化硅生成可溶性的硅酸钠，过滤得到硅酸钠溶液和石英粉，硅酸钠溶液碳分制备白炭黑，也可与石灰乳反应制备硅酸钙。其工艺流程图见图 12。

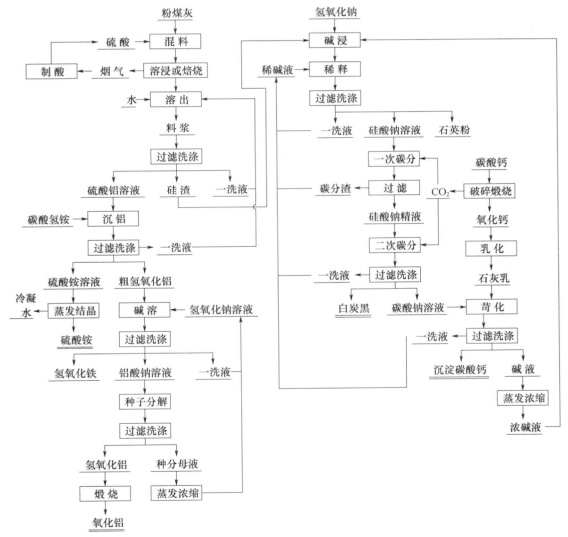

图 12　硫酸铵法的工艺流程图

2.4 工序介绍

（1）混料

将粉煤灰和硫酸铵按参与反应物质的化学计量比硫酸铵过量10％配料，混合均匀。

（2）焙烧

将物料在（450～500）℃焙烧，焙烧产生的烟气主要有NH_3、SO_3和H_2O，经降温冷却回收硫酸铵，返回混料，过量氨回收用于沉铝。发生的主要化学反应为：

$$Al_2O_3+3（NH_4）_2SO_4=Al_2（SO_4）_3+6NH_3\uparrow+3H_2O\uparrow$$
$$Fe_2O_3+3（NH_4）_2SO_4=Fe_2（SO_4）_3+6NH_3\uparrow+3H_2O\uparrow$$
$$Al_2O_3+4（NH_4）_2SO_4=2NH_4Al（SO_4）_2+6NH_3\uparrow+3H_2O\uparrow$$
$$Fe_2O_3+4（NH_4）_2SO_4=2NH_4Fe（SO_4）_2+6NH_3\uparrow+3H_2O\uparrow$$
$$CaO+（NH_4）_2SO_4=CaSO_4+2NH_3\uparrow+H_2O\uparrow$$
$$（NH_4）_2SO_4=SO_3\uparrow+2NH_3\uparrow+H_2O\uparrow$$
$$SO_3+2NH_3+H_2O=（NH_4）_2SO_4$$

（3）溶出

将熟料加水按液固比3∶1溶出，保温（60～80）℃。溶出1h后过滤，滤液为硫酸铝铵溶液，滤渣为含二氧化硅的硅渣。

（4）沉铝铁

保持硫酸铝铵溶液80℃，向其中加入焙烧工序回收的氨，调节溶液pH值至5.1。反应结束后过滤，滤液为硫酸铵溶液，经蒸发结晶得到硫酸铵，返回混料，循环利用。滤渣为粗氢氧化铝。发生的主要化学反应为：

$$Al_2（SO_4）_3+6NH_3+6H_2O=2Al（OH）_3\downarrow+3（NH_4）_2SO_4$$
$$Fe_2（SO_4）_3+6NH_3+6H_2O=2Fe（OH）_3\downarrow+3（NH_4）_2SO_4$$
$$NH_4Fe（SO_4）_2+3NH_3+3H_2O=Fe（OH）_3\downarrow+2（NH_4）_2SO_4$$
$$NH_4Al（SO_4）_2+3NH_3+3H_2O=Al（OH）_3\downarrow+2（NH_4）_2SO_4$$

（5）碱溶

将粗氢氧化铝在110℃加碱液溶出，溶出后过滤。滤液为铝酸钠溶液送种分工序。滤渣为氢氧化铁渣，用做炼铁原料。发生的主要化学反应为：

$$Al（OH）_3+NaOH=NaAlO_2+2H_2O$$

（6）种分

向除铁后的铝酸钠溶液中加入氢氧化铝晶种，保持温度在（60～65）℃进行种分。种分后过滤得到的氢氧化铝，一部分为产品，一部分用做晶种。过滤所得母液主要含氢氧化钠，蒸发浓缩返回碱溶，循环利用。发生的主要化学反应为：

$$NaAl（OH）_4=Al（OH）_3\downarrow+NaOH$$

（7）煅烧

将氢氧化铝在（1200～1300）℃煅烧，得到氧化铝产品。发生的主要化学反应为：

$$2Al（OH）_3=Al_2O_3+3H_2O\uparrow$$

（8）碱浸

将硅渣加入到氢氧化钠溶液中，升温到120℃反应剧烈，浆料温度自行升到130℃，反应强度减弱后向溶液中加水稀释，稀释后的浆液温度为80℃，搅拌后过滤。滤渣为提硅渣，主要为石英粉，可加工成硅微粉。滤液为硅酸钠溶液，送碳分工序。发生的主要化学反应为：

$$SiO_2+2NaOH=Na_2SiO_3+H_2O$$

（9）碳分

在 70℃将二氧化碳气体通入硅酸钠溶液进行碳分。当 pH 值到 11 时，停止通气，把碳分浆液过滤，得到的滤渣送碱浸工序，滤液为精制硅酸钠溶液，精制硅酸钠溶液二次碳分，保温 80℃，当 pH 值到 9.5 时，停止通气，过滤得到的滤饼为二氧化硅，洗涤、干得到为白炭黑产品。滤液为碳酸钠溶液，送苛化工序。发生的主要化学反应为：

$$2NaOH + CO_2 = Na_2CO_3 + H_2O$$
$$Na_2SiO_3 + CO = Na_2CO_3 + SiO_2 \downarrow$$

（10）煅烧

将碳酸钙煅烧，煅烧产生的烟气经净化、收集送往碳分工序，氧化钙送苛化工序。发生的主要化学反应为：

$$CaCO_3 = CaO + CO_2 \uparrow$$

（11）苛化

将碳分后的碳酸钠滤液加石灰苛化，苛化浆液过滤，滤液为氢氧化钠溶液，蒸发浓缩，返回碱浸，循环利用。苛化渣为沉淀碳酸钙产品。发生的主要化学反应为：

$$CaO + H_2O = Ca(OH)_2$$
$$Na_2CO_3 + Ca(OH)_2 = CaCO_3 \downarrow + 2NaOH$$

3 产品

硫酸铵法处理粉煤灰得到主要产品是氢氧化铝、氧化铝、白炭黑、硅酸钙等。

3.1 白炭黑

图 14 为白炭黑的 XRD 图谱和 SEM 照片。可知白炭黑为非晶态。白炭黑粉体为规则的球形颗粒、粒度均匀，分散性良好。

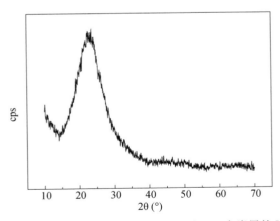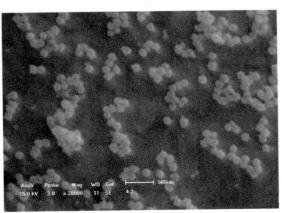

图 14 白炭黑的 XRD 图谱和 SEM 照片

表 5 为白炭黑产品干燥后的成分分析结果，表 6 为化工行业标准 HG/T 3065—1999。可见，白炭黑产品满足化工行业标准。

表 5 SiO₂产品成分分析

成分	SiO_2	Al_2O_3	Fe_2O_3	ZnO	MnO	CaO
含量（%）	93.96	<0.0038	<0.00014	0.00020	0.00042	<0.0014

表 6　化工行业标准 HG/T 3065—1999 和产品检测结果的比较

项目	HG/T 3065—1999	检测结果
SiO_2 含量（%）	≥90	94.0
pH 值	5.0~8.0	7.3
灼烧失重（%）	4.0~8.0	6.1
吸油值（$cm^3 \cdot g^{-1}$）	2.0~3.5	2.7
比表面积（$m^2 \cdot g^{-1}$）	70~200	165

白炭黑是无定形粉末，质轻，具有良好的电绝缘性、多孔性和吸水性，此外还有补强和增黏作用以及良好的分散、悬浮特性。可作为补强材料，应用于橡胶、食品、牙膏、涂料、油漆、造纸等行业。

3.2　氢氧化铝和氧化铝

图 15 为种分得到的氢氧化铝 SEM 图。图 16 为氢氧化铝在 1150℃下煅烧 4h 得到的氧化铝产品的 XRD 图谱和 SEM 照片。

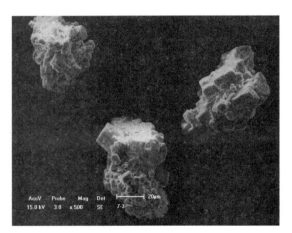

图 15　种分氢氧化铝 SEM 图

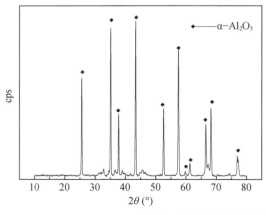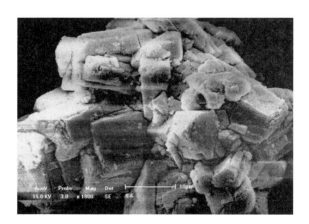

图 16　1150℃煅烧制备的 Al_2O_3 的 XRD 图谱和 SEM 照片

表 7 和表 8 分别是氢氧化铝成分分析结果和氢氧化铝国家标准 GB/T 4294—1997。氢氧化铝产品指标满足国家 AH-1 标准。

表7　氢氧化铝化学成分（%）

成分	Al_2O_3	SiO_2	Fe_2O_3	Na_2O
含量（%）	64.8	0.007	0.008	0.14

表8　氢氧化铝国家标准：GB/T 4294—1997

项目		$Al_2O_3\geqslant$	$Fe_2O_3\leqslant$	$SiO_2\leqslant$	$Na_2O\leqslant$
牌号	AH-1	64.5%	0.02%	0.02%	0.4%
	AH-2	64.0%	0.03%	0.04%	0.5%
	AH-3	63.5%	0.05%	0.08%	0.6%

表9和表10分别是氧化铝成分表和氧化铝国家有色金属行业标准 YS/T 274—1998。可见，氧化铝产品指标满足行业 AO-1 标准。

表9　煅烧氧化铝化学成分

成分	Al_2O_3	SiO_2	Fe_2O_3	Na_2O
含量（%）	99.22	0.011	0.013	0.19

表10　氧化铝国家有色金属行业标准：YS/T 274—1998

项目		$Al_2O_3\geqslant$	$Fe_2O_3\leqslant$	$SiO_2\leqslant$	$Na_2O\leqslant$
牌号	AO-1	98.6%	0.02%	0.02%	0.50%
	AO-2	98.4%	0.03%	0.04%	0.60%
	AO-3	98.3%	0.04%	0.06%	0.65%
	AO-4	98.3%	0.05%	0.08%	0.70%

氢氧化铝和氧化铝产品可作为炼铝原料，也可以做其他高附加值产品，如介孔分子筛、催化剂载体等。

3.3　硅酸钙

图17为硅酸钙产品的 SEM 照片，硅酸钙为类球形颗粒状粉体。表11为硅酸钙产品成分分析结果。

图17　硅酸钙产品的 SEM 照片

表 11 水合硅酸钙的化学成分分析

成分	SiO$_2$	CaO	Fe$_2$O$_3$	Al$_2$O$_3$	Na$_2$O
含量（%）	45.49	42.47	0.20	0.26	0.14

硅酸钙主要用作建筑材料、保温材料、耐火材料、涂料的体质颜料及载体。

4 结论

粉煤灰绿色化、高附加值综合利用的工艺将粉煤灰中的有价组元铝、硅、铁都分离提取制成氧化铝、硅酸钙或白炭黑、氢氧化铁产品。所用的化工原料循环利用或制成产品。没有废渣、废水、废气排放，对环境友好。为粉煤灰的合理利用打开了新的路径，具有推广应用价值。

参考文献

[1] 王佳东，申晓毅，翟玉春，吴艳 . 硅酸钠溶液分步碳分制备高纯沉淀氧化硅 [J]，化工学报，2010，61（4）：1064

[2] 王佳东，申晓毅，翟玉春 . 碱溶法提取粉煤灰中的氧化硅 [J]，轻金属 . 2008，（12）：23

[3] 王佳东，翟玉春，申晓毅 . 碱石灰烧结法从脱硅粉煤灰中提取氧化铝 . 轻金属，2009，（6）：14

[4] 王佳东，申晓毅，翟玉春 . 碱溶粉煤灰提硅工艺条件的优化 . 矿产综合利用，2010，（4）：42

[5] 秦晋国，王佳东，王海 . 二次碳分制备白炭黑的方法 [P] . 专利号：CN101077777A，2007.11.28

[6] 翟玉春，王佳东，申晓毅，辛海霞，李洁，张杰 . 一种综合利用红土镍矿的方法 [P] . 专利号：CN102321812A，2012.01.18

[7] 申晓毅，常龙娇，王佳东，翟玉春 . 由除杂铝渣碱溶碳分制备高纯 Al（OH）$_3$ [J] . 东北大学学报（自然科学版），2012，33（9）：1315

[8] 申晓毅，王乐，王佳东，翟玉春 . 硫酸铵浸出红土镍矿提硅渣的实验 [C] . 2012 年全国冶金物理化学学术会议专辑（下册），2012

[9] 吴艳，翟玉春，李来时，王佳东，牟文宁 . 新酸碱联合法以粉煤灰制备高纯氧化铝和超细二氧化硅 [J] . 轻金属，2007，（9）：24

[10] 翟玉春，吴艳，李来时，王佳东，等 . 一种由低铝硅比的含铝矿物制备氧化铝的方法 [P] . CN200710010917.X. 2008.01.09

[11] 李来时，翟玉春，刘瑛瑛，王佳东 . 六方水合铁酸钙的合成及其脱硅 [J] . 中国有色金属学报，2006，16（7）：1306-1310.

[12] 陈孟伯，陈舸 . 煤矿区粉煤灰的差异及利用 [J]，煤炭科学技术，2006，34（7）：72-75.

氧化镧负载粉煤灰磁珠的制备及其磷吸附研究

但宏兵，李建军，鲍　旭，乔尚元，吴家庆，彭　芃，祝自强

（安徽理工大学材料科学与工程学院，安徽淮南，232001）

摘　要　以工业固废粉煤灰磁珠为磁核，通过化学沉淀法制备了磁珠@La_2O_3磁性磷吸附剂。系统的 X 射线衍射、扫描电镜和振动样品磁强计表征显示，氧化镧较均匀地包覆在粉煤灰磁珠表面，样品比磁化强度可达 20.35emu/g。利用钼酸铵分光光度法对磁性吸附剂的磷吸附性能及影响因素进行了试验研究。当磁性吸附剂以 1g/L 投加量处理 pH 为 3、浓度为 20mg/L 的含磷污水时，磷吸附量可达 18.5mg/g。研究表明，所得磁性吸附剂的磷吸附效果与吸附时间、pH 值、共存阴离子等因素有关。使用过的磁性吸附剂可通过外加磁场高效固液分离，经适当处理后可多次重复使用。

关键词　粉煤灰磁珠；氧化镧；磷吸附；固液分离

Abstract　Magnetic phosphorus adsorbent MS@La_2O_3 was synthesized by chemical precipitation method，using coal-fly-ash magnetic spheres（MS）as magnetic core. Systemical investigation by X-ray diffraction，scanning electron microscope，and vibrating sample magnetometer show that La_2O_3 is uniformly coated on the surface of MS. The magnetism of the prepared MS@La_2O_3 is 20.35emu/g，which is a little lower than that of the original MS. The P adsorption performance and the influence factors of the prepared samples were investigated by an ammonium molybdate spectrophotometric method. It is shown that the P adsorbing capacity can reach 18.5mg/g when treating the 20mg/L P wastewater，with a 1g/L magnetic adsorbent dosage，under the pH＝3 condition. It is found that the P adsorption of MS@La_2O_3 was closely related to adsorption time，pH value，and coexisting anions. The MS@La_2O_3 adsorbent can be separated effectively by the magnetic separation technique. In addition，the used magnetic adsorbent can be reused after appropriate treatment.

Keywords　coal-fly-ash magnetic spheres；lanthanum oxide；phosphorus adsorption；solid-liquid separation

0　引言

水体富营养化是我国水污染最为突出的问题之一，是由水体中氮、磷等元素的含量超标所导致的。由于藻类等水生生物对磷更为敏感[1,2]，因此除磷是治理水体富营养化的关键所在。现有的污水除磷方法包括：化学沉淀、生物转换及电解法[3-5]，虽均具有一定的除磷效果，但存在吸附效果不稳定、污泥产生量大等问题。在此背景下，吸附法成为颇具潜力的除磷方法。但由于常用吸附剂颗粒微细、密度与水接近，因此难以从水中分离。为解决这一问题，近年来，一些研究者将磁分离技术引入污水处理中，利用磁场力实现吸附剂的高效固液分离[6]。现有研究多以化学合成的纳米 Fe_3O_4 作为磁核[7]，由于纳米 Fe_3O_4 的合成工艺较复杂、生产成本和保存条件要求高且易造成二次污染，极大地限制了磁性磷吸附剂的推广应用，因此，寻找清洁廉价的磁核非常必要。

粉煤灰是一种典型的工业废弃物[8]，我国每年排放的粉煤灰总量超过 6 亿 t。粉煤灰中含有 2%～18% 高铁含量的磁性微珠（粉煤灰磁珠，MS）[9]。粉煤灰磁珠来源广泛、价格低廉，同时具有比表面积大、多孔结构以及高饱和磁化强度等特点，经处理后可望成为理想的磁核材料。如果将磁珠作为磁核材料制备磁性磷吸附剂，不但可以避免利用纳米磁核带来的诸多问题，而且还可实现粉煤灰的高附加值利用，达到资源循环、以废治废的效果，具有较高的经济效益和环保效益。

本论文通过化学沉淀法，制备了氧化镧负载粉煤灰磁珠（MS@La$_2$O$_3$）磷吸附剂，利用 XRD、SEM、VSM 等对所得样品的形貌、结构以及磁性进行了系统表征，同时对其磷吸附性能、影响因素及吸附动力学进行了研究。

1 材料与方法

1.1 试验药品及表征设备

（1）试验所用粉煤灰来源于大唐淮南洛河发电厂。化学试剂磷酸二氢钾（KH$_2$PO$_4$），氯化镧（LaCl$_3$），四水合钼酸铵［（NH$_4$）$_6$Mo$_7$O$_{24}$·4H$_2$O］，抗坏血酸（C$_6$H$_8$O$_6$），酒石酸锑钾·半水（KSbC$_4$H$_4$O$_7$·1/2H$_2$O），氢氧化钠（NaOH）均为分析纯，购于上海国药试剂有限公司。试验用水为自制去离子水。

（2）采用日本 Shimadzu 公司的 XRD-6000 型 X 射线衍射仪分析样品的晶体结构。扫描电压 40kV，扫描电流 30mA，辐射源为 Cu 靶 Kα（λ＝0.154nm），扫描角度范围 5°～80°，扫描速度 2°/min。采用日本 JE-OL 公司的 JSM-7001F 场发射扫描电镜（SEM）和能谱仪（EDS），观察样品的整体形态及进行能谱分析，工作电压 20kV。使用南京大学仪器厂生产的 HH-20 振动样品磁强计（VSM）测量样品的磁性能。

1.2 试验方法

1.2.1 磁珠及 MS@La$_2$O$_3$ 的制备

（1）取适量粉煤灰置入 110℃烘箱中干燥，待粉煤灰烘干后用套筛将其分为－60 目、60～100 目、100～200 目、＋200 目四个粒度级，通过 CXG-08SD 型磁选管将＋200 目的粉煤灰在磁场强度为 300mT 下湿选，收集具有磁性的粉煤灰，即为粉煤灰磁珠。使用行星式球磨机将收集到的粉煤灰磁珠在转速为 250r/min 的条件下球磨 10h，待球磨结束后，清洗并烘干以备用。

（2）通过化学沉淀法在磁珠表面负载氧化镧。取适量球磨磁珠与 0.02mol/L 氯化镧溶液按固液 1∶100 混合，调节溶液 pH 至 11，利用六联搅拌器以 500r/min 搅拌 20h。然后将混合液真空抽滤，利用去离子水多次清洗至中性后，充分干燥。将烘干后的粉末样品置入箱式电阻炉 500℃下焙烧 1h。自然冷却后，通过研磨、过 120 目筛，得 MS@La$_2$O$_3$ 备用。

1.2.2 磷吸附试验

1）磷标准曲线的绘制

向 7 支 50mL 的具塞刻度管中分别加入质量浓度为 2mg/L 的 KH$_2$PO$_4$ 溶液 0mL，0.5mL，1mL，3mL，5mL，10mL 和 15mL，使用去离子水稀释至标线后，分别向其中加入质量分数为 10% 的抗坏血酸溶液 1mL，30s 后分别加入钼酸盐溶液 2mL，待混合均匀后静置 15min，通过钼酸铵分光光度法[10]，利用岛津 UV-2600 型紫外可见分光光度计在波长为 710nm 处检测溶液吸光度，并绘制标准曲线。

2）磷吸附试验

称取 0.1g MS@La$_2$O$_3$ 磷吸附剂添加至 100mL 20mg/L KH$_2$PO$_4$ 溶液，并置于冷冻摇床中，在 25℃条件下以 160r/min 的速度恒温搅拌 3h，最后通过检测上清液吸光度计算出磷的去除率（或吸附量）并绘制成图：

$$\eta = \frac{C_0 - C_e}{C_0} \times 100\% \tag{1}$$

$$q_e = \frac{V(C_0 - C_e)}{m} \tag{2}$$

式中，η 为吸附率；C_0 为吸附前溶液中磷的浓度；C_e 为吸附平衡时溶液中磷的浓度；q_e 为吸附量；V 为溶液体积；m 为吸附剂的投加量。

（3）吸附剂再生

将吸附饱和的 MS@La$_2$O$_3$ 磷吸附剂置于物质的量浓度为 1mol/L 的 NaOH 溶液中，常温下以 500r/min

的搅拌速度解吸 12h，然后用去离子水不断洗涤至中性，充分干燥后，置入箱式电阻炉 500℃下焙烧 1h 得再生吸附剂，并对其进行磷吸附试验，研究其可再生利用率。

2　结果与讨论

2.1　磷的标准曲线

由图 1 可知，在波长为 710nm 处测定磷的标准曲线为：$y=1.8615x+0.0057$，其中，$R^2=0.9996$，这说明在质量浓度为 $0\sim0.6$mg/L 的测量范围内，定波长吸收强度较好地满足线性关系，具有可靠性。

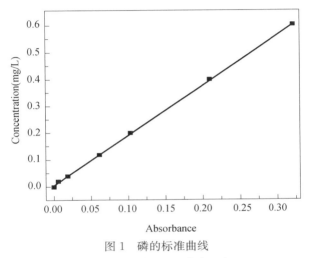

图 1　磷的标准曲线

Fig. 1　Standard curve of phosphorus

2.2　氧化镧负载磁珠的结构与性能表征

2.2.1　磁性吸附剂的结构表征

图 2（a）、图 2（b）分别是球磨磁珠和氧化镧负载磁珠的 SEM 照片。由图可知，球磨后的磁珠表面较为干净平整，而经负载后的磁珠表面包裹了一层，表面较为粗糙。EDS 分析表明（图 3），MS@La$_2$O$_3$ 样品中出现了镧元素峰，其质量百分比可达 14.6%，说明磁珠表面的凸起包覆物为镧化合物。

（a）　　　　　　　　　　　　　　（b）

图 2　球磨磁珠（a）和 MS@La$_2$O$_3$（b）的 SEM 图像

Fig. 2　SEM images of ball-milled MS (a) and MS@La$_2$O$_3$ (b)

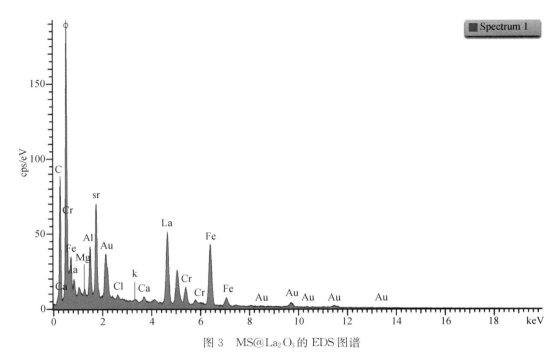

图 3 MS@La$_2$O$_3$ 的 EDS 图谱

Fig. 3 EDS pattern of MS@La$_2$O$_3$

图 4 为原磁珠和 MS@La$_2$O$_3$ 的 XRD 图谱。由图可知，改性后的粉煤灰磁珠保留了原磁珠的所有衍射峰，但多数衍射峰的强度有所下降，并出现了宽化现象。这是由于镧化合物包裹在磁珠表面所致。值得注意的是，MS@La$_2$O$_3$ 的 XRD 谱中出现了新的衍射峰（如箭头所示）。利用 Jade6.0 软件与标准 PDF 卡片对比分析知该峰符合晶体氧化镧 22-369 的特征衍射峰，这说明氧化镧成功地负载在了磁珠表面，与 SEM 及 EDS 表征结果相符。

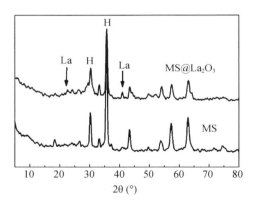

H：hematite La：lanthanum oxide

图 4 MS 和 MS@La$_2$O$_3$ 的 XRD 衍射图

Fig. 4 XRD patterns of MS and MS@La$_2$O$_3$

2.2.2 磁性吸附剂的 VSM 磁性检测

如图 5（a）所示，经振动样品磁强计分析可知，MS@La$_2$O$_3$ 的比饱和磁化强度为 20.35emu/g，具有较强的铁磁性。相比于原磁珠本身，其比饱和磁化强度下降了 19.45emu/g，这是由于经过氧化镧负载后，样品中的磁性物质相对含量减少。虽然 MS@La$_2$O$_3$ 的磁性较磁珠颗粒本身明显减弱，但完全满足磁分离的要求，可实现高效固液分离，如图 5（b）所示。

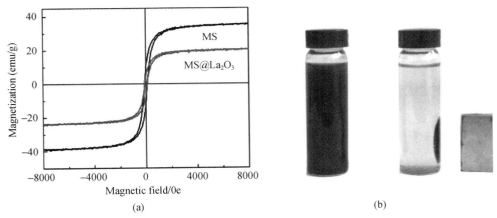

图5　(a) MS 和 MS@La₂O₃ 的磁滞回线；(b) MS@La₂O₃ 在外加磁场下的分离

Fig. 5　(a) Magnetic hysteresis loops of MS and MS@La₂O₃；

(b) Separation of MS@La₂O₃ under external magnetic field

2.3　磷吸附性能研究

2.3.1　吸附时间对除磷的影响

图 6 为吸附时间对磷吸附量的影响曲线，由图可知，在 180min 内，随着吸附时间的延长，磷吸附量逐渐增加。在磷吸附的初期，吸附速度很快，10min 内磷的去除率即可超过 50%；吸附时间超过 60min 后，磷吸附速度迅速减缓，3h 后趋于饱和。添加 1g/L MS@La₂O₃ 磁性磷吸附剂处理质量浓度为 20mg/L、溶液 pH 为 3 的 KH_2PO_4 溶液，其最大吸附量可达 18.5 mg/g。

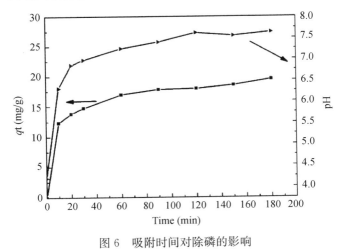

图 6　吸附时间对除磷的影响

Fig. 6　Effect of adsorption time on phosphorus removal

有趣的是，溶液 pH 随着磷吸附量增加的同时也在不断增大。由此可推断出该吸附过程属于离子交换吸附，即附着于磁珠表面的氧化镧在除磷的同时也伴随着氢氧根的置换，使溶液 pH 升高。而离子交换作用属于化学吸附过程，这也就意味着此时溶液中的磷酸根同 MS@La₂O₃ 表面的活性位点反应后生成内层络合物[11]。

2.3.2　溶液 pH 对除磷的影响

图 7 为溶液 pH 对除磷率的影响曲线，由图可知，当溶液 pH 为 3 时，除磷率达到最大。稀土吸附剂除磷的机理是：负载于磁珠表面的 La₂O₃，由于其表面离子的配位不饱和[12]，在溶液中与水配位形成羟基化表面。酸性条件下，表面羟基发生质子化迁移，带上正电荷，通过静电引力与溶液中带负电的磷酸根结合，

同时发生配体交换生成配位络合物并伴随氢氧根的置换，使溶液 pH 升高（图6）。而当溶液酸性过强时可能破坏了该磁性吸附剂的结构，此时溶液中溶解平衡占据主导地位，使镧的羟基化合物趋于溶解[13]，因此不能对磷酸根产生固定化作用；而当溶液 pH 不断升高时，过多的氢氧根又会与磷酸根形成竞争吸附，因此除磷率不断降低。

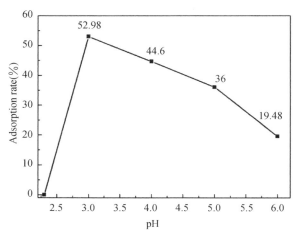

图 7　溶液 pH 对除磷的影响

Fig. 7　Effect of solution pH on phosphorus removal

2.3.3　共存阴离子对除磷的影响

图 8 为共存阴离子对磷吸附量的影响曲线，由图可知，溶液中共存阴离子对磷吸附均存在不利，其中碳酸根的影响最大，硫酸根其次，氯离子最小。这可能是由于干扰离子与磷酸根之间对吸附位点产生了竞争吸附。对于一定量的吸附剂，其吸附位点数量是一定的，当干扰离子占据了其中的一部分吸附位点，磷酸根的吸附位点数就会减少，从而降低磷的吸附量。

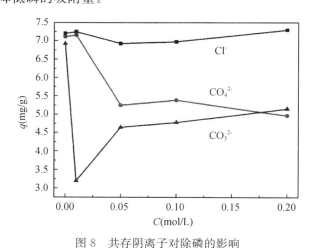

图 8　共存阴离子对除磷的影响

Fig. 8　Effect of coexisting anions on phosphorus removal

2.4　吸附剂的再生

图 9 为吸附剂的再生试验曲线，由图可知，经碱浸后的除磷吸附剂可再次投入使用，且前期的吸附速率依然很快，2h 后吸附趋于饱和。随着再生次数的增加，磷吸附量不断降低，当用 1g/L 再生吸附剂处理 pH 为 3、质量浓度为 20mg/L KH₂PO₄ 溶液时，其最大吸附量为 5.893mg/g，相比于原吸附剂，其再生率仅为 31.85%。因此，提高吸附剂的再生利用率成为后期课题的研究重点。

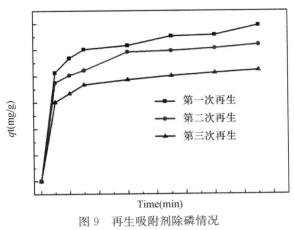

图 9　再生吸附剂除磷情况

Fig. 9　Phosphorus removal of regenerated adsorbent

2.5　吸附动力学的拟合

动力学模型通常用于研究吸附过程中的变化，而伪一级与伪二级动力学模型常用来描述液-固吸附过程，因此本研究采用这两种模型对 MS@La$_2$O$_3$ 除磷过程进行拟合。其中，两种动力学方程如下：

伪一级动力学模型：$\ln (Q_e - Q_t) = \ln Q_e - K_1 t$ （3）

伪二级动力学模型：$t/Q_t = 1/K_2 Q_e^2 + t/Q_e$ （4）

式中，Q_e 与 Q_t 分别为吸附平衡时和吸附 t 时的吸附量，t 为吸附时间，K_1 与 K_2 为吸附速率常数。

表 1　动力学参数

Table 1 Kinetic parameters

方程	伪一级方程			伪二级方程		
参数	K_1（min^{-1}）	R^2	Q_{e1}（mg/g）	K_2（min^{-1}）	R^2	Q_{e2}（mg/g）
数值	0.0095	0.9344	2.1380	0.0066	0.9992	19.305

图 10 为伪一级方程与伪二级方程的拟合曲线，通过比较图中各动力学方程的拟合曲线以及表 1 中的动力学参数可知，伪二级动力学模型的拟合相关系数 R^2 更接近 1，而且由伪二级方程计算得到的 Q_e 值也与试验实测值（18.5mg/g）更接近，以上结果表明伪二级方程能更好地描述磷在氧化镧负载粉煤灰磁珠上的吸附行为，即以化学吸附为主。

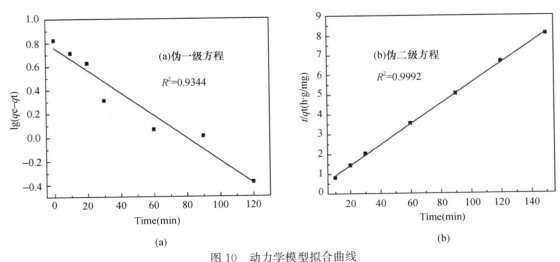

图 10　动力学模型拟合曲线

Fig. 10　Fitting curve of dynamic model

3 结论

（1）以粉煤灰磁珠（MS）为磁核，利用化学沉淀法制备了 MS@La$_2$O$_3$ 磁性磷吸附剂。系统的 X 射线衍射、扫描电镜和振动样品磁强计表征显示，La$_2$O$_3$ 较均匀地包覆在粉煤灰磁珠表面，且样品比磁化强度达 20.35emu/g，在外加磁场作用下，可实现高效固液分离。

（2）磷吸附试验表明：投加 1g/L MS@La$_2$O$_3$ 磁性磷吸附剂处理 pH 为 3、浓度为 20mg/L 的含磷污水，当以 160r/min 的搅拌速度吸附 3h 时，其最高吸附量为 18.5mg/g，且使用过的磁性磷吸附剂经碱洗后可再次利用，最高利用率为 31.85%。

（3）氧化镧负载粉煤灰磁珠处理含磷污水的吸附动力学数据符合伪二级方程，以化学吸附为主。

基金： 国家自然基金（No.51374015）、教育部博士点专项基金（No.20133415120004）、安徽省高校自然科学研究重点研究项目（No.KJ2016A189）。

参考文献

[1] D. W. Schindler. Eutrophication and Recovery in Experimental Lakes：Implications for Lake Management［J］. Science. 1974，184（4139）：897-899.

[2] D. W. Schindler. Recent advances in the understanding and management of eutrophication［J］. Limnology and Oceanography. 2006，51（1）：356-363.

[3] 郝晓地，刘壮，刘国军. 欧洲水环境控磷策略与污水除磷技术（上）［J］. 给水排水，1998（8）：69-73.

[4] D. Mulkerrins, A. D. W. Dobson, E. Colleran. Parameters affecting biological phosphate removal from wastewaters［J］. Environment International. 2004，30：249-259.

[5] S. İrdemez, Y. S. Yildiz, V. Tosunoğlu. Optimization of phosphate removal from wastewater by electrocoagulation with aluminum plate electrodes［J］. Separation and Purification Technology. 2006，52：394-401.

[6] T. J. Daou, S. Begin-Colin, J. M. Greneche, F. Thomas, A. Derory, P. Bernhardt, P. Legare, G. Pourroy, Phosphate adsorption properties of magnetite-based nanoparticles, Chem. Mater. 19 (2007) 4494-4505.

[7] Yang J，Zeng Q R，Peng L，et al. La-EDTA coated Fe$_3$O$_4$ nanomaterial：Preparation and application in removal of phosphate from water［J］. Journal of Environmental Sciences，2013，25（2）：413-418.

[8] WU Xian-Feng（吴先锋），LI Jian-Jun（李建军），ZHU Jin-Bo（朱金波），et al. Mater. Rev.（材料导报），2015，29（23）：103-107.

[9] Pan J M，Yao H，Li XX，et al. J. Hazard. Mater.，2011，190（1-3）：276-284.

[10] GB 11893-89，中华人民共和国国家标准［S］.

[11] R. Chitrakar, S. Tezuka, A. Sonoda, K. Sakane, K. Ooi, T. Hirotsu, Selective adsorption of phosphate from seawater and wastewater by amorphous zirconium hydroxide［J］. J. Colloid Interface Sci.. 2006，297：426-433.

[12] Anderson M A 等著，刘莲生等译. 水溶液吸附化学［M］. 北京：科学出版社，1989：1～80.

[13] 丁文明，黄霞，张力平. 水合氧化镧吸附除磷研究［J］. 环境科学，2003，9（5）：63.

高铝粉煤灰及其提铝残渣优化制备地聚合物材料性能对比研究

段 平[1,2]，周 伟[1,2]，浦 嵩[1,2]，严春杰[1,2]

（1. 中国地质大学材料与化学学院，湖北武汉，430074；

2. 中国地质大学纳米矿物材料及应用教育部工程研究中心，湖北武汉，430074）

摘　要　以循环流化床粉煤灰及其提铝后酸性尾渣为主要原料，添加适量的活性氧化铝在微波场环境下制备地质聚合物。以碱激发剂的模数、粉体原料硅铝比、额外加水量和养护温度为变量，考察其对地质聚合物性能的影响规律，利用 SEM-EDS，XRD，TG-DSC 和 FT-IR 研究地质聚合物的微观结构变化机制。研究结果表明：（1）基于正交设计实验，当激发剂模数为 1.5，粉体原料硅铝比为 2∶1，额外加水量占固体原材料 10%，养护温度为 80℃为最佳制备条件，地聚物抗压强度最高；（2）利用提铝残渣制备地质聚合物，7 天抗压强度可达 27 MPa；（3）微观测试表明，地聚物反应产物为凝胶结构，生成产物的结构较为致密，且微观结构与表观强度结果相符合，当模数大于 1.8，地聚物产生微裂纹；（4）高铝粉煤灰制备地聚物高温稳定性优于低铝粉煤灰。

关键词　高铝粉煤灰；提铝残渣；碱激发；地质聚合物

Abstract　Developing sustainable and low-CO_2 emission construction materials is of essential importance for reducing the environmental footprint of cement industry. In this work，we utilized the ordinary circulating fluidized bed combustion fly ashes with different Al_2O_3 contents as the additive to modify geopolymers. The Si/Al ratio，additional water/solid ratio，modulus of alkali activator (molar ratio of SiO_2/Na_2O) and curing temperature，had been investigated to reveal their influences to the mechanical and microstructural properties of geopolymers. For low-Al_2O_3 fly ash，the optimal synthesis conditions (curing temperature＝80℃，Si/Al＝2∶1，modulus＝1.5，additional water/solid ratio＝0.1) were obtained. Geopolymers modified with high-Al_2O_3 fly ash possess more superior performance than that of low-Al_2O_3 fly ash modified samples，in terms of compressive strength and microstructure. This study proves that the application of low-Al_2O_3 fly ash can be used as a substitute material for geopolymer cement manufacture.

Keywords　geopolymer；low-Al_2O_3 fly ash；mix proportion；compressive strength；microstructure

1　Introduction

Ordinary Portland cement (OPC) has been widely utilized as binder in concrete and other construction materials. The production of OPC leads to enormous environmental problems and releases a considerable amount of greenhouse gases[1-4] which is responsible for 6%～7% of all the CO_2 emissions，as deemed by IEA (International Energy Agency)[5]. Moreover，the industry consumes about 1.5 tons of raw materials for producing one ton of OPC[2]. Consequently，both scientific and industrial communities are devoting to develop new materials and applying technologies to alternate the OPC binders，however，the durability performance has been cognized as the most difficult problem to be solved[6].

Geopolymers，generally synthesized by activating slag，fly ash (FA)，calcined clay and other aluminosilicate materials using alkali，have been realized as promising alternatives. By consuming these by-products of industries，not only environmental hazards can be suppressed but the ecological cycles can be improved[7].

As one of the major by-products of coal combustion, fly ash accumulates to be over 750 million tons world widely every year[8], with only a minor part of this material being reused. Pursuing a low-cost technique to utilize fly ash in large-scale to minimize the natural disposure for purpose of reducing the environmental impact (leaching of heavy metals to ground water or nearby surface water, human breathing or absorption of airborne or settled ash, etc) is of essential importance.

In recently years, there are several efforts to utilize fly ash[9-11]. However, these applications consume only a minority of fly ash. Owing to its aluminosilicate composition, fine size, significant amount of glassy content and availability across the world, fly ash can be rationally converted to geopolymers[12-16], which should be one of the most available strategies to expend the generated fly ash.

In this study, we employed two kinds of fly ashes with high- (50.85%) and low- (18.09%) Al_2O_3 to synthesize geopolymers. The optimal preparation conditions for the two geopolymers according to the compressive strength of the products were obtained.

2 Materials and methods

The two kinds of low calcium fly ash (circulating fluidized bed combustion fly ash, CFA) used in this study were obtained from Inner Mongolia, China. Table 1 presents the chemical compositions of fly ash.

Table 1 Chemical compositions of raw materials by XRF analysis (mass, %)

Content	SiO_2	Al_2O_3	Fe_2O_3	MgO	CaO	Na_2O	K_2O	TiO_2	H_2O	LOI
Fly ash 1	52.40	18.09	0.42	0.02	0.33	0.03	0.19	4.33	3.31	20.59
Fly ash 2	27.35	50.85	1.88	0.12	5.41	0.05	0.35	2.57	0.04	7.74

The alkali activators were mixtures of industrial liquid sodium silicate and granular sodium hydroxide. The activators were mixed in certain proportions so that the modulus was fixed at values of 1, 1.2, 1.4, 1.6, 1.8 and 2.0, respectively.

Coal fly ash has been used for the synthesis of geopolymer in different experimental conditions in terms of temperature and time of polycondensation. Compared to GEO-1, orthogonal experiments of GEO-2 only consist of three factors (excluding Si/Al). The sodium hydroxide and water glass were mixed and stirred in a plastic beaker for five minutes to prepare alkaline activator. Directly after mixing, the fresh paste was poured in the cubic moulds with size of 20mm×20mm×20mm. After 24h, the moulds were placed in an incubator for 7 days curing with a specific temperature. Then the geopolymer samples were demoulded and preparation of geopolymeric specimens was completed.

Table 2 The ratios of FA-1 and γ-Al_2O_3 corresponding to different Si/Al

Si/Al	1 : 1.5	1 : 1	1.5 : 1	2 : 1	2.5 : 1	3 : 1
$M_{FA-1}/M_{\gamma-Al2O3}$	1 : 1.34	1 : 0.89	1 : 0.59	1 : 0.45	1 : 0.36	1 : 0.3

The compressive strength results of geopolymer were measured on the cubic samples with dimension of 20mm×20mm×20mm. The average values of four separate tests were reported. Also the microstructural characteristics of geopolymer which was made at the optimal condition with high compressive strength was analyzed using X-ray diffraction (XRD).

3　Results and discussion

In order to assess which age curing can be used as the indicator to measure the compressive strength of geopolymer, compressive strength (1d, 3d, 7d, 28d) of GEO-1 (Si/Al=2:1, modulus=1.5, additional water/solid ratio=0.1) and GEO-2 (modulus=1.5, additional water/solid ratio=0.05) at different ages were tested and are shown in Fig. 1 and Fig. 2, respectively. The results indicate that the strength at early age grows very fast and the 7-day strength reaches 70%~95% of that of 28-day, even though the 28-day strength of GEO-2 decreases when cured at 80℃. Based on the analysis, 7-day strength was selected as the index to assess the strength evolution of geopolymers.

The compressive strengths variation of GEO-1 changing with temperature and different Si/Al ratios are given in Fig. 3. In this group, the ratio of additive water to solid raw materials by mass (additional water/solid ratio) equals to 0.1. The compressive strength increases along with the increasing temperature regardless of the Si/Al ratios. The compressive strength reaches the highest value at the same temperature with Si/Al ratio of 2:1. The highest strength of 21.55MPa at 20℃, 22.2MPa at 40℃, 23.21MPa at 60℃, 26.45MPa at 80℃ can be achieved, respectively, with the Si/Al ratio of 2:1. It was reported that relatively higher temperature leads to the acceleration of geopolymerization[17-19].

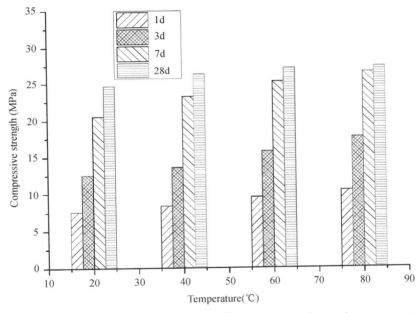

Fig. 1　Compressive strength of GEO-1 at different ages cured at various temperatures

Fig. 4 shows the 7d compressive strength of GEO-1 and GEO-2 changing with temperature with the additional water/solid ratio of 0.05 and modulus of activator of 1.5. The strength of GEO-2 is higher than that of GEO-1, and the highest strength is up to 33.4MPa. Comparing the two curves, it indicates that no matter what raw material is used, the trend of compressive strength along with temperature is approximate. Importantly, the highest strength can be obtained with the Si/Al ratio of 2:1 at 80℃.

The result provided in Fig. 5 demonstrates the XRD patterns of FA-1, γ-Al$_2$O$_3$ as well as, GEO-1 which was prepared at 80℃ with modulus of 1.5 and additional water/solid ratio of 0.1. The XRD patterns of fly ash displays peaks due to quartz, mullite and anatase at trace level, while the peaks of GEO-1 correspond to

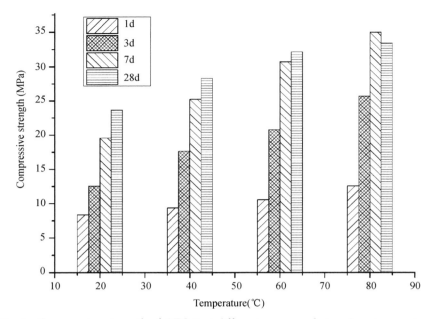

Fig. 2　Compressive strength of GEO-2 at different ages cured at various temperatures

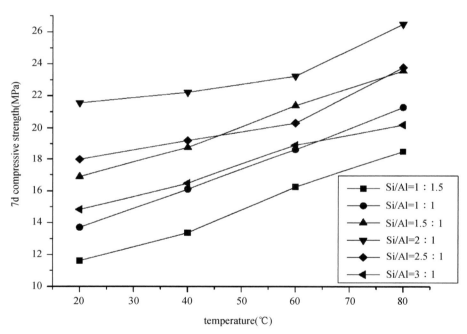

Fig. 3　Compressive strength of GEO-1 with the variation in temperature at different Si/Al ratios at 7 days

the unreacted γ-Al_2O_3 and anatase. Comparison between the three patterns indicates that the γ-Al_2O_3 and FA-1 has participated in the polymerization reaction and a little γ-Al_2O_3，mullite and anatase remain unreative，which indicates that mullite and anatase did not participate in the activation reaction to any notable extent. The X-ray diffraction patterns of FA-2 and GEO-2 are shown in Fig. 6，it can be observed that fly ash is mainly comprised of amorphous phase（about 70%）with a small quantity of anatase，albite and mullite. The XRD pattern of GEO-2 shows that it is totally amorphous，and a little inactive quartz，mullite and anatase still exist in the products，which is in accordance with the feature of geopolymer.

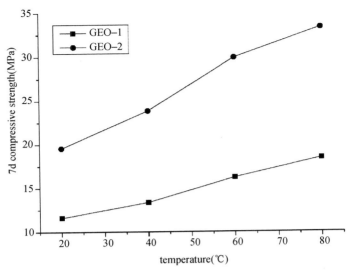

Fig. 4　Compressive strength of GEO-1 and GEO-2 at different temperature at 7 days

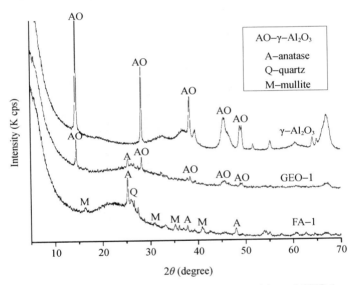

Fig. 5　XRD diffraction patterns of raw materials and GEO-1

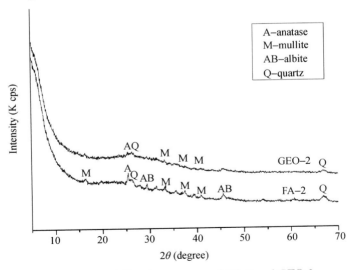

Fig. 6　XRD diffraction patterns of FA-2 and GEO-2

4　Conclusions

This work aims to prove that low-Al_2O_3 fly ash could also be utilized as an alternative source material for geopolymer synthesis via balancing the Si/Al ratio by additional aluminosilicate source. The effects of the modulus of alkaline activator，Si/Al ratio，additional water/solid ratio and curing temperature on the compressive strength of geopolymer prepared by two kinds of fly ash were investigated. The following conclusions can be drawn from the results. (1) The optimal conditions (curing temperature＝80℃，Si/Al＝2∶1, modulus＝1.5，additional water/solid ratio＝0.1) of low-Al_2O_3 fly ash geopolymer preparation were identified. (2) When low-Al_2O_3 fly ash was used as a raw material，the utilization of the mixture of NaOH and sodium silicate can activate the geopolymerization of fly ash and can remarkably accelerate the strength evolution with a compressive strength of approximately 27MPa at 7 days.

Acknowledgments

This work was supported by Natural Science Foundation of China (51502272)，the Fundamental Research Funds for the Central Universities (G1323511668)，China University of Geosciences (Wuhan).

References

[1] Rashad AM，Bai Y，Basheer PAM，Milestone NB，Collier NC. Hydration and properties of sodium sulfate activated slag [J]. Cem Concr Compos，2013，37：20-29.

[2] Rashad AM. A comprehensive overview about the influence of different admixtures and additives on the properties of alkali-activated fly ash [J]. Mater design，2014，53：1005-1025.

[3] Rashad AM. Alkali-activated metakaolin：a short guide for civil engineer-an overview [J]. Constr Build Mater，2013，41：751-765.

[4] Rashad AM，Bai Y，Basheer PAM，Collier NC，Milestone NB. Chemical and mechanical stability of sodium sulfate activated slag after exposure to elevated temperature [J]. Cem Concr Res，2012 (2)；42：333-343.

[5] Ángel Palomo，Ana Fernández-Jiménez，Cecilio López-Hombrados，José Luis Lleyda. Railway sleepers made of alkali activated fly ash concrete [J]. Rev. ing. constr2007；22 (2)；75-80.

[6] Rashad AM. A comprehensive overview about the influence of different additive on the properties of alkali-activated slag-a guide for civil engineer [J]. Constr Build Mater 2013，47：29-55.

[7] Yao Z，Ji X，Sarker PK，Tang J，Ge L，Xia M，et al. A comprehensive review on the applications of coal fly ash [J]. Earth-Scie Revi，2015，141：105-121.

[8] Blissett RS，Rowson NA. A review of the multi-component utilisation of coal fly ash [J]. Fuel 2012，97：1-23.

[9] Sarldemir M. Effect of specimen size and shape on compressive strength of concrete containing fly ash：application of genetic programming for design [J]. Mater Design，2014，56：297-304.

[10] Nematollahi B，Sanjayan J. Effect of different superplasticizers and activator combinations on workability and strength of fly ash based geopolymer [J]. Mater Design 2014，57：667-672.

[11] Wongkeo W，Thongsanitgarn P，Ngamjarurojana A，Chaipanich A. Compressive strength and chloride resistance of self-compacting concrete containing high level fly ash and silica fume [J]. Mater Design 2014；64：261-269.

[12] Lorca P，Calabuig R，Benlloch J，Soriano L，Payá J. Microconcrete with partial replacement of Portland cement by fly ash and hydrated lime addition [J]. Mater Design 2014，64：535-541.

[13] Nematollahi B，Sanjayan J. Effect of different superplasticizers and activator combinations on workability and strength of fly ash based geopolymer [J]. Mater Design 2014，57：667-672，18-20.

[14] Li R，Wu G，Jiang L，Sun D. Interface microstructure and compressive behavior of fly ash/phosphate geopolymer hollow sphere structures [J]. Mater Design，2015，65：585-590.

[15] Phoo-ngernkham T，Chindaprasirt P，Sata V，Hanjitsuwan S. The effect of adding nano-SiO_2 and nano Al_2O_3 on the properties of high calcium fly ash geopolymer cured at ambient temperature [J]. Mater Design，2014，55：58-56.

[16] Duan P，Yan C，Zhou W，Luo W，Shen C. An investigation of the microstructure and durability of a fluidized bed fly ash-metakaolin

geopolymer after heat and acid exposure [J] . Mater Design，2015，74：125-137.

[17] Duxson P，Ferna′ndez-Jime′nez A，Provis JL，Lukey GC，Palomo A，van Deventer JSJ. Geopolymer technology：the current state of the art [J] . J Mater Sci Lett，2007，42（9）：2917-2933.

[18] Diaz EI，Allouche EN，Eklund S. Factors affecting the suitability of fly ash as source material for geopolymers [J] . Fuel，2010，89（5）：992-996

[19] Yao X，Zhang Z，Zhu H，Chen Y. Geopolymerization process of alkali-metakaolinite characterized by isothermal calorimetry [J] . Thermochimi Acta，2009，493（1-2）：49-54.

粉煤灰合成沸石方法的研究进展

王治美，陈明雪，龙道娟，孔德顺

（六盘水师范学院化学与化工系，贵州六盘水，553004）

摘 要 综述了粉煤灰合成沸石的常用方法，并对每种方法的优缺点进行了分析，最后对粉煤灰合成沸石的新方法进行了展望。

关键词 粉煤灰；合成；沸石

Abstract The paper reviewed the commonly used methods of zeolite synthesis from fly ash，and the advantages and disadvantages of each method were analyzed，the new synthesis method of zeoIite from fIy ash was looked ahead at last.

Keywords fly ash；synthesis；zeolite

粉煤灰是燃煤电厂和城市集中供热锅炉排放的固体废弃物。曾预计，2016 年我国的粉煤灰排放量将达到 6.2 亿 t，这给我国的生态环境造成了巨大的压力。

粉煤灰和沸石分子筛在化学组成上非常接近，这为粉煤灰合成沸石提供了可能性。沸石具有离子交换、吸附和催化性能，因此，常用作吸附剂、干燥剂、洗涤剂和催化剂，被广泛应用于石油化工、化学工业、农业、环境保护等领域[1]。利用粉煤灰合成沸石，不但可以减少它对环境的污染，而且还可以使粉煤灰得到充分的利用，并提高其使用价值，从而达到综合利用的目的。因此，粉煤灰合成沸石符合我国的发展要求。

1 粉煤灰合成沸石的方法

1.1 水热合成法

水热合成是指在 100～1000℃，1MPa～1GPa 条件下，利用水溶液中物质的化学反应所进行的合成。水热法最初由法国学者道布勒（Daubree）等提出的。现在，水热合成法不但已成为制造高性能、高可靠性功能陶瓷材料的方法，而且在水晶制造、湿式冶金、环境保护、煤液化等领域具有广阔的应用前景。水热合成法的基本工艺流程图如图 1 所示。

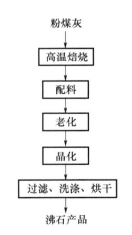

图 1 水热合成法合成沸石的工艺流程图

1.1.1 一步水热法

一步水热法是将粉煤灰与 NaOH 溶液，按一定的固液比加入到反应器中，搅拌、混合均匀后，将其置于烘箱中反应一定时间，然后冷却至室温，再经过抽滤、洗涤、烘干得到沸石产品。

范春辉等[2]以粉煤灰为原料，采用一步水热法合成 NaP1 型沸石产品，沸石颗粒结晶为规则的菱形或多面体形，直径约 6μm，产品对实际废水有很好的净化效果。于家琳等[3]以火电厂粉煤灰为原料，采用一步水热法，在室温下预处理，得到含量较多的具有 P 型结构的沸石，并对一系列产品的结构、晶型以及形貌进行分析后表明，体系随碱浓度的增加，P 型沸石结构也越发明显，比表面积也随之增大。王宝庆等[4]采用一步水热法合成粉煤灰沸石，并表明：调节硅铝物质的量比为 1.7 时，合成了 NaA 型沸石；对较优产品进行分析后可知，其结晶度较大、纯度较高，晶体形貌完整、规则，沸石的孔道排列紧密有序。

一步水热法和原位反应法相比，缩短了沸石合成时间，增高了结晶度，节约了成本，操作也简单，但沸石产品含有较多的杂质。

1.1.2 两步水热法

两步水热法是先将粉煤灰分散于碱液中，让灰中的可溶性硅铝溶解，然后过滤。对滤液的成分进行测定，根据合成沸石的组成配比不同，相应地添加所需的硅铝源，然后进行水热晶化。晶化完毕后，进行过滤，再将滤液添加到上一步所得到的过滤粉煤灰残渣中，进行晶化[5]。两步水热法中第一步所得的产品纯度较高，第二步所得的产品含量较低。

吴勇勇等[6]研究两步水热合成沸石的过程，发现了粉煤灰中 Si 和 Al 在不同 NaOH 浓度溶液下的溶出规律及溶出浓度，得到了最佳的工艺参数为：晶化温度为 100℃，晶化时间为 4h，NaOH 浓度为 2.5mol/L。在此条件下，合成出了结晶良好且纯度较高的 NaA 沸石，其 CEC 值为 4.3mmol/g。王爱民等[7]采用两步水热法合成单一的 SOD 型沸石，结果表明：晶化时间和晶化温度均影响合成沸石的种类和结构，在 100℃ 晶化温度下，反应 10h 可获得单一的 SOD 型沸石。王海龙等[8]采用两步水热法制备人工沸石，并通过 SEM，XRD，X 射线荧光光谱分析，结果表明：制得的人工沸石主要为 NaA 型沸石，还包括有少量 NaX 型沸石。

两步水热法可合成多种沸石产品，且纯度高，但该方法相对较复杂，反应条件比较苛刻，操作难度也大。

1.2 微波辅助法

微波辅助法是在粉煤灰与碱液反应时，采用微波辅助加速反应过程[9]，基本工艺流程图如图 2 所示。

Behin 等[10]以粉煤灰为原料，分别以蒸馏水和工业废水为溶剂，通过微波法合成了 LTA 沸石。在工业废水、蒸馏水中合成的沸石的结晶度比较接近，微波合成产率在 82%~84.1%，微波功率在 200~300W。因此，该方法的低能耗证实了微波合成是一种可以推广的可行技术。崔红梅等[11]确定了微波辅助加热合成沸石的最佳条件为：晶化温度为 120℃、晶化时间为 40min、NaOH 浓度为 2mol/L、液固比为 2.5，沸石 CEC 最大值达到 16.71mmol/kg。和常规水热法相比，两种方法的 CEC 值较接近，但常规加热所用时间却是微波加热的 18 倍。刘思琴等[12]对粉煤灰合成沸石分子筛进行研究，结果表明：微波辅助合成的沸石分子筛可以加快粉煤灰中的硅和铝溶解，从而降低活化时间。

图 2 微波辅助法合成沸石的工艺流程图

微波辅助法具有加快反应速度、缩短合成时间、降低能耗、降低合成成本的优点，而且在工业化生产中便于实现，但放大工程设备存在一定的困难，而且设备投入成本高。

1.3 超声波法

超声波法是先将粉煤灰与 NaOH 按一定的质量比进行混匀、活化，再将一定固液比的活化粉煤灰和水混合，然后在超声频率条件下老化，并提高温度晶化，最后经过滤、洗涤、烘干得到沸石产品。基本工艺流程如图 3 所示。

钱一石等[13]以粉煤灰为原料，使用超声波法，通过对各影响因素的优化，得出合成 NaA 沸石的较适宜工艺条件为：晶化温度 75℃，晶化时间 2h，搅拌转速 600r/min，超声波功率 500W，粉煤灰浓度 50%（固液质量比）。还表明：添加超声波外场的晶化反应能够使分子筛晶形为类球型，孔径能达到纳米级，且粒度均匀，产品可以与国外优质产品相媲美。

超声波法合成的粉煤灰沸石粒径较小，孔结构分布均匀，沸石纯度较高。该法具有制备周期短、成本低等优点。

1.4 晶种法

晶种法是先制备沸石晶种，然后将晶种、粉煤灰及碱性活化剂溶液充分混合，并置于较低温度下晶化一段时间，再过滤、洗涤、干燥后得到沸石。基本工艺流程图如图4所示。

图3 超声波法合成沸石的工艺流程图　　　图4 晶种法合成沸石的工艺流程图

王祥举等[14]研究了晶种法制备ZSM-23沸石的方法，结果表明：添加晶种后，在140～180℃，晶化2～50h即可得到ZSM-23沸石，其保持了良好的结晶度和纯度，具有良好的催化反应活性。

晶种法相对其他合成法而言，促进了晶核的形成，有利于晶体的生长，因而提高了产物的纯度，并极大地缩短了晶化时间，节约能源，降低成本。

1.5 碱熔融活化法

碱熔融活化法一般为：将一定比例的碱加入到粉煤灰中，充分混合，然后焙烧。粉煤灰经碱熔融后，原有的惰性物质（石英和莫来石）的晶体结构被破坏，粉煤灰的活性得到了提高；经碱熔融后的粉煤灰失去原有的球状形态，形成分散的粉煤灰熟料[15]。再将粉煤灰熟料研磨至粉末状，加入水，搅拌老化一段时间，经晶化、过滤、洗涤、干燥得到沸石。基本工艺流程图如图5所示。

崔淑敏等[16]做了碱熔融法合成粉煤灰沸石的研究，结果表明：以粉煤灰为原料，采用碱熔融法在30℃、pH＝6.58的条件下，合成了NaA和NaX型沸石。SEM分析表明，产物分别具有立方体和八面体的沸石颗粒形状存在。张海军等[17]采用碱熔融法制备SOD型沸石，结果表明：碱度为4.5mol/L，晶化时间12h，晶化温度为100℃条件下，合成较高纯度的SOD型沸石。钟路平等[18]采用NaOH作为活化剂，Na_2CO_3作为助熔剂熔融粉煤灰合成沸石产品，结果表明：最佳工艺条件是焙烧温度为550℃，焙烧时间为70min，灰碱比为1∶0.3∶1.2，此时合成的沸石产率可达57.3％。

碱熔融活化法提高了反应原料的活性，合成沸石产品纯度相对高，该方法有良好的发展前景。

1.6 固相合成法

固相合成法是将粉煤灰和一定比例的碱及少量的水充分碾磨，再将得到的固体状反应物置于反应釜中，调节适当的温度晶化一段时间后，经洗涤、烘干得沸石晶体。基本工艺流程图如图6所示。

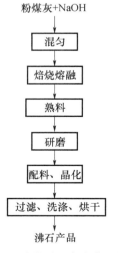

图5 碱熔融法合成沸石的工艺流程图

肖敏等[19]研究了固相法合成 NaA 型粉煤灰沸石的方法，并得出固相法合成沸石最佳的工艺条件为：煅烧温度为 650℃、煅烧时间为 2h、碱灰比为 0.5g/g、液固比 2.7：1mL/g、搅拌陈化时间为 1h、晶化温度 90℃、水热晶化时间为 3.5h，在此条件下，粉煤灰沸石的 CEC 为 25.386（mmol/kg），达到相应商品沸石的 90.89%。沸石分子筛产率为 93%～95%[20]。

固相合成法操作简便，节约水资源，废物产量少，反应时间短，产品纯度高，反应体系压力低，对反应设备要求较低。

1.7　其他合成方法

除了上述方法外，还有超临界水热法[21]、碱熔融-微波晶化法[22]、添加空间位阻剂法[23]等合成粉煤灰沸石的方法。

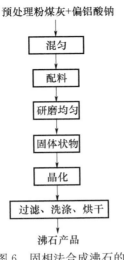

图 6　固相法合成沸石的工艺流程图

2　结论

粉煤灰合成沸石，主要是为了得到具有高附加值的沸石产品。因此，要根据原料的性质，合理地确定合成的方法，以达到合成效率高，产品纯度高，成本低，操作简单，合成周期短，污染少或无污染的效果。

参考文献

[1] 李乃霞，韩飞．粉煤灰的应用研究进展［J］．广东化工，2014，41（5）：101-102.
[2] 范春辉，张颖超，花莉．正交实验法优化合成沸石对水中 Cr³⁺ 的去除条件研究［J］．离子交换与吸附，2012，28（3）：204-210.
[3] 于家琳，杨阳，Kevin Li，等．粉煤灰合成沸石及其在重金属废水处理中的应用［J］．粉煤灰综合利用，2016（3）：21-24.
[4] 王宝庆，张端峰，王丹，等．壳牌炉粉煤脱灰合成沸石及其氮应用研究［J］．无机盐工业，2016，48（5）：51-54.
[5] 陈英．粉煤灰合成沸石处理重金属废水应用研究［J］．东方文化周刊，2014（14）：115-116.
[6] 吴勇勇，周勇敏，张苏伊，等．粉煤灰两步法水热合成 NaA 沸石工艺研究［J］．煤炭转化，2012，35（3）：90-93.
[7] 王爱民，白妮，王金玺，等．粉煤灰合成单— SOD 型沸石及其氨氮吸附性能研究［J］．硅酸盐通报，2013，34（4）：1111-1115.
[8] 王海龙，徐中慧，吴丹丹．粉煤灰两步水热法制备人工沸石［J］．化工环保，2013，33（3）：272-275.
[9] 宋祎楚，冀晓东，柯瑶瑶，等．粉煤灰合成沸石对 Cr³⁺ 的去除能力及影响因素研究［J］．环境科学报，2015，35（12）：3847-3853.
[10] Behin J，Bukhari S S，Dehnavi V，et al. Using coal fly ash and waste water for microwave synthrsis of LTAzeolite［J］. Chemical Engineeringte Chnology，2014，37（9）：1532-1540.
[11] 崔红梅，柯灵非，李芳，等．微波辅助加热粉煤灰水热合成沸石的最佳条件［J］．硅酸盐通报，2012，31（4）：969-973.
[12] 刘思琴，陈政红，槐苑楠，等．粉煤灰和煤矸石合成沸石分子筛的研究进展［J］．煤化工，2015，43（4）：43-46.
[13] 钱一石，孙侨南，张媛媛．粉煤灰制备 4A 分子筛研究［J］．应用化工，2010（39）：1534-1536.
[14] 王祥举，吴勤明，肖丰收．晶种合成制备 ZSM-23 分子筛的方法：中国，CN1029922346A［P］．2013-03-27.
[15] 张晶晶，张雪峰，林忠，等．碱熔融法合成粉煤灰沸石［J］．化工环保，2012，32（4）：358-361.
[16] 崔淑敏，王春峰，李鑫，等．碱熔融法合成 NaA 和 NaX 型粉煤灰沸石对亚甲蓝的吸附动力学研究［J］．河南科学，2012，32（12）：1716-1721.
[17] 张海军，罗洁，王亚举，等．粉煤灰制备 SOD 型沸石及其对 Cs⁺ 的吸附特性研究［J］．环境科学与技术，2016，39（4）：114-120.
[18] 钟路平，陈海辉，冯桂龙，等．NaOH 和 Na₂CO₃ 混合熔融粉煤灰合成沸石分子筛的工艺研究［J］．化学工程与装备，2012（4）：19-21.
[19] 肖敏，宫妍，胡晓钧，等．碱融法与固相法合成粉煤灰沸石的研究［J］．硅酸盐通报，2015，34（11）：3141-3147.
[20] 肖敏，胡晓钧，李福君，等．一种粉煤灰沸石分子筛的固相制备方法：中国，CN104402019A［P］．2015-03-11.
[21] 王建成，常丽萍，李德奎，等．超临界水热合成粉煤灰沸石的方法：中国，CN103408032A［P］．2013-11-27.
[22] 孟桂花，吴建宁，魏忠，等．超声-微波法合成粉煤灰分子筛及吸附性能研究［J］．合成材料老化与应用，2015，44（1）：74-76.
[23] 陈彦广，徐婷婷，陆佳，等．一种添加空间位阻剂制备新型方沸石的方法：中国，CN104291348A［P］．2015-01-21.

文章来源：《云南化工》，2017 年 2 月，第 44 卷第 1 期。

粉煤灰特性及其改性方法

贾鲁涛

（华电电力科学研究院，浙江杭州，310030）

摘　要　本文分析了粉煤灰的细度、需水量比、化学组成、矿物组成、微观形貌等理化特性，阐述了粉煤灰用于水泥、混凝土领域以及用于废水处理的作用机理。从机械粉磨、火法改性、酸改性、碱改性、表面活性剂改性及混合改性等方面介绍了粉煤灰改性方法，有助于改善粉煤灰品质。

关键词　粉煤灰；理化特性；改性；吸附性能

Abstract　Fineness，water demand ratio，chemical composition and mineral structure of coal fly ashes were measured in this paper. The mechanism of fly ash used in cement，concrete and waste water treatment is expounded. The modification methods of coal fly ash are introduced from mechanical grinding，fire modification，acid modification，alkali modification，surface active agent modification and mixed modification which can improve the quality of fly ash and broaden its utilization way.

Keywords　fly ash；physical and chemical properties；modification；adsorption performance

0　引言

粉煤灰是我国主要的工业固体废弃物之一[1]，预计到 2020 年我国粉煤灰的累计储量会超过 30 亿 t[2]。粉煤灰具有一定的形态效应、微集料效应、火山灰效应，目前主要用于水泥、混凝土等建材行业，不仅可以节约胶凝材料用量，还可以改善混凝土的工作性能，提高强度[3]，改善耐冻融性能等[4]。另外，也有少量粉煤灰用于土力工程[5,6]、土壤改良[7,8]等的研究。但受原材料品质、地域、市场等因素限制，仍有大量粉煤灰无法得到有效利用。如处置不当，极易产生二次污染，破坏生态平衡[9-10]，粉煤灰资源化利用是目前亟须解决的问题。

1　粉煤灰的性质

1.1　细度

细度是评价粉煤灰品质的重要指标之一，通常以 $45\mu m$ 筛余量（％）作为其细度指标。粉煤灰细度与煤粉细度、燃烧温度、电厂锅炉类型、收尘设备等都有关系。粉煤灰的粒径主要分布在 $0.5\sim300\mu m$ 内，平均粒径在 $10\sim30\mu m$ 内。目前火电厂主要采用静电除尘方式，不同电场收集到的粉煤灰粒径差异较大，某电厂静电除尘器不同电场收集到的粉煤灰粒径分布如图 1 所示。可以看出，第一电场收集到的粉煤灰最粗，第五电场收集到的粉煤灰最细[11]。

1.2　需水量比

需水量比是粉煤灰用作混凝土掺合料的重要指标之一。一般来说，粉煤灰细度越大，其需水量比也越大。另外，烧失量、颗粒形貌等也是影响需水量比的重要因素。

混凝土的拌合用水主要包括两部分，一是填充水，即填充在固体颗粒孔隙中的水；二是层间水，即固体颗粒表面的水膜层。填充水对浆体流动性没有作用，填充水的多少取决于固体颗粒的堆积状态。较细的粉煤

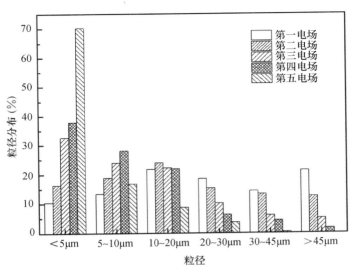

图 1　不同电场收集的粉煤灰粒径分布情况

灰颗粒填充在水泥颗粒堆积的孔隙中，从而减少填充水用量，起到减水作用[12]。另外，球形颗粒起到润滑作用，降低用水量。

1.3　化学组成

粉煤灰主要化学组成为 SiO_2，CaO，Al_2O_3，Fe_2O_3 等，不同区域、电厂由于燃煤煤种、燃烧温度等的不同，粉煤灰化学组成存在较大差异。表 1 为袁春林[13]等对我国粉煤灰主要元素的统计结果。

表 1　我国粉煤灰主要化学元素的含量

元素名称	含量范围（%）	平均值（%）
O	—	47.83
Si	11.48～31.14	23.50
Al	6.40～22.91	15.26
Fe	1.90～18.51	3.84
Ca	0.30～25.10	2.31
K	0.22～3.10	1.04
Mg	0.05～1.92	0.52
Ti	0.40～1.80	0.71
S	0.03～4.75	0.32
Na	0.05～1.40	0.31
P	0.00～0.90	0.04
Cl	0.00～0.12	0.02
其他	0.50～29.12	4.30

1.4　矿物组成

粉煤灰中含有大量的玻璃体，晶体物质的含量一般在 11％～48％ 范围内。主要的晶体矿物为莫来石、石英、赤铁矿、磁铁矿、黄长石、方镁石、石灰、铝酸三钙等。

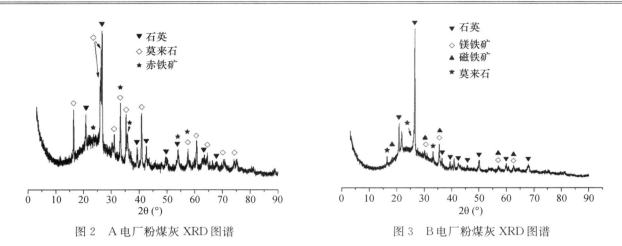

图 2　A 电厂粉煤灰 XRD 图谱　　　　　　　图 3　B 电厂粉煤灰 XRD 图谱

表 2　我国粉煤灰的矿物组成范围[14]

矿物名称	平均值（%）	含量范围（%）
低温型石英	6.4	1.1～15.9
莫来石	20.4	11.3～29.2
高铁玻珠	5.2	0～21.2
低铁玻璃体	59.8	42.2～70.1
含碳量	8.2	1.0～23.5
玻璃态 SiO_2	38.5	26.3～45.7
玻璃态 Al_2O_3	12.4	4.8～21.5

1.5　微观形貌

从微观角度分析，粉煤灰中的颗粒可以分为漂珠、未燃尽炭粒、富铁磁珠、富硅铝玻璃微珠等[15]。

漂珠是一种薄壁中空球状颗粒，其颗粒密度和松散体积密度都很小，具有非常好的绝热绝缘特性，可用于耐火保温材料。

粉煤灰中的未燃尽炭粒形状不规则、结构疏松。炭粒影响了其综合利用，主要是因为用于水泥、混凝土中时，降低了粉煤灰的活性，使得强度降低。但炭粒亲油疏水，具有较好的吸附活性。

粉煤灰颗粒中富含氧化铁的微珠，称为富铁微珠。其颜色较深，有磁性，从粉煤灰中磁选的铁珠可作工业原料使用。

粉煤灰的硅铝元素以圆球形玻璃体形式存在，表面比较光滑，是粉煤灰火山灰活性的重要来源。

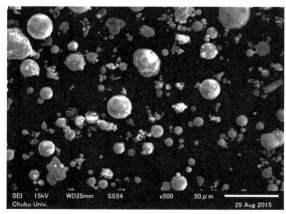

图 4　粉煤灰微观形貌

2　粉煤灰的活性机理

2.1　用于水泥、混凝土的作用机理

粉煤灰用作水泥混合材或混凝土掺合料主要发挥三大效应：形态效应、微集料效应和火山灰效应。

（1）形态效应。形态效应泛指粉煤灰颗粒形貌等几何特征在水泥、混凝土中产生的效应。粉煤灰中含大量球形玻璃微珠，可改变拌合物的流变性质以及硬化后的特性等。

（2）微集料效应。粉煤灰中细微颗粒填充在水泥颗粒间，可减少拌合用水，提高致密性及强度。

（3）火山灰效应。粉煤灰中活性 SiO_2 及 Al_2O_3，在特定环境中与 $Ca(OH)_2$ 等碱性物质发生化学反应，生成水化硅酸钙、水化铝酸钙等胶凝物质，对粉煤灰制品起到增强作用，同时，提高抗腐蚀能力。

2.2　用作吸附材料的作用机理

（1）吸附作用。粉煤灰中含有大量多孔颗粒，比表面积大，吸附性能较好，包括范德华吸附和化学吸附。影响范德华吸附的主要因素是比表面积及孔道分布；粉煤灰颗粒表面含有大量的 Si-O-Si 键和 Al-O-Al 键，具有一定极性，与水中的有害物质产生偶极-偶极键吸附；同时，粉煤灰中次生的正电荷与水中的阴离子发生离子交换或离子对吸附[16]。

（2）絮凝沉淀作用。粉煤灰中的铁、铝等阳离子，可与水中的阴离子反应生成絮凝体，加快沉淀[17]。

（3）过滤作用。粉煤灰孔隙率较大，当其用于处理废水时，可截留一部分悬浮物。

3　粉煤灰的改性方法

粉煤灰的活性取决于其玻璃体含量、玻璃体中可溶性物质含量及玻璃体解聚能力。粉煤灰的活性可以通过人工手段激活[18]。

3.1　机械粉磨

机械粉磨是提高粉煤灰活性最常用的方法之一。一方面，通过磨细可粉碎粗大多孔玻璃体；另一方面，破坏玻璃体表面坚固的保护膜，使内部可溶性 SiO_2、Al_2O_3 溶出断键增多，反应接触面积增加，化学活性提高。

3.2　火法改性

火法改性是将粉煤灰与助溶剂按一定比例混合，高温下熔融，使粉煤灰分解。高温熔融能破坏玻璃体结构，使内部铁、铝等物质氧化，提高晶体相结构组成，增加表面活性。

3.3　湿法改性

（1）酸改性

经酸改性后粉煤灰颗粒表面变粗糙，形成孔洞和凹槽，增大了比表面积。同时，经酸处理后的粉煤灰释放出大量 Al^{3+}，Fe^{3+} 和 H_2SiO_3，Al^{3+}，Fe^{3+} 起絮凝沉降作用，H_2SiO_3 捕收悬浮颗粒，起混凝吸附架桥作用[19]。常用的酸有 H_2SO_4、HCl 等，H_2SO_4 对 Al^{3+} 的浸出效果较好，HCl 对 Fe^{3+} 的浸出效果较好[20]。

（2）碱改性

经碱改性后粉煤灰颗粒表面的 SiO_2 发生化学解离，产生可变电荷，破坏颗粒表面坚硬外壳，增大比表面积，增强吸附能力；碱性氧化物与玻璃体表面可溶性物质反应生成胶凝物质，同时，非晶状玻璃相及莫来石熔融，活性提高；粉煤灰颗粒表面羟基中的 H^+ 发生解离，颗粒表面带负电荷，可吸附带正电荷的金属离

子和阳离子。

（3）表面活性剂改性

表面活性剂具有亲水亲油基团，可以降低表面张力。研究表明，经表面活性剂改性的粉煤灰可以增大对二甲基酚橙[21]、原油[22]等的吸附能力。

（4）混合改性

有时，将几种改性方法联合使用，优势互补，可以进一步提高粉煤灰的吸附能力。陈雪初[23]以 NaCl 为活化剂，15% H_2SO_4 为改性剂，高温活化后再酸处理对粉煤灰进行改性，经混合改性后的粉煤灰除磷性能明显提升。

改性后的粉煤灰吸附性能得到改善，对于吸附水中的氨氮[18]、磷[17]、氟[24]、重金属[25]等都有显著的作用。

4　结论

粉煤灰具有潜在活性，改性是提升其品质的重要途径。机械粉磨、火法改性、湿法改性是激发其活性的有效手段，可增强反应活性、吸附性能等，改性后的粉煤灰可用于水泥、混凝土、水体净化等领域，是其资源化利用的有效途径。

参考文献

[1] 姜立萍，黄磊．粉煤灰的综合利用现状及发展趋势 [J]．煤化工，2015，43（2）：64-68.

[2] 尹月，马北越，张战，等．粉煤灰高附加值利用的研究现状 [J]．材料研究与应用，2015，9（3）：158-161.

[3] 彭胜利，王福来，龚爱民，等．粉煤灰对水泥胶砂力学性能的试验研究 [J]．水利科技与经济，2013，19（8）：54-55.

[4] 潘钢，李松泉．粉煤灰混凝土冻融破坏机理研究 [J]．建筑材料学报，2002，5（1）：37-41.

[5] 陈仕奇．浅析应用粉煤灰作铁路路堤填料 [J]．铁道工程学报，2003，20（2）：42-47.

[6] 沙俊民，魏道垛，陈培荣．南通粉煤灰填筑工程的试验研究 [J]．岩土工程学报，1988，10（5）：93-99.

[7] 胡振琪，戚家忠，司继涛．粉煤灰充填复垦土壤理化性状研究 [J]．煤炭学报，2002，27（6）：639-643.

[8] 李贵宝，单保庆，孙克刚，等．粉煤灰农业利用研究进展 [J]．磷肥与复肥，2000，15（6）：59-60.

[9] 李乃霞，韩飞．粉煤灰的应用研究进展 [J]．广东化工，2014，41（5）：101-102.

[10] Twardowska I, Szczepanska J. Solid waste: terminological and long-term environmental risk assessment problems exemplified in a power plant fly ash study [J]. Science of the total environment, 2002, 285 (1): 29-51.

[11] 翟建平，徐应成．粉煤灰中微量元素的分布机理及其环境意义 [J]．电力环境保护，1997，13（1）：38-42.

[12] 王述银，彭尚仕．Ⅰ级粉煤灰的减水机理探讨 [J]．人民长江，2002，33（1）：40-42.

[13] 袁春林，张金明．我国火电厂粉煤灰的化学成分特征 [J]．电力环境保护，1998，14（1）：9-14.

[14] 钱觉时．粉煤灰特性与粉煤灰混凝土 [M]．北京：科学出版社，2002.

[15] 李辉，商博明，冯绍航，等．粉煤灰理化性质及微观颗粒形貌研究 [J]．粉煤灰，2006，18（5）：18-20.

[16] 相会强，杨宏，巩有奎，等．改性粉煤灰去除磷酸盐的试验研究及机理分析 [J]．环境科学与技术，2005，28（5）：18-20.

[17] 曹元坤．粉煤灰改性及处理含磷废水研究 [D]．厦门：华侨大学，2012.

[18] 肖震．粉煤灰的表面改性及其去除水中氨氮的研究 [D]．苏州：苏州科技学院，2008.

[19] 马会强，张兰英，张玉玲，等．高压对复合型微生物絮凝剂产生菌的性质和絮凝活性的影响 [J]．吉林大学学报（理学版），2006，44（6）：1023-1026.

[20] 张悦周，吴耀国，胡思海，等．微生物絮凝剂的研究与应用进展 [J]．化工进展，2008，27（3）：340-347.

[21] 胡巧开，揭武．改性粉煤灰对二甲酚橙的吸附研究 [J]．上海化工，2006，31（9）：5-7.

[22] Banerjee S S, Joshi M V, Jayaram R V. Treatment of oil spills using organo-fly ash [J]. Desalination, 2006, 195 (1): 32-39.

[23] 陈雪初，孔海南，张大磊，等．粉煤灰改性制备深度除磷剂的研究 [J]．工业用水与废水，2006，37（6）：65-67.

[24] 卢俊．粉煤灰改性及改性粉煤灰除氟性能研究 [D]．呼和浩特：内蒙古工业大学，2009.

[25] 邓玮．粉煤灰优化改性及对 Cr（Ⅵ）的吸附去除性能及机理研究 [D]．南宁：广西大学，2013.

文章来源：《发电技术》，2017 年第 1 期，总第 173 期第 38 卷。

高铝粉煤灰拜耳法溶出渣脱碱实验研究

公彦兵[1,2]，孙俊民[2]，张廷安[1]，吕国志[1]，高志军[2]，洪景南[2]，许学斌[2]，王　娜[2]

(1. 东北大学冶金学院，沈阳，110819；
2. 大唐国际高铝煤炭研发中心，呼和浩特，010050)

摘　要　针对高铝粉煤灰拜耳法溶出渣进行了脱碱工艺研究，重点考察了钙硅比 [C/S]、反应温度、反应时间、液固比及体系碱浓度等对脱碱率的影响，同时考察了脱碱过程对氧化铝溶出率的影响，实验证明，在温度 260℃、氧化钠浓度 80g/L，液固比 4、[C/S] 为 2.0、反应时间 2h 条件下，脱碱率为 91.2%，氧化铝回收率为 28.0%。XRD 分析显示，拜耳渣脱碱过程物相由水和铝硅酸钠向水化石榴石及铁水化石榴石转变。

关键词　高铝粉煤灰；拜耳渣；脱碱；铝回收

Abstract　Studied dealkalize process research from high alumina fly ash Bayer leaching slag, mainly studied [C/S]、temperature、reaction time、ratio of liquid to solid (V/M) and Na_2O concentration which influence dealkalization rete, also studied the effects of the leaching rate of alumina in this precess. Experiment showed that at a temperature of 260℃, Na_2O concentration of 80g/L, [C/S] =2.0, reaction time of 2h, ratio of liquid to solid (V/M) under the condition of 4：1, dealkalization rete from high alumina fly ash Bayer leaching slag is 91.2%, the alumina leaching rate is 28.0%. XRD analysis showed that chemical phase of Bayer leaching slag is changed from hydrous sodium aluminate silicon to hydrate garnet.

Keywords　high alumina fly ash; Bayer leaching slag; dealkalization ; alumina leaching

0　前言

根据 "'十二五'大宗固体废物综合利用实施方案" 数据显示，2015 年我国粉煤灰产量为 6.2 亿 t，未来五年我国粉煤灰的产生量为 5.6 亿~6.1 亿 t 每年，稳居世界第一，粉煤灰堆存在占用土地、污染空气、污染水源等问题[1-3]，生态环境形式十分严峻，加上随着我国氧化铝工业的发展，铝土矿日益贫瘠，因此研发高铝粉煤灰铝硅资源高效共提的新技术，不但是粉煤灰高值化利用、发展循环经济的必要举措，更具有促进我国氧化铝工业可持续发展的重要现实意义。

近年来，针对高铝粉煤灰资源的开发利用开展了科技攻关和产业化探索，目前已形成多种工艺技术路线[4-11]，如预脱硅-碱石灰石烧结法、一步酸溶法、硫酸铵烧结法和石灰石烧结-拜耳法等。相对而言，预脱硅-碱石灰石烧结法在工艺先进性、设备适应性和过程控制等方面具有较大优势，目前大唐国际内蒙古再生资源开发有限公司已经利用此工艺建成年产 20 万 t 氧化铝示范生产线，随着工艺的不断优化，该项目正趋于达产达标。但随着产业化的深入发展，该工艺仍暴露出一些难以克服的问题，如流程较长、烧结能耗较高、硅钙渣渣量较大等。所以开展高铝粉煤灰的短流程、低能耗的无污染拜耳法工艺研究迫在眉睫。

然而由于粉煤灰铝硅比较低，造成粉煤灰经过拜耳法处理后的残渣具有含碱量高、含铝量高等特点，不但造成碱耗较高，而且残渣难以进一步高值化利用，所以回收拜耳溶出渣中的碱是目前亟待解决的难题。本文通过实验考察了拜耳法溶出渣脱碱的优化条件，而且进一步通过 XRD 等分析手段探讨了脱碱过程中反应机理。

1 实验部分

1.1 原料与试剂

实验原料为分析纯氢氧化钠（国药），分析纯氢氧化钙（国药），碱溶液配置采用蒸馏水，粉煤灰原料为大唐再生资源公司原料输送车间所取高铝粉煤灰。

1.2 实验装置及分析仪器

本实验所用实验装置主要为高压反应釜、集热式磁力搅拌水浴加热器、真空抽滤泵。

化学成分分析采用硅钼蓝比色法和络合滴定法，X射线衍射分析采用XPert PRO MPD型多功能X射线衍射仪（XRD）。

1.3 实验步骤

（1）预脱硅

将粉煤灰、氢氧化钠、蒸馏水按照计算配比加入到高压反应釜中，升温至指定温度，调整转速统一为300r/min，反应完毕后冷却至常压后迅速过滤洗涤。

（2）拜耳法溶出

将脱硅粉煤灰、氢氧化钠、氢氧化铝、氢氧化钙、蒸馏水按照计算配比加入到高压反应釜中，升温至指定温度，调整转速统一为300r/min，反应完毕后冷却至常压后迅速过滤洗涤。

（3）脱碱溶出

将拜耳渣、氢氧化钙、氢氧化钠、蒸馏水按照计算配比加入到高压反应釜中，升温至指定温度，调整转速统一为300r/min，反应完毕后冷却至常压后迅速过滤。

溶出过滤液进行 Al_2O_3，SiO_2，Na_2O 浓度分析，将过滤滤饼按照液固比 10：1 在加热至80℃条件下浆化洗涤3次（20min/次）后进行 Al_2O_3，SiO_2，Na_2O，CaO 的含量分析。

本实验中溶出率指粉煤灰中某成分进入溶液中的量所占原灰的比例，A/S指粉煤灰或者脱硅灰中 Al_2O_3 与 SiO_2 的质量比，钙硅比［C/S］指氧化钙和氧化硅的摩尔比，回收率指粉煤灰中某成分与溶出残渣的差值所占原灰的比例。

2 实验结果及讨论

2.1 原料成分

将粉煤灰进行预脱硅，然后进行拜耳法溶出，所得溶出渣与原粉煤灰成分对比见表1。

表1 粉煤灰及拜耳法溶出渣成分对比

成分 种类	SiO_2（％）	Al_2O_3（％）	CaO（％）	Na_2O（％）	Fe_2O_3（％）	TiO_2（％）
粉煤灰	40.33	49.38	4.97	——	1.87	1.45
拜耳渣	28.33	33.0	3.5	17.50	2.11	1.67

2.2 不同温度对拜耳渣脱碱率的影响

在［C/S］＝1.8，液固比5：1，时间2h的条件下，分别在160℃，180℃，200℃，220℃，260℃进行

了脱碱反应，实验结果如图1所示。

从图1可以看出，温度对拜耳渣中的氧化钠及氧化铝的溶出影响都较大，而且随着温度的升高，氧化钠及氧化铝的溶出率也随之升高。

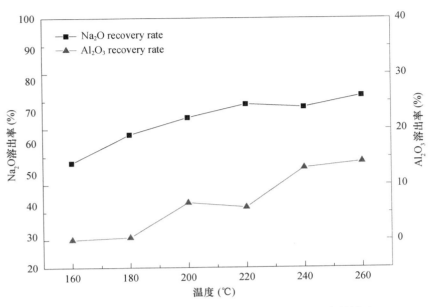

图1　不同温度对拜耳渣中的氧化钠和氧化铝溶出率的影响

2.3　不同液固比对拜耳渣脱碱率的影响

在温度180℃，[C/S]＝1.8，时间2h条件下，分别进行了溶液与拜耳渣液固比为3，4，5，6条件下的脱碱反应，实验结果如图2所示。

由图2可以看出，液固比对脱碱率影响较小，而对氧化铝溶出率影响较大，随着液固比的升高，氧化铝溶出率越来越高。

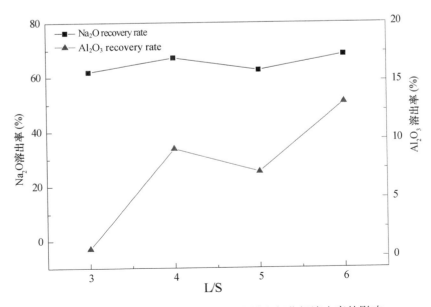

图2　不同液固比对拜耳渣中的氧化钠和氧化铝溶出率的影响

2.4 不同反应时间对拜耳渣脱碱率的影响

在［C/S］＝1.8，液固比5：1，温度180℃，分别进行了0.5h，1h，1.5h，2h反应时间的脱碱实验，实验结果如图3所示。

由图3可以看出，反应时间对氧化钠和氧化铝的回收率都有影响，随着时间的升高，氧化铝溶出率随之升高。

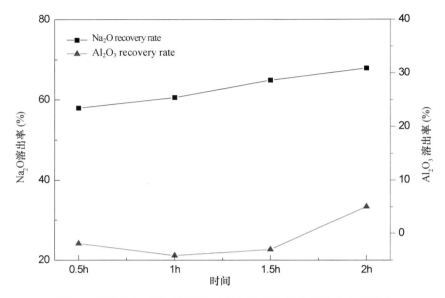

图3 不同反应时间对拜耳渣中的氧化钠和氧化铝溶出率的影响

2.5 不同［C/S］对拜耳渣脱碱率的影响

在温度240℃，液固比5：1，时间2h条件下，进行了［C/S］分别为1.4，1.6，1.8，2.0，2.2的脱碱实验，实验结果如图4所示。

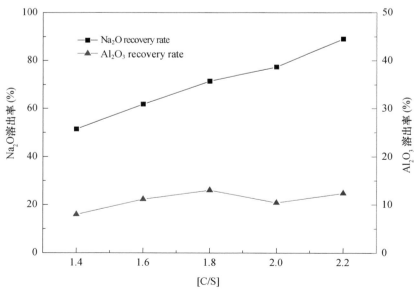

图4 不同［C/S］对拜耳渣中的氧化钠和氧化铝溶出率的影响（240℃）

由图 4 可以看出，［C/S］对拜耳渣中的氧化钠的回收率影响较为明显，氧化钠回收率随［C/S］的升高而明显升高，而［C/S］对氧化铝的溶出影响不明显。

在温度 260℃，液固比 5∶1，时间 2h 条件下，进行了［C/S］分别为 1.0，1.2，1.5，1.8，2.0 的脱碱实验，实验结果如图 5 所示。

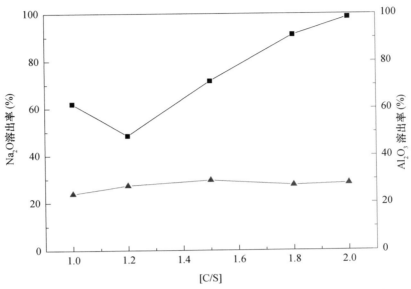

图 5 不同［C/S］对拜耳渣中的氧化钠和氧化铝溶出率的影响（260℃）

由图 5 可以看出，260℃条件下与 240℃条件下的反应规律一致，但氧化钠及氧化铝的溶出率都提高了，说明温度对氧化钠及氧化铝的溶出影响较大。

2.5 不同碱浓度对拜耳渣脱碱率的影响

在温度 260℃，液固比 5∶1，时间 2h，［C/S］＝1.8 条件下，进行了体系碱浓度为 20～160g/L 范围内的脱碱实验，实验结果如图 6 所示。

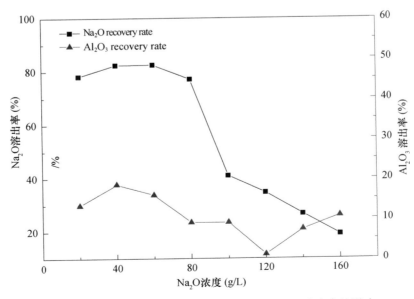

图 6 不同碱浓度对拜耳渣中的氧化钠和氧化铝溶出率的影响

由图 6 可以看出，体系碱浓度对拜耳渣中的氧化钠的溶出率影响较大，当体系碱浓度大于 80g/L 时，氧化钠溶出率降低到 80% 以下，且随着碱浓度的进一步升高，氧化钠溶出率急剧下降，而随着碱浓度的提高，拜耳渣氧化铝的溶出率也随之下降。

由以上实验可以看出，优化实验条件为，温度 260℃、氧化钠浓度 80g/L、液固比 4、[C/S] 为 1.8、反应时间 2h，在此条件下进行重复实验，结果为氧化钠回收率为 91.2%，氧化铝回收率为 28.0%。

2.6 拜耳渣脱碱过程中物相变化

为考察拜耳渣脱碱前后物相变化，对拜耳渣及 [C/S]＝1.5，1.8，2.0 脱碱拜耳渣进行了 XRD 分析，结果如图 7 所示。

通过图 7 可以看出，高铝粉煤灰拜耳溶出渣的主要物相组成为水和铝硅酸钠（方钠石），而脱碱后拜耳渣的主要物相为水化石榴石。具体看来，当 [C/S]＝1.5 时，脱碱拜耳渣的物相为铝水化石榴石和少量的方钠石；当 [C/S]＝1.8 时，脱碱拜耳渣的物相为铝水化石榴石、铁水化石榴石和极少量的方钠石；当 [C/S]＝2.0 时，脱碱拜耳渣物相中的方钠石已经消失，主要物相为铝水化石榴石、铁水化石榴石和过量的氢氧化钙。这说明在拜耳渣脱碱过程中主要反应机理为氧化钙将方钠石中的氧化钠替换出来生产水化石榴石，实现氧化钠的回收，水化石榴石进一步与粉煤灰中含有的氧化铁反应生成铁水化石榴石，实现氧化铝的回收。

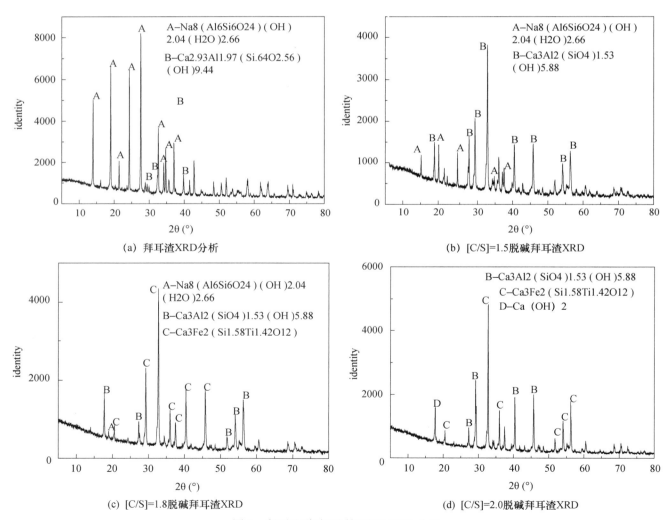

图 7　拜耳渣脱碱不同钙硅比 XRD 分析

3　结论

（1）实验证明高铝粉煤灰拜耳渣添加石灰进行脱碱可以实现氧化钠的脱除，同时可以回收部分氧化铝。

（2）高铝粉煤灰拜耳渣脱碱优化实验条件为，温度260℃、氧化钠浓度80g/L、液固比4、[C/S]为1.8、反应时间2h，在此条件下结果为氧化钠溶出率为91.2%，氧化铝溶出率为28.0%。

（3）拜耳渣脱碱过程中的主要反应机理为氧化钙将方钠石中的氧化钠替换出来生产水化石榴石，实现氧化钠的回收，水化石榴石进一步与粉煤灰中含有的氧化铁反应生成铁水化石榴石，实现氧化铝的回收。

参考文献

[1] 张战军. 从高铝粉煤灰中提取氧化铝等有用资源的研究 [D]. 西安：西北大学，2007.

[2] 杨久俊，张磊，张海涛，等. 粉煤灰、低品位铝矿直接生产工业氧化铝 [J]. 化工矿物与加工，2006，35（4）：37-39.

[3] 张战军，孙俊民，姚强. 从高铝粉煤灰中提取非晶态 SiO2 的实验研究 [J]. 矿物学报，2007，27（2）：137-142.

[4] Matjie R H, Bunt J R, Heerden J H P. Extraction of Alumina fromCoal Fly Ash Generated from a Selected Low Rank Bituminous South African Coal [J]. Miner. Eng.，2005，18（3）：299-310.

[5] Nalbantoglu Z. Effectiveness of Class C Fly Ash an Expansive Soil Stabilizer [J]. Construction and Building Materials，2004，18（6）：377-381.

[6] Querol X, Umana J C. Extraction of Soluble Major and TraceElements from Fly Ash in Open and Closed Leaching Systems [J]. Fuel，2001，80（6）：801-813.

[7] Inadaa M, Eguchi Y, Enomoto N. Synthesis of Zeolite from Coal Fly Ashes with Different Silica-Alumina Compositions [J]. Fuel，2005，84（2/3）：299-304.

[8] 杨波，王京刚，张亦飞，等. 常压下高浓度 NaOH 浸取铝土矿预脱硅 [J]. 过程工程学报，2007，7（5）：922-927.

[9] 王华，张强，宋存义. 莫来石在粉煤灰碱性溶液中的反应行为 [J]. 粉煤灰综合利用，2001，（5）：24-27.

[10] 薛冰，孙培梅，董军武. 从粉煤灰中提取氧化铝烧结过程铝硅反应行为的研究 [J]. 湖南有色金属，2008，24（3）：9-13.

[11] Dean J A. Lange's Handbook of Chemistry（15th Ed.）[M]. New York：McGrow-Hill，1999，Section 6：82-95.

[12] 李会泉，孙振华，包炜军，等. 一种利用高铝粉煤灰制备氢氧化铝的方法：中国，201210364147. X [P].

[13] 苏双庆，马鸿文，杨静，等. 高铝粉煤灰两步碱溶法提取氧化铝和白炭黑：中国，201010543248.4 [P]. 2016-09-26.

[14] 马淑花，杨全成，等. 一种湿法从粉煤灰中提取氧化铝的方法：中国，201010565571.1 [P].

搅拌时间对粉煤灰混凝土强度分布的影响

侯云芬，刘锦涛，郑东昊，司博扬

（北京市高校工程结构与新材料工程研究中心　北京建筑大学，北京，100044）

摘　要　研究了传统搅拌机的搅拌时间对掺加粉煤灰混凝土强度分布的影响。试验结果表明：分别在对 C40 粉煤灰混凝土进行不同时间的强制搅拌时，不同时间对其强度的影响是不同的。搅拌时间由 45s 增加到 75s，C40 粉煤灰混凝土强度大幅度提高，继续延长搅拌时间，抗压强度的增幅变缓，逐渐趋于稳定；不同搅拌时间时，不同出机部位粉煤灰混凝土强度分布不同，即搅拌时间会影响粉煤灰混凝土强度分布的均匀性。为了改善粉煤灰混凝土强度分布的匀质性，C40 混凝土存在一个最佳的搅拌时间。

关键词　搅拌时间；匀质性；强度

Abstract　The influence of traditional mixer stirring time of fly ash concrete strength is studied. The results show that when the C40 fly ash concrete were forced stirring different times. The influence of different times on the strength is different. Stirring time from 45s to 75s，the strength about C40 concrete with fly ash increased significantly，when continued to extend the stirring time，the compressive strength increase slowly and gradually stabilized；different stirring time can affect different parts of the concrete strength of different parts of the machine，namely concrete stirring time will also affect the homogeneity. In order to improve the homogeneity of concrete，there is an optimum mixing time for C40 concrete.

Keywords　stirring time；homogeneity；strength

0　前言

混凝土的匀质性是指不同单位体积混凝土之间各组分分布的均匀程度[1]。当把在现行条件下拌制得到的在宏观上看似均匀的混凝土中水泥浆体经过显微镜观察后发现，仍然有 10%～30% 的水泥颗粒没有分散开，而是聚集在一起形成水泥团，宏观上均匀，而微观上并未均匀[2]。微观的不均匀问题将直接影响混凝土在力性能学和耐久性方面的提高。由此而留下了"夹生"混凝土，在后期使用过程中存在极大的质量安全隐患。实际工程中，混凝土的破坏一般是发生在骨料与水泥石的界面过渡区，混凝土在后期的使用过程中，其裂缝往往容易由此处产生并进一步扩展[3]。均匀性不好，会使混凝土内部出现更多的缺陷，诸如离析、泌水、界面裂缝、孔隙等，不仅会降低混凝土的强度，产生更大的变形，更为严重的会降低混凝土的耐久性。

在现行搅拌机的基础上，本文尝试通过调整搅拌时间来改善粉煤灰混凝土强度分布的均匀性。搅拌时间即从开始搅拌到拌合物开始离析时的时间。对于混凝土搅拌机搅拌效果可以从两个方面去分析：一是搅拌后的混凝土的质量，二是产生最佳质量的实际的搅拌时间[4,5]。改变混凝土搅拌时间，可以改善水泥（胶凝材料）颗粒的团聚现象，把胶凝材料颗粒充分均匀地与骨料进行混合，不仅有利于浆体与骨料间的包裹，更极大地改善了混凝土的微观结构及其界面的力学性能及其强度。

本试验采用传统强制式搅拌机，系统深入地研究了不同搅拌时间对粉煤灰混凝土强度分布的影响。

1　原材料与试验方案

1.1　原材料

试验采用金隅 42.5 级普通硅酸盐水泥，Ⅱ级粉煤灰，细度模数为 2.4 的二区中砂，公称粒级为 5～

31.5mm 的碎石，西卡高性能减水剂。

1.2　混凝土配合比

试验设计混凝土强度等级为 C40，坍落度控制为（180±20）mm，单掺 40％粉煤灰混凝土的试验配合比见表 1。

表 1　C40 混凝土配合比（kg/m³）

水泥	粉煤灰	细骨料	粗骨料	水
240	160	739	1108	152

1.3　试验设计及混凝土拌合物的制备

为了能比较全面地反映不同搅拌时间对混凝土强度的影响规律，试验设计五种搅拌时间，分别是 45s，60s，75s，90s 和 120s，通过比较不同搅拌时间制备混凝土不同龄期抗压强度及其差异来分析影响规律。

试验采用 60L 卧轴式强制搅拌机，每次搅拌 40L 混凝土拌合物。按照设计的搅拌时间进行搅拌后，把混凝土拌合物从搅拌机中倒出。

观察发现，因为流出时间的差异，使得出机混凝土拌合物不同部位状态有差异，一般先流出拌合物中浆体较多，骨料略少，后面流出的正好相反，所以通常做法是再进行人工拌合使其均匀，然后进行拌合物的性能检测。

本试验除了旨在比较不同搅拌时间对混凝土强度的影响外，还想探究流出顺序对混凝土强度的影响，所以混凝土拌合物出机后，不再进行人工搅拌，而是按照混凝土拌合物出搅拌机的先后顺序，将其划分为前中后三部分（图 1），分别装入三联模中共制作 27 个混凝土试块，24h 后拆模，在标准条件下养护至 3d，7d 和 28d 龄期时测定每一部分三个试块的抗压强度，计算其平均值，用于分析不同位置抗压强度的差异。

图 1　混凝土拌合物三个部分的划分

2　试验结果及分析

2.1　搅拌时间对三个部位粉煤灰混凝土抗压强度的影响

首先分析在相同搅拌时间时，流出搅拌机三个部位粉煤灰混凝土试块 3d，7d 和 28d 抗压强度平均值的差异及不同搅拌时间对其影响规律，具体结果如图 2、图 3 和图 4 所示。

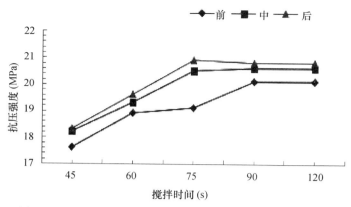

图 2　三个部位粉煤灰混凝土 3d 抗压强度与搅拌时间的关系

从图 2 显示的三个部位粉煤灰混凝土 3d 强度的变化可知，随着搅拌时间的延长，三个部位混凝土的抗压强度均呈现增大的趋势，当搅拌时间增加到 75s 的时候，基本上达到最大，此后继续延长搅拌时间，强度变化很小。比较强度数据发现，强度最大值是 45s 时对应强度的 1.14 倍，可见适当延长搅拌时间对粉煤灰混凝土强度的增大效果非常显著。

进一步观察图 2 发现，三个部位粉煤灰混凝土强度之间也存在一些差异，即最先出机混凝土的强度最小，最后出机的强度最大，可见不同出机位置混凝土之间存在差异，即强度分布不好。具体比较强度差异可知，前部混凝土与后部混凝土 3d 强度相差 4.8%。

7d 的抗压强度从 45s 到 75s，其抗压强度是持续上升的，在 90s 时，强度无明显增长，当搅拌时间延长到 120s 时，强度增长幅度较大，120s 的抗压强度比 45s 对应强度值提高 29.1%；28d 的抗压强度从 45s 到 60s，其抗压强度快速增加，到了 60s 以后，抗压强度增速总体放缓，但还是呈现不断上升趋势，抗压强度不断提高，120s 的抗压强度比 45s 对应强度值提高 15.2%。

进一步观察图 3、图 4 发现，三个部位混凝土强度之间也存在一些差异，即最先出机混凝土的强度最小，最后出机的强度最大，可见不同出机位置混凝土之间存在差异，即均匀性不好。随着龄期的增加，其均匀性差异开始显现，具体比较强度差异可知，7d 前部混凝土与后部混凝土强度相差 4.2%；28d 前部混凝土与后部混凝土强度相差 6.1%

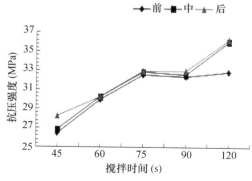

图 3　三个部位粉煤灰混凝土 7d 抗压强度
与搅拌时间的关系

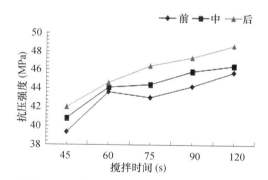

图 4　三个部位粉煤灰混凝土 28d 抗压强度
与搅拌时间的关系

综上分析可知，搅拌时间对不同部位混凝土 3d、7d 和 28d 抗压强度都有明显的影响，且三个部位混凝土强度也存在差异。

2.2 搅拌时间对混凝土抗压强度的影响

为了更好地分析搅拌时间对混凝土强度的影响,将三个部位混凝土强度平均,绘制其与搅拌时间的关系图,如图5所示。

通过图5可以看出,随着搅拌时间的延长,混凝土抗压强度值呈总体上升趋势,3d 和 7d 平均抗压强度在45s到75s之间时,其抗压强度几乎是呈线形增长的,增长速率分别接近0.03MPa/s,0.105MPa/s,75s 之后,增长速度缓慢;28d 的平均抗压强度随着搅拌时间的增加是不断缓慢增长的,在搅拌时间达到120s时,平均抗压强度上升12.5%,达到46.9MPa,可见适当延长搅拌时间对强度的增大效果显著。

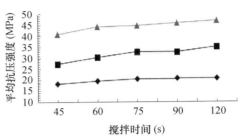

图5 抗压强度平均值与搅拌时间关系

2.3 结果分析

搅拌的作用有两个:一是使混凝土拌合物更加均匀地分散开;二是使减水剂的减水效应更好地发挥出来。在搅拌过程中这两个作用是相辅相成的,但是各自的重点起作用时间不同。

从搅拌时间对C40粉煤灰混凝土抗压强度的影响结果中发现,当搅拌时间在45s时,由于混凝土拌合物组成材料较多,尤其是掺入粉煤灰,所以较短的时间内没有得到充分拌合,在混凝土拌合物中的分布是极度不均匀的;同时,在较短的时间内,减水剂也没有得到很好的分散,故而使得混凝土抗压强度很低。在60s以后,随着搅拌时间的增加,混凝土中浆体的匀质性得到了提高,减水剂的分散作用得以实现,最终使胶凝材料在混凝土体系中充分分散开,凝胶材料可以得到充分水化,混凝土整体的抗压强度是呈上升趋势的。

但同时发现,随着搅拌时间的增加,出机混凝土的前中后分布均匀性开始发生很大的变化,这可能是因为随着搅拌时间的增加,减水剂的作用效果发挥明显,混凝土的流动度大大增加,混凝土浆体与粗骨料之间的包裹性开始减弱,导致出机的混凝土由于顺序不同,而在强度上存在一定程度的差异,混凝土整体均匀性是越来越不稳定的,其砂浆的匀质性并不能代表混凝土本身的匀质性,砂浆与粗骨料的包裹性能决定混凝土强度的好坏。

总之,混凝土拌合物中胶凝材料随着搅拌时间的增加而趋于更加分散,减水剂的作用更好发挥。随着搅拌时间的增加,混凝土强度随之增加。

本试验采用不同出机部位混凝土拌合物的强度差异判断其匀质性,试验结果表明确实存在一定差异,但是由于搅拌机出料口距离地面很近,并不能很好地反映实际工程中混凝土出泵车及较高浇筑部位的高度差异,所以在后续研究中需改进取样方法。

3 结论

(1)随着搅拌时间由45s增加到75s,C40粉煤灰混凝土不同龄期抗压强度都呈现较大的增幅,继续延长搅拌时间,抗压强度的增幅变缓,逐渐趋于稳定,所以在不增加生产设备的前提下,适当延长搅拌时间可以提高混凝土的强度。

(2)由于流出搅拌机顺序的差异,不同出机部位混凝土强度间存在差异。

(3)不同搅拌时间时,不同出机部位混凝土强度间的差异不同,即搅拌时间也会影响混凝土的匀质性。

(4)为了更好地反映搅拌时间对出机顺序混凝土匀质性的影响,需要改进取样方法。

参考文献

[1] 邢锋,张鸣,丁铸.新拌混凝土的匀质性对其性能的影响 [J].硅酸盐通报,2007,03:588-592.

[2] 赵利军.搅拌低效区及其消除方法的研究 [D].西安:长安大学,2005.

[3] 肖刚.振动搅拌技术在混凝土生产中的应用 [J].建设机械技术与管理,2000,05:14-18.

[4] 覃维祖.混凝土组分的复合与相容性 [J].施工技术,1998 (5):1-4.

[5] 江晨晖,吴星春,胡丹霞.界面过渡区对混凝土性能的影响及其改善措施 [J].水泥与混凝土,2002 (5):27-30.

硫酸固相转化法从粉煤灰中提取氧化铝

蒋训雄，蒋开喜，范艳青，汪胜东

（北京矿冶研究总院，北京，100160）

摘　要　针对现有粉煤灰提取氧化铝方法中存在的问题，采用硫酸固相转化法从粉煤灰中提取氧化铝，考察了硫酸用量、反应温度和时间、升温速度等因素对铝转化率的影响。利用 X 射线衍射仪（XRD）、扫描电子显微镜（SEM）和能谱分析（EDS）等手段对粉煤灰提取铝工艺过程中各样品的微观形貌和结构组成变化进行研究。结果表明，粉煤灰与浓硫酸反应后，粉煤灰中的偏高岭石、莫来石等铝硅酸盐矿物颗粒受到硫酸浸蚀转变成硫酸铝和二氧化硅；固相转化后的熟料用水洗即可将铝浸出而与硅分离；工艺参数硫酸用量、温度及升温速度对转化率的影响较大，转换率可达 94％以上。

关键词　粉煤灰；氧化铝；硫酸固相转化；相变

Abstract　In order to overcome the problems existing in the technology of alumina extraction from coal fly ash，the sulfuric acid solid transformation method was introduced. The effects of process parameters such as sulfuric acid amount，heating rate，temperature and reaction time were studied. The morphology and micro-structure of the samples which obtained during in the process of extracting aluminum were characterized by X-ray diffraction（XRD），scanning electron microscopy（SEM）and energy dispersive spectrometer（EDS）. The results show that after the sulfuric acid solid transformation process，the aluminosilicate mineral parti-cles such as kaolinite and mullite in fly ash are transformed into aluminum sulfate and silica by sulfuric acid e-roding，and then the aluminum and silicon in fly ash could be separated by water washing. The sulfuric acid amount，temperature and heating rate have great influence on the recovery rate of the aluminum and the con-version rate of more than 94％.

Keywords　coal fly ash；alumina；sulphate solid conversion；phase change

　　我国粉煤灰排放量已达 6 亿 t 以上，是排放量仅次于尾矿的工业固废。现有的粉煤灰利用以低端建工建材利用为主，经济效益差，特别是在煤炭及火电主产区，因建材市场需求不足及销售半径限制，导致粉煤灰大量堆存。由于粉煤灰粒度微细，且含有砷、镉、铬、铅、锰、汞、钒等有害重金属元素，以及镭、钍、铀等放射性元素，对人体危害大。粉煤灰堆存不仅对当地环境产生严重影响，而且波及周边广域地区，已成为制约我国煤电行业发展的瓶颈。另一方面，粉煤灰中还含有大量铝，且含有镓、锗等高价值稀散金属元素，特别是山西、内蒙古等我国煤炭主产区蕴藏大量高铝煤，高铝煤燃烧产出的粉煤灰含 Al_2O_3 含量达 40％～50％，高于我国铝土矿边界品位，属于开发利用价值高的非铝土矿铝资源。因此，从粉煤灰中提取氧化铝不仅可减少粉对环境的污染，而且对缓解我国铝工业资源紧缺具有重要作用。

　　由于粉煤灰中铝硅比低，最高不超过 1.5，因此，粉煤灰提取氧化铝的核心是如何经济高效地分离硅、提取铝。我国对从粉煤灰中提取氧化铝技术开展过大量研究[1]，开发了石灰石烧结法[2]、预脱硅-碱石灰烧结法[3-4]、亚熔盐法[5]、盐酸浸出法[6]、浓硫酸浸出法[7]、氟化物助溶法[8]、硫酸铵烧结法[9]等一批碱法或酸法提取氧化铝的技术工艺。

　　尽管国内基于石灰石烧结法、预脱硅-碱石灰烧结法、亚熔盐浸出法、盐酸浸出法等方法已建立多个工业试验装置，年处理粉煤灰规模达 1 万～50 万 t 不等[10-13]，但至今难以大规模生产和推广，主要原因是当前技术在设备腐蚀、节能降耗、废渣减量、氧化铝质量控制等制约工业应用的瓶颈问题上缺少一体化解决思路。

硫酸固相转化法[14]是将粉煤灰与浓硫酸混合均匀后，于200～400℃下反应，将粉煤灰中的铝转变成硫酸铝，然后用水洗涤浸出铝（水浸）。该法以硫酸熟化—水浸取代硫酸浸出，与浓硫酸浸出或加压盐酸浸出或氟化物助溶酸浸出相比，设备腐蚀小，铝提取率高，且二次渣量小，并利于渣中硅元素再利用，整体工艺易于实现工业化。本文采用浓硫酸固相转化法从粉煤灰中提取氧化铝，并对固相转化的影响因素及转化过程中物相变化进行研究。

1　试验

1.1　试验原料

试验所用粉煤灰为内蒙古某热电厂的循环流化床粉煤灰，其主要成分是氧化铝、氧化硅（表1），其中氧化铝含量达49.52%，二氧化硅含量相对较低，为35.64%，另有少量氧化钙、氧化铁及未燃尽的炭。

表1　粉煤灰化学组成（%）

Table 1　Chemical composition of coal fly ash（%）

成分	Al_2O_3	Fe_2O_3	SiO_2	CaO	MgO	Na_2O	K_2O	C	其他
含量	49.52	2.32	35.64	4.45	0.49	0.18	0.38	3.37	3.65

采用英国马尔文Mastersizer 2000型激光粒度分析仪对粉煤灰进行粒度分析，结果如图1所示。由图1可知，粉煤灰的粒度很细，其D_{50}约21 μm，其中粒度小于75 μm的占91.75%，小于38 μm占70.89%。从原灰分级后进行分析的结果（表2）可见，细粒级粉煤灰中的氧化铝含量较粗粒级中含量高，其他钙、铁和镁杂质含量变化趋势与氧化铝的基本一致。

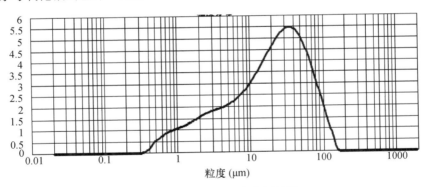

图1　粉煤灰激光粒度分析结果

Fig. 1　Particle size distribution of fly ash

表2　粒度分级及化学成分

Table 2　Particle size classification and chemical composition

粒径（μm）	百分比（%）	化学成分（%）			
		Al_2O_3	CaO	Fe_2O_3	MgO
≤38	70.89	50.75	4.93	2.54	0.55
38～75	20.56	47.49	3.3	1.94	0.37
≥75	8.55	44.18	3.21	1.39	0.28
合计	100	49.52	4.45	2.32	0.49

试验所用硫酸为分析纯。

1.2 试验方法

按粉煤灰中氧化铝含量计算硫酸的理论用量，并以理论酸用量为基准，按理论用量的不同倍数（即过量系数）添加硫酸，与粉煤灰在坩埚中拌合均匀，置于 TSX-8-12 型箱式电阻炉，于一定温度条件下固化反应一段时间，得到硫酸固相转化熟料。

将上述硫酸固相转化熟料置于烧瓶中用 50℃的水搅拌洗涤 3 次，每次用水量按照熟料与水质量比 1：10 加入，每次搅拌 30 min，过滤后烘干得到水洗渣，分析水洗渣中残余铝，计算粉煤灰中铝的浸出率。由于熟料中未反应的偏高岭石等铝硅酸盐及氧化铝在水中不溶解，因此，水洗的铝浸出率近似于铝的硫酸铝转化率。

1.3 分析方法

采用 X 射线衍射仪和扫描电子显微镜分析样品的物相。所用 X 射线衍射仪为日本理学 Ultima IV 型组合式多功能 X 射线衍射仪，使用 Cu 靶，工作电压 50 kV，2θ 衍射角扫描范围 0°～90°，连续扫描。采用扫描电镜进行微区形貌观察，扫描电镜为德国 ZEISS EVO18 扫描电子显微镜，钨灯丝光源，加速电压为 20 kV，配置有能谱分析仪进行微区化学成分分析。

铝的化学分析采用 EDTA 溶解法测定。

2 结果与讨论

2.1 粉煤灰硫酸固相转化主要影响因素

2.1.1 反应温度与时间的影响

按硫酸过量系数 1.2 将粉煤灰与浓硫酸混合均匀后置于箱式电阻炉，并于设定温度下反应一段时间，然后测定氧化铝的转化率，试验条件和结果见表 3。由表 3 可知，硫酸化反应温度与反应时间对粉煤灰中铝的硫酸化转化率均有影响，过低或过高均不利于提高氧化铝的转化率。原因是，反应温度过低，导致粉煤灰中偏高岭石与硫酸反应速度慢从而影响转化率；反应温度过高，由于反应生成水的大量挥发而带走酸，导致酸利用率降低，也影响氧化铝的硫酸化转化率。因此，采取两段转化方式，即先在 120℃左右的低温下将大部分细粒级的偏高岭石解离，然后再提高温度使剩余大部分偏高岭石解离可获得高的转化率，与此同时还可提高硫酸的利用率和减少酸雾产生。

表 3 反应温度与时间对氧化铝转化率的影响

Table 3 Effect of temperature and reaction time on the conversion rate of aluminum sulfate

编号	温度、时间	渣含 Al_2O_3（%）	Al_2O_3 转化率（%）
3-1	120℃、4 h	9.46	89.65
3-2	200℃、4 h	11.50	89.07
3-3	先 120℃、1 h； 再 200℃、1 h	6.47	94.26
3-4	先 120℃、1 h； 再 300℃、1h	7.29	92.89

2.1.2 升温速度的影响

将粉煤灰与浓硫酸按照酸过量系数 1.2 混合均匀后置于电炉内，然后将电炉升温到 200℃，并在 200℃恒温 1 h，使硫酸与粉煤灰充分反应，然后测定转化率，升温速率分别为 1℃/min 和 2℃/min，试验结果见表 4。由表 4 可知，快的升温速率对提高铝的转化率不利，说明要获得高的氧化铝转化率，应在低温段有足够的反应时间。

表 4 升温速率对氧化铝转化率的影响

Table 4 Effect of heating rate on the conversion rate of aluminum sulfate

编号	升温速度（℃/min）	渣含 Al_2O_3（%）	Al_2O_3 转化率（%）
4—1	1	7.91	93.15
4—2	2	11.66	88.39

2.1.3 硫酸用量的影响

按照一定的硫酸过量系数，将浓硫酸与粉煤灰混合均匀在 120℃反应 1 h 后再升温到 200℃继续反应 1

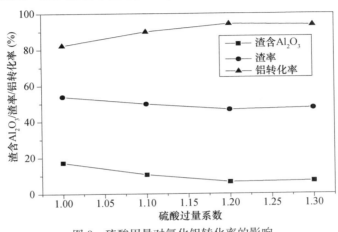

图 3 硫酸用量对氧化铝转化率的影响

Fig. 3 Effect of sulfuric acid quantity on the conversion rate of aluminum sulfate

h，然后测定硫酸铝转化率，试验结果如图 3 所示。由图 3 可知，随着硫酸用量的增加，水洗渣率和渣中残余氧化铝含量逐渐降低，氧化铝提取率增加。硫酸过量系数在 1.2 附近时，水洗渣率、氧化铝提取率及渣中残余氧化铝含量趋于稳定，继续增加硫酸用量对提高氧化铝提取率的作用较小，说明硫酸过量系数为 1.2 时较为合适。

2.2 物相分析

对粉煤灰原灰进行 XRD 分析（图 4），结合 SEM 分析（图 5）可知，原灰中主要相为偏高岭石、偏高岭石与氧化铝的混合相、石英，及少量石膏、赤铁矿、氧化钙。在 XRD 图 $2\theta=20°\sim30°$ 的区间内有明显的馒头峰，说明原灰中存在较多非晶态物质，图中莫来石的峰较弱，说明该灰样中莫来石相少。

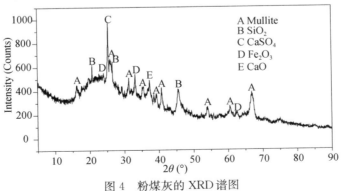

图 4 粉煤灰的 XRD 谱图

Fig. 4 XRD pattern of the coal fly ash

由进一步的化学物相分析结果（表 5）可知，粉煤灰中 90% 以上的铝以铝硅酸盐形式存在，其中以偏高岭石为主。因此，从粉煤灰中提取氧化铝的关键是如何有效分解粉煤灰中的铝硅酸盐并分离铝和硅。

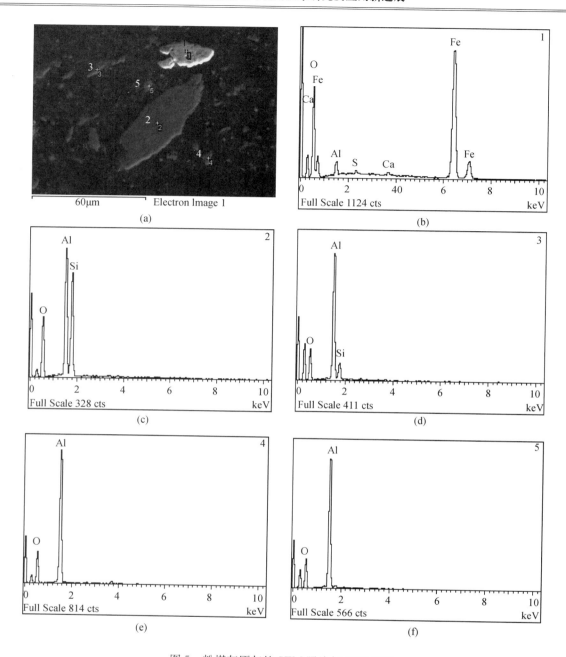

图 5 粉煤灰原灰的 SEM 照片与 EDS 谱图

Fig. 5 SEM photo and EDS patterns of the original coal fly ash

表 5 粉煤灰中铝的化学物相分析结果（%）

Table 5 Chemical phase analysis of aluminum in coal fly ash（%）

元素	铝硅酸盐中铝	氧化铝中铝	其他铝①	总铝
含量	23.88	1.56	0.78	26.22
所占比例	91.08	5.95	2.97	100

① 其他铝指的是三水铝石、褐铁矿中的分散铝以及绿泥石中的铝。

图 6 和图 7 是粉煤灰与硫酸发生固相转化反应后所得产物的 XRD 谱图与 SEM 照片。由图 6 和图 7 可知，经过硫酸浸蚀后的产物主要为硫酸铝，含少量石膏、石英和残余的铝硅酸盐，进一步说明经过硫酸固相

转化，粉煤灰中的铝大部分转换成了硫酸铝。

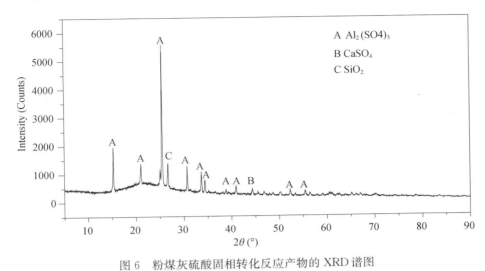

图 6　粉煤灰硫酸固相转化反应产物的 XRD 谱图

Fig. 6　XRD pattern of reaction product obtained during sulfuric acid solid transformation process

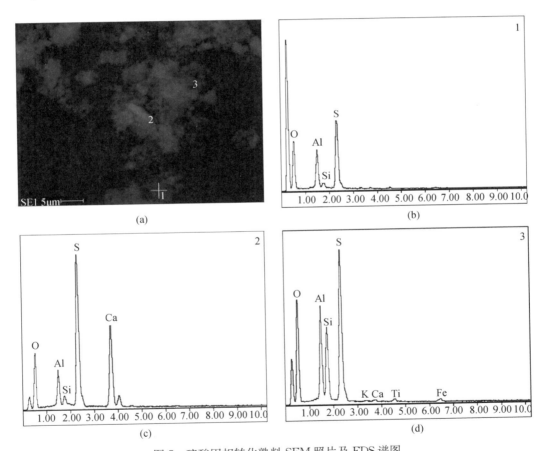

图 7　硫酸固相转化熟料 SEM 照片及 EDS 谱图

Fig. 7　SEM photo and EDS patterns of the reaction product obtained during sulfuric acid solid transformation process

图 8 是粉煤灰经硫酸固相转化所得产物经过水洗后所得水洗渣的 SEM 照片和 EDS 谱图。由图 8 可以看出，残余偏高岭石矿物周围存在明显的浸蚀痕迹，残余颗粒周围铝的含量明显较低，而硅的含量较高，颗粒的中间部分仍以偏高岭石相存在，氧化铝含量偏高，分析原因我们认为这是由于粉煤灰中的部分颗粒较大，

在一定的反应时间内未被硫酸完全浸蚀造成的，说明粉煤灰原灰的粒度对铝的转化率有一定影响。

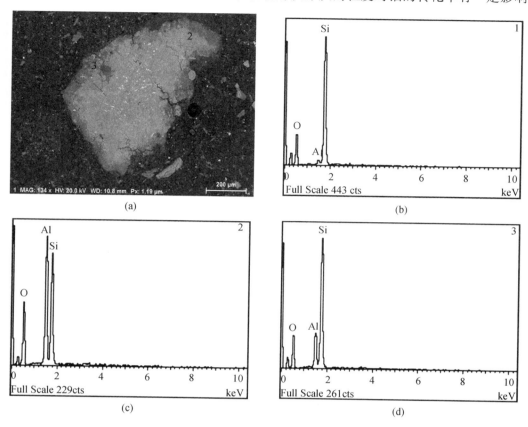

图 8　边缘被硫酸浸蚀的偏高岭石颗粒

Fig. 8　Kaolinite particles with the erosion edge by sulfuric acid

3　结论

（1）采用硫酸固相转化法提取氧化铝，铝硅分离效果好，氧化铝提取率高，工艺简单且易于工程化。

（2）在浓硫酸固相转化过程中，粉煤灰中的铝硅酸盐被浸蚀分解，铝转变成水溶性的硫酸铝，粉煤灰中铝的硫酸化转化率高，固相转化产物通过水洗即可实现铝的溶出。

（3）硫酸用量、固相转化反应温度及升温速率等因素对粉煤灰的硫酸固相转化效果影响较大，在硫酸过量系数 1.2、升温速度 1℃/min、并在 120℃ 和 200℃ 各保温 1 h 的条件下，硫酸铝转化率可达 94% 以上。

（4）粉煤灰硫酸固相转化法提铝后的残渣量少，渣率 45% 左右，且残渣中的硅主要以无定型的二氧化硅存在，利于用于硅的综合回收利用。

参考文献

[1] 蒋训雄. 高铝粉煤灰提取氧化铝技术现状与发展趋势 [J]. 有色金属工程, 2017, 7 (1): 31-36.

[2] 赵喆, 孙培梅, 薛冰, 等. 石灰石烧结法从粉煤灰提取氧化铝的研究 [J]. 金属材料与冶金工程, 2008, 36 (2): 16-18.

[3] 公彦兵, 孙俊民, 张生, 等. 高铝粉煤灰预脱硅同步降低碱含量 [J]. 有色金属（冶炼部分）, 2014 (5): 21-25.

[4] 蒋周青, 马鸿文, 杨静, 等. 低钙烧结法从高铝粉煤灰脱硅产物中提取氧化铝 [J]. 轻金属, 2013 (11): 9-13.

[5] 刘中凯, 马淑花, 郑诗礼, 等. 亚熔盐法粉煤灰脱铝渣水热处理后碱含量的影响因素 [J]. 过程工程学报, 2014, 14 (6): 947-954.

[6] 王爱爱. 循环经济与"一步酸溶法"提取氧化铝产业 [J]. 内蒙古科技与经济. 2014 (11): 102-103.

[7] 李来时, 翟玉春, 吴艳, 等. 硫酸浸取法提取粉煤灰中氧化铝 [J]. 轻金属, 2006 (12): 9-12.

[8] 赵剑宇, 田凯. 氟铵助溶法从粉煤灰提取氧化铝新工艺的研究 [J]. 无机盐工业, 2003, 35 (4): 40-41.

[9] 晋新亮，彭同江，孙红娟．硫酸铵焙烧法提取粉煤灰中氧化铝的工艺技术研究 [J]．非金属矿，2013，36（2）：59-63.

[10] 王玉琢．全国首条新法粉煤灰提取氧化铝生产线在内蒙古投产 [EB/OL]．（2014-10-27）．http：//www. northnews. cn/2014/1027/1766976. shtml.

[11] 中铝网讯．大唐国际再生资源 20 万吨高铝粉煤灰提取氧化铝工程实现稳产达产 [EB/OL]．（2014-01-03）．https：//news. cnal. com/2014/01-03/1388708854358238. shtml.

[12] 郭昭华．粉煤灰"一步酸溶法"提取氧化铝工艺技术及工业化发展研究 [J]．煤炭工程，2015，47（7）：5-8.

[13] 中国科学院过程工程研究所．亚熔盐法氧化铝项目（高铝粉煤灰）万吨级示范线试车取得重要进展 [EB/OL]．（2015-09-10）．http：//www. ipe. cas. cn/xwdt/kyjz/201509/t20150910 _ 4422807. html.

[14] 蒋开喜，蒋训雄，汪胜东，等．粉煤灰硫酸熟化生产氧化铝的方法：中国，2016108926680 [P]．2016-010-12.

褐煤粉煤灰中重金属元素的浸出规律研究

韩大捷[1,2]，马淑花[2]，丁　健[2]，郑诗礼[2]，郭　奋[1]，赵振清[1,2]

（1. 北京化工大学化学工程学院，北京，100029；

2. 中国科学院过程工程研究所湿法冶金清洁生产技术国家工程实验室，北京，100190）

摘　要　以内蒙古某地的褐煤粉煤灰为研究对象，采用动态浸出的方法，考察了 pH、时间对重金属元素浸出的影响。结果表明：不同重金属的浸出变化规律不同，同一重金属在不同 pH 条件下的浸出规律也不同；Cd 的浸出率在 1% 左右，Ba，Cr，As 的浸出率均小于 1%，而 Ni 的浸出率甚至小于 0.1%，Hg 的浸出率在 30% 左右；从浸出量和最大浸出率来看，该粉煤灰在短期内对周围环境不会造成危害。

关键词　褐煤粉煤灰；重金属；浸出规律；pH；时间

Abstract　The effects of pH and time on the leaching of heavy metal elements were investigated by dynamic leaching method in lignite fly ash from a certain area in Inner Mongolia. The results show that the leaching of different heavy metals is different，and the leaching of the same heavy metal under different pH conditions is also different. The leaching rate of Cd is about 1%. The leaching rate of Ba，Cr and As are less than 1%，while the leaching rate of Ni even less than 0.1%. And the leaching rate of Hg is about 30%. Depending on the leaching amount and the maximum leaching rate，the fly ash will not cause harm to the surrounding environment in the short term.

Keywords　lignite fly ash；heavy metal；leaching law；pH；time

1　引言

粉煤灰是燃煤电厂燃烧锅炉排放的废渣，一般每消耗 4 吨电煤就会产生 1 吨左右的粉煤灰。2015 年煤炭消费结构中，我国的煤炭消费主要为商品煤，消费量 36.98 亿吨，其中电力行业用煤 18.39 亿吨[1]。由此推算，2015 年我国由电力行业大约产生了 4.6 吨的粉煤灰。近些年来，我国粉煤灰的综合利用率一直在 70% 左右[2]，未利用的粉煤灰逐年堆积，对当地的土壤、水体以及空气造成了严重的影响。

褐煤是煤化程度最低的煤种，是泥炭沉积后经脱水、压实转变为有机生物岩的初期产物，因外表呈褐色或暗褐色而得名。我国褐煤占国家煤炭资源总储量的 16%，约有一千三百多亿吨，主要分布在华北地区，大概占全国褐煤储量的 75% 以上，其中以内蒙古东部靠近东北三省地区储存量最多[3]，在该地区由褐煤燃烧所产生的粉煤灰每年约 1500 万吨，但由于有效利用不足，该地区粉煤灰综合利用率远低于全国 70% 的水平。而根据国家电力工业发展"十三五"规划，内蒙古东部地区还将建设数条特高压输送线，这对生态环境脆弱、水资源短缺的内蒙古东部地区是一个非常严峻的挑战。

粉煤灰的成分十分复杂，不但含有 Si，Al，Ca，Mg，Fe，Na，K 等常量元素，同时也含有 Hg，Ni，Ba，Cr，Cd，As 等微量重金属元素。各地粉煤灰中的重金属含量及溶出性能差异较大，主要受煤层的形成年代、产地与矿点、矿层深度和燃烧炉种类与燃烧温度等影响[4]。张刚等[5]通过浸出试验得到 As 在酸性和碱性条件下浸出量均高于中性条件。田彩霞等[6]对贮灰场粉煤灰进行浸泡试验，发现煤灰中的微量重金属元素的溶出率很低，不会对环境造成污染。尽管如此，由于重金属元素具有不被生物降解，而被生物富集的特性[7]，在一定条件下会通过土壤-作物系统迁移积累，被人体摄入，对当地居民的健康造成严重危害。

因此，研究粉煤灰中重金属的浸出规律具有重要意义。但截至目前，对褐煤灰这方面的相关研究较少。为此，本文研究了在不同 pH 条件下，褐煤灰中 Hg，Ni，Ba，Cr，Cd，As 等重金属元素随着时间的浸出规律，揭示了在弱酸弱碱性条件下，一定时间内褐煤灰对水体或土壤的污染程度，简单地评价了褐煤粉煤灰在短期内对周围环境所造成的影响。

2　试验

2.1　原料与试剂

试验所用的粉煤灰为内蒙古某电厂产生的褐煤粉煤灰，其主要化学成分见表1。

表1　粉煤灰的化学组成

成分	SiO_2	Al_2O_3	CaO	Fe_2O_3	Na_2O	MgO	K_2O	TiO_2
含量（质量分数）	57.09	21.39	6.00	5.85	3.39	2.13	1.48	0.96

由表1可见，这种粉煤灰的主要化学成分是 SiO_2 和 Al_2O_3，二者占总量的近 80%。除此之外，还含有少量的氧化钙、氧化铁等。

对于粉煤灰中重金属含量，崔凤海等[8]对全国各地区的一千多个煤样砷含量进行了统计分析，得出我国煤中砷含量的平均值为 4.7mg/kg。一般每消耗 4 吨电煤就会产生 1 吨左右的粉煤灰，且煤燃烧过程中砷主要富集在煤灰中，由此推测，我国粉煤灰中砷含量的平均值大约为 16mg/kg。表2为前述内蒙古某电厂褐煤粉煤灰中各重金属含量。可以看出，相对于其他的粉煤灰，该煤灰中的 As 的含量较高。此外，比较表2和表3，Ni，Cr 等重金属含量也高于土壤无机污染物环境质量二级标准值（旱地）。

表2　粉煤灰中部分重金属元素含量

元素	Hg	Ni	Ba	Cr	Cd	As
含量（mg/kg）	0.7791	152.6	799.0	313.4	0.7586	91.74

表3　土壤无机污染物环境质量二级标准（旱地）（mg/kg）

序号	污染物	按 pH 分组			
		<5.5	5.5～6.5	6.5～7.5	>7.5
1	Hg	0.25	0.35	0.70	1.5
2	Ni	60	80	90	100
3	Cr	120	150	200	250
4	Cd	0.25	0.30	0.45	0.8
5	As	45	40	30	25

图1是该粉煤灰的 XRD 图谱。可知，该煤灰的主要结晶相是石英，还有少量的莫来石。在 20°～30°处有凸起，表明粉煤灰中含有一定量的非晶成分。

图2是该粉煤灰的 SEM－EDS 照片。其微观形貌主要呈现为大小不一的玻璃微球，同时也伴有少量的不规则物质。

试验中所用的 HCl 和 NaOH 均为分析纯试剂，其中 HCl 产自北京化工厂，NaOH 产自西陇化工股份有限公司。去离子水由 Millipore 纯水仪（电阻高于 18.2MΩ·cm，密理博中国有限公司）制备，分析用标样来自北京矿冶研究总院。

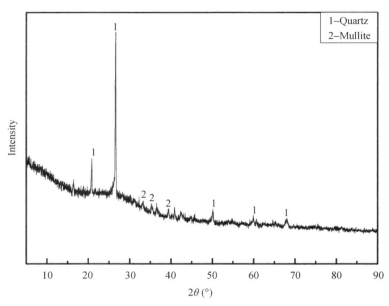

图 1　褐煤粉煤灰的 X 射线衍射图谱

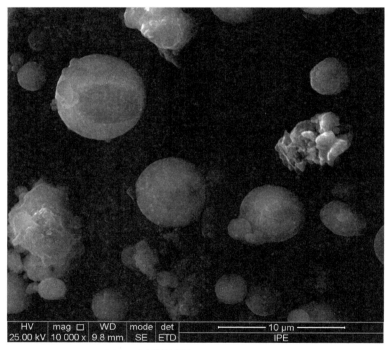

图 2　褐煤粉煤灰的 SEM－EDS 图

2.2　试验仪器与方法

　　动态浸出试验在带有聚四氟乙烯内衬的水热反应釜中进行。首先分别将 pH＝3（用 HCl 和 NaOH 调节）的溶液与粉煤灰按 $L/S＝10$ 进行混合，平行五份，分别置于 200mL 的水热反应釜中，将水热反应釜放于均相反应器（图 3）中，然后调节合适的转速并将外部温度设定为 80℃，当浸出时间分别为 2h，4h，8h，16h，24h 时，依次从均相反应器中取出，过滤所得滤液待测。pH＝5，7，8，10 的条件同样按上述操作进行。采用 ICP－MS 对滤液中的元素进行测定，根据所查文献，用 Bi，Sc，In 作内标。

图3 水热反应釜及均相反应器装置图

3 结果与讨论

3.1 重金属的浸出规律

如图4所示，不同重金属元素的浸出规律是不同的。即使是同一重金属元素在不同pH条件下的浸出规律也是有变化的。

在图4（a）中，从浸出曲线的整体上下的位置关系中，我们可以看出随着溶液pH的减小，Hg的浸出量逐渐增大；当$t<8h$时，滤液中的Hg浓度随时间波动较大；当$t>8h$时，随着时间的增长，Hg的浸出量趋向稳定。

在图4（b）中，从整体趋势来看，随着浸出时间的增长，Ba的浸出量逐渐减少；当$t>16h$时，浸出量基本保持一个稳定的数值；从pH对浸出量影响来看，酸性越强或是碱性越强，Ba越容易浸出，pH＝7的条件下，Ba的浸出量最少。

在图4（c）中，随着时间的变化，Ni的浸出量趋向稳定。同时可以看出，pH对Ni的浸出具有一定的影响，但其影响并不明显。

在图4（d）中，随着浸出时间的增长，Cr的浸出量逐渐增加；Cr在弱酸性或中性条件下较弱碱性条件下更易浸出；从折线整体的上下关系来看，随着pH的减小，Cr的浸出量增加。

在图4（e）中，随着浸出时间的增长，Cd的浸出量趋向稳定；在$t=4h$时，pH＝3，8，10这三条线上出现了大的波动，并出现了浸出量的峰值；可以看出，pH对其浸出是有影响的，但在浸出时间不同时，增强或抑制的效果不同。

在图4（f）中，随着浸出时间的增长，As的浸出量逐渐增加；当$t>8h$时，浸出量趋向稳定；就折线的整体形状看，其在弱酸性或弱碱性条件下较中性条件下更易浸出；在pH＝10时，As的浸出效果最好。

表4是浸出量的最大值与GB 3838－2002《地表水环境质量标准》，GB 5085.3－2007《浸出毒性鉴别标准》的对比。对比地表水环境质量三级标准值，我们知道Hg的最大浸出量是标准值的200多倍，必然会对地表水造成一定的污染。对比浸出毒性鉴别标准，可以看出，主要的6种重金属的浸出值均远低于最高允许浸出浓度，说明在短期内褐煤灰的浸出毒性不弱且对周围环境污染影响较小；但是，当煤灰的堆积量非常大且长年累月地堆放在某处时，其对周围环境的影响是不可忽视的。

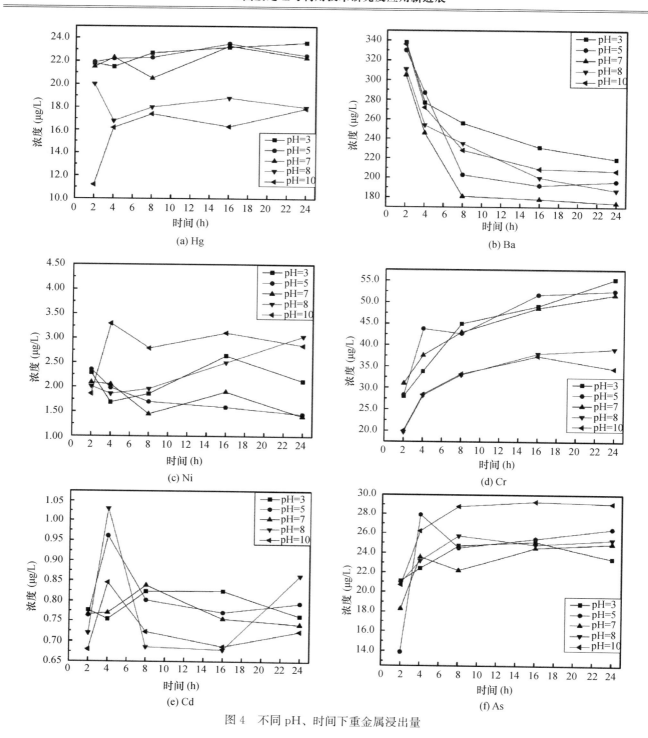

图 4　不同 pH、时间下重金属浸出量

表 4　浸出量最大值与两种标准对比表

项目	最大浓度	GB 3838－2002 三级标准值	GB 5085.3－2007
Hg	0.0236	≤0.0001	0.1
Ba	0.338	≤0.7	100
Ni	0.0033	无	5
Cr	0.0553	Cr^{6+}≤0.05	15
Cd	0.00103	≤0.005	1
As	0.0293	≤0.05	5

3.2 重金属的浸出率

图 5 为不同 pH 条件下这些重金属元素的最大浸出率。

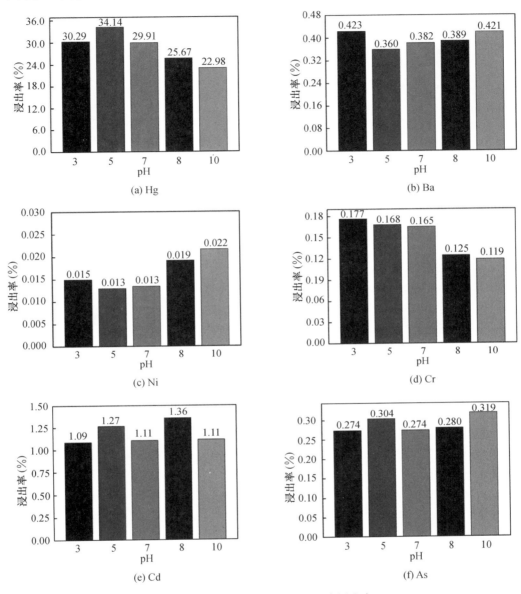

图 5 重金属在不同 pH 下的最大浸出率

从图中我们可以看出：环境 pH 的变化，对重金属元素的浸出会产生一定的影响；在弱酸和弱碱性的条件下，除了 Hg 以外的其他 5 种重金属的浸出率均非常低，说明这些元素在弱酸弱碱的环境下比较稳定；其中，Cd 的浸出率在 1% 左右，Ba，Cr，As 的浸出率均小于 1%，而 Ni 的浸出率甚至小于 0.1%；Hg 的浸出率在 30% 左右，说明其在弱酸或弱碱性条件下会有部分进入外部环境中。

4 结论

以褐煤粉煤灰为研究对象，采用动态浸出的方法，考察了不同 pH、不同时间下重金属浸出量的变化，得到以下结论：

（1）不同重金属的浸出量变化规律是不一样的，同一重金属在不同 pH 条件下的浸出规律也是不同的。

从浸出量随时间变化来看，Cr 和 As 是随时间逐渐增加的；Hg，Ni，Cd 在 $t=8h$ 之前是波动的，之后趋向稳定；Ba 的浸出量随时间逐渐降低。

从 pH 的影响来看，Hg 和 Cr 随着 pH 的减小，浸出量增大；Ba 是在酸性或碱性越强时，越易浸出；As 在弱酸或弱碱的环境中较中性更易浸出；Ni 和 Cd 的浸出受 pH 影响，但规律不明确。

（2）褐煤灰的短期堆积会对地表水造成一定的污染，但是褐煤灰的浸出毒性不高，对环境污染影响较小。

（3）Hg 的浸出率在 30% 左右，说明其在弱酸或弱碱性条件下会有部分进入环境中；Ba，Ni，Cr，Cd，As 的最大浸出率均小于 2%，说明其在弱酸或弱碱性条件下较为稳定。

参考文献

［1］王显政［Z］. http：//www.thepaper.cn/newsDetail_forward_1474223.

［2］崔源声. 中国粉煤灰利用现状及 2050 年展望［C］// 2014 亚洲粉煤灰及脱硫石膏综合利用技术国际交流大会. 2014.

［3］钟立国. 褐煤煤化工利用现状及前景［J］. 工程技术：引文版，2016（7）：00261—00261.

［4］吕志敏，李仙粉，任福民，等. 综合利用电厂粉煤灰的重金属问题［J］. 环境与可持续发展，2006（4）：57-59.

［5］张刚. 粉煤灰在水、土壤中的环境效应与环境评价［D］. 沈阳：沈阳师范大学，2016.

［6］田彩霞，郭保华，宋晓梅. 贮灰场粉煤灰中微量元素的浸泡试验研究［J］. 粉煤灰，2007，19（5）：21-23.

［7］王晓钰. 土壤环境重金属污染风险的综合评价模型［J］. 环境工程，2013，31（2）：115-118.

［8］崔凤海，陈怀珍. 我国煤中砷的分布及赋存特征［J］. 煤炭科学技术，1998（12）：44-46.

燃煤电厂粉煤灰在矿井回填中的综合利用分析

孟宪彬

（中国电力工程顾问集团华北电力设计院有限公司，北京，100120）

摘　要　大中型燃煤发电厂是固体废物产生的大户，每年产生大量的粉煤灰，并且有逐年增加的趋势，这些固体废物若弃之不用，不但占用土地浪费资源，而且会对环境产生极大的污染，发展大中型燃煤发电厂粉煤灰综合利用工程十分必要。近年来，粉煤灰应用于矿井回填技术在国内已经成熟并逐步推广使用。本文介绍了国内外粉煤灰矿井回填现状，并对矿井回填技术进行了简要分析。

关键词　燃煤电厂；粉煤灰；矿井回填；综合利用

Abstract　Big and medium-sized coal-fired power plant produce lots of ash and slag and increases year by year. If these solids discard is throwed, not only wasting the resource but also pollution the environment. So it is very important for the big and medium-sized coal-fired power plant to develope Comprehensive exploitation of ash and slag. Recently, application of ash and slag in backfilled of mine in China has been mature and gradually promote the use of. It introduces the present situation of domestic and foreign in backfilled of mine, and brief analysis of mine backfill technology.

Keywords　coal-fired power plant; ash and slag; mine backfill; comprehensive utilization

1　危害

我国南方地区和京津冀等发达城市对粉煤灰的综合利用情况良好，但在北方地区，特别是内蒙古、山西等产煤大省或是其他经济欠发达地区，还不是很理想。目前粉煤灰的综合利用主要有建筑材料、道路工程、农业、填筑材料等[1,2]。

粉煤灰随意弃置会对环境产生不利的影响，主要表现在对大气环境、水环境、土壤和生物群落、土地利用等方面。

1.1　对大气环境的影响

大量的粉煤灰如不加以处置，会产生扬尘，污染大气，当刮起 4 级以上的风时，粒径＞1mm 的粉末将出现剥离，飘扬的高度可达 20～50m，使平均视程降低 30％～70％。

1.2　对水环境的影响

如果大量的粉煤灰排入河道水系，则会造成河流淤塞，污染水质。粉煤灰中的碱性物质会改变水中养分的含量，给鱼类及水藻类植物造成严重危害。

粉煤灰渗滤液还会对地下水产生不同程度的污染，使 pH 值升高，有毒有害的铬、砷等元素增加。有害化学物质的转化和迁移也会对附近地区的河流及地下水系造成污染。

1.3　对土壤和生物群落的影响

粉煤灰及其渗滤液中所含的有害物质会改变土壤的性质和土壤结构，并对土壤中微生物的活动产生影响。这些有害成分的存在，不仅有碍植物根系的发育和生长，而且还会在植物有机体内积蓄，通过食物链危及人体健康。

1.4 对土地利用的影响

粉煤灰的堆放要占用土地。随着存放量的增多，所需的面积也越大，导致可耕土地面积短缺的势头加剧[3]。

2 矿井回填概况

2.1 国外矿井回填现状

发达国家对粉煤灰的综合利用开展较早，粉煤灰的资源化程度很高，美国为70％，德国为65％，法国为75％，日本已达到100％[4]。美国粉煤灰的综合利用率达到70％，其中约60％用于矿井回填，约4.5％用于结构回填。

2.2 国内矿井回填现状

粉煤灰应用于矿井回填技术在国内已成熟。粉煤灰用于填筑主要有：粉煤灰综合回填，矿井回填，小坝和码头的填筑等。近几年，回填用粉煤灰的兴起大大减轻了燃煤电厂在粉煤灰综合利用方面的压力，并使许多灰场的使用寿命得以延长，保证了电厂的安全和稳定生产。利用粉煤灰进行回填一次性用灰量大，且技术、方法简单[5-7]。

3 技术介绍

对矿井回填技术本文主要介绍矿井胶结充填，其基本思想是将粉煤灰（渣）、脱硫石膏等充填物料通过地面运输系统、固体回填物料垂直投料输送系统、井下运输系统运输至机械化采煤工作面后部的回填系统，对采空区进行回填，凝固后支撑顶板，从而置换煤柱的技术。固体回填物料作为采空区支撑体，在解决或降低地面沉降和塌陷问题的基础上，达到粉煤灰大批量利用、改善矿区环境的目的。

3.1 主要充填材料

根据煤矿井下条件，充填骨料包括粉煤灰、煤矸石等。将井下煤矸石运至卸载站，经破碎机破碎后卸至矸粉仓内。为提高煤矸石充填料浆输送质量浓度，改善管道输送性能，降低管道磨损，在充填料中加入粉煤灰和复合减水剂、胶凝剂。

3.1.1 材料配比

参照《黑龙江东荣三矿东一采区煤矸石充填设计方案》、中南大学《新型骨料似膏体胶结充填》等资料，矿井回填作业的工作时间为每年300d，每天分3班，每班作业时间为8h。新建回填系统的小时充填量$Q_h=150m^3/h$。充填料浆质量浓度按70％计算，回填料浆体积密度按$1.8t/m^3$计算，则各物料配比见表1。

表1　各物料配比（单套系统）

项目	配比（%）	小时投入量（t/h）	日投入量（t/d）
煤矸石	37	99.99	2397.6
炉渣	12.44	33.588	806.112
粉煤灰	14.8	39.96	989.04
聚羧酸系高性能减水剂	0.76	2.052	49.248
水泥	11.28	30.456	730.944
脱硫石膏	2.72	7.344	176.256
水	21	56.7	1360.8
合计	100	270	6480

粉煤灰供应不足时使用火山灰和炉渣部分代替粉煤灰。骨料不足也可以用高炉水淬矿渣、钢渣、沸腾炉渣、锰铁高炉矿渣、磷矿渣、钛渣等活性工业废渣中的一种或某几种的混合物组成，还可以掺入部分非活性混合材料如石灰石、黏土等。脱硫石膏可以用二水石膏、天然硬石膏、半水石膏及化工石膏、脱硫石膏等石膏中的一种或某几种的混合物组成。

3.1.2　主要过程控制指标

本项目主要过程控制指标见表2。

表2　过程控制指标

项目	指标	合格率（％）
比表面积（m^2/kg）	390 ± 15	≥90
筛余（$80\mu m$，％）	≤2.0	≥90
SO_3（％）	2.0 ± 0.2	≥90
强度（MPa）	3d抗压≥15.0，28d抗压≥35.0	100

3.2　充填系统及设备

粉煤灰充填系统由给水给料设备、收尘器、搅拌桶、充填泵、控制系统、输送管路等组成。

3.2.1　充填站

地面充填站分为充填大厅、粉碎系统、供水系统、供料系统。灰库作为充填站料仓，分别储存胶凝剂、粉煤灰、煤矸石碎块、减水剂，灰库下部安装螺旋给料机。大厅内布置充填泵和搅拌平台，搅拌平台上安装有搅拌桶，计量平台的物料进入搅拌桶，搅拌好的料浆进入充填泵进行泵送。靠近搅拌平台处设有沉淀池，用于暂时储存处理废料。计量平台安装有冲板流量计和收尘器，螺旋给料机给出的物料通过冲板流量计的计量，落入搅拌桶内。抽水泵房水源井与排水沟联通，吸水井与蓄水池联通，水源泵将水源井内的水泵送到蓄水池内，吸水泵将吸水井的水泵送至搅拌桶进行配料制浆。

3.2.2　地面输送系统

地面输送管路将充填站与钻孔管连通，采用无缝钢管，法兰连接，金属密封圈密封，每隔50m设一个事故三通，管路进行保温处理。

3.2.3　钻孔输送管路

钻孔用于从地面向井下输送粉煤灰，井下位于回风巷与三轨道回风石门交叉点处，钻孔管采用钢管，管箍焊接连接，钻孔管上口焊卡块卡在孔口，下口设托架托住。

3.2.4　井下输送系统

井下输送管主要采用无缝钢管，法兰连接，每隔50m设一个事故三通，管路沿水沟侧铺设，架于水沟之上，并用螺纹钢锚杆卡具将管路固定在巷道底板上，以防止充填时管路跳动。在充填巷附近设一三通阀门组和一趟排水管路，接至采区轨道下山的水沟，用于排放充填前后冲洗管路水。

3.3　充填方式

3.3.1　垒墙

利用巷口原密闭墙作为挡墙，将充填管路伸入到墙内，制备好的充填料浆通过输送管路直接进入充填巷内。采用分段垒墙分段充填，墙内外面用水泥砂浆抹平，墙体外侧打牢戗柱。墙体分别预埋充填管和排气管，里端伸到距巷道迎头或挡墙，分别固定在巷道的两帮，充填管外端用特制接头与钢编管连接，排气管外端伸出墙体。

3.3.2　充填袋

巷道充填的目的是为回采工作面充填打基础。目前常用的方法是在采空区吊挂充填袋，充填袋内充填粉煤灰膏体，充填区下端垒挡墙，充填袋用铁丝吊挂在巷道顶板上。充填输送管铺设在观测区，由充填袋侧面最高端伸进充填袋。

4 矿井回填存在的问题

用粉煤灰作为回填材料充填矿井采空区，可减少采煤引起的地表移动及变形，从而减轻对地面建筑的破坏程度。但同时存在一些问题：

（1）由于充填料浆泌水率高，且矿井采空区与地下水有着广泛连通，在用粉煤灰进行矿井回填时，很难边回填边压实，势必会造成部分粉煤灰自然松散地浸入地下水中，所以在粉煤灰用作矿井回填材料之前，先要进行粉煤灰水浸试验，如果灰水中有害物含量增大，且超过国家规定的饮用水标准，则不宜用粉煤灰进行矿井回填。其次在回采工作面充填开采时，要充分考虑排水问题。

（2）应充分考虑到粉煤灰中高含量的污染元素可能造成土壤与生物污染的情况，因而应该加大生物监测，开展对土壤-地下水-作物系统的环境影响评价，确保不会出现二次污染。

（3）尽量减少弯道、接头。因为在这些部位，流速容易放缓，局部阻力增大，易造成堵管，应绝对避免锐角弯道的存在。

（4）保证安装质量，包括钻孔的垂直度、垂直管道的偏移度、水平管道的起伏度应严格控制，因为安装质量不好，不仅会加大管道磨损、降低管道使用寿命，而且容易造成堵管。

5 结论

矿井回填的环境效益：胶结料浆井下充填骨料来源于火电机组项目工程粉煤灰、炉渣、脱硫石膏，回填矿井可以改善井下工作环境；胶结料浆体积浓度高，泌水率小，不会产生细颗粒随泌水流出采场而污染井下环境的现象；胶结料浆井下充填可以减少因堆放粉煤灰、脱硫石膏，而征用的大面积灰场，有利于环境保护、回收宝贵的土地资源；胶结料浆井下充填有利于保护地表建筑物，防止地下采矿而引发的地表移动和塌陷等地质灾害；充填用水可以使用经过处理的井下废水，实现水资源的循环使用。

综上所述，采用矿井回填技术，可以实现火电机组的粉煤灰、炉渣、脱硫石膏的综合利用，同时可以实现煤矿区的劳动力就近用于井下充填作业，一定程度上还可以消耗煤矿区其他现有固废物，减少了这些固废堆存对大气、水、生态等环境的污染，同时，降低固废堆存日常管理维护的费用，保护了煤矿区及当地的环境质量，具有很好的环境效益。

参考文献

[1] 王福元，吴正严. 粉煤灰利用手册 [M]. 北京：中国电力出版社，2004.

[2] 张强，梁杰，石玉桥，等. 粉煤灰综合利用现状 [J]. 广州化工，2013，41（14）：6.

[3] 潘晓峰，邓华. 鸡西矿业集团粉煤灰综合利用的发展 [J]. 煤炭加工与综合利用，2009（2）：48-49.

[4] 邵靖邦. 欧洲国家粉煤灰利用 [J]. 粉煤灰综合利用，1996（2）：43-47.

[5] 白俊本. 粉煤灰在灰土地基中的应用研究 [D]. 咸阳：西北农林科技大学，2005.

[6] 韩立鹏. 火电厂干法脱硫灰再利用的研究 [J]. 电力科技与环保，2012，28（5）：38-39.

[7] 许进军. 在线飞灰测碳仪在燃煤锅炉中的应用 [J]. 电力科技与环保，2014，30（3）：58-60.

掺加粉煤灰的透水性水泥基材料
对重金属离子吸附性能研究

王亚丽，崔素萍，徐西奎

（北京工业大学材料科学与工程学院，北京，100124）

摘　要　水泥基材料用于捕获初期雨水中的重金属离子，但是，捕获效率低，稳定性差，吸附能力不高，而粉煤灰中存在大量活性点，结构多孔，比表面积较大，对重金属离子具有较强的吸附能力。本文分析了掺加粉煤灰的水泥基材料对重金属离子（Cu^{2+}，Cd^{2+}，Zn^{2+}，Pb^{2+}）的吸附规律，并通过 ICP，SEM-EDS 及 XRD 技术探讨吸附重金属离子的机理。结果表明，掺加粉煤灰的水泥基材料吸附重金属离子的效果好于未掺加的水泥基材料。

关键词　透水水泥基材料；重金属离子；吸附机理；粉煤灰

Abstract　The cement based material is used to capture the heavy metal particles in the initial rainwater，but the capture efficiency is low，the stability is poor，and the adsorption capacity is not high. There are a lot of active points in fly ash，the structure is porous，the specific surface area is large，and it has strong adsorption capacity to heavy metal ions. This paper researches rules of adsorbing heavy metal ions（Cu^{2+}，Cd^{2+}，Zn^{2+}，Pb^{2+}）by cement-based materials with fly ash. With microstructure analysis techniques，for example，the ICP，XRD，SEM-EDS，and the paper researches the mechanisms of adsorbing heavy metal ions. And the adsorption efficiency of water permeable cement-based materials with fly ash is better than the pured cement-based materials

Keywords　cement-based permeable materials；heavy metal particle and ions，adsorption mechanism；fly ash

1　前言

　　近年来将透水水泥基材料进行功能化改造后用于城市道路初期雨水净化处理技术有了新的发展，透水路用材料在快速排泄雨水、防止路面积水及补充地下水的同时，对初期雨水冲刷道路后携带的重金属离子进行吸附、固定，这一分散处理技术很适合城市交通引起的无点（non-point）污染的处理。水泥基材料中所含有的 $CaCO_3$，$Ca(OH)_2$，$3CaO \cdot SiO_2 \cdot 3H_2O$ 呈碱性，创造一个碱性的环境，可以沉淀可溶性的重金属离子，重金属阳离子可以以代替部分 Ca^{2+} 的形式参与水泥的水化。水泥基材料用于捕获初期雨水中的重金属离子，其优势是原材料比较多，废弃的混凝土碎石和再生骨料都可以作为吸附载体。但是，水泥基材料跟沙床的诟病一样，捕获效率低，稳定性差，吸附能力不高，不能够负荷大体积雨水和短时间的多雨量。

　　粉煤灰中存在大量 Al，Si 等活性点，能与吸附质通过化学键结合，同时粉煤灰的结构多孔，具有较大比表面积的固体颗粒，作为废水处理中的吸附剂或混凝剂，具有价格低廉的优势，被广泛应用于各种工业废水的处理[1,2]，为了更好地吸附固定城市道路上的重金属离子，加入粉煤灰作吸附剂，改善透水性水泥基材料吸附重金属离子性能将会是一个新的尝试。本文将选择粉煤灰按照一定比例掺入到水泥中，制作透水性水泥基材料，将其浸入到配制好的重金属离子（Cu^{2+}，Cd^{2+}，Zn^{2+}，Pb^{2+}）溶液中，经过一定的时间观察分析对重金属离子的吸附规律和机理，从而探讨粉煤灰对透水性水泥基材料吸附重金属离子性能的影响。

2 原材料及其实验方法

2.1 原材料

水泥：强度等级为 42.5 的普通硅酸盐水泥。具体成分分析见表 1。

表 1 普通硅酸盐水泥成分（%）

组成	CaO	SiO_2	Al_2O_3	SO_3	MgO	Fe_2O_3	K_2O	TiO_2	Na_2O	MnO	SrO	P_2O_5
比例	62	20	5.2	4.2	3.9	3.0	0.85	0.38	0.10	0.094	0.063	0.054

骨料：骨料的级配非常重要，级配不良，堆积骨架中含有大量的孔隙，透水性水泥基材料的透水系数大但强度低；反之，强度较高，但渗透性差。此外，对骨料自身强度（抗压、抗折、抗拉强度）、颗粒形状（针、片状含量）及含泥量等也都有一系列要求。本论文选取的工业用砂为细骨料，碎石为粗骨料，其中碎石的级配见表 2。

表 2 粗集料级配

筛孔尺寸（mm）	所占质量（g）	所占百分比（%）
＞20	1110	22.2
16～20	1440	28.8
10	2000	40
＜5	450	9

水：蒸馏水。

重金属盐：所研究的四种重金属离子所对应的盐及其相关数据见表 3。

表 3 重金属盐及其相关数据

样品	化学式	分子量	元素
硝酸铅	$Pb(NO_3)_2$	331.23	Pb
硝酸铜	$Cu(NO_3)_2$	187.6	Cu
硝酸锌	$Zn(NO_3)_2$	189.48	Zn
硝酸镉	$Cd(NO_3)_2$	236.47	Cd

2.2 实验方法

吸附剂混合比例：水泥质量的 10%。

重金属盐的称量：电子天平。

重金属盐的溶解：将称好的重金属盐溶解到一个烧杯中，用硝酸酸化至 pH＜2，在 25℃ 的温度下用恒温磁力搅拌器搅拌 24h，然后，将溶解好的重金属溶液倒入到装有蒸馏水的盛水器中，用玻璃棒搅拌半小时，使其混合均匀[3]。

将配制好的盛水器中重金属溶液倒入到置有透水性水泥基材料的容器中，示意图如图 1 所示。

如图 1 所示，将四个塑料块垫在透水性水泥基材料试块的底面四个顶点处，以保证底部能够充分地接触溶液。将溶液倒入容器时，确定溶液上表面能够漫过试块的顶部，以保证试块顶部能够充分地与溶液接触。

最后，用塑料薄膜密封住容器的顶部，防止溶液蒸发造成溶液浓度的偏差。

将粉煤灰作为混合材掺加到水泥中，制得相对应的普通硅酸盐水泥基材料，将其置于图1的装置中，利用配制好的重金属离子溶液浸泡至透水块的上表面，分别于1d，3d，7d，9d，28d，利用胶头滴管在吸附装置的不同地点和深度进行取样，然后进行ICP测试。

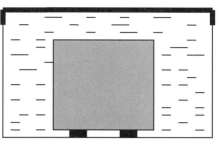

图1 吸附装置

3 吸附实验结果

3.1 重金属离子吸附

普通硅酸盐水泥基材料和粉煤灰-普通硅酸盐水泥基材料对应离子浓度变化见表4、表5。

表4 普通硅酸盐水泥基材料对应重金属离子浓度（ppm）

时间	Cd	Cu	Pb	Zn
1d	0	0	0	0
3d	12.8	16.8	60	75.2
7d	13.18	17.46	88.3	78.9
9d	12.5	15.7	−12.6	59.9
28d	13.19	17.3	76.5	78.9

表5 粉煤灰-普通硅酸盐水泥基材料对应离子浓度变化（ppm）

时间	Cd	Cu	Pb	Zn
1d	0	0	0	0
3d	3	89	682	10
7d	9	275	800	33
9d	14	281	810	57
28d	150.7	294.9	846.9	349

普通硅酸盐水泥基材料和粉煤灰-普通硅酸盐水泥基材料对 Cu^{2+}，Cd^{2+}，Zn^{2+}，Pb^{2+} 吸附硅率如图2、图3所示。

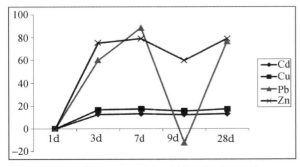

图2 普硅透水性水泥基材料的吸附规律

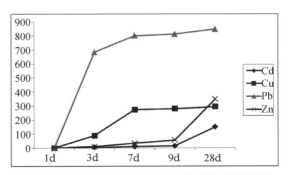

图3 粉煤灰-普硅透水性水泥基材料的吸附规律

如图2、图3所示，掺加粉煤灰的水泥基材料吸附重金属离子的效果好于未掺加的水泥基材料。掺有粉煤灰的透水性水泥基材料，对四种重金属离子的吸附规律曲线，随着吸附时间的延长，都呈现逐渐升高的趋势，即四种重金属离子的浓度随着时间的延长，都呈现降低的趋势。总体而言，Pb^{2+} 和 Cu^{2+} 的浓度变化最大，基本到 7d 时，就已经达到吸附平衡，说明对 Pb^{2+} 和 Cu^{2+} 基本上完全吸附。对于 Cd^{2+} 和 Zn^{2+} 来说，离子浓度的变化趋势就没有 Pb^{2+} 和 Cu^{2+} 的浓度变化趋势明显，可以看出，这两种离子的浓度变化速度很缓慢，甚至到了 28d 的时候，吸附量仍然不是很大，说明粉煤灰的掺入，对 Cd^{2+} 和 Zn^{2+} 的吸附效果不及对 Pb^{2+} 和 Cu^{2+} 的吸附效果。

3.2 SEM-EDS 分析

为了从内部结构方面分析吸附机理，对水泥基材料的内部结构进行了 SEM-EDS 扫描分析。如图 4 至图 10 所示。

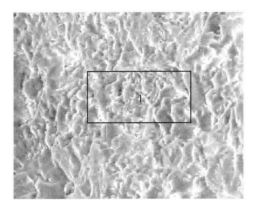

图 4　普硅水泥基透水块的扫描图 （×1000）

图 5　普硅水泥基透水块的扫描图 （×5000）

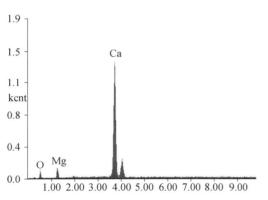

图 6　图 4 中所选区域 1 的能谱分析

图 7　掺有粉煤灰的透水块扫描图 （×2000）

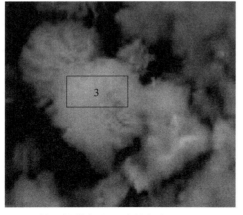

图 8　掺有粉煤灰的透水块扫描图 （×5000）

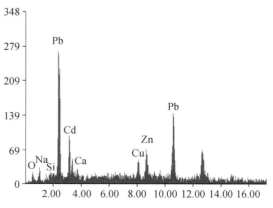

图 9　图 7 中所选区域 2 的能谱分析

根据对掺有粉煤灰的普通硅酸盐透水性水泥基材料进行 SEM-EDS 分析，可知，粉煤灰的掺入，使得水泥基材料对于吸附重金属离子的选择性和吸附数量也有影响。粉煤灰吸附剂的加入，使得水泥基材料的水化产物呈现无定形的胶体状，经过 28d 之后，结晶度仍然很差。水化产物的粒子以球形计，球形内部是薄片组成的层状结构，其中，薄片不平整，呈不规则的上下整齐堆叠，结晶度极差，可判断，粉煤灰的掺入，使得普通硅酸盐水泥基材料的水化产物主要生成了 C-S-H 凝胶。对其中 2 点和区域 3 的 EDS 分析可知，水泥基材料可以吸附的 Pb^{2+}、Cd^{2+}、Zn^{2+}、Cu^{2+} 四种重金属离子，其中吸附的 Pb^{2+} 和 Zn^{2+} 多于 Cd^{2+} 和 Cu^{2+}。

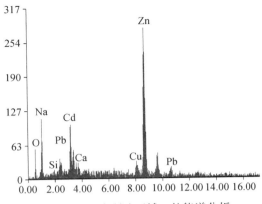

图 10　图 8 中所选区域 3 的能谱分析

3.3　XRD 分析

在吸附的过程中，在溶液的底部和透水块的周围出现了一些白斑以及沉淀。并且对于透水块本身而言，周围也吸附有蓝色及白色的沉淀。为了分析这些沉淀和白斑的具体成分，更好地剖析吸附剂对普通硅酸盐水泥基透水块吸附重金属离子的机理，对这些沉淀进行了 XRD 分析。具体的示意图如图 11、图 12 所示。普通硅酸盐水泥制作而成的透水块在吸附重金属离子的过程中，底部生成的沉淀物质主要成分是 $CaCO_3$，可能是水化产物 $Ca(OH)_2$ 与溶液中的 CO_2 反应而成，而沉淀中的重金属离子主要是以化合物的形式存在：Zn^{2+} 以 ZnO 和 ZnS 的形式存在，ZnO 可能是生成相对应的 $Zn(OH)_2$ 失水而成；Cd^{2+} 也与溶液中的 OH^- 和 SO_4^{2-} 生成带结晶水的 $Cd_8(OH)_{12}(SO_4)_2(H_2O)$；而 Pb^{2+} 以 Pb_2O_3 的形式存在；Cu^{2+} 也可能以氧化物或者氢氧化物的形式存在。掺有粉煤灰的透水性水泥基材料对于 Pb^{2+} 的吸附效果比较理想，Pb^{2+} 的沉淀方式主要是 $PbCO_3$、$Ca_{0.67}Pb_{0.33}(NO_3)_2$ 以及 $Pb_4O_3SO_4 \cdot H_2O$，其余的重金属离子如 Zn^{2+} 生成了 ZnO，Cd^{2+} 和 Cu^{2+} 生成了化合物 $CdCu_3(OH)_6(NO_3)_2 \cdot H_2O$。

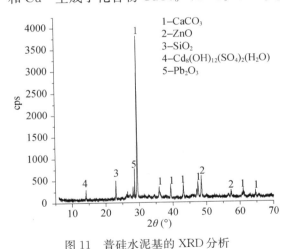

图 11　普硅水泥基的 XRD 分析

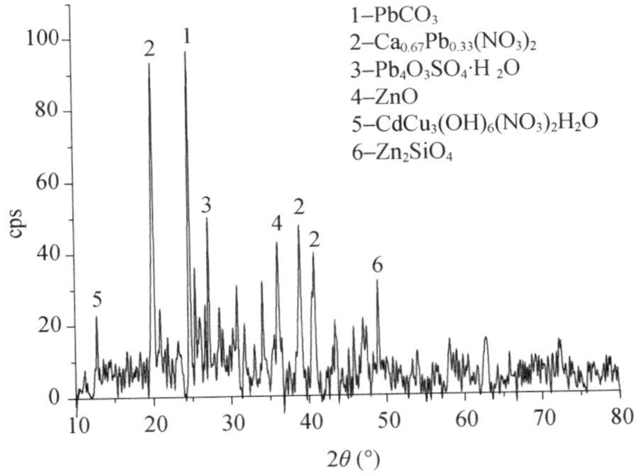

1—$CaCO_3$
2—ZnO
3—SiO_2
4—$Cd_8(OH)_{12}(SO_4)_2(H_2O)$
5—Pb_2O_3

图 12　掺粉煤灰的透水块的 XRD 分析

1—$PbCO_3$
2—$Ca_{0.67}Pb_{0.33}(NO_3)_2$
3—$Pb_4O_3SO_4 \cdot H_2O$
4—ZnO
5—$CdCu_3(OH)_6(NO_3)_2H_2O$
6—Zn_2SiO_4

4　吸附机理研究

粉煤灰的掺入，首先考虑的是对水泥基材料水化的影响。相关文献[4-7]表明，粉煤灰作吸附剂具有一定的活性，影响的方式主要是通过混合材中的活性成分与熟料矿物释放出来的 $Ca(OH)_2$ 发生反应，增加原有水化产物的数量或者生成新的水化产物。粉煤灰的活性成分 SiO_2 和 Al_2O_3 与熟料矿物水化所释放出来的 $Ca(OH)_2$ 发生反应，其反应式为：

$$2Ca(OH)_2 + SiO_2 \Longrightarrow 2CaO \cdot SiO_2 + 2H_2O$$

$$2CaO \cdot SiO_2 + mH_2O \Longrightarrow x\,CaO \cdot SiO_2 \cdot y\,H_2O + (2-x)Ca(OH)_2$$

即：
$$C_2S + mH \Longrightarrow C-S-H + (2-x)CH$$

活性 Al_2O_3 与 $Ca(OH)_2$ 反应，生成 $3CaO \cdot Al_2O_3$，其水化反应如下：

$$2(3CaO \cdot Al_2O_3) + 27\,H_2O \Longrightarrow 4CaO \cdot Al_2O_3 \cdot 19H_2O + 2CaO \cdot Al_2O_3 \cdot 8H_2O$$

即：
$$2C_3A + 27H \Longrightarrow C_4AH_{19} + C_2AH_8$$

粉煤灰中的活性二氧化硅、三氧化二铝与氢氧化钙反应，生成水化硅酸钙和水化铝酸钙。粉煤灰对重金属离子的吸附机理包括以下几个方面：（1）由于参与水泥水化反应，粉煤灰改变了硅酸盐水泥水化浆体的显微结构特征，尤其是在水化初期。掺加粉煤灰的水泥浆体中，纤维状和棒状水化物的外形不完整，短而纤细，棒状物长度一般不超过 $1\mu m$；（2）粉煤灰的比表面积大，可容纳相当数量的被吸附物质，且粉煤灰中含有未燃烧完全的炭粒，可起到活性碳的作用；（3）本实验所用粉煤灰中 Al_2O_3 和 Fe_2O_3 含量较高，能产生 Al^{3+}，Fe^{3+} 与溶液中带负电的胶态物进行电性中和，形成胶体颗粒，依靠重力作用沉淀下来；（4）粉煤灰中 SiO_2 等不溶物以悬浮粒状分散于废水中，提高了凝聚沉降速度和效益。

5 结论

1. 粉煤灰的掺入，水泥基材料吸附重金属离子的效果得到改善，对 Pb^{2+} 和 Cu^{2+} 的吸附效果明显，基本上在第七天就达到了吸附平衡；随着时间的延长，对 Zn^{2+} 和 Cd^{2+} 的吸附量呈现一直递增的趋势。

2. 粉煤灰影响了水泥水化产物的种类和数量，粉煤灰的掺入，使得水泥水化产物主要生成了 C-S-H。

3. 粉煤灰的掺入，使得整个溶液吸附离子的形式多样化：Zn^{2+} 和 Pb^{2+} 都可以和溶液中的 SO_4^{2-}，NO_3^- 生成对应的盐类，还可以生成氧化物，此外，Pb^{2+} 还可以和 CO_3^{2-} 反应，Zn^{2+} 还可以和 SiO_4^{4-} 生成对应得盐类；Cu^{2+} 主要是和 SO_4^{2-} 以及溶液中的 OH^- 反应；Cd^{2+} 则偏重于和 NO_3^- 反应。

参考文献

[1] 徐洁，陈海燕，王旋．碱改性粉煤灰处理含铬废水［J］．矿产综合利用，2016（6）：68-71．

[2] 谭燕宏．粉煤灰吸附材料处理含重金属废水初步探讨［J］．环境与可持续发展，2012（6）：88-90．

[3] 易龙生，王浩，王鑫．粉煤灰建材资源化的研究进展［J］．硅酸盐通报，2012，31（1）：88-92．

[4] 王亚丽，崔素萍，徐西奎．铁铝酸盐水泥基材料吸附重金属离子规律的研究［J］．混凝土，2010 年 10 月．

[5] Utkarsh Maheshwari, Suresh Gupta. A novel method to identify optimized parametric values for adsorption of heavy metals from waste water ［J］. Journal of Water Process Engineering, 2015, 103 (1): 1-6.

[6] 王占华，周兵，孙雪景．粉煤灰改性及其在废水处理中的应用现状研究［J］．能源环境保护，2014，28（4）：1-6．

[7] 王剑锋，张金利，杨庆．粉煤灰对 Cr（Ⅵ）的吸附特性［J］．环境工程学报，2014，8（11）：4593-4600．

[8] Maria V, Andreea M-maria, Chelaru, et al. Hydrothermally modified fly ash for heavy metals and dyes removal in advanced wastewater treatment ［J］. Applied Surface Science, 2014, 303 (2): 14-22.

高铝粉煤灰提取氧化铝的研究进展

杨　旭，吴玉胜

（沈阳工业大学材料科学与工程学院，辽宁沈阳，110870）

摘　要　综述了目前从高铝粉煤灰中提取氧化铝的最新研究成果，介绍了不同方法提取粉煤灰中氧化铝的最新进展，并对各方法存在的优点和不足进行了总结，最后展望了从高铝粉煤灰中提取氧化铝的发展前景以及今后的研究重点。

关键词　粉煤灰；氧化铝；提取

Abstract　The latest researches of the extraction of alumina from high alumina coal fly ash (CFA) were summarized. The latest progress of the extraction of alumina from CFA by different method was emphasized. And the advantages and shortcomings of each method are summarized. The development prospect and the future research of the extraction of alumina from CFA were exhibited.

Keywords　coal fly ash；alumina；extraction

电解冰晶石——氧化铝熔体仍然是工业生产金属铝的唯一方法，其中，传统的 Al_2O_3 是从铝土矿中提取获得，但我国的铝土矿资源相对缺乏[1]，因此，寻找新的铝土资源已逐渐成为研究的热点。根据报道，作为电厂排放的废弃物，粉煤灰的排放量比较大。仅 2015 年，我国的粉煤灰排放量已达 5.8 亿 t，给环境保护带来巨大的压力。粉煤灰的主要成分是 Al_2O_3 和 SiO_2，其中，Al_2O_3 含量超过 30% 以上的高铝粉煤灰约占 30%，仅内蒙古地区的高铝粉煤灰年排放量就已超过 1200 万 t，且呈逐年递增的趋势，所以，利用高铝粉煤灰提取 Al_2O_3 具有重大战略意义[2-3]。随着企业、高校以及科研单位对该课题进行了大量的研究，许多新工艺新技术不断涌现，较为常见的方法主要有碱法烧结、酸法和酸碱混合法，本文将对近年来高铝粉煤灰中提取 Al_2O_3 的研究进展以及发展前景进行介绍。

1　粉煤灰的特点

1.1　粉煤灰的物理性质及物相组成

粉煤灰的颜色在乳白色到灰黑色之间，外观类似水泥，颜色越深，粉煤灰粒度越细，含碳量越高。粉煤灰颗粒呈多孔型蜂窝状组织，比表面积较大，在 $0.25\sim0.7m^2/g$[4]，具有较高的吸附活性。

在显微镜下，粉煤灰是由结晶相、玻璃相及少量未燃炭组成的一个复合结构的混合体，其中结晶相包括石英、莫来石、赤铁矿等。根据锅炉的类型不同，可分为普通煤粉锅炉粉煤灰和循环流化床锅炉粉煤灰。普通煤粉锅炉粉煤灰的形貌主要是以表面光滑的球形玻璃珠为主，其晶相主要为莫来石和石英相。循环流化床锅炉粉煤灰的表明较粗糙，基本呈颗粒状，其主要晶相包括石英、硬石膏和方解石，以及少量的莫来石和玻璃相[5-6]。

1.2　粉煤灰的化学成分

粉煤灰的主要化学成分有：SiO_2，Al_2O_3，Fe_2O_3，CaO，MgO，Na_2O，K_2O，MnO_2 等，不同地区的粉煤灰，化学成分含量也存在较大差异，各化学成分的含量范围及平均值见表 1[7]。

表1 粉煤灰的化学成分

化学成分	平均值（％）	含量范围（％）
SiO_2	50.8	34.30～65.76
Al_2O_3	28.1	14.59～40.12
Fe_2O_3	6.2	1.50～16.22
CaO	3.7	0.44～16.80
MgO	1.2	0.20～3.72
Na_2O	1.2	0.10～4.2
K_2O	0.6	0.02～2.14

2 粉煤灰提取氧化铝的工艺进展

2.1 碱法烧结

采用碱法提取 Al_2O_3 的本质是将高铝粉煤灰中的铝转化为铝酸钠后，进入苛性碱溶液。碱法烧结不需要考虑粉煤灰的碱性高低，且不需要特殊设备，目前建有的工业生产线一般采用碱法烧结来提取粉煤灰中的 Al_2O_3，常见的碱法烧结主要包括石灰石烧结法、碱石灰烧结法和预脱硅-碱石灰烧结法。

2.1.1 石灰石烧结法

石灰石烧结法的工艺原理是通过烧结使高铝粉煤灰中的 Al_2O_3 与 CaO 生成可溶的铝酸钙，SiO_2 与 CaO 生成不可溶的硅酸二钙，其烧结过程中发生的主要反应为[8]：

$$CaCO_3 = CaO + CO_2$$
$$SiO_2 + 2CaO = 2CaO \cdot SiO_2$$
$$7（3Al_2O_3 \cdot 2SiO_2）+ 64CaO = 3（12CaO \cdot 7Al_2O_3）+ 14（2CaO \cdot SiO_2）$$

烧结后的熟料，经碳酸钠溶液浸出后，使不溶物留在溶液中，Al_2O_3 以 $NaAlO_2$ 的形式被分离提取，其溶出过程的主要反应为[9]：

$$12CaO \cdot 7Al_2O_3 + 12Na_2CO_3 + 33H_2O = 14NaAl（OH）_4 + 12CaCO_3 + 10NaOH$$
$$CaO \cdot Al_2O_3 + Na_2CO_3 = 2NaAlO_2 + CaCO_3$$

赵喆等[10]曾采用石灰石烧结熟料自粉化的方法对粉煤灰中的 Al_2O_3 进行了提取，讨论了烧结温度、保温时间以及出炉温度对 Al_2O_3 溶出率的影响，其熟料中 Al_2O_3 的溶出率达到了 79％以上。

石灰石烧结法的工艺技术较为成熟，但会产生过多的废渣，蒙西集团以此工艺设计了 Al_2O_3 生产线生产 Al_2O_3，平均每生产 1t 的 Al_2O_3 即会产生 9t 的废渣，虽然部分废渣可作为生产水泥和步道砖的原料，但还是会给环保带来不小的压力[11-12]。

2.1.2 碱石灰烧结法

碱石灰烧结法的原理是将高铝粉煤灰、石灰石、纯碱混合后，通过高温烧结，使炉料中的 Al_2O_3 转变为可溶性的铝盐，用水或稀碱液溶出，沉淀分离后，得到 $NaAlO_2$ 溶液，通入 CO_2 进行碳酸化分解后，析出 Al(OH)$_3$，再经煅烧得到 Al_2O_3。其主要化学反应如下，其中后两个反应式为溶出过程的化学反应[13]：

$$CaCO_3 = CaO + CO_2 \uparrow$$
$$Al_2O_3 + Na_2CO_3 = 2NaAlO_2 + CO_2 \uparrow$$
$$SiO_2 + 2CaO = CaSiO_4$$
$$Al_6Si_2O_{13} + 4CaO + 3Na_2CO_3 = 2Ca_2SiO_4 + 6NaAlO_2 + 3CO_2 \uparrow$$

$$2Fe_2O_3 + 3Na_2CO_3 + 0.5O_2 = 3Na_2Fe_2O_4 + 3CO_2 \uparrow$$
$$TiO_2 + CaO = CaTiO_3$$
$$NaAlO_2 + 2H_2O = Na^+ + Al(OH)_4^- \downarrow$$
$$Na_2Fe_2O_4 + 4H_2O = 2NaOH + Fe_2O_3 \cdot 3H_2O \downarrow$$

通过碱石灰烧结法从高铝粉煤灰中提取 Al_2O_3 的研究较早,在我国,1980 年安徽省冶金科研所和合肥水泥研究院就已提出用碱石灰烧结法从粉煤灰中提取 Al_2O_3[14],之后碱石灰烧结法得到了广泛的应用,并在此方法之上不断地进行工艺上的创新。陆胜等[15]采用碱石灰烧结工艺提取粉煤灰中的 Al_2O_3,用该方法的 Al_2O_3 提取率可达 80% 以上。王苗等[16]对多种烧结剂的协同作用对粉煤灰中 Al_2O_3 的提取率的影响进行了研究,当使用 Na_2CO_3 和 $NaOH$ 组成的混合烧结剂时,粉煤灰中 Al_2O_3 的提取率得到显著提高,可达 95%。

季惠明等[17]采用煅烧-沥滤法从粉煤灰中提取了高纯 Al_2O_3,此法以碳酸钠为活化剂,经煅烧后使粉煤灰中的 Al_2O_3 转变成可溶出的活性铝盐,以硫酸作为溶出剂对铝盐进行溶出,选用乙二胺四乙酸为络合剂对铝盐中的铁离子进行除杂,再用蒸馏水除去其他可溶杂质,使得提取出的 Al_2O_3 纯度大幅提高。Al_2O_3 的提取率高达 98% 以上。

赵剑宇等[18]采用了高温烧结-微波辐射法对高温烧结后的产物进行微波辐射助溶,使反应体系中能吸收微波的物质吸收微波的能量,从而增加反应物分子的热能,有效地破坏 Al-Si 键,使粉煤灰中铝的活性提高,加快了 Al_2O_3 的溶出速度,并提高了 Al_2O_3 的提取率,明显缩短了整个反应的进程,最终从粉煤灰中获得的 Al_2O_3 纯度在 96% 以上,提取率达到了 95% 以上。

董宏等[19]曾先通过粉煤灰与碳酸钠混合煅烧,破坏粉煤灰中物相的莫来石和玻璃相结构,得到活化产物,再用 $NaOH$ 水溶液与所得活化产物进行水热反应,反应后的铝以铝酸钠的形式进入溶液,经过蒸发、结晶、溶解后获得 $Al(OH)_3$,再经煅烧即可得到 Al_2O_3,在水热反应过程中,CaO 的加入可使硅以硅酸钙钠的形式析出,实现了硅与铝的分离,最终 Al_2O_3 的提取率达到了 95% 以上,为实现工业化生产提供了一定的参考。

从研究过程中可以看出,石灰石烧结法所产生的废渣较多,容易造成环境的污染。碱石灰烧结法方法简单、无需特殊设备,且不需要考虑所用粉煤灰的碱性高低。但碱石灰烧结法也由于其耗能大、成本高,且对粉煤灰中 Al_2O_3 的含量要求较为严格(一般不低于 30%),使其推广应用依然存在一定的局限性。

2.1.3 预脱硅-碱石灰烧结法

低的铝硅比也使从粉煤灰中提取 Al_2O_3 在一定程度上受到了制约,对粉煤灰进行预脱硅处理可以有效地提高铝硅比,其原理是通过 $NaOH$ 溶液脱除粉煤灰中的玻璃态 SiO_2,粉煤灰预脱硅过程的化学反应[20]:

主反应为 $\quad 2NaOH + SiO_2(非晶态) = Na_2SiO_3 + H_2O$

副反应为 $\quad 2NaOH + Al_2O_3(非晶态) = 2NaAlO_2 + H_2O$

$$2NaAlO_2 + 2Na_2SiO_3 + 4H_2O = Na_2O \cdot Al_2O_3 \cdot 2SiO_2 \cdot 2H_2O \downarrow + 4NaOH$$

预脱硅-碱石灰烧结法的工艺流程如图 1 所示。

李军旗等[21]用较高浓度的 $NaOH$ 溶液对粉煤灰进行了预脱硅处理,预脱硅后的铝硅比从 0.97 提高到了 2.71,并讨论了液固比、温度、时间以及碱浓度对铝硅比的影响。刘晓婷等[22]对预脱硅的工艺条件进行了研究,得出脱硅温度对脱硅率的影响最大,其次分别为灰碱比、脱硅时间、碱液浓度。

大唐国际通过技术攻关证明了预脱硅-碱石灰烧结法提取高铝粉煤灰中 Al_2O_3 的可行性,并已经采用预脱硅-碱石灰烧结法获得 Al_2O_3 以及活性硅酸钙产品,Al_2O_3 的提取率达到了 90%,实现稳产达产,活性硅酸钙产品可用作造纸的填料,使副产物得到有效利用,从而降低了生产成本[23]。

与传统的碱石灰烧结法相比,预脱硅-碱石灰烧结法提高了粉煤灰中 Al_2O_3 的提取率,随着近年来对此方法的研究增多,证明用此法提取粉煤灰中氧化铝具有工业上的可行性。在生产过程中产生的硅钙渣可作为生产水泥的原料,虽然在一定程度上实现了固体废弃物的二次利用,但还是存在废渣过多的问题,需要在今后的研究中加以解决。

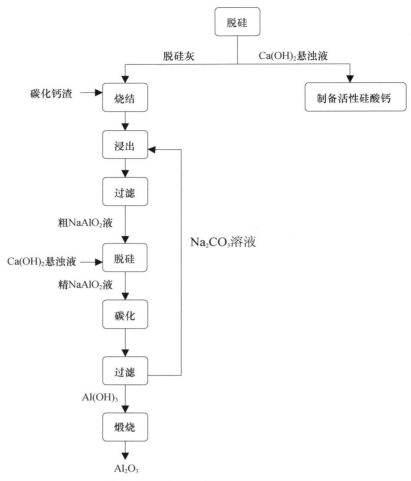

图 1　预脱硅-碱石灰烧结法工艺流程图

2.2　酸法

2.2.1　酸浸法

酸浸法的工艺原理是通过酸性溶液破坏粉煤灰中的 Al-Si 键以及莫来石结构，使粉煤灰中的铝以铝离子的形式进入到溶液中，再经后续加工获得 Al_2O_3。

近年来，人们对采用直接酸浸法所获得 Al_2O_3 的一些工艺参数进行了深入的分析。吕莹璐等[24]用 H_2SO_4 浸出粉煤灰中的 Al_2O_3，H_2SO_4 可与 Al_2O_3 反应生成 $Al_2(SO_4)_3$，SiO_2 残留于渣中，除杂后获得高纯度 $Al_2(SO_4)_3$ 溶液，对其进行结晶，得到 $Al_2(SO_4)_3$ 晶体，再经煅烧获得了冶金级 Al_2O_3 产品。李来时等[25-26]对浓硫酸浸取粉煤灰中 Al_2O_3 的工艺进行研究，确定了 Al_2O_3 的浸取率为 87％ 的最佳工艺条件。张金山等[27]研究了 H_2SO_4 浸取液的特性对 Al_2O_3 浸取率的影响，当 H_2SO_4 浸取液的浓度为 40％，酸度为 60％ 时，Al_2O_3 的浸取率最佳。

Shemi 等[28]采用二次酸浸的方法，并与烧结法相结合，使粉煤灰中 Al_2O_3 的提取率达到了 88.2％。Xu 等[29]利用 H_2SO_4 和 NH_4HSO_4 的混合溶液对三种不同粉煤灰中的 Al_2O_3 进行了浸取，该过程中 Al_2O_3 被转化成 $NH_4Al(SO_4)_2$，$NH_4Al(SO_4)_2$ 的溶解度随温度的变化而发生改变，从而使铝与其他残渣分离，当 NH_4HSO_4 与 H_2SO_4 的摩尔比为 1∶1，反应温度为 220℃，时间为 4h，氢离子浓度为 15 mol/L，液固比为 10/4 时，三种粉煤灰中氧化铝的提取率分别达到了 87.8％，91.1％ 和 87.5％。

佟志芳等[30-31]先是将 KF 与粉煤灰混合烧结，再用盐酸对烧结产物进行酸浸，Al_2O_3 的提取率高达

96.92%。作为焙烧助剂，KF 的加入破坏了较为稳定的莫来石结构，有效地使铝元素得到释放，促进了粉煤灰中 Al_2O_3 的提取。

酸浸法的优点在于工艺简单，但强酸环境的腐蚀性比较严重，目前还很难找到合适的耐腐蚀性设备，另外硫酸法工艺过程会产生 SO_2 气体，浓盐酸工艺过程存在盐酸的挥发性问题，都会对环境造成污染。

2.2.2　铵法

由于直接酸浸法使用强酸溶液，对设备的材质要求较高，导致成本过高，尚未在工业生产中应用。近年来，关于采用 $(NH_4)_2SO_4$ 或 NH_4HSO_4 与高铝粉煤灰混合焙烧或浸出的方法提取 Al_2O_3 的研究逐渐增多，其优点在于对 Al_2O_3 的提取效果较好，与酸浸法相比，减少了环境的污染，降低了对设备的要求，减少了生产成本。李来时等[32]利用 $(NH_4)_2SO_4$ 与粉煤灰混合焙烧制备 Al_2O_3，Al_2O_3 的提取率可达 96%，并通过热力学计算得到 $(NH_4)_2SO_4$ 与粉煤灰中 Al_2O_3 所发生的焙烧反应：

$$4(NH_4)_2SO_4 + Al_2O_3 \longrightarrow 2NH_4Al(SO_4)_2 + 6NH_3 + 3H_2O$$

实际上，$(NH_4)_2SO_4$ 在高温状态下会分解生成 NH_4HSO_4[33]，即发生以下反应：

$$(NH_4)_2SO_4 \longrightarrow NH_4HSO_4 + NH_3$$

因此，粉煤灰中的 Al_2O_3 主要是与 NH_4HSO_4 反应生成 $Al_2(SO_4)_3$ 和 $NH_4Al(SO_4)_2$。

Wang 等[34]用 NH_4HSO_4 与粉煤灰混合焙烧提取 Al_2O_3，当粉煤灰中 Al_2O_3 与 NH_4HSO_4 的摩尔比为 1:8，焙烧温度为 400℃，焙烧时间为 45 min 时，Al 反应率可达 90% 以上。NH_4HSO_4 与粉煤灰发生的化学反应式为：

$$3Al_2O_3 \cdot 2SiO_2 + 12NH_4HSO_4 \longrightarrow 6NH_4Al(SO_4)_2 + 6NH_3 + 9H_2O + 2SiO_2$$
$$3Al_2O_3 \cdot 2SiO_2 + 9NH_4HSO_4 \longrightarrow 3Al_2(SO_4)_3 + 9NH_3 + 9H_2O + 2SiO_2$$

从反应式中可以看出，NH_4HSO_4 与粉煤灰中的 Al_2O_3 反应生成可溶性铝盐，而不与粉煤灰中的 SiO_2 反应，实现 Al 和 Si 的分离[35]，较高的温度会使反应的生成物 $NH_4Al(SO_4)_2$ 的溶解度增大，从而减小了溶液的黏度，加快了分子运动的速度，使铝的提取率升高。但上述工艺在焙烧过程中有 SO_2 气体产生，不利于环境保护。

吴玉胜等[36]在铵法烧结的基础上提出了一种利用硫酸氢铵溶液浸出粉煤灰生产氧化铝的新方法，该方法设计的工艺过程无废水、废气、废渣排放，而且工艺条件温和。当浸出温度在 130~180℃，浸出时间为 3 h，Al_2O_3 的提取率为 83.5%，浸出后的尾渣为高硅渣，可用于水泥、白炭黑等产品的生产，且工艺成本远低于当前 Al_2O_3 的平均成本和售价，说明此方法具有工业化的可行性。

3　发展前景与展望

近年来，随着我国铝工业的快速发展和铝土矿资源的日益匮乏，利用高铝粉煤灰提取 Al_2O_3 具有一定的可行性和必要性，既能弥补我国铝土矿资源短缺的不足，又能减轻粉煤灰对环境的污染，符合我国的可持续发展战略。但目前从高铝粉煤灰中提取 Al_2O_3 还存在一些问题，主要体现在烧结法的耗能较高，酸法对设备的要求过高，以及一些工艺给环境带来的污染，这些问题使工业上高铝粉煤灰提取 Al_2O_3 受到了严重制约。但随着科学技术的不断发展，各种新工艺不断涌现，比如硫酸氢铵湿法浸出技术的不断完善，高铝粉煤灰提取 Al_2O_3 必将会有更大的发展空间。

参考文献

[1] 张军伟. 中国铝土矿资源形势及对策 [J]. 价值工程，2012 (21)：4-6.
[2] 孙培梅，童军武，徐红艳，等. 从粉煤灰中提取氧化铝熟料溶出过程工艺研究 [J]. 中南大学学报：自然科学版，2010，41 (5)：1698-1702.
[3] 孙俊民，王秉军，张占军. 高铝粉煤灰资源化利用与循环经济 [J]. 轻金属，2012 (10)：1-5.
[4] 谷健，何昌荣. 粉煤灰工程特性的试验研究 [J]. 水电站设计，2007，23 (1)：103-105.

[5] 姚志通，夏枚生，叶瑛，等．循环流化床锅炉脱硫灰和普通粉煤灰的特性研究［J］．粉煤灰综合利用，2010（1）：6-12.

[6] 任才富，王栋民，郑大鹏，等．循环流化床粉煤灰特性与利用研究进展［J］．商品混凝土，2016（1）：26-29.

[7] 万亚萌，王宝庆，王丹，等．粉煤灰回收氧化铝工艺研究进展［J］．无机盐工业，2016，48（11）：7-11.

[8] 杨重愚．轻金属冶金学［M］．北京：冶金工业出版社，2002.

[9] 张佰永，周凤禄．粉煤灰石灰石烧结法生产氧化铝的机理探讨［J］．轻金属，2007（6）：17-27.

[10] 赵喆，孙培梅，薛冰，等．石灰石烧结法从粉煤灰提取氧化铝的研究［J］．金属材料与冶金工程，2008，36（2）：16-18.

[11] 王育伟，祁晓华，李树金，等．高铝粉煤灰提取氧化铝工艺比较研究［J］．化工管理，2015（8）：168-170.

[12] 蒲维，梁杰，雷泽明，等．粉煤灰提取氧化铝现状及工艺研究进展［J］．无机盐工业，2016，48（2）：9-12.

[13] Guanghui Bai, Wei Teng, Xianggang Wang, et al. Alkali desilicated coal fly ash as substitute of bauxite in lime-soda sintering process for aluminum production［J］. Transactions of Nonferrous Metals Society of China, 2010, 20: s169-s175.

[14] 尹会燕，李珊珊，李珊．粉煤灰提取氧化铝研究进展［J］．广东化工，2014，41（17）：114-115.

[15] 陆胜，方荣利，赵红．用石灰烧结自粉化法从粉煤灰中回收高纯超细氧化铝粉的研究［J］．粉煤灰，2003，15（1）：15-17.

[16] 王苗，郭彦霞，程芳琴．粉煤灰活化提取铝铁的研究［J］．科技创新与生产力，2011（216）：91-94.

[17] 季惠明，卢会湘，郝晓光，等．用煅烧-沥滤工艺从粉煤灰中提取高纯超细氧化铝［J］．硅酸盐学报（英文版），2007，35（12）：1657-1660.

[18] 赵剑宇，田凯．微波助溶从粉煤灰提取氧化铝新工艺研究［J］．无机盐工业，2005，37（2）：47-49.

[19] 董宏，张文广．水热活化法提取粉煤灰中的氧化铝［J］．世界地质，2014，33（3）：723-729.

[20] 梁奇雄．一种粉煤灰中生产氧化铝的新技术［J］．石油化工应用，2014，33（10）：121-125.

[21] 李军旗，蒲锐，陈朝轶，等．碱法对粉煤灰的预脱硅处理［J］．轻金属，2010（11）：11-13.

[22] 刘晓婷，王宝冬，肖永丰，等．高铝粉煤灰碱溶预脱硅过程研究［J］．中国粉体技术，2013，19（6）：24-27.

[23] 杨静，蒋周清，马鸿文，等．中国铝资源与高铝粉煤灰提取氧化铝研究进展［J］．地学前缘（中国地质大学（北京）；北京），2014，21（5）：313-324.

[24] 吕莹璐，陈朝轶，茆志慧，等．硫酸法处理粉煤灰制备冶金级氧化铝［J］．有色金属（冶金部分），2013，（11）：22-24.

[25] 李来时，翟玉春，吴艳，等．硫酸浸取法提取粉煤灰中氧化铝［J］．轻金属，2006（12）：9-12.

[26] Laishi Li, Yusheng Wu, Yingying Liu, et al. Extraction of Alumina from Coal Fly Ash with Sulfuric Acid Leaching Method［J］. The Chinese Journal of Process Engineering, 2011, 11（2）：254-258.

[27] 张金山，彭艳荣，等．粉煤灰提取氧化铝试验研究［J］．粉煤灰综合利用，2011（6）：44-45.

[28] A. Shemi, S. Ndlovu, V. Sibanda, et al. Extraction of alumina from coal fly ash using an acid leach-sinter-acid leach technique［J］. Hydrometallurgy, 2015, 157：348-355.

[29] Dehua Xu, Huiquan Li, Weijun Bao, et al. A new process of extracting alumina from high-alumina coal fly ash in $NH_4HSO_4 + H_2SO_4$ mixed solution［J］. Hydrometallurgy, 2016, 165（2）：336-344.

[30] 佟志芳，邹燕飞，李英杰．从粉煤灰提取铝铁新工艺研究［J］．轻金属，2009（1）：13-16.

[31] 佟志芳，康立武，李英杰，等．粉煤灰中硅酸盐烧结反应过程的研究［J］．硅酸盐通报，2009，28（3）：449-453.

[32] 李来时，刘瑛瑛．硫酸铵粉煤灰混合焙烧制备氧化铝的热力学讨论［J］．轻金属，2009（9）：12-14.

[33] 刘科伟，陈天朗．硫酸铵的热分解［J］．化学研究与应用，2002，14（6）：737-738.

[34] Ruochao Wang, Yuchun Zhai, Xiaowei Wu, et al. Extraction of alumina from fly ash by ammonium hydrogen sulfate roasting technology［J］. Transactions of Nonferrous Metals Society of China, 2014, 24：1596-1603.

[35] 王若超，翟玉春，宁志强．粉煤灰与硫酸氢铵焙烧反应动力学［J］．过程工程学报，2013，13（4）：621-625.

[36] 吴玉胜，李来时．一种含铝资源综合利用的方法：中国，ZL201310277126.9［P］，2016-2-10.

HVFA 混凝土墙材热养护理论分析

杨　云

（无锡市建筑工程质量检测中心，江苏无锡，214028）

摘　要　基于成熟度理论分析了大掺量粉煤灰（HVFA）混凝土墙材热养护工艺参数，模拟计算了HVFA混凝土中水泥和粉煤灰在热养护过程中的水化进程，讨论了提升 HVFA 混凝土墙材性能的技术途径。

关键词　墙体材料；混凝土；粉煤灰；成熟度

Abstract　Heat curing parameters of high volume fly ash（HVFA）concrete wall materials theoretical was analyzed based on maturity，and，hydration process during heat curing process of cement and fly ash in HVFA concrete was simulated. The technical ways to improve the performance of HVFA concrete wall materials are discussed.

Keywords　wall materials；concrete；fly ash；maturity

1　前言

充分而有效的养护是保障混凝土墙材能够获得优良的物理、力学性能和长期性能的重要途径，尤其当混凝土暴露在严酷环境下，其表面受到磨蚀、腐蚀或冻融循环作用时，更应加强混凝土养护。同样，为达到设计强度，也需要对混凝土进行充分养护。即使是质量优良的混凝土，在浇注后也必须进行养护以保证混凝土在服务期内发挥最大效能[1-3]。

当代混凝土的养护比以前任何时候都显得重要。包括浆体含水量在内的充足的湿度条件可以通过多种养护方法来实现，或者通过几种方法的组合来实现。外部供水养护使混凝土表面保持湿润，在条件允许时，可使用养护剂。同时，保证适当的养护温度也尤为重要，但由于高温会影响混凝土的长期性能，养护温度不宜高于80℃[4-6]。混凝土养护另一个重要方面是保持混凝土内温度分布合理。ACI建议：在常温下的养护温度应比在使用寿命中裸露在空气中的平均温度低；养护后 24h 内大体积混凝土的温度下降应不超过 16.7℃，薄壁构件的温度降幅应不超过 27.8℃，从而可减小因温度梯度导致的开裂风险。对应大掺量粉煤灰混凝土，必须防止养护初期的混凝土损伤破坏，如果在混凝土初期微观结构发展的临界阶段受到重大的外力破坏，可导致混凝土无法获得所需的物理、力学性能和耐久性。

大掺量粉煤灰混凝土中，粉煤灰含量大于水泥用量，而粉煤灰的水化进程缓慢[7]，低钙硅比类托勃莫来石 C-S-H 为主要的胶凝性物质[8]。现有大掺量粉煤灰墙材多采用人工热养护加速粉煤灰水化，但热养护工艺参数的选择缺乏理论指导。本文以成熟度理论和水泥化学为指导，对大掺量粉煤灰混凝土墙材热养护工艺进行理论分析，以指导生产实践。

2　HVFA 混凝土墙材热养护参数分析

根据 Rastrup 对当量龄期（t_e）的定义，当量龄期是混凝土在实际养护条件下养护与在恒定的参考温度 θ_r 下养护具有相同成熟度的时间，可用式（1）表示。

$$t_e = \int_0^t \frac{\theta(t) - \theta_0}{\theta_r - \theta_0} dt = \int_0^t \gamma(\theta) dt \tag{1}$$

式中，$\gamma(\theta)$ 为温度函数。由于混凝土的硬化与养护温度之间并不呈线性关系，因此常采用式（2）计算 $\gamma(\theta)$（θ_r 等于 20℃）。

$$\gamma(\theta) = \exp \frac{E}{R}\left(\frac{1}{293} - \frac{1}{273 + \theta(t)}\right) \qquad (2)$$

根据 ASTM C 1074—98，对应采用 I 型水泥，且不掺外加剂的混凝土，水泥水化时的表观活化能 E 等于 41.5kJ/mol，通用气体常数 R 为 8.314kJ/mol。

已有研究表明，水泥品种及胶凝材料组成、养护温度、外加剂和水灰（胶）比是影响混凝土强度发展的主要因素。为简明地表述混凝土在不同温度条件下养护到当量龄期时的强度发展，并考虑水灰（胶）比的影响，可采用式（3）计算在养护温度 T_a 下养护的当量龄期与参考温度 T_s 的关系。

$$t_e = \sum \left[(T_a - T_0)/(T_s - T_0)\right]^n \Delta t \qquad (3)$$

式中，$T_0 = -10℃$，$n = 1/[1 - (w/c)^2]$。

如果以标准养护 3d 作为当量龄期，因 3d 时粉煤灰水化程度低，水胶比为 0.42、粉煤灰用量为胶凝材料质量的 50% 时，水灰比为 0.84，则 $n = 3.4$，考虑混凝土墙材在 20℃ 静停 5h，则混凝土墙材在 40℃、50℃ 和 60℃ 下热养护时间分别为 11.8h、6.3h 和 3.8h。

如果以标准养护 7d 作为当量龄期，则由计算可知，混凝土墙材在 40℃，50℃ 和 60℃ 下热养护时间应分别为 28.7h、15.4h 和 9.1h。

3 HVFA 胶凝材料水化模拟计算

仍以水胶比为 0.42、水灰比 0.84 的混凝土为例进行计算。利用 HYMOSTRUC 软件进行计算（取水泥比表面积为 350m²/kg，混凝土胶凝材料、粗细骨料用量分别为 300kg/m³，1284kg/m³ 和 690kg/m³）。模拟计算结果如图 1 和图 2 所示，水泥、粉煤灰在 3d，7d，28d 的水化程度及水泥石胶空比计算结果汇总于表 1。

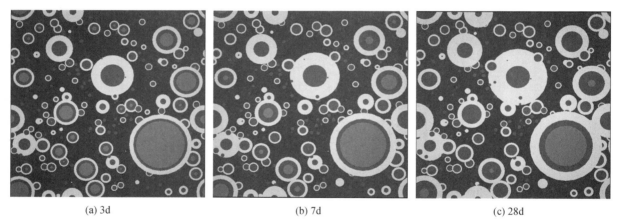

| (a) 3d | (b) 7d | (c) 28d |

图 1　HVFA 混凝土水泥水化模拟计算结果

表 1　胶凝材料水化程度及水泥石胶空比计算结果

水泥水化程度			粉煤灰水化程度			水泥石胶空比		
3d	7d	28d	3d	7d	28d	3d	7d	28d
0.66	0.71	0.80	0.0006	0.058	0.134	0.4145	0.4877	0.5862

利用河海大学建立的粉煤灰混凝土强度-胶空比关系模型，计算得到该混凝土墙材 3d 和 7d 抗压强度分别为 28d 的 38.4% 和 57.8%。因此，从保障混凝土墙材性能考虑，应以标准养护 7d 作为当量龄期，为实现养护室 1 天 2 周转，建议按照 60℃ 养护 9～10h 作为大掺量粉煤灰混凝土墙材热养护工艺控制参数。

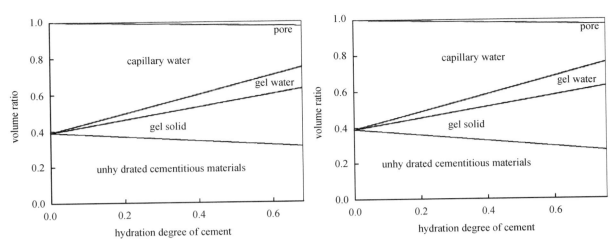

图 2　HVFA 混凝土水泥石组成：左为 7d，右为 28d

4　HVFA 混凝土墙材热养护中的湿度控制

温度和湿度是影响热养护混凝土制品性能的主要因素。理论研究和生产实践均证明，在升温过程中养护室内不增湿、少增湿，或者以水分蒸发过程为主的干热养护，比湿热养护效果明显[9,10]。由于低湿介质对混凝土强度形成过程中的破坏作用小，通常采用干热养护的混凝土制品表面质量好。干热养护的优点是成型后的混凝土墙材无需静停即可进入养护室并快速升温养护，具有升温阶段对混凝土微观结构破坏作用较小、热养护周期较短等优点。混凝土制品湿热养护周期一般为 10～18h，而干热养护的周期可缩短至 6～8h。但是，如果混凝土热养护全过程均处于低湿状态，就会导致混凝土失水过多、水泥和粉煤灰水化不充分、后期强度损失大等现象。因此干热养护后，应采用浇水、喷雾等降温手段，以减少强度损失。

干热养护方式和养护温度对水泥石不可蒸发水含量的影响尤为显著。由图 3 和图 4 所示大掺量粉煤灰混凝土试验结果可知，干热养护 8h 后，再进行标准养护或浇水自然养护，则干热养护温度 60℃，浇水自然养护 7d 后的水泥水化程度达到 60.9%，抗压强度达到 28d 时的 65%。

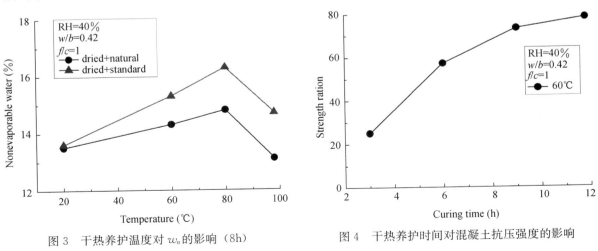

图 3　干热养护温度对 w_n 的影响（8h）　　图 4　干热养护时间对混凝土抗压强度的影响

综上所述，大掺量粉煤灰混凝土墙材热养护过程中应尽量采用干热养护与浇水自然养护相结合的养护工艺，确保混凝土墙材性能满足工程使用要求。

5 结论

基于理论分析和讨论，得出如下结论：

（1）以标准养护 7d 为当量龄期控制大掺量粉煤灰混凝土墙材热养护强度，适宜的热养护工艺制度为：温度 60℃，养护时间为 9～10h。

（2）干热养护促进了粉煤灰的火山灰反应进程，在 60℃、相对湿度 40％条件下干热养护 8h，并继续浇水 7d，大掺量粉煤灰混凝土抗压强度达到 28d 的 65％。

参考文献

[1] Dale P. Bentz, Paul E. Stutzman. Curing, Hydration, and Microstructure of Cement Paste [J]. ACI Materials Journal, 2006, 103 (5): 348-356.

[2] Arnon Bentur, Denis Mitchell. Material performance lessons [J]. Cement and Concrete Research, 2008, 38 (2): 259-272.

[3] W. Liao, B. J. Lee, C. W. Kang. A humidity-adjusted maturity function for the early age strength prediction of concrete [J]. Cement & Concrete Composites, 2008, 30 (6): 515-523.

[4] M. Aqel, D. K. Panesar. Hydration kinetics and compressive strength of steam-cured cement pastes and mortars containing limestone filler [J]. Construction and Building Materials, 2006, 113: 359-368.

[5] E. Hernandez-Bautista, D. P. Bentz, S. Sandoval-Torres. Numerical simulation of heat and mass transport during hydration of Portland cement mortar in semi-adiabatic and steam curing conditions [J]. Cement and Concrete Composites, 2016, 69: 38-48.

[6] KunlinMa, GuangchengLong, YoujunXie. A real case of steam-cured concrete track slab premature deterioration due to ASR and DEF [J]. Case Studies in Construction Materials, 2017, 6: 63-71.

[7] Y. Q. Jiang, L. Guo, Y. F. Pan and J. G. Chen. ITZ between fly ash and cement matrix in HVFA SCC [A]. In: Wei Sun, Proceedings of First International Conference on Microstructure Related Durability of Cementitious Composites, RILEM Publications S. A. R. L., 575-582.

[8] Barbara Lothenbach, Karen Scrivener, R. D. Hooton. Supplementary cementitious materials [J]. Cement and Concrete Research, 2011, 41 (12): 1244-1256.

[9] 李启云. 干热养护的新途径 [J]. 混凝土与水泥制品, 1985, 4: 5-9.

[10] 唐尔焯, 苏钊, 关金松. 干热养护过程中硅酸盐水泥的水化反应与混凝土强度 [J]. 混凝土及加筋混凝土, 1983, 4: 35-48.

粉煤灰提铝后硅钙渣用于烟气脱硫反应机理探讨

杨志杰，孙俊民，苗瑞平，陈　杨，高志军

（国家能源高铝煤炭开发利用重点实验室，内蒙古鄂尔多斯，010321）

摘　要　以高铝粉煤灰提取氧化铝后硅钙渣作为电厂烟气脱硫剂，研究了其脱硫反应机理。结果表明，硅钙渣是一种高效的脱硫剂，脱硫反应前期以 CO_2，SO_2 与 $2CaO \cdot SiO_2$ 反应生成硅胶、$CaCO_3$ 和二水石膏为主，后期以 SO_2 与 $CaCO_3$ 反应生成二水石膏为主，且整个过程还伴随着 SO_2 与 $3CaO \cdot Al_2O_3 \cdot SiO_2 \cdot 4H_2O$（水合铝酸钙）反应，且最终生成二水石膏、硅胶和 $Al_2(SO_4)_3$。

关键词　硅钙渣；脱硫；石膏；硅胶

Abstract　The Silicate-calcium slag generated in process of extracting alumina from fly ash is as the flue gas desulfurization agent，and the reaction Mechanism of flue gas desulfurization was study. The results indicated that the silicate-calcium slag was a high efficient flue gas desulfurization agent. In previous the main desulfurization reaction is carried on between CO_2，SO_2 with $2CaO \cdot SiO_2$，and the main production is silica gel，$CaCO_3$ and dihydrate gypsum. However，in later the main desulfurization reaction become between SO_2 with $CaCO_3$，and the main production is dihydrate gypsum yet. Meanwhile in process of flue gas desulfurization the reaction between SO_2 with $3CaO \cdot Al_2O_3 \cdot SiO_2 \cdot 4H_2O$，and the main production is silica gel，dihydrate gypsum and $Al_2(SO_4)_3$.

Keywords　silicate-calcium slag；desulfurization；dihydrate gypsum；silica gel

0　引言

烟气脱硫是世界上唯一大规模商业化应用的脱硫方法，是控制酸雨和二氧化硫污染的最为有效的和主要的技术手段[1-3]。目前，世界各国已开发了数十种行之有效的脱硫技术，基本原理都以一种碱性物质作为 SO_2 的吸收剂，即脱硫剂。石灰石-石膏法是目前世界上应用最为广泛的工艺技术[4,5]，但石灰石资源越来越匮乏，开采成本越来越高，且极大地破坏生态环境。因此，找到一种低成本的脱硫剂以及脱硫方法一直是我们不懈追求的目标。

硅钙渣作为最近两年大唐开发的预脱硅-碱-石灰烧结法粉煤灰提取氧化铝技术的副产物，每生产 1t Al_2O_3 伴随产生 2.2~2.5t 的硅钙渣[6,7]，主要矿物成分为一些强碱弱酸盐，且含有可溶性碱，其 pH 值≥12，长期堆放将对周边土壤和地下水造成严重的污染，因而如果硅钙渣能代替石灰石作为脱硫剂，不仅使硅钙渣得到高效利用，同时也能大幅降低烟气脱硫成本，实现煤-电-灰-铝-电的多级循环利用。

目前，关于利用粉煤灰提取氧化铝后硅钙渣脱硫鲜有研究，而与硅钙渣相近的烧结法赤泥用于烟气脱硫已有一定的研究[8,9]。郑州大学近几年在该方向从实验室试验到小型中试及工业化试验都进行了大量的研究，结果显示赤泥的脱硫效率要略高于石灰石-石膏法脱硫效率[10]。中铝贵州和山东分公司也进行过类似的应用试验，脱硫效果良好[11,12]。但其对脱硫机理研究较少，尚不清楚赤泥与 SO_2 反应形式、反应条件和产物，因此，开展该项研究显得尤为重要。

1　试验

硅钙渣的化学成分及其物相分析如下表 1 和图 1 所示，其主要化学成分为 CaO，SiO_2 和 Al_2O_3，主要物相为硅酸二钙（C$_2$S）和水化石榴石（C$_3$ASH$_4$）。

表 1   原料化学成分（质量分数）

成分	CaO	MgO	Fe$_2$O$_3$	Al$_2$O$_3$	SiO$_2$	Na$_2$O
硅钙渣	48.55	2.94	3.21	10.56	29.58	4.31

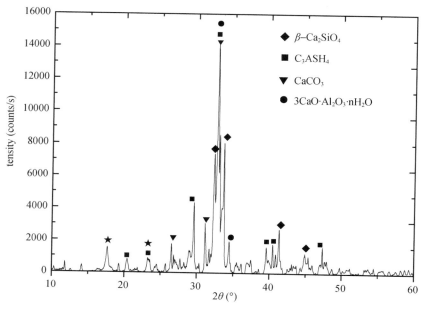

图 1   硅钙渣的 XRD 分析

试验脱硫装置示意图如图 2 所示，由于该设备主要用于研究硅钙渣脱硫反应机理，因此在该设备上不设脱硫喷淋装置，而是将烟气直接通入到脱硫剂浆液中。

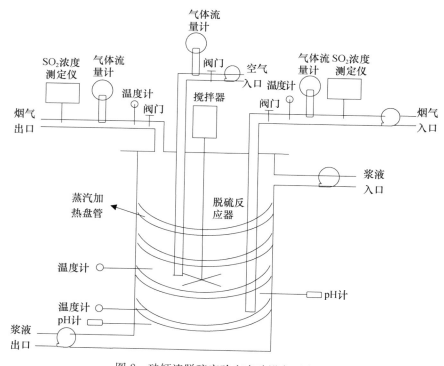

图 2   硅钙渣脱硫实验室实验设备示意图

试验所用烟气取自电厂烟道，借助以鼓风机吹入到脱硫反应器内，并用 SO_2 浓度测定仪和温度计测定入口烟气的 SO_2 浓度和烟气温度。将配置好的硅钙渣脱硫剂浆液经泥浆泵输送到脱硫反应容器内，利用蒸汽加热盘管对容器中的浆液进行恒温控制，并打开烟气进口阀门通入烟气，同时在烟气出口处用 SO_2 浓度测定仪和温度计监控出口烟气的 SO_2 浓度和烟气温度，通过进出口烟气中 SO_2 浓度的变化判断硅钙渣脱硫剂的脱硫效率。通过取样孔并对不同反应时间段浆体进行采样，经过滤、脱水、烘干处理后，对脱硫产物进行 XRD 分析，根据反应前后物质的变化经推理即可判断出脱硫反应机理。

试验条件：硅钙渣浆液液固比为 7:1，初始测定的 pH 值为 12.5，烟气流量为 $33.8 m^3/h$，空气流量 $7 m^3/h$。

2　结果与讨论

硅钙渣浆液 pH 值随时间变化如图 3 所示，由图可知，硅钙渣浆液的 pH 值在 390min 之前，随通入烟气时间快速降低，在 390min 之后 pH 值降低速率减缓。同时在通入烟气的 510min 内，烟气分析仪测得入口烟气 SO_2 平均浓度为 $2628 mg/Nm^3$，出口处烟气 SO_2 平均浓度为 $58 mg/Nm^3$，脱硫效率平均为 98%，由此可见硅钙渣的脱硫效率非常高，优于普通石灰石。

分别对通入烟气 210min 和 510min 时脱硫反应器内的浆液进行取样，过滤后将滤出物在 105℃下烘干，并对其进行 XRD 物相分析，结果如图 4 和图 5 所示。据图可知，通入烟气 210min 时反应产物主要为 $CaCO_3$，$2SiO_2 \cdot 3H_2O$（硅胶）和蓝方石，当通入烟气时长为 510min 时反应主要产物为 $CaSO_4 \cdot H_2O$（石膏）和 $2SiO_2 \cdot 3H_2O$（硅胶）。分析可知，由于烟气中除含有 SO_2 外，还含有大量的 CO_2 气体，因此，初始反应有大量的 CO_2 气体参与了反应，生成了碳酸。但是由于 H_2CO_3 和 $2SiO_2 \cdot 3H_2O$ 相比，$2SiO_2 \cdot 3H_2O$ 为弱酸，呈凝胶状化学性质更加稳定，因而生成的碳酸将会与硅钙渣中的主要矿物 $2CaO \cdot SiO_2$ 进行反应生成碳酸钙和硅胶，其化学反应如下 (1) 式所示。烟气中含量相对较低的 SO_2 气体也将会与硅钙渣中 $2CaO \cdot SiO_2$ 以反应式 (2) 的方式进行，生成二水石膏和硅胶。由此可知，硅钙渣脱硫反应前期主要反应为 CO_2，SO_2 和 $2CaO \cdot SiO_2$ 反应生成 $2SiO_2 \cdot 3H_2O$，$CaCO_3$ 和二水石膏为主。随着烟气通入时间的延长，硅钙渣浆液中的 $2CaO \cdot SiO_2$ 浓度降低，生成的 $CaCO_3$ 含量的增加，则 CO_2 与 $2CaO \cdot SiO_2$ 的反应强度降低，此时浆液中的主要反应则以反应 (3) 式的方式进行，即为石灰石-石膏脱硫反应机理。由于硅钙渣中还含有方解石和水化钙铝榴石、碱，因此一部分 SO_2 还将以反应 (4)，(5)，(6) 的形式进行。故，硅钙渣脱硫反应前期以 CO_2，SO_2 与 $2CaO \cdot SiO_2$ 反应生成 $2SiO_2 \cdot 3H_2O$，$CaCO_3$ 和二水石膏为主，后期以 SO_2 与 $CaCO_3$ 反应生成二水石膏为主，且整个过程还伴随着 SO_2 与 $3CaO \cdot Al_2O_3 \cdot SiO_2 \cdot 4H_2O$（水合铝酸钙）反应最终生成二水石膏和硅胶。

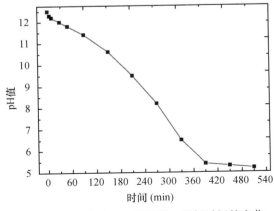

图 3　硅钙渣浆液 pH 值随通入烟气时间的变化

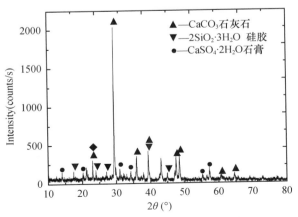

图 4　通入烟气 210min 时硅钙渣脱硫产物 XRD

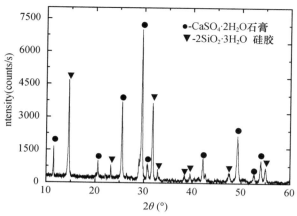

图5　通入烟气 510min 时硅钙渣脱硫产物 XRD

$$CO_2 + H_2O + Ca_2SiO_4 \longrightarrow CaCO_3 + SiO_2 \cdot (m-1)H_2O \tag{1}$$

$$SO_2 + H_2O + Ca_2SiO_4 + O_2 \longrightarrow CaSO_4 \cdot 2H_2O + SiO_2 \cdot (m-1)H_2O \tag{2}$$

$$SO_2 + H_2O + O_2 + Ca_2CO_3 + H_2O \longrightarrow CaSO_4 \cdot 2H_2O + CO_2 \tag{3}$$

$$3CaO \cdot Al_2O_3 \cdot SiO_2 \cdot 4H_2O + H_2O + SO_2 + O_2 \longrightarrow CaSO_4 \cdot 2H_2O + Al_2(SO_4)_3 + CaSiO_3 \tag{4}$$

$$CaSiO_3 + H_2O + SO_2 + O_2 \longrightarrow CaSO_4 \cdot 2H_2O + SiO_2 \cdot (m-1)H_2O \tag{5}$$

$$Na_2O + H_2O + SO_2 + O_2 \longrightarrow Na^+ + SO_4^{2-} \tag{6}$$

3　结论

通过硅钙渣用于烟气脱硫初步试验，证明了硅钙渣是一种高效的脱硫剂，且其反应机理为，前期以 CO_2，SO_2 与 $2CaO \cdot SiO_2$ 反应生成 $2SiO_2 \cdot 3H_2O$，$CaCO_3$ 和二水石膏为主，后期以 SO_2 与 $CaCO_3$ 反应生成二水石膏为主，且整个过程还伴随着 SO_2 与 $3CaO \cdot Al_2O_3 \cdot SiO_2 \cdot 4H_2O$（水合铝酸钙）反应最终生成二水石膏和硅胶。

参考文献

[1] 任如山．湿法烟气脱硫技术研究进展［J］．工业安全与环保，2010，36（6）：14-15.

[2] 章超，钟莎．湿法烟气脱硫技术问题探讨［J］．广东化工，2010，37（6）：191-192.

[3] 钟秦．湿法烟气脱硫的理论和实验研究（Ⅲ）-工艺实验和脱硫模型的验证［J］．南京理工大学学报，1999，23（2）：157-161.

[4] 郝海玲，张瑞生．我国燃煤电厂脱硫技术应用现状及展望［J］．电力环境保护，2006，22（3）：13-17.

[5] 王小飞，刘伦．我国燃煤烟气脱硫技术的应用现状综述［J］．煤，2009，18（9）：4-7.

[6] 孙俊民，王秉军．高铝粉煤灰资源化利用与循环经济［J］．2012（10）：1-5.

[7] 张战军．从高铝粉煤灰中提取氧化铝等有用资源的研究［D］．学位论文，西安：西北大学，2007.

[8] 位朋．氧化铝赤泥用于工业烟气脱硫的研究［J］．化工进展，2011，30（S1）：344-347.

[9] 陈义，李军旗，英芳，等．拜耳赤泥吸收 SO_2 废气的性能矿究［J］．贵州工业人学学报（自然科学版），2007，36（4）：30-37.

[10] 于绍忠，满瑞林．赤泥用于热电厂烟气脱硫研究［J］．矿冶工程，2005，25（6）：63-66.

[11] 李扶立．氧化铝生产的外排赤泥用于燃煤脱硫的可行性浅析［J］．有色冶金节能，2003，20（5）：24-27.

[12] 杨国俊，于海燕．赤泥脱硫的工程化试验研究［J］．轻金属，2010（9）：26-29.

粉煤灰综合利用研究现状

陈永健，刘　朋，荣　涛

（滨州市宏通资源综合利用有限公司，山东邹平，256200）

摘　要　介绍了粉煤灰的基本概念及理化性质。详细介绍了粉煤灰综合利用方式及研究进展，根据我国粉煤灰利用现状提出了几点建议。

关键词　粉煤灰；综合利用；合理化建议

Abstract　The paper introduced the basic concepts and the physicochemical properties of fly ash. Detailed analyzed comprehensive utilization methods of fly ash and the development of those methods，and according to utilization of fly ash in China，put forward some suggestions.

Keywords　fly ash；comprehensive utilization；suggestions

根据 2016 年全国大、中城市固体废物污染环境防治年报中的数据显示，2015 年粉煤灰产量已达到 4.4 亿 t，我国作为世界上最大的煤炭生产国与消耗国，随着电力行业的发展，在未来一段时间内，粉煤灰产量可能突破 6 亿 t。面对如此巨大量的工业固体废物，如何实现粉煤灰高效循环、资源化综合利用，成为各大专业院校、企业的研究热点及需要解决的难题。

1　粉煤灰的理化性质

粉煤灰主要来源于以煤粉为燃料的火力发电厂和城市集中供热锅炉，是从其烟气中捕获的细小颗粒物，属于火山灰质混合材料，具有一定的活性，容易对大气环境、土壤、水质等产生一定的危害。

1.1　粉煤灰的物理性质

一般来讲，粉煤灰外观与水泥相似，为灰白色的粉状物质，也有的呈灰黑、银灰等颜色，物理性质一般与燃煤种类、电厂燃烧工艺、收尘工艺、排灰方式等因素相关，粉煤灰的主要物理性质见表 1。

表 1　粉煤灰的物理性质

密度 （g/cm³）	堆积密度 （kg/L）	粒度 （μm）	空隙度 （%）	标准稠度吸水度（%）	比表面积 （cm²/g）	含水量 （%）	分离度 （%）
2.1～2.6	0.5～1.0	17～40	60～75	35～65	1600～3600	≤5	92

1.2　粉煤灰的化学性质

我国燃煤电厂粉煤灰的化学成分与黏土相近，但成分含量相差较远，粉煤灰中的氧化物组成主要有 SiO_2，Al_2O_3，Fe_2O_3，TiO_2，FeO，CaO，MgO，K_2O，Na_2O，SO_3，其中还有部分稀有元素及未燃尽的炭等。另外，受煤源、燃烧条件的影响，粉煤灰的化学成分差别也较大。

2　粉煤灰的应用领域及研究进展

粉煤灰的性质决定了粉煤灰利用领域比较广泛，据不完全统计，我国粉煤灰在各领域的利用率为：建材产品占 45%、道路工程占 20%、农业利用占 15%、填筑材料占 15%、提取矿物和高附加值利用占 5%，相对于发达国家，我国资源综合利用价值及利用率偏低。

2.1 建材产品

粉煤灰在建材领域利用方向主要有粉煤灰水泥（掺量30％以上）、代黏土作水泥原料、普通水泥（掺量30％以下）、硅酸盐承重砌块和小型空心砌块、加气混凝土砌块及板、烧结陶粒、烧结砖、蒸压砖、蒸养砖、高强度双免浸泡砖、双免砖、钙硅板、大体积混凝土、泵送混凝土、高低强度等级混凝土、灌浆材料等。

2.1.1 水泥产品

粉煤灰因与黏土性质相似而替代黏土用于生产水泥。利用粉煤灰生产的水泥干缩性小、水化热低、抗冻性好，被广泛用于工业和民用建筑中，随着各种激发剂的开发和利用，粉煤灰水泥的性质及利用效果也越来越好。

美国路易斯安那理工大学研制的地质聚合物水泥环保耐用，该水泥与传统硅酸盐水泥相比，具有张力大、抗腐蚀性、抗收缩性、使用周期长、循环利用等优点，而且生产过程能耗低、排气量小，是一种绿色的环保材料[1]。

2.1.2 改性混凝土产品

粉煤灰因需水量小、具有火山灰活性而被用于改良混凝土性能。如河北省第一建筑公司利用15％的粉煤灰替代10％的水泥应用于北京海洋馆，提高了粉煤灰混凝土的和易性、可泵送性及强度抗渗性；在龙首水电站的筑坝材料中掺入粉煤灰和低水泥用量的碾压混凝土，不仅降低了建设成本，而且还降低了混凝土的最高温升[2]。

2.1.3 粉煤灰砌块

粉煤灰砌块种类较多，总体来讲，按照一定级配的粉煤灰作为骨料，加入适当比例的水泥等胶凝材料，辅以炉渣、煤矸石等骨料、石灰等激发剂和水经强制性搅拌至干硬熟料，经压制、蒸养成型而成的粉煤灰砌块，具有质量轻、强度高、保温性能好、抗冻性好等优点。

2.1.4 粉煤灰陶粒

利用粉煤灰生产混凝土用的轻骨料。粉煤灰陶粒是以粉煤灰为主要原料，掺入少量胶结料、外加剂，经成球、热加工而成的具有圆球形的多孔质骨料，能代替混凝土中的砂、石等重骨料等。粉煤灰陶粒具有轻质高强、保温隔热性能好、抗震、抗渗透性、耐火等性能，具有广泛的应用前景。

2.2 道路工程

由于粉煤灰具有传统砂土的性质，良好的浸透性、稳定性及较小的压缩系数，使其在交通运输工程中也具有很好的应用前景，如：粉煤灰石灰石砂稳定路面基层，粉煤灰沥青混凝土，粉煤灰护坡、护堤工程，粉煤灰修筑水库大坝工程等。由于粉煤灰用量大，能降低工程造价、减少维护成本也被广泛实际应用。

2.3 农业方向

通过用粉煤灰改善土壤结构、降低体积密度、增加孔隙、缩小膨胀率等一系列指标，而改变土壤的性质，达到农作物增产的目的，尤其是对黏质土壤的改善效果更明显。贾得义等[3]对重黏土地添加粉煤灰并种植小麦的试验表明，施用粉煤灰后小麦产量有所增加，在一定范围内，使用量多比施少产量有明显增加。另外，添加粉煤灰还起到抵抗小麦的锈病等抗病虫害的作用。

由于粉煤灰中含有钙、镁、硅、铁、锌、铜等多种有益元素，对调节土壤pH值和温度、补充土壤营养、提高土壤品质起到一定作用。以粉煤灰、生活垃圾和人畜粪便为原料生产无公害微量元素肥料和复合肥料，生产成本低廉，可以有效地丰富我国无机肥和微肥品种，提高有机肥肥效、减轻环境污染。目前，粉煤灰化肥已开发出粉煤灰硅钙化肥、粉煤灰钙镁磷肥、粉煤灰磁化肥等。尤其是粉煤灰磁化肥经特殊磁化处理，含有氮、磷、钾、钙、硅、铁、硼、锌、锰、铜等多种有益元素，有效地起到提高肥效、改良土壤、提高农作物抗灾的作用。

实践证明：粉煤灰在农业中的应用具有投资少、容量大、需求平稳、对粉煤灰质量要求低等特点，是比较适合我国国情的综合利用途径，潜力较大[4]。

2.4　化工方向

2.4.1　污水处理方向

粉煤灰多孔、比表面积大，具有一定的活性基团，能够吸附污水中的悬浮物、脱除有色物质、降低色度，吸附并除去污水中的耗氧物质。另外，粉煤灰还具有一定的除氟、除臭能力。董树军等[5]通过105℃烘干后的保定电厂粉煤灰吸附护城河的生活污水上清液实验表明，当灰水比为1：10时，粉煤灰对该污水COD的平均去除率高达86.0%。

粉煤灰对于阳离子也有较好的吸附性，特别是重金属离子的吸附符合Frendlich等温吸附模型。彭荣华等[6]通过对电厂粉煤灰改性处理获得一种新型吸附剂，研究了该吸附剂去除工业电镀废水中重金属离子的适宜条件，研究表明影响吸附剂对重金属离子的吸附性能的主要因素是pH值，不同金属离子适宜的pH值不同。

2.4.2　胶制品填料

粉煤灰中含有大量的玻璃微珠，无毛刺、棱角，有滚动轴承的作用，对成型设备、模具磨损小，能提高生产效率和延长机器使用寿命，降低生产成本，具有填充料的功能和特性。提取或改性后微珠制作的橡胶填料不仅具有硅铝炭黑的性质，也含有煤制炭黑的成分，粉煤灰中的细小的可燃物固体胶凝体能够进入橡胶分子链与煤粒毛细孔结构，起到补强作用，如粉煤灰在丁苯橡胶中的应用可以替代1/3甚至全部补强炭黑[7]。

2.4.3　陶瓷工业

徐晓虹等[8]用粉煤灰、赤泥等原料制备了高性能多孔陶瓷滤球、高性能的SiC/Al_2O_3复合陶瓷、Si_3N_4/Al_2O_3复合陶瓷和Sialon陶瓷。廖红卫等[9]用粉煤灰等原料制备出深黄绿色的高掺量粉煤灰全瓷建筑饰面砖。

2.4.4　提取高价值金属元素

粉煤灰中镓一部分存在于粉煤灰的非晶质中，另一部分被禁锢于玻璃体内。选择合适的酸，在一定的操作条件下将镓浸出到酸溶液中，过滤除去固体物，含镓酸溶液在吸附塔中用树脂进行吸附出来镓，洗后的饱和树脂接着进行淋洗，淋洗后的贫树脂用稀碱液转型淋洗合格液经处理后进行电解，得到合格镓产品。

2.4.5　其他方向

吴秀文等[10]利用粉煤灰在碱性条件下合成了平均孔径为4.75nm的介孔铝硅酸盐材料。韩国有研究将粉煤灰溶入氨水，通过控制溶液pH值，连续结晶提取$NH_4Al(SO_4)_2$制得高纯明矾，进而在明矾基础上制得矾土[11]。

3　结论

随着国家政策的支持，我国粉煤灰综合利用率大幅度提高，但是和发达国家相比还是有一定的差距，而且我国的利用量主要用在建材产品上，在其他高新利用技术相对较少。因此，在粉煤灰的利用上我公司认为：（1）国家应该加大粉煤灰利用的激励政策，鼓励企业引进新技术；（2）政府对粉煤灰产生量大的区域实行联合利用模式，以实现粉煤灰协同发展；（3）科研单位加大对粉煤灰高值化利用技术的研发并对好的工艺进行推广应用。通过政府、科研单位、企业进行协同作用，把粉煤灰变废为宝，实现粉煤灰的高效、多途径、多价值的综合利用形式。

参考文献

[1] 高原．"绿色水泥"：环保又耐用［N］．新华日报每日电讯．2010-9-30．

［2］李培义，王保健．纯硅水泥和风选粉煤灰在龙首水电站工程中的应用［J］．水力发电，2001（10）：21-22.

［3］贾德义，郝肖黎．粉煤灰改良重黏土地的研究报告［J］．粉煤灰综合利用．1990（1）：28-29.

［4］刘可星，廖宗文．粉煤灰的农用开发及其意义［J］．粉煤灰综合利用，1997（1）：44-46.

［5］董树军，何凤鸣，尹连庆，等．粉煤灰处理生活污水［J］．华北电力大学学报，1997，24（2）：83-87.

［6］彭荣华，陈丽娟，李晓湘．改性粉煤灰吸附处理含重金属离子废水的研究［J］．材料保护，2005，38（1）：48-50.

［7］张庆虎．粉煤灰在丁腈橡胶和丁苯橡胶中的试验研究［J］．煤炭加工和综合利用，1991（1）：15-18.

［8］徐晓虹，邸永江，吴建锋，等．利用固体废弃物制备多孔陶瓷滤球的研究［J］．陶瓷学报，2003，24（4）：197-200.

［9］廖红卫，夏清，罗要菊，等．高掺量粉煤灰饰面砖的坯料配方及配料工艺研究［J］．中国陶瓷工业，2005，12（6）：11-16.

［10］吴秀文，张林涛，马鸿文，等．由粉煤灰合成铝硅酸盐介孔材料［J］．硅酸盐学报，2008，36（2）：266-270.

［11］Park H C，Park Y J，Steven R. Synthesis of alumina from high purity alum derived from coal fly ash［J］. Materials Science and Engineering，2004（367）：166-170.

粉煤灰的改性处理研究

王自强，张永锋，张印民

（内蒙古工业大学，内蒙古呼和浩特，010051）

摘　要　本文选用内蒙古地区某电厂的超细粉煤灰，考察了改性剂类型和改性剂用量对粉煤灰改性效果的影响。粉煤灰样品的粒度为 $D_{50}=8\ \mu m$，采用硅烷偶联剂双-［γ-（三乙氧基硅）丙基］四硫化物（Si-69）、γ-氨丙基三乙氧基硅烷（KH-550）和铝酸酯偶联剂对其进行了改性。利用傅里叶变换红外光谱（FT-IR）和活化指数对改性效果进行了评价。红外图谱显示，经三种改性剂改性后的粉煤灰均在 $2800cm^{-1}$，$2900cm^{-1}$ 左右出现了甲基和亚甲基的伸缩振动吸收峰，表明三种改性剂对粉煤灰均具有一定的改性效果；活化指数结果显示三种改性剂对粉煤灰的改性效果为：KH-550＞铝酸酯＞Si-69。

关键词　粉煤灰；改性；偶联剂；

Abstract　The fly ash came from a power plant in Inner Mongolia area were modified with different modifier and contents. The powder size of fly ash is $D_{50}=8\ \mu m$. The fly ash sample was modified by silane coupling agent bis-（γ-triethoxysilylpropyl）-tetrasulfide（Si-69），3-aminopropyltriethoxy silane（KH-550）and aluminates coupling agent，and the effect of modifier content on modification were characterized and evaluated by Fourier Transform Infrared spectroscopy（FT-IR）and activation index. The FT-IR spectra of the fly ash samples modified by three kinds of modifiers all presented the characteristic bands at $2800cm^{-1}$ and $2900cm^{-1}$ associated with the stretching vibration mode of methyl and methylene，respectively. The activation index results showed that the modification effect of the three modifiers on fly ash was as follows：KH-550＞ aluminates coupling agent＞ Si-69.

Keywords　fly ash；modification；coupling agent

1　引言

我国是以煤炭为主要能源的国家，电力的 76% 是由煤炭产生的[1]，其燃烧产生了大量的粉煤灰。粉煤灰俗称飞灰，是燃煤锅炉在燃烧过程中产生的固体颗粒物[2]。目前我国每年粉煤灰的排放量已超过5亿 t[3-5]，粉煤灰的大量堆积不仅占用了宝贵的土地资源，而且由于其质轻粒细，极易随风飘扬，随水漂浮，造成水土流失和环境污染，给人类身体健康带来了严重威胁，也给我国的国民经济建设造成了巨大的压力，因此，粉煤灰的处理与利用越来越受到重视，但是目前粉煤灰的综合利用还主要集中在建筑和道路工程等方面，且利用率只有 30% 左右[6-7]，然而现行国家政策要求应达到 60% 以上[8]，因此，变废为宝，变害为利，提高粉煤灰的综合利用率，已成为当前研究的热门领域，对保护土地资源、减轻环境污染、实现循环经济等各个方面都具有十分重要的意义。

粉煤灰是属于火山灰性质的混合材料，主要成分为硅、铝、铁、钙等的氧化物，其中二氧化硅和三氧化二铝的含量较高[9-10]，约占粉煤灰总质量的 70% 左右，但由于二氧化硅和三氧化二铝的性能都比较稳定，使得粉煤灰的应用范围和应用能效都受到了很大的限制，而且粉煤灰为无机物，与有机树脂的相容性不好，因此必须对其进行表面改性，扩大其比表面积，增强表面活性。偶联剂又被称为"分子桥"[11]，可用来改善无机物与有机物之间的界面作用，将两种性质差异很大的材料牢固地结合起来，从而大大提高复合材料的各项性能，如力学性能和热稳定性等[12-14]。

本文选用硅烷偶联剂双-［γ-（三乙氧基硅）丙基］四硫化物（Si-69）、γ-氨丙基三乙氧基硅烷（KH-

157

550）和铝酸酯偶联剂对来自内蒙古地区某电厂的超细粉煤灰进行了改性处理，利用傅里叶变换红外光谱（FT-IR）和活化指数对改性效果进行评价。

2 实验部分

2.1 主要原材料

粉煤灰：采用内蒙古地区某电厂排放的超细粉煤灰，样品的粒度为 $D_{50}=8\mu m$。

偶联剂：采用从南京曙光化工集团有限公司购买的硅烷偶联剂 Si-69、KH-550 以及铝酸酯偶联剂。

2.2 实验方法

2.2.1 硅烷偶联剂的水解

硅烷偶联剂水解生成硅醇，硅醇羟基可与填料表面发生相互作用，从而改善填料在体系中的分散性，因此硅烷偶联剂的水解过程是硅烷偶联剂与填料表面发生作用的前提，必须控制好溶液组成、pH 值和搅拌时间，以保证水解完全。本实验中以去离子水和无水乙醇的混合溶液作为水解液，各组分质量比为硅烷偶联剂∶去离子水∶无水乙醇=1∶1∶9，用冰醋酸调节其 pH=5，在室温下搅拌 30min，即得到水解后的硅烷偶联剂。

2.2.2 粉煤灰的改性

将一定量的粉煤灰加入高速混合机中预热至 65℃，然后将水解后的硅烷偶联剂均匀撒在粉煤灰表面上，添加量分别为 0.2，0.4，0.6，0.8，1.0 份，将转速调至 1500r/min，搅拌反应 15min 左右后出料，将物料置于真空干燥箱中，在 100℃下干燥 2 h，即得到用硅烷偶联剂改性后的粉煤灰。采用同样的方法，制备用铝酸酯偶联剂改性的粉煤灰，比较其改性效果，但铝酸酯偶联剂无需水解，直接使用即可。

2.2.3 样品的表征

X 射线荧光光谱分析（XRF）：采用 XRF-1800 型 X 射线荧光光谱仪分析粉煤灰的化学成分。

X 射线衍射分析（XRD）：采用 XD8-Adrance 型 X 射线衍射仪测定粉煤灰的矿物组成。

场发射扫描电镜（FESEM）：采用 S-4800 型场发射扫描电子显微镜查看粉煤灰的微观结构。

傅里叶变换红外光谱分析（FT-IR）：采用 FT-IR 检测用偶联剂处理前后粉煤灰表面官能团的变化，采用 KBr 压片法，扫描范围为 $4000\sim400cm^{-1}$。

活化指数：量取一定量的去离子水置于烧杯中，称取改性后的粉煤灰 W g，倒入烧杯中，用玻璃棒搅拌 1min，静止 1h 后将漂浮于水面的粉煤灰倒掉，沉降于底部的粉煤灰抽滤，烘干，称其质量为 W_1 g，则样品的活化指数为：$H（\%）=(1-W_1/W)\times100\%$，用同样的方法测粉煤灰原样的活化指数，比较其结果。

3 结果与讨论

3.1 粉煤灰的理化性质分析

3.1.1 XRF 分析

采用 X 射线荧光光谱仪对粉煤灰的化学成分进行分析，其结果见表1。由表1可看出，粉煤灰的主要化学成分为 SiO_2 和 Al_2O_3，两者的含量总和达 88.732%，此外还含有少量的 CaO，Fe_2O_3 和 TiO_2 等，其中 CaO 的含量低于 10%，按化学成分分类，属于低钙粉煤灰（F 级）。

表 1 粉煤灰的化学成分（%）

SiO₂	Al₂O₃	CaO	Fe₂O₃	TiO₂	SO₃	P₂O₅	K₂O	MgO
46.911	41.821	3.327	2.699	2.209	1.395	0.563	0.394	0.335

3.1.2 XRD 分析

采用 X 射线衍射分析仪测定粉煤灰的矿物组成，其 XRD 分析谱图如图 1 所示。对其进行分析可知，粉煤灰的 XRD 图谱在 20°～30°的区域内出现较宽大的衍射峰，类似于馒头状，表明粉煤灰中存在着大量的非晶相。粉煤灰中主要结晶矿物为石英和刚玉，其他物质的结晶衍射峰不明显。

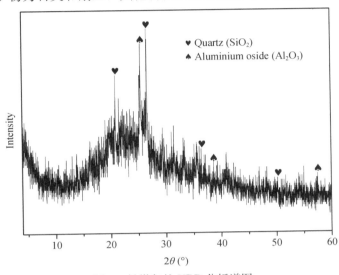

图 1 粉煤灰的 XRD 分析谱图

3.1.3 FESEM 分析

粉煤灰主要是以颗粒形态存在的，由于煤的燃烧温度、煤粉细度、燃煤种类以及冷却方式等都各不相同，导致粉煤灰在其冷却后的粒径大小及形态等也有所不同。

粉煤灰的场发射扫描电镜分析结果如图 2 所示，图 2a 为放大 1000 倍时粉煤灰的 FESEM 照片，图 2b 为放大 10000 倍时粉煤灰的 FESEM 照片，从图中可看出，这种粉煤灰中不含玻璃相微珠，颗粒外形基本保持了原煤颗粒的形状，主要呈不规则块状或片状。粉煤灰燃烧时锅炉内温度约为 850～900℃，为低温循环硫化床式锅炉粉煤灰[15]。

(a)   (b)

图 2 粉煤灰的 FESEM 图谱

3.2 粉煤灰的改性研究

3.2.1 粉煤灰的 FT—IR 表征

如图 3 所示为用三种偶联剂改性前后粉煤灰样品的红外光谱图。其中，468cm^{-1}处为 Si-O 的弯曲振动峰，569cm^{-1}处为 Al—O 的伸缩振动峰，814 cm^{-1}处为 Si-O-Si（Al）的弯曲振动峰，1095cm^{-1}处为 Si-O 的伸缩振动峰，1430cm^{-1}处为粉煤灰中有机物的 C—H 弯曲振动峰，与粉煤灰中未完全燃烧的煤有关，1627cm^{-1}处和 3440cm^{-1}处分别为吸附水的弯曲振动和伸缩振动峰。从图中可看出经三种偶联剂改性后的样品均在 2850cm^{-1}处和 2919cm^{-1}处出现较弱谱带，为偶联剂中改性基团—CH$_3$和—CH$_2$中 C—H 的伸缩振动峰，表明三种偶联剂均对粉煤灰进行了改性[16]。

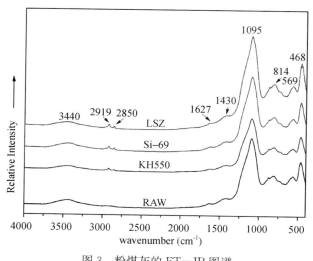

图 3 粉煤灰的 FT—IR 图谱

3.2.2 粉煤灰的活化指数表征

活化指数可定量表征无机粉体的包覆效果，也就是表征改性剂对无机粉体的包覆程度[17]。其值越大，证明包覆效果越好，也即改性效果越好。如图 4 所示为粉煤灰用三种改性剂在不同的改性剂添加量时的活化指数，从图中可看出，用 KH-550 改性的粉煤灰活化指数明显高于另外两种改性剂，随着改性剂添加量的上升，其活化指数也上升，当 KH-550 的添加量为 1Phr 时，活化指数达到 90％左右，表明绝大部分的粉煤灰已被 KH-550 包覆，其表面由极性变为非极性，对水呈现出较强的非润湿性，使其漂浮于水面而不下沉。用 Si-69 和铝酸酯改性的粉煤灰，随着改性剂添加量的增加，活化指数也有不同程度的升高，表明其也对粉煤灰进行了改性，但效果不佳。

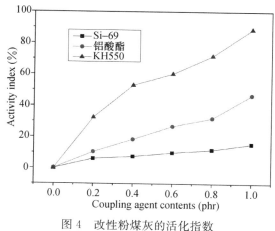

图 4 改性粉煤灰的活化指数

4　结论

（1）粉煤灰的主要成分为 SiO_2 和 Al_2O_3，两者的含量总和接近 90%，此外含有一定量的 CaO，Fe_2O_3 和 TiO_2 等。

（2）粉煤灰以非晶态物质为主，微观形貌呈不规则块状或片状，不含玻璃相微珠。

（3）Si-69，KH-550 和铝酸酯三种偶联剂均可以对粉煤灰起到改性作用。

（4）三种偶联剂对粉煤灰的改性效果比较为：KH-550＞铝酸酯＞Si-69。

参考文献

[1] 辅金兵，陈军．粉煤灰的加工工艺及应用［C］．2015 亚洲粉煤灰及脱硫石膏综合利用技术国际交流大会．

[2] 朱孟广，张作泰．粉煤灰基泡沫玻璃保温材料的制备［C］．2015 亚洲粉煤灰及脱硫石膏综合利用技术国际交流大会．2015．

[3] National Development and Reform Commission of China. Implementing Scheme of Mainly Solid Waste Utilization. 2011. Beijing.

[4] Tang Z H，Ma S H，Ding J，et al. Current status and prospect of fly ash utilization in China［J］. Word of Coal Ash，2013：22-25.

[5] 晋晓彤，鄢国平，纪娜，等．粉煤灰合成分子筛的研究进展［J］．环境化学，2015，34（11）：2025-2038.

[6] 刘数华，方坤河．粉煤灰综合利用现状综述［J］．福建建材，2008（2）：8-10.

[7] 杨建军，徐小彬，殷素红，等．粉煤灰综合利用新途径的探讨［C］．中国粉煤灰、矿渣．2009：309-312.

[8] 黄谦，国内外粉煤灰综合利用现状及发展前景分析［J］．中国井矿盐，2011，42（4）：41-43.

[9] 叶生梅．改性粉煤灰的制备及性能研究［J］．燃料与化工，2008，39（6）：1-3.

[10] Talman R. Y，Atun G. Effects of cationic and anionic surfactants on the adsorption of toluidine blue onto fly ash［J］. Colloid Surface A，2006，281：15-22.

[11] 陈泉水．粉煤灰表面改性工艺研究［J］．化工矿物与加工，2001，30（2）：8-10.

[12] 郭丹，薛白，包建军．超微粉煤灰填充高密度聚乙烯复合材料的制备与性能［J］．高分子材料科学与工程，2013（5）：149-152.

[13] Y Zhang，Q liu，S Zhang，Y Zhang，Y Zhang，P Liang. Characterization of kaolinite/styrene butadiene rubber composite：Mechanical properties and thermal stability［J］. Applied Clay Science，2016，124-125：167-174.

[14] Panjasil Payakaniti，Electrical conductivity and compressive strength of carbon fiber reinforced fly ash geopolymeric composites，Construction and Building Materials，2017，26（2）：164-176.

[15] 畅吉庆，蔡春梅．粉煤灰应用于高分子制品配方中试验对比结果［C］．2015 亚洲粉煤灰及脱硫石膏综合利用技术国际交流大会．2015.

[16] 高正楠，江小波，郭锴．KH-550 的水解工艺及其对 SiO_2 表面改性的研究［J］．北京化工大学学报（自然科学版），2012，39（2）：7-12.

[17] 李茂果．粉体活化指数的理论和实验研究［J］．中国粉体技术，2015，12（3）：80-83.

水泥-粉煤灰体系早龄期液相离子浓度及 pH 值的研究

钱如胜，张云升

（东南大学材料科学与工程学院，江苏南京，211189）

摘　要　本文通过离心法和高压萃取法，对不同粉煤灰掺量的水泥-粉煤灰体系早龄期液相中各离子浓度及 pH 值的变化规律进行了研究。试验结果表明：水泥-粉煤灰浆体在早龄期水化过程中各离子浓度及 pH 值随着粉煤灰掺量的增加而有所降低。随水化时间的延长，水泥-粉煤灰体系中 K^+ 与 Na^+ 随时间先降低后上升，分别在 10h 和 5h 时浓度达到最低；Ca^{2+} 与 SO_4^{2-} 浓度随时间先上升后降低，在 5h 数值达到峰值；pH 值、$[SiO_4]^{4-}$ 及 AlO_2^- 浓度随时间的增加呈现上升的趋势。

关键词　水泥；粉煤灰；早龄期；液相离子浓度；pH 值

Abstract　In this paper, the ion concentrations and pH of cement-fly ash system were discussed based on centrifugation and pressure-device. The results show that the concentrations of K^+, Na^+, pH, Ca^{2+}, SO_4^{2-} and $[SiO_4]^{4-}$ are decreased with the increasement of dosage of fly ash. Over hydration time, the concentration of K^+ and Na^+ were decreased firstly, then increased, reaching the minimum at 10 h and 5 h respectively; In contrast to K^+ and Na^+, the concentration of Ca^{2+} and SO_4^{2-} were both got to peak at 5 h respectively; pH, $[SiO_4]^{4-}$ and AlO_2^- were increased along the time.

Keywords　cement; fly ash; early hydration; ion concentration; pH

0　前言

随着国家"一带一路"战略国策的不断实施，我国乃至周边国家对于基本设施建设的投入越来越大，投资额达到几十亿、几百亿甚至于上千亿人民币的重点或重大混凝土工程建设项目与日俱增，其中涉及大量的大体积混凝土工程。2015 年我国的混凝土产量高居世界第一，达到 41 亿 t[1]，占世界混凝土产量高达 41%。混凝土中硬化水泥浆体可分为气相、固相和液相，其中液相与混凝土的耐久性密切相关，例如液相的碱度影响钢筋的锈蚀和后期的碱-骨料反应等[2]。混凝土的液相起始于水泥水化，并贯穿于混凝土构件服役寿命的始终，因此研究液相性质十分的必要。

目前水泥的水化研究可分为极早期和早期两个阶段，前者是指不晚于终凝时间的水泥水化过程中水泥颗粒所发生的物理化学变化。后者是指水泥熟料相及混合材中活性部分与离子溶液所发生的物理化学反应。在水泥水化阶段，浆体液相中充满着 OH^-，K^+，Na^+，Ca^{2+}，SO_4^{2-}，AlO_2^-，$[SiO_4]^{4-}$ 等离子[5]，且与固相物质的溶解、组成及晶核的形成和长大密切相关[6]。K·dersson[7]研究了不同水泥的液相离子的组成以及各类离子浓度的变化，结果表明 K^+，Na^+，Ca^{2+}，Mg^{2+}，$Al(OH)^{4-}$，$[SiO_4]^{4-}$ 和 Fe^{3+} 离子浓度处于 $0.03\sim0.29$ mol/L 之间，pH 值处于 $12.4\sim13.5$ 之间。D·Rothstein[8]研究发现，水泥水化 12 h，液相中的 $CaSO_4$ 浓度达到过饱和，然后降低逐渐趋向稳定值。但建明[9]研究了高水灰比（$w=0.5$，1.0 和 1.5）下水泥早龄期水化时（24 h 之内）液相离子浓度随水泥种类、水灰比及水化温度的变化规律，得出水泥种类不同，水化液相各离子浓度有所差异，随水灰比的增加而降低，随水化温度的提高，K^+，Na^+ 浓度和 pH 值升高，而 Ca^{2+}，SO_{42-}，$[SiO_4]^{4-}$ 和 AlO_{2-} 浓度降低。张文强[10]研究了掺少量（0%，10%，20%）粉煤灰的水泥基材料早龄期（24 h 之内）液相离子浓度的变化规律，得出了水化早龄期液相中各离子浓度主要是碱性物溶解造成的，其变化规律不一致的结论。因此，利用液相离子浓度的演变规律来研究水泥水化程度、水化产物的数量及阐明水化机理具有十分重要的意义。

目前提取液相的方法主要有平衡法和高压萃取法[11]，由于平衡法所得到的结果只是近似于实际值，误差相对较大，限制了其应用范围。压榨法只适用于浆体凝结硬化后的试块，以往的学者对于浆体液相的研究所采取方法不够系统，对于早龄期水泥水化液相性质的关注度较少。

为此，本文利用离心法和压榨法系统研究水泥水化早龄期离子浓度的演变规律，研究了早龄期内不同粉煤灰掺量对水化液相离子浓度的影响。结合电感耦合等离子体发射光谱仪（ICP）和电位滴定仪研究了早龄期（24 h 内）K^+，Na^+，Ca^{2+}，SO_4^{2-}，$[SiO_4]^{4-}$，AlO_2^- 等离子浓度及 pH 值变化规律。

1　实验

1.1　原材料

小野田水泥厂 P·II 52.5 水泥，粉煤灰（II级）；水泥和粉煤灰化学成分见表1。

表1　水泥和粉煤灰化学组成
Table1　chemical composition of fly ash and cement

氧化物	化学成分（质量分数）								
	CaO	SiO₂	Al₂O₃	Fe₂O₃	SO₃	MgO	Na₂O	K₂O	L. O. I
水泥	63.64	21.35	4.67	3.31	2.25	3.08	0.21	0.54	0.95
粉煤灰	4.09	49.86	34.03	4.52	—	1.05	0.55	0.19	5.71

1.2　试验步骤及方法

试验中所用到的试验仪器：SPECTROBLUE ICP-OES 电感耦合等离子体发射光谱仪；pHS-2C 型精密 pH 计；离心机；注射器；水系滤头。

（1）试样制备

称取适量的水泥、粉煤灰及自来水，分别制备水灰比 0.3，粉煤灰掺量 0%（w30FA0），10%（w30FA10），30%（w30FA30）和 50%（w30FA50）的浆体。

（2）液相提取

浆体凝结硬化前，利用离心机（图 1）以适当的转速快速提取浆体液相，然后过滤低温（5℃以下）保存待用；浆体凝结硬化后，利用混凝土液相榨取机（图 2）以合适的压力快速萃取试块液相，然后过滤低温（5℃以下）保存待用。

图 1　离心法提取孔溶液流程图
Fig. 1　flow chart of centrifugation extraction pore solution

（3）pH 值滴定

利用 pHS-2C 型精密计 pH 对刚提取的新鲜液相 pH 值的测定。

（4）液相离子浓度测试

利用 ICP 测试液相中的 K^+，Na^+，Ca^{2+}，SO_4^{2-}，$[SiO_4]^{4-}$ 和 AlO_2^- 浓度。

图 2　混凝土液相榨取机

Fig. 2　photograph of the pressure-device at Southeast University

2　试验结果与分析

图 3 至图 6 展示的是 K^+，Na^+，Ca^{2+}，SO_4^{2-}，$[SiO_4]^{4-}$ 和 AlO_2^- 浓度及 pH 值的测试结果。可以看出，水泥-粉煤灰体系中，液相中同一离子浓度随体系水化时间的延长所呈现的变化趋势基本一致。开始水化后，K^+ 和 Na^+ 快速溶解，很短时间内浓度达到最大值，然后分别逐渐降低，分别在 10 h 和 5 h 时刻达到最低值，随后又逐渐上升；Ca^{2+} 和 SO_4^{2-} 浓度开始缓慢上升，分别在 5 h 时浓度达到峰值，然后逐渐下降；$[SiO_4]^{4-}$ 和 AlO_2^- 浓度及 pH 值在早龄期，随着水化时间的增加缓慢上升。粉煤灰对液相中各离子浓度的影响基本一致，各离子浓度随着粉煤灰掺量的增加浓度呈现下降的趋势。

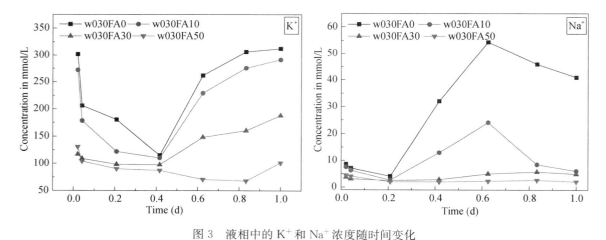

图 3　液相中的 K^+ 和 Na^+ 浓度随时间变化

Fig. 3　K^+ and Na^+ concentration of the pore solution of pastes with admixed fly ash over time

由图 3 和图 4 可以看出，在水泥-粉煤灰体系中，水泥中的碱离子主要以硫酸盐和固溶于熟料相中的两种形式存在。以硫酸盐形式存在的碱离子在水泥与水接触后迅速溶解于水中，形成孔溶液；固溶于熟料相中的碱离子随着水泥熟料水化的逐步进行而释放到孔溶液中[12]。因此影响液相中 K^+ 和 Na^+ 的浓度是水泥中钾与钠的存在形式以及含量的多少。表 1 展示的是水泥和粉煤灰化学组成，由表 1 可知，水泥中的 K_2O 含量明显高于 Na_2O，这是液相中 K^+ 浓度高于 Na^+ 浓度的主要原因。K^+ 和 Na^+ 离子浓度先降低的原因是体系中

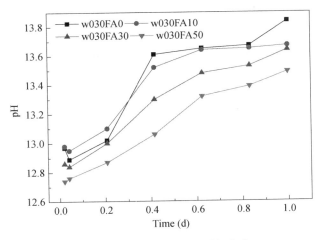

图 4　液相中的 pH 值随时间变化

Fig. 4　pH value of pastes with admixed fly ash over time

生成 C-S-H，其具有持碱能力[13]，吸附了液相中的部分 K^+ 和 Na^+ 离子，这是导致碱离子浓度降低的主要原因；随后，碱离子浓度逐渐上升是因为水化反应过程中不断消耗液相中的自由水。随着粉煤灰掺量的增加，碱离子浓度呈现降低的趋势，这是因为粉煤灰开始活性低，而且发生二次水化的产物是低 Ca/Si 比的 C-S-H，其对于碱离子的吸附有更强的能力[14]，粉煤灰的掺入对于碱离子的浓度起到稀释的作用。图 3 显示的是 pH 值随水化时间的变化规律，可知 pH 值随着水化时间的延长逐渐上升，pH 值的变化与碱离子浓度密切相关，主要是水泥中碱离子释放到液相中而产生的。

图 5 展示的是液相中 Ca^{2+} 与 SO_4^{2-} 浓度随时间的变化规律，开始逐渐上升，达到最大值后呈现降低的趋势。原因有如下几点：一是水泥熟料中易溶的 K_2SO_4、Na_2SO_4 等成分的快速溶解[15]，导致溶液中 SO_4^{2-} 的浓度在水化开始后呈现上升的变化趋势；二是水泥体系中含有的石膏部分溶解，使溶液中 Ca^{2+} 和 SO_4^{2-} 的浓度在水化开始后进一步升高，然后体系生成钙矾石消耗部分石膏，致使溶液中 Ca^{2+}，SO_4^{2-} 浓度降低，这可以从 Ca^{2+}，SO_4^{2-} 浓度变化基本同步的规律中得到解释；三是 OH^- 浓度对 Ca^{2+} 浓度影响比较大，图 4 中显示的是 pH 值随时间变化，可以看出 OH^- 浓度在早龄期呈现上升的趋势，在 5h 左右达到的 Ca（OH）$_2$ 溶解度，OH^- 浓度上升，Ca^{2+} 浓度下降。

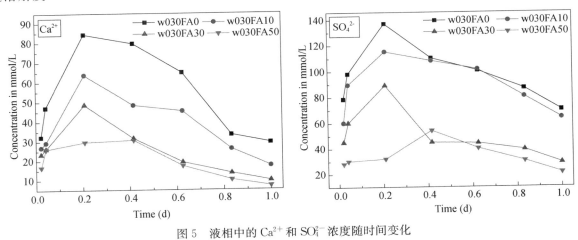

图 5　液相中的 Ca^{2+} 和 SO_4^{2-} 浓度随时间变化

Fig. 5　Ca^{2+} and SO_4^{2-} concentration of the pore solution of pastes with admixed fly ash over time

随着粉煤灰掺量的增加，体系中 Ca^{2+} 和 SO_4^{2-} 的浓度呈现降低的趋势，原因有二：一是粉煤灰的掺量提高导致体系内水泥含量降低，水泥水化所产生的 Ca^{2+} 和 SO_4^{2-} 的相对较少，导致 Ca^{2+} 和 SO_4^{2-} 的浓度呈现降低的趋势；二是粉煤灰活性低，在早龄期水化慢，而且由表 1 可以得知粉煤灰中的钙含量比水泥低。

$[SiO_4]^{4-}$ 和 AlO_2^- 的溶解度很小，达到平衡的时间相对较长。水化溶液中 OH^- 浓度的增大有利于 $[SiO_4]^{4-}$ 和 AlO_2^- 浓度的增高。由图 4 和图 6 可以验证，OH^- 越大，AlO_2^- 和 $[SiO_4]^{4-}$ 浓度的浓度也相应越大。根据 Papadakis[14] 的研究粉煤灰的玻璃相主要是活性二氧化硅和氧化铝相组成，参与反应的活性二氧化硅主要生成 C—S—H 凝胶。在水泥体系的水化过程中，粉煤灰的掺入降低了 $[SiO_4]^{4-}$ 的浓度，一方面是因为水泥部分被替代溶解到水中的 $[SiO_4]^{4-}$ 减少，另一方面粉煤灰在早龄期的水化程度较低。

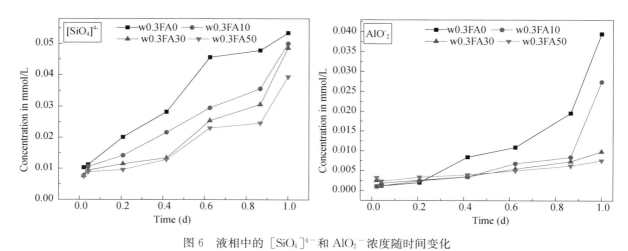

图 6　液相中的 $[SiO_4]^{4-}$ 和 AlO_2^- 浓度随时间变化

Fig. 6　$[SiO_4]^{4-}$ and AlO_2^- concentration of the pore solution of pastes with admixed fly ash over time

随着粉煤灰掺量的增加，在超早龄期（10 h 以内）AlO_2^- 浓度逐渐上升，这是因为粉煤灰掺量的增加提高了水泥的有效水灰比（能提高水泥水化反应速率的水与水泥的比例），这段时间内水泥熟料中参与水化的主要是 C_3A，释放出更多的 AlO_2^-；10 h 之后，随着粉煤灰掺量的增加 AlO_2^- 浓度降低，这是因为掺入粉煤灰提高水泥有效水灰比的效益在这段时间已经不够明显，同时 C_3S 和 C_2S 开始参与水化反应，而粉煤灰活性又比较低，参与反应的部分非常少。

3　结论

（1）采用离心法和压榨法系统研究了水泥水化早龄期离子浓度的演变规律。

（2）随着粉煤灰掺量的增加，液相中 K^+，Na^+，Ca^{2+}，SO_4^{2-} 和 $[SiO_4]^{4-}$ 浓度及 pH 值呈现降低趋势；AlO_2^- 浓度在 5 h 以内随着粉煤灰掺量的增加呈现上升趋势，在 5 h 以后呈现降低趋势。

（3）随着水化时间的进行，K^+ 和 Na^+ 浓度随时间先降低后上升，分别在 10 h 和 5 h 到达最低值；Ca^{2+} 与 SO_4^{2-} 浓度先上升后降低，分别在 5 h 浓度达到峰值；pH 值、$[SiO_4]^{4-}$ 及 AlO_2^- 浓度逐渐上升。

参考文献

[1] Xu D, Cui Y, Li H, et al. On the future of Chinese cement industry [J]. Cement and Concrete Research，2015，78：2-13.

[2] 刘志勇，孙伟. 与钢筋脱钝化临界孔溶液 pH 值相关联的混凝土碳化理论模型 [J]. 硅酸盐学报，2007，35（7）：899-903.

[3] 陈伟，BROUWERSHJH，等. 水泥基材料孔溶液碱度计算机模拟技术 [J]. 混凝土，2008：16-20.

[4] 林宗寿. 无机非金属材料工学 [M]. 武汉：武汉理工大学出版社，2006.

[5] TAYLOR H F W. Cement chemistry [M]. 2nd Edition. Thomas Telford Ltd，London，U. K，1997.

[6] Michaux M，Fletcher P，Vidick B. Evolution at early hydration times of the chemical composition of liquid phase of oil-well cement pastes with and without additives. Part I. Additive free cement pastes. Cem Concr Res，1989，19（3）：443-456.

[7] Andersson K，Allard B，Bengtsson M，Magnusson B. Chemical composition of cement pore solutions. Cem Concr Res，1989，19（3）：327-332.

[8] D Rothstein，J J Thomas，B J Christensen，et al. Solubility behavior of Ca-，S-，Al-，and Si-bearing solid phases in Portland cement pore solutions as a function of hydration time［J］. Cement and Concrete Research，2002，32（8）：1663-1671.

[9] 但建明，王培铭. 水泥早期水化液相离子浓度变化规律的研究［J］. 石河子大学学报：自然科学版，2007（8）：494-499.

[10] 张文强，李海玉，等. 水泥基材料极早期水化机理及微观结构分析［J］. 建材世界. 2014（3）：17-22.

[11] LONGUET P，BURGLEN L，ZELWER A. The liquid phase of hydrated cement［J］. Review of Materials Constructions，1973：35-41.

[12] 陈伟，Brouwers HJH，水中和. 水泥浆体液相离子浓度模拟［J］. 武汉理工大学学报，2010（11）：1-5.

[13] Haas J，Nonat A. From C-S-H to C-A-S-H：Experimental study and thermodynamic modelling［J］. Cement & Concrete Research，2015，68：124-138.

[14] 杨立荣，封孝信，王春梅，等. C-S-H 和 C-A-S-H 凝胶固碱能力的研究［C］超高层混凝土泵送与超高性能混凝土技术的研究与应用国际研讨会. 2008.

[15] TAYLOR H F W. Cemnet Chemistry［M］. London：Thomas Telford Publishing. 1997：46-50

[16] Papadakis V G. Effect of fly ash on Portland cement systems：Part I. Low-calcium fly ash［J］. Cement and Concrete Research，1999，29（11）：1727-1736.

流化床气相沉积法提高粉煤灰
流动性和活性的机理

吴凯凡，朱洪波

（同济大学先进土木工程材料教育部重点实验室，上海，201804）

摘　要　分别采用葡萄糖酸钠 $C_6H_{11}NaO_7$（PP）、硫酸钠 Na_2SO_4（NS）饱和溶液为改性材料，通过流化床气相沉积法（FBR-VD）对粉煤灰（FA）进行表面改性，以提高其水化活性和流动性，并探讨其作用机理。通过净浆流动性、强度、化学收缩和水化热等试验来评价改性粉煤灰对水泥工作性及硬化性能的影响；通过 SEM 分析改性效果、水化程度、微观形貌和改性机理；通过 BET 表征粉煤灰的比表面积。试验结果表明，FBR 方法比直接掺加改性材料的方式能够更好地提高粉煤灰的流动性，PP 在提高流动性的同时略降低净浆早期强度，NS 能够提高净浆早期强度并对流动性无影响；化学收缩和水化放热试验印证了水泥强度的变化规律；微观分析显示，PP 主要通过其 CHOH 的有效羟基羧酸类基团吸附于球体表面，并形成表面水化膜，对粉煤灰球体产生了改性作用，特别是 PP 可预先吸附于 FA 球体的未燃尽碳中，减少未燃尽碳对减水剂的吸附，从而提高其流动性。NS 可与 FA 球体中的活性矿物 SiO_2、Al_2O_3 发生反应，产生预激发作用，并且利用水化产物对 FA 球体的缠绕固结作用来提高浆体强度，即通过化学与物理的双重作用来提高粉煤灰水泥浆体的早期强度。对 PP＋NS 复合激发来说，兼具有 PP 和 NS 两者的优点。

关键词　流化床气相沉积；粉煤灰；表面活性；流动性

Abstract　the fluidized bed reactor vapor deposition (FBR-VD) method is suggested to modify the fly ash in this paper. Respectively using $C_6H_{11}NaO_7$（PP），Na_2SO_4（NS）as modifying materials for fly ash，according to their different contents and ratios，and mixing to take a different way to modify fly ash by FBR-VD，so as to improve its admixture in concrete，fuller play to its improving workability and strength，and then the mechanism of action was analyzed. The workability and the hydration process of cement were researched by the tests of liquidity，strength，Ignition loss，chemical shrinkage，and hydration heat of paste. Experimental results show that FBR can improve the liquidity of fly ash more than the way of directly mixing，PP can increase the liquidity of the paste and reduce a little of strength in the early age，NS can raise the early strength of the cement paste without influence the liquidity. The results of the chemical shrinkage and the hydration heat experiments are in keeping with that of the early strength experiment. The microscopic analysis results show that PP can adsorb on the ball surface to stimulate the fly ash by its effective hydroxy carboxylic acid groups-CHOH，and form a layer of hydration shell，secondly，PP can adsorb in the uncompleted burned carbon of the fly ash effectively，when added in the cement paste，can reduce the water adsorption by the uncompleted burned carbon，then improve its liquidity. For the way of NS stimulating，NS can react with the active mineral-SiO_2 and Al_2O_3 in the fly ash ball to pre-stimulate the fly ash；on the other hand，it is using hydration products on the winding，consolidation of FA particles to improve strength；in terms of the FBR-PP＋NS，it combines the advantages of PP and NS.

Keywords　fluidized bed reactor vapor deposition (FBR-VD)；fly ash，surface modification；liquidity

　　粉煤灰在混凝土中的应用已经相当普遍[1-2]，但其作为混凝土掺合料的掺量一般低于 20％[3-4]。主要原因是由于其火山灰活性较低[5-6]，并且，粉煤灰中含有的未燃尽炭[7-9]，会大量吸附减水剂，造成混凝土流动性下降或减水剂用量的增加。传统主要通过物理激发[10-13]、化学激发[14-16]及物理化学激发[17-20]等方法改性粉煤灰，但由于能耗较高或容易引起工作性及耐久性问题而受到限制。流化床气相沉积（FBR-VD）方法[21]被广泛用于在材料表面镀膜[22-23]、制备纳米颗粒[24-25]以及对粉体进行修饰[26]。目前，采用 FBR-VD 对粉煤灰改性的研究较少，本文根据粉煤灰库的装备特点，设计出实验装置[27]，以缓凝剂[28-30]葡萄糖酸钠 $C_6H_{11}NaO_7$（PP）[31]，硫酸钠 Na_2SO_4（NS）为激发材料，对粉煤灰的流动性及活性进行改性，并探讨其作用机理。

1　试验

1.1　原材料

P·I 42.5 水泥（记为 C）为中联水泥（山东曲阜）有限公司生产的混凝土外加剂检测专用基准水泥；水泥（C，P·II 52.5），上海海螺水泥（集团）有限公司生产；粉煤灰（记为 FA，II 级）；聚羧酸减水剂，江苏博特生产（Ad，固含量 25%）；市售分析纯 Na_2SO_4（记为 NS）和葡萄糖酸钠 $C_6H_{11}NaO_7$（记为 PP）。

化学成分见表 1，基准水泥物理性能检测结果见表 2。

表 1　水泥的化学组成（$w\%$）

Code.	SiO$_2$	Fe$_2$O$_3$	Al$_2$O$_3$	CaO	TiO$_2$	MgO	SO$_3$	K$_2$O	f-CaO	Loss
C	21.86	2.61	6.33	54.86	0.27	2.60	2.66	0.68	0.71	2.16

表 2　基准水泥物理性能检测结果

细度 0.08（%）	密度（g/cm³）	比表面积（m²/kg）	标准稠度（%）	安定性雷式法（mm）	初凝（min）	终凝（min）	抗折强度（MPa）		抗压强度（MPa）	
							3d	28d	3d	28d
1.8	3.14	350	26.6	0.5	155	220	5.3	8.6	27.6	51.3

采用激光粒度测试仪测试得到 FA 粒径分布信息见表 3，FA 及其改性灰的粒径分布图如图 1 所示。

表 3　FA 及其改性灰粒径分布信息

Code.	Mean（μm）	Median（μm）	diameter（μm）				
			<10%	<25%	<50%	<75%	<90%
FA	29.83	19.02	5.232	9.201	19.02	42.14	74.78
FA-PP	26.96	19.48	6.322	10.40	19.48	38.88	61.60
FA-NS	28.25	19.92	5.562	9.675	19.92	42.52	65.97
FA-PP+NS	25.44	17.80	5.691	9.699	17.80	35.83	59.71

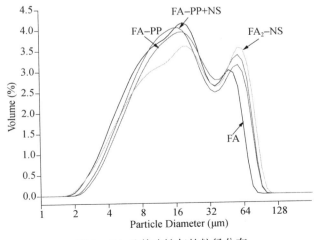

图 1　FA 及其改性灰的粒径分布

采用负压筛测得的 FA 的 0.045mm 筛余为 18.32％。测得 FA 的烧失量分别为 4.45％。

从表 3 及图 1 看出，FA 及其改性灰的粒径分布均集中于 1～250μm 之间，较大和较小粒径的颗粒较少，5～50μm 之间的颗粒较多。因此，按照细度该 FA 为 Ⅱ 级灰。

1.2 试验方法

1.2.1 FBR-VD 改性方法和传统改性方法

设计制作的 FBR-VD 实验装置示意图如图 2 所示。

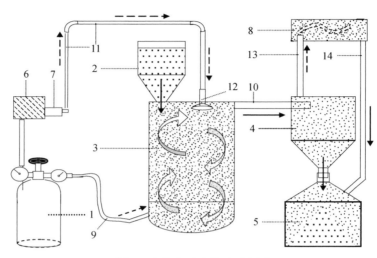

图 2 流化床试验装置示意图

首先，将饱和改性溶液装进蒸汽发生器 6 中，来自氮气瓶或空压机的气体通入蒸汽发生器，挤压含改性剂的蒸汽通过导管 11 进入流化床 3 内，同时使气体从流化床底侧面进入其中形成气体旋流，开启流化床上部粉煤灰仓 2 的下料阀门，使粉煤灰进入流化床内，在悬浮状态下与含改性剂的蒸汽混合，混合后的粉煤灰通过流化床上部的管道 10 以及收尘系统（旋风筒 8、进料进气管 13 和粉尘收集管道 14）进入成品收集容器 5 中，最后将改性粉煤灰在 45℃下烘干，用 0.125mm 方孔筛筛出团聚颗粒，再用干布轻轻研碎团聚颗粒并混入筛下料中备用。

控制粉煤灰进入流化床的下料速度和蒸汽发生器的档位、气体压力、流量等，可以调整改性溶液微粒在粉煤灰表面的附着、沉积量，通过多次试验得到 PP 和 NS 附着量分别约占粉煤灰质量的 0.9‰ 和 0.25‰。

采用 PP，NS，PP＋NS 通过 FBR 方法改性分别记为 FBR-PP，FBR-NS 和 FBR-PP＋NS。

1.2.2 传统改性方法

将粉体改性材料 PP 和 NS 分别直接与粉煤灰预先混合，再按照比例内掺入水泥净浆或砂浆中。记为 Z。

1.2.3 工作性及活性指数

水泥净浆工作性实验参照 GB/T 1346—2001《水泥标准稠度用水量、凝结时间、安定性检验方法》进行，采用其"代用法"中的"固定用水量"法，测试标准稠度需水量。水泥砂浆流动度实验按照 GB/T 2419—2005《水泥胶砂流动度测定方法》进行。

活性指数（activity index）根据内掺 30％粉煤灰试样与纯水泥试样的净浆和砂浆强度比来评价，采用百分数（％）表示，净浆试样尺寸为 2.5cm×2.5cm×2.5cm，砂浆按照 GB/T 12957—2005《用于水泥混合材的工业废渣活性试验方法》成型 4cm×4cm×16cm 试样。

水泥净浆的配合比见表 4。砂浆的配合比见表 5，固定其扩展值 160mm 改变其用水量，然后成型测量 3d，7d 的抗压强度。

表4　固定用水量下净浆的流动度

No.	改性材料	掺量（g）	水泥（g）	减水剂（g）	水（g）	流动度（mm）
1	C	0	600	0	240	119
2	C+FA	180	420	0	240	101
3	C+FA-PP-F	180	420	0	240	127
4	C+FA-NS-F	180	420	0	240	109
5	C+FA-PP+NS-F	180	420	0	240	132
6	C+FA-PP-Z（0.25‰）	180	420	0	240	113
7	C+FA-PP-Z（0.5‰）	180	420	0	240	115
8	C+FA-NS-Z（0.9‰）	180	420	0	240	96
9	C+FA-PP（0.09‰）-Z+NS-Z（0.45‰）	180	420	0	240	104
10	C+FA-PP（0.18‰）-Z+NS-Z（0.45‰）	180	420	0	240	113

表5　砂浆配合比

No.	改性材料	粉煤灰（g）	水泥（g）	砂（g）	水（g）
1	C	0	450	1350	200
2	C+FA	135	315	1350	205
3	C+FA-PP-F	135	315	1350	193
8	C+FA-NS-F	135	315	1350	203
12	C+FA-PP+NS-F	135	315	1350	190
4	C+FA-PP-Z（0.25‰）	135	315	1350	198
5	C+FA-PP-Z（0.5‰）	135	315	1350	195
9	C+FA-NS-Z（0.9‰）	135	315	1350	202
13	C+FA-PP（0.09‰）-Z+NS-Z（0.45‰）	135	315	1350	197
14	C+FA-PP（0.18‰）-Z+NS-Z（0.45‰）	135	315	1350	196

1.2.4　化学收缩、水化热及微观分析

采用瑞典产 TAM-AIR-C08 型 Thermometric 水化热测定装置，水化热测定装置，参照 GB 12959—2008《水泥水化热测定方法（直接法）》进行水化放热速率测试。采用扫描电镜及能谱分析水泥石的微观结构及成分。采用 BET 方法测试其比表面积的改变。

2　结果与讨论

2.1　工作性

净浆流动度、砂浆固定扩展值下的用水量分别如图3（a）、（b）。

通过图3（a）可看出，三种激发材料下，通过 FBR 方式改性粉煤灰的水泥净浆流动度均大于直接掺加改性粉煤灰的水泥净浆。具体的，相对于对比样 C+FA 而言，经 FBR-PP，FBR-NS，FBR-PP+NS 激发粉煤灰后的净浆流动度分别提高了 27%，8%，31%，经直接掺加激发的流动度提高较少，甚至导致流动度降低。因此，从工作性角度来看，FBR 方式改性粉煤灰要优于直接掺加改性。

从图3（b）中看出，在固定砂浆扩展值为 160mm 的情况下，原灰的水泥砂浆用水量最大，经 FBR-PP，NS+PP 改性的粉煤灰水泥砂浆用水量均要低于纯水泥砂浆、原灰水泥砂浆、直接掺加改性的粉煤灰砂浆，并且，FBR-NS+PP 改性的用水量最少，NS 改性的粉煤灰两种改性方式相差微小（203mL、202mL），与原

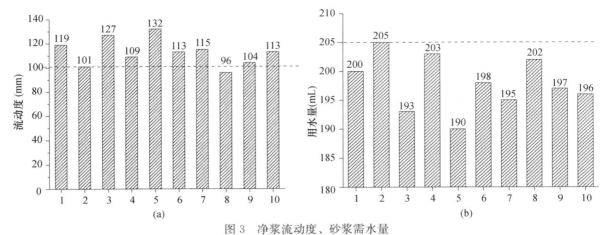

图3　净浆流动度、砂浆需水量

1—C；2—C+FA；3—C+FA-PP-F；4—C+FA-NS-F；5—C+FA-PP+NS-F；6—C+FA-PP-Z（0.25‰）；
7—C+FA-PP-Z（0.5‰）；8—C+FA-NS-Z（0.9‰）；9—C+FA-PP（0.09‰）-Z+NS-Z（0.45‰）；
10—C+FA-PP（0.18‰）-Z+NS-Z（0.45‰）

灰砂浆用水量（205mL）接近。这与图3（a）中固定流动度下净浆的用水量图规律完全吻合，表明无论在净浆还是砂浆中FBR方式改性粉煤灰均能体现出良好的优越性。

2.2　强度与活性指数

净浆、砂浆试样各龄期抗压强度测试结果及活性指数计算结果如图4所示。

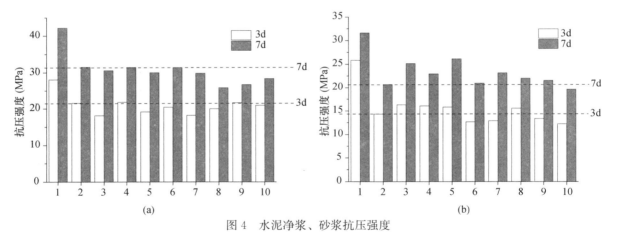

图4　水泥净浆、砂浆抗压强度

1—C；2—C+FA；3—C+FA-PP-F；4—C+FA-NS-F；5—C+FA-PP+NS-F；6—C+FA-PP-Z（0.25‰）；
7—C+FA-PP-Z（0.5‰）；8—C+FA-NS-Z（0.9‰）；9—C+FA-PP（0.09‰）-Z+NS-Z（0.45‰）；
10—C+FA-PP（0.18‰）-Z+NS-Z（0.45‰）

从图4（a）看出，FBR-PP改性与PP-Z改性的粉煤灰水泥净浆的3d，7d强度相差无几，但均略低于原灰水泥净浆，但对比流动度图3（a），可得出，FBR-PP改性的粉煤灰能更加提高其净浆的流动度，并保持其抗压强度，而PP-Z改性的提高流动度效果差。当采用PP-Z方式改性时，可以看出PP-Z（0.25‰）的3d，7d强度均要高于PP-Z（0.5‰），这是由于缓凝剂一般具有一个适宜的掺量范围[32]。当超过适宜掺量时，会导致水泥净浆强度降低。

经FBR-NS改性的粉煤灰水泥净浆在提高流动度的情况下，仍能提高净浆的3d，7d抗压强度。NS-Z改性的水泥净浆虽然能略微提高3d，7d抗压强度，但其流动度较差，甚至低于原灰净浆。

FBR-PP+NS改性的粉煤灰水泥净浆3d抗压强度略低于原灰水泥净浆及NS+PP-Z改性的粉煤灰水泥净浆，但7d强度要高于NS+PP-Z改性的粉煤灰水泥净浆。对比图3（a），经FBR-PP+NS改性的粉煤灰水泥净浆流动度比 NS＋PP-Z 改性的分别高出 27％和 17％。综上得出在复合掺加时，经 FBR 改性比直接掺加改性能更好地提高净浆流动度，并且不影响其早期抗压强度。

从图 4（b）看出，纯水泥砂浆其 3d，7d 抗压强度均为最大；经 FBR 改性的粉煤灰水泥砂浆均大于原灰及直接掺加改性的粉煤灰水泥净浆。其中，对 3d 强度而言，FBR-PP 改性较原灰提高最明显，提高了 13.6％，对 7d 强度而言，FBR-NS＋PP 改性的粉煤灰水泥砂浆提升最明显，较原灰活性指数提高 26.3％。综合来看，固定砂浆扩展值下各组砂浆的 3d，7d 抗压强度规律与图 4（a）中固定净浆流动度下各组净浆的 3d，7d 抗压强度吻合度非常高，体现了本试验的稳定性。

2.3　水化热

采用与表 4 净浆试样相同的原材料和配合比制备试样进行水化热测试，结果见表 6 及图 5。

表 6　各组试样的水化反应热

No.	改性材料	反应热（J/g）	No.	改性材料	反应热（J/g）
1	C+	221.603	6	C+FA-PP-Z（0.25‰）	134.098
2	C+FA	143.818	7	C+FA-PP-Z（0.5‰）	124.193
3	C+FA-PP-F	82.18	8	C+FA-NS-Z（0.9‰）	144.532
4	C+FA-NS-F	143.579	9	C+FA-PP（0.09‰）-Z +NS-Z（0.45‰）	86.04
5	C+FA-PP+NS-F	110.201	10	C+FA-PP（0.18‰）-Z +NS-Z（0.45‰）	145.409

由图 5 看出，PP 激发的粉煤灰水泥净浆其 2 个水化放热峰均远远小于纯水泥 C 及 C＋FA 的放热峰，一方面这是由于 PP 抑制了体系的早期水化反应，其分子中含有的大量羟基及羧基官能团与液相中的 Ca^{2+} 发生反应，生成不溶性钙盐沉淀在 C_3A 颗粒表面，从而抑制了粉煤灰水泥的水化反应。另一方面，PP 分子吸附在 AFt 晶体表面，抑制了晶体结构的生长，导致体系中的 AFt 大多以凝胶形式存在，并且在 C_3A 颗粒表面形成致密的膜结构，阻碍水分子与 C_3A 颗粒发生水化反应，从而降低了体系的最大水化放热速率[33]。

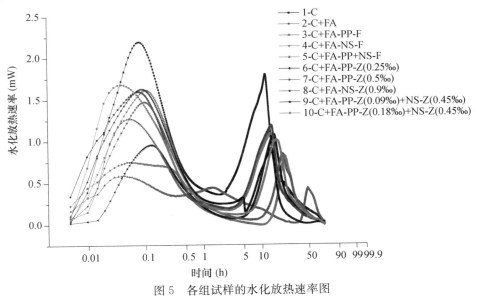

图 5　各组试样的水化放热速率图

从图中又看出，经 FBR 方式激发的 C＋FA＋PP-F 其 2 个水化放热最低，第一放热峰最宽，第二放热峰后移最多，这说明其水化速率最缓，放热量最小。由此可见，经过 FBR-PP 激发的粉煤灰水泥净浆较直接掺加 PP 改性的能够更好地抑制水泥浆体的早期水化，推迟第二放热峰，延缓水化放热速率，消弱水化温峰，降低水化放热[34]。此结果与 2.2 中强度关系相对应。

由 NS 激发的粉煤灰水泥净浆增大了粉煤灰水泥的第一和第二放热峰值，并且结合 2.1 中图 3（a）可得出，NS 激发的粉煤灰水泥净浆与纯 FA 水泥净浆的水化放热速率规律比较与其早期强度的对比相一致。这是由于 SO_4^{2-} 在 Ca^{2+} 的作用下，与溶解于液相的 Al_2O_3 反应生成 AFt，即钙矾石，另一方面，NS 可与液相中的 $Ca(OH)_2$ 反应生成 NaOH，增加了体系的碱性，因此 NS 的激发是强碱和硫酸盐的双重激发[35]。另外，从上图可看出，经 FBR-NS 方式改性的试样其第一放热峰略大于 NS-Z 方式改性，可以推断通过 FBR-NS 方式能够更好地激发 FA 的活性。

就复掺方式而言，在各试样早期水化阶段，直接复掺的粉煤灰水泥净浆的第一放热峰大于纯 FA 净浆，而经 FBR 方式复掺激发的净浆的第一、第二放热峰均最小，第一放热峰最宽，第二放热峰后移最大。可得出，直接复掺激发时 NS 对水泥水化的促进作用要大于 PP 的抑制作用，FBR 方式复掺的激发方式则相反，PP 对粉煤灰产生了更好地预激发，使水泥的水化延缓。

2.4 扫描电镜及能谱分析

2.4.1 表面改性粉煤灰

原灰以及利用 FBR-VD 分别采用 NS，PP 和复合激发修饰的改性灰（FBR-PP，FBR-NS，FBR-PP＋NS），其 E-SEM 分析如图 6，统计得到的测试点化学元素组成如表 7。

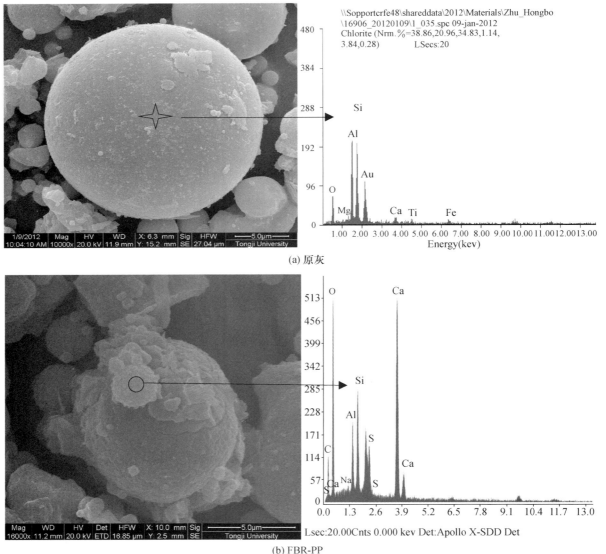

(a) 原灰

(b) FBR-PP

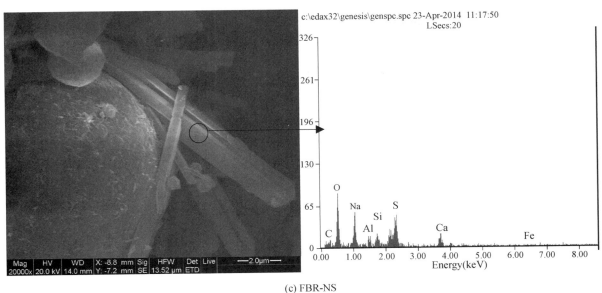

(c) FBR-NS

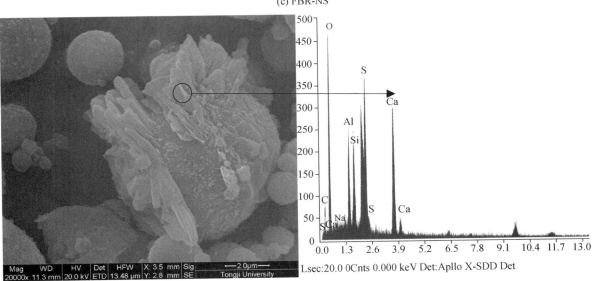

(d) FBR-PP+NS

图 6　原灰及改性灰的 E-SEM

表 7　原灰及改性灰表面的能谱分析（w%）

Element	C	O	Na	S	Al	Si	Ca	Fe	Ti
原灰	0.00	31.00	0.00	0.00	24.22	32.58	3.91	4.63	3.66
FBR-PP	16.74	51.20	02.79	05.29	03.72	04.79	15.47	0.00	0.00
FBR-NS	16.77	46.11	14.95	10.89	4.13	2.66	4.50	0.00	0.00
FBR-PP+NS	16.10	48.68	03.15	13.09	04.69	04.36	0.00	0.00	0.00

　　从图 6（a）看出，原灰的球体表面比较光洁，只粘附着少量小颗粒，其中白色小球体可能是未燃尽的炭颗粒；经 FBR-VD 修饰的粉煤灰球表面分别粘附了不同形状的附着物；结合表 7 中各测试点的元素含量数据，可以推断出，原灰［图 6（a）］表面的化学成分为 SiO_2 和 Al_2O_3，另有少量 CaO，Fe_2O_3 和 TiO_2 等，几乎不含其他元素和氧化物。

对于 FBR-PP 的改性灰，可从图 6（b）看出，PP 沉积在 FA 表面后所形成薄膜状物质，且球体之间出现了团聚，又由于 CHOH 基团是羟基羧酸类缓凝剂能进行吸附的有效基团[78]，说明 PP 吸附于球体表面，并形成了表面高分子膜，对粉煤灰球体产生了润滑作用，因而在粉煤灰水泥掺合料中加水后能够大幅度提高流动性。从表 7 中也可分析得出，附着物中含有一定量的 Na 和未燃尽炭。

从图 6（c）看出，改性 FA 球体表面的附着针棒状颗粒，能谱分析有明显的 Na，S 元素，并且含量较高，可以推测，除了 FA 球本身携带了一些附着颗粒外，所添加的 Na_2SO_4 也沉积在颗粒表面。

从图 6（d）看出，经过 FBR-PP＋NS 改性，FA 球体出现部分团聚，并且 FA 球体表面沉积了一层薄膜，部分薄膜表面生长出一些片状或棒状晶体；并且从表 7 得出，这些片状或棒状附着物含有较高的 Na，S 元素，推断其为激发材料 Na_2SO_4。对比 FBR-PP 及 FBR-NS 改性的粉煤灰 SEM 图，可以发现 FBR-PP＋NS 的改性方法结合了二者的优点，对 FA 球体进行了更好的激发。并且综合 FBR-PP 激发、FBR-PP＋NS 激发的粉煤灰球体 E-SEM 来看，其表面元素分析均含有大量的碳元素，这充分地印证了 PP 在改性过程中可以大量地吸附于粉煤灰的未燃尽炭中。

2.4.2 水泥石中的粉煤灰 SEM

采用做过 3d 强度后的试样碎块进行 SEM 测试，结果如图 7 所示。

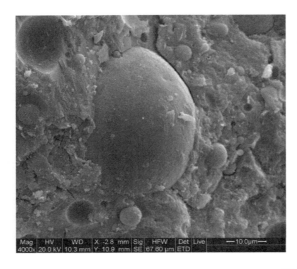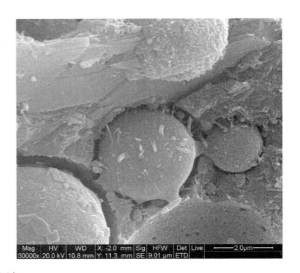

(a) 原灰

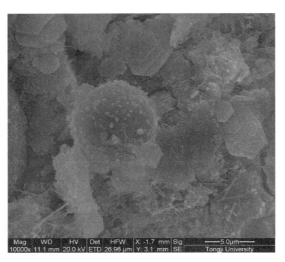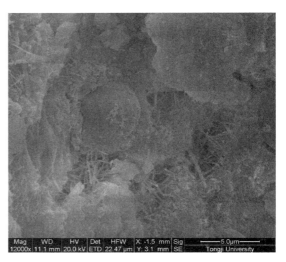

(b) FBR-PP

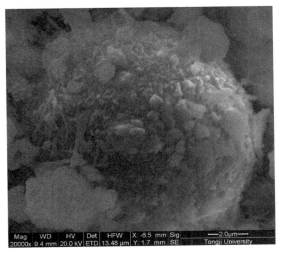

(c) FBR-NS

(d) FBR-PP+NS

图 7 水化 3d 水泥石中不同改性 FA 的 SEM

由图 7（a）看出，由于不含活性激发剂，纯粉煤灰水泥试样的粉煤灰比较圆滑，无明显的水化产物附着。并且，养护成型之后的干燥收缩也在球面与周边之间产生裂缝。粉煤灰球体的活性成分已与水泥中的 Ca（OH）$_2$ 发生反应，但是粉煤灰球仍保持其圆球形状。

从图 7（b～d）可看出，采用 FBR 激发的 FA 球面在 3d 的较早龄期变得粗糙，上面布满了块状的颗粒，显示出了明显的火山灰反应。从图 7（c）中可看出，通过 FBR-NS 改性的粉煤灰其表面布满了颗粒，并且 FA 球与周围水化产物的结合较多，有很多交织的水化产物连接 FA 球与周围环境，增加了其与环境的咬合力。图 7（b）、图 7（d）显示出具有典型晶体形貌的针棒状 AFT 和片状 CH 晶体聚集密集，显示出 PP 与 NS 在此时期加快了水泥的水化进程和水化程度，对水泥净浆的强度有较高的增强作用，这与前述结论相符，也预示着其对稍后一段时期的水化具有促进作用。对 PP＋NS 复合激发来说，兼备了 PP，NS 两者的优点，即 PP 在粉煤灰球体表面形成高分子膜，具有一定的黏聚性，可使 NS 晶体轻易地附着上去，从而产生预激发，因此，在提高浆体流动性的同时加快了水泥的水化进程和水化程度，对水泥净浆的流动性和强度均有较高的增强作用。

2.5 粉煤灰的 BET 表征

原灰及其部分改性灰的比表面积测试结果如表 8 所示。

从表 8 可以看出，对 FA 来说，经过 FBR 方式激发的粉煤灰其比表面积均有所减小，特别是经 FBR-PP，FBR-PP＋NS 激发的粉煤灰其比表面积比原灰 FA_2 减小 30％和 13％左右。一方面，这是由于 PP 在激发过程成可形成一种黏性的膜将粉煤灰球体团聚在一起；另一方面，PP 可以轻易地吸附于 FA 颗粒上的未燃尽炭中，从而减少未燃尽炭中的孔隙，减小比表面积，此结论也可在 2.4 的能谱分析中体现，当在 FBR-PP 和 FBR-PP＋NS 球体表面进行能谱分析时，可看出其含碳量比较大。

表 8　原灰及其部分改性灰的比表面积测试结果

Code.	FA	FBR-PP	FBR-NS	FBR-PP＋NS
比表面积（m^2/g）	0.7635	0.5345	0.7134	0.6644

3　结论

FBR 方法能够有效提高粉煤灰的减水作用。PP 在提高流动性的同时略降低净浆早期强度，NS 能够提高净浆早期强度并对流动性无影响。水化热试验很好地印证了以上结论。

微观分析结果显示，采用 FBR 方法下，对 PP 激发而言，一方面，PP 主要通过其 CHOH 的有效羟基羧酸类基团吸附于球体表面，并形成表面水化膜，对粉煤灰球体产生了激发作用；另一方面，PP 可以有效地吸附于 FA 球体的未燃尽炭中，当添加入水泥进行水化反应时，可减少未燃尽炭对水的吸附，从而提高其流动性。对 NS 激发而言，其可通过化学与物理的双重作用来提高粉煤灰水泥浆体的早期强度。一方面，NS 可与 FA 球体中的活性矿物 SiO_2，Al_2O_3 发生反应，对 FA 产生预激发作用；另一方面，NS 可使水泥水化产物聚集在 FA 颗粒周围，或通过其与 FA 球体的牢固附着作用使 FA 球体与周围环境产生强大的咬合力，即利用水化产物对 FA 球体的缠绕固结作用来提高浆体强度。对 PP＋NS 复合激发来说，兼备了 PP，NS 两者的优点，即 PP 在粉煤灰球体表面形成高分子膜，具有一定的黏聚性，可使 NS 晶体轻易地附着上去，从而产生预激发。因此，在提高浆体流动性的同时加快了水泥的水化进程和水化程度，对水泥净浆的流动性和强度均有较高的增强作用。

项目基金：国家十三五重点科技专项（2016YFC0701003-03）；河北省重点科技项目（16273805D）。

参考文献

[1] 陈友治，丁庆军，徐瑛，等 . 粉煤灰的改性及应用研究 [J]. 武汉理工大学学报 .2011，11（23）：19-22.

[2] 孙淑静，刘学敏 . 我国粉煤灰资源化利用现状、问题及对策分析 [J]. 粉煤灰综合利用 .2015，3：45-48.

[3] GB/T 1596—2005 用于水泥和混凝土中的粉煤灰 [S].2005.

[4] GB/T 18736—2002 高强高性能混凝土用矿物外加剂 [S].2002.

[5] 方军良，陆文雄 . 粉煤灰的活性激发技术及机理研究进展 [J]. 上海大学学报：自然科学版，2002，8（3）：255-260.

[6] Antiohos S，Tsimas S. Investigating the role of reactive silica in the hydration mechanisms of high-calcium fly ash cement systems [J]. Cement and Concrete Composites. 2005，27（2）：171-181.

[7] 宋云霞，魏昌杰 . 浮选法脱除粉煤灰中未燃碳的研究 [J]. 选煤技术，2013（3）.

[8] 郭新亮 . 燃煤电厂粉煤灰综合利用技术研究 [D]. 西安：长安大学，2009.

[9] 林培芳 . 韶钢热电厂粉煤灰脱碳试验研究 [J]. 南方金属，2011（2）：42-44.

[10] 王复生，杜瑞臣 . 粉煤灰活性激发方法探讨 [J]. 水泥，2003（2）：14-16.

[11] 杭美艳，苏京，张平，等 . 粉煤灰助磨激发材料的应用研究 [J]. 建材世界，2014，35（5）：11-14.

[12] 钱觉时，施惠生 . 粉煤灰的分选技术 [J]. 粉煤灰综合利用，2004（2）：29-33.

[13] 罗忠涛，马保国，杨久俊，等 . 高温对粉煤灰表面解聚作用研究 [J]. 中国矿业大学学报，2011，40（5）：793-798.

[14] 柯国军，杨晓峰，彭红，等 . 化学激发粉煤灰活性机理研究进展 [J]. 煤炭学报，2005，30（3）：366-370.

［15］李嘉伟. 酸改性粉煤灰处理生活废水的研究［J］. 广东化工，2012，39（6）：162-163.

［16］白轲. 浅谈粉煤灰活性激发［J］. 广东建材，2011，27（8）：35-37.

［17］杨晓光，倪文，张筝，等. 碱激发对粉煤灰活性的影响［J］. 北京科技大学学报，2008，29（12）：1195-1199.

［18］马阁. 改性粉煤灰及其对垃圾渗滤液吸附性研究［D］. 郑州：郑州大学，2006.

［19］吴幼权，王智. 粉煤灰改性及其吸附性能研究［J］. 重庆大学硕士学位论文，2006，14（1）：24-26.

［20］韦迎春，钱觉时，万煜，等. ～（60）Co-γ 射线辐照激发粉煤灰活性研究［J］. 建筑材料学报，2011，14（4）：554-559.

［21］Vahlas C，Caussat B，Serp P，et al. Principles and applications of CVD powder technology［J］. Materials Science and Engineering：R：Reports. 2006，53（1-2）：1-72.

［22］Choy K L. Chemicalvapour deposition of coatings［J］. Progress in Materials Science. 2003，48（2）：57-170.

［23］黄敏. 超细颗粒膜包覆技术及装置研究——流化床喷雾热解法和流化床化学气相沉积法［D］. 南京：南京理工大学，2004.

［24］田新衍，王建鑫. 化学气相沉积法多晶硅生产工艺的研究［J］. 广州化工，2014，42（13）：183-184.

［25］马磊，陈爱平，陆金东，等. 流化床-化学气相沉积法制备 CNT/Fe-Ni/TiO$_2$ 及其光催化性能研究［J］. 无机材料学报，2011，27（1）：33-37.

［26］朱钧国，杨冰，张秉忠，等. 流化床化学气相沉积制备包覆燃料颗粒［C］中国颗粒学会 2002 年年会暨海峡两岸颗粒技术研讨会会议论文集. 2002.

［27］朱洪波，吴凯凡，李晨，等. 流化床气相沉积法纳米修饰粉煤灰及其早期水化特征［J］. 建筑材料学报，2016，19（2）：229-236.

［28］胡延燕. 关于缓凝剂葡萄糖酸钠若干问题的研究［D］. 西安：西安建筑科技大学，2006.

［29］李高明. 调凝剂对水泥水化历程的调控及作用机理研究［D］. 武汉：武汉理工大学，2011.

［30］康勇. 葡萄糖酸钠对水泥净浆凝结硬化影响的研究［D］. 武汉：华中科技大学，2009.

［31］王冲，刘红梅，杨文玲，等. 葡萄糖酸钠的制备及发展趋势［J］. 河北工业科技，2007，24（2）：122-124.

［32］E. Sakai，J. K. Hang and M. Daimon. Action mechanism of comb-type superplasticizer containing grafted polyethylene oxide chains. Cement and Conerete，2000，6.

［33］马保国，肖君，夏永芳，等. 缓凝剂对 C3A 石膏体系水化历程的影响［J］. 功能材料，2013，44（10）：1476-1479.

［34］李家辉，胡延燕，范海宏. 葡萄糖酸钠对混凝土强度的影响［J］. 混凝土，2009（6）：67-69.

［35］方军良，陆文雄. 粉煤灰的活性激发技术及机理研究进展［J］. 上海大学学报：自然科学版，2002，8（3）：255-260.

干法脱硫灰/亚硫酸钙在水泥水化中的行为研究

刘姚君[1]，汪　澜[1]，陈永瑞[2]，苏清发[2]，吴慕正[2]

(1. 中国建筑材料科学研究总院，绿色建筑材料国家重点实验室，北京，100024；
2. 福建龙净脱硫脱硝工程有限公司，福建龙岩，364000)

摘　要　研究了 CFB-FGD 干法脱硫灰、天然石膏、二水亚硫酸钙、二水硫酸钙，按照理论化学反应比例添加到 C3A 中的水化及水化产物矿物组成的影响规律。结果表明，亚硫酸钙及干法脱硫灰对水泥熟料矿物 C3A 均有缓凝作用；干法脱硫灰一定掺量范围内对水泥熟料强度具有激发作用，尤其后期强度增长明显。

关键词　干法脱硫灰；半水亚硫酸钙；水化

Abstract　Effects of CFB-dry flue gas desulfurization byproduct，gypsum，$CaSO_3 \cdot 2H_2O$ and $CaSO_4 \cdot 2H_2O$ as retarder on the hydration and mineralogical formation of hydrated products in hydration of pure minerals C_3A were studied. The results shows that $CaSO_3 \cdot 1/2H_2O$ as the main component of the desulfurization ash and $CaSO_3 \cdot 1/2H_2O$ has a significant retarding effect on the C3A. And within a certain range of dosage，dry flue gas desulfurization byproduct has an excitation effect on the strength of cement，especially for the later strength growth.

Keywords　dry flue gas desulfurization byproduct；$CaSO_3 \cdot 1/2H_2O$；hydration

1　前言

作为先进干法脱硫工艺的代表，循环流化床干法脱硫"超洁净"工艺具有高效传质-传热效率，兼具脱硫、除尘、高效 PM2.5 协同作用，将作为应用的主流技术。该工艺的脱硫副产物含有较高含量的 CaSO3·1/2H2O[1-2]，被称之为干法脱硫灰。随着"超洁净"工艺的应用推广，干法脱硫灰综合利用问题也引起多方面关注。

干法脱硫灰一般由半水亚硫酸钙、碳酸钙、飞灰及氢氧化钙为主要矿物组成[5]，具有干态、粒径细等特点。有研究认为 CaSO3·1/2H2O 的溶解度低，不具有缓凝作用。但有研究发现，亚硫酸钙含量较多的脱硫灰对不同水泥熟料凝结时间的影响差别明显，具有选择性。研究者发现亚硫酸钙型脱硫灰单独或复合用作水泥缓凝剂，具有一定的强度增强。但是大多数研究仅针对干法脱硫灰在某特定水泥熟料进行指标性实验，缺乏全面地有关干法脱硫灰的水化机理研究。

本课题将南京某钢铁公司烧结机 CFB-FGD 干法脱硫灰、天然石膏、二水亚硫酸钙、二水硫酸钙，按照理论化学反应比例添加到 C3A 中，对比研究水泥水化过程中干法脱硫灰、天然石膏的作用规律。

2　实验

2.1　原料

CFB-FGD 脱硫灰呈灰白色微泛红，干粉状，含水率 1.16%，烧失量 14.26%，80μm 筛余<0.5%。化学组成 XRF 检测结果见表 1。XRD 检测结果，如图 1 所示，脱硫灰主要矿物组成为 CaSO3·1/2H2O 和 CaCO3，并含有少量未反应的 Ca (OH)2。因 CaSO4·2H2O 未检出，SO3 可认为全部以 CaSO3·1/2H2O 存在，经计算 CaSO3·1/2H2O 含量为 60.3%，是此干法脱硫灰的主要成分。

表1　干法脱硫灰 XRF 分析结果

化学组成	CaO	SO₃	Cl	Fe₂O₃	K₂O	MgO	SiO₂	Na₂O	Al₂O₃	PbO	SrO	Br	SeO₂	Rb₂O
(%)	54.04	40.20	2.22	1.14	0.73	0.71	0.37	0.24	0.21	0.08	0.04	0.03	0.02	0.01

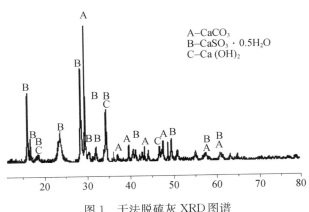

A—CaCO₃
B—CaSO₃·0.5H₂O
C—Ca(OH)₂

图1　干法脱硫灰 XRD 图谱

C_3A 单矿为实验室煅烧制得。C_3A 单矿是以 $CaCO_3$ 和 Al_2O_3 为原料，按照摩尔比为 3∶1 进行配料，制成 φ25mm 的试块后，放入烘箱内，在 110℃ 左右烘干至质量恒定，然后于 1450℃ 高温电炉内煅烧 12h 制备成纯矿物 C_3A。图2为分别合成的 C_3A 单矿的 XRD 谱，并结合合成单矿的 f-CaO 值均低于 1.5 可以看出，所获得的 C_3A 单矿纯度极高。

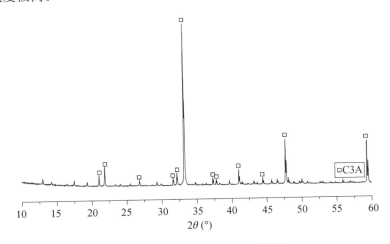

图2　C3A 单矿的 XRD 测试图

试验所用工厂熟料为江苏所产的普通硅酸盐熟料 JS。化学组成及矿物组成见表2。

表2　试验用熟料的化学成分分析 (%)

编号	Loss	SiO₂	Al₂O₃	Fe₂O₃	CaO	MgO	C₃S	C₂S	C₃A	C₄AF
JS	0.58	21.31	5.7	3.5	66.09	1.58	63.23	13.74	9.24	10.70

将水化样品充分混合后，置于 20℃，相对湿度大于 95% 的环境下养护，并分别在 0.5h、1.0h、2.0h、6.0h、12.0h 和 1d、3d、7d、28d 后破型，从中部区域选取样品若干克，在 45℃ 温度下干燥到恒重，用玛瑙研钵将样品磨细至 80μm 以下，以备后续对水泥部分龄期水化产物进行了 XRD 分析。水化试验配方如表3。

表 3 水化试样配料表（wt%）

编号	C3A	二水石膏（试剂）	天然石膏	二水亚硫酸钙（试剂）	干法脱硫灰	水灰比
A0	100					0.5
A1SO4	34.5	65.5				0.5
A2SO3	36.58			63.42		0.5
A3H	28				72	0.5
A4G	29.6		70.4			0.5

2.2 试验方法

凝结时间检测方法按 GB/T 1346—2011 进行。水泥胶砂强度试验按 GB/T 17671—1999 进行。选取一定龄期的水化样品，利用 D8 ADVANCE 大功率转靶 X 射线衍射仪进行检测定。仪器参数：Cu 靶，加速电压 40kV，电流 40mA。

3 结果与讨论

3.1 纯 C3A 矿物与水的水化

此水化试验中，仅由 C3A 与水发生反应，水灰比为 0.5。图 3 给出了铝酸三钙-水体系水化产物的 XRD 分析图谱。

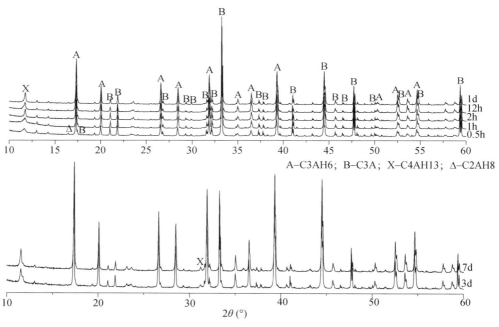

A–C3AH6; B–C3A; X–C4AH13; $\triangle$–C2AH8

图 3 铝酸三钙-水体系的水化产物 XRD 谱

从图 3 中可以看出，纯 C_3A 矿物与水发生水化反应很快。水化 0.5h、1h 时，水化产物中 C_2AH_8、C_3AH_6 衍射峰明显，而 C_4AH_{13} 也开始生成。水化 2h、12h 时，水化产物中 C_2AH_8 衍射峰开始减弱，水化产物 C_4AH_{13}、C_3AH_6 的量进一步增加，C_3A 衍射峰明显减弱；水化 24h 时，水化产物中 C_2AH_8 衍射峰几乎消失不见。水化 3d 时，水化产物中 C_4AH_{13} 晶型发育趋于良好。水化 7d 时，C_3A 衍射峰显著减弱，水化产物 C_3AH_6 的衍射峰显著增加。说明这个阶段，水化产物中有大量的 C_3A 被消耗，生成了 C_3AH_6。

3.2　纯 C_3A 矿物与天然石膏及干法脱硫灰的水化

此铝酸三钙-天然石膏体系水化试验中，由铝酸三钙与天然石膏发生反应，其质量之比为 29.6％：70.4％。此铝酸三钙-干法脱硫灰体系水化试验中，由铝酸三钙与天然石膏发生反应，其质量之比为 28％：72％。以上两比例由 C_3A 与二水石膏的反应式中，两者的摩尔比为 1：3，相对分子量比为 270：516；干法脱硫灰含 60％的半水亚硫酸钙，天然石膏含 80％硫酸钙推算得出，水灰比控制为 0.5。图 4 给出了铝酸三钙-天然石膏体系水化产物的 XRD 分析图谱；图 5 给出了铝酸三钙-干法脱硫灰体系水化产物的 XRD 分析图谱。

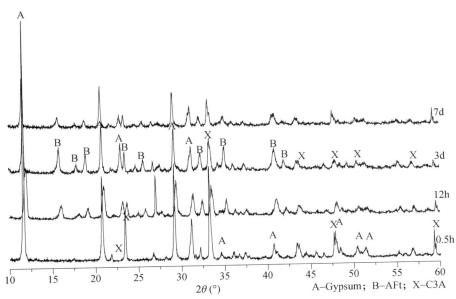

图 4　铝酸三钙-天然石膏体系的水化产物 XRD 谱

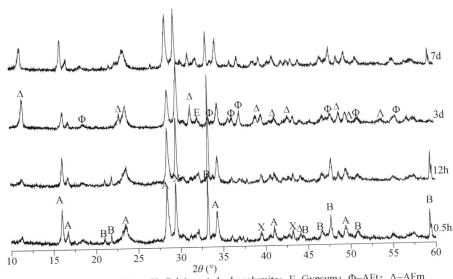

图 5　铝酸三钙-干法脱硫灰体系的水化产物 XRD 谱

在二水硫酸钙和水存在时，C_4AH_{13} 与其会进一步发生反应，生成三硫型水化硫铝酸钙，即钙矾石 AFt。由图 4，水化 0.5h 时，未观察到水化产物。水化 12h 时，水化产物中 AFt 生成。并随着时间延长，到水化

3d、7d 时，C₃A 和石膏大量被消耗，AFt 衍射峰明显增强，说明其生成量在持续增多。

从图 5 可以观察到，水化 0.5h 时，未观察到水化产物，只有大量的反应物 C₃A、半水亚硫酸钙和碳酸钙存在。碳酸钙、半水亚硫酸钙是脱硫灰中的主要成分，是消石灰在脱硫过程中与烟气中的 SO₂、CO₂ 发生反应后的生成物。水化 12h 时，生成少量的水化产物 Ca（OH）₂，但是没有观察到 AFt 或类水化硫铝酸钙（AFm）。这说明脱硫灰中的半水亚硫酸钙还没有参与到 C₃A 的水化过程中，或者参与了反应，但生成物还极少，没有达到检测出的水平，但依然起到了延缓水化的效果。水化 3d、7d 时，观察到有明显水铝钙石的存在，及少量的硫酸钙、AFt、AFm。说明 C₃A 与干法脱硫灰中的 CaCl₂ 进行强烈的水化反应；由于水化放热，半水亚硫酸钙溶解后，可能会部分缓慢转化成硫酸钙；硫含量相对不足，导致单硫型钙矾石 AFm 的出现。

3.3 纯 C₃A 矿物与二水硫酸钙及二水亚硫酸钙的水化

此铝酸三钙-二水硫酸钙体系水化试验中，由铝酸三钙与天然石膏发生反应，其质量之比为 34.5%：65.5%。此铝酸三钙-二水亚硫酸钙体系水化试验中，由铝酸三钙与天然石膏发生反应，其质量之比为 36.58%：63.42%。以上两比例由 C₃A 与二水石膏的反应式中，两者的摩尔比为 1：3，相对分子量比为 270：516 推算得出。水灰比控制为 0.5。图 6 给出了铝酸三钙-二水硫酸钙体系水化产物的 XRD 分析图谱；图 7 给出了铝酸三钙-二水亚硫酸钙体系水化产物的 XRD 分析图谱。

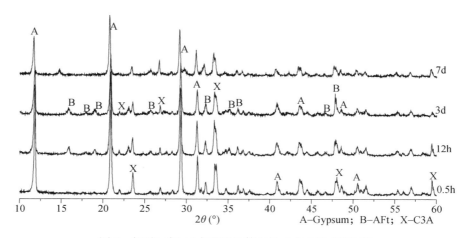

图 6　铝酸三钙-二水硫酸钙体系的水化产物 XRD 谱

图 6 与图 4 对比来看，铝酸三钙与石膏、二水硫酸钙的水化反应过程基本相似。水化 0.5h 时，只观察到反应物 C₃A、二水硫酸钙，未观察到水化产物。水化 12h 时，水化产物中 AFt 生成。并随着时间延长，到水化 3d、7d 时，C₃A 和石膏大量被消耗，AFt 衍射峰明显增强，说明其生成量在持续增多。说明高二水硫酸钙含量掺量设计下抑制 AFm 水化产物生成。

从图 7 可以观察到，水化 0.5h 时，未观察到水化产物，只有大量的反应物 C₃A、半水亚硫酸钙和碳酸钙存在。由于 C₃A 反应速度快，可能会由于水化放热，半水亚硫酸钙溶解后，可能会部分缓慢转化成硫酸钙。水化 12h 时，没有观察到 AFt 或类水化硫铝酸钙（AFm）。这说明脱硫灰中的半水亚硫酸钙还没有参与到 C₃A 的水化过程中，或者参与了反应，但生成物还极少，没有达到检测出的水平，但依然起到了延缓水化的效果。水化 0.5h 至 12h 期间，水化反应由于受到半水亚硫酸钙溶解慢的影响，水化反应速度慢、水化产物量不显著。与石膏反应体系相比，二水亚硫酸钙体系的生成物比较复杂。水化 3d、7d 时，观察到有明显水铝钙石的存在，及少量的硫酸钙、AFt、AFm。说明在高二水亚硫酸钙掺量下抑制了水化产物 AFt、AFm 的生成。

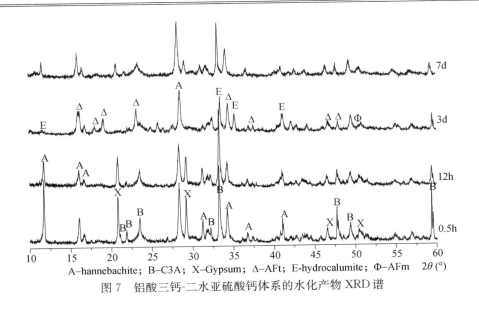

A—hannebachite；B—C3A；X—Gypsum；Δ—AFt；E—hydrocalumite；Φ—AFm　　2θ (°)

图 7　铝酸三钙-二水亚硫酸钙体系的水化产物 XRD 谱

3.4　干法脱硫灰对水泥强度的影响

利用 JS 熟料，掺加干法脱硫灰、天然石膏、粉煤灰、矿渣制备不同的 P·O42.5 水泥。各龄期强度数值见表 4。干法脱硫灰掺量不变时，除掺量为 2.86% 以外，随着矿渣掺量的减小，抗折及抗压强度均呈现下降趋势。与上述水化机理分析相似的是，此配比所设计的 P·O42.5 水泥能实现该水泥等级要求的强度；干法脱硫灰在 4.78% 以内，对抗折和抗压强度均有激发作用。

表 4　应用干法脱硫灰配制不同 P·O42.5 水泥强度测试结果（80%）

序号	熟料（%）	天然石膏（%）	粉煤灰（%）	矿渣（%）	天然石膏	脱硫灰（%）	3d 抗折（MPa）	3d 抗压（MPa）	28d 抗折（MPa）	28d 抗压（MPa）
JS0	95.22	0	0	0	4.78	0	5.24	34.53	7.63	57
JSS1	80	1	5	11.14	0	2.86	4.98	30.17	7.99	58.8
JSS2	80	1	5	9.22	0	4.78	5.23	31.45	8.36	61.5
JSS3	80	1	5	7.85	0	6.15	6.03	31.98	7.52	57.8

4　结论

（1）亚硫酸钙及干法脱硫灰对水泥熟料矿物 C_3A 均有缓凝作用。

（2）与干法脱硫灰/亚硫酸钙相比，天然石膏/二水硫酸钙更能促进与 C_3A 的水化反应。

（3）以 $CaSO_3 \cdot 1/2H_2O$ 为主要成分的 CFB-FGD 干法脱硫灰应用于水泥时，具有缓凝效果，且随着掺量的增加效果愈显著。$CaSO_3 \cdot 1/2H_2O$ 对水泥熟料矿物 C_3A 有缓凝作用。

（4）干法脱硫灰一定掺量范围内对水泥熟料强度具有激发作用，尤其后期强度增长明显。干法脱硫灰掺量控制在 3.5% 以内，能实现强度不损失，且有提高强度的效果。

参考文献

[1] 金婷，朱廷玉，叶猛等. 循环流化床烧结烟气脱硫灰理化性能研究 [J]. 北京化工大学学报，2010，37（6）：35-39.

[2] 苏清发，周勇敏，陈永瑞，吴慕正. 脱硫灰/脱硫石膏作为水泥缓凝剂的水化行为 [J]. 硅酸盐学报，2016，5（44）：66667

[3] 王文龙，任丽，董勇等. 半干法烟气脱硫产物对水泥缓凝作用的研究 [J]. 水泥，2008，（03）：1-4.

[4] Jerry M, Bigham, David A, Kost, Richard C, Stehouwer, etc. Mineralogical and engineering characteristics of dry flue gas desulfurization Products [J]. Journal of Fuel, 2005, 84: 1839-1848.

[5] 刘进强，刘姚君，汪澜. 干法脱硫灰在建材领域资源化利用的研究进展 [J]. 硅酸盐通报，2015，4（34）：995-999.

脱硫石膏-粉煤灰基胶凝材料的研究现状

周 洲

（安徽理工大学，安徽淮南，232001）

摘 要 论述了现今国内外对脱硫石膏的基本应用，分析了最近几年来脱硫石膏-粉煤灰基胶凝材料的诸多研究，对其机理进行了系统性的总结，从根源上表明了脱硫石膏-粉煤灰基胶凝材料的可行性和广阔的应用前景。希望为今后脱硫石膏和粉煤灰的再利用有启示作用。

关键词 脱硫石膏；粉煤灰；胶凝材料

0 前言

脱硫石膏作为一种再生资源，是燃煤电厂烟气脱硫的副产物，呈粉末状，一般为白色，随着杂质含量的不同会变为黄色和褐色。脱硫石膏类似于天然石膏，主要成分为二水硫酸钙晶体（$CaSO_4 \cdot 2H_2O$）。如今，脱硫石膏已成为继粉煤灰后电厂生产的第二大固体废弃物[1]，如果不进行有效的利用来消化脱硫石膏，而只是不停地进行被动式的堆场堆积，既容易对空气和水造成二次污染、占用有限的土地资源，更是对资源的一种浪费。因此，对脱硫石膏进行高效大批量的利用已经是一个急需解决的问题。

粉煤灰是从煤燃烧后的烟气中收集下来的细灰，是燃煤电厂排出的第一大固体废物。我国火电厂粉煤灰的组成主要为 SiO_2，Al_2O_3，Fe_2O_3 和 CaO，由保护膜包裹形成大小不一的玻璃体。粉煤灰兼具"微集料"效应和良好的形态效应，具备良好的物理活性[2]。

1 脱硫石膏利用现状研究

由于我国烟气脱硫实施得较晚，不管是在脱硫石膏的生产工艺、脱硫石膏纯度方面，还是在加工利用途径、政策支撑等方面都落后于国外。

日本是利用脱硫石膏最成功的国家。由于天然石膏资源的匮乏，日本的脱硫石膏应用率大，应用范围广。主要用于生产粘结剂、石膏板、水泥辅料、填充路基等，绝大部分用于石膏板和工艺水泥。值得注意的是，日本还会将脱硫石膏加入到粉煤灰中来代替砂石来作路基垫层和平整场地，这非常有借鉴意义。欧洲利用脱硫石膏的耐光性、耐候性能将其加工成为填料，或者利用科技的方法将脱硫石膏加工成 α-半水石膏。

借鉴于国外的研究方法，我国的脱硫石膏利用主要在以下几个方面：①应用在水泥基材料中作添加剂；②生产石膏制品，例如建筑石膏、粉刷石膏、纸面石膏板；③作填充用。这几种途径都有其弊端：用作添加剂的脱硫石膏占比小，并不能大量消耗脱硫石膏；以我国 80% 左右纯度制成的石膏制品相比于天然石膏没有太大的经济优势；用作填充物并不能完全发挥出脱硫石膏胶凝材料的特点。

脱硫石膏有优良的性能，在抗折强度、抗压强度等物理测试中远远优于天然石膏，但是由于脱硫石膏耐水性不好和易返霜的缺陷，使得脱硫石膏不能得到良好的应用。考虑到石膏和水泥、石灰并称为三大胶凝材料，我们需要寻求一种方法将脱硫石膏替代低强度等级的水泥。现有研究都是加入以粉煤灰为代表的潜在水硬性材料。刘成楼[3]将矿渣微粉、粉煤灰、水泥、石灰按一定的配合比与粉刷石膏混合，并掺加一定量的激发剂，最后得到的改性粉刷石膏材料有较好的物理性能；林芳辉等将粉煤灰：脱硫石膏进行 1:1 的混合，在湿热条件下养护，制成了耐水性较好的高强胶结物；王迪等[4]将粉煤灰：脱硫石膏进行 3:2 的混合，研究得出掺入水泥可以明显增加复合胶凝材料的强度；曹钊等在高炉矿渣中加入原状脱硫石膏、水泥、粉煤灰，经过加压成型，蒸汽养护得到较高强度的硅酸钙板；于洋等论证了盐类外加剂可以显著提高脱硫石膏浆料的抗压强度；田广科、李辉、林芳辉认为养护方法直接影响着石膏基复合胶凝材料的耐水性[5]；彭家惠、林芳辉[6]研究认为 7h 的 85℃ 恒温养护相比较于自然养护更易触发胶结材料强度的提高；丛钢、彭志辉、林芳辉[7]从微观结构、水化产物等对脱硫建筑石膏-粉煤灰基胶凝材料性能的改善进行了分析；重庆建筑大学用 pH 值测定法、水化热测定、SEM 分析和 XRD 结合等微观检测方法分析了脱硫石膏-粉煤灰的耐水性原理，张翼在脱硫石膏-粉煤灰基中加入防水剂、玻化微珠和锯末、聚丙烯纤维；X. C. Qiao 在脱硫石膏-粉煤灰基中加入水泥和生石灰；陶文宏在脱硫石膏-粉煤灰基中加入石灰和适量的无机添加剂；张志国在脱硫石膏-粉煤灰基中加入膨胀珍珠岩、水泥和矿渣，这些方法都可以制作出耐水性好、抗压强度高的脱硫石膏-粉煤灰基胶凝物。

2　脱硫石膏-粉煤灰机理研究

王迪、高英力、陈苗苗等分别对不同原料、不同配比、不同养护条件下的脱硫石膏-粉煤灰基胶凝材料利用 SEM、DTA-TG 和 XRD 进行了微观观测，解释了为何脱硫石膏-粉煤灰基胶凝材料远远优于脱硫石膏材料。首先，脱硫石膏在水中溶解并迅速饱和析出耐水性较差的二水石膏晶体，二水石膏晶体多为短柱状，这一时期胶凝材料的强度大部分来自于二水石膏晶体的交叉结构。同时，溶液中的正离子扩散至粉煤灰颗粒表面，与矿渣中 Ca^{2+}，Mg^{2+}，Al^{3+} 等进行替换，从而破坏了矿渣玻璃体的网状结构，将活性 SiO_2，Al_2O_3 从矿渣的内部析出，这些活性物质可与脱硫石膏生成水化硅酸钙凝胶与水化铝酸钙凝胶。这一阶段的反应速度视溶液的碱性环境强弱变化，一般来说，碱性越强，生成的凝胶越快、越聚集，而这一阶段中水化硅酸钙凝胶与水化铝酸钙凝胶会自发填充二水石膏晶体生成的结构，使得材料的强度越来越高。之后随着二水石膏晶体和水化铝酸钙凝胶的不断生成，二者会生成具有一定憎水性的钙矾石，钙矾石有微膨胀的特性，可以更进一步地加强胶凝材料的各项物理性能。这时脱硫石膏-粉煤灰基胶凝物的水化反应基本完成，产生了以二水石膏晶体为主要骨架，钙矾石起搭接作用，未水化的脱硫石膏以微集料的形式填充其中，水化硅酸钙凝胶起包裹、粘结作用的硬化体，有极高的强度。由于水化硅酸钙凝胶的包裹、粘结作用，降低了胶凝材料的孔隙率，并且将可溶的二水石膏与水隔绝开来，解决了石膏低耐水性的问题。

3　结论

脱硫石膏-粉煤灰基胶凝材料能在大量利用工业固体废弃物脱硫石膏和粉煤灰的同时，形成有较大改性的硬化体。因此，对其的研究有极大的可行性，前景广阔。

参考文献

[1] 韩菊. 改善脱硫石膏胶凝材料性能研究 [D]. 唐山：河北联合大学，2013.

[2] 胡建军. 掺粉煤灰和矿渣粉混凝土的碳化行为及其影响因素的研究 [D]. 北京：清华大学，2010.

[3] 刘成楼. 耐水高强粉刷石膏的研制 [J]. 上海涂料，2008，46 (9)：4-7.

[4] 王迪，朱梦良，陈瑜，等. 脱硫石膏-粉煤灰复合胶凝材料基础砂试验研究 [J]. 粉煤灰综合利用，2009，23 (5)：24-26.

[5] 田广科，李辉. 石膏粉煤灰墙体复合材料养护制度研究 [J]. 墙材革新与建筑节能，2007，12 (2)：29-31.

[6] 彭家惠，林芳辉. 脱硫石膏粉煤灰胶结材热养护研究 [J]. 中国建材科技，1994，3 (3)：25-28.

[7] 丛钢，彭志辉，林芳辉. 脱硫建筑石膏粉煤灰胶结材性能研究 [J]. 中国建材科技，1997，6 (5)：14-17，49.

文章来源：《四川建材》第 43 卷第 1 期，2017 年 1 月。

脱硫石膏制备高强石膏工艺现状

王　博，孙振平

（同济大学先进土木工程材料教育部重点实验室，上海，201804）

摘　要　介绍了我国脱硫石膏综合利用的现状，在此基础上总结了以脱硫石膏为原料制备 α 型半水石膏（高强石膏）的主要制备方法以及当前国内外学者研究的进展和成果，最后比较了蒸压法和水热法制备高强石膏的优缺点。

关键词　α 型半水石膏；脱硫石膏；制备方法

Abstract　This paper introduces the comprehensive utilization of desulphurization gypsum in China nowadays. On the basis of discussion，we introduced the main kinds of craft about the desulfurization gypsum as raw material to prepare α-calcium sulfate hemihydrate and the progress and results of the current study in China and abroad. Finally，the advantages and disadvantages of the vapor pressure method and hydrothermal method are compared.

Keywords　α-calcium sulfate hemihydrate；preparation method；desulphurization gypsum

1　脱硫石膏简介

根据我国能源资源的现状，目前用电仍主要依靠燃煤电厂发电。而且，今后以煤电为主的格局还将继续延续下去。煤炭燃烧排放的二氧化硫对大气、植物及人体有着极大的伤害。因此，如何有效处理二氧化硫成为亟待解决的问题。至 2010 年，我国约 4.6 亿 kW 的燃煤发电机组安装了烟气脱硫装置，采用湿法脱硫技术和装备有效地减少了二氧化硫的排放，但因此产生了湿法脱硫的副产品，即脱硫石膏。我国每年因治理二氧化硫排放而产生的脱硫石膏已达到 2000 万 t。我国天然石膏资源相当丰富，主要用于建筑石膏的煅烧和直接用作水泥调凝剂。21 世纪脱硫石膏一开始出现时，工业界首先用脱硫石膏代替天然石膏作为水泥调凝剂，收到资源化利用脱硫石膏和节约天然石膏开采量的效益。但随着脱硫石膏排放量的激增，人们发现，即使水泥工业全部采用脱硫石膏作为调凝剂，仍有数量可观的脱硫石膏无法得以利用，只能暂时堆存。由此看出，如果对大量的脱硫石膏综合利用不当必定会造成严重后果，比如土壤酸化、水源二次污染，或者占用大量的堆存土地等。在日益重视环境保护的今天，我们不能因为减少空气中排放的污染物而增加了土地上堆放的"废渣"，这也有悖于我国可持续发展战略。因此，研究脱硫石膏资源化应用途径和技术具有重要意义。目前，脱硫石膏主要用作水泥调凝剂和生产各种石膏制品，如制造纸面石膏板、石膏砌块及粉刷石膏等。除此之外，正在积极开发脱硫石膏的其他利用途径，其中生产高强石膏是其中之一。高强石膏是二水石膏经加热煅烧脱去部分结晶水所得的 α 型半水石膏。α 型半水石膏结晶良好，颗粒较粗，比表面积较小，具有较高的密实度和强度。因此 α 型半水石膏被广泛用于配制自流平石膏材料，也常被用来制作陶瓷模具，还被用于牙模、吸塑模具及各种金属铸造模具、玻璃模具等。α 型半水石膏综合性能优越，成为石膏制品未来发展的方向。

脱硫石膏主要成分为二水石膏（$CaSO_4 \cdot 2H_2O$），其二水石膏含量比某些天然石膏矿都高，采用二水石膏制备高强石膏，是脱硫石膏资源化高效、高附加值应用的重要出路。本文通过比较高强石膏的制备方法，为脱硫石膏制备高强石膏指明较好的工艺方向。

2　高强石膏制备方法

目前制备高强石膏的方法主要有蒸压法和水热法。蒸压法是我国主要采用的方法，其工艺方法由来已早，并且工业应用较多，但其原料要求较高，需要以结晶度较好的天然石膏作为原料。水热法常用于湿态石膏。水热法又分为常压盐溶液法和加压水溶液法。常压盐溶液法与蒸压法和加压水溶液法不同，不需要很高的压力，能耗较低，但是其制备工艺较复杂，常用于实验室研究。下面分别论述。

2.1　蒸压法

蒸压法又称为加压水蒸气法，其工艺较为简单，工艺流程如图 1 所示。具体为：将脱硫石膏送入蒸压釜中，升温加压转化后常压干燥，磨细后得到 α 型半水石膏。影响制得的 α 型半水石膏强度等性能的主要因素有蒸压的温度、压强和反应时间等。并且该方法制得的 α 型半水石膏强度与原料的特性关系很大。选用的脱硫石膏原料越密实，越容易制得高强度的 α 型半水石膏。

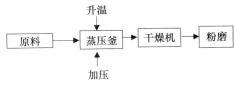

图 1　蒸压法制备高强半水石膏工艺流程

龚小梅等[1]以脱硫石膏为原料，在不同的蒸压温度条件下，采用蒸压法制备 α 型半水石膏，先将原料放入蒸压釜中升温，之后再将产物放入烘箱中干燥。通过 XRD 图谱分析，研究蒸压温度及干燥温度的不同对所制备 α 型半水石膏的影响。研究得出 135℃，150℃ 和 165℃ 条件下制备的样品，组成没有显著差别，表明蒸压条件下石膏向半水石膏的转变存在一个相变温度，超过此温度就会发生转变，而不是一个渐进的过程。之后，通过干燥发现不同温度条件下烘干所得样品的显微结构有差异，并且在 135℃ 蒸压处理 5h 后迅速于 100℃ 烘干，此时获得的样品强度最高。

桂苗苗等[2]认为采用蒸压法制备 α 型半水石膏时，必须保证合适的蒸压制度和干燥制度，并保证出釜后的物料立刻被送入已升温为 100℃ 的干燥设备中，避免二次生成二水石膏和无水石膏。在蒸压温度为 150℃ 下恒压8h，并于 110℃ 恒温烘干，其制得的 α 型半水石膏 7d 抗压强度为 26.8MPa。

宁夏石膏工业研究院的王立明[3]在蒸压法的基础上发明了混合蒸压法，主要是在制备过程中加入转晶剂并均匀混合，接着在增压温度环境下反应，之后再进行干燥和粉磨，在合适的工艺条件下可以制备抗压强度超过 50MPa 的高强石膏。

2.2　水热法

相比蒸压法，水热法制备工艺较为复杂，其工艺能提供充分的液相环境，使得 α 型半水石膏可以在液相中生长，其制备的 α 型半水石膏强度高。相比较而言，采用常压盐溶液法来制备 α 型半水石膏的研究较多。

（1）常压盐溶液法

常压盐溶液法即不用加压，在正常压强下，利用加入转晶剂的盐溶液，将脱硫石膏加热至一定温度后进行洗涤、过滤、干燥之后可得 α 型半水石膏，制备工艺如图 2 所示。盐溶液的种类、浓度，转晶剂的种类、用量，以及反应温度和时间，洗涤工艺的参数等都是影响所制得的 α 型半水石膏品质的因素。因此对于该法制备 α 型半水石膏的研究主要集中在控制反应温度、pH 值、盐溶液浓度、固液比和转晶剂等方面。

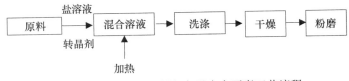

图 2　常压盐溶液法制备高强半水石膏工艺流程

锄本峻司[4]对常压状态下生产的 α 型半水石膏进行了分析，得出溶解度在生产高强石膏中起着至关重要的作用，二水石膏和 α 型半水石膏在盐溶液中的溶解度均比纯水中要高，且由于盐溶液浓度的增大其溶解效果越发明显，其中生成产物的析出，主要由二水石膏和 α 型半水石膏的溶解度差决定，溶解效果差异越大，α 型半水石膏生成就越容易。

Thomas Feldmann[5]等研究了 $CaCl_2$-HCl 溶液中 α 型半水石膏的生长动力学，试验得出温度和搅拌功率对半水石膏晶体生长速率影响较小，反应物的进料速率影响较大，而且原料粒度越小，晶体生长速率越大。

宁夏建筑材料研究院的邹本芬[6]通过试验得出结论，pH 值和盐溶液浓度是影响脱硫石膏转晶速度最重要的因素。较佳的工艺参数为：盐溶液浓度 30%～40%，脱水温度 94～105℃，pH 值在 4～5，料浆浓度≤50%。

徐锐等[7]所得结论为：反应温度在 110℃，pH 值为 6，盐溶液浓度为 25%，固液比为 1∶(4～8) 时，可以得到较好晶型的 α 型半水石膏。

刘先锋[8]等主要研究了反应温度对水热法 α 型半水石膏的影响，他认为最适宜的工艺条件为：温度 91～100℃，料浆浓度为 15%～20%，料浆的 pH 值为 5，反应时间为 30min 左右。其所制得的 α 型半水石膏转化率约为 94%，NaCl 浓度大于 15% 时，浓度的变化对转化率影响较小，而浓度越大，制得的 α 型半水石膏晶体越细小。

林敏等[9]认为最佳工艺条件为：盐溶液浓度为 15%，反应温度≥95℃，反应时间 2h，pH＝5～7，料浆浓度为 20%，可获得强度为 14.8MPa 的 α 型半水石膏。

由于制备制度中影响试验结果的参数太多，试验结果都不尽相同，但通过试验都得出一致的结论，即要制备出对硬化强度比较有利的短柱状晶形的 α 型半水石膏，须采用转晶剂进行调晶。

（2）加压水溶液法

加压水溶液法是将二水石膏粉末加入掺有转晶剂的水溶液中，升温加压，再经过压滤或离心脱水、干燥和磨细，制成 α 型半水石膏，如图 3 所示。反应中料浆的浓度、温度和压力大小，转晶剂的类型和数量，以及脱水和干燥环节等，都对产物的性能产生一定影响。

张巨松[10]等采用此法将脱硫石膏升温时间定为 75min，温度为 120℃制备了 α 型半水石膏。转晶剂的种类和掺量如下：占石膏（不含水情况下）质量的 1.8% 的硫酸铝和占石膏（不含水情况下）质量的 0.08% 的柠檬酸钠。这种情况下制备的 α 型半水石膏呈短柱状，抗压强度可达 30.2MPa。

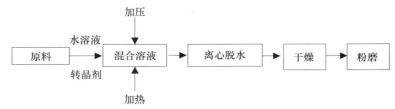

图 3　加压水溶液法制备高强半水石膏工艺流程

3　结论

高强石膏作为建筑领域和生物医学领域的不可或缺的材料，在未来工业转型发展中具有重要的研究开发和生产应用价值。脱硫石膏制备 α 型半水石膏的两类方法中，虽然加压水溶液法更加容易得到高强度的 α 型半水石膏，但其制备工艺复杂，流程长，影响因素较多，生产的成本也比较高。蒸压法由来已久，虽然已用于工业制备，但影响因素多，能耗高，产品性能也较难稳定。笔者认为，常压盐溶液法虽然制备工艺较复杂，但其能在常温下进行，能耗低，安全性高，只要转晶剂选择适当，转晶剂用量恰当，还是会得到性能稳定的高强半水石膏产品的。因此，应投入大量精力，在常压盐溶液法制备高强半水石膏工艺上取得突破性进展，并投入脱硫石膏制备高强半水石膏的实际生产中去。此外，转晶剂技术是常压盐溶液法制备 α 型半水石膏的重要保障，但目前转晶剂的作用机理尚不十分清晰，相信随着现代化测试表征技术的进步，这方面一定会取得突破性进展的。

基金项目："十三五"国家重点专项课题（2016YFC0701004）。

参考文献

[1] 龚小梅，宾晓蓓，杨少博，等．脱硫石膏转化为半水石膏的过程及机理［J］．硅酸盐通报，2015，34（9）：2491-2495．

[2] 桂苗苗，从钢．脱硫石膏蒸压法制α半水石膏的研究［J］．重庆建筑大学学报，2001，23（2）：63-65．

[3] 王立明，陈兴福，周军璞．混合蒸压转晶技术在工业副产石膏中的应用［C］．2013中国建筑材料联合会石膏建材分会第四届年会暨第八届全国石膏技术交流大会及展览会论文集，2013：58-60．

[4] 锄本峻司，原·尚道，向山广．Effects of salts on the formation of alpha-calcium sulfate hemihydrates in aqueous salts solution under the atmospheric pressure［J］．Gypsum & Lime，1985（199）：9 -14．

[5] Thomas Feldmann，Geoge P Demopoulos．The crystal growth kinetics of alpha calcium sulfate hemihydarate in concentrated $CaCl_2$-HCl solutions［J］．Journal of Crystal Growth，2012（7）：9-18．

[6] 邹本芬．脱硫石膏在常压盐溶液制备α半水石膏的研究［J］．科学实践，2008（34）：255-256．

[7] 徐锐，陈权，郭进武．烟气脱硫石膏溶液法制备α半水石膏的工艺研究［J］．化学与生物工程，2011，28（2）：78-79．

[8] 刘先锋，舒渝艳，等．盐溶液浓度对常压水热法制备α半水石膏的影响［J］．科学技术与工程，2012，6（12）：3877-3879．

[9] 林敏，万体智，等．常压盐溶液介质水热法制备α半水石膏脱硫石膏工艺条件研究［J］．重庆大学，2008：101-103．

[10] 张巨松，孙蓬，鞠成，等．转晶剂对脱硫石膏制备α半水石膏形貌及强度的影响［J］．沈阳建筑大学学报，2009，19（3）：521-525．

文章来源：《粉煤灰》，2017年第1期。

硫酸-无机盐中脱硫石膏水热合成硫酸钙晶须

李　强[1]，师长伟[1]，刘福立[1]，尚　超[1]，闫平科[1]，王来贵[2]

（1. 辽宁工程技术大学矿业学院，辽宁阜新，123000；

2. 辽宁工程技术大学力学与工程学院，辽宁阜新，123000）

摘　要　以脱硫石膏为原料，利用水热法在硫酸-无机盐-水体系中成功制备出硫酸钙晶须。借助 SEM、图像粒度分析等方法，考察反应温度、时间、硫酸浓度、晶型控制剂等条件对晶须形貌及长径比的影响，并初步讨论硫酸-无机盐-水体系对晶须成核和生长过程的影响。结果表明：在硫酸-无机盐-水体系中，反应温度、反应时间、硫酸浓度和晶型控制剂的类型，都会改变硫酸钙晶须的平均长径比。制备硫酸钙晶须的最优工艺条件为：脱硫石膏质量分数 5%，反应温度 135℃，反应时间 150min，硫酸浓度 10^{-3}mol/L，使用的晶型控制剂为氯化铜（质量分数为 0.17%）。在此条件下制备的半水硫酸钙晶须平均长径比可达到 74.38。

关键词　硫酸-无机盐体系；脱硫石膏；半水硫酸钙晶须；水热法；晶型控制剂

Abstract　Using flue-gas desulfurization（FGD）gypsum as raw materials，calcium sulfate whisker in sulfuric acid-inorganic salt-water system by hydrothermal crystallization was prepared. With the help of SEM，image granularity analysis method，investigate the effects of reaction temperature，time，concentration of sulfuric acid，crystal control agent and other conditions on the whisker morphology and the effect of the length to diameter ratio，and discussed the effect of sulfuric acid-inorganic salt water system on the whisker nucleation and growth process. The results showed that：in sulfuric acid-inorganic salt water system，reaction temperature and reaction time，the concentration of sulfuric acid and chemical additives，will change the average length diameter ratio of calcium sulfate whisker. The optimal experimental conditions of hemihydrate calcium sulfate whiskers preparation：FGD gypsum mass fraction of 5%，reaction temperature for 135℃，reaction time for 150 min，the concentration of sulfuric acid is 10^{-3}mol/L，the chemical additives was $CuCl_2$（the quality score is 0.17%）. Hemihydrate calcium sulfate whiskers prepared under these conditions the average length diameter ratio reached 74.38.

Keywords　sulfuric acid-inorganic salt system；flue gas desulfurization gypsum；hemihydrate calcium sulfate whiskers；hydrothermal crystallization；chemical additives

0　引言

　　硫酸钙晶须是一种无机晶须材料，可以作为复合材料的增强组元，制造摩擦材料、沥青填料及增强剂，制造可以完全降解的纸张，降低植物纤维的用量[1-4]。目前制备半水硫酸钙晶须的主要方法有水热法和常压盐溶液法[5]。吴晓琴[6]采用常压盐溶液法从烟气脱硫石膏制备硫酸钙晶须。张伟卓[7]以 H_2O-HCl-$CaCl_2$ 溶液为反应介质采用两步法在常压下对脱硫石膏脱色，并得到了水热反应较适宜的条件。马天玲[8]以烟气脱硫石膏为原料，采用水热合成工艺制备硫酸钙晶须。Yang 等[9]以筛选、酸浸、浮选后的脱硫石膏为原料经水热法制备了半水硫酸钙晶须。上述文献未讨论在硫酸-无机盐-水体系中，硫酸浓度、无机盐类型对晶须平均长径比的影响，以及硫酸钙晶须的成核和生长过程。本实验以电厂烟气脱硫石膏为原料，采用水热法在硫酸-无机盐体系中制备硫酸钙晶须，考察了反应时间、温度、晶型控制剂、硫酸浓度等因素对硫酸钙晶须平均长径比的影响，并初步讨论了硫酸钙晶须的成核和生长过程。

1　实验部分

1.1　原料

原料为辽宁省某电厂烟气脱硫石膏，外观呈灰褐色粉末状，自由水含量为 7.2%。脱硫石膏化学组成（w%）为：CaO，31.89；SiO_2，1.07；Al_2O_3，1.54；SO_3，43.37；MgO，1.57；Fe_2O_3，1.45；H_2O，18.88；其他，0.23。其粒度分析结果如图 1 所示，XRD 图谱如图 2 所示。由图 1 可知，原料的粒度分布在 0～300μm，主要集中在 10～100μm。由图 2 可知，原料主要成分为二水硫酸钙。原料中 SO_3 质量分数为 43.37%，若样品中 SO_3 只存在于二水硫酸钙中，则可以估算出其二水硫酸钙含量为 93.25%，说明原料中二水硫酸钙的含量较高，可以直接用于制备半水硫酸钙晶须。

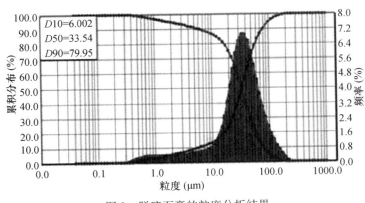

图 1　脱硫石膏的粒度分析结果　　　　　　图 2　脱硫石膏的 XRD 图谱

1.2　试剂及仪器设备

浓硫酸（H_2SO_4）、氯化铜（$CuCl_2$）、氯化钠（NaCl）、氯化镁（$MgCl_2$）、硫酸钠（Na_2SO_4）、无水乙醇（CH_3CH_2OH），均为分析纯；蒸馏水，自制。JA2003 型电子精密天平；106μm 标准分样筛；JB-1B 型磁力搅拌器；KH-100 型水热高压反应釜；XL-1-4kW 型箱式高温炉；CY881-特型电热恒温鼓风干燥箱；SHZ-D（Ⅲ）型循环水式真空泵。

1.3　实验方法

将脱硫石膏样品通过 106μm 标准分样筛进行筛分。取筛下物溶解于水中，并加入硫酸和晶型控制剂，置于磁力搅拌器上搅拌 30min；将溶液摇匀移入带有聚四氟乙烯衬套的不锈钢反应釜中，控制反应温度和反应时间，待反应结束后自然冷却。陈化 3h 后，得到的物料用蒸馏水洗涤 4 次，直至中性，真空抽滤，将滤饼置于 100℃ 电热恒温鼓风干燥箱中烘干 30min，得到白色絮状物，即为半水硫酸钙晶须。半水硫酸钙晶须制备工艺流程，如图 3 所示。

1.4　实验样品表征

用日本岛津公司的 XRD-6100 型 X 射线衍射仪（XRD）进行物相分析；用丹东百特仪器有限公司的 BT-2003 型激光粒度分布仪测定原料的粒度；用丹东百特仪器有限公司的 BT-1600 型图像粒度分析仪测定样品平均长径比；用菲达康公司的 Q50 型扫描电子显微镜（SEM），分析晶体的形貌。

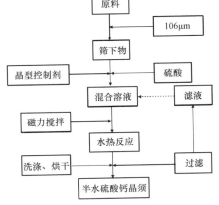

图 3　半水硫酸钙晶须制备工艺流程图

2　结果与讨论

2.1　水热反应温度对晶须平均长径比的影响

根据前期实验探究和分析，确定脱硫石膏质量分数为 5%，水热反应时间为 150min，硫酸浓度为 10^{-3} mol/L，选择晶型控制剂为氯化铜（质量分数为 0.17%），控制水热反应温度为 105～155℃，进行单因素实验。得到晶须的平均长径比和反应温度之间的关系，如图 4 所示。

从图 4 可看出，随着温度的升高，产物长径比先增大后减小。当反应温度小于 115℃时，产物的平均长径比较小；当反应温度为 125℃时，产物平均长径比有所增加，为 45.81；当反应温度为 135℃时，生成产物中几乎不含有颗粒状晶体，且生成的晶须表面光滑、直径较细、长度较长，此时产物的平均长径比达到最大，为 74.38；当反应温度高于 145℃时，生成产物的直径增加，长度下降，含有许多短柱状晶体，此时产物的长径比有所下降。反应温度主要是通过对晶须成核过程产生影响从而影响晶须的平均长径比。随着温度的升高，半水硫酸钙溶解度下降，这会导致溶液的过饱和度增大，提高晶须的成核速率。在反应温度较低时，由于整个反应体系的能量不足，

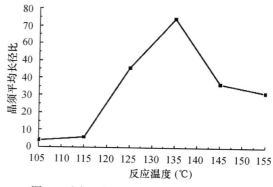

图 4　反应温度对晶须平均长径比的影响

在溶液体系中晶核的消融速率比生长速率大，能形成有效晶核的数目少，导致只有少量的晶须生成，使产物的平均长径比较小。在反应温度较高时，溶液的过饱和度较大，不但增大了晶须在长度方向的生长速率，且促使晶须表面发生二次成核，沿直径方向生长，从而导致长径比下降。确定反应温度为 135℃。

2.2　水热反应时间对晶须平均长径比的影响

固定反应条件：脱硫石膏质量分数为 5%，水热反应温度为 135℃，添加硫酸浓度为 10^{-3} mol/L，选择晶型控制剂为氯化铜（质量分数为 0.17%）。不同反应时间和晶须平均长径比之间的关系，如图 5 所示。

从图 5 可看出，随着时间的延长，产物长径比先增大后减小。当反应时间小于 120min 时，生成晶须的长度较短，此时产物的平均长径比较小；当反应时间为 150min 时，生成的晶须表面光滑、直径较细、长度较长，此时产物的平均长径比达到最大，为 74.38；当反应时间为 180min 时，生成的晶须直径增大，部分晶须长度明显下降，此时产物的平均长径比降低，为 32.35；当反应时间为 210min 时，几乎全部的晶须长度均明显下降，此时产物晶须的平均长径比迅速下降，为 6.83。反应时间主要是通过对晶须生长的运输过程产生影响从而影响晶须

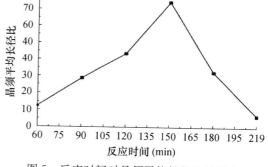

图 5　反应时间对晶须平均长径比的影响

的平均长径比。运输过程主要包括热量运输和质量运输两个过程。在反应时间较短时，由于反应时间不足，运输过程进行不完全，晶须平均长径比较小；而反应时间过长，产物中晶须会出现二次结晶，较长的晶须会出现溶解、断裂，导致晶须的平均长径比下降。故选择最优反应时间为 150min。

2.3　硫酸浓度对晶须平均长径比的影响

固定反应条件：脱硫石膏质量分数为 5%，水热反应温度为 135℃，水热反应时间为 150min，选择晶型

控制剂为氯化铜（质量分数为 0.17％）。不同硫酸浓度与晶须的平均长径比之间的关系，如图 6 所示。从图 6 可看出，随着硫酸浓度的增大，晶须平均长径比先增大后减小。在硫酸浓度小于 10^{-2} mol/L 时，脱硫石膏的溶解度随着硫酸浓度的增大而增大，会促进硫酸钙晶须的成核和生长。在硫酸浓度为 10^{-1} mol/L 时，有较多短柱状晶体产生，晶须平均长径比下降，为 43.56。硫酸浓度为 10^{-2} mol/L 和 10^{-3} mol/L 相比较，晶须平均长径比分别为 72.26 和 74.38，变化不大，是因为在硫酸浓度为 10^{-2} mol/L 时，随着晶须长度的增大，直径也有所增加。结合前述结果，并考虑到硫酸用量会对设备造成影响，选择硫酸浓度为 10^{-3} mol/L。

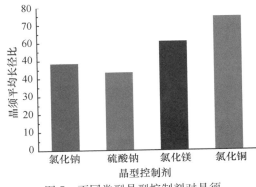

图 6　硫酸浓度对晶须平均长径比的影响

2.4　晶型控制剂种类对晶须平均长径比的影响

固定反应条件：脱硫石膏质量分数 5％，水热反应温度 135℃，水热反应时间 150min，添加硫酸浓度 10^{-3} mol/L，晶型控制剂质量分数 0.17％。不同类型晶型控制剂与晶须平均长径比之间的关系，如图 7 所示。

从图 7 可看出，添加不同类型的晶型控制剂对晶须平均长径比的影响为：氯化铜＞氯化镁＞氯化钠＞硫酸钠。以氯化铜、氯化镁和氯化钠为晶型控制剂制备硫酸钙晶须，其平均长径比均大于以硫酸钠为晶型控制剂制备的晶须。这是因为以硫酸钠为晶型控制剂时，由于会增大溶液中的硫酸根离子含量，打破溶液中硫酸钙的溶解平衡，使溶液中的钙离子浓度降低，影响了重结晶过程。当晶型控制剂阳离子为钠离子时，与铜离子和镁离子相比，其半径较大，对电子引力较小，与钙离子争夺结合水的能力较弱，所以制备的晶须平均长径比较小。综上所述，选择氯化铜为晶型控制剂。

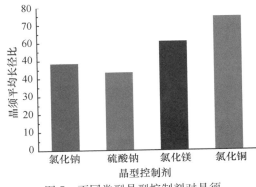

图 7　不同类型晶型控制剂对晶须
平均长径比的影响

2.5　硫酸-无机盐-水体系中硫酸钙晶须合成过程

分析脱硫石膏原料的 SEM 照片，如图 8 所示。从图 8 可看出，晶体颗粒主要呈现圆球状、扁平状及不规则细粒状。最优单因素条件下制备的硫酸钙晶须 SEM 照片，如图 9 所示。从图 9 可看出，晶须主要呈现纤维状或棒状，晶须表面结晶程度良好，无裂痕。

图 8　脱硫石膏的 SEM 照片

图 9　硫酸钙晶须的 SEM 照片

硫酸-无机盐体系中制备晶须是添加硫酸和晶型控制剂的条件下，实现晶须的成核和生长。利用脱硫石膏制备硫酸钙晶须实际上可以分为两个阶段：第一阶段，脱硫石膏溶解；第二阶段，硫酸钙重结晶。重结晶过程又是由以下 3 个过程组成：（1）晶须的成核过程；（2）晶须生长的界面过程；（3）晶须生长的运输过程。在两个阶段中发生如下反应：

$$CaSO_4 \cdot 2H_2O \Longleftrightarrow Ca^{2+} + SO_4^{2-} + 2H_2O$$
$$Ca^{2+} + SO_4^{2-} + 0.5H_2O \Longleftrightarrow CaSO_4 \cdot 0.5H_2O$$

脱硫石膏在硫酸溶液中的溶解度随着硫酸浓度的增大先增大，然后出现减小的现象。脱硫石膏中含有少量硅、铝杂质，这些杂质容易与碱发生反应，形成一定量铝硅质单体或多聚体，从而影响晶须的结晶与生长，加入硫酸后可以有效抑制该硅酸盐聚体的形成。另外在稀硫酸溶液中，H^+ 通常以水合离子的形式存在，对晶体表面产生强烈作用，影响了晶体的生长，不仅阻碍晶体沿轴向生长，对晶体沿其他面生长抑制作用更强。但随着硫酸浓度的增加，晶体沿轴向生长受到的抑制作用也变强，导致晶须平均长径比下降。

在水溶液中，水热反应条件下，脱硫石膏有生长为硫酸钙晶须的趋势，但是生成产物长径比较小。所以，仅仅在内在因素的影响下，无法制备出形貌均匀、长径比较高的晶须。而在硫酸-无机盐体系中，水热反应条件下，无机盐水解产生阴离子和阳离子，阳离子在酸性条件下，在晶须表面进行吸附，并且和游离于溶液中的钙离子争夺结合水，促进晶须沿轴向生长，导致轴向和侧面的生长速率产生差异，从而影响晶须的平均长径比。而当水解产生的阴离子为硫酸根离子时，会增大溶液中硫酸根离子的含量，导致硫酸钙的溶解平衡向左移动，降低溶液中钙离子的含量，导致溶液中硫酸钙过饱和度下降，从而影响晶须的平均长径比。因此，硫酸浓度和无机盐类型是在硫酸-无机盐体系中制备晶须的重要影响因素。

3　结论

1. 以脱硫石膏为原料，在硫酸-无机盐体系中采用水热法合成了硫酸钙晶须，最优工艺条件为：脱硫石膏质量分数 5%，硫酸用量 0.001mol/L，晶型控制剂为氯化铜（质量分数为 0.17%），反应温度 135℃，反应时间 150min。

2. 硫酸钙晶须合成过程中，脱硫石膏在硫酸溶液中的溶解度随着硫酸浓度的增大，先增大后减小，而且硫酸还可以有效抑制杂质形成硅酸盐聚体。无机盐在溶液中水解产生的阳离子吸附在晶体表面，与钙离子争夺结合水，从而影响晶须的平均长径比。水解产生的阴离子为硫酸根离子时，打破硫酸钙的溶解平衡，从而影响晶须的平均长径比。

3. 在最优工艺条件下制备的半水硫酸钙晶须平均长径比可达到 74.38。这表明，在硫酸-无机盐-水体系中水热法制备硫酸钙晶须的方法切实可行，对研究硫酸钙晶须的制备方法有一定的参考意义。

参考文献

[1] 王玉珑，覃盛涛，詹怀宇，等. 硫酸钙晶须溶解抑制改性及其性能表征 [J]. 非金属矿，2013，36（1）：42-45.

[2] 师存杰，张兴儒，郭祖鹏，等. 硫酸钙晶须的制备及其应用进展 [J]. 当代化工，2010，39（4）：436-438，441.

[3] WANG X, JIN B, YANG L S, et al. Effect of CuCl₂ onhydrothermal crystallization of calcium sulfate whiskers prepared from FGD gypsum [J]. Crystal Research and Technology, 2015, 50 (8): 633-640.

[4] 杨淼，陈月辉，铁寅，等. 改性硫酸钙晶须改善 SBS 胶黏剂黏接性能的研究 [J]. 非金属矿，2010，33（2）：18-20.

[5] 王舒州，陈德玉，何玉龙，等. 磷石膏渣水热合成硫酸钙晶须的试验研究 [J]. 非金属矿，2016，39（1）：4-7.

[6] 吴晓琴. 常压盐溶液法从烟气脱硫石膏制备硫酸钙晶须研究 [J]. 武汉科技大学学报，2011，34（2）：104-110.

[7] 张伟卓，赵斌，陈学青，等. 脱硫石膏晶体提纯脱色的研究 [J]. 人工晶体学报，2015，44（4）：1069-1076，1083.

[8] 马天玲. 利用脱硫石膏制备硫酸钙晶须的研究 [D]. 沈阳：东北大学，2008.

[9] YANG L S, WANG X, ZHU X F, et al. Preparation of calciumSulfate Whisker by Hydrothermal Method from Flue Gas Desulfurization Gypsum [J]. Applied Mechanics and Materials, 2013 (268/269/270): 823-826.

烧结烟气脱硫灰制备硫酸钙晶须实验研究

窦冠雄[1,2]，龙　跃[1,2]，李智慧[1,2]，赵　波[1,2]，徐晨光[1,2]

（1. 华北理工大学冶金与能源学院，河北唐山，063210；
2. 钢铁研究总院先进钢铁流程及材料国家重点实验室，北京，100081）

摘　要　以某钢铁厂烧结烟气脱硫灰为研究对象，采用化学分析、SEM、XRD、热重差热分析等检测手段对其化学成分进行了检测分析。分析结果表明：烧结烟气脱硫灰中主要矿物组成为 $CaSO_3 \cdot 0.5H_2O$，$Ca(OH)_2$ 以及 $CaSO_4 \cdot 2H_2O$，主要成分与天然石膏接近；烧结烟气脱硫灰颗粒大小不一，呈不规则粒状或球块状，结构疏松，呈多孔状颗粒，其颗粒细度小于天然石膏；以烧结烟气脱硫灰为原料制备硫酸钙晶须是可行的。

关键词　烧结烟气脱硫；脱硫灰；硫酸钙晶须

Abstract　Some samples of desulfurization ash was taken from a semi-dry flue gas desulfurization processing sinter gas，which was released in iron and steel industries. The chemical compositions of desulphurization ash are studied by methods such as chemistry analysis and XRD and SEM and TG-DTA. The results showed that the main mineral compositions of sintering flue gas desulfurization ash are $CaSO_3 \cdot 0.5H_2O$, $Ca(OH)_2$ and $CaSO_4 \cdot 2H_2O$ and the main composition is close to natural gypsum. The particle size of sintering flue gas desulfurization ash is different，which is irregular granular or ball block. Its structure is loose and porous and its particle fineness is less than natural gypsum. It is feasible to prepare calcium sulfate whiskers by sintering flue gas desulfurization ash.

Keywords　sintering flue gas desulfurization；desulfurization ash；calcium sulfate whisker

0　引言

硫酸钙晶须是以石膏为原料，通过人为控制，以单晶形式生长的，具有均匀的横截面、完整的外形、完善的内部结构的纤维状或须状的单晶体。硫酸钙晶须具有高强度、高韧性、高绝缘性、耐高温、耐酸碱、抗腐蚀等诸多优良的理化性能，价格低廉且性价比高，绿色环保，被广泛地应用在复合材料的增强增韧剂，沥青水泥的改性及环境工程的过滤材料等领域，拥有巨大的发展潜力。

随着当今社会对环保越来越多的关注，烧结烟气已经成为了钢铁企业 SO_2 减排的重点。干法、半干法烟气脱硫技术因其工艺简单、技术成熟、投资低、占地面积小等优势，成为目前国内烧结烟气脱硫采用的主要方法。烧结烟气脱硫灰是钢厂半干法烟气脱硫的副产物，由于其成分复杂，只有少部分脱硫灰得到初级利用，绝大部分被抛弃，如果不加以综合利用将会造成二次污染并占用土地，对环境造成很大的影响。

虽然脱硫灰的成分较为复杂，但是与天然石膏成分比较接近。硫酸钙晶须的原料一般是天然石膏，以脱硫灰为原料制备硫酸钙晶须的技术研究很少。以脱硫灰作为原料制备硫酸钙晶须丰富了烧结烟气半干法脱硫产物的利用途径，节约资源保护环境的同时实现了脱硫灰的高附加值利用。本文以某钢铁厂的烧结烟气脱硫灰为研究对象，对其化学成分及理化特性进行检测分析，探究以脱硫灰作为原料制备硫酸钙晶须的可行性。

1　实验

1.1　实验原料

脱硫灰：两种脱硫灰分别由唐山某钢厂提供，编号为1。

1.2 实验方法

采用日立－4800 型扫描电子显微镜镜（scanning election microscope，SEM）进行观察。采用日本产 D/MAX2500PC 型 X 线衍射仪（X-ray diffraction XRD）进行测定，测定条件如下：Cu 靶，电压为 40kV，电流为 80mA，步宽为 0.02°，扫描速度为 10°/min。利用德国耐驰公司产 STA449F3 型高温综合热分析仪，在模拟空气气氛下进行分析（气体流量为 40mL/min，升温速度为 10℃/min）。

2 结果与分析

2.1 化学组成分析

从表 1 可以看出：脱硫灰的主要化学成分是 CaO 和 SO_3，两种成分的含量之和超过 80%，属于高硫高钙型脱硫灰。与天然石膏相比，脱硫灰中的 CaO 含量约 45%，超出天然石膏中的 CaO 含量 15% 以上；SO_3 含量约 31%，低于天然石膏 SO_3 的含量 10%。同时，两个脱硫灰原料中均含有天然石膏中未有的 $CaCl_2$。整体来看，脱硫灰与天然石膏的含量是比较接近的，而天然石膏是用来制备硫酸钙晶须的主要原料之一，由此可见，利用脱硫灰制备硫酸钙晶须具备一定的可能性。

表 1 脱硫灰的化学组成（%）

成分	SiO_2	Al_2O_3	TFe_2O_3	CaO	MgO	SO_3	$CaCl_2$	LOI
1 号脱硫灰	1.49	0.82	0.46	48.29	1.28	31.48	3.28	12.58
天然石膏	4.30	1.73	1.15	31.50	1.30	41.10	—	—

2.2 脱硫灰矿物组成分析

图 1 为烧结脱硫灰的 XRD 图谱。

由图 1 可以看出，脱硫灰中的主要矿物组成大致相同为 $CaSO_3 \cdot 0.5H_2O$，$Ca(OH)_2$ 以及 $CaSO_4 \cdot 2H_2O$。半干法烧结烟气脱硫反应是利用脱硫剂，一般为 CaO 和 $Ca(OH)_2$，与烧结烟气中的 SO_2 发生化学反应，由于反应环境缺少氧气，所以脱硫产物无法全部转化为 $CaSO_4$，多以 $CaSO_3 \cdot 0.5H_2O$ 的形式存在，主要反应过程如下：

$$2Ca(OH)_2 + 2SO_2 \longrightarrow 2CaSO_3 \cdot 0.5H_2O + H_2O \tag{1}$$

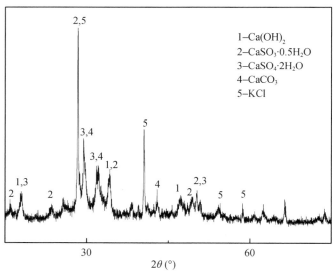

图 1 1 号脱硫灰的 XRD 图

脱硫灰中的 Ca（OH）$_2$ 是未参与反应残留的脱硫剂，又因为烧结烟气中存在大量的 CO_2，所以 Ca（OH）$_2$ 与烧结烟气中的 CO_2 反应生成的 $CaCO_3$ 会留在脱硫灰中。

硫酸钙晶须是以天然石膏为原料经特定工艺及配方合成的硫酸钙纤维状单晶体，化学式为 $CaSO_4$。硫酸钙晶须有三种，分别是无水硫酸钙（$CaSO_4$）晶须、半水硫酸钙（$CaSO_4 \cdot 0.5H_2O$）晶须和二水硫酸钙（$CaSO_4 \cdot 2H_2O$）晶须。与硫酸钙晶须相比，脱硫灰的成分中含有大量的 $CaSO_3 \cdot 0.5H_2O$，这是和硫酸钙晶须成分上的主要区别。虽然 $CaSO_3$ 具有不稳定性，在不同条件下既有可能发生分解也可能发生氧化反应，甚至会产生 SO_2，造成二次污染，但是亚硫酸钙在一定条件下可转化为硫酸钙，这为脱硫灰制备硫酸钙晶须提供了物质基础。

2.3　微观形貌分析

脱硫灰的 SEM 图如图 2 所示。通过观察图 2 可以看出，脱硫灰的颗粒大小不一，呈不规则粒状或球块状，结构疏松，呈多孔状颗粒。整体看其表面较光滑、致密，但是颗粒表面出现了些许形状不规则的凸起物。这是因为脱硫过程是在高温下进行的，脱硫产物难以产生液相的条件尚不具备，产生的固相扩散行为明显，从而使其表面结构疏松多孔。根据标尺确定其粒径尺寸范围在 $10 \sim 60 \mu m$ 之间。天然石膏经过粉碎后，细度一般在 $140 \mu m$ 左右，比脱硫灰颗粒大。邓志银等人发现，随着原料粒度的减小，硫酸钙晶须的直径不断减小，硫酸钙晶须的长径比不断增加，当原料粒度为 $1.6 \mu m$，长径比达到 68.65。脱硫灰的粒度基本上符合制备硫酸钙晶须的要求。

(a) 2号脱硫灰×10000　　　　　(b) 2号脱硫灰×2000

图 2　2号脱硫灰不同放大倍数下 SEM 图

另外，烧结烟气脱硫灰的颜色偏深，主要是由于烟气中的成分比较复杂，含有较多的粉煤灰。其次，脱硫产物中含有较多的 Mg^{2+}、Cl^-、Fe^{3+} 等可溶性杂质离子，使其颜色加深。通过用物理提纯和化学提纯的方法可以提高脱硫灰纯度和白度，进一步为脱硫灰制备硫酸钙晶提供物质基础。

2.4　热稳定性分析

图 3 是 1号脱硫灰的热重差热曲线图。通过差热分析软件结合图可知，脱硫灰 TGA 和 DTA 曲线是相互对应的，随着温度的升高，失重在持续地进行，虽然失重快速下降的温度段不太明显，但依然可以看出脱除水分、失去结晶水、杂质分解和硫酸钙最终分解几个阶段。

原样在加热分解过程中反应比较复杂：（1）50℃ 到 200℃ 主要是脱除原料中存在的水分的过程，TG 曲线有一失重台阶，DTA 曲线在 $100 \sim 120$℃ 存在一处不明显的吸热峰；（2）在 200℃ 到 370℃ 之间，TG 曲线有一失重台阶，失重约 3%～5%，对应于 DTA 曲线上出现一个 360℃ 左右的吸热峰，这是脱硫灰中 $CaSO_3 \cdot 0.5H_2O$ 失去结晶水的过程；（3）$370 \sim 500$℃ 之间存在几个不明显的吸热峰，这阶段主要是 Ca（OH）$_2$ 的分解生成 CaO 和 H_2O；（4）$600 \sim 750$℃ 是 $CaCO_3$ 的分解反应阶段，TG 曲线有一失重台阶，对应于 DTA 曲线上出现

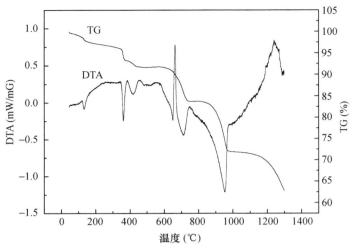

图 3　1 号脱硫灰的 TG-DTA 曲线

一个 720℃ 左右的吸热峰。但是，DTA 曲线上出现一个 680℃ 吸热峰，主要是由于此过程中还可能伴随少量 $CaSO_3$ 的热分解，上层少量亚硫酸钙于 675℃ 分解生成 SO_2，但是随着 $CaCO_3$ 分解生成 CaO，可能使 $CaSO_3$ 的热分解发生逆反应，延迟了热分解；（5）750℃ 到 950℃ 是 $CaSO_3$ 的分解反应阶段，TG 曲线出现一个失重台阶，对应于 DTA 曲线上出现一个 750℃ 左右的吸热峰；（6）1200℃ 以上，脱硫灰中大量 $CaSO_4$ 发生了分解反应，使样品产生明显的失重变化。

综上所述，从以上分析可以得出，脱硫灰的成分中 $CaSO_3$，$CaCO_3$，$Ca(OH)_2$ 和 CaO，其中 $CaSO_4$ 热稳定性最好，$CaSO_3$，$CaCO_3$ 次之，$Ca(OH)_2$ 最差。对于 $Ca(OH)_2$ 和 CaO 杂质，通过加入 H_2SO_4 溶液可以使这两种杂质转化为 $CaSO_4$，符合制备硫酸钙晶须原料上的要求。但是脱硫灰中的亚硫酸钙不仅在高温条件下容易分解，而且遇强酸也会发生分解，所以应先解决亚硫酸钙的不稳定问题。目前，国内外研究亚硫酸钙氧化转化利用的方法多为低温催化氧化，并取得了一定的研究成果。通过对脱硫灰中主要的物质亚硫酸钙进行氧化转化为硫酸钙，并将其他多余杂质脱除或转化，在此条件下利用脱硫灰制备硫酸钙晶须实现研究是能够实现的。

3　结论

（1）烧结烟气脱硫灰中的主要矿物组成为 $CaSO_3 \cdot 0.5H_2O$，$Ca(OH)_2$ 以及 $CaSO_4 \cdot 2H_2O$，主要成分与天然石膏接近，利用脱硫灰制备硫酸钙晶须具备一定的可能。

（2）烧结烟气脱硫灰颗粒大小不一，呈不规则粒状或球块状，结构疏松，呈多孔状颗粒。其颗粒细度小于天然石膏，符合制备硫酸钙晶须的要求。

（3）烧结烟气脱硫灰中含有 $CaSO_3$，$CaCO_3$，$Ca(OH)_2$ 和 CaO 等物质，$CaSO_4$ 热稳定性最好，$CaSO_3$，$CaCO_3$ 次之，$Ca(OH)_2$ 最差。

（4）通过对脱硫灰中主要的物质亚硫酸钙进行氧化转化为硫酸钙，并将其他多余杂质脱除或转化，在此条件下利用脱硫灰制备硫酸钙晶须的实验研究是可行的。

参考文献

［1］李明．硫酸钙晶须的制备及应用研究进展［J］．精细与专用化学品，2016（6）：47-50.

［2］邱惠惠，罗康碧，李沪萍，等．硫酸钙晶须的制备及多元化应用研究进展［J］．化工新型材料，2015，43（3）：228-230.

［3］杜惠蓉，陈安银，高尚芬，等．硫酸钙晶须制备机理及技术研究进展［J］．山东化工，2014，43（2）：49-51.

［4］魏淑娟，王爽，周然．我国烧结烟气脱硫现状及脱硝技术研究［J］．环境工程，2014，32（2）：95-97.

［5］付应利，穆琰，张志国，等．半干法烟气脱硫灰改性及应用［J］．环境科学与技术，2013，36（2）：155-158.

[6] 霍超，刘志刚，白瑞英，等. 钢厂烧结烟气脱硫灰理化特性 [J]. 河北联合大学学报：自然科学版，2015 (2)：1-4＋9.

[7] 汪潇. 脱硫石膏制备硫酸钙晶须媒晶剂的筛选及作用机理研究 [D]. 武汉：华中科技大学，2014.

[8] 纪宪坤. 流化床燃煤固硫灰渣几种特性利用研究 [D]. 重庆：重庆大学，2007.

[9] 杨荣华，吴秀勇，冯晓宁. 用天然石膏制备硫酸钙晶须的研究 [J]. 无机盐工业，2010 (1)：44-47.

[10] 邓志银，袁义义，孙骏. 不同固液比和原料粒度对脱硫石膏制备硫酸钙晶须的影响 [J]. 粉煤灰，2009 (3)：27-29.

[11] 王世昌，徐旭常，姚强. CaO颗粒烟气脱硫反应最佳反应温度的实验研究 [J]. 热能动力工程，2004，19 (5)：454-457.

[12] 王宏，钱枫. 喷钙脱硫灰在高温条件下的稳定性研究 [J]. 环境污染与防治，2002，24 (2)：87-89.

[13] 杨新亚，张丽英，刘洪波. 干法与半干法脱硫渣中亚硫酸钙的低温催化氧化的研究 [J]. 粉煤灰，2006，18 (4)：10-12.

热失重实验法研究脱硫石膏的脱水特性

赵　华，廖洪强，宋慧平，程芳琴

（山西大学资源与环境工程研究所，国家环境保护煤炭废弃物资源化高效利用
技术重点实验室，煤电污染控制及废弃物资源化利用
山西省重点实验室，山西太原，030006）

摘　要　本文利用热失重分析仪（TGA），在不同升温速率、不同终态温度下恒温一段时间等实验条件下，分别考察了脱硫石膏的热脱水特性。结果表明：升温速率越大，脱硫石膏结晶水开始失重和结束失重的温度越高，脱硫石膏结晶水失重速度越快；终态温度（℃）分别为 80，85，90，95，100，105，110，115，120 的条件下恒温 60min 时脱硫石膏结晶水的热失重特性，终态温度越高，脱硫石膏结晶水开始失重的时间越大和结束失重的时间越小，终态温度越高，脱硫石膏结晶水失重速率越大。终态温度是 1000℃ 时，脱硫石膏出现三次失重，第一次失重是脱硫石膏失去自由水的缘故，第二次失重的原因是脱硫石膏失去结晶水，第三次失重是脱硫石膏中的杂质碳酸钙分解所致。

关键词　脱硫石膏；热失重特性；脱水特性；脱水速率；失重率

Abstract　In this paper, the thermal dehydration characteristics of FGD gypsum were investigated by thermal gravimetric analyzer（TGA）under different heating rates and temperatures at different final temperatures for a period of time. The results show that the heating rate increases, desulfurization gypsum water began to end weightlessness and weightlessness temperature is higher, the desulfurization gypsum crystal water loss faster; final temperature（℃）was 80, 85, 90, 95, 100, 105, 110, 115 and 120 conditions under the constant temperature of 60min desulfurization gypsum crystal water thermal characteristics, final temperature higher desulfurization gypsum crystallization water began to weightlessness time is bigger and the end of weightlessness in less time, final temperature higher desulfurization gypsum water loss rate is greater. Final temperature is 1000℃, the desulfurization gypsum appears three times of weightlessness，the first is the desulfurization gypsum free water lost weight loss because of the reason of second weight loss is the desulfurization gypsum crystal water is lost third weight loss is caused by the decomposition of FGD gypsum impurities in calcium carbonate.

Keywords　desulfurization gypsum; TGA; dewatering characteristics; dehydration rate; the rate of weight loss

　　脱硫石膏是烟气脱硫的产物，随着我国雾霾治理力度加大和环保标准的提高，脱硫石膏的产生量将进一步增加[1-2]。大量脱硫石膏的产生和堆放，不仅占用土地，而且还污染环境，急需要资源化加工利用[3-4]。脱硫石膏的利用方式较多，主要途径是作为水泥缓凝剂[5-7]，石膏砌块[8]和粉刷石膏[9]。国内外研究者对脱硫石膏进行了大量研究，并取得了一系列的研究成果。C. Leiva[10]等研究了脱硫石膏板的防火能力和绝缘性能。章静等[11]研究了脱硫石膏的热分解特性，结果表明在高纯 N₂ 气氛下，脱硫石膏的分解分为四个阶段，分别是脱硫石膏的预热阶段、结晶水脱除阶段、杂质碳酸钙分解阶段、硫酸钙分解阶段。郑绍聪等[12]利用热分析法研究了磷石膏的热分解特性，得到了磷石膏在空气气氛下的热分解分两个阶段，包括磷石膏结晶水脱除和分解。目前，对于脱硫石膏热失水特性研究较少，而脱硫石膏资源化利用过程中，需要进行脱水加工处理，将其转化为半水石膏[13-15]或无水石膏，这样有利于其后续加工利用，研究脱硫石膏的脱水特性尤为重要[16-17]。

本文采用热失重分析方法（TGA），研究脱硫石膏的热失重特性，尤其是系统考察不同升温速率和不同终温恒温一定时间的条件下，所对应脱硫石膏的脱水特性。本研究得出的结论为实际生产提供理论数据，有助于精确控制半水石膏生产，实现降低成本和节约能源。

1 实验部分

1.1 实验原料

实验所用的原料脱硫石膏取自国内某燃煤电厂，为灰白色粉末。脱硫石膏的化学组成见表1。

表1 脱硫石膏的化学组成

composition	SO_3	CaO	SiO_2	MgO	Al_2O_3	Fe_2O_3	Cl	K_2O	Na_2O
content（%）	44.90	36.00	3.15	1.02	0.92	0.23	0.17	0.15	0.11

1.2 实验方法

为了探讨脱硫石膏在不同条件下的脱水特性的差异，本实验采用 PerkinElmer Pyris 1（TGA）热重分析仪，考察了不同气氛、不同终温和不同升温速率下脱硫石膏的热失重现象：

（1）空气气氛，终温250℃，升温速率（℃/min）分别为：2.5，5，10，15，20 和25。

（2）空气气氛，终态温度（℃）分别为 85，90，95，100，105，110，115，120℃，升温速率为 2.5℃/min，并在终温下恒温 60min。

（3）氮气气氛，终温 1000℃，10℃/min 的升温速率。

2 实验结果与讨论

2.1 升温速率对脱硫石膏热失重特性的影响

实验考察了升温速率（℃/min）分别为 2.5，5，10，15，20 和25 条件下脱硫石膏的热失水特性，其 TG 曲线如图1所示，DTG 曲线如图2所示。由图1可知，升温速率越小，对应脱硫石膏的开始失重温度和失重结束温度越低；相反，升温速率越大，对应脱硫石膏的开始失重温度和失重结束温度越高。失重量与升温速率没有关系。从图2可知，所有实验条件下样品的 DTG 曲线中均出现一次明显的失重峰，且最大失重速度及其对应的温度以及失重速率峰宽均随升温速率的加快而加大。章静等[11]研究的脱硫石膏热分解特性中，温度区间在80~200℃之间的失重主要是由于脱硫石膏失去结晶水所致。

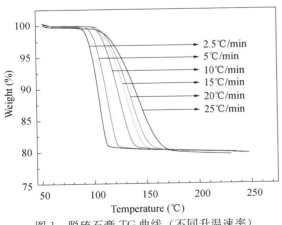

图1 脱硫石膏 TG 曲线（不同升温速率）

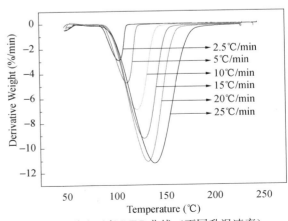

图2 脱硫石膏 DTG 曲线（不同升温速率）

为了进一步细化不同升温速率对脱硫石膏脱水特性的影响，对上述脱硫石膏的 TG/DTG 曲线进行定量分析。由图 1 和图 2 可知，脱硫石膏结晶水从 80℃ 以后开始脱出，80℃ 以前失重为脱硫石膏的自由水，因此，本实验取脱硫石膏结晶水的开始失重温度为大于 80℃。脱硫石膏结晶水热失重特征温度主要包括：开始失重温度 T_f，最大失重速率所对应的温度 T_m，失重完毕所对应的温度 T_e；脱硫石膏失重特征温度 T_f、T_e 值采用 TG 曲线的拐点确定法来确定，TG 曲线拐点由相邻的两条趋势线的交点确定，确定方法如图 3 所示；特征温度 T_m 值取 DTG 曲线数据最大失重速率对应的温度值。脱硫石膏的失重量和失重速率的确定分别由 TG 和 DTG 曲线数据中特征温度所对应的失重量和失重速率值来确定。以此得出不同升温速率下的脱硫石膏脱水特性参数见表 2。

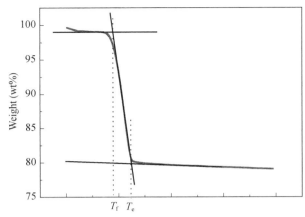

图 3　特征温度 T_f 和 T_e 的确定方法

表 2　不同升温速率下脱硫石膏的脱水特征参数

Heating rate (℃/min)	T_f (℃)	T_e (℃)	T_m (℃)	Weight loss peak (质量分数/min)	Lose weight (质量分数)	Duration of weightlessness (min)
2.5	95	111	106	2.9	15.9	6.4
5	100	122	113	4.8	17.0	4.4
10	106	136	124	6.9	17.1	3.0
15	110	145	131	9.3	16.6	2.3
20	112	151	135	11.1	16.7	2.0
25	114	164	141	11.2	17.2	2.0

为了更加清楚地表示开始失重温度 T_f，最大失重速率所对应的温度 T_m，失重完毕所对应的温度 T_e 和最大失重速率随升温速率的变化趋势，根据表 2 中相关数据，画出图 4 失重特征温度与升温速率的关系图和图 5 最大失重速率与升温速率的关系图。

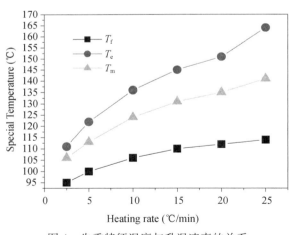

图 4　失重特征温度与升温速率的关系

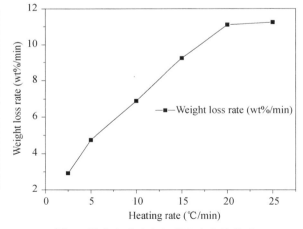

图 5　最大失重速率与升温速率的关系

从表 2、图 4 和图 5 中可知，脱硫石膏结晶水的开始失重温度 T_f、最大失重速率峰温 T_m、失重完毕温度 T_e 均随升温速率加快而增加；升温速率从 2.5℃/min 加快至 25℃/min 时，脱硫石膏结晶水开始失重温度 T_f 从 95℃ 升高至 114℃，增幅达 19℃；最大失重速率峰温 T_m 从 106℃ 升高至 141℃，增幅达 35℃；失重完毕温度 T_e 从 111℃ 升高至 164℃，增幅达 53℃。脱硫石膏的最大失重速率随升温速率加快而升高，升温速率从 2.5℃/min 加快至 25℃/min 时，脱硫石膏结晶水的最大失重速率从 2.9 质量分数/min 升高至 11.2 质量分数/min，增幅达 8.3 质量分数/min；脱硫石膏结晶水失重时间整体随升温速率加快而降低，升温速率从 2.5℃/min 加快至 25℃/min 时，脱硫石膏结晶水的失重时间从 6.4min 降低至 2.0min，降幅达 4.4min。脱硫石膏结晶水的失重量并没有随升温速率增加出现大幅度的变化，这是因为对于同一个脱硫石膏样品，其结晶水含量是一定的。

2.2 终态温度对脱硫石膏热失重特性的影响

实验考察了终态温度（℃）分别为 80，85，90，95，100，105，110，115 和 120 条件下脱硫石膏的热失水特性，其 TG 曲线如图 6 所示，DTG 曲线如图 7 所示。由图 6 和图 7 可知，在终态恒定温度为 80℃时，脱硫石膏在 60min 内的失重量不足 1%，没有明显的热失重情况发生，这说明脱硫石膏在 80℃以前，结晶水极少部分发生热分解失水。在终态温度为 85~120℃之间恒温 60min 时，脱硫石膏随恒温时间的延长整体均出现明显的热失重现象，且总失重量几乎相当；随着终态温度的升高，脱硫石膏失重的持续时间越短，整体失重速率加快；与终态温度为 100~120℃区间相比，在终态温度为 85~95℃区间时，脱硫石膏失重的持续时间明显延长，失重速率明显降低，且最大失重速率出现的时间随终态温度降度而延长；与终态温度为 85~95℃区间相比，在终态温度为 100~120℃区间时，脱硫石膏失重的持续时间明显缩短，失重速率明显增加，且最大失重速率出现的时间随终态温度降低而延长，失去所有结晶水所需时间逐渐减少。但是终温是 95℃和 115℃时，脱硫石膏的失重出现与总体趋势不同的规律，发生这一情况的原因需要进一步的研究。

按照前述"拐点法"确定不同终态温度条件下脱硫石膏的脱水失重特征参数，所得开始失重时间 t_f，最大失重速率对应时间 t_m 和失重完毕对应时间 t_e，具体数据见表 3。

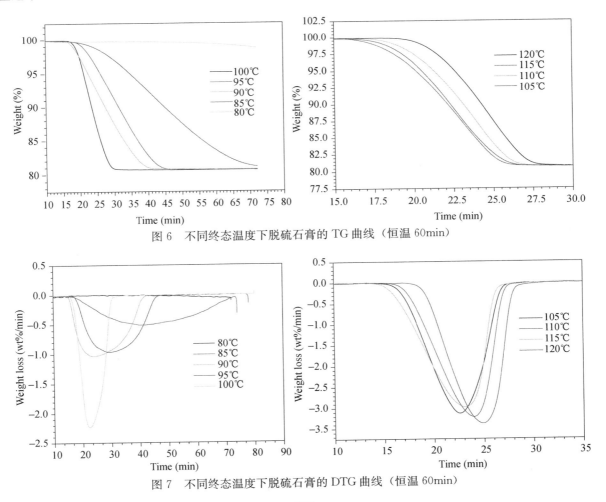

图 6　不同终态温度下脱硫石膏的 TG 曲线（恒温 60min）

图 7　不同终态温度下脱硫石膏的 DTG 曲线（恒温 60min）

表3　不同终态温度下脱硫石膏的脱水特征参数

Final state temperature (℃)	t_f (min)	t_m (min)	t_e (min)	Weight loss time difference $\triangle t$ (min)	Maximum weight loss rate （质量分数/min）	Lose weight （质量分数）
80	—	—	—	—	—	—
85	25	41.200	62	37	0.511	15.811
90	17	23.958	37	20	1.032	17.452
95	20	29.400	42	22	0.965	17.7
100	19	22.300	28.5	9.5	2.233	17.166
105	19	22.567	26	7	3.137	16.778
110	19	23.950	26	7	3.221	17.06
115	18	23.100	26	8	2.985	17.517
120	21	24.867	26	5	3.379	14.036

为了更加清楚地表示特征时间开始失重时间 t_f，最大失重速率对应时间 t_m 和失重完毕对应时间 t_e 还有最大失重速率随终态温度增加的变化趋势，根据表3中的数据，画出图8特征时间与不同终温的关系和图9最大失重速率与不同终温的关系。

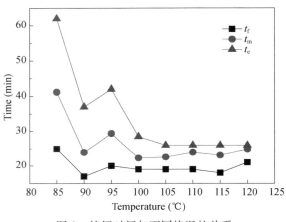

图8　特征时间与不同终温的关系

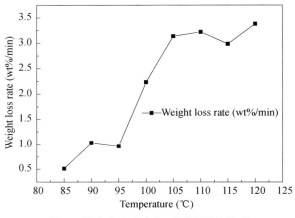

图9　最大失重速率与不同终温的关系

由图6和图7可知，终温是80℃时，脱硫石膏的失重缓慢，在实验条件下并没有失去全部的结晶水，所以此时脱硫石膏结晶水的开始失重时间 t_f、最大失重速率对应的时间 t_m、失重完毕时间 t_e 无法测定。由表3、图8和图9可知，脱硫石膏结晶水的开始失重时间 t_f 随终温的升高而降低，从27min 降到18min，降幅为9min；最大失重速率对应的时间 t_m 没有随终温的升高出现特定的规律；失重完毕时间 t_e 随终温的升高而降低，从62min 降低到26min，降幅为36min。脱硫石膏结晶水失重时间从37min 降低到5min，降幅为32min。脱硫石膏结晶水的最大失重速率随终温的升高而增大，从0.511质量分数/min 增大到3.379质量分数/min，增幅为2.868质量分数/min。由以上数据分析可以看出，脱硫石膏结晶水的失重速率随终温的升高而增加。但是终温是95℃和115℃出现了与总体变化趋势不一致，出现这一现象的原因需要进一步的研究。终温是120℃时，石膏结晶水开始失重的时间 t_f 出现异常，原因有待进一步研究。终温从85℃上升到120℃，脱硫石膏失重量数值变化很小，说明终态温度对脱硫石膏结晶水的失重量影响不大，这是由于同一个脱硫石膏样品中结晶水含量不变的缘故。

2.3　终态温度是1000℃时对脱硫石膏热失重特性的影响

实验考察了在氮气气氛和终态温度是1000℃的条件下脱硫石膏的热失水特性，其 TG 曲线和 DTG 曲线如图 10 所示，根据图 10 得到表 4 也就是终温 1000℃时脱硫石膏的热失重特性参数表。从图 10 和表 4 可知，脱硫石膏的热分解包括三个阶段，第一阶段是脱硫石膏干燥阶段，主要除去脱硫石膏中的自由水，且此脱硫石膏样品中自由水含量很低，所以在 TG/DTG 曲线上没有观察到明显的失重现象；第二阶段是脱硫石膏失去结晶水的阶段，由于脱硫石膏中结晶水含量接近 20%，所以在 TG/DTG 曲线上观察到明显的失重现象[18]；第三阶段是脱硫石膏杂质分解的阶段，此阶段在 TG/DTG 曲线上能观察到较为明显的失重现象，主要是因为脱硫石膏中杂质的碳酸钙分解所致。曾小平等[19]研究了碳酸钙在氮气气氛下的热分解反应，结果表明碳酸钙主要在 600～820℃发生热分解。在 1000℃以内，脱硫石膏的热分解阶段与章静等[11]得到的研究结果是一致的。

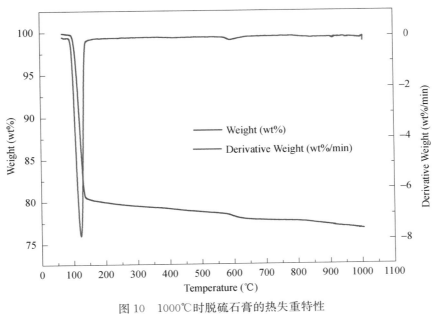

图 10　1000℃时脱硫石膏的热失重特性

按照前述"拐点法"确定终态温度是 1000℃的条件下脱硫石膏的脱水失重特征参数，所得开始失重温度 T_f，最大失重速率对应温度 T_m 和失重完毕对应温度 T_e。具体数据见表 4。

表 4　终温 1000℃时脱硫石膏的热失重特性参数

Thermal decomposition stage	T_f（℃）	T_e（℃）	T_m（℃）	Weight loss peak（质量分数/min）	Lose weight（质量分数）
1	50	100	—		0.661
2	100	135	122	7.838	18.677
3	580	635	593	0.143	0.552

3　结论

脱硫石膏的热失重特性：

（1）脱硫石膏结晶水失重开始的温度和失重结束的温度随升温速率的增加而升高；失重的温度区间随升温速率的增加而增宽；失重所需时间随升温速率的增加而缩短；失重速度随升温速率的增加而加快。

（2）脱硫石膏结晶水失重开始的时间和失重结束的时间随终态温度的增加而减小；失重所需的时间随终态温度的增加而缩短；失重的速率随终态温度的增加而加快。

（3）终温在 1000℃，脱硫石膏出现了三次失重，第一次是脱硫石膏失去自由水所致，第二次是脱硫石膏失去结晶水所致，第三次是脱硫石膏中的碳酸钙分解所致。

参考文献

[1] 李志远 . 火电厂超净排放形式下的 CEMS 改造研究［J］. 绿色科技，2016（4）：97-98.

[2] 蒲鹏飞 . 燃煤电厂实现多污染物超净排放的优选控制技术分析［J］. 环境工程，2015，33（7）：139-143.

[3] 田贺忠，郝吉明，赵喆，等 . 燃煤电厂烟气脱硫石膏综合利用途径及潜力分析［C］//火电厂烟气脱硫脱硝技术研讨会 . 2005：64-69.

[4] 储益萍，王国平，钱华，等 . 浅析脱硫石膏综合利用的技术可行性［J］. 环境科学与技术，2008，31（6）：86-88.

[5] 王方群，原永涛，齐立强 . 脱硫石膏性能及其综合利用［J］. 粉煤灰综合利用，2004（1）：41-44.

[6] 曹素改，魏卫东，韩屹勃，等 . 电厂脱硫石膏制备水泥缓凝剂的研究［J］. 粉煤灰综合利用，2011（2）：27-29.

[7] 关晓东 . 简易湿式脱硫石膏作水泥缓凝剂［J］. 有色金属工程，2004，56（3）：134-137.

[8] 何廷树，孟晓林，史琛 . 脱硫石膏砌块力学性能的研究［J］. 非金属矿，2014（2）：25-26.

[9] 钱利姣，张雄，张永娟，等 . 利用脱硫石膏制备干粉粉刷石膏的研究［J］. 粉煤灰综合利用，2012（3）：24-27.

[10] Leiva C, García A C, Vilches L F, et al. Use of FGD gypsum in fire resistant panels.［J］. Waste Management，2010，30（6）：1123-9.

[11] 章静，卢平 . 脱硫石膏热分解特性及其动力学参数研究［J］. 环境工程，2011，29（6）：61-64.

[12] 郑绍聪，宁平，马丽萍，等 . 不同气氛下磷石膏热分解的反应特性［J］. 武汉理工大学学报（交通科学与工程版），2010，34（3）：580-583.

[13] 胡宏，何兵兵，薛绍秀 . α-半水石膏的制备与应用研究进展［J］. 新型建筑材料，2015，42（4）：44-48.

[14] 李赵相，陈佳宁，刘彤，等 . 采用脱硫石膏利用轮窑余热联合制备β-半水石膏技术的研究［J］. 砖瓦，2015（2）：23-26.

[15] 陈勇，张毅，李东旭 . 利用脱硫石膏制备 α-半水石膏的蒸压制度研究［J］. 硅酸盐通报，2015（5）：1241-1245.

[16] 段珍华，秦鸿根，李岗，等 . 脱硫石膏制备高强 α-半水石膏的晶形改良剂与工艺参数研究［J］. 新型建筑材料，2008，35（8）：1-4.

[17] 龚小梅，宾晓蓓，杨少博，等 . 脱硫石膏转化为半水石膏的过程及机理［J］. 硅酸盐通报，2015（9）：2491-2495.

[18] Xiao-Qin W U, Zhong-Biao W U. Modification of FGD gypsum in hydrothermal mixed salt solution［J］. Journal of Environmental Sciences，2006，18（1）：170-5.

[19] 曾小平，吴冰，江山，等 . 碳酸钙在高温条件下的变化过程分析［J］. 广东化工，2010，37（5）：70-72.

干法、半干法脱硫灰转化为脱硫石膏及综合利用技术

孟昭全[1]，田景民[2]，杨晓波[1]，孟　妍[3]，杨　雪[4]

（1. 辽宁能源环境工程技术有限公司，辽宁鞍山，114008；
2. 鞍钢冀东水泥股份有限公司，辽宁鞍山，114008；
3. 北京建筑设计研究院有限公司，北京，100045；
4. 东北大学化工学院，辽宁鞍山，114008）

摘　要　干法、半干法烟气脱硫副产物中含有大量亚硫酸钙（$CaSO_3$）难以利用，排放占用土地污染环境。为解决这一现状，辽宁能源环境工程技术公司利用脱两段回转富氧外加热氧化技术及装置，把脱硫灰中的 $CaSO_3$ 氧化成 $CaSO_4$，广泛用于建材生产、建筑装修等领域，解决了干法、半干法脱硫副产物不能利用和污染环境的难题，实现了干法、半干法脱硫灰综合利用技术的突破。并这一技术的推广应用对环境保护、节能减排，将起到积极作用，经济效益和社会效益显著。

关键词　干法、半干法脱硫灰；节能减排；综合利用

1　引言

我国烟气脱硫主要采用湿法、干法和半干法工艺。其中干法、半干法相比湿法脱硫工艺投资少、占地面积小、节水节能，没有废水废酸污染，因此深受中小电厂、冶金烧结、供暖供热、化工建材等行业欢迎。目前，烟气脱硫广泛采用的循环流化床法（CFB）、旋转喷雾干燥吸收法（SDA）、炉内喷钙尾部增湿活化法（LIFAC）、高性能烧结废气净化法（MEROS）、新型一体化脱硫法（NID）等都属于干法、半干法脱硫工艺。

干法、半干法脱硫工艺虽然优点很多，但缺点是脱硫副产物（脱硫灰）难以利用，原因是其中含有大量的亚硫酸（$CaSO_3$），其特性是：（1）水化反应慢，不能很快凝结硬化，造成水泥或建材生产缓凝；（2）稳定性差，遇水会慢慢膨胀，破坏混凝土或建筑材料强度；（3）遇高温 SO_2 会重新释放，造成二次污染。由于以上原因，干法、半干法脱硫灰不能直接添加到混凝土中或用于生产水泥、砌块、板材等建筑材料，其他领域更无法利用。我国电力和冶金行业有一千多条燃煤机组及烧结机、球团机采用干法、半干法脱硫，化工建材、供暖供热等中小企业采用得更多。这种脱硫工艺一边脱硫一边产生新的污染，形成恶性循环。全国每年排放脱硫灰约 2000 万 t，目前只能用于回填或露天堆放，不仅占用大量土地，而且对环境和水源造成严重污染。

要实现脱硫灰的综合利用必须首先把其中的 $CaSO_3$ 转化成友好的可利用的物质。大量试验证明，$CaSO_3$ 在适合的温度、时间、氧含量条件下，可以迅速转化为 $CaSO_4$。采用什么工艺和设备进行转化？国内外科研机构进行了大量研究和探索。主要采取两种方法：一是低温催化，把高锰酸钾、乙酸、锰铁合金渣、硫铁矿渣、硫酸等作为催化剂与脱硫灰混合堆放，在常温条件下促使脱硫灰氧化。这种方法氧化时间长，生产效率低，占地面积大，有扬尘污染，不能连续生产。第二种方法是高温氧化，把脱硫灰放入沸腾炉、炒锅、浴锅、密闭容器等设备进行加温。这种方法同样产量低、效率低、能耗高，不适合工业化生产。目前，国内外脱硫灰氧化技术仍然处于理论研究和实验室试验阶段，至今还没有找到能耗低、成本低、适合工业化生产的技术和装备。因此，研发和突破脱硫灰氧化技术和设备，尽快改变脱硫灰难以利用现状，对于治理污染、保护环境非常重要和紧迫。

2　研发进展及技术水平

辽宁能源环境工程技术有限公司是全国资源综合利用科技工作先进单位，专注电厂、冶金、化工、建材行业烟气脱硫脱硝工程和粉煤灰、脱硫灰等工业固废治理，并负责鞍钢每年 30 万 t 粉煤灰和 20 万 t 脱硫灰综合利用任务。公司有较强的技术力量和研发能力，与中科院、北京建筑设计院、东北大学、济南大学、沈阳航空航天大学等建立广泛联系，与澳大利亚纽斯卡尔大学联合成立粉煤灰、脱硫灰综合利用试验基地。

公司从 2010 年开始进行干法、半干法脱硫灰中的亚硫酸钙转化和综合利用的技术研发。先后进行了脱硫灰氧化机理、氧化工艺、氧化设备、应用技术和产业化的研究探索，投巨资建设了循环硫化床试验炉、电加热回转转化试验炉、外加热回转氧化窑，先后完成了实验室试验、中间试验、成品应用试验、产业化示范。历经四年多不懈努力，终于研发成功了"干法、半干法脱硫灰两段回转富氧外加热氧化工艺及装置""利用发电锅炉或烧结机烟气在线氧化脱硫灰的工艺"两项技术，把 $CaSO_3$ 氧化成 $CaSO_4$，使脱硫灰转化为脱硫石膏。同时设计了一套生产成本低、适合工业化生产的脱硫灰氧化装备，创造性地解决了干法、半干法脱硫灰无法利用难题，实现了干法、半干法脱硫灰资源化综合利用技术的创新和突破，填补了国内外空白，被授予两项国家发明专利和一项实用新型发明专利。本发明技术核心是：

（1）采用两段回转富氧外加热工艺，通过调整回转窑转速、外加热炉火焰和注氧量，稳定控制温度、时间、氧含量，满足脱硫灰氧化条件，实现了工业化生产和脱硫灰氧化工艺、设备的创新。

（2）利用发电锅炉或烧结机烟气在线加热氧化脱硫灰，$CaCO_3$ 直接氧化成 $CaSO_4$，干法、半干法烟气脱硫排出的不再是废弃物，而是可以利用的宝贵资源。

（3）煤、电、气及各种工业副产煤气、高温烟气等均可作为热源，特别是直接利用电厂和烧结厂高温烟气在线氧化，降低了能耗和成本。

（4）脱硫灰变石膏，替代天然石膏用于建材、建筑、装修等领域，为脱硫灰市场应用开辟了新途径。

（5）由于工艺、设备、能源、工业化生产、市场应用等技术瓶颈的突破，加之污染治理补贴和税收优惠政策扶持，氧化成本高、效益低的难题得到了解决。

3　产业化及市场应用前景

目前，研发成果已转入产业化，利用研发的干法、半干法脱硫灰氧化石膏技术，2015 年 1 月开始建设 30 万 t/a 脱硫副产物资源化综合利用项目，用于处理鞍钢电厂和烧结厂排放的脱硫灰。项目总投资 9800 万元，建设内容包括脱硫灰氧化生产线 5 条。2016 年初，第一条工业化示范生产线建成投产，经过近 1 年的生产运行，证明技术先进、设备可靠、能耗低、效益好。另外两条生产线正在建设中，热源采用鞍钢冶金副产焦炉煤气和高炉煤气。

干法、半干法脱硫灰氧化后称为脱硫灰氧化石膏，理化性能与天然石膏接近，能代替天然石膏和其他化学石膏生产各种制品，并且节能、质轻、防火、凝结硬化快、装饰效果好，应用领域非常广泛：（1）应用于建材领域，生产水泥、石膏砌块、加气混凝土、空心条板、石膏板、石膏隔声板等；（2）应用于建筑工程，替代部分水泥用于浇筑发泡混凝土，以及干粉砂浆、砌筑砂浆、抹灰砂浆、灌浆砂浆、地坪砂浆等；（3）还可以应用于建筑装修，作为粉刷石膏、抹灰石膏、自流平石膏、嵌缝石膏、石膏粘结剂等。

利用本技术生产的脱硫灰氧化石膏已开始大量应用。水泥厂代替天然石膏及其他化学石膏作为缓凝剂生产水泥，各项指标都达到或超过国家标准；其他建材企业也开始应用于发泡混凝土、加气混凝土、干粉砂浆、建筑砌块、建筑板材等建材产品生产，效果也非常理想。

我国目前有一千多条燃煤机组及一百五十多台烧结机、球团机采用干法、半干法脱硫，化工、建材、供暖供热采用得更多。这些企业每年排放两千多万吨脱硫灰都没办法利用，环保压力极大，急需找到合适的技术和装备对污染进行治理。本技术科技含量高、市场容量大，技术转移和推广应用经济和社会效益明显：

（1）废物变宝，有利于改变因无法利用而四处堆放、占用土地、污染环境的状况；（2）脱硫灰变石膏，替代天然石膏用于建材、建筑、装修等领域，有利于减少天然石膏采掘，保护环境和不可再生的自然资源；（3）解决干法、半干法脱硫灰利用难题，有利于具有很多优势的干法、半干法脱硫工艺的完善和发展；（4）形成新的环保产业，创造就业，增加新的经济增长点。

本技术不仅对热源适应性强，煤、电、气及各种工业副产煤气、高温烟气等均可作为热源，而且氧化能耗低、生产成本低。能耗以热值 8500kcal/Nm³ 的天然气为例，氧化 1t 脱硫灰耗天然气 10m³ 左右，耗电 12kw/h 左右，人工费每班操作工人 3 名，其他材料消耗和管理费用不多。

本技术投资少，适合中小企业。以 5t/h 脱硫灰氧化生产线为例需要的基本条件是：厂房 300m²（35D×10W×7H），场地 500m²；热源 50m³/h（热值 8500kcal/Nm³）天然气或相当热值的煤、电、煤气、工业副产煤气、750℃ 以上高温烟气。

经过较长时间试生产和产品应用试验，脱硫灰氧化石膏技术设备已基本成熟，并得到国内外相关行业的广泛关注。公司准备加快科技成果转化步伐，积极对外推广脱硫灰氧化石膏技术设备，为采用干法、半干法烟气脱硫技术的企业提供服务，为保护环境、发展绿色环保产业做出积极贡献。

FGD 石膏-胺（氨）系统对二氧化碳固定吸收重金属的影响

樊文辉，谭文轶，张子昕，朱昀焜，吴帅妮

（南京工程学院环境工程学院，江苏南京，211167）

摘　要　烟气脱硫石膏中重金属的存在，使得人们愈发关注处置或利用脱硫石膏。最近我们发现了一种同时减少二氧化碳排放和脱硫石膏处置的新技术。在本篇文章中，首次揭示了该体系的又一种优点，即能固定脱硫石膏中重金属的特点。把取自六个燃煤电厂脱硫石膏的典型样品与氨混合并应用于二氧化碳的吸收和重金属的固定。基于对这些样品中重金属含量的测定，因此我们研究了不同的吸附体系对石膏中重金属固定的影响。

关键词　脱硫石膏；重金属；固化；氨；胺

Abstract　Heavy metals present in flue gas desulfurization gypsum（FGDG）raise concerns about disposal or utilization of FGDG. A novel technology for simultaneous CO_2 emission reduction and FGDG disposal has been developed recently，in which CO_2 can be absorbed by composite absorbent containing ammonia solution and FGDG. In this paper，another merit of the composite absorbent，in which the heavy metals are immobilized，will be discovered for the first time. Six typical FGDG samples from six coal-fired power plants were mixed and applied for CO_2 absorption and heavy metals immobilization. Effect of different absorbent systems on the immobilization of heavy metal in gypsum was investigated.

Keywords　flue gas desulfurization gypsum；immobilization；heavy metals；ammonia；amine

1　Introduction

As one of solid byproducts in coal-fired power plants，flue gas desulfurization gypsum（FGDG）is produced in large quantity，due to stricter regulations on SO_2 emission（ACAA，2007；Ind.，2011）. Various operational conditions，for example，fuel quality，combustion conditions and flue gas purification technology，in different power plants contribute to the difference of FGDG quality. As a result，a large portion of low grade FGDG can't be utilized directly and has to be reclaimed in other ways. Saline-alkali soil amendment by FGDG has been proved as an effective technology for recycling FGDG（Baligar et al.，2011），however，some heavy metals either from coal or from limestone will enter the amended soils（Álvarez-Ayuso et al.，2011；Wang et al.，2013）. Therefore，potential risks caused by these heavy metals require enough attention. Recycling of industrial gypsum，including FGDG，phosphogypsum，and titanogypsum，for CO_2 sequestration，in which a composite absorbent containing ammonia-FGDG suspension was used，becomes a promising technology in a recent decade（Azdarpour et al.，2015；Azdarpour et al.，2015；Lee et al.，2012；Zhao et al.，2015）. Apart from CO_2 and industrial gypsum are utilized simultaneously，some value-added products，such as solid carbonates and ammonium sulfate（a fertilizer），can be produced in this technology. Some groups including us in the world revealed the technical feasibility and investigated the influential factors for gypsum conversion，for example，temperature，CO_2 flow rate，ammonia content，and S/L（solid-to-liquid）ratio（Song et al.，2014）. Under optimum conditions，FGDG carbonation were realized within 10 min and calcium carbonate with a purity exceeding 90% could be obtained（Lee，et al.，2012）.

90% CO_2 conversion and 83.69% ammonia utilization rate were achieved by our group, and a prediction model was established, too (Wenyi, 2017). In this paper, heavy metals immobilization in the promising technology, as another our concern is focused on. Contents of heavy metals, typically found in the

FGDG, were determined in six FGDG samples from different coal-fired power plants. And removal efficiency of heavy metals was evaluated not only in an ammonia based composite absorbent, but also in amine based composite absorbent.

2　Materials and methods

Six FGDG samples were collected from different coal-fired power plants with various FGD techniques. Detail information about chemical compositions of these samples, which were determined by X-Rays Fluorescence (XRF) spectrometers, is listed in Table 1. And the oxidation effect of FGDG samples, as well as limestone (or lime) utilization, was evaluated by the comparison of $CaSO_4$, $CaSO_3$ and $CaCO_3$ contents. The gravimetry, iodometry and acid-alkali titration methods were applied to determine $CaSO_4$, $CaSO_3$ and $CaCO_3$ contents respectively.

Table 1　Chemical compositions of six FGDG samples（质量分数）

sample ＼ composition	CaO	SO_3	Al_2O_3	Fe_2O_3	CuO	PbO	Cr_2O_3	CdO	Others
S1	72.71	25.96	—	0.88	0.028	—	0.082	0.056	0.28
S2	74.79	22.87	0.39	0.26	0.0004	0.029	0.075	0.025	1.56
S3	43.09	31.78	24.48	0.51	0.0086	0.012	0.067	—	0.052
S4	31.84	23.42	43.96	0.46	0.015	—	0.029	—	0.28
S5	63.81	34.97	—	0.61	0.014	—	0.0095	0.089	0.50
S6	62.70	35.36	—	1.62	0.044	—	0.11	—	0.17

After microwave digestion on a 1000W microwave digestion system (Milestone), all of samples were vacuum filtered and then the filtrate was used for the determination of heavy metals content using a Varian 720-ES ICP-AES. Immobilization of heavy metals, including Pb, Cu, As, Fe, Mn, Zn and Hg was evaluated by comparing their contents in the original samples and in post-carbonation samples. The detail carbonation process was described in previous literature (Lee, et al., 2012). Considering the ammonia volatility, three kinds of composite absorbents, FGDG mixed respectively with aqueous ammonia, aqueous triethanolamine (TEA), aqueous hexamethylenetetramine (HMT) (namely NH_3-FGDG, TEA-FGDG, HMT-FGDG) were adopted and the removal efficiencies of heavy metals were compared.

3　Results and discussions

3.1　Chemical compositions for FGDG samples

$CaSO_4$, $CaSO_3$ and $CaCO_3$ contents in six FGDG samples were shown in Fig. 1. Air pumped into the scrubber oxidizes the sulfite into sulfate and thus $CaSO_4$ can be separated by the crystallization. $CaCO_3$ is one of main purities in FGDG, due to low utilization of limestone. The inadequate amount of air leads to production of mixture of hemihydrate gypsum ($CaSO_4 \cdot 1/2H_2O$), which tends to cluster over the FGDG in tiny scale and the particle distribution of FGDG becomes wider. As a result, FGDG mechanical strength and dewatering performances become worse. Higher content of hemihydrate gypsum also causes to the block of pipe and devices.

Inadequate oxidation of sulfite is observed in the case of S2，in which sulfate contents lower than 90％ while sulfite content higher than 5％ are detected. Low utilization efficiency of limestone happens when calcium carbonate contents higher than 5％ are observed in the case of S2 and S5. Semi-dry or dry FGD technologies，for example，CFB and LIFAC，adopted in those power plants (see Table 2) are responsible for the FGDG composition varieties and FGDG quality.

Table 2. Detail parameters of six power plants

parameter	Rated Power (MW)	Flue gas purification system	Desulfurizer	Coal consumption (t/h)	Qnet. LHV (kJ/kg)	A_{ad} (％)	pH
S1	10	2 ESP+WFGD	Limestone	25	21160	28.19	5.8～6.1
S2	320	2 ESP+LIFAC	Limestone	120	22230	14.08	—
S3	300	4 ESP+WFGD	Limestone	130	22996	16.82	5.0～5.9
S4	330	2 ESP+WFGD	Limestone	136	23410	6.12	5.0～5.5
S5	12	Bag-filtering+CFB	Limestone	19	21336	23.55	—
S6	12	2 ESP+WFGD	Limestone	19	18900	25.80	5.6～6.3

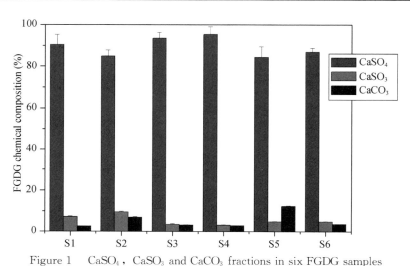

Figure 1　$CaSO_4$，$CaSO_3$ and $CaCO_3$ fractions in six FGDG samples

3.2　Heavy metal contents of FGDG samples

17 heavy metals are concerned by EPA，including arsenic (As)，cadmium (Cd)，mercury (Hg)，molybdenum (Mo)，lead (Pb)，selenium (Se)，chromium (Cr)，copper (Cu)，nickel (Ni)，zinc (Zn)，cobalt (Co)，manganese (Mn)，barium (Ba)，thorium (Th)，stibium (Sb)，silver (Ag)，beryllium (Be). In case of FGDG，as byproduct in coal-fired power plants，the last five heavy metals (Ba，Th，Sb，Ag and Be) are not considered in our study. Table 3 presents the determination results of 12 heavy metals for 6 FGDG samples. Except Hg，the contents of most heavy metals do not outrange the limit as the 2nd grade of the Chinese National Standard (GB 15618—1995) requires. Among 6 samples，the Hg content ranges from 2.78 to 5.79mg/kg，five times more than the Standard. In spite of no limit for the As or Se mentioned in the Standard，the only fact that Hg content is beyond limit for the soil is still a matter of concern，and it increases the risk of environment.

As we know, the fly ash (FA) in the FGDG mainly originates from coal, and calcium-based desulfurizers (e. g. , limestone or lime) contribute to the fractions of CaO and SO₃. The mass sum of Al_2O_3 and Fe_2O_3 fractions can be regarded as the mass fraction of FA in FGDG (Hemalatha and Ramaswamy, 2017). Fig. 2 presents the correlation between FA mass fractions and heavy metals contents in six samples. The contents of heavy metals, typically Fe, Hg, As, Se, increase with the mass fraction of FA in FGD byproducts. Except Fe, Hg, As and Se are volatile heavy metals. According to the results proved by Otero-Rey that 24%, more than 99.8%, and 90% for As, Hg, and Se in the stack emissions were respectively in the gaseous phase, the positive correlations with higher R values for Hg, As and Se suggest that these volatile heavy metals transfer from the flue gas to the byproducts of the flue gas scrubbers (Otero-Rey et al. , 2003). Once coal is burned at high temperature, these volatile heavy metals migrate to the flue gas, and are then scrubbed in the FGD process and are immobilized in the FGDG.

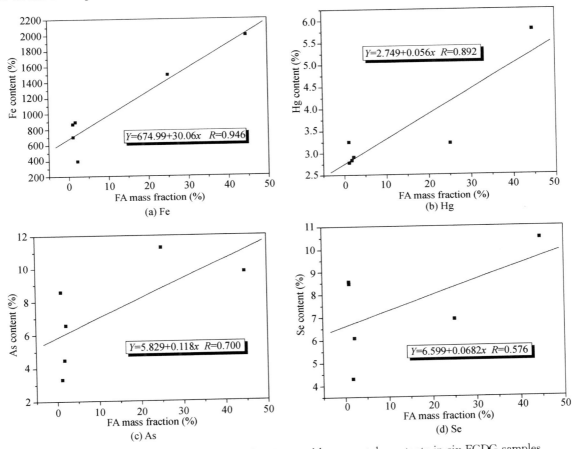

Figure 2　Correlation between FA mass fractions and heavy metals contents in six FGDG samples

Table 3　12 heavy metals distribution in six FGDG samples

Elements	S1 (mg/kg)	S2 (mg/kg)	S3 (mg/kg)	S4 (mg/kg)	S5 (mg/kg)	S6 (mg/kg)
Fe	701.79	393.99	1489.60	1990.86	866.63	891.88
Mn	48.90	18.38	82.22	21.76	25.48	42.43
Zn	7.51	2.42	15.83	4.81	3.58	10.24
As	3.32	6.56	11.28	9.77	8.56	4.48
Cr	4.72	1.90	9.22	10.00	2.19	3.27
Pb	5.51	3.24	7.51	2.91	1.37	5.11

Elements	S1 (mg/kg)	S2 (mg/kg)	S3 (mg/kg)	S4 (mg/kg)	S5 (mg/kg)	S6 (mg/kg)
Se	8.46	6.09	6.89	10.48	8.56	4.30
Hg	2.78	2.91	3.21	5.79	3.25	2.84
Ni	1.54	0.48	2.12	1.57	2.58	0.61
Cu	1.73	21.31	2.06	2.41	2.32	8.51
Co	0.38	0.30	0.66	0.20	0.21	0.28
Cd	0.10	0.23	0.59	0.14	0.18	0.17

3.3 Removal of heavy metals in different composite absorbents

Composite absorbents are suspension, consisting of FGDG and aqueous ammonia or amine. When various composite absorbents were applied, the removal differences of heavy metals are distinct. Basically, the heavy metals removal efficiencies are dependent on the composite absorbents. Take Hg removal as an example, FGDG samples have an important effect on the removal efficiencies, and S5 has the lowest removal efficiency for these heavy metals among six samples. Ammonia seems to be the most suitable agent for Fe, Hg and As removal, and meanwhile if ammonia slip have to be considered, aqueous TEA is an alternative due to comparable performances with ammonia, especial for the Hg removal (Shakerian et al., 2015). The formation of metal-ammonia complexes in ammonia have been proved to be the reason of heavy metals immobilization by ammonia, which is similar in other amine solution (Crawford et al., 1997; Peng et al., 2017). In our suspension system, heavy metals in solid gypsum can be transformed into water-soluble complexes by ammonia or amine in FGDG-ammonia environment. At the same time, $CaSO_4$ is converted into $CaCO_3$ according to the reaction (1):

$$CaSO_4 \cdot 2H_2O + CO_2 + 2NH_3(aq) \longrightarrow (NH_4)2SO_4 + CaCO_3 \downarrow + 2H_2O \qquad (1)$$

As the reaction goes forward, the $CaCO_3$ particles are produced in micrometer level, which have larger surface area and become the adsorption center for metal-ammonia complexes. Therefore, two steps are critical for the heavy metals immobilization. One is water-soluble complexes formation, and the other is the produce of $CaCO_3$ particles. FGDG collected from wet FGD scrubber is usually weak-alkaline, which is favorable to water-soluble complexes formation. In the aspect of $CaCO_3$ particles produced, compared with TEA, equivalent weight ammonia can release more NH_4^+, due to smaller molecular weight and space steric hindrance (Zhao and Winston Ho, 2012). The result can explain the removal efficiency variation.

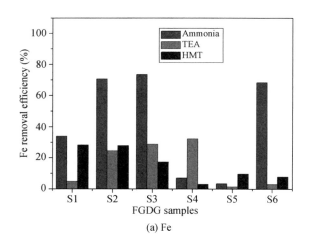

(a) Fe

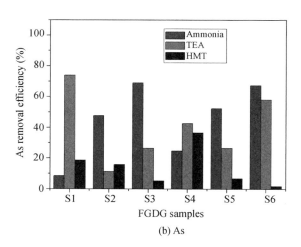

(b) As

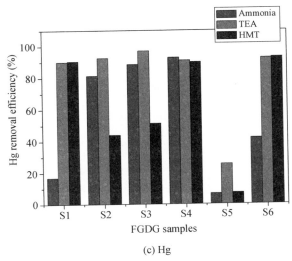

(c) Hg

Figure 3　Heavy metals（Fe，As，Hg，）removal efficiency in three composite absorbents：
Ammonia-FGDG，TEA-FGDG，HMT-FGDG

4　Conclusion

Six FGDG samples from typical coal-fired power plants were collected and 12 kinds of heavy metals in these samples were determined for the sake of environment safe. Mercury contents in these samples，ranging from 2.78 to 5.79 mg/kg，exceed the limit of the 2nd grade of the Chinese National Standard（GB 15618—1995）．Volatile heavy metals，including Hg，As and Se，are easier to migrate into the FGD product，whatever FGD technologies are adopted. Aqueous ammonia is a promise agent for heavy metals immobilization，compared withamine. Aqueous TEA is an alternative due to comparable performances and low volatility at normal temperature.

5　Acknowledgments

The authors acknowledge financial support from the National Natural Science Foundation of China（No. 51678291，21207064）and Scientific Research Project of Environmental Protection Department of Jiangsu Province，China（2015015）.

References

[1] ACAA（2007）Coal Combustion Product（CCP）Production and Use Survey. American Coal Ash Association.

[2] Álvarez-Ayuso E，Giménez A and Ballesteros J C（2011）Fluoride accumulation by plants grown in acid soils amended with flue gas desulphurisation gypsum. Journal of Hazardous Materials 192：1659-1666.

[3] Azdarpour A，Asadullah M，Junin R，et al.（2015）Extraction of calcium from red gypsum for calcium carbonate production. Fuel Processing Technology 130：12-19.

[4] Azdarpour A，Asadullah M，Mohammadian E，et al.（2015）Mineral carbonation of red gypsum via pH-swing process：Effect of CO_2 pressure on the efficiency and products characteristics. Chemical Engineering Journal 264：425-436.

[5] Baligar V C，Clark R B，Korcak R F，et al.（2011）Chapter Two -Flue Gas Desulfurization Product Use on Agricultural Land. Advances in Agronomy Volume 111：51-86.

[6] Crawford R J，Mainwaring D E and Harding I H（1997）Adsorption and coprecipitation of heavy metals from ammoniacal solutions using hydrous metal oxides. Colloids and Surfaces A：Physicochemical and Engineering Aspects 126：167-179.

［7］Hemalatha T and Ramaswamy A（2017）A review on fly ash characteristics -Towards promoting high volume utilization in developing sustainable concrete. Journal of Cleaner Production 147：546-559.

［8］Ind. C E P（2011）China Association of Environmental Protection Industry（CAEPI）. China Environ. Prot. Ind. 7：4-12.

［9］Lee M g，Jang Y N，Ryu K w，et al.（2012）Mineral carbonation of flue gas desulfurization gypsum for CO_2 sequestration. Energy 47：370-377.

［10］Otero-Rey J R，López-Vilariño J M，Moreda-Piñeiro J，et al.（2003）As，Hg，and Se Flue Gas Sampling in a Coal-Fired Power Plant and Their Fate during Coal Combustion. Environmental Science & Technology 37：5262-5267.

［11］Peng C，Chai L，Tang C，et al.（2017）Study on the mechanism of copper-ammonia complex decomposition in struvite formation process and enhanced ammonia and copper removal. Journal of Environmental Sciences 51：222-233.

［12］Shakerian F，Kim K-H，Szulejko J E，et al.（2015）A comparative review between amines and ammonia as sorptive media for post-combustion CO_2 capture. Applied Energy 148：10-22.

［13］Song K，Jang Y-N，Kim W，et al.（2014）Factors affecting the precipitation of pure calcium carbonate during the direct aqueous carbonation of flue gas desulfurization gypsum. Energy 65：527-532.

［14］Wang K，Orndorff W，Cao Y，et al.（2013）Mercury transportation in soil via using gypsum from flue gas desulfurization unit in coal-fired power plant. Journal of Environmental Sciences 25：1858-1864.

［15］Wenyi T，Zixin Z，Hongyi L，et al.（2017）Carbonation of gypsum from wet flue gas desulfurization process：experiments and modelling. Environmental Science and Pollution Research，in press.

［16］Zhao H，Li H，Bao W，et al.（2015）Experimental study of enhanced phosphogypsum carbonation with ammonia under increased CO_2 pressure. Journal of CO_2 Utilization 11：10-19.

［17］Zhao Y and Winston Ho W S（2012）Steric hindrance effect on amine demonstrated in solid polymer membranes for CO_2 transport. Journal of Membrane Science 415-416：132-138.

蒸汽型 FC 分室煅烧系统简介

李玉山，张贤辉

（山东平邑开元新型建材有限公司，山东平邑，273300）

摘　要　FC 分室煅烧系统是适应新形势环保要求，结合热风型 FC 分室煅烧系统特点开发的一种以蒸汽为热源的流态化石膏煅烧系统。

关键词　气流干燥；流态化煅烧；蒸汽型 FC-分室石膏煅烧系统

1　系统简介

蒸汽型 FC 分室煅烧系统是适应新形势环保要求，结合热风型 FC 分室煅烧系统特点开发的一种以蒸汽为热源的流态化石膏煅烧系统。

工艺技术路线为两步法：气流干燥＋流态化煅烧。

2　工艺流程描述

电厂产生的脱硫石膏运送至生产线附设的原料堆棚。

从堆场用铲车取脱硫石膏原料，直接铲入生产线专设的原料喂料仓。仓壁设有由程序控制的一组防堵塞振动器，并通过调整出料口闸板的高度来适应锤片式分散机的生产能力。分散后的脱硫石膏由皮带机输送至烘干喂料仓。原料当中的铁件由永磁除铁器去除。

烘干喂料仓仓壁设有一组防堵塞的振动器，仓下设置一台变频调速给料机，将脱硫石膏喂入 FC 分室石膏煅烧系统中的气流烘干工段。由鼓风机鼓入蒸汽换热器产生的干燥热风（温度＞190℃）作预干燥热源，经电动调汽阀调整换热后的空气温度，热风进入 FC 气流预干燥工段。在干燥机内形成高速上升热气流，脱硫石膏经皮带喂料机和防堵锁风器配合，喂入气流干燥机后，物料此时被高速上升的气流迅速分散，并与热气流进行高速传质传热，瞬间使游离水分汽化蒸发，然后在主机内随高速上升气流形成絮流态，并在此过程中完成预干燥过程。气流干燥机的烘干能力设计为 $1500\sim6000$kg 水$/H$。

粉状物料随气流进入旋风分离器，大约有 90％的脱硫石膏被旋风分离器收集下沉进入集料斗，并由集料斗下端的星形卸料阀排放，剩余物料随气流进入外滤式脉冲布袋除尘器做二次捕收。旋风分离器分离下来的脱硫石膏连续地落入直线振动筛受料端，经筛分后筛下物料落入其下缓冲仓，并与筛上大颗粒物料通过粉碎机进一步粉碎后的粉磨料一起落入预热仓内，储放在喂料仓内的脱硫石膏含水率控制在 2％以内。

由计量螺旋秤调整喂料量，由微机根据煅烧炉末室的出料温度设定值，通过程序控制进行 PID 动态调整，确保出料温度的稳定。

袋式除尘器收集下来的石膏粉经星形卸灰阀，送入螺旋输送机并通过斗式提升机送 FC 石膏煅烧炉内，布袋除尘器过滤后的废气（此时粉尘浓度大约 50mg/m³）则由主引风机经排气囱排入大气中。

干燥后的物料和收集的粉尘一起进入 FC 分室石膏煅烧炉进行煅烧处理。

FC 分室石膏煅烧炉是一种应用流态化技术煅烧高含水率化学石膏的高效节能设备。FC 分室石膏煅烧炉以过热蒸汽作热源进入煅烧炉后，通过列管热交换器，把热量传递给脱硫石膏，使二水石膏脱去部分结晶水变成半水石膏。

FC 分室石膏煅烧炉为分室石膏煅烧装置，底部有活化风换热器和多孔板，在床层内装有大量加热管，管内加热介质为过热蒸汽，热量通过管壁传递给管外处于流态化的石膏粉，使石膏粉脱水分解。在煅烧器上部，装有内置式高效旋风子，气体离开流化床时夹带的粉尘90％被这些装置捕收并重新返回至炉内，热湿气体则通过管道与预干燥工段的旋风分离器与湿气汇合进入二次布袋收尘器。在煅烧器下部，设有流化风室并有在线排渣装置，可实现不停产清渣，在线清除流化床底部积渣带来的危害，确保核心设备的开车率，与一般沸腾炉相比，具有开车时间长、无需停产卸炉清渣的优点，生产线的产量和产品质量得到了保证。

出炉后的半水石膏粉经由在线取样器进入均热仓，均热处理后的石膏再进入改性磨改性处理。

改性后的物料可采用流态化冷却装置冷却处理。

最后由斗式提升机输送至钢制成品仓陈化后储存。

陈化充分后的建筑石膏质量稳定，可散装出厂或经包装机包装后袋装入库。

生产线的除尘采用集中除尘的方式，即干燥过程和煅烧过程产生的粉尘集中设计为一布袋除尘器处理，除尘效果好，在改性磨处设计布袋除尘器，成品仓顶设计仓顶除尘器。尾气排放粉尘浓度可控制在 $50mg/m^3$ 以内。

生产线设计一个主排放烟囱，排放物为水蒸气，对环境没有污染。

系统热源在干燥换热器和FC分室石膏煅烧应用后排放的高温冷凝水，再利用闪蒸技术回收利用，可提高系统冷源利用率。

整个生产线压缩空气集中生产，可应用于除尘系统和其他气动系统。

整个系统电控采用ABB的DCS集散控制系统，自动化程度高。

3 控制系统描述

3.1 车间电机拖动及控制

1. 电机拖动

低压电机45kW及以上电机采用减压起动。需要调速的电机，均采用变频调速。电动机保护采用断路器及热继电器保护。

2. 控制方式和控制水平

采用DCS控制方式，中央控制室设有计算机工作站。设备控制采用控制室优先方案，各受控设备均可由DCS和机旁手动两种方式操作，并装有机旁按钮盒。各MCC柜上设有"遥控""就地""检修"三位置转换开关。当转换开关处于"遥控"位置时，该设备由中控室DCS操作，当处于"就地"位置时，该设备由机旁按钮盒上的"起""停"按钮控制，以便试车、检修时，在机旁操作。当处于"检修"位置时，"就地"及中控均无法开动电机，设备处于停车状态。设备在运行时，无论转换开关处于"遥控"位置，还是"就地"位置，机旁按钮盒上的"停"按钮都能将正在运行的设备停下来，以便在紧急情况下保护人员、设备安全。

3.2 生产过程控制

1. 设计原则及方案

为满足现代化石膏生产线的工艺要求，保证工艺设备可靠运行，稳定工艺参数，保证产品质量，节约能源，提高生产线的运转率，本工程采用技术先进、性能可靠的ABB公司的DCS控制系统，对生产线集中监视、操作和分散控制，可有效提高电控设备的可靠性和可维护性，实现控制、监视、操作的现代化。由于采用开放的通信协议，工厂管理系统（MIS）可以方便地连接到DCS系统，使管理人员能随时掌握工厂生产的实际情况，实现管理现代化。

2. DCS系统概述

DCS系统设操作员站和工程师站。

操作员站主要功能为：

（1）具有动态工艺设备状态显示和工艺参数显示的工艺流程图。

（2）工艺设备组和单机起停操作面板以及设备运行状态显示。

（3）工艺参数操作面板和工艺参数分组显示。

（4）工作参数适时和历史趋势曲线显示。

（5）调节回路的详细显示及参数调整。

（6）工艺状态报警总貌显示和详细显示。

（7）报警报告及工艺参数报表打印。

（8）当生产线发生报警时，可显示和记录相关参数、显示报警处理提示，便于及时排除故障。

（9）控制系统状态显示。

3.3　应用软件

控制系统应用软件是实现现场控制站、操作站和管理计算机功能的重要软件，需要在清楚了解生产线工艺特性、设备特性和控制系统软件、硬件特性的基础上进行开发和调试。

1. 逻辑控制软件功能

对工艺线上的所有电机、电动阀、电磁阀等工艺设备，根据操作站上显示的流程图和操作面板，采用键盘及鼠标操作，通过现场控制站完成设备组选择、设备组逻辑联锁起停、单机起停、紧急停车和故障复位等。

2. 过程控制软件功能

对工艺线上的所有温度、压力、流量、阀门开度、物料料位、速度、电流等进行检测、显示、报警，对被控阀门、速度等进行操作，对重要工艺参数进行调节、记录。

3.4　过程控制

工艺过程参数进行自动调节的主要回路分述如下：

1. 烘干系统的自动控制分为以下几个部分：

（1）烘干机入口风温的调节。为控制稳定的供热量，在提供热风的管路上装有风温控制系统。通过检测风机入口的风温，调节蒸汽电动阀的开度。当出口风温下降时，自动开大蒸汽阀，增加一次热风的温度，提供给烘干机的热量就增加，出口风温也会随着升高，达到设定的温度。反之就关小，降低高温风的温量。

（2）烘干机进料量的调节。当烘干机上的电动调风阀在设定的开度时，热风温度一定，总供热量也一定，这时气流干燥机的产量由调节供料量来稳定。烘干机的供料由调速定量皮带秤提供，当供料量一定时，通过检测烘干机出口的风温变化，调节热风管路上电动阀的开度，以稳定烘干机的出口风温，从而稳定干燥机的工作温度，进而稳定干燥机的产品质量，在热风供热量和干燥机进料量都稳定的情况下，干燥机的出口料温必然稳定，从而使烘干机工作达到正常工况的要求范围。

（3）烘干系统风压调节。在干燥机、旋风分离器以及除尘器出口均设有压力检测元件，风压系统的控制由引风机风门的电动执行器完成。通过调节引风机风门的开度大小，调节整个系统的风压，以保证烘干机上部为设定负压值，进而保证整个系统在正常的压力下工作。

2. 煅烧系统的自动控制分为以下几个部分：

（1）FC 炉供热量的调节。通过检测 FC 炉进口的热风温度，同时调节煅烧炉的蒸汽流量，从而调节煅烧炉的供热量。当出口石膏粉的温度下降时，增加蒸汽的流量，提供给 FC 炉的热量就增加，出口石膏粉的温度也会随着升高，达到设定的温度。反之就关小，降低蒸汽的流量。这一调节过程由程序执行，在操作过程中能保持供热量的稳定。

（2）FC 炉风压的调节。为控制稳定的风压，在 FC 炉上部旋风器的出口管路上设有风压控制系统，FC 炉进料口上部的风压是由出口管路上的电动闸阀控制的，只有保证 FC 炉上部为微负压，才能保证整个系统没有粉尘溢出、旋风器的工作正常。通过自动调节闸阀的开启度使该点的压力稳定。

（3）FC炉进料量的调节。当FC炉热风管路上的电动阀在设定的开度时，蒸汽流量一定，总供热量也一定，这时FC炉的产量由调节供料量来稳定。FC炉的供料由调速定量皮带秤提供，当供热量一定时，通过检测FC炉出口的料温变化，调节螺旋秤的喂料量以稳定FC沸腾炉的出口料温，从而稳定FC炉的工作温度，进而稳定FC炉的产品质量。在FC炉供热量和FC炉进料量都稳定的情况下，FC炉的出口料温必然稳定，从而使FC炉工作达到正常工况的要求范围，石膏粉的质量也必然稳定。

3. 系统报警的设置

FC炉出口料温应控制在145～150℃。当温度达到170℃时，系统会自动执行保护程序，同时系统报警。当FC炉煅烧室的料位超出设定的正常值时，系统报警。

4. 自控技术的先进性

根据项目DCS系统的控制要求，采用ABB公司的全能综合性开放控制系统，结合工程现场工况，系统选型时充分考虑如下要求：

（1）系统的可靠性。系统将提供各种完善可靠的功能，以满足工艺运行工况的要求。为确保整个工艺装置安全、连续、稳定、高效运行，控制系统采用分布式结构，开放通信网络。

（2）系统的操作性。工程师站具备操作员站的一切功能，操作员站可冗余使用，即任何一台出现故障时，其功能都可以在其他操作站上实现。

（3）系统的维护性。系统的设计采用诊断至模件级的自诊断功能，使其具有高度的可靠性，其范围包括主机、网络、电源、控制器、I/O卡件直至I/O点。系统提供两种诊断方式：软件诊断或硬件诊断。便捷的诊断方式使得维护人员能迅速发现故障并消除故障。系统内任一组件发生故障，均不会影响整个系统的工作。

（4）系统的开放性。系统具有灵活的通信协议配置，支持多种协议标准：TCP/IP，Modbus，Can，Profibus DP/PA，Foundation Fieldbus，Hart；OPC，DDE，API等，可方便地与工厂生产管理信息系统、现场分析化验终端及其他系统或现场总线仪表互连。

（5）系统的扩展性。系统采用分布式网络结构，用户可以方便地增加网络站点。工业以太网上最多可挂接100台操作员站，100对现场控制器，主干网以太网（遵循TCP/IP协议），通信速率为10Mb/s/100Mb/s；Profibus DP总线通信速率为12Mb/s，一条Profibus DP总线上最多可挂接125个从站。

（6）系统的实用性。系统在技术上、设备上成熟可靠。在国内外各行各业都得到了广泛应用，具有十年以上的实际运行经验。系统可利用率为99.99%。

（7）系统的安全性。系统网络结构采用分级方式，控制网与厂局域网、MIS网采用网关隔离，网关中可设置防火墙，以防止病毒袭击。控制系统设置用户数据访问权限管理。

4　运行参数

4.1　生产原料要求

原材料：脱硫石膏。

脱硫石膏品位：>85%。

附着水含量：≤15%。

粒度：80目筛余<10%。

Na_2O：≤0.02%。

K_2O：≤0.02%。

Cl^-：≤300ppm。

4.2　设计产品标准

产品质量执行国家标准GB/T 9776—2008《建筑石膏》中的技术指标测试方法。

4.3　蒸汽消耗

热源名称：过热蒸汽。
压力：1.0MPa。
温度：260℃。
消耗：大约600kg过热蒸汽/t半水石膏。

4.4　电力消耗

电力：380V～10％，50Hz～1。
消耗：大约20kW·h/t半水石膏。

4.5　岗位定员

上料工：1人/班。
中控操作工：1人/班。

5　特点简介

5.1　产品质量优异

两步法工艺，慢速煅烧类型，温度在线控制。

5.2　节能

流态化技术设备，以及余热回收利用技术，保证系统节能。

5.3　环保

采用蒸汽为热源，避免燃煤系统的污染。采用布袋除尘，粉尘收集系统达标排放。

5.4　自动控制程度高

采用ABB的DCS控制系统。

6　工程应用

目前已应用于圣戈班印度工程。印度时产20t蒸汽型FC分室煅烧系统，达产达标，运转正常。

钢渣粉磨工艺技术现状及发展方向

张添华[1]，刘　冰[2]，李惊涛[1]，郝以党[1]，张亮亮[1]

(1. 中冶建筑研究总院有限公司，北京，100088；

2. 中国冶金科工股份有限公司，北京，100028)

摘　要　钢渣具有水硬性，可磨细作为辅助性胶凝材料在水泥和混凝土中应用。但钢渣中含有难磨组分，粉磨的能耗一直居高不下。在传统的球磨机基础上，国内相继开发出技术指标更先进的球磨机＋辊压机联合粉磨、辊压机终粉磨、立式磨和卧式辊磨技术。寻找一种能耗低、产量高的粉磨工艺是未来钢渣粉磨工艺技术的发展方向。

关键词　钢渣粉；粉磨工艺；球磨机；辊压机；卧式辊磨

Abstract　Steel slag is cementitious，usually be applied as the supplementary cementitious material in cement and concrete after grinding. Grindability of some mineral component in the slag is bad，which leads to higher power consumption. Ball mill＋roller machine，roller machine finish grinding，vertical mill and horomill was developed literally and more advanced than the traditional ball mill in power consumption in China. The development orientation of steel slag grinding is to search a kind of grinding technology with lower power consumption and higher production.

Keywords　steel slag powder；grinding technology；ball miller；roller machine；horomill

0　引言

钢渣是转炉炼钢和电弧炉炼钢产生的以硅酸钙、铁酸钙等为主要成分的工业固废，产率约为粗钢产量的14％。2014 年我国钢渣产生量已超过 1 亿 t。钢渣主要可用作水泥混合材或混凝土掺合料、道路材料、回填材料等，目前我国钢渣综合利用率约33％，距德国、日本等发达国家近100％利用率相差甚远。钢渣中含有约50％的硅酸三钙（C_3S）、硅酸二钙（C_2S）等矿物，具有一定的水硬胶凝性，长期以来我国一直视钢渣为一种辅助性胶凝材料，目前将钢渣磨细作为水泥混合材或混凝土掺合料是实现钢渣高附加值利用的重要途径。但钢渣由于含有铁酸钙、RO 相、金属铁等难磨物相，在进一步磨细至 400m^2/kg 以上时，采用传统的球磨机使得粉磨能耗大幅增加，因此，国内一直在尝试采用更为节能的粉磨技术和装备。

1　钢渣的粉磨特性

邹兴芳认为[1]：钢渣形成温度较高（在 1580℃以上），且在过高温度下溶入较多的 FeO，MgO 等杂质并形成完整粗大的晶体。岩相分析表明：钢渣中的主要矿物成分为板状硅酸三钙和圆形及类圆形的硅酸二钙，其次为铁酸钙和 RO 相。其中，硅酸三钙最大尺寸可达到 1998μm，硅酸三钙包裹中的 MgO 颗粒粒径为 142～271μm；钢渣中的金属铁主要呈球粒状嵌布，粒度一般为 100～300μm，最大可达 3mm；硅酸二钙粒径也达到 943μm。

侯贵华等[2]比较研究了钢渣的难磨相组成及其胶凝性，结果发现了钢渣中难磨组分为铁铝酸钙［Ca_2(Al，$Fe)_2O_5$］和镁铁相固溶体（MgO · 2FeO），且它的水化反应活性很低，而钢渣中硅酸三钙（C_3S）和硅酸二钙（C_2S）具有较好的易磨性，比矿渣略好，但其水化反应活性明显比矿渣差，钢渣中的 C_3S 和 C_2S 固溶了较多的异离子。

因此要发挥钢渣中 C_3S 和 C_2S 的水硬胶凝性，必须将钢渣磨细至较高细度，使钢渣矿物结构发生畸变、结晶度下降，使钢渣中矿物晶体的键合能减小，从而使活性提高，才能实现钢渣在水泥和混凝土中的较高掺量。

2　钢渣粉磨工艺技术

近年来，钢渣粉磨新工艺和新设备的应用日益广泛，在传统的球磨机基础上，国内已相继开发出了技术指标更先进的辊压机半终粉磨、辊压机终粉磨、立式磨、卧式辊磨等，从不同的应用角度和技术特点丰富和发展了钢渣粉磨的技术内涵。

2.1　球磨机为终粉磨设备的粉磨工艺

球磨机是物料简单机械破碎之后，再进行粉磨的传统设备。随着球磨机相关技术的不断进步，使得球磨机也能粉磨硬度大的物质，如钢渣。球磨机在粉磨物料上的优点主要有适应性强、粉碎比大、粉磨和烘干可以同时进行、结构及维护管理简单、密封性好、运行平稳、操作可靠等，在物料的粉磨作业，尤其是水泥粉磨作业中一直备受青睐，这也使得球磨机与水泥行业的历史几乎一样悠久。球磨机研磨体规格及材料能根据物料性能做出相应调整，这使得球磨机也能粉磨硬度大的钢渣，但粉磨 $400m^2/kg$ 比表面积钢渣粉的单位电耗为 $100kW \cdot h/t$ 左右。但是，球磨机的缺点也同样明显，主要是配置昂贵、磨损严重、工作效率低、能量损耗大等，以生产水泥为例，每生产 1t 水泥的耗电量不低于 $70kW \cdot h$，但只有约 5% 的电能用于物料表面积的增加，绝大部分电能被转变为热能和声能而浪费掉。但球磨机能耗大，粉磨损耗严重等缺点，限制了球磨机在粉磨钢渣领域的发展。

正因为如此，粉磨行业以提高粉磨效率、降低能耗和钢耗为宗旨，进行粉磨新装备、新技术的研究开发一直都没停止。近年来，在利用球磨机作为终粉磨的基础上，杭钢采用振动磨作为预粉磨设备，马钢开发出辊压机为预粉磨设备，大大提高了钢渣粉磨效率。

2.2　辊压机＋球磨机的联合粉磨工艺技术

辊压机诞生于 20 世纪 80 年代中期，是一款基于"料床粉碎"原理的典型新型节能粉磨设备，与球磨机相比，具有增产节能、噪声小、钢材损耗小等优点，经辊压机挤压后的物料颗粒易磨性大为改善，进而大幅度降低了整个粉磨系统的能耗，既适用于新厂建设，也能用于老厂技术升级改造。辊压机相比球磨机，主要优点有粉磨效率高、能耗低、磨损小、噪声低、粉尘少、结构简单、工序紧凑、操作维修方便等，但也存在不足之处："边缘效应"、零部件尤其是辊子轴承以及辊面易磨损、存在选择性粉碎等。天津院用辊压机联合粉磨系统生产钢渣粉的研究表明[3]，用辊压机处理钢渣时，能大幅度改善其易磨性，从而降低球磨机电耗，辊压机处理钢渣的增效系数可达 4.0 以上，与粉磨水泥增效系数 2.0 相比，节能效果更加显著，可大大改善后续磨机的粉磨状况，使整个粉磨系统的单位电耗明显下降；且可实现钢渣中的铁和渣能充分剥离，便于预粉磨系统进行高效除铁。因此采用带辊压机半终粉磨的钢渣粉磨工艺，可以充分发挥和利用辊压机的高效挤压优势和球磨机的粉磨功能，达到显著改善产品性能、增产节能和高效除铁的效果。

在辊压机与球磨机联合粉磨系统中，钢渣经辊压机挤压，通过兼烘干及选粉功能的选粉机，选出规定细度的微粉进球磨机粉磨成成品，粗粉回辊压机再次挤压。钢渣经由辊压机辊压后，颗粒表面出现裂纹，有助于提高终粉磨设备的粉磨效率、降低能耗。钢渣在炼钢过程中内部包裹有相当数量的小颗粒金属铁，因此粉磨时除铁是关键。首先要最大限度将金属铁从钢渣中提取出来进行回收利用，有效除铁可减少粉磨过程铁对设备的磨损并提高粉磨效率。在外循环系统中增加多个除铁设备，可降低钢渣粉中的含铁量，保护粉磨设备。

辊压机与球磨机联合粉磨能耗低于单独使用球磨机粉磨系统。粉磨 $400m^2/kg$ 比表面积钢渣粉的单位电耗为 $80kW \cdot h/t$ 左右。该系统目前仍存在一些制约连续生产的问题，如金属铁富集、烘干效率及选粉分级效率低，辊压机喂料控制等问题，但这也证明在钢渣粉磨方面联合粉磨技术较单一终粉磨技术更有优势。

3 辊压机为终粉磨的"线接触式"粉磨工艺技术

鞍钢矿渣公司采用高压辊压机作为钢渣粉终粉磨设备。高压辊压机的特点是使用寿命长，设备运转率高，易于维修和能耗低。与传统的球磨机相比，高压磨辊研磨过程中主要是利用两个反向旋转的辊来挤压料层，由于料层是由许多连结在一起的粒子组成，所施加的压力造成颗粒间强烈的相互挤压和破碎，颗粒间破碎粉磨，大大提高了研磨效率。

高压辊压机节能主要体现在闭合回路研磨使原料直接成为合格成品。与普通球磨机系统相比，高压辊压机粉磨系统的节能效果达到 50% 以上。粉磨 $400m^2/kg$ 比表面积钢渣粉的单位电耗约为 $50kW \cdot h/t$。但由于经辊压机挤压粉磨的物料中细粉含量相对较少，因而循环负荷很大，一般在 8 倍喂料量以上，成品中微粉量不够，成品质量虽能满足要求，但相同比表面积的产品质量比球磨机粉磨的产品质量差。此外，单机生产能力仍然较小。

4 立式磨的"面接触式"粉磨工艺技术

立式磨自 20 世纪 20 年代问世以来，一直以粉磨效率高、能耗低著称，尤其是可对含水量高达 20% 左右的物料同时进行烘干粉磨，因此建材行业长期多用于生料制备和矿渣粉磨。与球磨相比，立式磨的优点主要有：入磨物料粒径大、粉磨效率高、能耗低、烘干效率高、能力强、工艺系统简单、结构紧凑，控制方便、密封性好，运转率高、噪声小等。缺点主要有：不适宜粉磨磨蚀性大的物料，零部件（主要是磨辊上辊套和磨盘上衬板）材质要求较高，零件磨损后维修工作量大，更换难度也大，对系统密封性及操作员的操作技术水平要求都较高等，立式磨维修费用高，对材质及生产管理的要求都比较高，一般认为钢渣中含铁量高，产品要求细度高，不易使用立磨粉磨。目前国内外还没有成熟的生产线投入使用，但业内一直没有停止采用立式磨粉磨钢渣的尝试，合肥水泥研究设计院通过研磨组件配合、新型耐磨材料使用、系统和磨内除铁、钢渣粉分选方面创新[4]，在立式磨中分别针对未热闷处理的钢渣和热闷处理后的钢渣进行了试生产，表明粉磨钢渣产量比矿渣低 29.85%，粉磨 100% 未经热闷钢渣磨机产量比粉磨 100% 热闷钢渣降低 19.98%，可见钢渣的处理方式对易磨性影响也很大，另外钢渣粉磨对除铁的要求更严格，要求磨前设计 3 道除铁措施，磨机排渣与外循环提升机之间设计二道除铁，以便有效去除钢渣中的铁，保证系统设备运行的稳定，从而降低设备的磨耗和系统的能耗。

5 卧辊磨的"面接触式"粉磨工艺技术

卧式辊磨，也称筒辊磨，是 20 世纪 90 年代出现的节能粉磨设备。它以料层间挤压为粉磨原理，采用中等压力、多次挤压方式，以近似于辊压机的粉磨效率，近似球磨机的运行可靠性，从一问世就得到极大的关注。现在全球大约有三十余台法国 FCB 公司的卧式辊磨投入运行。最大台时产量生料达 225t/h，水泥达 130t/h。我国牡丹江水泥厂、汉中水泥厂、日照京华新型建材有限公司、九江中冶环保资源开发有限公司和新余中冶环保资源开发有限公司也引进该公司卧式辊磨用于粉磨水泥和钢渣粉，国内的部分设备制造企业也正在开发这种新型节能粉磨设备。

卧式辊磨的主要优点为咬入角较大、通道收缩率较小，卧式辊磨磨辊咬入角一般为 17°，而立磨和辊压机则分别不超过 12° 和 6°，故物料在卧辊磨中具有较小的通道收缩率；压力适中，速度高，运行平稳，基于"料床粉碎" 3 种典型粉磨设备中，工作压力从小到大依次是立式磨 < 卧辊磨 < 辊压机；一次通过，多次挤压，物料在卧辊磨内的粉磨次数，可以根据工艺要求，通过控制机构调整，以达到调节出磨物料粒径的目的，也就是物料从进料端到出料端运动的过程中，依靠磨辊的回转运动，可以经济、方便地在筒体内循环粉

磨7~8次；能耗小，球磨机的能量利用率不足5%，辊压机和卧辊磨均可达35%左右；加工成品活性大，卧式辊磨的成品颗粒形貌可以通过调整导料板倾斜角度来间接调节，物料在筒体内"螺旋"前进的过程中受到多次挤压整形，其形貌逐渐向圆球形逼近，成品活性增大。粉磨钢渣粉时粉磨至400m²/kg主机电耗约45kW·h/t。卧式辊磨系统与球磨机系统对比见表1。

表1　卧式辊磨与球磨机系统指标比较

种类	研磨力	细度	粉磨时间	研磨体消耗	系统电耗（kW·h/t）
卧辊磨系统	可调	可调	可调	小	65
球磨机系统	不可调	不可调	不可调	大	90k

卧式辊磨机具有运行稳定、操作灵活、产量在线可调、可控性较强、磨耗及电耗较低的优点，已经在日照京华新型建材有限公司投产运行两条80万t/a的钢渣粉生产线，并在新余中冶环保资源开发有限公司和九江中冶环保资源开发有限公司投产运行40万t/a钢渣粉生产线。

6　各种钢渣粉粉磨工艺比较

目前已投入正式生产的各种钢渣粉磨工艺技术指标对比见表2。

表2　各种投入正式生产的钢渣粉生产线系统对比

种类	主机规格	成品细度（m²/kg）	产量（t/h）	主机装机容量（kW）	研磨体消耗（g/t）	主机单位电耗（kW·h/t）
球磨机系统	Φ3.2×13	400	25	2500	300	100
辊压机系统	Φ140×120	400	35	1800	5	51
辊压机＋球磨机联合粉磨系统	Φ140×120 Φ3.2×13	400	55	4300	65	78
卧式辊磨系统	Φ3800	400	55	2300	3.5	41

7　结论

（1）钢渣中含有铁铝酸钙、镁铁相固溶体、金属铁等难磨组分，使得钢渣粉磨细至合适细度能耗居高不下。

（2）国内探索了辊压机＋球磨机联合粉磨、辊压磨终粉磨、立式磨和卧式辊磨高效低耗制备钢渣粉的适应性，辊压机＋球磨机联合粉磨联合粉磨工艺优于球磨机终粉磨工艺，"面接触式"料床粉磨设备优于"点接触式"料床粉磨设备，采用联合粉磨工艺技术及"面接触式"料床粉磨设备可以显著提高产量，降低系统电耗，可以作为未来钢渣粉磨工艺技术的重要研究方向。而卧辊磨终粉磨技术将是未来钢渣粉磨技术的发展方向。

参考文献

[1] 邹兴芳. 钢渣显微结构与粉磨和烧成性能关系探讨[J]. 四川水泥, 2014（2）：114-118.

[2] 侯贵华, 王占红, 朱祥. 钢渣的难磨相组成及其胶凝性的研究[J]. 盐城工学院学报. 自然科学版, 2010, 23（1）：1-4.

[3] 顾金土, 邢天鹏, 郑方伟. 半终粉磨钢渣微粉生产线的设计和实践[J]. 水泥工程, 2014（3）：1-4.

[4] 袁凤宇, 熊会军, 张志宇, 等. HRM钢渣立磨的粉磨实践及分析.

文章来源：《环境工程》2016年第34卷增刊。

钢铁企业含铁尘泥资源化利用工艺及其选择

吴　龙，郝以党，岳昌盛，胡天麒

（中冶建筑研究总院有限公司，北京，100088）

摘　要　介绍了各类含铁尘泥的性质和资源化利用的主要工艺，并通过对比分析进行了工艺选择建议。含铁尘泥的资源化利用途径可分为生产回用和除杂工艺两类。杂质元素含量低的含铁尘泥应采用生产回用工艺，建议采用制备冷固球团和均质化造粒工艺。杂质元素含量高的必须通过除杂处理，Zn，Pb 杂质元素含量高的含铁尘泥建议采用转底炉生产金属化球团工艺，K，Na 杂质元素含量高的含铁尘泥建议采用结晶法生产KCl工艺。除杂后的产品可返回生产流程，富集的杂质元素可实现高附加值利用。

关键词　含铁尘泥；资源利用；生产回用；除杂；转底炉

Abstract　This paper introduces the properties and the main process of mud with iron resource utilization，and the choices suggestion are given through comparison and analysis. The utilization of mud with iron can be classified into industrial reuse and impurity removal. The iron mud with low impurity elements content is suitable for industrial reuse，cold-bonded pellets making and homogenization granulation processes are suggested. Impurity removal process is needed when the impurity elements content is higher. For the mud with high content of zinc and lead，rotary heath furnace is proposed to produce metallized pellets. For some with high content of potassium and sodium，crystallization method is proposed to produce potassium chloride. After that，the enriched impurities elements can be used with high added value.

Keywords　mud with iron；utilization；industrial reuse；impurity removal；rotary hearth furnace

2014 年我国钢产量为 8.23 亿吨[1]，每生产 1t 钢大约产生 100kg 以上的含铁尘泥[2]，我国含铁尘泥年产生量在 8000 万吨以上。大量含铁尘泥需要合理的资源化处理方式。

含铁尘泥中普遍含有 30% 以上的 Fe 元素，也有部分含有 Zn，C，K，Na 等有价元素，此外仍有近 30% 以 CaO，SiO$_2$ 为主的杂质元素，具有巨大的资源化利用潜力。本文对含铁尘泥现有的资源化利用技术进行了阐述，并对其合理利用方式进行探讨，以期为钢铁企业含铁尘泥的资源化利用提供参考。

1　钢铁企业含铁尘泥概况

钢铁生产包括烧结、球团、炼铁等工序，各生产工序均设置了除尘装备以确保排放达标。含铁尘泥为除尘过程收集的颗粒物，其成分列于表 1 中[3-8]。

由表 1 可知：含铁尘泥成分因除尘工位和方式而异，但主要由除尘工位决定。含铁尘泥按成分可分为高铁、高碳、高锌、高碱、高钙尘泥 5 类。转炉干法除尘灰、转炉尘泥、出铁厂除尘灰、高炉料仓除尘灰以及烧结成品除尘灰中全铁含量基本为 50%，甚至高达 60%，属于高铁尘泥；高炉重力除尘灰、瓦斯尘灰、瓦斯尘泥中的碳含量普遍高达 20%～30%，为高碳尘泥，也含有少量锌元素；电炉除尘灰中锌含量往往在 5% 以上，为高锌尘泥。烧结机头除尘灰中，K，Na 碱性元素的含量一般都在 10% 左右，为高碱尘泥；炼钢和烧结料仓除尘灰中 CaO 含量较高，为高钙尘泥。各工序尘泥的资源化利用应基于尘泥的基本性质，挖掘尘泥的价值，从而选择合适的处理方式。

表1 钢铁企业主要含铁尘泥成分（%）

工序	种类	TFe	CaO	MgO	SiO$_2$	Al$_2$O$_3$	C	(Na+K)	ZnO
烧结	料仓除尘灰	23～30	28～31	2～5	6～9	1～3	2～5	—	—
	机头除尘灰	28～55	2～9	0～1	3～6	1～3	0.5～2.5	6～15	0～1.5
	机尾除尘灰	45～55	8～17	2～3	4～8	2～3	1～3	0.～0.5	
	成品除尘灰	50～55	6～10	2～4	2～5	1～3			
高炉炼铁	料仓除尘灰	54～56	6～9	2～3	2～4	1～3		0.2～0.5	
	重力除尘灰	36～53	2～3	0.5～1	5～9	2～4	15～34	0.3～1.2	0.2～0.5
	瓦斯尘灰	22～30	2～5	0.8～1.5	2～12	2～9	19～26	0.5～15	0.5～3
	瓦斯尘泥	33～45	2～7	1～2	6～15	2～5	18～23	0.5～1.5	0.5～3
	出铁场除尘灰	48～65	1～9	0.5～2	4～7	1～3	2～3	0.5～1.5	—
炼钢	料仓除尘灰	0.35	68.66	6.79	—				
	转炉干法除尘灰	59～64	12～17	1.5～2	2～4	0.5～1.5	1～2	—	—
	转炉尘泥	54～61	14～18	2～7	1～4	0～3	2～5	—	—
	转炉二次除尘灰	36～51	13～16		2～4	3～5	3～4	—	—
	电炉除尘灰	35～45	13～15	5～7	5～7	1～3		2～4	5～17

2 含铁尘泥资源化利用技术

含铁尘泥资源化利用主要有生产回用、物理法、火法还原三类处理技术。

2.1 生产回用

Fe，C，CaO都是钢铁生产必需物料，大部分含铁尘泥均可回用生产。钢铁企业将转炉尘泥等作为烧结或球团配料，工艺装备简单，投资低，见效快，不改变企业生产工艺，应用十分广泛。但含铁尘泥颗粒小，大多经高温处理和精矿粉性质差异大，转炉尘泥含水高、脱水困难，自然风干后易板结、难破碎，此外还存在杂质元素含量多、连续放灰困难等问题。含铁尘泥配入比例过高会导致成球性差、烧结料透气性差、速率下降、产品稳定性差等问题。此外，K，Zn等有害元素循环富集不利于高炉生产。为克服上述问题，业内人士探索了喷浆、尘泥均质化造粒等措施[9-11]。

喷浆工艺是先将含铁尘泥在水池中采用泥浆泵搅拌成体积浓度为20%的灰浆，使用专用的泥浆泵喷入烧结料一次混合机。采用喷浆工艺一定程度上提高了除尘灰的粘结性，提高了制粒效果和烧结效果，同时可减少粉尘转运的污染。

均质化造粒工艺是通过调节尘泥水量、充分混匀、在不添加胶粘剂的条件下造粒。多采用圆盘造粒方式，粒径为3～10mm，造粒完成后添加入已经一次混合的烧结料进行配料。尘泥均质化造粒工艺改善了含铁尘泥对烧结速度、烧结矿转鼓强度、烧结矿成品率的不良影响，降低了燃料消耗，一般控制在烧结料的10%以内，过高则会降低烧结矿品位。

2.2 物理法

2.2.1 冷固球团

冷固球团是利用炼钢产生的污泥、除尘灰、氧化铁皮等为原料，石灰（萤石）作为造渣剂，添加有机胶作胶粘剂，采用高压挤压成型的物理方法制备球团。

冷固球团要求TFe含量≥50%，单球强度≥800N，成球合格率≥80%。含铁尘泥需添加氧化铁皮或精矿粉提高Fe含量，添加水玻璃、淀粉等胶粘剂提高球团强度，实际多用有机材料作为胶粘剂保证钢水质量。

冷固球团的生产工艺流程如图 1 所示。

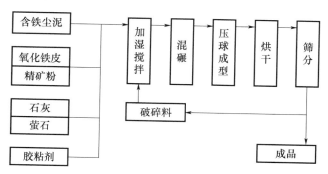

图 1　冷固球团生产工艺流程

冷固球团作为造渣、冷却剂回用至转炉，相比回原料厂流程短，Fe 元素回收率高，化渣快，冷却效果好，可降低能耗和成本。数据表明[12-14]：转炉添加冷固球团后，冶炼时间缩短 11s，氧气消耗量降低 $1m^3/t$，氧化铁皮消耗量降低 10kg/t，石灰消耗量降低 6~8kg/t。该工艺广泛应用于宝钢、鞍钢、首钢、柳钢等企业。

2.2.2　选矿法

选矿法主要应用于含碳、含锌的含铁尘泥处理，可实现 C，Zn，Fe 元素的分离和富集，主要有重选、浮选和磁选 3 种，最为典型的为高炉瓦斯尘泥的选矿法处理。瓦斯尘泥多含有 C，Fe，Zn 元素，具体方法包括水力旋流方式脱锌、重选浮选脱碳和磁选选铁工艺。

瓦斯尘泥中的 Zn 元素集中于粒径 $<20\mu m$ 的细颗粒，采用水力旋流器对高炉尘泥按粒径进行分离富集。Zn 含量高的细颗粒物质从旋流器顶部溢出，含 Zn 较低的粗颗粒物质则从旋流器底部流出[15,16]。瓦斯尘泥加水稀释后采用水力旋流器进行处理，浓度一般为 $150~250kg/m^3$，采用两级旋流器处理，具体工艺如图 2 所示。经过该工艺处理可获得约 30％细颗粒的高锌瓦斯泥和约 70％的低锌瓦斯泥。本工艺的脱锌率为 70％~80％，低锌粉尘中 Zn 元素含量仍在 0.5％以上，脱除效果不彻底。

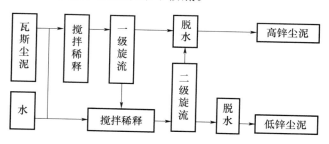

图 2　水力旋流器铁锌分离工艺流程

首先根据碳、铁元素的密度差通过浮选、重选方式实现碳精粉的提取，再根据铁磁性实现铁精粉和尾泥的磁选分离。工艺流程如图 3 所示。该工艺处理高炉瓦斯尘泥，一般可分离获得铁品位 40％以上的铁精矿粉（约 55％），含碳量在 70％以上的碳精粉（约 30％），以及 20％以上含铁约 30％、含碳约 15％、含 Zn5％以上的尾泥[17,18]。该工艺流程简单，所得铁精矿粉和碳精粉可以返回烧结工序回用，但仍有 20％的尾泥难以利用。

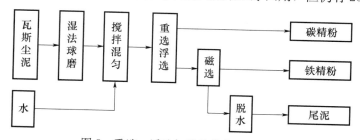

图 3　重选、浮选加磁选分离工艺流程

2.2.3　结晶法提取 KCl

烧结机头除尘灰中 K，Na 含量高达 6%～10%[19]，K，Na 盐类易溶于水，不宜堆存，若生产回用则会造成杂质元素富集，不利高炉生产。结晶法提取 KCl 的流程如图 4 所示。烧结机头灰在常温、常压下浸出，浸出液依次进行净化、浓缩结晶处理，最后获得工业级 KCl 产品以及其他混合盐。

浸出渣和沉淀渣可回用于烧结工序，KCl 用作钾肥、混合盐可一步提取[20]。该工艺在曹妃甸等地已投入工业化生产。

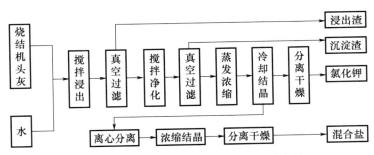

图 4　烧结机头灰结晶法生产 KCl 工艺流程

2.3　火法还原

火法还原通过碳还原含铁尘泥中铁氧化物，实现铁元素的利用和 Zn，Pb 等有色金属以及 K，Na 盐类的烟化分离，主要有回转窑、转底炉和竖炉 3 种工艺。

2.3.1　回转窑

含铁尘泥和煤粉配料后从回转窑尾加入。炉料随回转窑的旋转下行，温度逐步升高转变成半熔态。回转窑最高温度为 1100～1300℃，以防止炉壁结圈[21]。还原过程中，氧化锌被还原成为 Zn 蒸汽，经除尘设备处理获得锌精粉。脱锌后的粉尘从回转窑出口流出，自然冷却后采用湿法磁选方式选铁。

回转窑工艺处理含锌尘泥（图 5），可获得 Zn 品位为 40% 以上的锌精粉，Fe 含量约 55% 的铁精粉，以及 Fe 含量约 30% 的尾泥[22]。锌精粉可用于锌生产，湿磨磁选的铁精粉一般回用于冶炼生产。尾泥用于填埋或充当建材，利用水平较低。

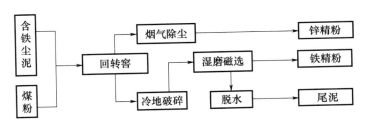

图 5　回转窑处理含锌尘泥工艺流程

2.3.2　转底炉

转底炉处理先将含铁尘泥、胶粘剂以及煤粉搅拌混匀后，使用压球机进行挤压成型，烘干得到冷态球团（图 6）。转底炉采用煤气加热，最高温度约 1300℃[23]。加热过程中铁锌氧化物逐步还原，旋转 1 周约 30min 出料。煤气燃烧后形成 1200℃ 的高温气体混合挥发的 Zn 蒸汽及烟尘，通过除尘管道输送至热交换机[24]。过程余热采用蒸汽锅炉发电，挥发的 Zn 蒸汽冷却随同烟尘回收得到锌精粉。

转底炉生产金属化球团中铁金属化率在 60% 以上，TFe 含量 60%～65%，可用作转炉炼钢用冷料。锌精粉中 Zn 含量在 40% 以上，Zn 回收率约 90%。余热发电量约为 200kW·h/t（球团质量）。

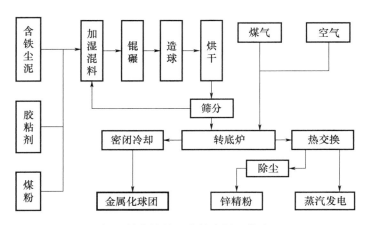

图 6　转底炉处理含铁尘泥工艺流程

2.3.3　竖炉

竖炉形式类似高炉，炉料从炉顶加入，需添加焦炭作为骨架和还原剂，以及热风、富氧保证冶炼温度，只是处理对象是含铁尘泥等冶金固废。

含铁尘泥和水泥、水等按比例混合挤压成块，硬化干燥后和废铁、焦炭等加入竖炉顶部[25,26]。冶炼过程和高炉炼铁类似，物料随着冶炼的进行下行、升温，铁氧化物被还原成铁水（图 7）。烟气经除尘可收集含锌污泥和煤气，产出的铁水经脱硫处理回用炼钢，冶炼废渣可采用水冲渣处理后用作建材。竖炉生产资源化利用率高，但整体设备、物料、运行成本也较高。

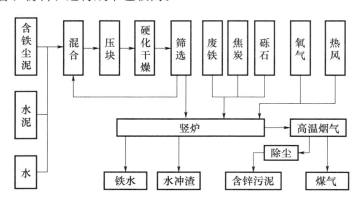

图 7　竖炉处理含铁尘泥工艺流程

3　含铁尘泥资源化利用技术选择

3.1　含铁尘泥利用途径分析

含铁尘泥在 Fe，C，CaO，Zn，K，Na 的含量上存在差异。Fe，C，CaO 都是钢铁生产必需的物料，应根据其具体性质尽量选择返回钢铁生产流程的方法。Zn，K 等杂质元素不利于高炉生产，需采用专用工艺设备进行处理回收。

各工序的料仓除尘灰、转炉尘泥等杂质含量低，可直接生产回用，实现其中 Fe，C，CaO 的资源化利用。Zn 含量高的电炉粉尘，K，Na 含量高的烧结机头灰等需进行杂质元素去除，除杂后的尘泥可生产回用，富集的杂质元素如锌精粉、KCl 等可高附加值利用。

3.2 生产回用工艺的选择

冷固球团和均质化造粒两种工艺设备简单，投资小，生产应用效果好，适用于杂质含量低的含铁尘泥处理。

冷固球团产品用于转炉造渣，利用含铁尘泥中的 Fe，CaO 资源，适用于高炉炉前出铁除尘灰、转炉料仓除尘灰、转炉尘泥等 Fe，CaO 含量较高的尘泥。均质化造粒产品用于烧结，Fe，C，CaO 资源都能利用，除转炉尘泥、料仓粉尘等外，还可处理 Zn 含量低的高炉瓦斯尘泥，适用范围更广。

3.3 含铁尘泥除杂工艺的选择

含铁尘泥中杂质主要有 Zn，Pb 以及 K，Na 两类。K，Na 杂质的资源化利用工艺，目前仅有结晶法生产 KCl 工艺得到了工业化应用，具有较高的产品附加值，是含铁尘泥中 K，Na 元素除杂的合适途径。

Zn，Pb 杂质的去除工艺有选矿法和火法冶炼两类方法。选矿法处理规模小，有 30% 的尾泥不能利用，且存在废水、污泥产生量大等问题。因此，火法冶炼是 Zn，Pb 杂质去除的优先选择。

火法冶炼主要是转底炉、回转窑和竖炉 3 种工艺应用较多。

回转窑工艺投资少，是目前国内含铁尘泥脱锌应用最多的工艺，但其处理规模小，对原料 Zn 含量的要求高，Zn 回收率低，铁元素金属化率差，尾泥产生量大，余热放散，现场环境差，排放难达标，是面临淘汰的工艺。

转底炉工艺处理规模大，原料要求低，生产效率高，Zn，Pb 回收率高，金属化球团可全部利用，过程余热全部回收，烟气排放达标，是含铁尘泥除锌的合理选择。

竖炉法工艺在处理规模、资源化利用水平、余热回收以及环境排放上都具有较好的效果。但不可忽视的是竖炉结构和高炉类似，杂质元素不利于高炉运行，同样也会影响竖炉的运行。

总结可知，转底炉工艺是含铁尘泥中 Zn，Pb 杂质去除的理想选择。

4 结论

（1）含铁尘泥的资源化利用可分为生产回用和除杂工艺两类。钾、钠、锌等杂质元素含量低的含铁尘泥应因地制宜地生产回用；反之，杂质元素含量高的必须通过除杂处理再回用生产。

（2）建议采用制备冷固球团和均质化造粒工艺用于含铁尘泥生产回用。两种工艺设备简单，投资小，含铁尘泥利用率高，应用效果好。钢铁企业需根据现有生产工艺设备等具体条件进行选择。

（3）对于 Zn，Pb 杂质含量高的含铁尘泥建议采用转底炉生产金属化球团工艺处理；K，Na 杂质元素含量高的含铁尘泥建议采用结晶法生产 KCl 工艺处理。杂质元素经除杂富集得到锌精粉和 KCl，除杂后获得金属化球团和铁精粉，资源化利用水平高。

参考文献

[1] 天津冶金编辑部. 钢铁及有色行业 2014 年盘点 [J]. 天津冶金，2015 (1)：33-34.

[2] 刘百臣，魏国，沈峰满，等. 钢铁厂尘泥资源化管理与利用 [J]. 材料与冶金学报，2006，5 (3)：231-237.

[3] 毛瑞，张建良，刘征建，等. 钢铁流程含铁尘泥特性及其资源化 [J]. 中南大学学报. 自然科学版，2015，46 (3)：774-785.

[4] 田守信. 炼钢含铁尘泥再生利用的分析研究 [J]. 宝钢技术，2008 (3)：21-24.

[5] 高金涛，李士琦，张延玲，等. 低温分离、富集冶金粉尘中的 Zn [J]. 中国有色金属学报，2012，22 (9)：2692-2698.

[6] 陈砚雄，冯万静. 钢铁企业粉尘的综合处理与利用 [J]. 烧结球团，2005，30 (5)：42-46.

[7] 郭秀键，舒型武，梁广，等. 钢铁企业含铁尘泥处理与利用工艺 [J]. 环境工程，2011，29 (2)：96-98.

[8] 余雪峰，薛庆国，王静松，等. 钢铁厂含锌粉尘综合利用及相关处理工艺比较 [J]. 炼铁，2010，29 (4)：56-62.

[9] 金俊，刘自民. 马钢高浓度 OG 泥喷浆工业性试验 [J]. 安徽冶金，2006 (3)：1-2.

[10] 刘自民，金俊，苏允隆，等. 马钢冶金污泥循环利用技术研究 [J]. 烧结球团，2010，35 (2)：18-22.

[11] 廖洪强，余广炜，包向军，等．钢铁冶金含铁尘泥高效循环利用技术思路与工艺集成［C］//冶金循环经济发展论坛论文集．北京：中国金属学会，2008：286-289.

[12] 罗渝东，郭秀键，李勇．钢铁厂除尘灰冷压成球技术的实验研究［J］．烧结球团，2014，39（3）：44-47.

[13] 王欣，崔乾民，徐栋梁．首钢京唐钢铁厂转炉除尘灰冷固球团生产线工程设计特点［C］//第8届（2011）中国钢铁年会论文集．北京：中国金属学会，2011.

[14] 曹德鞍．LT法在宝钢250t转炉上的应用［J］．宝钢技术，1999（3）：19-21.

[15] 许亚华．台湾中钢公司高炉污泥回收概况［J］．上海金属，1998（6）：59.

[16] Stein Callenfels，Je van．高炉污泥处理用的水力旋流设备［J］．钢铁，2004，39（1）：58-62.

[17] 杨大兵，陈萱．从高炉除尘灰中综合回收碳、铁和锌的试验研究［J］．武汉科技大学学报，2012，35（5）：352-355.

[18] 徐柏辉，王二军，杨剧文．高炉瓦斯灰提铁提碳研究［J］．矿产保护与利用，2007（3）：51-54.

[19] 郭玉华，马忠民，王东锋，等．烧结除尘灰资源化利用新进展［J］．烧结球团，2014，39（1）：56-59.

[20] 裴滨，詹光，陈攀泽，等．由铁矿烧结电除尘灰浸出液制备氯化钾及球形碳酸钙［J］．过程工程学报，2015，15（1）：137-146.

[21] 庞建明，郭培民，赵沛．回转窑处理含锌、铅高炉灰新技术实践［J］．中国有色冶金，2013（3）：19-24.

[22] 刘建辉，王祖荣，罗斌辉，等．威尔兹工艺无害化处理及综合利用含锌物料的生产实践［J］．湖南有色金属，2008，24（6）：16-18.

[23] 郭廷杰．日本钢铁厂含铁粉尘的综合利用［J］．中国资源综合利用，2003（1）：4-5.

[24] 何鹏，许海川．日钢2×20万吨转底炉生产实践［J］．环境工程，2011，29（增刊2）：189-192.

[25] JA Philipp．蒂森克虏伯钢公司资源保护现状［J］．世界钢铁，2007（1）：10-18.

[26] Gudenau H W，Senk D，Wang S W，et al. Research in the reduction of iron ore agglomerates including coal and C-containing dust［J］．ISIJ International，2005，45（4）：603-608.

不锈钢渣资源化研究现状

李小明，李文锋，王尚杰，史雷刚

（西安建筑科技大学冶金工程学院，陕西西安，710055）

摘　要　不锈钢渣是不锈钢生产过程中产生的有毒废渣，包括初炼渣和精炼渣，其特殊性在于含有水溶性致癌物质 Cr^{6+}，并且在渣的堆放过程中一直持续着 Cr^{3+} 向 Cr^{6+} 的转化，严重污染环境。介绍了高温硅铁熔融还原法、湿法及固化法对不锈钢渣脱毒原理，分析了不锈钢渣在烧结、返回炼钢、制备微晶玻璃及烧制水泥等方面的资源化利用现状。

关键词　不锈钢渣；解毒；资源化利用

Abstract　Stainless steel slag produced in the process of stainless steel smelting contains electric arc furnace （EAF) slag and argon oxygen decarburization （AOD) slag. There is water-soluble carcinogenic element Cr^{6+} in the slag. Cr^{3+} transforms to Cr^{6+} continuously when the slag is stockpiled. The detoxification principles of hyperthermia ferrosilicon smelting reduction method，wet method and solidification method are summarized. The comprehensive utilization technologies of the stainless steel slag in sintering，recycling steelmaking，producing glass-ceramic and cement are discussed.

Keywords　stainless steel slag；detoxification；comprehensive utilization

　　不锈钢渣是生产不锈钢过程中排出的固体废弃物，包括初炼电弧炉（EAF）渣和精炼氩氧脱碳炉（AOD）渣，一般每生产 3t 不锈钢就会产生 1t 废渣[1]。长期以来，这些不锈钢渣在渣场堆放，不仅占用大量土地，而且其中宝贵的稀有金属资源也得不到循环利用，并且也污染环境。MEPS（Minimum Energy Performance Stand）预计，2017 年，中国不锈钢产量将超过 1300 万 t，同时产生大量不锈钢渣，因此，不锈钢渣的资源化十分迫切。

1　不锈钢渣的理化性质

　　EAF 渣呈黑色，颗粒较大，性能与一般钢渣较为接近，比较稳定，其中质量分数大于 1% 的元素有 Ca，Si，Mg，Al，Fe，O，Cr 等，主要矿物为 Ca_2SiO_4 和 $Ca_3Mg（SiO_4)_2$。AOD 渣由于金属含量较少而呈白色，冷却过程中易粉化，呈粉尘状，其中质量分数大于 1% 的元素有 Ca，Si，Mg，C，O 等，主要矿物为 Ca_2SiO_4[2]。两种不锈钢渣均呈碱性，CaO 和 MgO 含量较高，与水反应都有较大的膨胀系数，化学组成见表 1[3]。不锈钢渣中含有 Cr^{6+} 的化合物，具有强氧化性：一是可以氧化生物大分子（DNA、多糖、蛋白质、酶），使活性细胞受到损伤；二是通过消化道和皮肤进入人体，在肝脏和肾中累积，或通过呼吸道积存于肺部，引起皮炎、支气管炎、肝病和肾病发生。含 Cr^{6+} 的粉尘会随风飘散，污染附近空气和农田。含 Cr^{6+} 污水溢流下渗，造成地下水、水库、湖泊等不同程度污染，引起动物死亡、农业减产和人体各种疾病[4-5]。

表 1　不锈钢渣的化学组成（%）

钢渣	EAF 渣	AOD 渣
CaO＋MgO	40～50	50～60
SiO$_2$	20～30	≈30
MnO	2～3	<1
Al$_2$O$_3$	5～10	≈1

钢渣	EAF 渣	AOD 渣
FeO	8～22	<2
Cr_2O_3	2～10	<1
P_2O_5	2～5	—
Ni	<0.1	<0.1
R	1.5	>2

2　不锈钢渣的解毒

$CaCrO_4$ 是 Cr^{6+} 的主要化合物，性质相对稳定，易溶于水。$CaCrO_4$ 在堆放过程中会发生如下分解反应[6]：

$$4CaCrO_4(s)=2CaO(s)+2CaCr_2O_4(s)+3O_2 \tag{1}$$

$$\Delta G0=765000-523.6T \tag{2}$$

$$K=a_2(CaO) \cdot a_2(CaCrO_4) \cdot p_3(O_2)/a_4(CaCrO_4) \tag{3}$$

$CaCrO_4$ 在温度超过 1461K 时发生分解；$CaCrO_4$ 分解还受 CaO 活度、氧气分压的影响，降低不锈钢渣中自由 CaO 含量，增大真空度等都可使 Cr^{6+} 向 Cr^{3+} 转换，实现不锈钢渣的脱毒。

2.1　高温硅铁熔融还原法解毒

依据熔渣分子理论，熔渣中存在各种简单化合物和复杂化合物。这些简单化合物和复杂化合物之间存在着离解-生成平衡，且熔渣中只有简单化合物参与反应，而复杂氧化物只有在离解或被置换成简单氧化物后才参与反应[7]。据此，不锈钢熔渣中的化合物 $CaCrO_4$ 和 $CaCr_2O_4$ 在熔融状态下的分解反应可写为：

$$CaCrO_4=CaO+CrO_3 \tag{4}$$

$$CaCr_2O_4=CaO+Cr_2O_3 \tag{5}$$

高温硅铁还原法以硅铁作为还原剂，不锈钢渣中存在的铬氧化物按以下反应式发生还原[8]：

$$4/3CrO_3+[Si]=2/3Cr_2O_3+SiO_2 \tag{6}$$

$$2/3Cr_2O_3+[Si]=4/3Cr+SiO_2 \tag{7}$$

配加 CaO，其与 SiO_2 反应生成更加稳定的 $2CaO \cdot SiO_2$，使反应进行得更加彻底。

将该渣加入炼钢设备，在温度 1600℃时，硅还原渣中其他氧化物如 FeO 和 MnO 的能力优于还原 Cr_2O_3 的能力，则添加到渣中的硅铁还原剂首先与渣中 FeO 和 MnO 反应，然后再与 Cr_2O_3 反应。李志斌[9]通过试验证实，要使渣中 Cr_2O_3 质量分数降低到 6％以下，需要渣中 MnO 和 FeO 质量分数先被降低到 2％以下。因此，实际生产中，配加硅铁还原剂要考虑其他氧化物如 FeO 和 MnO 等还原所消耗的量。高温硅铁还原法解毒较彻底，而且可以得到有价金属铬；但会使大气、粉尘等受到二次污染，增加了烟气除尘负担，处理成本较高。

2.2　湿法解毒

湿法解毒有硫化钠湿法还原、硫酸亚铁湿法还原、浸提交换等。这里仅介绍常用的硫化钠湿法解毒。硫化钠湿法解毒是将粒度小于 120 目的不锈钢渣湿磨制浆；添加纯碱溶液，使铬酸钙、铬铝酸钙与纯碱反应，然后用水浸出铬酸钠并回收铬酸钠，再添加硫化钠还原剂并加热溶液，使 Cr^{6+} 还原成 Cr^{3+}；过滤沉淀物 Cr(OH)$_3$，煅烧后得 Cr_2O_3[3-4,10]。

$$CaCrO_4+Na_2CO_3=Na_2CrO_4+CaCO_3 \tag{8}$$

$$8Na_2CrO_4+6Na_2S+23H_2O=\triangle 8Cr(OH)_3+3Na_2S_2O_3+22NaOH \tag{9}$$

$$2Cr(OH)_3 \xrightarrow{煅烧} Cr_2O_3+3H_2O \tag{10}$$

南京铁合金厂[11]曾采用此法处理不锈钢渣，还原解毒后的渣中水溶性 Cr^{6+} 质量分数为 $2\sim5mg/kg$，但解毒后的渣稳定性较差，放置 10 个月后水溶性 Cr^{6+} 质量分数增加到 $21\sim28mg/kg$。湿法解毒的优点是可以利用工业废酸废碱液，实现以废治废，同时可以回收多种有价金属；但是还原剂价格昂贵，设备腐蚀严重，且处理后废水必须特别处理，需要专门的管路和设备，这又间接增加了处理成本，而且不易大宗处理。

2.3 固化法解毒

不锈钢渣固化有水泥固化、石灰固化和玻璃固化等，以水泥固化为主。CaO，SiO_2，Al_2O_3 和 FeO_4 种氧化物占不锈钢渣组成的 60% 左右，与水泥的基本成分相似。水泥固化是向不锈钢渣中添加 $FeSO_4$，使其中 Cr^{6+} 还原为 Cr^{3+}；再添加水泥熟料、少量石膏粉，加水混匀，伴随水泥的固化，铬化合物被封闭在水泥基体中，实现固化解毒。不锈钢渣与 $FeSO_4$ 遇水后，Fe^{2+} 还原渣中的 Cr^{6+}，水溶性 Cr^{6+} 质量分数可从原来的 $0.1\%\sim0.2\%$ 降低到 $5.0\times10^{-4[12\text{-}13]}$。与水泥混合后，$Cr^{6+}$ 随水泥的水化和凝结硬化，被封闭在水泥之中，即使初期有微量的水溶性 Cr^{6+} 溶出，但随着水泥的硬化和强度增长，Cr^{6+} 溶出量减少，直至完全被封固在水泥中。$FeSO_4$ 不仅具有还原性，还是水泥活性激发剂，提高水泥稳定性。该法需要添加大量固化剂，经济效益较差。

3 不锈钢渣的资源化利用

3.1 作烧结添料

不锈钢渣中含有 CaO，MgO，FeO 等有用成分，在高温熔炼之后具有软化温度低、物相均匀等特点，可在烧结过程中代替部分白云石和生石灰，发挥其固有的黏性，改善混合料制粒效果，提高烧结矿的性能和强度，降低烧结能耗[14]。

锦州铁合金集团曾将不锈钢渣筛分和破碎后利用烧结过程中的 C 及 CO 在高温下的强还原性，将 Cr^{6+} 还原成 Cr^{3+}，使不锈钢渣脱毒[15]。烧结矿中的 CaO，MgO，FeO 等与 Cr_2O_3 发生反应，转化成铬尖晶石（$MgO\cdot Cr_2O_3$）、铬铁矿和铬酸钙等形式。在高炉冶炼过程中，Cr^{3+} 还可进一步被还原成 CrO，实现进一步脱毒。但不锈钢渣作为烧结添加料容易导致 S，P 元素富集，增加后续处理工序负担。

3.2 返回炼钢

EAF 碱性还原渣和 AOD 碱性氧化渣中含有的大量 CaO，MgO，Ca_2SiO_4，Ca_3SiO_5 在冷却过程中易与大气中的 H_2O 和 CO_2 反应，引起体积膨胀并粉化。EAF 碱性还原渣因含 CaC_2，不仅具有脱硫能力，而且还有脱氧能力[16]。利用这种特性可将不锈钢渣作为电炉喷吹剂，有效降低石灰添加剂用量；但是钢水易增碳、易回磷，且使 [H]，[N] 增加，有害元素富集。因此，这种作法仅限于有限钢种的冶炼，并且循环次数有限。

目前，对不锈钢渣的利用仅限于冷态渣，未能充分利用其中的显热和潜热。这方面的研究应进一步加强，如将热态渣直接用于铁水的脱磷、脱硫等。AOD 渣具有较高的碱度和氧化性，适宜于铁水预处理脱磷或直接返回电炉。EAF 渣具有较高的还原性，可直接返回 LF 炉进行脱硫；EAF 渣还具有脱氧能力，可直接返回炼钢过程进行脱氧等[17]。

3.3 制备微晶玻璃

微晶玻璃是由特定组成的母玻璃在可控条件下进行晶化热处理，在玻璃基质上生成一种或多种晶体，使原来单一、均匀的玻璃相物质转变成由微晶相和玻璃相交织在一起的多相复合材料，这种材料具有硬度高、机械强度高、不透水、不透气、介电性能优异、热稳定性好、耐腐蚀等优点[18]。

不锈钢渣的化学成分、颗粒粒径分布等理化性能满足制备微晶玻璃的要求，渣中 Cr_2O_3，Fe_2O_3，TiO_2，P_2O_5 是理想的晶核剂，能促进玻璃析晶[19-20]，且 Cr_2O_3 可作微晶玻璃着色剂[21]。因此，不锈钢渣可采用浇注法制备微晶玻璃。

仪桂兰[22]研究了以不锈钢渣、粉煤灰为原料，在 1400~1500℃保温 1.5~3h，晶化温度 980~1030℃下保温 2~5h，制得主晶相为透辉石和硅灰石的微晶玻璃。高温还原气氛中，将 CrO_3 还原为 Cr_2O_3，且在微晶玻璃内对 Cr^{6+} 固化和转化，实现了无毒化处理[23]。不锈钢渣制备微晶玻璃附加值高，渣用量大，原料易得，成本低，值得大力推广。

3.4 烧制水泥

不锈钢渣富含硅酸二钙、硅酸三钙、铁铝酸钙等矿物质，与水泥熟料成分相近，尤其是高碱度 AOD 渣的矿相组成与水泥的更为接近，可以用作水泥原料，配料时替代部分铁粉和石灰石[24]。同时，渣中铬酸钙固溶于铁铝酸钙、硅酸二钙、硅酸三钙中使其熔点降低，作为水泥矿化剂使用可起到晶种作用，缩短水泥熟料凝结时间[25]。立窑煅烧时产生的还原性气体 C、CO 使 Cr^{6+} 还原成 Cr^{3+}，同时在水泥胶凝阶段形成的晶格对 Cr^{6+} 形成封固效果[13,26]，且不锈钢渣中铁、锰等低价氧化物具有一定的还原能力，可在后续过程中还原 Cr^{6+}。Cr^{3+} 有染色功能，用作彩色水泥的着色剂，可制得墨绿色水泥。

不锈钢渣在水泥工业中可作为水泥配料焙烧熟料，烧制熟料钢渣水泥，作为水泥矿化剂添加料即活性混合材[27-28]。TsakiridisP. E.[29]以配料中添加钢渣，并配以适量石膏粉和少量激发剂制得的水泥，其工作性能与力学性能均满足使用要求。

4 结论

不锈钢渣因含 Cr^{6+} 而被视为有害废物。综合不锈钢渣组成、技术成本、附近敏感区域及解毒后渣的使用途径等因素，其利用潜力较大，但目前的资源化技术水平仍需提高。

参考文献

[1] Shen Huitin g. Phy sico chemical and Mineralogical Properties of Stain less Steel Slags Oriented to MetalRecovery [J]. Resource Conservation & Recycling, 2004, 40 (3): 245-271.

[2] 张翔宇，张翔宇，章骅，等. 不锈钢渣资源综合利用特征与重金属污染风险 [J]. 环境科学研究，2008, 21 (4): 4-6.

[3] 王春琼，李剑，杨红，等. 工业废酸处理不锈钢冶炼钢渣的可行性分析 [J]. 现代冶金，2010, 38 (1): 1-3.

[4] 盛灿文，柴立元，王云燕，等. 铬渣的湿法解毒研究现状及发展前景 [J]. 工业安全与环保，2006, 32 (2): 1-3.

[5] 杜良，王金生. 铬渣毒性对环境的影响与产出量分析 [J]. 安全与环境学报，2004, 4 (2): 34-37.

[6] Lee YM, Nassaralla CL. Standard Free Energy of Formation of Calcium Chromate [J]. Material Science and Engineering: A, 2006, 437 (2): 334-339.

[7] 赵俊学，张丹立，马杰，等. 冶金原理 [M]. 西安：西北工业大学出版社，2002: 88-108.

[8] Wang Tiangui, Li Zuohu. Thermlodynamic Properties of Calcium Chromate [J]. Chemical and Engineering Data, 2004, 49 (5): 1300-1302.

[9] 李志斌. 还原不锈钢渣中 Cr_2O_3 的实验研究 [C] //2008 特钢年会论文集，2008: 43-48.

[10] 景学森，蔡木林，杨亚提. 铬渣处理处置技术研究进展 [J]. 环境技术，2006, 3 (6): 33-36.

[11] 余宇楠. 国内外铬浸出渣治理方法概述 [J]. 昆明冶金高等专科学校学报，1998, 14 (2): 48-50.

[12] 殷福棠，方元，吴介达，等. 铬渣的处理和利用：水泥固化法 [J]. 上海环境科学，1990, 9 (8): 39-44.

[13] 宁丰收，赵谦，陈盛明. 铬渣水泥固化稳定性研究 [J]. 化工环保，2004, 24 (6): 409-411.

[14] 李献春. 钢渣粉回烧结的探索与实践 [J]. 化工环保，2004, 24 (6): 409-411.

[15] 谷孝保，罗建中，陈敏. 铬渣应用于烧结炼铁工艺的研究与实践 [J]. 环境工程，2004, 4 (4): 38-39.

[16] 朱苗勇. 现代冶金学：钢铁冶金卷 [M]. 北京：冶金工业出版社，2009: 160-166.

[17] 李建立，徐安军，贺东风，等. 不锈钢渣的无害化处理和综合利用 [J]. 炼钢，2010, 26 (6): 74-77.

[18] 麦克米伦. 微晶玻璃 [M]. 王仞千译. 北京：中国建筑工业出版社，1988: 1-3.

［19］查峰，薛向欣，李勇．工业固体废弃物作为合成微晶玻璃原料的开发和利用［J］．硅酸盐通报，2007，26（1）：146-149.

［20］肖汉宁，时海霞，陈钢军．利用铬渣制备微晶玻璃的研究［J］．湖南大学学报：自然科学版，2005，32（4）：82-87.

［21］王自强，郎明，周禾，等．铬矿渣作翡翠绿玻璃着色剂试验研究［J］．河南建材，2002，12（1）：5-6.

［22］仪桂兰．利用不锈钢尾渣、粉煤灰制备微晶玻璃［J］．中国资源综合利用，2010，28（10）：32-34.

［23］Chai Liyuan，He Dewen，Yu Xia，etal. Technological Progress on Detoxification and Comprehensive Utilization of Chromium Containing Slag［J］．Trans Nonferrons Met Soc，2002，12（3）：514-518.

［24］韩长菊，杨晓杰，周惠群，等．钢渣及其在水泥行业的应用［J］．材料导报，2010，24（S2）：440-443.

［25］付永胜，欧阳峰．铬渣作水泥矿化剂的技术研究［J］．西南交通大学学报，2002，37（1）：26-28.

［26］席耀忠．用铬渣烧硅酸盐水泥解毒的可行性探讨［J］．环境科学，1991，11（5）：27-31.

［27］陈泉源，柳欢欢．钢铁工业固体废弃物资源化途径［J］．矿业工程，2007，27（3）：50-53.

［28］李军华．钢渣微粉在水泥及混凝土中的应用［J］．山东建材，2002，4（2）：21-23.

［29］Tsakiridis PE，Papadimitriou GD，Tsivilis S. Utilization of Stee lSlag for Porland Cement Clinker Production［J］．JHazardous Mater，2008，34（152）：802-806.

文章来源：《湿法冶金》第 31 卷第 1 期（总第 121 期）。

赤泥脱碱及功能新材料研究进展

张以河，王新珂，吕凤柱，周风山，佟望舒，胡应模，张安振，陆荣荣

（中国地质大学（北京）材料科学与工程学院，非金属矿物与固废资源材料化
利用北京市重点实验室，非金属矿物与工业固废资源综合利用全国循环经济
工程实验室，矿物岩石材料开发应用国家专业实验室，北京，100083）

摘　要　氧化铝生产过程中产生的赤泥已成为制约铝行业可持续发展的瓶颈。随着铝工业的发展，赤泥的堆存量越来越大，赤泥的综合利用显得尤为迫切。为了解决国内外赤泥的堆存现状及产生的危害，国内外对赤泥资源化利用做了研究，赤泥可以用于生产建筑材料、陶瓷制品、微晶玻璃、路基及防渗材料、硅钙肥、吸附材料和提取有价金属。重点介绍了近年来赤泥脱碱实验研究、赤泥填充塑料、赤泥多元絮凝剂联产复合白炭黑、赤泥免烧和烧结蜂窝多孔材料、抗菌材料载体、赤泥脱硫与固硫材料、赤泥用于炼铁氧化球团粘结剂等研究新进展。对赤泥进行减量化、资源化利用不仅能减少其对环境污染，还可缓解我国铝土矿资源短缺等问题。

关键词　赤泥；脱碱；塑料填料；絮凝剂；多孔材料；脱硫；微晶玻璃

Abstract　Red mud，the waste produced during the extraction of alumina，has inhibited the development of the aluminum industry. In order to develop the alumina industry，various ways must be found to utilize the red mud，as storing the large quantities produced is a problem. Worldwide，researches have been done on utilizing this red mud. Applications include as raw material for building materials，ceramic products，glass ceramics，roadbed and impervious materials，silicon fertilizer，and as adsorption materials for extracting valuable metals. The present study mainly introduces the progress of researches on red mud，such as dealkalization and the preparation of polymer composites，carbon-white by the cogeneration of multiple flocculants，burned and unburned cellular materials，carriers of antibacterial material，desulfurization and sulfur fixation materials，and the binding of oxidized pellets. Reducing and utilizing red mud in multiple ways would reduce environmental pollution and solve the shortage of bauxite resources.

Keywords　red mud；dealkalization；plastic packing；flocculant；porous materials；desulfurization；glass ceramics

　　赤泥是氧化铝生产过程中产生的强碱性副产物，是我国排放量最大的工业固体废弃物之一[1-4]。根据氧化铝生产工艺的不同，产生的赤泥分为烧结法、拜尔法和联合法赤泥[5]。截止 2011 年底我国赤泥累计堆存量约为 2.79 亿 t，在 2007—2011 年的 5 年间，平均增幅为 16.1%，2011 年排放量达到 4260 万 t，比 2007 年增加 82%，但综合利用率仅为 5.24%[6]。

　　目前，国内外氧化铝厂大都将赤泥输送堆场，筑坝湿法堆存，该法易使大量废碱液渗透到附近农田造成土壤碱化，污染地表地下水源等；另一种常用的方法是将赤泥干燥脱水和蒸发后干法堆存[7]，这虽然减少了堆存量，但处理成本增加，并仍需占用土地，同时有些地方雨水充足，也容易造成土地碱化及水系的污染[8-9]。拜耳法赤泥的颗粒细、脱水性差并且凝结的赤泥块体强度较低，当筑坝高度增加时，下部赤泥在上部赤泥重力作用下，会出现渗水和变形，很容易发生漏坝、垮坝事故[10]。由于赤泥组成的复杂性，其中含有 Al_2O_3，Na_2O，SiO_2，CaO，Fe_2O_3 和 TiO_2 等，赤泥附液中含有 Al_2O_3，Na_2O，Na_2O，SiO_2，CO_2，$NaCl$ 和 H_2O 等，尤其是拜耳法赤泥，其碱含量（以 Na_2O 计算）为 10%。因此，对赤泥进行综合利用研究既能解决生态环境问题，又能带来可观的社会经济价值。

1　国内外赤泥利用现状及存在问题

长期以来，国内外学者对赤泥的资源化利用做了大量的研究工作，对赤泥的资源化利用主要有以下几类：

1.1　生产建筑材料

颜祖兴[11]对水泥-赤泥混凝土开发应用进行了研究，结果表明，赤泥代替水泥用量少于 1/3 时，制备的混凝土的强度，特别是抗折强度与普通水泥混凝土强度相当。杨久俊等[12]研究了赤泥复合硅酸盐水泥的力学性能及其放射性，结果显示，赤泥复合硅酸盐水泥的力学性能随着赤泥加入量的增加而下降，且复合水泥经水化固化后，其放射性得到有效的改善。当赤泥加入量不大于 20% 时，复合水泥符合 42.5 等级水泥的要求，且其内照射指数和外照射指数均小于 1，作为建筑材料使用不受限制。

丁培[13]研究了以赤泥为主要原料，以粉煤灰、煤矸石和页岩等为主要原料，制备了性能优良的系列赤泥质陶瓷清水砖。王梅[14]以赤泥和粉煤灰为主要原料，利用石灰、石膏和普通硅酸盐水泥为固化剂和激发剂，制备赤泥粉煤灰免烧砖。吴建峰等[15]利用山东铝业公司提供的烧结法赤泥和拜尔法赤泥制备了具有保温功能的陶瓷砖，其中烧结法赤泥和拜耳法赤泥的总掺量达 60%（质量分数）以上。

1.2　生产陶瓷制品

赤泥可用于生产微晶玻璃[16]。杨家宽等[17]利用赤泥和粉煤灰这两种工业废渣制备微晶玻璃材料，赤泥的掺量控制在 50% 以上，两种废渣的总加入量可以达到 90% 以上，当控制基础玻璃料中的 SiO_2 含量在 31%～44%，CaO 含量在 25%～31%，可以获得 1380℃ 较低的熔化温度以及玻璃熔料较好的流动性和成型性。

张全鹏等[18]使用钢渣和赤泥两种工业废渣，在不外加晶核剂和助熔剂的情况下，钢渣和赤泥的总用量达到 90%，制备的微晶玻璃主晶相为钙铝黄长石，次晶相为钙铁透辉石，晶体为颗粒状和块状，尺寸在 0.2～1μm 之间。当钢渣掺量为 50% 时获得的微晶玻璃机械性能最好，抗折强度可达 161.57MPa，显微硬度为 839.5MPa。

赤泥可用于生产陶瓷。蒋述兴等[19]利用赤泥、高岭土和石英砂，经压制成型制备出抗压强度为 144.4MPa 的建筑陶瓷。徐晓虹等[20]以赤泥为主要原料，制备出高性能的赤泥质陶瓷内墙砖，性能达到 GB/T 4100—2015《陶瓷砖》标准。赤泥可用于生产烧胀陶粒。赵建新等[21]以拜耳法赤泥为主要原料，通过添加废玻璃、粉煤灰等固体废弃物，再加入少量的添加剂制备出外表面玻璃化程度良好、内部孔隙比较均匀的烧胀陶粒。谢襄漓等[22]以赤泥为主要原料，用自然冷却和快速冷却方式分别制备出烧胀陶瓷，在特定工艺条件下可以得到烧胀赤泥轻质陶粒。陶粒的膨胀率达到 160%～175%，吸水率 7%～14%，筒压强度 210～312MPa，颗粒密度为 1100kg/m³。

1.3　赤泥填充聚氯乙烯材料

赤泥填充聚氯乙烯材料[23-24]（简写赤泥 PVC）是近年来新兴的一种高分子复合材料，该材料的主要特点是将氧化铝厂的赤泥废渣作为填充物质，填充到 PVC 树脂。赤泥中的硅、钙是 PVC 优质填充剂。其成本较低、整套工艺简单，适合大规模推广和应用，同时还能消除制备聚氯乙烯材料对环境的污染，最为明显的是其耐热老化性能优于普通 PVC 塑料产品，使用寿命一般比普通 PVC 材料高出 2～3 倍的时间。

1.4　赤泥用于路基材料及防渗材料

赤泥具有一定的固化性质，还可用来做路基材料。齐建召等[25]利用粉煤灰和石灰作固化材料加入赤泥来做路基材料，赤泥、粉煤灰和石灰按一定配比混合而成的赤泥道路基层材料强度可满足高等级公路的要求，7d 饱水抗压强度均能达到现行 JTJ 034—2000《公路路面基层施工技术规范》[26]中石灰粉煤灰稳定土大于 0.8～1.1MPa 的强度标准，且冻融后材料重量损失在 1% 以下。

赤泥可用作防渗材料。山东铝业公司在建设赤泥堆场时，考虑到堆场运行后将对下游地下水体造成污染。为此，采用赤泥、石灰质量配比为 1：9 的抗渗垫层进行防渗[27]。

1.5 生产硅钙肥

赤泥中富含一定量的硅元素可作为肥料使用，其作用原理是通过改善植物的细胞组织，使植物形成硅化细胞，从而可以达到提高产量、改善作物颗粒品质的目的[28]。河南科技学院硅肥工程技术中心蔡德龙等[29]以郑州铝厂的赤泥为主要原料，通过外加一定量的添加剂，经过混合、干燥和球磨等工艺制备成硅肥。并将此种赤泥硅肥用于黄淮海平原的花生种植，由于肥料中含有大量的 SiO_2 和 CaO，能够促进花生的生长。

1.6 制备吸附材料

赤泥可用于制备水处理吸附剂[30-31]。LOPEZ 等[32]用赤泥与硬石膏的混合物，加水制成在水溶液中稳定性好的吸附剂，这种吸附剂对重金属离子 Cu^{2+}，Zn^{2+}，Ni^{2+}，Cd^{2+} 吸附性能较强。CENGELOGLU 等[33]用赤泥吸附水体中的氟化物，经 HCl 活化处理的赤泥对水体中氟的去除效率为 82%。郑雁等[34]研究了山东赤泥对废水中氟离子的吸附性能。实验结果表明，赤泥对废水中的氟离子有很好的吸附能力，在 30℃ 条件下赤泥对氟的饱和吸附量达到 11.49mg/g，氟的去除率达到 95% 以上。

利用赤泥为主要原料也可制备高性价比的脱硫材料、固硫材料。这些产品可应用于热电厂、冶炼厂等领域，用量大、附加值高[35]。王雪等[36]利用烧结法赤泥对煤炭燃烧的固硫作用进行了研究，温度控制在 540～610℃，钙硫比值为 1.7～2.5，可以使固硫率达到 80% 以上。

赤泥可用于治理 SO_2、H_2S 和 CO_2 废气。于绍忠等[37]将赤泥用于热电厂烟气脱硫，在喷淋塔内用赤泥喷淋吸收 SO_2，处理前后 SO_2 质量浓度分别为 5987mg/m³ 和 1146mg/m³。由于赤泥中含有 30% 左右的 Fe_2O_3，其中以水合氧化铁形式存在的 Fe_2O_3 对 H_2S 具有很强的吸附能力[38]。

1.7 提取有价金属

张江娟等[39]将赤泥先用盐酸浸出，浸出液回收绝大部分的钪、铁和铝，浸出后的残渣用浓硫酸分解，酸解液回收钛及其余部分的钪。李朝祥[40]报道了从我国平果铝赤泥中回收铁半工业性试验取得成功，工艺采用 SLON 型脉动高梯度磁选机作选别设备，铁回收率为 16%～36%。CENGLOGLU 等[41]研究了赤泥经盐酸溶解后用离子交换膜回收和富集铝、钛和铁等。SMIRNOV 等[42]研究了一种树脂在赤泥矿浆中吸附-溶解新工艺回收富集钪、铀和钍。

由于赤泥产出量因铝土矿石的品位、生产方法和技术水平的不同有很大变化，致使其利用过程很难形成行之有效的共性技术，使其综合利用难以借鉴其他领域一些成熟的工艺、技术和设备，导致大多数赤泥综合利用工艺只停留在低层次简单、粗放的技术上[43]。

2 赤泥脱碱及材料化利用研究新进展

2.1 赤泥脱碱研究

综合赤泥得不到大规模利用的原因是碱含量高，用赤泥制砖会造成泛霜，用于制水泥由于碱含量高用量受到限制，为了解决赤泥利用难的问题，重中之重是解决赤泥泛霜问题。研究探讨了碱性废弃物赤泥的常压酸法脱碱绿色环保工艺。王新珂等[44-45]利用燃煤锅炉产生的富含 SO_2，CO_2 以及 NOx 的酸性烟气中和赤泥中的强碱性，并且燃煤锅炉使用过程排出大量热量，可使锅炉的排温在一定程度提供工艺的热源。既解决脱硫脱硝脱碳问题，降低并节约能源损耗，也同时以废治废达到处理赤泥中碱（以 Na_2O 计）的目的。实验中赤泥的碱剩余量（Na_2O）在 2%（质量分数）以下，脱碱率在 80% 左右[46]。此外，赤泥中含有碱性物质如偏铝酸钠（$NaAlO_2$），$Na_2O \cdot Al_2O_3 \cdot 1.7SiO_2 \cdot 2H_2O$ 等，可与废气中酸性气体反应，反应式如下：

$$H_2O + SO_2(g)/CO_2 \longrightarrow SO_3^{2-}(aq)/CO_3^{2-}(aq) + 2H^+$$

$$2NaAlO_2(aq) + SO_3^{2-}(aq)/CO_3^{2-}(aq) + 2H^+ \longrightarrow Na_2SO_3/Na_2CO_3 + 2Al(OH)_3$$

$$Na_2O \cdot Al_2O_3 \cdot 1.7SiO_2 \cdot 2H_2O + SO_2 + 2H_2O \longrightarrow Na_2SO_3 + Al_2O_3 \cdot 1.7SiO_2 \cdot 2H_2O$$

$$Na_2SiO_3(aq) + SO_3^{2-}(aq)/CO_3^{2-}(aq) + 2H^+ \longrightarrow Na_2SO_3/Na_2CO_3 + H_2SiO_3$$

$$2[Fe(OH)_4]^-(aq) + 3SO_3^{2-}(aq)/CO_3^{2-}(aq) + 4H^+ \longrightarrow Fe_2(SO_3)_3/Fe_2(CO_3)_3 + 6H_2O$$

$$SO_3^{2-}(aq)/CO_3^{2-}(aq) + Ca^{2+}(aq) \longrightarrow CaSO_3/CaCO_3$$

2.2 赤泥填充改性塑料

赤泥复合材料可广泛用于建筑、园林设施、工业包装盘等领域。在赤泥/PVC 研究基础上，ZHANG 等[47]研究了赤泥/聚丙烯矿物负载复合材料的力学和热学性能，结果表明，在一定范围内，随着赤泥含量的升高，复合材料的冲击强度、断裂伸长率下降，弯曲强度上升，拉伸强度在 15% 达到最大值，热变形温度和维卡软化点温度都有所提高。LIU 等[48]研究使用双螺杆基础制备了一系列赤泥/聚己二酸/对苯二甲酸丁二酯（PBAT）复合材料，赤泥添加量到 30%，复合材料的晶化温度和熔化温度分别增加到 96.5℃ 和 125.67℃，相关样品实物图如图 1 所示。

图 1　赤泥/高分子复合材料实物图

2.3 利用赤泥制备多元絮凝剂和复合白炭黑

利用赤泥进行酸浸，溶解出铝、铁等元素，其中铝、铁的浸出率达到 85% 以上，再加入铝酸钙或氢氧化钠等碱类调节溶液的盐基度和铁、铝含量，得到具有一定碱化度和铝/铁比的多元无机絮凝剂，在工业水处理过程中具有吸附力强、絮凝体形成速度快、矾花密实、沉降速度快、COD 的去除率高等显著特点[49-50]。LU 等[51-52]利用无机絮凝剂中的铝、铁等元素，通过添加少量矿物材料和高分子聚合复配转化成综合效果良好的水处理用多元复合絮凝剂。制备的多元复合絮凝剂样品如图 2 所示。WANG 等[53]利用多元复合絮凝剂处理稠油废水，优化处理实验中，COD 去除率、浊度在一定范围得到降低。赤泥经酸浸之后还剩余 30% 左右的残渣，为了实现赤泥的清洁利用，利用酸浸废渣制备复合白炭黑并对其进行了改性和橡胶补强实验[54]。利用十二烷基苯磺酸钠改性后的白炭黑粒度分布均匀、比表面积较大，可用于丁苯橡胶补强。

图 2　赤泥多元复合絮凝剂实物图

2.4 利用赤泥制备免烧、烧结多孔材料

2.4.1 赤泥制备烧结材料

赤泥具有胶结孔架结构，内部形成了凝聚体空隙、集粒体空隙和团聚体空隙，使得赤泥的比表面积高达 $40 \sim 70 m^2/g$，在水介质中稳定性较好。LYU 等[55]利用赤泥为主要原料，膨润土、粉煤灰与赤泥混合，烧结使熔融的原料均匀发泡膨胀，切割制品而成。制备的多孔材料孔尺寸在 $50 \sim 100 \mu m$。GUO 等[56]利用赤泥、粉煤灰烧制的多孔材料在优化条件下，抗压强度明显提高 $0.33 \sim 2.74 MPa$。

邢净等[57]将赤泥和石英砂在 1300℃ 下熔制成基础玻璃，赤泥添加量达到 65%，经粉磨、筛选后，通过二次热处理获得了以钙铝榴石为主晶相的微晶玻璃。优化条件下，晶相含量较高，晶体生长较好，微晶体呈放射状排布，微晶玻璃的物理性能较好，体积密度和显微硬度达到一定要求。

2.4.2 赤泥制备免烧多孔材料

赤泥制备的多孔材料有着节能、环保等优点，烧结制备多孔材料还可用于污水处理载体，ZHANG

等[58]采用造孔剂法和有机泡沫浸渍法两种造孔工艺制备了赤泥多孔材料，孔隙率分别达到64%和72%，且利用有机泡沫浸渍法制备的赤泥多孔材料可以将废水中PVA的浓度降低26%。

2.5 抗菌材料和固硫材料研究

2.5.1 赤泥抗菌材料

在空气治理方面，能主动吸附细菌并杀菌的材料是赤泥利用的一个新发展方向。本研究组以拜耳法赤泥为抗菌剂载体、红色颜料和填料制备出抗菌塑料母粒[59]。将抗菌剂加入水中充分溶解，然后与赤泥搅拌并进行离子交换，将获得的絮状浆体在烘箱中烘干、研磨至150目以下，而后抗菌剂粉体和树脂或塑料共混，采用双螺杆挤出机等设备进行造粒，即得到抗菌母料，并采用注射成型制备抗菌塑料。所制备的抗菌塑料色泽均一，具有较好的力学、热学以及抗菌性能。ZHEN等[60]通过在赤泥中添加锌盐研究制备新型抗菌材料。结果表明，制备出的新型抗菌材料抑菌率达到99%以上[61-62]。YANG等[63-64]利用赤泥制备载银、载锌蜂窝多孔材料，研究其杀菌、机械性能，杀菌率到98%以上，如图3所示，按从左到右、从上到下顺序研究了以赤泥制备的载银蜂窝多孔材料杀菌性能的效果。

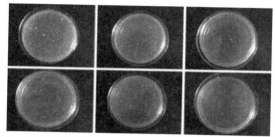

图3 蜂窝陶瓷材料的照片（Ag⁺负载）与大肠杆菌培养

注：1～6表示大肠杆菌在赤泥蜂窝陶瓷材料（Ag⁺负载）培养过程中随Ag⁺负载量增加而逐渐减少。

2.5.2 赤泥固硫材料

周凤山等[65]通过对拜耳法赤泥改性处理，利用调质赤泥、白云石、蛭石等粉体制备调质赤泥-矿物材料协同燃煤固硫剂，固硫率达到80%，使拜耳法赤泥的利用率得到提高，同时有效地减少燃煤排放的SO_2气体。研究过程中采用如下固硫率公式：

$$\eta = m_2 \cdot S_{a,d}/m_1 \cdot S_{t,ad} \times 100\% \tag{1}$$

式中，m_1为实验煤样质量，g；m_2为燃烧后灰渣总质量，g；$S_{a,d}$为灰渣的硫含量，%；$S_{t,ad}$为实验煤样的全硫含量，%。

2.6 基于赤泥制备炼铁用氧化球团粘结剂

经过大量的研究，本课题组利用赤泥中铁元素，研究将赤泥、含铁膨润土和石灰石尾矿一定比例混合烧结，成功地制备了炼铁用氧化球团粘结剂[66]。通过对氧化球团研究，可以有效地降低球团粘结剂成本、提高球团矿品质，部分替代膨润土作为球团粘结剂，减少了其对周边环境的影响，将为企业带来良好的经济效益。

3 结论

综合赤泥利用情况来看，规模化利用仍然是今后赤泥利用的主要思路，而根据市场情况在有条件的地区开发高附加值利用也是一种必不可少的途径，所以开展能大规模利用赤泥的研究是需要迫切进行的工作。

在今后的研究中，赤泥作为一种潜在的资源，在建筑领域及塑料行业有望规模化应用。考虑赤泥的产出地及附近环境开发问题，可积极开发赤泥短运输半径的产品及相关利用技术，避免赤泥利用过程的二次污染，同时降低赤泥的利用成本，实现赤泥的零排放。

结合现今建设资源节约型、环境友好型的社会需求，综合国内外有关氧化铝行业的发展状况，对赤泥综合利用方面进行研究。所以从长远来看，赤泥综合利用才是解决其环境污染和安全隐患的治本之策，是中国铝工业可持续发展的必由之路，对于氧化铝行业的健康可持续发展具有重要意义。

参考文献

[1] 王庆飞，邓军，刘学飞，等．铝土矿地质与成因研究进展 [J]．地质与勘探，2012，48 (3)：430-448.

[2] 梁汉轩，鹿爱莉，李翠平，等．我国铝土矿贫矿资源的开发利用条件及方向 [J]．中国矿业，2011，20 (7)：10-13.

[3] 孟健寅，王庆飞，刘学飞，等．山西交口县庞家庄铝土矿矿物学与地球化学研究 [J]．地质与勘探，2011，47 (4)：593-604.

[4] 吴建业，李昊．我国铝工业进出口贸易研究 [J]．中国矿业，2011，20 (S)：32-36.

[5] 南相莉，张廷安，刘燕，等．我国主要赤泥种类及其对环境的影响 [J]．过程工程学报，2009，9 (S1)：459-464.

[6] 中国资源综合利用协会．2010—2011 年度大宗工业固体废物综合利用发展报告 [R]．北京：中国轻工业出版社，2012.

[7] ORESCANINV.，NADK.，MIKELICL.，etal. Utilization of bauxite slag for the purification of industrial waste waters [J]. Process Safety and Environmental Protection，2006，84 (4)：265-269.

[8] 杨绍文，曹耀华，李清．氧化铝生产赤泥的综合利用现状及进展 [J]．矿产保护与利用，1999 (6)：46-49.

[9] 贺深阳，蒋述兴，汪文凌．我国赤泥建材资源化研究进展 [J]．轻金属，2007 (12)：1-5.

[10] 李小平．平果铝赤泥堆场的边坡环境问题与治理对策研究 [J]．有色金属（矿山部分），2007，59 (2)：29-31.

[11] 颜祖兴．水泥赤泥混凝土开发应用研究 [J]．混凝土，2000 (10)：18-20.

[12] 杨久俊，张磊，侯雪洁，等．赤泥复合硫酸盐水泥的力学性能及其放射性研究 [J]．天津城市建设学院学报，2012，18 (1)：52-55.

[13] 丁培．系列赤泥质陶瓷清水砖的研究 [D]．武汉：武汉理工大学，2007.

[14] 王梅．赤泥粉煤灰免烧砖的研制 [D]．武汉：华中科技大学，2005.

[15] 吴建锋，罗文辉，徐晓虹，等．赤泥陶瓷保温砖的制备及结构与性能 [J]．武汉理工大学学报，2008，30 (5)：15-18.

[16] 吴建锋，冷光辉，滕方雄，等．熔融法制备赤泥质微晶玻璃的研究 [J]．武汉理工大学学报，2009，31 (6)：5-8.

[17] 杨家宽，张杜杜，肖波，等．高掺量赤泥-粉煤灰微晶玻璃研究 [J]．玻璃与搪瓷，2004，32 (5)：9-11.

[18] 张全鹏，刘立强，井敏，等．钢渣-赤泥微晶玻璃的制备及性能 [J]．材料科学与工程学报，2013，31 (6)：896-900.

[19] 蒋述兴，贺深阳．利用赤泥制备建筑陶瓷 [J]．桂林工学院学报，2008，28 (3)：385-388.

[20] 徐晓虹，滕方雄，吴建锋，等．赤泥质陶瓷内墙砖的制备及结构研究 [J]．陶瓷学报，2007，28 (3)：164-170.

[21] 赵建新，王林江，谢襄漓．利用拜耳法赤泥制备烧胀陶粒的研究 [J]．矿产综合利用，2009 (4)：41-45.

[22] 谢襄漓，王林江，赵建新，等．烧胀赤泥陶粒的制备 [J]．林工学院学报，2008，28 (2)：196-199.

[23] 李国昌，王萍，张秀英，等．赤泥对聚氯乙烯软膜透光率的影响 [J]．非金属矿，2001，24 (4)：28-29.

[24] 王勇，陈光莲，周田君，等．赤泥聚氯乙烯材料耐热老化性能影响因素的探索 [J]．粉煤灰，2000 (4)：12-13.

[25] 齐建召，杨家宽，王梅，等．赤泥做道路基层材料的试验研究 [J]．公路交通科技，2005，22 (6)：30-33.

[26] 中华人民共和国交通部．JTJ 034—2000 公路路面基层施工技术规范 [S]．北京：人民交通出版社，2000.

[27] 刘国爱，郝建军．山东铝业公司第二赤泥堆场地下水环境影响评价 [J]．山东地质，2000，16 (3)：30-35.

[28] 余启名，周美华，李茂康，等．赤泥的综合利用及其环保功能 [J]．江西化工，2007 (4)：125-127.

[29] 蔡德龙，钱发军，邓挺，等．硅肥对花生增产作用试验研究：以黄河冲积平原土壤为例 [J]．地域研究与开发，1995，14 (4)：48-51.

[30] 王海峰，毛小浩，赵平源．工业废酸与高铁赤泥制取聚合氯化铝铁的实验研究 [J]．贵州大学学报（自然科学版），2006，23 (3)：323-325.

[31] 罗道成，易平贵，陈安国，等．用氧化铝厂赤泥制备高效混凝剂聚硅酸铁铝 [J]．环境污染治理技术与设备，2002，3 (8)：33-35.

[32] LPEZE.，SOTOB.，ARIASM.，etal. Adsorbent properties of red mud and its use for waste water treatment [J]. Water Research，1998，32 (4)：1314-1322.

[33] ÇENGELOG·LUY.，KIRE.，ERSÖZM. Removal of fluoride from aqueous solution by using red mud [J]. Separation and Purification Technology，2002，28 (1)：81-86.

[34] 郑雁，郑红，赵磊，等．赤泥除氟效果及吸附特性研究 [J]．有色矿冶，2008，24 (5)：38-41.

[35] 朱光俊，梁中渝，邓能运，等．燃煤助燃添加剂的研究现状分析//全国能源与热工学术年会论文集 [C]．贵阳：中国金属学会，2008：497-499.

[36] 王雪，包新华，郑爱新．赤泥对煤炭燃烧固硫作用的研究 [J]．粉煤灰综合利用，2010 (6)：23-25.

[37] 于绍忠，满瑞林．赤泥用于热电厂烟气脱硫研究 [J]．矿冶工程，2005，25 (6)：63-65.

[38] WANG Xueqian，NING Ping. The manufacture of H_2S sorbent by using of waste metal lurgy//Proceedings of the 5th International Conference on Clean Technologies for the Mining Industry [J]. Santiage，Chile，2000：9-13.

［39］张江娟，邓佐国. 从赤泥中综合回收有价金属的工艺研究 ［J］. 南方冶金学院学报，2004，25（2）：75-78.

［40］李朝祥. 从平果铝赤泥中回收铁半工业性试验取得成功 ［J］. 矿冶工程，2000，20：58.

［41］ENGELOG-LUY.，KIRE.，ERSNM. Recovery and concentration of Al（Ⅲ），Fe（Ⅲ），Ti（Ⅳ），Na（Ⅰ）from red mud ［J］. Journal of Colloid and Interface Science，2001，244（2）：342-346.

［42］SMIRNOVD. I.，MOLCHANOVAT. V. The investigation of sulphuric acid sorption recovery of scandium and uranium from the red mud of alumina production ［J］. Hydrometal lurgy，1997，45（3）：249-259.

［43］南相莉，张廷安，刘燕. 我国赤泥综合利用分析 ［J］. 过程工程学报，2010，10（S1）：264-270.

［44］张以河，吕凤柱，王新珂，等. 一种利用 CO_2 与废酸联合处理拜耳法赤泥脱碱的方法：CN201310295802.5 ［P］. 2013-07-16

［45］张以河，王新珂，吕凤柱，等. 一种烟气联合碱性材料对赤泥脱碱的方法：CN201310468477.8 ［P］. 2013-03-25.

［46］WANG Xinke，ZHANG Yihe，LYU Fengzhu，etal. Removal of alkali in the red mud by SO_2 and simulated fluegas under mild conditions ［J］. Environmental Progress&Sustainable Energy，2015，34（1）：81-87.

［47］ZHANG Yihe，ZHANG Anzhen，ZHEN Zhichao，etal. Red mud/poly propylene composite with mechanical and the rmal properties ［J］. Journal of Composite Materials，2011，45（26）：2811-2816.

［48］LIU Leipeng，ZHANG Yihe，LYU Fengzhu，etal. Effects of red mud on rheological，crystalline，and mechanical properties of red Mud/PBAT composites ［J］. Polymer Composites，2015，doi：10.1002/pc.23378.

［49］周风山，马丽，吴瑾光，等. 一种络合剂及其制备方法与应用：CN03137209.0 ［P］. 2004-12-08.

［50］周风山，马丽，吴瑾光，等. 一种絮凝剂及其制备方法与应用：CN03136992.8 ［P］. 2006-05-26.

［51］LU Rongrong，ZHANG Yihe，ZHOU Fengshan，etal. Research of leaching alumina and ironoxide from Bayer red mud ［J］. Applied Mechanics and Materials，2012，151：355-359.

［52］LU Rongrong，ZHANG Yihe，ZHOU Fengshan，etal. Novel polyaluminum ferric chloride composite coagulant from Bayer red mud for waste watert reatment ［J］. Desalination and Water Treatment，2013，52（40/41/42）：7645-7653.

［53］WANG Xinke，ZHANG Yihe，LU Rongrong，etal. Novel multiple coagulant from Bayer red mud for oily sewage treatment ［J］. Desalination and Water Treatment，2014，54（3）：690-698.

［54］张以河，陆荣荣，周风山，等. 一种利用赤泥制备多元絮凝剂联产复合白炭黑的方法：CN201310011449.3 ［P］. 2014-07-16

［55］LYU Guocheng，WU Limei，LIAO Libing，etal. Preparation and characterization of red mud sintered porous materials for water defluoridation ［J］. Applied Clay Science，2013，74：95-101.

［56］GUO Yuxi，ZHANG Yihe，HUANG Hongwei，etal. Novel glass ceramic foams materials based on red mud ［J］. Ceramics International，2014，40（5）：6677-6683.

［57］邢净，李金洪，张凯. 利用赤泥制备钙铝榴石微晶玻璃的实验研究 ［J］. 矿物岩石地球化学通报，2007，26（2）：181-184.

［58］ZHANG Yihe，CHEN Wei，LYU Guocheng，etal. Adsorption of polyvinyl alcohol from waste water by sintered porous red mud ［J］. Water Science and Technology，2012，65（11）：2055-2060.

［59］张以河，张安振，甄志超，等. 一种赤泥填充的抗菌塑料母料及其复合材料：CN200910157204.5 ［P］. 2011-01-05.

［60］ZHEN Zhichao，ZHANG Yihe，JI Junhui，etal. Novel functional materials with active adsorption and antimicrobial properties ［J］. Materials Letters，2012，89：19-21.

［61］张以河，甄志超，佟望舒，等. 一种赤泥基主动吸附及杀菌材料的制备方法：CN201310295801.0 ［P］. 2015-01-21.

［62］TONG Wangshu，ZHANG Yihe，ZHEN Zhichao，etal. Effects of surface properties of red mud on interactions with Escherichiacoli ［J］. Journal of Materials Research，2013，28（17）：2332-2338.

［63］YANG Shaoxin，ZHANG Yihe，YU Jiemei，etal. Antibacterial and mechanical properties of honey comb ceramic materials in corporated with silver and zinc ［J］. Materials&Design，2014，59：461-465

［64］YANG Shaoxin，ZHANG Yihe，YU Jiemei，etal. Multifunctional honey comb ceramic materials produced from bauxiteresidues ［J］. Materials&Design，2014，59：333-338.

［65］周风山，刘阳，胡应模，等. 一种调质拜耳法赤泥-矿物材料协同燃煤固硫剂：CN201410098805.4 ［P］. 2014-07-23.

［66］张以河，陆荣荣，孟祥海. 一种基于赤泥及含铁矿物的球团粘结剂及其制备方法：CN201310011461.4 ［P］. 2014-07-16.

文章来源：《环境工程学报》第 10 卷第 7 期，2016 年 7 月。

铜渣综合利用研究现状及其新技术的提出

姜平国[1,2]，吴朋飞[2]，胡晓军[1]，周国治[1]

(1. 北京科大学冶金与生态工程学院，北京，100013；
2. 江西理工大学冶金与化学工程学院，江西赣州，341000)

摘　要　铜渣是极有价值的冶金二次资源，特别是铜渣中铁、铜资源较为丰富，具备很高回收价值。本文论述了铜渣综合利用的研究现状，并提出了氯化分离铜渣中的铜铁的设想，以 $FeO：Cu_2O：CaCl_2＝9g：1g：0.8g$ 混合均匀配制试样；通高纯 N_2 以 60mL/min 保护焙烧，在 1123K，1173K，1223K，1273K 温度下做氯化焙烧实验。在 1273K 温度下经过 4h 焙烧，$FeO-Cu_2O$ 体系中 Cu 元素的挥发率为 60％以上，铜铁有效分离。为铜渣综合利用提供了新的技术研究思路。

关键词　铜渣；氯化；铜提取

Abstract　Copper slag is regarded as invaluable metallurgical secondary resource and has very high collection value due to content of metallic elements, including high proportion of iron and copper. This paper discusses current situation of comprehensive utilization of copper slag and puts forward the supposition of separating copper and iron from copper slag by chlorination. The samples are prepared at the $FeO：Cu_2O：CaCl_2$ ratio 9：1：0.8 (grams) by mixing evenly and the roasting reaction is conducted at various temperatures1123K，1173K，1223K and 1273K，using nitrogen as protection gas of 60ml/min，after four hours' roasting at 1273K，the volatilization of copper reaches over 60％ in $FeO-Cu_2O$system. Thus effective separation of copper and iron is obtained，and it provides a new train of thoughts for the comprehensive utilization of copper slag.

Keywords　copper slag；chlorination；copper extracting

1　前言

随着我国铜产量逐年增加，堆积的铜渣也越来越多，铜渣资源化的任务就显得更艰巨了。根据国家统计局的统计，2012 年中国铜产量为 606 万 t，按每生产 1t 精铜约产生 2.2t 铜渣计算[1]，仅 2012 年我国的铜渣量就达到一千多吨。迄今因没经济高效的铜渣综合利用技术，铜渣基本是以堆放保存，造成严重的环境污染及资源浪费。目前铜渣综合利用的研究重点是其有价金属的综合利用，铜渣的典型成分[2]是 Fe 为 30％～40％，Cu 为 0.5％～2.1％，SiO_2 为 35％～40％，Al_2O_3≤10％，CaO≤10％，还有少量的锌、镍、钴等金属元素。铜渣主要矿物成分是铁橄榄石（$2FeO·SiO_2$）、磁铁矿（Fe_3O_4）及一些脉石组成的无定形玻璃体。铜元素主要以辉铜矿（Cu_2S）、金属铜、氧化铜形式存在，铁主要以硅酸盐的形式存在[3]。特别是铜渣中铁、铜资源较为丰富，具备很高的回收价值，若实现铜渣中铜、铁资源的有效回收，不仅提高了铜工业的经济效益，而且缓解我国钢铁产业持续发展所面临的铁矿石资源压力，更重要的是有利于资源的节约和环境保护。铜渣资源化的研究意义重大。

2　国内外铜渣资源化的研究进展

对于铜渣中的铜回收，铜企业做了更多的研究工作，也取得了很好效果。如最早用的电炉贫化方法[4]和在此基础上发展为炉渣真空贫化技术[5]，使渣含 Cu 量降到了小于 0.5％，而直接弃渣。为了更有效地促进熔融的铜液滴快速富集，科研人员考虑加电场作用，文献[6]研究了电场富集法，铜的最高富集率可达到

80％以上。电炉贫化法、真空贫化技术和电场富集法都是物理分离铜渣中的铜，这只是对金属铜液滴有效果，而这些方法对铜渣中的氧化铜和硫化铜则不适用。科研工作者进一步研究回收氧化铜和硫化铜，R. GReddy 等[7]采用还原法回收金属铜，对 CuO 进行还原，尽量限制 FeO 被还原。金属铜的回收率达到85％以上，但是没有解决硫化铜的回收问题。以上技术方法没有考虑到铁的回收，而铜渣中铁的回收是铜渣综合利用开发的重要指标。

铁有磁性，铜没有磁性。科研工作者利用此性质分离铜渣中的铜和铁。贵溪冶炼厂直接磁选转炉渣[4]，回收其中的金属铁，渣尾矿中除 SiO$_2$ 的含量超标外，完全符合铁精矿要求。对其选择性还原磁选方法也开展了大量的研究[8-9]，张林楠等[10]采用向含铜熔渣加入炭粉，并利用气体搅拌作用加速反应促进铜的沉降，鼓入氧化性气体，使渣迅速氧化，提高 Fe$_3$O$_4$ 的含量，缓冷粗化晶粒，磁选分离含铁物质。此操作使渣中残余铜含量 5％降低到 0.35％以下。这一过程不需外加热，可以有效利用铜渣的余热，可实现铜渣中铁的利用。有些学者进行了铜渣熔融还原炼铁研究[11-12]，李磊、胡建杭等[13]课题组根据水淬铜渣中含铁物相主要为 2FeO·SiO$_2$ 和 Fe$_3$O$_4$ 确定的铜渣熔融还原炼铁的合理工艺条件，有效地解决了铜渣熔融还原炼铁铁水 S 含量偏高的问题。杨慧芬[14]采用直接还原-磁选方法，以褐煤为还原剂对含铁 39.96％（质量分数）的水淬铜渣进行回收铁的研究，结果表明经直接还原后，铜渣中的铁橄榄石及磁铁矿已转变成金属铁，所得金属铁颗粒的粒度多数在 30μm 以上，且与渣相呈现物理镶嵌关系，易于通过磨矿实现金属铁的单体解离，从而用磁选方法回收其中的金属铁。用铜渣经过碳还原制备铜铁合金[15-18]，用粉状或粒状非焦煤代替焦炭作还原剂，低温阶段回收铜，高温阶段回收铜铁合金，结果表明铜和铜铁合金提取比较充分，回收率均在 90％以上。回收铜的品位可达 99％，可直接送去火法精炼。以上研究主要是针对铜渣中铁的磁性质和改变铁在铜渣中的赋存状态，研究铁的还原和磁选回收，更注重铁的回收率。

但是铜冶金企业更注重铜的回收率和是否可以直接应用于现铜冶金的工艺中。因此，湿法的技术路线得到了企业的重视。

湿法技术路线（如浸出工艺联合浮选、萃取、焙烧和氧化等手段）处理铜渣，能综合回收铜渣中的有价金属。浮选法[19]更合适处理硫化态的铜渣，而对于强氧化熔炼产生的炉渣（主要含铜和氧化铜），用浮选法技术处理，铜回收率不高。有科研工作者采用氧化—浸出—溶液萃取技术工艺[20-21]处理铜渣，根据回收的元素选择氧化剂（常用的 H$_2$O$_2$ 和氯气），在常压下用 H$_2$SO$_4$ 和 H$_2$O$_2$ 混合溶液对炉渣进行氧化浸出[22-23]，再用萃取剂分步地萃取浸出液得到有价金属，Cu，Co，Zn 回收率分别为 80％，90％，90％，Herreros 等[24]对反射炉渣和闪速炉渣进行了研究，采用氯气浸出的方法，铜的浸出率达到 80％～90％。Ayse Vildan Bese 等[25]研究了在水溶液中，用 Cl$_2$ 促进转炉渣中铜溶解的最佳条件。在最佳条件下，铜、铁和锌的浸出率分别为 98.35％，8.97％和 25.17％。Cuneyt Arslan 等[26]采用硫酸化焙烧—浸出—萃取工艺处理熔炼渣和转炉渣，铜渣焙烧之后，进行热分解，再用 70℃热水浸出，使有价金属进入溶液，通过过滤实现分离铜、钴、锌、铁的回收率分别为 88％，87％，93％，83％。GBulut 等[27]采用浮选—焙烧—浸出工艺，研究了从铜渣通过浮选得到铜精矿和残渣，铜精矿的铜品位达到 11％，他们对残渣黄铁矿进行焙烧，再用热水浸出，实验结果是 87％的钴和 31％的铜被溶解进入溶液。钴的浸出率大于铜的浸出率，这是因为铜渣中绝大多数的铜通过浮选进入精矿，而 93％的钴留在残渣中。浸出残渣中铁的含量为 61％，可以作为炼铁的原料。湿法技术对铜渣中有价金属元素的回收，更有效。但是水资源的浪费和污染是铜渣利用湿法技术无法解决的难点。

3 铜渣综合利用的难点及新技术提出

通过以上对铜渣处理的国内外研究现状的分析可知：铜渣资源在循环利用方面存在着自身很难克服的问题，最大难点在于：其一，渣的结构和组成不利于选矿和浸出等处理过程[28-29]。例如含量高达 35％多的铁元素分布在橄榄石和磁性氧化铁两相中[30]，可选的磁性氧化铁矿物少，且二者互相嵌布，粒度都较小，增加铁的磁选难度，所得铁精矿产率低、含硅量严重偏高、成本高。如铜元素有辉铜矿（Cu$_2$S）、金属铜、氧化铜三种形式存在，降低了回收铜的效率。其二，铜渣中其他有价元素如 Si，Al，Ca 等元素的利用很少研究，这对铜渣综合利用的理论研究有重要的作用。针对铜渣综合利用的难点，笔者提出新的研究思路"铜渣中有价金属元素选择性氯化分离技术"的新方法，基本思路首先通过选择性氯化优先氯化挥发 Cu 元素，因为 Fe 是以 $2FeO \cdot SiO_2$ 存在，Cu 是以氧化物和硫化物存在，控制好氯化反应的条件，使 Cu 优先氯化挥发生成高温下 Cu_3Cl_3 络合物，低温时分解为 CuCl，CuCl 不溶于水，易收集和分离。

本课题组在这方面的初步研究获得很好的结果[31-33]。以 $FeO : Cu_2O : CaCl_2 = 9g : 1g : 0.8g$ 混合均匀配制试样；通高纯 N_2 以 60mL/mim 保护焙烧，在 1123K，1173K，1223K，1273K 温度下做氯化焙烧实验，检测焙烧后样品中的 Fe，Cu 的成分，计算出 Fe，Cu 元素的挥发率。计算公式如下：元素挥发率＝100（焙烧后样品元素重量）/（焙烧前样品元素的重量）％。

考察 Fe，Cu 元素挥发率与焙烧时间的关系，实验结果如图 1 所示。

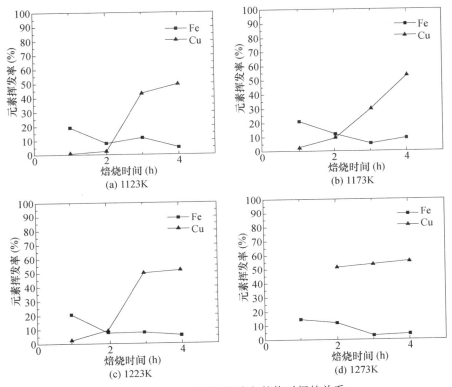

图 1　Fe，Cu 元素挥发率与焙烧时间的关系

从实验结果可以看出，该研究技术思路很好地解决了铜铁分离回收的问题，并且渣中 CaO，Al_2O_3，SiO_2 也得到了有效富集，便于后续回收利用。铜渣中铜铁、钙铝硅组分是各种铜渣的共性，各种渣中铜铁元素的赋存状态也是一样的，因此本技术思路适用各种铜渣。本课题组将进一步研究，从而提深铜渣的理论研究。

因为 Cu 在铜渣中的含量较少，氯化物的用量也较少，加上现代环保技术的进步，保证了氯化冶金的环境污染在可控范围之内。

参考文献

[1] Bipra Gorail, R. K. Jana, Premchand. Characteristics and Utilisation of Copper Slag A Review [J]. Resources, Conservation and Recycling, 2003, 39 (4)：299-313.

[2] 赵凯，程相利，齐渊洪，等. 水淬铜渣的矿物学特征及其铁硅分离 [J]. 过程工程学报，2012 (2)：38-43.

[3] GEORGAKOPOULOU. M.，BASSIAKOS, Y. PHILANIOTOU, O. Seriphos Surfaces：A Study of Copper Slag heap sand Copper Sources in the Context of Early Bronze age Aegean metal Production [J]. Archaeometry, Feb, 2011, Vol. 53Issue1, p123-145.

[4] 李博，王华，胡建杭，等. 从铜渣中回收有价金属技术的研究进展 [J]. 矿冶，2009 (3)：44-48

[5] 杜清枝，段一新，黄志家，等. 炼铜炉渣贫化的新方法及机理 [J]. 有色金属：冶炼部分，1995 (3)：17-191.

[6] 方立武，洪新，李长荣，等. 电场作用下铜渣中金属液滴迁移行为的研究 [J]. 上海金属，2006，28 (6)：28-311.

[7] Reddy RG，Prabhu VL，Mantha D. Recovery of copper from copper blast furnace slag [J]. Minerals & Metallurgical Processing，2006，23 (2)：97-103.

[8] 杨慧芬，袁运波，张露，等. 铜渣中铁铜组分回收利用现状及建议 [J]. 金属矿山，2012 (5)：165-168.

[9] 刘纲，朱荣，王昌安，等. 铜渣熔融氧化提铁的试验研究 [J]，中国有色冶金，2009 (1)：12-13.

[10] 张林楠，张力，王明玉，等. 铜渣贫化的选择性还原过程 [J]. 有色金属，2005，57 (3)：44-47.

[11] Palacios，J，Sánchez，M. Wastes as resources：update on recovery of valuable metals from copper slags [J]. Mineral Processing & Extractive Metallurgy：Transactions of the Institution of Mining & Metallurgy，Section C. Nov2011，Vol. 120Issue4，218-223.

[12] 曹洪杨，付念新，张力，等. 铜冶炼熔渣中铁组分的迁移与析出行为 [J]. 过程工程学报，2009 (4)：284-288.

[13] 李磊，胡建杭，王华. 铜渣熔融还原炼铁过程研究 [J]. 过程工程学报，2011 (2)：65-71.

[14] 杨慧芬，景丽丽，党春阁. 铜渣中铁组分的直接还原与磁选回收 [J]. 中国有色金属学报，2011 (5)：1165-1170.

[15] D. Busolic，F. Parada，R. Parra. Recovery of iron from copper flash smelting slags [J]. Mineral Processing & Extractive Metallurgy：Transactions of the Institution of Mining & Metallurgy，SectionC. Mar2011，Vol. 120Issue1，32-36.

[16] Tshiongo，N. Mbaya，R. K. K. Maweja，K. Effect of Cooling Rate on base Metals Recovery from Copper Matte Smelting Slags [J]. World Academy of Science，Engineering & Technology. Nov2010，Vol. 70，273-277.

[17] Parada，F. Sanchez，M. Ulloa，A. Recovery of molybdenum from roasted copper slags [J]. A. Mineral Processing & Extractive Metallurgy：Transactions of the Institution of Mining & Metallurgy，SectionC. Sep2010，Vol. 119Issue3，171-174.

[18] 罗光亮，谭凤娟，李帅俊. 熔融铜渣回收铜及铜铁合金工艺研究 [J]. 干燥技术与设备，2010，8 (5)：235-238.

[19] 张林楠，张力，王明玉，等. 铜渣的处理与资源化 [J]. 矿产综合利用，2005 (5)：22-26.

[20] Kop kova，E. Gromov，P. Shchelokova，E. Decomposition of converter copper-nickel slag in solutions of sulfuricacid [J]. The oretical Foundations of Chemical Engineering，2011，45 (4)：505-510.

[21] Muravyov，MaximI. Fomchenko，NatalyaV. Usoltsev，Alexey V. Leaching of copper and zinc from copper converter slag flotation tailings using H_2SO_4 and biologically generated $Fe_2(SO_4)_3$ [J]. Hydrometallurgy，May 2012，Vol. 119-120.

[22] Banza AN，Gock E，KongoloK. Base Metals Recovery from Copper Smelter Slag by Oxidizing Leaching and Solvent Extraction [J]. Hydrometallurgy，2002，67 (1/3)：63-69.

[23] Shen HT，Forssberg E. An Overview of Recovery of Metals from Slags [J]. Waste Manage，2003，23 (10)：933-949.

[24] Herreros O，Quiroz R，Manzano E，etal. Copper extraction from reverberatory and flash furnace slags by chlorine leaching [J]. Hydrometallurgy，1998，49 (1-2)：87-101.

[25] BeseAV，AtaON，CelikC，etal. Determination of the optimum conditions of dissolution of copper inconverter slag with chlorine gas in aqueous media [J]. Chemical Engineering and Processing，2003，42 (4)：291-298.

[26] Agrawal A，Sahoo KL，Ghosh S. Recovering iron from copper slag [J]. Foundry Management & Technology，2002，130 (10)：16-21.

[27] Bulut G，Perek KT，Gul A，etal. Recovery of metal values from copper slags by flotation and roasting with pyrite [J]. Minerals & Metallurgical Processing，2007，24 (1)：13-181.

[28] Mario SNCHEZI，Michel SUDBURY. Physico chemical characterization of copper slag and alternatives of friendly environmental management [C]. The 12th International Conference on Melton Slags，Fluxes and Salts，2012.

[29] M. Sudbury，J. Palacios，M. Snchez. Recovery of Metals/Materials from Pyrometal lurgical Slags，presented to the Fray International symposium on Metals and Materials Processing in a Clean Environment [C]. Cancún，México，27 Nov-01Dec，2011 (proceedings in press).

[30] Meenakshi Sudarvizhi，S.；Ilangovan，R. Performance of Copper slag and ferrous slag as partial replacement of sand in Concrete [J]. International Journal of Civil & Structural Engineering，2011，1 (4)：918-927.

[31] Xiaojun Hu，Pingguo Jiang，Kuo-Chih Chou. Selective Chlorination Reaction of Cu_2O and FeO Mixture by $CaCl_2$ [J]. ISIJ INTERNATIONAL，2013，53 (3)：541-543.

[32] Xiaojun Hu，Pingguo Jiang，Kuo-Chih Chou. Removal of Copper from Molten Steel using $FeO-SiO_2-CaCl_2$ Flux [J]. ISIJ INTERNATIONAL，2013，53 (5)：920-922.

[33] 姜平国，廖春发，焦芸芬. 转炉铜渣脱铜新技术：中国，201010564859 [P]. 2012-5-23.

文章来源：《中国矿业》第 25 卷第 2 期，2016 年 2 月。

铜冶炼废渣中有价组分综合利用研究进展

李　志，马国军，刘俊杰，刘孟珂，张　翔

（武汉科技大学钢铁冶金及资源利用省部共建教育部重点实验室，湖北武汉，430081）

摘　要　铜冶炼废渣是火法炼铜过程中的副产物，含有大量的铜、铁和锌等有价组分，生产1吨冰铜约产生2.2～3吨铜渣，但由于其回收成本高、回收率较低，大多数铜渣仅做堆存处理，不仅占用土地，而且其中的有毒重金属元素对堆放环境的水体或土壤均存在潜在危害，高效回收利用铜冶炼废渣对环境保护和资源综合利用都具有重要意义。本文主要介绍了典型铜冶炼废渣的物理化学性质，并综述了火法回收铜渣中有价组分的工艺流程，分析了当前火法回收铜渣工艺现状及优缺点。

关键词　铜渣；性质；火法回收技术

Abstract　Waste copper smelting slag, which is produced during pyrometallurgical production of copper, contains valuable elements such as copper, iron and zinc. Typically, about 2.2～3 tons of copper slag per ton matte produced. However, as its high cost of recycling and low recovery ratio, large amounts of copper slag were dumped. This is not only waste land, but also has potential hazard to water or soil. Therefore, efficient utilization of waste copper smelting slag is interesting to environmental protection and resource comprehensive utilization. In this paper, the characteristics of copper slag and various pyrometallurgical methods for valuable components recovery are reviewed. The present situation as well as the advantages and disadvantages of recycling of copper slag are also analyzed.

Keywords　copper slag；properties；pyrometallurgical methods

1　前言

在过去的50年间，全球铜消耗量由于工业的快速发展增加了3倍[1]。全球约有80%的粗铜是由火法冶炼生产的，我国更是高达97%[1,2]。目前，铜被广泛应用于建筑材料、装饰、电气及交通运输领域。2015年，全球粗铜产量约为19.04Mt，我国是全球最大的粗铜生产国（6.9Mt）和最大的铜产品消费国（11.3Mt）[1]。图1为1960年和2015年各地区铜产量比较图。由图1中可以看出，亚洲和拉丁美洲产铜量大幅增加，这其中也

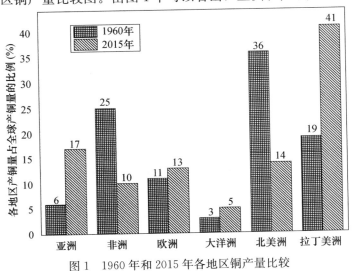

图1　1960年和2015年各地区铜产量比较

与中国和智利两大产铜大国近几年的快速发展有关。当前，全球探明的铜含量为 2100Mt，每年巨大的铜消耗量使人们意识到对铜产品的二次循环利用已经迫在眉睫。根据 ICSG（国际铜研究组）统计 2015 年有 17% 的铜产品是由回收铜生产的[1]。

火法冶炼生产 1t 铜将产生约 2.2～3t 铜渣[3,4]，据报道 2015 年全球产生铜渣量约为 41.89Mt[1]。一般来说，渣中：Fe：30%～40%，SiO₂：35%～40%，Al₂O₃：≤10%，CaO：≤10%，Cu：0.5%～2.1%[2,3]，这也达到甚至超过我国铁矿石、铜矿石的可采品位（27% 和 1%），因此有较高的回收利用价值。

铜渣中除了含有大量的铁、铜金属元素外，也含有一定量贵重金属元素（Au，Ag，Ni，Zn 等），每年因铜渣的废弃而造成约 0.5 万 t 铜和 3 万 t 锌得不到有效利用[5]。铜渣中 $10\mu m$ 以下的颗粒会对周边环境及人畜造成危害[5,6]，因此，任由铜渣堆积将会造成大量的土地资源和金属资源浪费，同时也会对环境造成污染。当前，对于铜渣的利用主要是根据铜渣的物化性质，将其用于制作水泥、混凝土、填充物等领域，无法充分利用铜渣中的有价金属。因此，加大对铜渣中有价金属的回收，使铜渣得到充分合理的利用，既符合企业自身发展的需求，又能满足可持续发展的绿色环保理念。

2 铜渣的基本特性

2.1 铜渣的物理特性

熔融铜渣的冷却方式主要有水淬冷却、自然冷却、槽坑缓慢冷却和渣包缓冷等四种。图 2 分别为水淬渣和空冷渣的渣样。水淬渣和空冷渣都呈黑色，水淬渣表面有一定的金属光泽，质地坚硬，密度一般在 3～4.3g/cm³ 之间[7,8]，而空冷渣由于是自然缓冷，呈块状且致密，脆而硬，密度一般在 2.8～3.8g/cm³ 之间[3]。铜渣典型的物理性质见表 1，其熔点一般只有 1323～1373K[9]，且随 SiO₂ 的含量增加而增加。熔融铜渣的电导率为 0.001～0.05S/m[10]，与标准熔盐离子电导率相差不大，故一般认为铜渣是离子导电。

(a) 水淬渣

(b) 空冷渣

图 2 不同冷却方式的渣样图

表 1 铜渣典型的物理机械性质[3,9,10-12]

外观	黑色玻璃态
熔点（K）	1323～1373
单位重量（g/cm³）	2.8～3.8
吸水性（%）	0.13
体积密度（g/cm³）	144～162
松装容重（g/cm³）	2.0～2.4
电导率（S/m）	0.001～0.05
莫氏硬度（度）	7～9
磨矿功能指数（kW/t）	23～26

续表

外观	黑色玻璃态
湿度（%）	<5
水中可溶性氧化物（ppm）	<50
磨损（%）	24.1
硫酸钠损失率（%）	0.90
内摩擦角（°）	40~53
pH	7.0

2.2　铜渣的化学成分和矿相组成

表 2 为不同冶炼工艺产生的铜渣的化学成分，可以看出铜渣是由各种氧化物互相熔融而成的共融体，主要成分是 SiO_2 和铁氧化物。铜主要以冰铜形式存在于渣中，另有部分铜呈类质同象形式分布于铁橄榄石和磁铁矿等矿物中[13]。铁在铜渣中的存在形式较多，主要为磁铁矿、铁橄榄石和钙铁橄榄石，其次为冰铜及辉石[13]。空冷渣的背散射电子图像和能谱分析如图 3 所示[14]，亮白色区域是铜和铁的硫化物，边缘含有铅锌的硫化物。浅灰色区域是铁的氧化物，深灰色区域是铁橄榄石，基体部分是铝、钙等的硅酸盐。由背散射电子图像还可以看出，部分结晶粒度较小的冰铜和铁氧化物通过磨矿很难与铁橄榄石等进行有效分离，另有部分冰铜颗粒粒度较大，且分布集中，只要通过合适的磨矿粒度就易于分离。Deng 等[15,16]通过对铜渣矿物学分析，发现磁铁矿使铜渣具有黏性，是导致冰铜难以从渣中分离的原因，冰铜液滴和初生的磁铁矿分散在铁橄榄石晶体之间，大小通常在 $1\sim40\mu m$ 之间，也可观察到较大的冰铜液滴（$80\sim220\mu m$）。

表 2　不同炼铜工艺的铜渣成分[9]　（%）

熔炼方法	化学成分							
	Cu	Fe	Fe₃O₄	SiO₂	S	Al₂O₃	CaO	MgO
密闭鼓风炉熔炼	0.42	29.0	—	38.0	—	7.5	11	0.74
奥托昆普闪速炉	1.5	44.4	11.8	26.6	1.6	—	—	—
诺兰达熔炼	2.6	40.0	15.0	25.1	1.7	5.0	1.5	1.5
白银法	0.45	35.0	3.2	35.0	0.7	3.3	8.0	1.4
瓦纽科夫法	0.5	40.0	5.0	34.0	—	4.2	2.6	1.4
艾萨法	0.65	34.0	7.5	31.0	2.8	7.5	5.0	—
三菱法	0.6	38.2	—	32.2	0.6	2.9	5.9	—

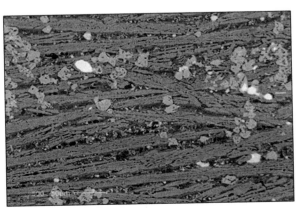
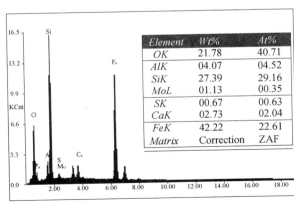

Element	Wt%	At%
OK	21.78	40.71
AlK	04.07	04.52
SiK	27.39	29.16
MoL	01.13	00.35
SK	00.67	00.63
CaK	02.73	02.04
FeK	42.22	22.61
Matrix	Correction	ZAF

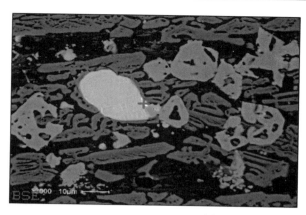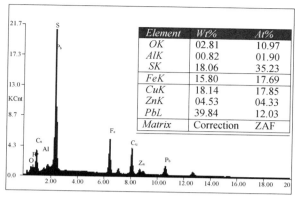

图3　空冷渣背散射图和能谱分析结果

3　铜渣中金属的损失形式

铜冶炼过程中，由于铜渣黏度较大，反应时间较短及造渣等因素的影响，铜渣中含有大量的金属化合物，造成金属损失。铜渣中铜的损失主要与铜锍品位和铜渣量有关，铜锍品位越高，渣量越大，铜损失越多。归纳起来，铜在渣中的损失形态主要有3种[9,17]：（1）CuO形态造渣引起的化学损失（2）Cu_2S形式溶解于渣中引起的物理损失。（3）铜锍微滴形式混入渣中引起的机械损失。研究发现，占铜锍80%的直径小于$7×10^{-4}$cm的小液滴自然沉降需要144d[18]，这在实际生产中是不可能的，这就造成了铜的机械损失。目前，就铜是否仅以氧化物形式溶解于铜渣中还是同时存在硫化物形式仍然存在分歧。对于机械损失相比于物理损失和化学损失的比例，研究发现传统造锍熔炼渣中机械损失占50%左右，而新的强化熔炼法产生的炉渣中铜损失差异较大，且贫化后所产生的炉渣中铜主要是物理损失和化学损失[17]。

在三元系渣$CaO-CaF_2-SiO_2$、温度为1453～1573K、SO_2压力为$2×10^{-3}$～$3×10^{-2}$atm时，铜能够与冰铜、渣共存，且此时铁主要集中在液态渣中，锌、砷、铋、镉、铅和锑都主要在气相中[19]。

4　回收铜渣中有价金属的火法回收工艺

由于当前火法冶炼是生产铜的主要工艺，因此选择用火法回收铜渣中的有价金属可以利用冶炼厂现有的设备就地回收，与精炼过程紧密连接，可以充分利用铜渣的余热，而且火法回收技术也可以同时处理大量铜渣，效率高、产量大。

4.1　回收铜渣中铜的火法回收工艺

由于冶炼铜的过程中铜在铜锍与铜渣中的分配比一定，因此为了得到高品位铜锍的强氧化熔炼工艺就使得渣中含铜量增加，使铜渣必须经过贫化才能废弃。返回重熔和还原造锍是火法贫化分离的主要方法，包括反射炉贫化、电炉贫化、真空贫化、铜锍提取、渣桶和高温氯化挥发贫化等。

4.1.1　反射炉贫化工艺

由于转炉吹炼产生的渣中含铜较高，须经过反射炉进行贫化处理[20]。铜渣中Fe_3O_4和过高的SiO_2含量，使得渣中黏度较大，影响了渣中锍滴的沉降[21-23]。因此通过风口喷吹煤粉等还原剂，使铜渣中的Fe_3O_4含量降低，停止喷吹后可以明显改善铜锍与渣的分离效果。考虑到加入还原剂也能使渣中的铜化合物还原成单质铜，提高铜的回收率，但必须抑制渣中铁的还原，Hang G K[24]、Banza A N[25]和Heo J H[26]等通过研究发现，在渣中添加MgO、Al_2O_3和TiO_2等对于限制渣中Fe的还原有十分明显的作用，同时还能使得Fe_3O_4维持在很低的水平。有报道表明[27]，采用反射炉贫化法，通过增大Fe_3O_4还原程度、适当提高渣中

SiO₂ 含量可将渣中铜含量降至 0.65% 甚至 0.60% 以下。张林楠等人[22]在贫化法的基础上进行选择性贫化，在含铜熔渣中加入碳粉使 Fe₃O₄ 还原，降低渣中的黏度的同时，利用气体搅拌加速铜锍沉降。再通入空气使渣迅速氧化，提高渣中 Fe₃O₄ 含量，后续可用磁选分离的方法使渣中铁铜分离。陈海清等人[28]则采用还原—硫化—搅拌—提温的火法强化贫化铜渣新工艺，处理步骤如图 4 所示，能够将"铜富氧熔池自热熔炼法"产生的铜渣中的铜含量从 1.227% 降至 0.466%。

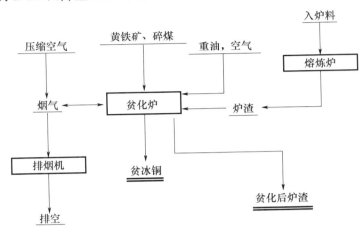

图 4　铜渣贫化工业试验流程图

　　反射炉具有高效、能够处理大回炉料等优点，但未充分还原的 Fe₃O₄ 随着反射炉的使用而逐渐积聚在炉床上，形成的炉结不但影响反射炉寿命，而且使冰铜液位升高，影响了放渣作业，增加了铜的机械损失。由于电炉贫化的推广，反射炉已逐渐被取代。在智利，过去很长时间里反射炉是唯一使用的炼铜炉渣贫化技术，但是现在仅有阿尔洛特、皮特雷利洛斯、卡列托勒斯这三家炼铜厂还在使用反射炉[29]，并且正在逐渐被取代。

4.1.2　电炉贫化工艺

　　贫化电炉的工作过程是液态铜渣由熔炼炉溜槽流出后进入电炉中，自焙电极通过加热液态铜渣，使熔体温度在 1473～1523K 之间。渣中 Fe₃O₄ 在还原剂的作用下被还原，并与 SiO₂ 和 CaO 等氧化物造渣。Fe₃O₄ 还原后，能够明显降低渣的熔点和黏度，使硫化后形成的铜锍能够更好地沉降，并与原先存在于渣中的锍滴互相碰撞，聚合形成较大尺寸的锍粒。

　　据报道[30]，江铜集团贵溪冶炼厂采用电炉贫化法处理闪速炉中的铜渣，炉料受热融化反应，铜锍生成并且汇聚长大，最终铜的回收率达到 60%～70%。得到的冰铜与闪速炉冰铜一起送至转炉吹炼，处理后的残渣经水淬成为水淬渣而废弃。在智利，电炉贫化是使用最晚的方法，随着电价的降低而又逐渐普及，凡恩泰拉斯炼铜厂是智利最早使用电炉贫化的炼铜厂[29]。

　　电炉法之所以普及得如此晚，是由于电炉法电耗高，需要昂贵的碳质电极材料，但一旦电力廉价，它能够处理各种成分的炉渣和返料，能够实现对铅、钴、锌等易溶解于酸中金属的回收的优点就使得它能够取代反射炉贫化等技术[31]。此外电炉法还具有控制简便、废弃物少、高温下还原性较强等优点。近些年，为了降低能耗和电极消耗，提高反应速度，由交流电向直流电改进的电炉贫化技术也受到研究和推广[32-34]。

4.1.3　其他火法回收铜的工艺

　　在智利，所有铜冶炼厂都将渣桶作为一个特殊的沉淀池，派波特炼铜厂采用沉淀池＋浮选的方法，将一个旧的 RF 炉缩短作为沉淀池，再配合浮选厂进行铜渣贫化，实践证明此法可以将铜渣中铜降至 0.9% 以下[29]。

　　由于铜渣中大部分铜锍自然沉降时间太长，杜清枝[18]通过研究真空贫化法的贫化机理，发现真空处理可以大大缩短铜锍沉降时间，这是因为真空环境下铜渣中气泡体积增大，同时附着在气泡上的铜锍也随之长大；气泡上升过程也起到搅拌作用，增大了铜锍碰撞的概率，也可以促进铜渣中反应的进行，增大铜锍与渣间的表面张力。真空贫化虽然优势明显，但是真空操作增加了生产成本，操作复杂，因此还没有在工业上大范围应用。

根据 $CaCl_2$ 能够作为氯化剂，选择性氯化黄铁矿制酸过程中产生的烧渣，使部分氧化物转化为氯化物挥发出来，而铁氧化物仍留在渣中的思路[35]，李磊[36]、姜平国[37]和张仁杰[38]等从热力学和实验角度分别研究了用 $CaCl_2$ 作为氯化剂氯化回收铜渣中铜的可能性。结果表明在有 $FeSO_4$ 存在的情况下，高温下 $CaCl_2$ 能够将铜氯化挥发而使铁的氧化物留在渣中。

铜在渣和铜锍间的分配系数存在差异，铜锍提取法就是利用这一差异，使液态铜锍在与铜渣接触时回收渣中的铜。Vaisburd S 等[39,40]将这种方法用于处理哈萨克斯坦的瓦纽科夫法产生的炉渣，得到 Cu，Fe（Ⅱ）和 S 的质量分数分别为 48.90%，16.48% 和 22.10% 的铜锍，弃渣中 Cu 的质量分数降到 0.31%。

Reddy R G 等[41]利用两步还原法回收鼓风炉铜渣中的铜金属和铁金属。在 1173K 时加入固体碳，此时炉渣中的 FeO 还原受到限制，而 CuO 能够进行固态预还原。当温度升至 1573K 时，以液态形式存在的 CuO 进行第二次还原，可得铜的回收率在 85% 以上。

4.2 回收铜渣中铁的火法回收工艺

目前，铜渣中铁的回收工艺主要有 3 种：直接磁选、磁化焙烧-磁选和直接还原-磁选。由于铜渣中的铁主要存在于铁橄榄石和磁铁矿中，且嵌布粒度较小，采用直接磁选效果一般[42,43]。磁化焙烧-磁选指标虽好，但成本较高，获得的产品是铁精矿，还需进一步加工处理。直接还原-磁选获得的产品为铁粉，可以直接替代废钢，有巨大的市场潜力。

4.2.1 磁化焙烧—磁选工艺

刘纲等[44]采用铜渣破碎—研磨—熔融氧化—磁选工艺流程，在铜渣熔融时吹入一定量氧气，使 FeO 氧化为 Fe_3O_4 和 Fe_2O_3，降温过程中剩余的 FeO 又可以与 Fe_2O_3 反应生成 Fe_3O_4，或者与 SiO_2 形成玻璃相后被加入的 CaO 置换，在空气中被氧化为 Fe_3O_4。在控制吹氧量、保温时间和坩埚种类的情况下，能够得到晶体粒度较大的 Fe_3O_4，磁选后可以作为炼铁原料。詹保峰等[45]则是在此基础上通过向铜渣中加入碳粉，抑制 Fe_2O_3 的形成，同时加入 Na_2CO_3，在降低反应温度的同时，也可以抑制 $2FeO \cdot SiO_2$ 的形成。上述两个方法的不足之处是在高温还原反应的后期，渣的黏度和熔点随着 Fe_3O_4 含量的升高而增大，使得磁铁矿相不易聚集长大，最终导致铁回收率偏低，铁品位只在 60% 左右[46,47]。曹洪扬等[48]发现在高温时加入调渣剂可以改性铜渣，利用铜渣的高温度、高化学活性，使磁铁矿相和冰铜相长大粗化，而且加入分散剂油酸钠可以避免颗粒过细造成的团聚现象，最后得到富铁相、富铜相和尾矿。但由于金属富集相体积分数过小，晶体不充实，未能达到选矿分离对晶体颗粒的要求，所以可以在铜渣中混入 CaF_2 或复合添加剂，能够促进磁铁矿的析出、长大和粗化[49]。

4.2.2 直接还原-磁选工艺

因为磁化焙烧-磁选和直接磁选工艺存在诸多问题，人们开始研究直接还原铜渣中的铁氧化物，直接生成铁粉后再磁选分离。李磊[50]、郝以党[51]、吴龙[52]和杨双平[53]等就铜渣熔融还原炼铁过程反应热力学进行了分析，发现在未达到铜渣熔点 1473K 左右时，铁橄榄石就已经开始了还原反应，见表 3，但由于起始还原温度 1042.23K 太高，铁还原率太低，而加入 CaO 能够显著降低反应起始温度至 757.48K，增加铁金属化率。当反应温度超过铜渣熔点后，铜渣处于熔融状态，还原所得金属和渣分层，还原过程靠电子转移进行，提高 O^{2-} 活度能够提高 Fe^{2+} 活度，能使反应更迅速。但熔融状态下铜渣不能与还原剂充分接触，使反应动力学条件恶化。

表 3 直接还原阶段可能发生的反应

反 应	$\triangle G_m^\theta = \triangle H - T\triangle S$		还原开始温度(K)
	$\triangle H$(J/mol)	$\triangle S$(K·mol)	
$1/3Al_2O_3(s) + C(石) = 2/3Al(s) + CO(g)$	443966	190.17	2334.58
$CaO(s) + C(石) = Ca(s) + CO(g)$	525750	194.34	2705.31

续表

反 应	$\triangle G_m^\theta = \triangle H - T\triangle S$		还原开始温度(K)
	$\triangle H$(J/mol)	$\triangle S$(K·mol)	
$CoO(s)+C(石)\!=\!=\!Co(s)+CO(g)$	131200	164.43	797.91
$FeO(s)+C(石)\!=\!=\!Fe(s)+CO(g)$	149600	150.36	994.95
$1/4Fe_3O_4(s)+C(石)\!=\!=\!3/4Fe(s)+CO(g)$	161380	162.62	992.41
$Fe_3O_4(s)+C(石)\!=\!=\!3Fe(s)+CO(g)$	196720	199.38	986.66
$MgO(s)+C(石)\!=\!=\!Mg(s)+CO(g)$	486830	193.36	2517.74
$1/2SiO_2+C(石)\!=\!=\!1/2Si(s)+CO(g)$	339150	173.64	1953.18
$NiO(s)+C(石)\!=\!=\!Ni(s)+CO(g)$	121397	171.97	705.92
$1/2(2FeO \cdot SiO_2)(s)+C(石)\!=\!=\!Fe(s)+1/2SiO_2(s)+CO(g)$	167700	160.91	1042.20

杨慧芬[54]和王红玉[55]等以褐煤为还原剂,采用煤基直接还原—磨矿—磁选工艺对铜渣中的铁进行回收,得到铁品位 90% 以上,回收率 80% 以上的铁粉,可以作为炼铁辅料。占寿罡[56]和聂溪莹[57]等则是模拟链箅机—回转窑工艺,流程图如图 5 所示,采用直接还原能够得到铁品位和铁回收率均达到 90% 以上的铁粉。

而考虑到资源的循环利用,王爽[58]利用冶金工业的副产品焦粉作还原剂,添加 CaO,能得到铁品位达到 92.96%、铁回收率达到 93.49% 的铁粉,产品杂质含量低,可作为炼铁辅料,且粒度均匀,无明显夹杂其他相,可磨矿实现单质铁的分离。

4.2.3 其他火法回收工艺

铜渣和钢渣是两种常见的含铁废渣,具有铁品位低、渣量大的特点,而且铜渣中铁的利用率低,钢渣中高含量的磷在钢渣循环过程中不断富集使得钢渣得不到有效利用。钢渣中磷主要以磷酸钙的形式存在,由热力学分析可知[59],铁橄榄石能够显著降低磷酸钙的还原自由能,873K 以上效果更是优于石灰,磷酸钙同时也能促进铁橄榄石的还原,1573K 以上时效果优于石灰。因此考虑将铜渣和钢渣混合制成含碳球团,在转底炉中快速还原后进入熔分炉深度还原和熔分,将得到的高磷铁水转入脱磷转炉得到合格铁水。孔令兵[60]则利用现有的钢铁流程,分析了铜渣在高炉中的热力学,证明铜的化合物可以在高炉中上部被还原,铁橄榄石则主要在高炉下部被还原,即铜渣可以通过高炉得到含铜的铁水。

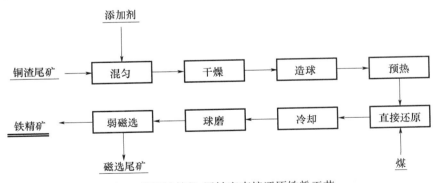

图 5 模拟链箅机-回转窑直接还原铁粉工艺

5 结论

随着铜资源在当今生活中发挥着越来越重要的作用,对于铜渣等二次资源的回收已经越来越受到重视,特别是对于铜渣中铜和铁等有价金属的回收。目前已实现工业化应用的火法回收铜的工艺主要是电炉贫化法和反射炉贫化法,而铁可以通过碳热还原方式回收,二次冶炼废渣再用于制备水泥、玻璃等,达到最大限度地利用铜渣的目的。但对于铜渣中有价元素 Mo、Zn 和 Pb 等的综合利用工艺研究较少。因此,如何在高效回收渣中铜和铁金属的同时，开展渣中除铜和铁以外的有价金属元素的回收，将是一个具有发展潜力的研究方向。

参考文献

[1] ICSG，The World Copper Factbook 2016［EB/OL］．（2016-10-27）［2017-3-25］．http：//www.icsg.org/index.php/component/jdownloads/viewdownload/170/2202.

[2] Fan Y，Shibata E，Iizuka A. Crystallization behaviors of copper smelter slag studied using time-temperature-transformation diagram［J］．Materials Transactions，2014，55（6）：958-963.

[3] Gorai B，Jana R K，Premchand. Characteristics and utilization of copper slag-A review，Resources［J］．Resources Conservation & Recycling，2003，39（4）：299-313.

[4] 李博，王华，胡建杭，等．从铜渣中回收有价金属技术的研究进展［J］．矿冶，2009，18（1）：44-48.

[5] 徐明，刘炯天．铜渣浮选回收铜的研究进展［J］．金属矿山，2010：805-808.

[6] Alter H. The composition and environmental hazard of copper slags in the context of the Basel Convention［J］．Resources Conservation & Recycling，2005，43（4）：353-360.

[7] 陈帮，夏晓鸥，刘方明．高硬度铜渣综合利用研究［J］．铜业工程，2009（2）：4-6.

[8] 韩伟，秦庆伟．从炼铜炉渣中提取铜铁的研究［J］．2009，18（2）：9-12.

[9] 华一新．有色冶金概论［M］．北京：北京冶金工业出版社，2003：99-433.

[10] 陈帮，夏晓鸥，刘方明．高硬度铜渣综合利用研究［J］．铜业工程，2009（2）：4-6.

[11] 李凤廉．研究利用铜渣开发二次资源［J］．有色矿冶，1992（4）：38-43.

[12] Murari K，Siddique R，Jain K K. Use of waste copper slag，a sustainable material［J］．Journal of Material Cycles and Waste Management，2015，17（1）：13-26.

[13] 熊玉旺．云南某地反射炉渣工艺矿物学研究［J］．矿产综合利用2015，（1）：51-57.

[14] Sarfo P，Jamie Y，Guojun Ma，et al. Characterization and Recovery of Valuables from Waste Copper Smelting Slag［M］//Advances in Molten Slags，Fluxes，and Salts：Proceedings of the 10th International Conference on Molten Slags，Fluxes and Salts. John Wiley & Sons，Inc. 2016：889-898.

[15] Deng T，Ling Y. Processing of copper converter slag for metals reclamation：Part II：mineralogical study［J］．Waste Management & Research，2004，22（5）：376-382.

[16] Deng T，Ling Y H. Chemical and mineralogical characterizations of a copper converter slag［J］．Rare metals，2002，21（3）：175-181.

[17] 朱祖泽，贺家齐．现代铜冶金学［M］．北京：北京科学出版社，2003：99-433.

[18] 杜清枝．炉渣真空贫化的物理化学［J］．昆明理工大学学报自然科学版，1995（2）：107-110.

[19] Tavera F J，Rosas G，Perez R. Copper and minor elements distribution between metal，matte，and fluorine slags［J］．Metallurgical and Materials Transactions B，2000，31（6）：1551-1553.

[20] 邢卫国．铜转炉渣返回对反射炉熔炼的影响［J］．有色金属（冶炼部分），1997（6）：6-9.

[21] 常化强，张廷安，牛丽萍，等．铜渣贫化技术的研究进展［C］//第十七届（2013年）全国冶金反应工程学学术会议论文集．2013：459-464.

[22] 张林楠，张力，王明玉，等．铜渣贫化的选择性还原过程［J］．有色金属工程，2005，57（3）：44-47.

[23] Maweja K，Mukongo T，Mutombo I. Cleaning of a copper matte smelting slag from a water-jacket furnace by direct reduction of heavy metals［J］．Journal of Hazardous Materials，2009，164（2-3）：856-862.

[24] Hang G K，Sohn H Y. Effects of CaO，Al_2O_3，and MgO additions on the copper solubility，ferric/ferrous ratio，and minor-element behavior of iron-silicate slags［J］．Metallurgical and Materials Transactions B，1998，29（3）：583-590.

[25] Banza A N，Gock E，Kongolo K. Base metals recovery from copper smelter slag by oxidising leaching and solvent extraction［J］．Hydrometallurgy，2002，67（1）：63-69.

[26] Heo J H，Kim B S，Park J H. Effect of CaO Addition on Iron Recovery from Copper Smelting Slags by Solid Carbon［J］．Metallurgical and Materials Transactions B，2013，44（6）：1352-1363.

[27] 昂正同．降低闪速熔炼渣含铜实践［J］．有色金属（冶炼部分），2002（5）：15-17.

[28] 陈海清，李沛兴，刘水根，等．铜渣火法强化贫化工艺研究［J］．湖南有色金属，2006，22（3）：16-18.

[29] 陈远望．智利铜炉渣冶炼方法概述［J］．有色金属，2001，9：53-57.

[30] 官样昌．贫化电炉低空污染的治理［J］．铜业工程，2013（6）：23-25.

[31] 周永益．熔铜渣的贫化问题［J］．有色矿冶，1988（5）：51-53.

[32] 魏国忠，W. 吾特，叶国瑞．直流矿热电炉中铜转炉渣的贫化［J］．东北大学学报自然科学版，1989（4）：388-393.

[33] Szafirska B，Król M，Warczok A. The role of electrokinetic phenomena in copper recovery from flash-smelter slag [J]．Arch. Hutn，1983，28：11-25.

[34] 韦其晋，袁朝新．侧吹熔炼铜渣的直流电贫化研究 [J]．有色金属（冶炼部分），2012（11）：19-22.

[35] 吴海国，李婕．黄铁矿烧渣氯化法回收有价金属 [J]．有色金属工程，2012，2（6）：55-58.

[36] 李磊，胡建杭，魏永刚，等．铜渣中铜的回收工艺及新技术 [J]．材料导报，2013，27（11）：21-26.

[37] 姜平国，吴朋飞，胡晓军，等．铜渣综合利用研究现状及其新技术的提出 [J]．中国矿业，2016，25（2）：76-79.

[38] 张仁杰，李磊，韩文朝．氯化焙烧法回收铜渣中铜的热力学研究 [J]．工业加热，2014，43（1）：4-9.

[39] Vaisburd S，Brandon D G，Kozhakhmetov S，et al. Physicochemical properties of matte-slag melts taken from vanyukov's furnace for copper extraction [J]．Metallurgical and Materials Transactions B，2002，33（4）：561-564.

[40] Vaisburd S，Berner A，Brandon D G，et al. Slags and mattes in vanyukov's process for the extraction of copper [J]．Metallurgical and Materials Transactions B，2002，33（4）：551-559.

[41] Reddy R G，Prabhu V L，Mantha D. Recovery of copper from copper blast furnace slag [J]．Minerals &. Metallurgical Processing，2006，23（2）：97-103.

[42] Bulut G，Perek K T，Gül A，et al. Recovery of metal values from copper slags by flotation and roasting with pyrite [J]．Minerals &. Metallurgical Processing，2007，24（1）：13-18.

[43] 韩伟，秦庆伟．从炼铜炉渣中提取铜铁的研究 [J]．矿冶，2009，18（2）：9-12.

[44] 刘纲，朱荣，王昌安，等．铜渣熔融氧化提铁的试验研究 [J]．中国有色冶金，2009（1）：71-74.

[45] 詹保峰，黄自力，杨孽，等．焙烧-浸出-磁选回收铜渣中的铁 [J]．矿冶工程，2015（2）：103-106.

[46] Palacios J，Sánchez M. Wastes as resources：update on recovery of valuable metals from copper slags [J]．Mineral Processing &. Extractive Metallurgy Imm Transactions，2013，120（4）：218-223.

[47] Li K Q，Ping S，Wang H Y，et al. Recovery of iron from copper slag by deep reduction and magnetic beneficiation [J]．International Journal of Minerals，Metallurgy，and Materials，2013，20（11）：1035-1041.

[48] 曹洪杨，付念新，王慈公，等．铜渣中铁组分的选择性析出与分离 [J]．矿产综合利用，2009（2）：8-11.

[49] 曹洪杨，王继民，张力，等．添加剂对铜渣改性过程中磁铁矿相析出与长大的影响 [J]．有色金属（冶炼部分），2013（6）：6-10.

[50] 李磊，胡建杭，王华．铜渣熔融还原炼铁过程反应热力学分析 [J]．材料导报，2011，25（14）：114-117.

[51] 郝以党，吴龙，胡天麒，等．熔融铜渣中的金属提取及尾渣制矿棉探索试验 [J]．环境工程，2015，33（2）：105-108.

[52] 吴龙，郝以党，张艺伯，等．贫化铜渣熔融还原提铁试验研究 [J]．中国有色冶金，2015，44（4）：13-17.

[53] 杨双平，王鑫，延雨，等．铜渣提铁综合利用研究 [J]．有色金属文摘，2016，31（2）：101-103.

[54] 杨慧芬，景丽丽，党春阁．铜渣中铁组分的直接还原与磁选回收 [J]．中国有色金属学报，2011，21（5）：1165-1170.

[55] 王红玉，李克庆，倪文，等．某高铁二次铜渣深度还原—磁选实验研究 [J]．金属矿山，综合利用，2012（11）：141-144.

[56] 占寿罡，许冬．从铜渣选铜尾矿中回收铁的试验研究 [J]．中国有色冶金，2015，44（5）：49-52.

[57] 聂溪莹，肖绎．模拟回转窑工艺研究铜渣中 Fe、Pb、Zn 的提取 [J]．工业加热，2015，44（2）：71-74.

[58] 王爽，倪文，王长龙，等．铜尾渣深度还原回收铁工艺研究 [J]．金属矿山，2014，43（3）：156-160.

[59] 张俊，戴晓天，严定鎏，等．循环钢渣与铜渣搭配利用的碳热还原 [J]．钢铁，2015，50（12）：114-118.

[60] 孔令兵，郭培民，胡晓军．高炉共处置铜渣中 Cu、Fe 元素还原的热力学分析 [J]．环境工程，2015，33（2）：109-112.

利用烟气湿法脱硫赤泥和拜耳法赤泥制备免烧砖的试验研究

刘中凯，刘万超，苏钟杨，和新忠，练以诚

（中国铝业郑州有色金属研究院有限公司，河南郑州，450041）

摘　要　赤泥综合利用是一个世界性的难题。拜耳法赤泥具有很高的脱硫活性，可作为脱硫剂用于烟气湿法脱硫，其脱硫副产物为脱硫赤泥。本试验以脱硫赤泥、拜耳法赤泥、粉煤灰和炉渣为主要原料，外掺石灰和水泥制备了免烧砖。研究了拜耳法赤泥与脱硫赤泥不同配比以及炉渣、石灰和水泥加入量对赤泥免烧砖的性能影响。最佳配比下，免烧砖常温养护28d的抗压强度为22.5MPa，达到了JC 422—2007《非烧结垃圾尾矿砖》的 MU20 强度等级要求，体积密度为 1.57g/cm³，砖体表面无泛霜。采用此工艺制备免烧砖，能够大掺量、多种类利用工业固废，成本低，节能环保。

关键词　拜耳法赤泥；脱硫赤泥；免烧砖

Abstract　Comprehensive utilization of red mud is a worldwide problem. Bayer red mud with high desulfurization activity，can be used as a desulfurization agent for wet flue gas desulfurization，and the by-product of desulfurization is desulfurization red mud. In this paper，the non-burnt brick was prepared by adding desulfurization red mud，Bayer red mud，fly ash and slag as main raw materials. The effects of different ratio of Bayer red mud and red mud and the amount of slag，lime and cement on the properties of red mud unburned brick were studied. Under the optimum ratio ，the compressive strength of non-burnt brick curing at room temperature 28d is 22.5MPa，reached the JC 422-2007 《Non sintered refuse brick》 MU20 strength grade requirements，the volume density is 1.57g/cm³，the brick surface without frost. The process of preparation of brick，to high volume and many kinds of industrial solid waste utilization，with low cost，energy saving and environmental protection.

Keywords　bayer red mud；desulfurization red mud；non-burnt brick

1　引言

　　赤泥是氧化铝生产过程中铝土矿经强碱浸出时形成的不溶残渣。目前，我国90％以上氧化铝生产采用拜耳法工艺。因矿石品位、生产方法和技术水平的不同，大约每生产1t氧化铝将产生1.0～1.5t的拜耳法赤泥[1]。2016年我国拜耳法赤泥排放量接近7000万吨，其综合利用率不到5％。赤泥的堆存占用土地，耗费堆场建设和维护费用，而且赤泥附液下渗，造成地下水体和土壤污染，裸露赤泥随风飞扬，污染大气，带来严重的环境污染和生态破坏[2]。

　　赤泥的综合利用是一个世界性的难题，特别是拜耳法赤泥。拜耳法赤泥中含有很高的碱金属及碱土金属氧化物，在制备免烧制品的时候很难避免出现返霜现象，导致制品无法使用；此外还有部分地区赤泥放射性较高，限制了其在建材利用方面的掺量，同时也限制了其在建材行业的应用[3]。但由于拜耳法赤泥颗粒细微、比表面积大、碱性强、有效固硫成分（Fe_2O_3，Al_2O_3，CaO，MgO，Na_2O 等）含量高，对 SO_2 气体有较强的吸附能力和反应活性[4,5]。将拜耳法赤泥用于工业烟气湿法脱硫，是将两种有害物质相互作用，不仅可以实现烟气 SO_2 达标排放，而且可以实现赤泥脱碱。拜耳法赤泥用于烟气脱硫的副产物即为脱硫赤泥，其 Na_2O 含量可降低到 2％以下，经活化处理后应用于建筑材料更具优势。

　　本试验以脱硫赤泥、拜耳法赤泥、粉煤灰和炉渣为主要原料，外掺石灰和水泥制备了免烧砖，为脱硫赤泥的综合利用寻找一条出路，协同利用了粉煤灰和炉渣工业固废。通过将两种赤泥复配，协同激发了粉煤灰的活性，提高了免烧砖的强度，比传统单一掺加赤泥制备免烧砖更具优势。

2 试验原料

2.1 拜耳法赤泥

选用的赤泥为山西某铝厂的拜耳法赤泥，其化学成分比较复杂，主要化学成分为 CaO，Al_2O_3 和 SiO_2，约占整个组分的 65.4%，其次为 Na_2O，TiO_2 和 Fe_2O_3，约占 12.7%。氧化铝生产过程中为降低碱耗，添加石灰量大，因此该赤泥的 CaO 含量是普通拜耳法赤泥的 3~5 倍。此拜耳法赤泥的化学组成见表 1。

表 1 拜耳法赤泥的化学组成

成分	Al_2O_3	SiO_2	Fe_2O_3	Na_2O	CaO	MgO	K_2O	TiO_2
含量（%）	20.10	13.28	3.32	5.57	32.02	1.16	0.35	3.81

2.2 脱硫赤泥

采用拜耳法赤泥用于烟气湿法脱硫，是利用赤泥中的有效固硫成分与烟气中的 SO_2 发生化学反应，赤泥的附碱和结合碱与 SO_2 反应，生成亚硫酸盐和硫酸盐，脱硫后赤泥的 Na_2O 降低至 0.63%。赤泥中钙组分和 SO_2 发生反应生成亚硫酸钙，经过氧化处理，其亚硫酸钙相转变成石膏相。脱硫赤泥的主要化学组成见表 2。

表 2 脱硫赤泥的化学组成

成分	Al_2O_3	SiO_2	Fe_2O_3	Na_2O	CaO	MgO	TiO_2	SO_2
含量（%）	17.24	11.56	4.21	0.63	17.75	1.02	3.54	16.44

2.3 粉煤灰

取自山西某铝厂自备热电厂燃煤锅炉产生的固体废弃物，其含水率为 14.56%，烧失量为 8.7%，SiO_2 含量为 44.07%，Al_2O_3 含量为 30.29%，具体化学成分见表 3。

表 3 粉煤灰的化学组成

成分	Al_2O_3	SiO_2	Fe_2O_3	Na_2O	CaO	MgO	K_2O	TiO_2
含量（%）	30.29	44.07	9.83	0.23	2.67	0.48	0.73	1.26

2.4 炉渣

取自山西某铝厂自备热电厂燃煤锅炉产生的固体废弃物，主要成分为疏松多孔的活性玻璃体，过 4 目标准筛后作为骨料使用，具体化学成分见表 4。

表 4 炉渣的化学组成

成分	Al_2O_3	SiO_2	Fe_2O_3	Na_2O	CaO	MgO	K_2O	TiO_2
含量（%）	31.45	51.41	9.74	0.21	2.41	0.49	0.88	1.01

2.5 其他辅助材料

（1）石灰：取自氧化铝厂石灰窑收尘后的细粉，其活性氧化钙有效成分 70% 以上。

（2）水泥：市售强度等级为 32.5 的普通硅酸盐水泥。

（3）水：城市自来水。

3 试样制备与表征

3.1 主要试验设备

（1）原料混合设备：SHR-10A 型高速混合机。
（2）原料搅拌设备：JJ-5 型水泥胶砂搅拌机。
（3）免烧砖成型设备：ZS-5 型胶砂试体成型振实台。
（4）免烧砖成型模具：40mm×40mm×160mm 三联式试模。
（5）强度检测设备：YAW-300D-10D 型全自动抗压抗折试验机。

3.2 制备工艺流程

制备赤泥免烧砖的工艺流程如图 1 所示。

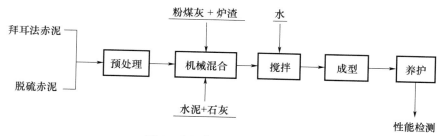

图 1 赤泥免烧砖的工艺流程

具体操作过程如下：

（1）将各原料预处理，其中拜耳法赤泥和脱硫赤泥进行烘干（180℃）后粉碎，炉渣烘干过 4 目筛备用，粉煤灰、石灰和脱硫石膏烘干备用。

（2）按不同配比分别称取各原料，并进行预先混合，混合各批次的物料总量均为 1.2kg。

（3）将混合好的各物料按一定水灰比加水放入 JJ-5 型水泥胶砂搅拌机中搅拌 5min。

（4）将混合好的物料取出，装入三联模具中，在胶砂试体成型振实台振实 120 次，表面刮平后用保鲜膜包好，在养护箱（平均温度 20℃）进行自然养护至规定龄期（本研究中的龄期为 7d 和 28d）。

（5）测试试块 7d 和 28d 抗折与抗压强度。

4 试验结果与讨论

4.1 试验配比

以拜耳法赤泥和脱硫赤泥为原料，掺加粉煤灰、炉渣、石灰和水泥制备免烧砖。为使赤泥免烧砖的放射性在标准要求范围内，根据 GB 6566—2010《建筑材料放射性核素限量》中对建筑主体材料的要求：建筑主体材料中天然放射性核素镭-226、钍-232、钾-40 的放射性比活度应同时满足 $I_{Ra}\leqslant1.0$ 和 $I_r\leqslant1.0$，因此本试验控制脱硫赤泥和拜耳法赤泥的总掺量在 30％ 以下，其总掺量为 25％，水灰比控制在 0.38～0.40 比较合适。

研究了拜耳法赤泥与脱硫赤泥不同配比以及炉渣、石灰和水泥加入量对赤泥免烧砖的性能影响，其各组试验配比见表 5～表 8，其各组试验的 7d 和 28d 抗压和抗折强度见表 9。

表5　拜耳法赤泥与脱硫赤泥配比试验表

试验编码	试验原料加入量（%）					
	拜耳法赤泥	脱硫赤泥	粉煤灰	炉渣	石灰	水泥
M-1 号	0	25	30	35	10	0
M-2 号	10	15	30	35	10	0
M-3 号	20	5	30	35	10	0
M-4 号	25	0	30	35	10	0

表6　骨料（炉渣）不同配比试验表

试验编码	试验原料加入量（%）					
	拜耳法赤泥	脱硫赤泥	粉煤灰	炉渣	石灰	水泥
M-2 号	10	15	30	35	10	0
M-5 号	10	15	40	20	15	0
M-6 号	10	15	37	25	13	0
M-7 号	10	15	34	30	11	0
M-8 号	10	15	27	40	8	0

表7　石灰不同加入量试验配比表

试验编码	试验原料加入量（%）					
	拜耳法赤泥	脱硫赤泥	粉煤灰	炉渣	石灰	水泥
M-7 号	10	15	34	30	11	0
M-9 号	10	15	36	30	9	0
M-10 号	10	15	38	30	7	0
M-11 号	10	15	40	30	5	0

表8　水泥不同加入量试验配比表

试验编码	试验原料加入量（%）					
	拜耳法赤泥	脱硫赤泥	粉煤灰	炉渣	石灰	水泥
M-7 号	10	15	34	30	11	0
M-12 号	10	15	33	30	9	3
M-13 号	10	15	32	30	8	5
M-14 号	10	15	31	30	7	7

表9　各配比情况下试样的7d和28d抗压强度和抗折强度

试验编号	7d 强度（MPa）		28d 强度（MPa）		非烧结垃圾尾矿砖（JC 422—2007）
	抗折强度	抗压强度	抗折强度	抗压强度	
M-1 号	3.60	14.50	4.18	16.30	MU15
M-2 号	3.80	12.10	4.29	18.35	MU20
M-3 号	2.98	6.50	3.60	12.60	MU20
M-4 号	2.20	6.33	2.90	10.15	MU15
M-5 号	1.87	11.26	2.15	12.30	MU15
M-6 号	1.98	13.75	2.89	16.72	MU15
M-7 号	2.67	15.32	4.06	19.60	MU15
M-8 号	2.25	11.60	3.52	17.63	MU15
M-9 号	1.48	11.04	1.85	13.20	—

续表

试验编号	7d 强度（MPa）		28d 强度（MPa）		非烧结垃圾尾矿砖（JC 422—2007）
	抗折强度	抗压强度	抗折强度	抗压强度	
M-10 号	1.34	7.20	1.50	8.52	—
M-11 号	1.20	4.57	1.72	5.21	—
M-12 号	2.98	17.35	4.13	22.50	MU20
M-13 号	3.08	16.95	3.98	22.80	MU20
M-14 号	3.25	17.15	3.85	19.78	MU15

4.2 结果讨论

4.2.1 拜耳法赤泥与脱硫赤泥配比对免烧砖性能的影响

研究了拜耳法赤泥和脱硫赤泥不同配比下的免烧砖的性能，试验得出的结果经整理如图 2 所示。

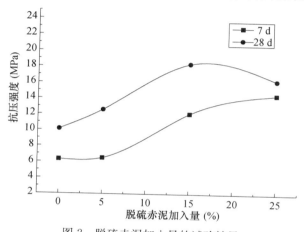

图 2 脱硫赤泥加入量的试验结果

从图 2 的试验结果来看，随着脱硫赤泥加入量的增加，赤泥免烧砖的 7d 抗压强度逐渐增加；赤泥免烧砖的 28d 抗压强度逐渐增加，其后随着赤泥的加入量的增加，28d 强度明显下降。可见，当脱硫赤泥含量在15％时，免烧砖抗压强度较理想。

4.2.2 炉渣（骨料）加入量对免烧砖性能的影响

骨料的含量对砖的性能影响较大，对此我们选用炉渣（5mm 筛下）作为骨料，既能利用热电厂的固废，又可以节约成本。本次试验研究了炉渣掺量对赤泥免烧砖的性能影响，得出的试验结果经整理得图 3。

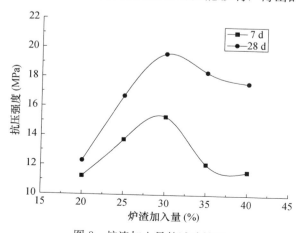

图 3 炉渣加入量的试验结果

　　从图3中知道，赤泥免烧砖制品7d的抗压强度随着炉渣加入量由20%增加到30%时，呈上升趋势，继续增加炉渣加入量时，抗压强度下降。对于28d的抗压强度，在炉渣的加入量由20%增加到30%的过程中，增加得十分显著，随后有下降趋势。综合来看，炉渣的加入量可控制在30%左右。

4.2.3　石灰加入量对免烧砖性能的影响

　　赤泥免烧砖强度的形成过程中，石灰起了很大的作用，这是由于免烧砖中掺入了大量的粉煤灰，氢氧化钙能够激发粉煤灰活性，与其水化反应生成水化硅酸钙和水化铝酸钙等物相。图4为石灰加入量对赤泥免烧砖性能的影响曲线。

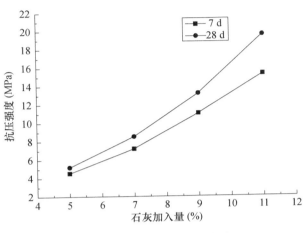

图4　石灰加入量的试验结果

　　通过图4可以看出，随着石灰加入量的增加，赤泥免烧砖的7d和28d抗压强度均增加，由于粉煤灰掺量为30%～40%，石灰的加入量不可太少，以此保证赤泥免烧砖28d强度在20MPa以上。

4.2.4　水泥加入量对免烧砖性能的影响

　　在赤泥免烧砖制备中，水泥起到增强作用。本文从性能和成本出发，对水泥加入量也进行了相关的探讨。水泥加入量的试验结果如图5所示。

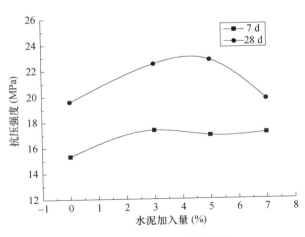

图5　水泥加入量的试验结果

　　从图5中发现，水泥的加入量由无到5%时，赤泥免烧砖的7d抗压强度变化不是很明显，赤泥免烧砖的28d抗压强度有所提高。而随着水泥量增加到7%，砖的强度有下降趋势。综合考虑赤泥免烧砖的性能和成本，可以将水泥的加入量控制在3%左右。

4.3 机理分析

根据以上研究结果，较优的原料配比为 M-12 号：拜耳法赤泥 10%，脱硫赤泥 15%，粉煤灰 33%，炉渣 30%，石灰 9% 和水泥 3%。拜耳法赤泥和脱硫赤泥掺配制备的免烧砖 28d 抗压强度达到 22.5MPa，达到了 JC 422—2007《非烧结垃圾尾矿砖》的 MU20 强度等级要求，免烧砖的体积密度为 $1.57g/cm^3$，砖体表面无泛霜，赤泥免烧砖制品如图 6 所示。

分析赤泥免烧砖的 XRD，由图 7 可知，赤泥免烧砖的主要矿物组成为方解石（$CaCO_3$）、石英（SiO_2）、钙矾石（AFt）、钙霞石 $[Na_6 Ca_2 Al_6 Si_6 O_{24} (CO_3)_2 \cdot 2H_2O]$、钙水化石榴石 $[Ca_3 Al_2 (SiO_4)(OH)_8]$、赤铁矿（$Fe_2O_3$）、钙钛矿（$CaTiO_2$）和水化硅酸钙（C-S-H）。

图 6　赤泥免烧砖制品

采用拜耳法赤泥和脱硫赤泥复配协同激发了粉煤灰的活性。拜耳法赤泥中的 NaOH 能与粉煤灰中的活性成分 SiO_2 和 Al_2O_3 形成 $Na_2O \cdot Al_2O_3 \cdot 2SiO_2$，这种矿物以方钠石或水合铝硅酸钠等高稳定性新相在固化制品中存在下来，起到很好的胶凝作用；脱硫赤泥中含有大量的石膏，经加温活化后对粉煤灰中的活性 SiO_2 和 Al_2O_3 具有很高的激发作用。粉煤灰的活性 Al_2O_3 与石膏生成了一定数量的钙矾石，提高了免烧砖的早期强度。

外掺石灰和水泥，使粉煤灰在 $Ca(OH)_2$ 的激发下水化产生水化硅酸钙、水化铝酸钙等组分，提高了免烧砖的后期强度和耐久性。另外，由于水料比大（0.38～0.40），高流动性的浆体材料使 $Ca(OH)_2$ 与 Na^+ 交换机会减少，养护过程中湿度较大，从而减少了 NaOH 沿毛细孔溢出机会，使免烧砖不易返碱。

免烧砖制备过程中掺加一定量炉渣作为骨料，与胶凝材料粘结在一起，起到了骨架支撑作用，提高了赤泥免烧砖的强度，降低了免烧砖的体积密度。

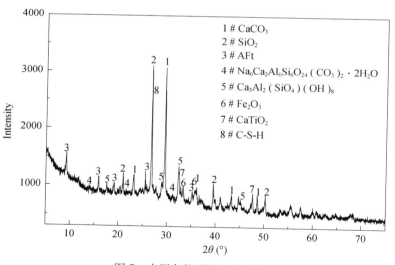

图 7　赤泥免烧砖制品的 XRD

5　结论

（1）分析了制备赤泥免烧砖原料的基本性质，其原料性能符合制备条件，全是氧化铝企业的固体废弃物，大掺量、多种类利用工业固废制备免烧砖，原料成本低。

（2）采用脱硫赤泥、拜耳法赤泥、粉煤灰和炉渣为主要原料制备赤泥免烧砖，其优化配比为：拜耳法赤泥 10%，脱硫赤泥 15%，粉煤灰 33%，炉渣 30%，石灰 9% 和水泥 3%。免烧砖制备过程中，水灰比控制在 0.38～0.40 较宜，常温养护 28d 的免烧砖抗压强度为 22.50MPa，达到了 JC 422—2007《非烧结垃圾尾矿砖》的 MU20 强度等级要求。

（3）采用拜耳法赤泥和脱硫赤泥复配制备免烧砖有一定的优势，拜耳法赤泥的碱性物质和脱硫赤泥的石膏相协同激发了粉煤灰活性，配合炉渣骨料的骨架支撑作用，综合提高了免烧砖的强度，降低了免烧砖的体积密度。

参考文献

[1] 姚万军，方冰. 拜耳法赤泥综合利用研究现状 [J]. 无机盐工业，2010 (12)：9-11.

[2] 南相莉，张廷安，刘燕，等. 我国赤泥的综合利用分析 [C] //第十三届（2009 年）冶金反应工程学会论文集. 2009.

[3] 彭建军，刘恒波，高遇春，等. 利用拜耳法赤泥制备免烧路面砖及其性能研究 [J]. 新型建筑材料，2011 (4)：21-23.

[4] 李抚立. 氧化铝生产的外排赤泥用于燃煤脱硫的可行性浅析 [J]. 有色冶金节能，2003，20 (5)：24-26.

[5] 陈义，李军旗，黄芳，等. 拜耳赤泥吸收 SO_2 废气的性能研究 [J]. 贵州工业大学学报（自然科学版），2007，36 (4)：30-32.

钢渣沥青混凝土研究进展

刘国威[1,2]，朱李俊[2]，金　强[2]，韩甲兴[2]

（1. 西安建筑科技大学材料与矿资学院，陕西西安，710054；

2. 中冶宝钢技术服务有限公司，上海，200941）

摘　要　钢渣沥青混凝土作为沥青混凝土的重要部分之一，国内外研究者对其开展了众多的研究和应用。本文基于钢渣和沥青混合料的研究进展，系统介绍和分析了国内外钢渣沥青混凝土的研究和应用情况，指出了钢渣沥青混凝土具有优异的性能和良好的性价比，并提出未来应从钢渣的分类、体积膨胀性消除、配合比三个方面开展系统的研究，确保钢渣沥青混凝土得到大量的应用。

关键词　钢渣；沥青混凝土；沥青混合料；路面

Abstract　With steel slag asphalt concrete as an important part of the asphalt concrete，a large number of researches and applications of it have been carried out by domestic and foreign researchers. In this paper，we systematically introduced and analyzed the research and application of domestic and foreign steel slag asphalt concrete based on the research progress of steel slag and asphalt mixture，and we pointed out that the steel slag asphalt concrete has excellent performance and good price. We also proposed that we should conduct systematic research on the classification of steel slag，elimination of volume expansion，and mixture ratio in the future to make sure that steel slag asphalt concrete will have large numbers of applications.

Keywords　steel slag；asphalt concrete；asphalt；pavement

　　钢渣是炼钢过程中加入石灰、萤石等造渣溶剂而形成的复合固溶体，2013年我国的产出量超过9000万t，综合利用量超过2600万t，综合利用率不足30%。作为冶炼行业的主要固体副产物，由于化学成分和后期处理工艺的不同，钢渣的物化性能有着较大的差异[1]，造成其难以大量综合利用，大量的钢渣堆存造成了严重的环境污染，占用了大量的土地，破坏生态环境。因此，如何提高钢渣的综合利用水平迫在眉睫。

1　国内外钢渣与沥青混合料应用研究进展

　　随着国内外钢渣堆存量的不断增高，研究者们开始注重对于钢渣综合利用技术的研究，其技术成果层出不穷[2]。综合来说，钢渣目前主要用于钢铁冶炼溶剂、农业生产、环保利用、建筑材料等方面。作为钢铁冶炼溶剂使用时，主要利用不同的钢渣作为烧结原料以及应用钢渣替代生石灰和白云石作为高炉溶剂。在农业生产中，主要利用钢渣中富含磷和硅元素特征生产磷肥、硅肥[3-4]。在环保应用方面，主要利用钢渣多孔性特征作为吸附材料用于重金属处理。在建筑材料应用方面，主要用于制备砖、砌块、混凝土[5-6]。公路工程材料[7]以及制备微晶玻璃和陶瓷材料[8-9]。

　　沥青混合料作为一种重要的复合材料，在路面材料中得到了大量的应用[10-12]。国内外的学者也对沥青混合料的路用性能如高温稳定性、低温抗裂性、水稳定性、耐疲劳性等多方面开展了研究。彭勇、孙立军等[13-14]研究表明在常温下，随着级配变粗，沥青混合料劈裂强度增大；低温条件下，随着油石比增大，沥青混合料劈裂强度和劲度模数增大，破坏应变减小，随着空隙率的增大，沥青混合料劈裂强度减小；沥青混合料均匀性与劈裂强度没有明显相关性。朱洪洲[15]通过不同因素条件下沥青混合料高温车辙试验，分别以动稳定度和总变形量作为参考序列，对影响因素进行灰关联分析。朱梦良等[16]分析了骨料级配、沥青类型、沥青用量、空隙率等材料参数以及压实方法、试验温度等因素对沥青混合料高温稳定性的影响。朱福等[17]

研究了交通荷载、环境温度、材料类型和水作用（高温浸水和冻融循环）对沥青混合料高温稳定性能的影响。

2　钢渣沥青混凝土研究进展

随着公路建设的发展，对公路等级的需求也随之提高，沥青路面逐渐在国家路网中发挥着显而易见的优势。在这种背景下，沥青路面的研究也越来越受到国内科研机构和有关高等院校的重视[18]。

钢渣作为炼钢工业产生的废渣，生产率约为粗钢产量的 10%～15%，是冶炼行业的主要固体副产物，其严峻的综合利用形势使各国对钢渣资源化利用空前重视，因此，研究钢渣的特性，开发新的综合利用途径具有重要的意义[19]。

钢渣的成分随着工艺的不同会有些变动，利用其化学特性进行综合利用的相关研究也存在一定的困难[20]。在物理特性方面，国内外的众多研究成果表明钢渣具有出色的物理力学性质，利用其物理特性开发出的综合利用技术与产品已成为钢渣综合利用最主要的途径[21]。总体来说，它的主要物理特性集中表现在以下几个方面：（1）良好的棱角性：钢渣经破碎、筛分、磁选处理后，颗粒多呈不规则状，具有良好的内摩擦嵌挤力，而内摩擦嵌挤力是评判道材、骨料适用性的重要依据；（2）密实度高：钢渣中富含铁，其压缩孔隙结构使其成为一种较为密实的材料，堆密度 BD 超过 $1900kg/m^3$，大于大部分天然砂石，比重大确保了钢渣作为路面材料或者混凝土掺合料的抗碾压强度和有效耐久性[22]；（3）磨光值较高，PSV 值位于 60～65 之间，能提供好的抗滑路面，保证车辆舒适安全行驶[23]；（4）抗水性和黏附性好：钢渣吸水率不到 2%，与其他天然砂石相近。且颗粒级配形状好，呈碱性，表面多孔收缩性小，与沥青有良好的黏附性[24]；（5）良好的抗冻性：硫酸镁稳定性试验 MSS 要求材质浸酸干燥后体收缩不超过 12%，钢渣测定值很小。有些国家地区采用更严格的芒硝（硫酸钠）试验，钢渣的收缩率仍很小。良好的收缩率保证了钢渣沥青路面在霜冻情况下不宜产生沥青剥落现象。

上述研究成果已表明钢渣具有的耐磨、吸水性低、水硬性好、多棱角等特点，是一种潜在的具有优良路用性能的建筑材料，可在公路建设中充分发挥其优势。与沥青碎石混合料进行比较，钢渣具有更广阔的应用前景[25]。因此利用钢渣替代原先的玄武岩等优质石料成为沥青混凝土的研究热点，一方面，减少玄武岩等石料的需求量，降低工程造价，具有显著的经济效益和社会效益；另一方面，用钢渣替代（或部分替代）优质匮乏的石料，实现了废旧资源的再生利用，降低工程成本，减少对特定材料资源的过度开发，有利于保护生态环境和地区经济的可持续发展[26]。

2.1　国外研究进展

国外钢渣沥青混凝土应用最早出现在 20 世纪 60 年代末，美国和加拿大用钢渣沥青混凝土联合修建了试验段来检验道路稳固性，从使用的效果来看，钢渣沥青路面的质量和耐久性都毫无问题，而且证明钢渣比用天然石料的抗滑性能还要好[27]。20 世纪 70～80 年代中期，美国马里兰州巴尔的摩市用沥青混凝土铺筑了许多人行道。从 1990 年到 1995 年，纽约市钢渣沥青混凝土使用总量达到了 2.5×10^5 t。随后，在北欧的丹麦、挪威、瑞典以及荷兰、奥地利等国，钢渣沥青混凝土的发展由于受到美国、加拿大的影响，应用相当广泛，先后在欧洲很多国家应用发展起来，并成为风靡欧洲的高等级沥青路面。

2.1.1　钢渣沥青混凝土基本性能研究

随着钢渣沥青混凝土在欧美的广泛应用，研究者也从不同的角度研究和评价了钢渣应用于沥青混凝土的性能及影响。MarcoPasetto[28]使用两种不同类型的电炉渣代替天然骨料应用于柔性路面组成中的基层和路面基层沥青混凝土，通过旋转压实试验、永久变形试验、劲度模量试验，测试其疲劳和间接拉伸强度。试验结果表明，所有含电炉渣的混合料相对于天然骨料都表现出了更好的机械性能，并且满足意大利公路部分技术标准的验收条件，因此，其可以在公路建设中得到使用。Stock[29]研究了钢渣沥青混凝土路面的抗滑性能，得益于钢渣粗糙的表面，钢渣沥青混凝土具有优良的抗滑性能。采用 14mm 的钢渣碎石封层，在相同的磨光值的情况下，其抗滑性能要比天然石料的同等级封层的性能更好。Ali[30]分别将电炉钢渣作为粗骨料和细骨料制备沥青混凝土。通过测试项目包括弹性模量、动态螺变、低温劲度模量与水稳性验证沥青路面的承载能力、抗车辙能力、抗低温开裂能力和抗水损害能力。试验结果证明，钢渣沥青混凝土的这些路用性能全面超过同级配的石灰石沥青混凝土、Airey[31]利用高炉钢渣作为粗骨料、转炉渣作为细骨料、石灰石矿粉作为填料的密级配沥青混合料和沥青玛蹄脂（SMA-13）型沥青混合料的性能，通过评价劲度模量、蠕变特性、疲劳特性以及耐久性等性能，发现钢渣作为骨料使沥青混凝土的劲度提高了接近20％，永久变形也大幅下降，疲劳性能也并未减弱，抗老化性能也有相应的提高。

2.1.2　钢渣沥青混凝土环境与社会效益研究

在钢渣沥青混凝土表现出优异性能的同时，研究者们开始注意到钢渣应用于沥青混凝土的环境影响、经济效益、工程实际应用等问题。Shen[32]特别研究了钢渣沥青路面的噪声问题。结果表明钢渣的应用可有效降低沥青路面的噪声。PervizAhmedzade[33]研究了钢渣作为粗骨料利用量的多少对热拌沥青混凝土性能的影响，利用两种类型的沥青水泥（AC-5，AC-10）和粗骨料（石灰石；钢渣）制备四种不同的沥青混合料，以此来制备马歇尔试件并确定最佳沥青含量。所有混合料的机械特性由马歇尔稳定度、间接拉伸劲度模量、蠕变劲度、间接拉伸强度测试结果进行评价。试样的电灵敏度根据ASTMD257-91进行研究。可以观察到，钢渣作为粗骨料可以提高沥青混凝土的机械性能。而且，体积电阻值测试结果表明钢渣混合料的导电率比石灰石混合料更好。Long-ShengHuang[34]利用转炉渣作为骨料的沥青混凝土路面在不同的压实号码下进行静态的、动态的以及半静态的震动滚动试验，评价现场压实号码、滚动方法、冷却时间对转炉渣沥青混凝土的影响效果。这项研究结果表明，如果路面是通车的，且同时考虑转炉渣沥青混凝土的强度增长和稳定性，路面应先振动滚动约3～4个来回，其次是静态滚动完成路面施工压实。Noureldin[35]将钢渣粗骨料、天然砂细骨料配制成AC-20型密级配沥青混合料，采用马歇尔的标准设计方法，进行马歇尔稳定度、间接拉伸强度、劲度模量以及垂直应变测试。结果表明，采用该组成的钢渣沥青面层的厚度可以有效降低，从而节约建造成本。

2.1.3　钢渣沥青混凝土问题研究

在钢渣沥青混凝土研究如火如荼的同时，钢渣膨胀性的问题成为研究者的难题。由于炼钢出渣时间缩短，投入的石灰过量，钢渣含有极易膨胀的游离氧化钙、自由氧化镁以及多种氧化物和矿物质，具有与硅酸盐相似的物化成分，在一定的环境条件下经过电解水化作用后，使钢渣具有不稳定性。Kandhal[36]通过采用钢渣取代石灰石细骨料制备密级配混合料研究钢渣沥青混凝土的膨胀性能，结果证明，钢渣细骨料部分的膨胀率与其"同源"的粗骨料的膨胀率之间有较好的相关性，氧化镁极易与金属氧化物形成固溶体而失去活性，游离氧化钙是造成钢渣体积膨胀的主要因素。所以钢渣的回收利用在道路工程中目前仅采用较低游离氧化钙、自由氧化镁的品种，特别是游离钙含量要尽可能的低。

2.1.4　钢渣沥青混凝土政策保障与工程应用研究

在钢渣沥青混凝土实际应用和政策保障方面，法国的公路面层的沥青路面防滑材料，有的全部用钢渣，有的将钢渣和石灰石混合使用，都取得了成功，并且得到了大量应用。日本钢铁协会也专门制订了《使用钢铁渣的沥青路面设计施工手册》和《钢渣路面基层设计施工手册》。根据钢渣的特点，已成功将钢渣用于路基上的隔离层和路面层，应用表明转炉渣和沥青拌制的混合料用于寒冷区域或交通荷载大的路面，有明显的耐磨性和耐流动性，其性能优于天然石料。西德的联邦9号公路，用钢渣沥青混凝土铺筑，开放交通以后一直很好。比利时公路局颁发了用钢渣拌制沥青混合料，铺筑公路的有关技术文件[37]。

总之国外在利用钢渣沥青混凝土的研究方面积累了大量的经验，充分发挥了钢渣的机械性能的优点，而且在环境影响、经济效益、工程实际应用、政策保障、技术规范设定等方面积累了大量的经验。国外钢渣已经越来越多地使用到路面材料铺装中。

2.2　国内研究进展

国内对钢渣在沥青混凝土中的应用研究起步稍晚，但在基于国外研究的基础上，发展比较迅速，主要集中在钢渣在不同沥青混凝土路面结构型式中的应用、钢渣潜在膨胀性及其消除、钢渣对沥青混凝土重金属浸出影响等方面。

2.2.1　钢渣沥青混凝土性能、环境影响研究

吴少鹏[38]探讨了钢渣作为骨料在SMA中的应用，对沥青混合料的性能进行了评估。通过利用X射线衍射、扫描电子显微镜和汞压入法来研究骨料的成分、结构和聚集体形态，同时对钢渣作为骨料的SMA混合料和玄武岩作为骨料的SMA混合料的性能进行对比分析。研究结果显示，钢渣作为骨料的SMA混合料的体积特性满足相关规范，且7d膨胀率小于1%。相对于玄武岩，利用钢渣作为骨料的SMA混合料的高温性能和低温抗开裂性能均得到改善。使用中的钢渣SMA路面在粗糙度和BPN表面系数方面表现出了优异的性能。陈南重点研究了钢渣与沥青的黏附性能。采用水煮法研究了不同时间下黏附性的衰减度，结果表明，钢渣的高碱度使其黏附性衰减度小，而且沥青中的羟基会与钢渣表面的碳氧键互相吸引，使得钢渣表面改性而促使沥青更牢固地吸附于其上[39]。YongjieXue[40]就转炉渣的物理和微特性、钢渣沥青材料和路面性能这两点来讨论转炉渣作为骨料在沥青路面中应用的可行性，通过XRD，SEM，TG和压汞仪等分析和测试方法研究了转炉渣的机械化学和物理变化，采用转炉渣为原料设计钢渣SMA混合料，通过传统的车辙试验、浸泡轮距和改性Lottman试验测试高温稳定性能和耐水性能，以单轴压缩试验和间接拉伸试验评价其低温抗裂性能和疲劳特性。结果表明，试验路面可以与传统的沥青路面相媲美，甚至在某些方面优于后者。该研究成果使钢渣可以在更广泛的领域得到应用，特别是在沥青混合料摊铺工程这样一个广阔的领域中的应用具有重要的意义。章照宏[41]提出了3种用于沥青混凝土的钢渣处理工艺，采用陈化处理、防水抗油剂浸泡处理、研磨处理3种工艺研究了钢渣替代天然骨料用于沥青混凝土的可行性，评价了处理后钢渣沥青混凝土的改善效果，结果表明经过处理后钢渣的抗水损害性能有不同程度的提高。张春刚[42]在沥青混合料中通过使用钢渣替代石料作为骨料，验证了沥青混合料的重金属离子浸出效果，通过使用TCLP方法，探讨了钢渣及钢渣沥青混合料中重金属浸出行为以及沥青种类对重金属浸出的影响。结果表明，钢渣中Cu，V，Zn，As，Mn浸出浓度均超出标准。3种不同沥青制成的AC-16沥青混合料中Cu，V，Zn，As，Mn浸出浓度相差不大，说明沥青种类对重金属浸出影响不大。Cu，Zn浸出浓度在标准之内，As，Mn浸出浓度超出标准。

2.2.2　钢渣沥青混凝土应用

大量使用钢渣沥青混合料来摊铺高等级柔性路面的有效实践不多。在20世纪60年代曾经进行过利用转炉钢渣铺筑道路基层和沥青面层的试验，但在之后的相当长一段时间里进展不大。2004年仙桃天门一级公路汉江大桥桥面铺装采用了武钢钢渣作为主骨料的SMA沥青混凝土。李灿华、魏嶺[43]等人对这三条试验段服役八年后的路用性能做了跟踪检测。检测结果表明这些钢渣沥青路面服役性能良好，抗滑能力衰减度比同类型的石灰石路面小得多，路面结构并未出现大的损坏，显示出较好的耐久性能。2009年为迎接国庆六十周年北京长安街大修工程中，用钢渣替代玄武岩用于沥青路面表层，为钢渣沥青混凝土的实际应用起到了示范作用。总之，道路建设需要消耗大量的原材料，而钢渣出色的棱角性及力学性能可以替代天然石料，阻碍钢渣在国内应用的最大问题是它的潜在体积膨胀性。

3　结论

钢渣作为一种常规的冶炼副产物，因其具有密实度高、良好的抗水性、黏附性与棱角性等特点，经破碎、筛分后被大量作为混凝土骨料使用，针对钢渣及其对沥青混凝土性能的影响一直都是热点问题。国内外的研究结论也表明，钢渣用于沥青混合料具有良好的基础性能，并且对重金属浸出等环境因素有着积极的效果，对社会效益和环保效益有着重要的作用。钢渣沥青混凝土也从实验室研究专项了产业化应用，因为其优异的性能以及良好的性价比，它将在沥青混凝土中占据越来越重要的地位。

总体来说，随着我国环保要求的不断提高，天然矿石资源的开发将受到严格的限制，普通沥青混凝土面

临着日益严峻的形势，钢渣沥青混凝土作为未来沥青混凝土发展的重要方向之一。但是，我们也要注意，由于钢渣作为一种炼钢的副产品，其化学性质和物理特性存在着一定的不确定性，钢渣沥青混凝土还需要从以下方面开展系统的研究，确保钢渣沥青混凝土得到良好的应用：

（1）钢渣的分类。国内外各大钢厂由于工艺的不同，钢渣的性质也存在一定的区别，未来应该建立更加详细的钢渣分类体系，明确沥青混凝土中可应用的钢渣种类，确保各类钢渣得到合理的利用。

（2）钢渣的体积膨胀性。由于炼钢的特性，钢渣中存在一定的游离氧化钙和氧化镁，虽然有一定研究成果表明可以通过一定的工艺手段去除钢渣中的不稳定因素，但是还是缺乏经济效益明显、推广度高的工艺和方法，未来应该从原料的源头处理、二次处理以及产品开发等多个方面开展多层次的研究，降低钢渣体积膨胀性带来的不稳定因素。

（3）钢渣的吸附性。众多研究已表明钢渣有着多孔性的特征，这就有可能造成钢渣沥青混凝土中钢渣吸附更多的沥青，造成沥青混凝土中沥青用量的增加，影响沥青混凝土的工程推广应用。未来，研究合理的配合比将成为研究者们需要重视的问题。

参考文献

[1] 李景云. 钢铁企业含铁废弃物资源化利用的探讨 [J]. 中国钢铁业，2013（4）：15-18.

[2] 张劲，陆文雄. 钢渣的利用及其应用研究进展 [J]. 粉煤灰综合利用，2014（2）：46-50.

[3] ToPkaya Y，Sevinc N，Gunaydm A. Slag treatment at Kardemir integrated iron and steel works [J]. International journal of mineral processing，2004，74（1-4）：31，39.

[4] 陈盛建，高宏亮. 钢渣综合利用技术及展望 [J]. 南方金属，2004（5）：1-4.

[5] 张亮亮，卢忠飞，闫文，等. 使用风淬粒化钢渣代替天然砂配置道路混凝土 [J] 商品混凝土，2008（5）：17-20.

[6] 杨刚，王幼琴，张健，等. 高强高透水钢渣混凝土制品及其制备方法：中国，CN102173671A [P]. 2011-09-07.

[7] Dunster A. Theuse of blast furnace slag and steel slag asaggregates [C]. 2002.

[8] 张乐军，陆雪，赵莹. 钢渣粉煤灰微晶玻璃的研制 [J]. 新型建筑材料，2007（1）：7-9.

[9] 赵立华，苍大强，刘璞，等. CaO-MgO-SiO₂ 体系钢渣陶瓷材料制备与微观结构分析 [J]. 北京科技大学学报，2011（8）：995-1000.

[10] 李占甫，张小丹. 沥青混合料组成的影响因素与应用 [J]. 公路与汽运. 2013（4）：112-115.

[11] 张素云. 沥青混合料组成对路用性能的影响 [J]. 武汉理工大学学报：交通科学与工程版. 2011，35（3）：471-475.

[12] 李洪斌，杨彦海. 纤维稳定剂对沥青混合料路用性能的影响分析 [J]，中外公路，2005，25（6）：113-115.

[13] 彭勇，孙立军，石永久，等. 沥青混合料劈裂强度的影响因素 [J]. 吉林大学学报：工学版，2007，37（6）：1304-0307.

[14] 彭勇，孙立军，石永久，等. 沥青混合料剪切强度的影响因素 [J]. 东南大学学报：自然科学版，2007，37（2）：330-333.

[15] 朱洪洲，黄晓明. 沥青混合料高温稳定性影响因素分析 [J]. 公路交通科技，2004，21（4）：1-3.

[16] 朱梦良，赵静. 材料参数对沥青混合料高温稳定性的影响 [J]. 长沙理工大学学报，2007，4（1）：18-23.

[17] 朱福，战高峰. 沥青混合料耐久性分析 [J]. 吉林建筑工程学院学报，2010，27（3）：25-28.

[18] 王哲人. 沥青路面工程 [M]. 北京：人民交通出版社，2005.

[19] 单志峰. 国内外钢渣处理技术与综合利用技术的发展分析. 工业安全与防尘，2000（2）：27-32.

[20] Gondal M，Hussain T，Yamani Z，etal. Study of hazardous metals in iron slag waste using laser induced break down spectroscopy [J]. Journal of Environmental Science and Health PartA，2007，42（6）：767-775.

[21] 温金保，钢渣的机械力化学效应研究 [D]. 南京：南京工业大学，2003.4.

[22] 陈锋锋，黄晓明. 集料有效密度的研究 [J]. 中外公路，2002（2）：1.

[23] 宋坚民. 钢渣沥青混合料探讨 [J]，中国市政工程，2001.

[24] 施惠生，郭蕾. 钢渣对硅酸盐水泥水化硬化的影响研究 [J]. 水泥技术，2004（2）：21-24.

[25] 王力野. 钢渣沥青混合料的马歇尔试验研究 [D]. 沈阳：沈阳建筑大学，2011.

[26] 薛永杰. 钢渣沥青玛蹄脂混合料制备与性能研究 [D]. 武汉：武汉理工大学，2005.

[27] Brosseaud Y，Bellanger J，Gourdon J，Thinner and Thinner Asphalt Layers for the Maintenance of French Roads. Transportation Research Record TRR1334，1992.

[28] Marco Pasetto，Nicola Baldo. Experimental evaluation of high performance base course and road base asphalt concrete with electricarc furnace steel slags [J]. Journal of Hazardous Materials，2010，181：938-948.

[29] Stock A，Ibberson CM，Taylor I，etal. Skidding characteristics of pavement surfaces in corporating steel slag aggregates [J]. Transportation Research Record：Journal of the Transportation Research Board，1996，1545（1）：35-40.

［30］Ali L，Fiaz A. Use of Fly Ash Along with Blast Furnace Slag as Partial Replacement of Fine Aggregate and Mineral Filler in Asphalt Mix at High Temperature ［C］. ASCE. 2009.

［31］Airey GD，Collop AC，Thom NH，etal. Mechanical performance of asphalt mixtures incorporating slag and glass secondary aggregates ［C］. 2004.

［32］Shen DH，Wu CM，Du JC，etal. Laboratory investigation of basic oxygen furnace slag for substitution of aggregate in porous asphalt mixture ［J］. Construction and Building Materials，2009，23（1）：453-461.

［33］Perviz Ahmedzade，Burak Sengoz. Evaluation of steel slag coarse aggregate in hot mix asphalt concrete ［J］. Journal of Hazardous Materials，2009，165：300-305.

［34］Long-ShengHuang，Deng-FongLin，Huan-LinLuo，Ping-ChuangLin. Effect of field compaction mode on asphalt mixture concrete with basic oxygen furnace slag ［J］. Construction and Building Materials，2012，34：16-27.

［35］Noureldin AS，Mc DANIELRS. Performance Evaluation of Steel Furnace Slag-Natural Sand Asphalt Surface Mixtures ［C］. 2000.

［36］Kandhal PS，Mallick RB. Effect of mix gradation on rutting potential of dense-graded asphalt mixtures ［J］. Transportation Research Record，2001，（Compendex）：146-151.

［37］Rustu S，Kalyoneu. Iron and steel slag . U. S. Geological Survey，Mineral Commodity Summaries，January2003，92-93.

［38］Shaopeng Wu，Yongjie Xue，Qunshan Ye，Yongchun Chen. Utilization of steel slag as aggregates for stone masticasphalt（SMA）mixtures ［J］. Building and Environment，2007，42：2580-2585.

［39］陈南，薛明．钢渣与沥青黏附性的评价 ［J］．粉煤灰，2008（5）：12-14.

［40］Yongjie Xue，Shaopeng Wu，Haobo Hou，Jin Zha. Experimental Investigation of basic oxygen furnace slag used as aggregate in asphalt mixture ［J］. Journal of Hazardous Materials，2006，B138：261-268

［41］章照宏，刘代雄，朱国军，等．沥青混凝土用钢渣集料预处理方法研究 ［J］．公路交通科技，2014（3）：103-105.

［42］张春刚，吴少鹏，昌凯．钢渣沥青混凝土中重金属离子浸出实验研究 ［J］．建材世界，2012，6（33）：48-51.

［43］李灿华，刘思，陈琳，等．武钢钢渣用作 AC-10I 型细粒沥青砼集料的研究 ［J］．武钢技术，2011（3）：34-36.

文章来源：《矿产综合利用》第 2 期，2016 年 4 月。

液态渣气淬技术研究进展

刘　超[1]，张玉柱[1,2]，邢宏伟[2]，赵　凯[2]，张遵乾[2]

（1. 东北大学冶金学院，辽宁沈阳，110819；

2. 华北理工大学冶金与能源学院，河北唐山，063009）

摘　要　目前液态渣的处理工艺基本没有将高炉渣的余热进行回收利用，同时消耗大量水资源和污染大气环境。液态渣气淬技术不仅能够有效回收高炉熔渣显热，而且使高炉渣得到高附加值利用。液态渣气淬技术在国内外均有研究，本文对液态渣气体射流理论、液态渣气淬技术的破碎机理和液态渣气淬效果的主要影响因素进行了说明，并介绍了目前液态渣气淬技术的应用情况和优缺点，液态渣气淬技术的应用能够实现节能减排和固体废弃物综合利用，具有重要现实意义。

关键词　气淬技术；余热回收；节能减排

Abstract　At present，the treatment process of liquid slag basically does not recycle the waste heat of blast furnace slag，while consuming a large amount of water resources and polluting the atmospheric environment. Liquid slag gas quenching technology can not only effectively recover the sensible heat of blast furnace slag，but also make blast furnace slag get high value-added utilization. The technology of liquid slag gas quenching has been studied both at home and abroad，this paper describes main influence factors of the theory of liquid slag gas jet，crushing mechanism of gas quenching technology of liquid slag and liquid slag gas quenching effect of liquid slag，and introduces the application and the advantages and disadvantages of liquid slag gas quenching technology，the application of liquid slag gas quenching technology can realize energy-saving and emission-reduction and solid waste comprehensive utilization，which has important practical significance.

Keywords　gas quenching technology ；waste heat recovery ；energy-saving and emission-reduction

目前，国内外对液态渣气淬技术具有在日本、德国、瑞典、韩国等国家均有研究，其中日本新日铁、川崎制铁、住友金属等公司联合进行了高炉渣风淬粒化试验。其核心装置是风洞，基本粒化过程是熔渣在风洞内被告诉空气流吹散、迅速粒化，渣粒与风洞内布置的分散板及风洞内壁碰撞下落，与下部冷却空气热交换后，排出风洞。该方法处理能力大，且处理后的渣可作水泥原料，但目前存在设备体积庞大、用风量大、能耗高等缺陷。

国内目前针对液态渣气淬技术的研究主要集中在钢渣气淬方面。液态钢渣的气淬及余热回收主要指液态渣气淬技术即熔渣从渣沟流出在高速高压的空气射流作用下被破碎成颗粒，并在气流的输送下进入一个换热器，在换热器四周的水冷壁和底部的移动床吸收高温熔渣颗粒的辐射热量，同时气流也带走颗粒的一部分热量，达到换热的目的[1-2]。

1　气体射流理论

液态渣气淬是指在高压气流强大的冲击力和冷却作用下，通过剪切等作用将熔体破碎，同时熔渣与高压气体换热，最终达到熔渣粒化和余热回收的目的。液态渣气淬的关键在于喷头能提供持续的的高压气流，并具有合理的气体流场分布规律，液态渣气淬会受到气体射流、气体流量、喷头结构、液态渣物理特性等诸多因素的影响。

射流是指流体经由喷嘴流出到一个足够大的空间后，不在受边界限制而继续扩散流动的一种流动。射流就其机理而言，主要分为限制射流、半限制射流和自由射流。沿固体表面运动的射流称为半限制射流；具有径向、轴向和切向速度的射流称为限制射流也就是旋转射流；当流体自喷嘴流入无限大的空间中时称为自由射流[3-5]。

1.1 半限制射流

半限制射流是指沿固体表面运动的射流，图 1 所示为沿壁面的射流，因此也称这种射流为贴壁射流。贴壁射流的结构可分为三部分：在紧贴壁的表面上有一层很薄的层流底层Ⅰ，其运动受流体黏性的制约；在层流底层以外为湍流贴壁层Ⅱ，此层的边界可认为是在射流各截面上速度最大 v 处；在层流底层及湍流贴壁层Ⅱ之外则为自由湍流层。因此，贴壁射流的特点是，以沿射流各截面最大速度 v 处为分界线，此线以下的贴壁流动，即Ⅰ层和Ⅱ层，可作为湍流边界层考虑，自由湍流层Ⅲ则可作为湍流自由射流考虑。

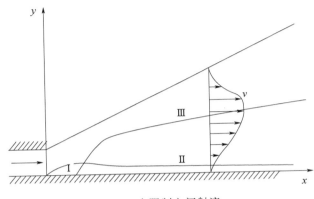

图 1 半限制空间射流

1.2 旋转射流

旋转射流是一种轴对称射流，同时具有轴向、径向和切向速度。其中 x 表示轴向距离，d 为出口直径，R 为出口半径，r 为射流径向尺寸。

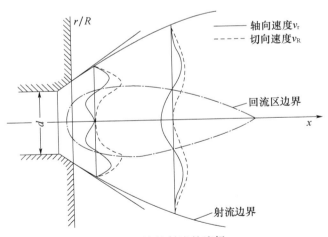

图 2 旋转射流的流场

1.3 自由射流

在喷嘴出口截面和转折截面之间的射流区域称为射流初始段。在初始段，射流中心速度等于初始速度，具有初始速度 v_0 的区域为射流核心区。转折截面后的射流区域称为射流的主段或基本段，在主段，射流中心线速度沿 x 轴方向不断降低。射流的主段完全为射流边界层所占据。射流的速度基本分布规律是距离出口越远，速度越小，射流宽度越大，而在射流主段中一切截面上的速度分布规律是相似的，可用于雷诺数无关的普遍无量纲速度分布来表示，这种特性称为自由射流的自模性。

气淬液态渣粒化过程中高压气体经喷嘴喷出后的射流属于自由射流的范畴，在射流的过程中，高压气体与液态渣流发生碰撞，进行动量的交换，把自己的一部分动量传递给液态渣，带动渣向前运动，这样液态渣流面积逐渐扩大，变成渣滴，被引射的渣滴量逐渐增多。这种动量交换过程可以看作是非弹性体的自由碰撞，即气体将动量传递给渣滴，渣滴获得动量开始运动。

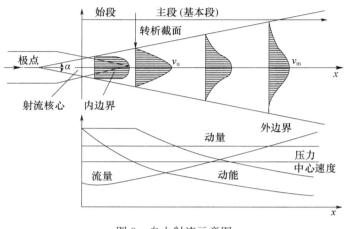

图3　自由射流示意图

2　气体射流破碎机理

液态渣粒化的关键是热态可流化的钢渣被氮气气流破碎成细小颗粒，同时根据不同条件的控制达到破碎液态钢渣所要求的可控粒度。由于气体射流破碎液态渣流属于两相流相互作用，非紊高压气流瞬间作用到液态渣流表面，将液态渣流破碎成细小颗粒的过程是相当复杂的过程。由图4可知其具体过程可大致分为以下几步：液态渣流受到气流波的振动，在液态表面产生细小扰动而形成波动；在扰动中产生剪切力，使波形碎裂同时形成条带；在气流冲刷下将条带破碎成液滴；对原始液流和薄的碎片进一步产生粉碎作用，使其分散成细的液体颗粒；颗粒的碰撞和聚合，并且最终冷却凝固成颗粒。

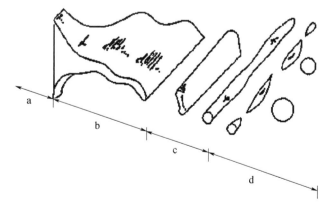

图4　液态渣粒化过程示意图

液态渣滴在高速氮气流作用下能否继续粒化，取决于 We 数，表达式如下所示：

$$We = \frac{\rho v^2 R}{\sigma}$$

式中：v—气液相对速度；ρ—气体密度；R—射流直径；σ—液体表面张力。

根据冷涛田等人的研究[6]，当 We 大于某一临界值时，渣滴将继续被粒化。随着径向距离的增大，射流速度会逐渐减小，当渣滴进入低射流区域时，液态渣滴往往会被吹成薄壁泡，这些薄壁泡最终会被破碎，泡的边缘部分，由于受到便面张力的作用，最终也会被破碎，形成小的钢渣颗粒。

3　液态渣气淬效果的主要影响因素

由于气体射流破碎液态渣流属于两相流相互作用，非紊高压气流瞬间作用到液态渣流表面，将液态渣流破碎成细小颗粒的过程是相当复杂的过程，此过程很难建立精确的数学模型来解释破碎现象。我们可以简单的把射流粒化机理描述为：利用高速气流来冲击熔融液渣，将其击碎、粒化、实现快速凝固。粒化过程的影响因素很多，喷嘴是控制粒化介质的流动和流型的关键，它能有效地粉碎液体渣流和生产具有所需要性能的颗粒。气体的流量能够为射流提供持续的动能，保证渣粒的理化效果。

影响理化效果的因素有很多，主要的影响因素有以下几种：拉瓦尔喷嘴的直径、气体射流的流量、气体射流的压力、液态渣的温度、液态渣的黏度和过热度等[7-10]。

3.1　喷嘴直径的影响

液态渣气淬粒化工艺的核心部分在于拉瓦尔喷嘴提供的高压气流对液态渣的持续喷吹，喷嘴提供的气体流量、气体压力以及气体射流的流场分布等情况将最终决定液态渣的粒化效果，而这几种参数在很大程度上是由拉瓦尔喷嘴的直径决定的，因此，拉瓦尔喷嘴的直径的设置对液态渣的气淬粒化起着至关重要的作用。首先，液态钢渣的粒化主要是靠拉瓦尔喷嘴核心段的气体射流对其粒化，原则上讲射流核心段的长度越长，粒化效果越好，而拉瓦尔喷嘴的直径对射流核心段的长度有着较大影响，根据吴凤林等人的研究，射流核心段的长度与喷嘴直径的关系式为：

$$\frac{L}{D} = 19.33 Ma - 17.348\ Ma^2 + 6.55\ Ma^3$$

在压力一定的条件下，喷嘴的直径越大，气体流量越大。如果喷嘴直径较小，射流流量也会变小，较小的射流流量不能将钢渣很好的粒化，甚至会出现粒化后再次粘连的现象。总之，在设置拉瓦尔喷嘴直径时，要从其对射流核心段长度和气体射流流量的两方面甚至其他方面的影响综合考虑，选择合适的喷嘴直径。

3.2　气体压力对粒化效果的影响

由能量守恒定律可知，液态钢渣粒化阶段所需的能量来自高压氮气流的动能，因此，在喷嘴直径、钢渣流量等一定的条件下，射流冲击力越大即动能越大，对液态钢渣的冲击也就越大，钢渣的粒化效果也就越好。根据气体动力学原理，喷嘴出口处的气体速度可用下面公式计算：

$$V = \sqrt{\frac{2gKRT_0\left[1 - \left(\frac{p_1}{p_2}\right)^{\frac{k-1}{k}}\right]}{k-1}} \quad (gR = 287.1\text{m}^2 /\ (\text{s}^2/\text{K}))$$

气体流速随压力变化呈非线性变化。但在压力升高时，流速 V 随 P_2 的变化近似线性上升，但当压力 P_2 大到一定程度时，流速 V 随 P_2 的变化缓慢。这就是说，在一定的喷嘴条件下，当压力达到一定值后气体流速增加变缓，因此粒化获得的粒度分布的变化较小。在试验过程中，确定比较合适的气体压力是试验的关键性因素之一。

3.3　表面张力对粒化效果的影响

在工业热态试验中，高速气体射流冲击液态钢渣，使其碎化有一个"撕拉开—碎化—球化"的过程。在碎化的开始，液态钢渣粒往往是呈不规则、沿着飞行方向的细长形态，其飞行过程中在表面张力作用下逐渐球化。如果粒化钢渣熔滴保持液态时间较长，在表面张力作用下能进行充分的球化，则凝固后粉末颗粒的形状较为规则，表面比较光滑；否则，若粒化熔滴球化时间短，则熔滴在凝固前还来不及收缩充分球化，就会造成凝固后形成不规则形状的粉末颗粒。

3.4 过热度对粒化效果的影响

随着过热度降低，熔体黏度和表面张力会逐渐增加，因而过热度对粒化效果影响也是相对显著的。熔体黏度系数与温度的关系为：

$$\eta = A\,e^{\frac{E}{RT}}$$

随着熔体温度的升高，熔渣黏度和表面张力降低。这将有利于熔体的粒化，从而使颗粒细化。但当温度超过一定值后，粒化效果突然变差。这是因为黏度随温度的升高而减小，因而流动性变好而容易粒化，但当温度超过一定值后，粒化后的小液滴由于不能及时凝固，导致粒化效果变差。

3.5 黏度对粒化效果的影响

黏度是流体一个重要属性，它是流体温度和压强的函数。在工程常用的温度和压强范围内，温度对流体的黏度影响较大，黏度往往依温度而定，压强对黏度的影响不大，特别是液体。钢渣为液态流体，它的黏度会随温度的升高而降低，所以在粒化初期钢渣的黏度值较小，随着渣粒被冷却，黏度会逐渐增大，直至凝固。液态钢渣具有黏性，因此在射流喷吹的过程会使液态渣流出现中空现象，产生倒"C"型的涡，在射流与液态钢渣接触的初期可以形成一个大的涡，在射流的冲击力下，较大的涡会被分离成较小的涡，较小的涡再次被分离成更小的涡，直到射流的冲击力不能再次将小涡破碎为止。在这个过程中，液态钢渣的黏度对涡的形成及破碎起着至关重要的作用。粒化初期，钢渣温度较高，黏度会比较小，倒"C"型的涡会很容易破碎，黏度特别小时，甚至不会出现涡。随着射流的不断喷吹，一方面，液渣受到的冲击力会不断减弱，对液渣的破碎能力也会变弱；另一方面，射流在喷吹的过程中对钢渣起到冷却的作用，随着液态钢渣温度的下降，其黏度会逐步上升，同样的射流就不足以克服液渣表面的张力，也就不能继续将液渣破碎粒化。

4 液态渣气淬技术应用情况

1977 年日本三菱重工和 NKK 公司开始联合研发风碎法熔渣粒化余热回收技术。整个项目持续到 20 世纪 90 年代初，在 NKK 富山厂建造了半工业化的风碎粒化钢渣系统。如图 5 所示，熔渣从渣沟流出在高速高压的空气射流作用下被破碎成颗粒，并在气流的输送下进入一个换热器，在换热器四周的水冷壁和底部的移动床吸收高温熔渣颗粒的辐射热量，同时气流也带走颗粒的一部分热量。该装置能产生 250℃的蒸汽和约 500℃的热空气，排渣温度大约为 200℃，得到的渣粒普遍小于 3mm，处理量可达到每小时 20 吨钢渣。由水带走的热量约占总热量的 40％，空气带走的热量占 30％[11-12]。

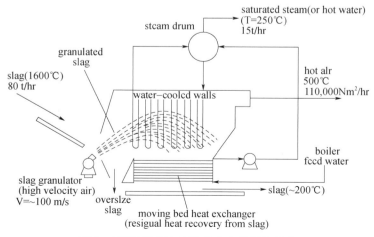

图 5　NKK 风碎法熔渣粒化余热回收技术

另一个风碎试验由日本新日铁公司在几乎相同的时间段研发。如图 6 所示，该装置应用两套风系统，首先熔渣被粒化风破碎后进入风洞，风洞中鼓入冷却循环风使渣粒冷却到 800℃并从风洞中排出。排出的粒化渣经热筛筛出大颗粒炉渣后，储存在高温漏斗内，然后在多段流动层内进行二次热交换，把粒化渣进一步冷却到 150℃左右。风淬法在粒化过程中动力消耗很大。据新日铁的概念设计所提供的数据，处理能力为 150t·h^{-1}的设备所需风量为：风淬造粒 250m3·t^{-1}，一次冷却 1200m3·t^{-1}，二次冷却 620m3·t^{-1}。如果造粒风机出口风压为 202.6kPa，计算得出风机的轴功率约为 2300kW，相应的电机功率 2530kW。那么，仅粒化消耗的电能就约为 16.87kw·h·t^{-1}，折合标煤 6.31kg（按发电煤耗 0.374kg·（kW·h）$^{-1}$计算），约占回收热量的 24.3%（按下文计算出的回收热量 26kg·t^{-1}）。此外，风淬与水淬相比冷却速度很慢，为了防止粒化渣在固结之前粘连到设备表面上，就要加大设备的尺寸。经计算这套设备的投资回报年限为 5.5 年。

风碎法可以成功制得玻璃相含量很高的渣粒，但其破碎熔渣的能量消耗极大。同时这部分空气带走熔渣的一部分热量，而且由于空气流量较大，使得最终的热空气温度较低，难以进行进一步利用。除此之外，风碎法所需要的设备庞大，操作复杂，投资回报年限较长。这些因素都限制了风碎法的进一步推广。目前仅有包括成都钢铁集团在内的少数几家钢铁厂引进了风碎技术。成钢在日本原有的风碎技术上做了改进，风碎后的渣粒落入水池中快速冷却，这在本质上没有达到干式处理的目的。

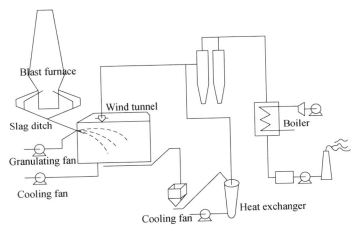

图 6 新日铁的高炉渣风淬处理工艺

风淬法在粒化过程中动力消耗很大。据新日铁的概念设计所提供的数据，处理能力为 150t·h^{-1}的设备所需风量为：风淬造粒 250m3·t^{-1}，一次冷却 1200m3·t^{-1}，二次冷却 620m3·t^{-1}。如果造粒风机出口风压为 202.6kPa，粗略得出风机的轴功率约为 2300kW，相应的电机功率 2530kW。那么，仅粒化消耗的电能就约为 16.87kWh·t^{-1}，折合标煤 6.31kg（按发电煤耗 0.374kg·（kWh）$^{-1}$计算），约占回收热量的 24.3%（按下文计算出的回收热量 26kg·t^{-1}）。此外，风淬与水淬相比冷却速度很慢，为了防止粒化渣在固结之前粘连到设备表面上，就要加大设备的尺寸。例如，日本新日铁风淬法的风洞——粒化渣固结和飞翔换热的热交换器，设备体积庞大、结构复杂，制造、安装困难，造价相应也高。其次，风淬法得到的粒化渣的颗粒直径分布范围较宽，不利于后续处理。

钢铁研究总院 2004 年就已开始研究高炉渣急冷干式粒化技术，对离心粒化与风淬相结合的工艺也进行过相关的实验：以离心力保证粒化渣的粒度分布，风淬主要保证其降温速率以控制玻璃体含量并辅助调节粒度分布。结果证明该方法具有粒化效率高，动力消耗低的优点。实验参数如下：熔渣流量 2.5～3.0kg·min^{-1}；转碟转速为 1500～2500rpm；粒化耗电约 0.015kWh·kg^{-1}；空气流量 3.6～4.5m3·kg^{-1}；空气耗电约 0.5kWh·kg^{-1}；粒化渣粒度分布（<3mm）约 68%～85%；玻璃化率约 91%。因为实验规模小、选用的电机和空压机的能力又大，所以耗电量偏高。尽管如此，仍可看出用于炉渣粒化的电耗较小，且粒化效果较好。

表1为液态渣粒化余热回收技术主要参数汇总，各种方法有其优缺点，仍没有一种干式余热回收方法应用于生产实际中，有关理论和实验室成果的技术转化仍在缓慢的进行中。总结上述各种干式余热回收方法，无论是对渣的物料利用还是能量回收，粒化都是必不可少的手段，粒化结果直径影响渣粒的最终品质和余热回收率。近年来也有学者把粒化高炉渣用作吸热反应的热源，将高炉渣余热回收储存为化学能。然而化学余热回收法尚处于起步阶段，前景尚不明朗。因此一般来说，针对离心粒化之后余热回收的主要的设计思路仍是用空气或水作为媒介与渣粒发生换热得到高温气体或高压蒸汽，再用它们来进行发电或作其他用途。

表 1　液态渣粒化余热回收技术主要参数汇总

研发者	粒化方法	对象	粒径/mm	热回收方法	热回收率
Merotec 公司	颗粒碰撞法	高炉渣	约 3	硫化床	65%
NKK 公司	双转鼓法	高炉渣	—	水冷壁	40%
三菱重工	风碎法	钢渣	约 3	水冷壁	41%
六大钢铁公司	风碎法	高炉渣	—	硫化床	48%

5　结论

液态渣气淬技术供水系统简化、基建投资省，成本低，而且克服了水淬时容易产生爆炸的不安全因素；风淬采用高压空气，液态钢渣粒化效果好，粒化钢渣粒径均在 5mm 以下，为钢渣应用创造了条件；风淬钢渣过程中，由于钢渣快速冷却，钢渣内 C_2S 仍然保留为 β 型，因此风淬后的钢渣一般不会粉化，质量稳定。

风淬工艺的要求是渣必须是液态，为了控制渣的流量，渣必须通过中间罐，因此风淬处理率一般不超过 50%；风淬采用高压空气，由喷嘴喷出后会产生强烈的释放，因此风淬车间噪音很大；落入水池的渣粒为半熔融状态，显热无法回收，同时产生大量水蒸气，对车间设备造成严重腐蚀。

参考文献

[1] 于明志，常浩，胡爱娟，等．高炉熔渣喷射粒化方法及模拟试验研究 [J]．应用基础与工程科学学报，2015 (4)：836-841.

[2] 常浩．高炉熔渣喷射粒化模拟实验及凝固放热分析 [D]．山东建筑大学，2014.

[3] 刘军祥，于庆波，李朋，等．高炉渣干法粒化试验研究 [J]．钢铁，2010，45 (2)：95-98.

[4] 杜滨，罗光亮，姜荣泉．熔渣干法粒化及余热回收技术进展 [C] // 全国干燥技术交流会．2013：3-13.

[5] 张挥．熔渣离心—气淬粒化流化床余热回收装置研制及实验 [D]．重庆大学，2014.

[6] 冷涛田．粉体流动与传热特性的离散单元模拟研究 [D]．大连理工大学，2009.

[7] 岑永权．液态高炉渣干式粒化热回收新工艺 [J]．冶金能源，1986 (3)：63-64.

[8] 杨志远．高炉渣干法离心粒化理论与实验研究 [D]．青岛理工大学，2010.

[9] 严定鎏，郭培民，齐渊洪．高炉渣干法粒化技术的分析 [J]．钢铁研究学报，2008，20 (6)：11-13.

[10] 夏红，刘治平．高炉渣粒化的新方法 [J]．炼铁，1988 (5)：58.

[11] 曲余玲，毛艳丽，张东丽，等．国内外转杯法高炉渣粒化工艺研究进展 [J]．冶金能源，2011，30 (4)：19-23.

[12] 杜滨，张衍国．转盘离心粒化液态高炉渣实验研究 [J]．冶金能源，2013，32 (4)：29-32

立磨粉磨镍铁渣粉用作混凝土掺合料的性能研究

宋留庆[1]，王　峰[2]，聂文海[1]，柴星腾[1]，朱　锋[1]

（1. 中材装备集团有限公司，天津北辰，300400；
2. 山东炜烨新型建材有限公司，山东沾化，371624）

摘　要　以工业立磨生产的镍铁渣粉产品为研究对象，对其基本性能进行检测，分别以 30％和 40％等质量替代水泥，研究其用作矿物掺合料对混凝土力学性能、工作性能和耐久性等性能的影响，并与 S95 级矿粉和Ⅱ级粉煤灰进行比较。研究结果表明，掺入镍铁渣粉的混凝土力学性能和坍落度较矿粉和粉煤灰混凝土略差，凝结时间与矿粉比较接近，但比Ⅱ级粉煤灰混凝土凝结时间短，在适当掺量时，镍铁渣粉混凝土的抗冻性和抗碳化性与矿粉和Ⅱ级粉煤灰相当。因此，镍铁渣粉可作为混凝土矿物掺合料使用。

关键词　镍铁渣粉；矿物掺合料；放射性；强度；耐久性

Abstract　Take industrial vertical mill production of nickel and iron slag powder products as the research object，testing their basic performance，with 30％ and 40％ replace same quality cement respectively and study its used as mineral admixtures on concrete such as the influence of mechanics performance，the working performance and durability performance，and comparing with grade S95 Slag and class Ⅱ fly ash. Research results show that，nickel iron slag powder will decrease concrete mechanical properties and slump than slag and fly ash slightly，the setting time is close to slag，but is shorter than class Ⅱ fly ash，in the appropriate dosage，frost resistance and carbonation resistance of concrete used nickel iron is fairly with slag powder with slag and class Ⅱ fly ash. Therefore，nickel iron slag powder can be used as mineral admixture in concrete.

Keywords　nickel iron slag powder；mineral admixtures；radioactive；mechanical properties；durability

1　引言

2013 年，有色行业冶炼废渣产生量 1.28 亿吨，综合利用量 2240 万吨，综合利用率仅为 17.5％[1]。镍铁渣是镍铁合金冶炼过程中产生的一种固体废渣，经水淬处理形成粒化炉渣，镍铁渣的大量堆存不仅占用土地，而且造成巨大的有价金属资源浪费，给环境带来了严重的污染和危害。镍铁渣的利用率非常低，国外少量渣直接用于生产混凝土[2]、高铝水泥[3]。由于不能确保有毒 Cr 成分不再迁移[4]，因此这些处理方式并不符合环保要求。且镍铁渣中仍含 Ni，Cr，Fe，作为废弃物处理会造成资源损失。镍铁渣-矿渣复合微粉的活性随着矿粉含量的增加而变强[5]，可显著改善混凝土的抗氯离子渗透性能和 28d 后的强度。镍铁渣利用率低主要与镍铁渣自身特性有关，但也与镍铁渣作为辅助胶凝材料应用的研究较少有关。因此，本研究采用工业生产的镍铁渣粉产品研究其用作矿物掺合料对混凝土力学性能、工作性能和部分耐久性等性能的影响，并与 S95 级矿粉和Ⅱ级粉煤灰进行比较。

2　试验材料及其制备方法

2.1　试验材料

2.1.1　镍铁渣粉

山东炜烨集团使用电炉冶炼镍铁合金，融化状态镍铁渣经水淬处理形成细小颗粒，使用立磨粉磨系统制备成镍铁渣粉，经过压蒸法检测镍铁渣粉安定性合格，GB 6566－2010《建筑材料放射性核素限量》要求放射性比活度同时满足内照射指数 $I_{Ra} \leqslant 1.0$ 和外照射指数 $I_r \leqslant 1.0$，由表 1 可见，镍铁渣放射性检测结果合格。

表 1　镍铁渣放射性检测结果

^{226}（Ra，Bq/kg）	^{23}Th（Bq/kg）	^{40}K（Bq/kg）	内照射指数 I_{Ra}	外照射指数 I_r
9.4	11.8	118.4	0.0（＋）	0.1

2.1.2　其他材料

（1）减水剂——萘系减水剂，固含量 35％。

（2）S95 级矿粉和 II 级粉煤灰——河北唐山。

（3）水泥——P.O42.5 水泥，安定性合格。

（4）细骨料——中砂，细度模数 2.8，含泥量 1.6％。

（5）粗骨料——碎卵石，5～20mm 连续级配。

2.2　试验方法

2.2.1　镍铁渣粉性能检测

（1）密度：按照 GB/T 208—1994《水泥密度测定方法》。

（2）比表面积：按照 GB/T 8074—2008《水泥比表面积测定方法（勃氏法）》。

（3）筛余：按照 GB/T 1345—2005《水泥细度检验方法　筛析法》中水筛法。

2.2.2　混凝土性能检测

（1）强度：按照 GB/T 50081—2002《普通混凝土力学性能试验方法标准》。

（2）凝结时间：按照 GB/T 50080—2016《普通混凝土拌合物性能试验方法标准》。

（3）抗冻性和抗碳化性：按照 GB/T 50082—2009《普通混凝土长期耐久性能和耐久性能试验方法标准》。

3　试验结果与分析

3.1　镍铁渣的化学组成和基本物理性能

表 2　镍铁渣的化学组成（％）

项目	Loss	SiO_2	Al_2O_3	Fe_2O_3	CaO	MgO	SO_3	Na_2O	K_2O	S	Cl
镍铁渣	0.63	42.40	7.75	11.98	8.79	26.11	0.22	0.45	0.46	0.22	0.005

由表 2 可见，镍铁渣中 SiO_2，MgO，Fe_2O_3 含量均较高，而 CaO 含量很低。

表 3　镍铁渣粉的物理性能

物料种类	真密度	比表面积	$R_{45\mu m}$
镍铁渣粉	2.94g/cm³	4450cm²/g	1.5％

3.2　混凝土强度与工作性能

试验中混凝土矿物掺合料掺量分别为 30％ 和 40％，将镍铁渣粉与 S95 级矿粉和 II 级粉煤灰进行验证对比。混凝土配合比设计按 JGJ 55—2000《普通混凝土配合比设计规程》进行，混凝土配合比与试验结果见表 4、表 5 和图 1。

表 4 矿物掺合料掺量为 30% 的混凝土配合比

样品	掺合料品种	材料用量（kg）						坍落度
		水泥	掺合料 30%	水	砂子	石子（mm）		（70～100mm）
						10～20	5～10	外加剂	

样品	掺合料品种	水泥	掺合料 30%	水	砂子	10～20	5～10	外加剂	（70～100mm）
0 号	空白	370	0	175	829	659	355	3.78	75
1 号	镍铁渣粉	259	111	175	829	659	355	3.00	80
2 号	矿粉	259	111	175	829	659	355	3.50	85
3 号	粉煤灰	259	111	175	829	659	355	2.25	90

表 5 矿物掺合料掺量为 40% 的混凝土配合比

样品	掺合料品种	水泥	掺合料 40%	水	砂子	10～20	5～10	外加剂	（70～100mm）
0 号	空白	370	0	175	829	659	355	3.78	75
4 号	镍铁渣粉	222	148	175	829	659	355	3.00	80
5 号	矿粉	222	148	175	829	659	355	3.50	95
6 号	粉煤灰	222	148	175	829	659	355	2.25	100

由表 4 及表 5 可见，三种矿物掺合料均能不同程度地改善混凝土的坍落度性能，但镍铁渣粉的效果最差，其次是矿粉，粉煤灰效果最好，这主要是由于粉煤灰含有较多球状玻化微珠，具有较好的形态效应。

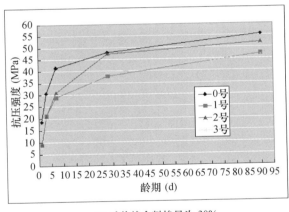 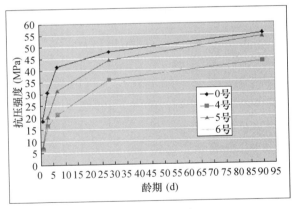

(1) 矿物掺合料掺量为 30%   (2) 矿物掺合料掺量为 40%

图 1 不同矿物掺合料混凝土强度比较

由上图可见，混凝土中镍铁渣粉掺量较低（30%）时，混凝土早期强度（1～7d）与同掺量矿粉的混凝土接近，但因后期（28～90d）强度增长较缓慢逐渐落后于矿粉混凝土，与同掺量粉煤灰接近；镍铁渣粉掺量增至 40% 时，混凝土早期强度大幅降低，掺加镍铁渣粉的混凝土早期仅与同掺量的粉煤灰混凝土强度接近，但在后期又低于粉煤灰混凝土。

3.3 混凝土凝结时间

凝结时间试验的混凝土配合比同强度试验的相同，掺不同矿物掺合料混凝土凝结时间结果如图 2 所示。

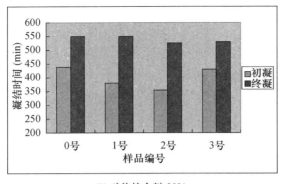 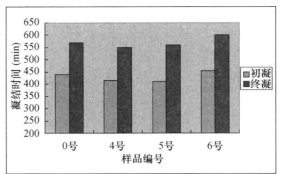

（1）矿物掺合料 30%　　　　　　　　　　　　（2）矿物掺合料 40%

图 2　掺入不同矿物掺合料的混凝土凝结时间

由图可见，混凝土中掺加 30%镍铁渣粉后，混凝土凝结时间比同掺量矿粉混凝土长，但较掺粉煤灰短；混凝土中镍铁渣粉增至 40%时，其凝结时间与同掺量矿粉混凝土相近，远短于粉煤灰。

3.4　混凝土耐久性能

耐久性是混凝土抵抗环境外部因素和材料内部原因造成的侵蚀和破坏而维持原有性能的能力，并保证混凝土构筑物使用安全、延长服役寿命、节约维护成本、改善环境条件。表 6 为镍铁渣粉与矿粉/粉煤灰混凝土抗冻性和抗碳化性的比较。

表 6　不同矿物掺合料混凝土抗冻性和抗碳化性比较

矿物掺合料	掺量	抗冻性（200 次）		28d 碳化深度（mm）
		质量损失（%）	相对动弹性模量（%）	
—	0	0.5	95	1.0
镍铁渣粉		0.8	95	1.3
矿粉	30%	0.1	95	1.3
粉煤灰		0.3	94	1.3
镍铁渣粉		1.5	88	1.5
矿粉	40%	0.1	96	1.2
粉煤灰		0.6	98	2.0

注：GB/T 50082—2009《普通混凝土长期耐久性能和耐久性能试验方法标准》中规定，混凝土抗冻性质量损失应<5%，动弹性模量>80%。

由表可见，混凝土中掺加少量镍铁渣粉（30%）时，混凝土抗冻性和抗碳化深度均与矿粉和粉煤灰相近；混凝土中镍铁渣粉掺增至 40%时，混凝土抗冻性质量损失略有增加，但仍符合《普通混凝土耐久性规程》要求，且抗碳化性能优于同掺量的粉煤灰混凝土。

镍铁渣粉用作混凝土掺合料，其力学性能、抗冻性、抗碳化能力与 II 级粉煤灰相近，且凝结时间短于后者；镍铁渣粉掺量 30%时，混凝土早期强度与同掺量矿渣粉接近。

4　结论

（1）镍铁渣的内照射指数和外照射指数均远小于国家标准相关要求，放射性符合要求。

（2）镍铁渣粉的活性与试验用 II 级粉煤灰相当，混凝土的工作性能较矿粉和 II 级粉煤灰差。

（3）掺量 30%时，镍铁渣粉混凝土抗冻性和抗碳化深度均与矿粉和粉煤灰混凝土相近；掺量增加至

40%时，镍铁渣粉混凝土抗冻性质量损失略有增加，但仍符合《普通混凝土耐久性规程》要求，且其抗碳化性能优于同掺量的粉煤灰混凝土。

参考文献

[1] 中国资源综合利用年度报告（2014）．

[2] 单昌锋，王键，郑金福，等．镍铁渣在混凝土中的应用研究［J］．硅酸盐通报，2012（5）：1263-1268．

[3] Dourdounis E，Stivanakis V，Angelopoulos G N，et al. High alumina Cement Production from FeNi-ERF Slag，Lime stone and Diasporic Bauxite［J］．Cem. Concr. Res 2004，34（6）：941-947．

[4] Kozanoglou C，Catsiki V A. Impact of Products of a Ferronickel Smelting Plant to the Marine Benthic Life［J］．Chemosphere，1997，34（12）：2673-2682．

[5] 刘畅，张雅钦，罗永斌，等．镍铁渣-矿渣复合微粉的活性及其对混凝土性能的影响［J］．粉煤灰综合利用，2014（5）：12-15．

熔融铜渣中的金属提取及尾渣制矿棉探索试验

郝以党，吴　龙，胡天麒，张艺伯，吴　桐

（中冶建筑研究总院有限公司，北京，100088）

摘　要　目前铜渣资源化利用主要采用选矿法，处理后仍有大量尾渣无法有效利用。故将铜渣视为含有铜铁金属、高氧化硅无机材料且含高热值的资源，对铜渣进行资源化处理。熔融条件下对铜渣进行还原处理回收含铜铸铁，尾渣用于制备矿棉，实现了熔融铜渣的高附加值利用。该技术处理铜渣产品附加值高、能耗低，且具备一定的市场空间，具有较好的发展前景，可进行推广应用。

关键词　铜渣；还原；铸铁；矿棉

Abstract　Currently，beneficiating method is the main treatment method for resource utilization of copper slag. But there is still a mountain of tail slag having no valuable use after treatments. In the research，the copper slag was taken as a resource containing copper and iron metal，silicon oxide inorganic materials and rich in high calorific value，and the resource utilization treatment was carried out. Under molten condition，the copper cast iron was extracted from copper slag，tailing slag was used for making mineral wool，and high added value utilization of molten copper slag became true. This treatment technique of copper slag has high added value，low energy consumption，and has a certain market prospect. The development prospect of the technique of copper slag is good，which should be extended for application.

Keywords　copper slag；reductive；cast iron；mineral wool

1　铜渣资源化利用和高附加值利用探讨

1.1　铜渣的资源概况

2013 年全球铜产量为 2085 万 t。其中我国精炼总铜产量达 625 万 t，同比增长 10.78%[1]，为世界总产量的 29.98%。我国火法炼铜生产的铜占铜总产量的 95% 以上，每生产 1t 铜的平均产渣量为 2～3t，2013 年我国铜渣产生量约 1500 万 t，我国铜渣已累计超过 5000 万 t[2]，大部分堆存渣场，既占用土地又污染环境，更是巨大的资源浪费。

铜渣的典型成分为 Fe30%～40%，SiO_2 35%～40%，$Al_2O_3 \leqslant 10\%$，$CaO \leqslant 10\%$，Cu0.5%～2.1%，不同冶炼方法其组成略有差别[3]。其主要矿物成分是铁橄榄石（Fe_2SiO_4）、磁铁矿（Fe_3O_4）及一些脉石组成的无定形玻璃体，其中铜主要以辉铜矿（Cu_2S）、金属铜、氧化铜形式存在，铁主要以硅酸盐的形式存在，钴、镍主要分布在磁性铁化合物和铁的硅酸盐中[4]。

当前资源日益紧缺，铜渣的资源化利用日益受到关注。首先，铜渣中含有铜铁等有价金属，1t 铜渣中含有铁 200kg 以上，铜 5～20kg；其次，去除铁氧化物后的铜渣中氧化硅含量可提高至 50% 以上，可以用于制备矿棉、微晶玻璃等高附加值材料；同时冶炼铜渣出渣温度约为 1200℃，1t 渣约含 1300MJ 的热量，相当于 43kg 标煤，富含丰富的热能资源。总结可知，铜渣可视为一种含有铜铁金属原料、高氧化硅无机材料以及富含高热值的资源，具有很高的经济开发价值。

1.2　铜渣主要处理技术及存在问题

铜渣的资源化利用技术主要包括选矿法、火法还原冶炼以及湿法浸出三种。目前选矿法的应用较为普遍，国内企业通过选矿法处理铜渣可回收得到含铜品位 15%～30% 不等的铜精矿，尾渣品位降到 0.35% 以下，铜元素的回收率达到 50% 以上[5-6]。选矿法处理铜渣能够回收获得一定的铜精矿返回铜冶炼流程利用，磁选所得铁精矿品位低，主要以低廉的价格作为铁校质剂流入水泥行业，大部分的尾渣无法有价利用，整体资源化利用水平低。

火法还原冶炼处理铜渣主要是通过添加焦炭或者煤对铜渣中铜、铁等有价元素进行还原回收。火法还原处理工艺主要包括适用电炉等设备的熔融还原[7-8]，和适用转底炉[9]、车底炉[10]的半熔融态直接还原加破碎磁选两种类型的工艺。采用上述工艺，铜铁金属可得到很高程度的回收，但由于高温处理能耗高、工艺设备复杂，存在运行成本高的问题，因此未进行大规模的工业化应用。

湿法冶金方法处理铜渣主要包括添加酸碱类浸出剂的直接浸出工艺，采用硫酸化、氯化等方法的间接浸出工艺，以及使用细菌处理的生物冶金工艺[2]。虽然湿法处理能够在常温条件下实现多种金属元素的有价回收，但是流程中涉及大量的酸碱废水，存在潜在的二次污染问题，环保成本高，因此也没有得到大规模的工业应用。

1.3　铜渣高附加值利用途径分析

铜渣中铁氧化物和氧化硅含量均在 30%～40%，两者总量约为铜渣的 80%。熔渣余热的回收在工业生产应用上还没有突破，铜渣余热仍无法回收利用，但可考虑在熔融态条件下制备产品，实现余热的转化，节省产品制备过程的能源成本。

本研究将全面利用熔融铜渣物质特性，熔融态下进行铜铁金属的回收，并制备高氧化硅无机材料，探索充分利用铜渣成分及余热的有效途径。铜铁元素的回收可采用电炉等常规设备进行处理获得含铜铸铁，尾渣可考虑直接制备矿棉，以高效利用渣中大量的氧化硅物质。同时，利用了熔融铜渣附带的高热量，实现铜渣资源的全部利用，高产品收益有望满足电炉等高温冶炼处理设备的运行成本。

2　熔融铜渣金属提取试验

2.1　试验原理

铜渣中金属元素的提取，主要通过加入焦炭等含碳还原剂对铜渣中的铜、铁元素进行还原以获得铜、铁金属。铜渣中铁元素主要以 Fe_2SiO_4，Fe_3O_4 等铁氧化物形式存在，铜主要以铜氧化物等形式存在。还原的过程中，铜、铁元素的氧化物被还原成含铜铸铁，但铜渣中还有少量的其他金属氧化物，冶炼过程中可能发生的主要化学反应见表1。

表1　铜渣还原过程涉及反应吉布斯自由能变[11-13]和临界转变温度

编号	反应式	$\Delta_r G = \Delta H - \Delta S \cdot T$		临界转变温度 T_e(K)
		ΔH(J/mol)	ΔS(J·K/mol)	
(1)	$1/3Al_2O_3(s)+C(s)=2/3Al(s)+CO(g)$	443866.66	190.17	2334.05
(2)	$CaO(s)+C(s)=Ca(s)+CO(g)$	525750	194.34	2705.31
(3)	$1/2SiO_2(s)+C(s)=1/2Si(s)+CO(g)$	339150	173.635	1953.24
(4)	$CoO(s)+C(s)=Co(s)+CO(g)$	131200	164.43	797.91
(5)	$FeO(s)+C(s)=Fe(s)+CO(g)$	149600	150.36	994.94
(6)	$1/4Fe_3O_4+C(s)=3/4Fe(s)+CO(g)$	161380	162.615	992.40
(7)	$Fe_3O_4(s)+C(s)=3Fe(s)+CO(g)$	196720	199.88	984.19
(8)	$1/2Fe_2SiO_4(s)+C(s)=Fe(s)+1/2SiO_2(s)+CO(g)$	167700	160.905	1048.12
(9)	$CuO+C(s)=Cu(s)+CO(g)$	37860	171.12	221.25

编号	反应式	$\Delta_r G = \Delta H - \Delta S \cdot T$		临界转变温度 T_e(K)
		ΔH(J/mol)	ΔS(J·K/mol)	
(10)	$Cu_2O + C(s) = 2Cu(s) + CO(g)$	80690	212.38	379.93
(11)	$CuS + C(s) = Cu(s) + CS(g)$	169660	118.66	1429.80
(12)	$NiO(s) + C(s) = Ni(s) + CO(g)$	121397	171.97	705.92

在标准态条件下，当各反应的 $\Delta_r G = 0$ 时，各反应的临界温度见表1。反应温度高于临界温度则满足反应进行条件，温度低于反应临界温度时，反应无法进行。由表1得出：铜、铁、镍、钴金属元素的氧化物经碳元素还原临界转变温度基本都在1000℃以下，铜渣熔点一般在1200～1300℃，在熔融态的条件下，铜、铁、镍、钴的氧化物等可经碳元素还原回收相应金属。铝、钙等氧化物还原临界转变温度基本都在2000℃以上，在冶炼过程中难以还原进入金属相。此外，若须保证熔渣具备良好的流动性，冶炼要保持一定的过热度以提供良好的动力学条件。

2.2 试验材料和装置

试验使用铜渣的主要成分见表2，使用焦炭作为还原剂。试验使用装置为30kg电极炉。

表2 铜渣主要成分（%）

SiO_2	FeO	CaO	MgO	Al_2O_3	Cu
36～42	25～30	10～15	2～5	6～10	0.6～0.9

2.3 试验结果和分析

试验所得铜渣尾渣和含铜铸铁外形如图1所示，取样进行化学分析，尾渣和含铜铸铁的主要成分见表3、表4。

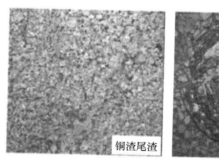
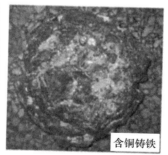

图1 试验所得铜渣尾渣和含铜铸铁

表3 铜渣尾渣主要成分（%）

SiO_2	FeO	CaO	MgO	Al_2O_3
49～58	4～6	13～18	3～8	7～12

表4 含铜铸铁主要成分（%）

Fe	Cu	C	Si	Mn
88～91	3.6～4.2	3.5～4.2	0.3～1.2	0.1～0.3

由试验结果可知：铜渣中金属铁元素能够被还原沉积，铁元素的回收率可达 90% 以上，铜元素几乎全部回收进入金属铁块中；回收含铜铸铁块中铁元素含量约为 90%，Cu 含量近 4%，含铜铸铁可望用于耐候钢等含铜钢种的冶炼；尾渣中 SiO_2 含量高达 50% 以上，可使用制备矿棉等高附加值产品。

3　熔融尾渣制棉试验

3.1　铜渣尾渣制矿棉分析

3.1.1　矿棉概况

矿棉根据原料成分可分为矿渣棉、岩棉、热渣棉和陶瓷纤维等，我国一般将矿渣棉和岩棉统称为矿棉。矿棉主要成分为由硅酸盐熔融物制得的棉花状短纤维，是矿渣经高温熔化由高速离心机甩出的絮状物，并加入适量的黏合剂，再经成型、干燥、固化等工序制成。矿棉中所有金属氧化物都为稳定氧化物，是理想的保温隔热材料，广泛用于工业、建筑、农业领域[14]。

3.1.2　铜渣尾渣和玄武岩成分对比

目前我国矿棉生产主要以玄武岩为主要原料，常用的玄武岩[14]和铜渣尾渣成分列于表 5，以进行对比。

表 5　岩棉生产常用玄武岩和铜渣尾渣主要成分（%）

项目	SiO_2	FeO	CaO	MgO	Al_2O_3
玄武岩	39～50	1～10	6～35	7～18	10～17
铜渣尾渣	49～59	4～6	13～18	3～8	7～12

酸度系数是制棉原料最为重要的指标。目前保温材料中，以外墙保温棉酸度系数要求最高，即不低于1.6。对比表 5 中各成分可知，尾渣中氧化硅含量较玄武岩更高，酸度系数高达 3 左右，能够满足矿棉生产标准中外墙保温材料标准要求。

3.1.3　铜渣尾渣熔体物性分析

制棉过程中，熔体的熔点和黏度是制棉的主要参数，通过熔点和黏度数据可以确定合理的制棉温度。制棉合理的熔体黏度为 1～3Pa·s[15]，即通过制棉温度的调整保证熔渣黏度在合理的范围内，才能获得理想的矿棉纤维。

试验前对铜渣尾渣的熔点和黏度进行测试，当铜渣尾渣黏度为 1～3Pa·s 时对应的温度区间为 1330～1500℃，铜渣熔点为 1200～1250℃，故在 1330～1500℃的温度条件下，铜渣处于熔化状态，黏度能够满足制棉要求。

总结可知，铜渣尾渣从成分和熔体物性上都能够满足矿棉制备要求，使用熔融铜渣提取金属后的尾渣直接进行制棉处理，可望实现尾渣的高附加值利用。

3.2　试验原料和装置

试验原料为铜渣经金属提取后的尾渣。制棉试验装置包括 3 部分，分别是感应炉化渣部分、空气压缩部分、集棉室。使用感应炉可将冷料加热至一定温度熔化，同时使用空气压缩设备为吹棉提供高压空气将液态熔渣吹成棉丝，棉丝经集棉室收集。图 2 为试验装置结构。

3.3　试验结果和分析

铜渣尾渣制备所得渣棉如图 3 所示。对该渣棉纤维进行直径观测和 DTA 测试，具体结果分别如图 4 和图 5 所示。

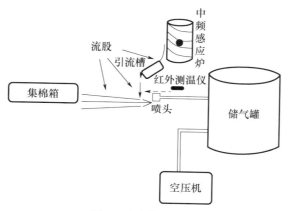

图 2　试验装置示意

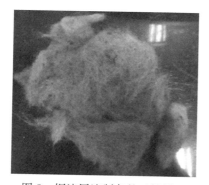

图 3　铜渣尾渣制备的矿棉样品

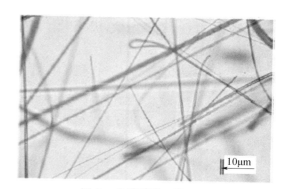

图 4　矿棉纤维显微观测

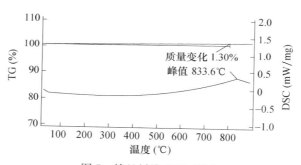

图 5　棉丝纤维 DTA 测试

由试验分析结果可知：

（1）试验制备棉丝纤维直径多为 $5\mu m$ 左右，偶有较粗直径的渣棉纤维直径可达 $10\mu m$，各试验制备的渣棉纤维直径没有明显差异，能够满足制品中纤维平均直径不大于 $7.0\mu m$ 的要求。

（2）由 DTA 测试结果可知，棉丝纤维在 $750\sim850℃$ 的高温条件下才开始出现吸热峰。此时的温度对应于纤维的玻璃化转变温度，从工程应用角度而言，玻璃化转变温度为玻璃纤维长期使用温度的上限。一般玄武岩纤维的最高使用温度在 $650℃$，可见利用铜渣制备得到的玻璃纤维，高温性能要略好于玄武岩纤维。

铜渣尾渣制备所得矿棉纤维性能可满足矿棉标准要求，具备高温防火阻燃性能，可替代玄武岩纤维在建筑和管道保温上的应用，能够实现尾渣的高附加值利用。

4　结论

使用本技术处理铜渣，对熔融铜渣进行处理可以获得含铜铸铁和矿棉两种高附加值产品，每吨铜渣经处理后可获得 200kg 以上的含铜铸铁和 700kg 以上的矿棉。熔融铜渣温度在 1200℃ 左右，热渣条件下直接处理能耗为冷渣金属提取或制棉能耗的 30%～40%，具有很高的节能价值。

我国含铜耐候钢年产量在 1000 万 t 以上，金属铜消耗量大，所制备含铜铸铁可望用于耐候钢等含铜钢种的生产。我国保温材料产量在 600 万 t 以上，其中矿棉年产量超过 200 万 t。随着建筑行业保温防火标准的提高，矿棉的市场需求将日益增大。使用熔渣尾渣制棉显著降低了矿棉原料和能耗成本，相对传统工艺具备良好的价格优势。

总结可知，该技术处理铜渣具有产品附加值高，能耗低，且具备一定的市场空间，具有较好的市场发展前景，可进行大力推广，促进铜渣的资源化利用。

参考文献

[1] 潘虹. 2013 年铜市场回顾及 2014 年展望 [J]. 有色金属工程，2013，4（1）：5-6.

[2] 周向阳. 铜渣处理技术的现状与未来研究建议 [C] // 首届铜渣综合利用技术交流会材料汇编. 贵溪：中国资源综合利用协会，2013：70-76.

[3] 张林楠，张力，王明玉，等. 铜渣的处理与资源化 [J]. 矿产综合利用，2005（5）：22-26.

[4] 赵凯，程相利，齐渊洪，等. 水淬铜渣的矿物学特征及其铁硅分离 [J]. 过程工程学报，2012，12（1）：38-43.

[5] 雷存友，吴彩斌. 铜冶炼炉渣综合利用技术的研究和探讨 [C] // 首届铜渣综合利用技术交流会材料汇编. 贵溪：中国资源综合利用协会，2013：83-88.

[6] 张海鑫. 浅谈铜冶炼渣缓冷工艺 [J]. 中国有色冶金，2013（3）：32-34.

[7] 谭春梅. 智利铜渣还原：一个废物管理项目的案例 [J]. 中国有色冶金，2011（6）：1-5.

[8] 张林楠，张力，王明玉，等. 铜渣贫化的选择性还原过程研究 [J]. 有色金属，2005，57（3）：42-46.

[9] 庞建明，郭培民，赵沛. 铜渣低温还原与晶粒长大新技术 [J]. 有色金属（冶炼部分），2013（3）：51-53.

[10] 王建春，刘荣幸，王传杰. OTS 直接还原法处理铜弃渣制成含铜还原铁的工艺试验与应用 [C] // 首届铜渣综合利用技术交流会材料汇编. 江西贵溪：中国资源综合利用协会，2013：109-113.

[11] 李磊，胡建杭，王华. 铜渣熔融还原炼铁过程反应热力学分析 [J]. 材料导报 B，2011，25（7）：114-117.

[12] 庞建明，郭培民，赵沛. 铜渣低温还原与晶粒长大新技术 [J]. 有色金属（冶炼部分），2013（3）：51-53.

[13] 梁英教，车荫昌. 无机物热力学数据手册 [M]. 沈阳：东北大学出版社，1993.

[14] 徐莉，胡志安. 矿棉生产技术发展前景探讨 [J]. 宝钢技术，2002（4）：57-59.

[15] 张耀明，李巨白，姜肇中. 玻璃纤维与矿物棉全书 [M]. 北京：化学工业出版社，2001：21-22.

文章来源：《环境工程》。

高炉渣直接纤维化调质研究

康　月[1]，张玉柱[1,2]，邢宏伟[2]，龙　跃[2]，姜茂发[1]

(1. 东北大学冶金学院，辽宁沈阳，110819；

2. 华北理工大学冶金与能源学院，河北唐山，063009)

摘　要　高炉熔渣配加低温调质剂后，粉煤灰等调质剂将不断熔化并溶解于高炉渣，从而熔渣温度降低，熔渣成分也发生改变。在此过程中将与高炉熔渣进行复杂的反应。采用了FactSage 7.1热力学模拟的方法，对粉煤灰和分析纯试剂调质高炉熔渣黏度物化性能进行研究，探究调质高炉渣流动性随粉煤灰等调质剂添加量的变化规律，实验结果表明：在一定条件下，酸度系数高利于熔渣直接制备矿渣棉；随着MgO含量升高，调质高炉渣黏度随之降低，熔化性温度先降低后升高并逐渐趋于稳定；随着Al_2O_3含量的增加，熔渣黏度和熔化性温度变化都不是很明显，造成这种现象与Al_2O_3的两性作用有关，但Al_2O_3含量过高不利于直接制备矿渣棉；通过热力学软件Factsage计算对应调质剂加入量与所需要补偿热量成正比。在调制过程中补偿相应热量有利于直接制备矿渣棉。为调质高炉渣直接成纤前的流动性控制奠定理论基础。

关键词　高炉渣；调质剂；FactSage热力学软件；黏度

Abstract　Blast furnace slag temperature is reduced and slag composition is also changed after adding low temperature conditioning agent such as fly ash which making a complex reaction with blast furnace slag. The experimental is simulated by Factsage 7.1 to investigate the change law of the fluidity of blast furnace slag with the addition of quenching and tempering agents such as fly ash. The experimental results show that under certain conditions，the slag in higher acidity coefficient is good to prepare slag fibrosis directly；With the gradually increase of MgO content，the viscosity of quenched and tempered blast furnace slag decreases，and the melting temperature decreases first，then increases；the change rule of viscosity and melting temperature of slag are not obvious with the increase of Al_2O_3 content，this phenomenon is related to the amphoteric action of Al_2O_3，but too high content of Al_2O_3 is not good to prepare slag fibrosis directly. The amount of heat required which is calculated by the thermodynamic software Factsage is proportional to the amount of addition. Compensating the corresponding heat is beneficial to the direct preparation of slag fibrosis in the process of quenching and tempering BF Slag，which lays a theoretical foundation for the fluidity control before the fiber is formed directly of the quenched and tempered blast furnace slag.

Keywords　blast furnace slag；Factsage thermodynamic software；viscosity

近年来，国内外学者逐渐意识到高炉熔渣综合利用的广阔前景，全新的高炉渣综合利用新途径对钢铁工业生产节能和矿产资源的高质高效利用具有十分重要的战略意义。高炉熔渣调质是以制备矿渣棉为最终目标，向高温熔融高炉渣中加入适量的调质剂调整其成分，并使其均匀。当加入低温调质剂后，高炉熔渣会有一定的热量损失，并且在此期间调质剂与熔渣组分间会发生复杂反应，因此，结合高炉渣化学成分和矿渣棉成纤工艺要求，研究高炉渣中加入粉煤灰、CaO、SiO_2、MgO和Al_2O_3纯试剂后，调质剂对高炉渣物化性能影响的变化规律，FactSage热力学计算采用单一变量法，探索酸度、MgO和Al_2O_3含量对调质高炉渣物化性能的影响规律。

1　实验方法

FactSage热力学软件在Windows系统下的操作方便，包含的数据库的内容丰富，且拥有强大的计算功能[1,2]。FactSage 数据库为计算与模拟复杂的工业生产过程提供了有利的理论支撑。其在冶金反应过程的优化，冶金原燃料、炉渣物理化学性能的预测，材料设计等领域得到了广泛的应用[3]。

1.1 实验原料

高炉渣和粉煤灰主要是由 CaO、MgO、SiO$_2$、Al$_2$O$_3$ 等氧化物所组成的[4]。实验原料数据采用唐山某钢厂的高炉渣（干渣）和某热电厂的粉煤灰，其化学成分如表 1 所示。

表 1 实验原料化学成分（%）

项目\名称	CaO	MgO	SiO$_2$	Al$_2$O$_3$	Fe$_2$O$_3$	FeO	K$_2$O	Na$_2$O
高炉渣	34.76	14.70	32.41	12.96	0.69	6.25	0.55	0.52
粉煤灰	3.87	1.39	47.62	34.67	1.82	0.57	0.98	0.28

1.2 实验设备和原理

利用热力学软件 FactSage7.1 中的 Equilb 模块和 viscosity 模块进行模拟计算，Equilb 模块是 FactSage 的 Gibbs 自由能最小的主要部分。它用来计算给定元素或者化合物反应到化学平衡时各物种的浓度。Viscosity 模块处理 Equilib 模块计算出的数据，得到在相应条件下调质后高炉熔渣的黏度。

由于高炉渣和调质剂主要成分为 CaO、SiO$_2$、Al$_2$O$_3$ 和 MgO 等氧化物，所以在使用 FactSage 模拟计算时选用 FToxid 数据库，考虑到高炉渣出渣温度的影响，模拟计算向 1500℃下高炉熔渣中加入室温（25℃）调质剂，探究在一定范围内不同调质剂添加量对高炉熔渣的黏度的的影响规律，参与 Factsage 计算试样量为 100g。

2 结果与讨论

2.1 酸度系数对高炉渣黏度影响

实验在高炉渣基础上添加粉煤灰，将矿渣酸度系数调配到 0.92、1.1、1.3、1.5 和 1.7 五个梯度来测量矿渣黏度，进而分析不同酸度系数下矿渣黏度与温度的变化关系。依照酸度系数计算粉煤灰添加的配比及调质矿渣成分如表 2。

表 2 添加粉煤灰矿渣成分

粉煤灰添加比例（%）	酸度系数	矿渣成分（%）							
		CaO	MgO	SiO$_2$	Al$_2$O$_3$	Fe$_2$O$_3$	FeO	K$_2$O	Na$_2$O
0	0.92	34.76	14.1	32.41	12.96	0.69	4.01	0.55	0.52
10.6	1.1	31.49	13.29	34.02	15.26	0.81	4.04	0.6	0.49
20.1	1.3	28.55	12.02	35.47	17.32	0.92	4.61	0.64	0.47
27.9	1.5	26.14	10.99	36.65	19.02	1.01	5.07	0.67	0.45
34.54	1.7	24.09	10.1	37.66	20.46	1.08	5.47	0.7	0.44

粉煤灰的加入量不同，导致渣系热量损失不同，为了便于找出不同酸度系数对高炉渣系黏度的影响，首先补偿渣系损失的热量，使得渣系温度回到 1500℃。由 factSage 热力学软件 Equilib 模块计算得到室温（25℃）下不同粉煤灰添加量的热损失如表 3 所示。

表3　调质高炉渣热量损失

粉煤灰添加量（%）	0	10.6	20.1	27.9	34.54
热量损失（kJ/100g）					
调质高炉渣	0	19.39	36.40	52.50	65.43

随粉煤灰配比提高，为保持熔渣体系温度，所需的补热量明显增大。按照表2中的数据，利用FactSage热力学软件中Equilib模块计算得到在相应温度下得到的各种成分的含量，再通过viscosity模块进行计算对应温度下的渣系黏度，为了便于观察将计算处理后的数据绘制成黏度-温度关系图，如图1所示。

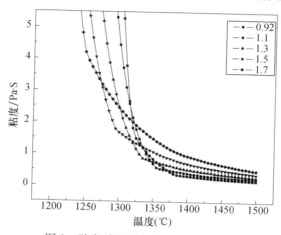

图1　酸度对调质高炉渣黏度的影响

图1给出了用粉煤灰调质的高炉渣不同酸度时的黏度曲线。由图1可以看出，随着酸度系数的升高，调质渣由"短渣"向"长渣"过渡，该渣系在一定温度下过热度增大而黏度降低，熔化性温度也随着酸度系数的升高而降低。由于酸度系数升高后碱性氧化含量减少，硅酸二钙等高熔点矿相析出量逐渐降低。当调质高炉渣的酸度系数较高时，调质渣系中的SiO_2含量比较高，从而更容易吸收氧离子生成（SiO_4）$^{4-}$等复合阴离子团，而随之熔渣酸度的降低，调质高炉渣中的CaO等碱性氧化物含量增加，破坏硅氧复合阴离子（SiO_4）$^{4-}$形成的网状结构的稳定性，另外过多的碱性氧化物以质点悬浮在炉渣中，使得熔渣逐渐呈现短渣特性[5]。

2.2 Al_2O_3含量对高炉渣黏度的影响

实验在高炉渣基础上添加室温（25℃）下分析纯Al_2O_3试剂，将矿渣Al_2O_3含量调配到12.96%、14%、15%、16%和17%五个梯度来测量矿渣黏度，进而分析不同Al_2O_3含量下矿渣黏度与温度的变化关系。依照Al_2O_3含量计算分析纯试剂添加的配比及调质矿渣成分如表4。

分析纯Al_2O_3试剂的加入量不同，导致渣系热量损失不同，为了便于找出不同Al_2O_3含量对高炉渣系黏度的影响，首先补偿渣系损失的热量，使得渣系温度回到1500℃。由FactSage热力学软件Equilib模块计算得到室温（25℃）下不同Al_2O_3试剂添加量的热损失如表5所示。

表4　添加分析纯试剂矿渣成分

Al_2O_3添加比例（g）	矿渣成分（%）							
	CaO	MgO	SiO_2	Al_2O_3	Fe_2O_3	FeO	K_2O	Na_2O
0.00	34.76	14.10	32.41	12.96	0.69	4.01	0.55	0.52
1.19	34.34	13.93	32.02	14.00	0.68	3.96	0.54	0.52
2.34	33.95	13.77	31.65	15.00	0.67	3.92	0.54	0.51
3.49	33.55	13.61	31.28	16.00	0.67	3.87	0.54	0.51
4.64	33.15	13.45	30.91	17.00	0.66	3.82	0.53	0.50

:

表 5　调质高炉渣热量损失

Al₂O₃ 添加量（g）	0	1.19	2.34	3.49	4.64
热量损失（kJ/100g）　调质高炉渣	0	3.420	6.686	9.913	1.202

随 Al₂O₃ 纯试剂配比提高，为保持熔渣体系温度，所需的补热量随之增大。按照表 4 中的数据，利用 FactSage 热力学软件中 Equilib 模块计算得到在相应温度下得到的各种成分的含量，再通过 viscosity 模块进行计算对应温度下的渣系黏度，为了便于观察将计算处理后的数据绘制成黏度-温度关系图，如图 3 所示。

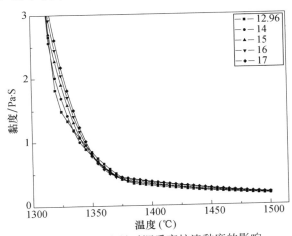

图 3　Al₂O₃ 含量对调质高炉渣黏度的影响

图 3 给出了用 Al₂O₃ 试剂调质的高炉渣不同 Al₂O₃ 含量的黏度曲线。由图 3 可以看出，温度，碱度，MgO 含量固定时，渣系黏度随 Al₂O₃ 含量的增加而升高。随着 Al₂O₃ 含量的增加，炉渣中的 Al₂O₃ 能够吸收 O^{2-} 离子，炉渣中 Al₂O₃ 吸收氧离子构成（AlO₄）$^{5-}$ 复合阴离子团，并且会形成高熔点复杂化合物，如尖晶石和铝酸一钙，并且随着 Al₂O₃ 的增加这些高熔点化合物的含量继续增加，形成大量的非均匀相，很容易结晶出固体存在于炉渣熔体中，造成炉渣的粘度越来越大，流动性变差[6]。虽然当 Al₂O₃ 含量比较高时，能够使熔渣保持一定的网状结构，但该网状结构稳定性要低于硅氧复合阴离子形成的网状结构。因此改善炉渣流动性和矿渣棉使用性能，炉渣中 Al₂O₃ 含量不宜过高。

2.3　MgO 含量对高炉渣黏度的影响

由于所测试样 MgO 含量较高，考虑实际生产中高炉渣 MgO 含量，实验在高炉渣基础上添加室温（25℃）下分析纯 MgO 试剂、CaO 试剂、SiO2 试剂和 Al₂O₃ 试剂，将矿渣 Al₂O₃ 含量调配到 11%、12%、13%、14% 和 15% 五个梯度来测量矿渣黏度，进而分析不同 MgO 含量下矿渣黏度与温度的变化关系。依照 MgO 含量计算分析纯试剂添加的配比及调质矿渣成分如表 6。

表 6　添加分析纯试剂矿渣成分

MgO 添加比例（g）	CaO 添加比例（g）	SiO₂ 添加比例（g）	Al₂O₃ 添加比例（g）	矿渣成分（%）							
				CaO	MgO	SiO₂	Al₂O₃	Fe₂O₃	FeO	K₂O	Na₂O
0.00	12.23	11.40	4.56	36.68	11.00	34.19	13.67	0.53	3.10	0.42	0.40
0.00	7.41	6.91	2.76	35.56	12.00	33.16	13.26	0.59	3.41	0.47	0.44
0.00	3.67	3.42	1.37	32.27	13.00	30.09	12.03	0.01	0.04	0.01	0.00
0.00	0.31	0.29	0.12	35.07	14.00	32.70	13.08	0.68	3.97	0.54	0.51
1.05	0.00	0.00	0.00	34.40	15.00	32.07	12.82	0.68	3.97	0.54	0.51

分析纯 MgO 试剂、CaO 试剂、SiO₂ 试剂和 Al₂O₃ 试剂的加入量不同，导致渣系热量损失不同，为了便于找出不同 MgO 含量对高炉渣系黏度的影响，首先补偿渣系损失的热量，使得渣系温度回到 1500℃。由 FactSage 热力学软件 Equilib 模块计算得到室温（25℃）下不同试剂添加量的热损失如表 7 所示。

表 7　调质高炉渣热量损失

调质剂添加量（g） \ 热量损失（kJ/100g）	39.55	23.91	11.83	1.01	3.06
MgO	0.00	0.00	0.00	0.00	1.05
CaO	12.23	4.34	3.67	0.31	0.00
SiO₂	11.40	4.04	3.42	0.29	0.00
Al₂O₃	4.56	1.62	0.12	0.12	0.00

随 MgO、CaO、SiO₂ 和 Al₂O₃ 纯试剂配比提高，为保持熔渣体系温度，所需的补热量随之增大。按照表 6 中的数据，利用 FactSage 热力学软件中 Equilib 模块计算得到在相应温度下得到的各种成分的含量，再通过 viscosity 模块进行计算对应温度下的渣系黏度，为了便于观察将计算处理后的数据绘制成黏度-温度关系图，如图 5 所示。

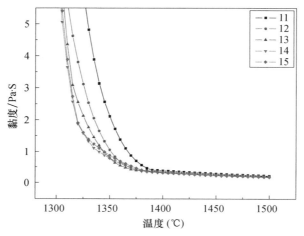

图 5　MgO 对调质高炉渣黏度的影响

图 5 给出了用纯试剂调质的高炉渣不同 MgO 含量时的黏度曲线。由图 5 可以看出，酸度系数为 1 时，渣系黏度随 MgO 含量的增加而降低。当 MgO 含量 11％～13％时，调质高炉渣样呈现长渣特性，而 MgO 含量由 14％增至 15％时，调质高炉渣向短渣特性转变，熔渣黏度的降低与在高温区 MgO 含量的增加能够带入更多的 O^{2-}，因为 O^{2-} 能够减少 $Si_2O_6^{6-}$ 与 Al_2O^{4-} 等阴离子团的聚合度，形成简单的单、双四面体结构的低熔点化合物。可能生成的化合物为黄长石、镁蔷薇辉石和钙镁橄榄石等[7,8]。

3　结论

（1）随着酸度的增加，调质渣由"短渣"向"长渣"过渡，该渣系在一定温度下过热度增大而黏度降低，熔化性温度也随着酸度系数的升高而降低。在一定条件下，酸度高较利于熔渣直接制备矿渣棉。

（2）在一定条件下，随着 MgO 含量升高，调质高炉渣黏度随之降低，熔化性温度先降低后升高并逐渐趋于稳定。

（3）在一定条件下，随着 Al₂O₃ 含量的增加，熔渣黏度和熔化性温度变化都不是很明显，造成这种现象与 Al₂O₃ 的两性作用有关，但 Al₂O₃ 含量过高不利于直接制备矿渣棉。

（4）通过热力学软件 Factsage 计算对应调质剂加入量，所需要热量与加入量成正比。在调制过程中补偿对应热量有利于直接制备矿渣棉。

参考文献

[1] 曹战民，宋晓艳，乔芝郁. 热力学模拟计算软件 FactSage 及其应用 [J]. 稀有金属，2008（2）：216-219.

[2] BALE C W, CHARTRAND P, DEGTEROV S A, et al. FactSage thermo-chemical software and databases [J]. Calphad, 2002, 26 (2): 189-228.

[3] 胡俊鸽，赵小燕，张东丽. 高炉渣资源化新技术的发展 [J]. 鞍钢技术，2009（4）：11-21.

[4] 刘晓玲，周辰辉，冉松林，等. 高炉矿渣成棉的调质研究 [J]. 安徽工业大学学报（自然科学版），2013，30（1）：6-7.

[5] 文光远，裴鹤年. 安钢高炉最佳造渣制度的研究 [J]. 重庆大学学报. 1997（6）：30-35.

[6] 何环宇，王庆祥，曾小宁. MgO 含量对高炉炉渣粘度的影响 [J]. 钢铁研究学报. 2006（6）：11-13.

[7] 孙彩娇，张玉柱，李 杰，李俊国，刘 超，洪陆阔. 高炉熔渣制备矿渣棉调质剂的研究 [J]. 钢铁钒钛. 2015（2）：68-71.

[8] Orimoto T, Noda T, Ichida M, etal. Desulfurization technology in the blast furnace raceway by MgO-SiO$_2$ flux injection [J]. Report of the ISIJ International, 2008, 48 (2): 141.

利用钢渣制备颜料型磁性氧化铁粉的试验研究

崔玉元，杨义同，史培阳，刘承军，姜茂发

（东北大学材料与冶金学院，辽宁沈阳，110004）

摘　要　以磁选钢渣为原料，采用低温焙烧—磁选工艺，可以制备出颜料型磁性铁粉。借助化学分析、XRD 分析和着色力分析等手段，研究了焙烧温度和时间对磁选钢渣制备的颜料型磁性铁粉的组成和性能的影响。结果表明：磁选转炉钢渣可以制备具有高着色力和遮盖力的颜料型磁性铁粉；随着反应温度的升高，磁性铁粉的 w（Fe）和着色力均呈升高的趋势，而遮盖力呈降低的趋势；随着反应时间的延长，磁性铁粉的着色力呈升高趋势，而遮盖力呈先升高后降低的趋势，当反应时间为 30min 时，其遮盖力最大，为 $56g/m^2$。

关键词　磁选钢渣；磁性铁粉；低温焙烧；反应温度；反应时间

Abstract　Pigment type magnetic iron oxide powders can be prepared by the process of low-temperature roasting and magnetic separation with magnetic separated steel slags as raw material. The effects of roasting temperature and roasting time on the composition and performance of magnetic iron powders were systematically studied in this paper by virtue of analyzing methods of chemical analysis, XRD, tinting strength and so on. The results were shown as follows: The pigment type iron powder with high tinting strength and covering power can be prepared with magnetic separated steel slags. w (Fe) and tinting strength of the iron powders rise with reaction temperature, while the covering power tends to decrease. Tinting strength of the iron powders rises with extending of reaction time, while covering power rises in the first and reduces afterward, with highest covering power of $56g/m^2$ at reaction time of 30min.

Keywords　magnetic separated steel slag; magnetic iron oxide powders; low temperature roasting; reaction temperature; reaction time

在人们环境意识逐步增强及国家对环保要求日趋提高的形势下，钢铁行业固体废弃物的综合利用率仍然相对较低，不但浪费资源，且占用土地和污染环境，这与钢铁大国的地位极不相称。

钢渣作为转炉炼钢过程中主要的固体排放物，产量极大，然而由于钙含量相对较高，同时稳定性差[1]，一直没有得到有效利用。由于钢渣中铁含量较高，通常需通过磁选进行铁的回收。磁选钢渣中铁含量仍然较低，且 RO 相含量较高，因此还不能直接作为炼铁原料。如何实现磁选转炉钢渣的有效利用，对于提高钢渣资源化利用率有着重要的现实意义。目前转炉钢渣的利用方法主要有热焖法、小球法、碳化球法、直接还原金属化球团（DRI）法和直接还原海绵铁（SPM）法等[2-10]，以钢渣磁选后铁粉作为原料制备颜料型磁性铁粉的研究还未见报道。

1　试验

1.1　试验原料

试验原料采用国内某钢厂磁选钢渣，主要成分见表 1。还原剂采用神木烟煤，成分见表 2。

表 1　某钢厂磁选转炉钢渣的主要成分（WB）（%）

TFe	FeO	Al$_2$O$_3$	MgO	MnO	P$_2$O$_5$	SiO$_2$	CaO
32.61	24.45	0.76	8.24	3.59	1.72	8.26	32.46

表 2　煤粉成分（WB）（%）

固定碳	挥发分	灰分	水分
58.29	30.09	7.98	3.64

1.2　试验方法

称取磁选钢渣 30g 和一定量的烟煤粉（占磁选钢渣质量的 1%），装入球磨罐中，用球磨机混匀；将混匀后的试样放入坩埚内，置于马弗炉中，在一定温度条件下（500℃，600℃，700℃，800℃）保温一定时间（10min，20min，30min，40min，50min）；到达预定时间后迅速取出坩埚，将试样倾倒于盛有水的烧杯中；对水冷后试样进行磁选，水洗，反复 5 次；将磁选后的尾渣和磁性铁粉过滤、干燥和称重。

1.3　测试方法

（1）采用化学滴定法测定试样中全铁含量。

（2）取部分试样研磨至粒度小于 0.074mm，采用日本理学（Rigaku）公司的 D/MaX-3B 型 X 射线衍射仪进行衍射分析，扫描速度 20°/min，采样间隔 0.02°。

（3）将样品研磨至粒度小于 0.019mm，称取 0.5～1.0g 的试样和标样，加一定量调墨油，在平磨仪（支架上加定量砝码）上研磨 50 转，调合 1 次，再研磨 50 转，调合 1 次，共计 4 次，收集试样色浆和标样色浆少量放在刮样纸上，在散射光线下观察，比较，确定相对着色力。

（4）遮盖力的数值是单位面积物体表面的底色被完全遮盖时所需颜料质量。

2　结果分析与讨论

图 1 所示为焙烧温度与磁性铁粉 w（TFe）的关系。由图 1 可见，随着焙烧温度的升高，磁性铁粉 w（TFe）呈明显上升趋势。在 500～700℃范围内，w（TFe）增幅较大；当焙烧温度高于 700℃时，w（TFe）增幅较小。

图 2 为不同焙烧温度条件下样品的 XRD 曲线。由图 2 可见，焙烧温度的升高有利于磁性铁粉的合成。焙烧温度为 700℃时生成的磁性铁粉较焙烧温度为 500℃时生成的磁性铁粉中 w（Fe_2O_3）明显减少。这是因为随着焙烧温度的升高，粉尘中 Fe_2O_3 被还原的速度加快，在相同的时间内有更多的 Fe_2O_3 被还原为 Fe_3O_4，从而使磁选所得磁性铁粉中 w（Fe_2O_3）减少。

图 3 为焙烧温度与磁性铁粉着色力的关系。由图 3 可见，在煤粉添加量为 2%，焙烧时间为 20min 的条件下，着色力随着焙烧温度的升高而增加。当焙烧温度在 600～700℃范围内时，相对着色力随焙烧温度的升高增加幅度较大，而当焙烧温度在 500～600℃范围内和 700～800℃范围内时，着色力的增加幅度较为缓慢，且着色力与标准样品接近。而随着焙烧温度的升高，其遮盖力呈降低的趋势。

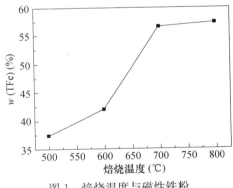

图 1　焙烧温度与磁性铁粉 w（TFe）的关系

这是因为焙烧温度过高，试样中四氧化三铁的含量增加，而这种类似尖晶石结构的物质对于样品的遮盖能力有一定影响，虽然后期增加了对于粒度的控制，但遮盖能力仍呈降低趋势。因此适宜的焙烧温度对于提高磁性铁粉的遮盖能力至关重要。

图 4 为焙烧时间与磁性铁粉 w（TFe）的关系。由图 4 可见，随着焙烧时间的延长，磁性铁粉 w（TFe）呈明显上升趋势。当焙烧时间为 40min 时，磁性铁粉中 w（Fe_2O_3）达到最大，其值为 62.67%。

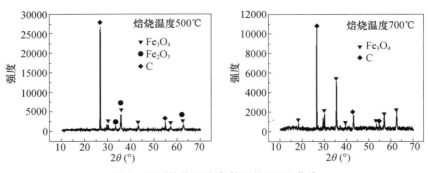

图 2 不同焙烧温度条件下的 XRD 曲线

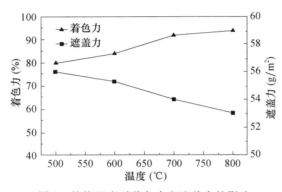

图 3 焙烧温度对着色力和遮盖力的影响

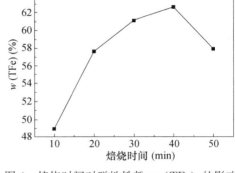

图 4 焙烧时间对磁性铁粉 w（TFe）的影响

图 5 为不同焙烧时间条件下样品的 XRD 曲线。从图 5 中可以看出，随着焙烧时间的延长，磁性铁粉中 Fe_2O_3 明显减少，当焙烧时间高于 40min 时，磁选后的样品中 Fe_2O_3 的衍射峰消失。说明在适宜的温度条件下，通过控制焙烧时间，可以有效去除原料中的杂质成分。

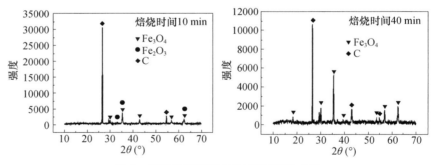

图 5 不同焙烧时间条件下的 XRD 曲线

图 6 为焙烧时间与样品着色力的关系。由图 6 可见，在煤粉添加量为 2%，焙烧温度为 700℃ 条件下，随着焙烧时间的延长，着色力呈增加的趋势，且着色力与标准样品接近，但遮盖力呈先升高后降低的趋势。当焙烧时间为 30min 时，磁性铁粉的遮盖力最大，其值为 56g/m²。

3 结论

（1）随着反应温度的升高，磁选钢渣经低温焙烧后再磁选，样品中的 w（TFe）和着色力逐渐增加，而遮盖力逐渐降低。

（2）随着反应时间的延长，磁性铁粉中 w（TFe）和着色力逐渐增加而遮盖力呈先升高后降低的趋势，当反应时间为 30min 时，其遮盖力最大，为 56g/m²。

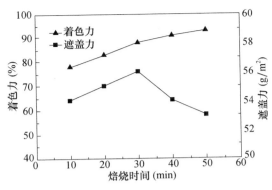

图 6　焙烧时间对着色力的影响

参考文献

［1］Tsakiridis P E，Papadimitriou G D，Tsivilis S. Utilization of steel slag for Portland cement clinker production ［J］. Journal of Hazardous Materials，2008，152：805-811.

［2］Motz H，Geiseler J. Products of steel slags，an opportunity to save natural resources ［J］. Waste Management，2001，21（3）：285-293.

［3］Shi CJ. Steel slag-its production，processing，characteristics，and cementitious properties ［J］. Journal of Materials in Civil Engineering，2004，16（3）：230-236.

［4］蒋冬梅，张建安，刘变美，等. 转炉炉尘铁粉的改性研究 ［J］. 四川有色金属，2007（1）：16-20.

［5］欧阳东，谢宇平，何俊元. 转炉钢渣的组成、矿物形貌及胶凝特性 ［J］. 硅酸盐学报，1991，19（6）：488-494.

［6］郭廷杰. 日本钢铁厂利用含铁粉尘节能简介 ［J］. 节能，2002（11）：46-48.

［7］沈成孝，李永谦，王建刚，等. 宝钢新型钢渣处理技术 ［J］. 中国冶金，2004，78（5）：32-34.

［8］曹顺华，曲选辉. 利用转炉烟尘铁粒制造粉末冶金用铁粉 ［J］. 粉末冶金技术，2002，20（4）：223-227.

［9］Altun I A，Yilmaz I S. Study on steel furnace slags with high MgO as additives in Portlang cement ［J］. Cement and Concrete Research，2002（32）：1 713-1 717.

［10］于淑娟，徐永鹏，曲和廷，等. 鞍钢含铁尘泥的综合利用现状及发展 ［J］. 炼铁，2007，26（3）：54-57.

改性高炉渣对水稻生长的影响研究

刘　洋[1]，上官方钦[1]，张春霞[1]，秦　松[1]，张　璐[2,3]，蔡泽江[2,3]

(1. 钢铁研究总院，先进钢铁流程及材料国家重点实验室，北京，100081；
2. 中国农业科学院农业资源与农业区划研究所，农业部作物营养与施肥
重点开放实验室，北京，100081；
3. 中国农业科学院红壤实验站，祁阳农田生态系统国家野外试验站，湖南，426182)

摘　要　通过两季盆栽水稻施用不同量改性高炉渣的试验，配合水稻生长期分蘖情况和植株生长情况的调查，分析了水稻产量及其构成因素，表明施用改性炉渣能够提高有效穗的百分率，增加每穗实粒数、降低空壳率，进而使水稻增产；能够缓解水稻土因施用常规肥料引起的酸化作用，并提高土壤中有效硅的含量。

关键词　高炉渣；土壤调理剂；水稻产量；土壤酸化；有效硅

Abstract　Through experiments of potted rice fertilizing with changing improved blast furnace slag amount in two different seasons，cooperating with investigation of tillering condition and plant growth situation，rice yield and its components are analyzed. It indicates that application of improved slag can Increase rice production by increasing the percentage of effective ear，the rate of per panicle and reducing the rate of empty rice husk；can alleviate the paddy soil acidification caused by using conventional fertilizers，and improve available silicon content in the soil.

Keywords　blast furnace slag；soil conditioner；rice yield；soil acidification；available silicon

0　前言

红壤是我国南方重要的土壤类型之一，约占全国土壤面积的11%[1]。但近年来因长期施用化肥，土壤pH值大幅降低，18年间最大降幅达1.5个单位，影响作物产量和大量元素养分的吸收[2]。土壤pH值的降低导致一些金属元素对植物的毒害及钙、镁等元素的缺失，导致土壤营养元素失衡，进而导致作物的减产[3]。一些红壤区通过施用生石灰来提高土壤pH值，降低土壤中交换性铝的毒害作用，增加土壤钙离子含量，增产效果显著[4]，对于酸性水稻土（初始土壤pH值4.5～5.4），亩（667m²）施用生石灰粉50～100kg获得较好的效果。长年施用石灰因其碱性强，土壤容易碱化，造成土壤板结[5]，仅为土壤补充了钙元素，其他植物有益元素含量低。

高炉渣是钢铁生产过程中的副产物，是铁矿石、石灰石、焦炭等原生矿物及化石燃料粗加工品，经高温还原出铁后的剩余固体副产物[6]。高炉渣中富含钙、镁、硅等元素，可以用来调节酸性土壤的pH值[7-9]，同时含有S，P，Zn，Mn，Fe等植物所需的微量元素[10,11]。因此，本研究以改性高炉渣替代石灰，通过两季盆栽水稻的试验，探索改性高炉渣施用对水稻生长的影响。

1　试验材料与方法

1.1　供试材料

1.1.1　改性高炉渣

试验盆栽所用的改性高炉渣由取自我国某钢铁企业的高炉水淬渣经除铁、超细磨等工艺加工而成，其化

学成分与植物有效元素含量及相关指标见表 1。

表 1 水稻盆栽试验用改性高炉渣 W 化学成分及相关指标

名称	CaO	SiO$_2$	Al$_2$O$_3$	MgO	P$_2$O$_5$	有效硅	pH 值
W	37.42	32.9	16.23	8.18	0.02	≥15	10.3

1.1.2 供试土壤及水稻

盆栽试验所用土壤取自衡阳红壤区，其初始 pH 值 6.51。供试早稻品种为陵两优 268；晚稻品种为岳优 518。

1.2 试验方法

试验称取 10kg 的风干土，常规的氮、磷、钾施肥按土壤取样地区习惯性用量（尿素 4.29g、磷酸二氢钾 1.92g、硫酸钾 1.55g）施用，改性高炉渣 W 设置不同梯度施入，试验设 7 个处理，3 次重复，处理设置见表 2，所有肥料与土壤充分混匀后装入盆中，于水稻种植前一次性施用。插秧时选择大小相似的秧苗，每盆 3 兜，早稻每兜 2 株，晚稻每兜 1 株。

表 2 改性高炉渣盆栽施肥种类及重量（g/10kg 土）

处理	改性炉渣 W
NPK	0
NPK＋W1	7.35
NPK＋W2	14.7
NPK＋W3	29.4
NPK＋W4	58.8
NPK＋W5	117.6
CK	0

1.3 分析方法

高炉渣主要化学成分的测定采用 NACIS/C H074：2013 方法测定；高炉渣中有效硅含量用 0.5mol 盐酸浸提，ICP-AES 法测定[12]；土壤中有效硅含量用硅钼蓝法检测[13]；pH 值用电极法测定。

试验数据使用 Excel 2003 软件进行数据统计，多重比较分析采用 Duncan 法。

2 水稻生长及产量情况

2.1 水稻生长情况

2.1.1 水稻分蘖

由水稻分蘖数时间动态分布图（图 1）可见，自水稻插秧后，随生育期推进，水稻分蘖数始终表现出缓慢增加的趋势。早稻插秧后的前 30d，各处理间差异不大，30d 后差异逐渐变大。分蘖期内 NPK 处理分蘖数，6 月 1 日前略低于 NPK＋W3，6 月 1 日后一直高于配施改性高炉渣的处理，不施肥的处理 CK 分蘖数最少。晚稻在 8 月 14 日前即插秧后的前 23d，分蘖数随生育期的推进迅速增加，施用改性高炉渣的处理蘖数均高于施用 NPK 处理，8 月 14 日后，分蘖数基本保持不变或略有减少；所有施肥处理晚稻分蘖数均显著高于不施肥 CK 处理。

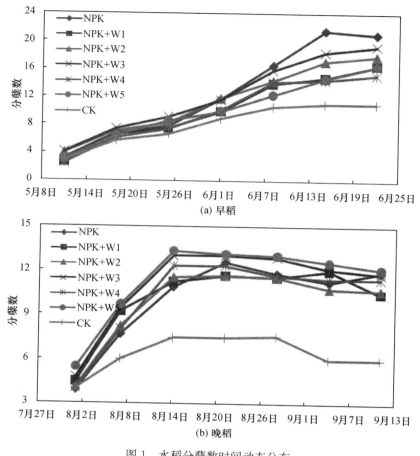

图 1　水稻分蘖数时间动态分布

2.1.2　水稻株高

由水稻株高时间动态分布图（图 2）可以看出，随水稻生育期的推进，早稻和晚稻株高均呈现出缓慢增加的趋势，配施改性高炉渣对水稻植株高度影响不大。

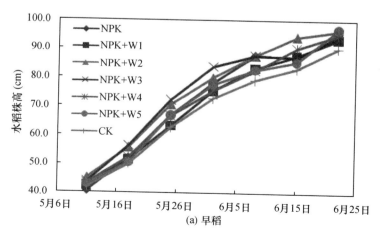

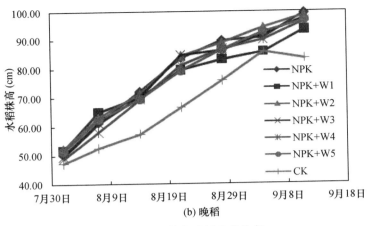

图 2 水稻株高时间动态分布

2.2 水稻产量

2.2.1 子粒产量

从水稻产量表（表 3）可以看出：早稻子粒产量随改性高炉渣用量的增加表现出先上升后下降的变化趋势，其中，NPK＋W2 和 NPK＋W3 为最佳处理；晚稻子粒产量也呈现出随改性高炉渣用量的增加，晚稻子粒产量表现出先升高后降低的趋势，NPK＋W4 子粒产量最高，为 66.8g/盆，同时，NPK＋W3 的籽粒产量也高于 NPK 处理的产量；综合全年水稻籽粒产量，NPK＋W3 处理为最优的处理组，即改性高炉渣用量过高或过低都会降低子粒产量。

表 3 水稻子粒产量表

处理	早稻总粒重（g）	晚稻总粒重（g）	全年子粒重（g）
NPK	109.07	62.7	171.77
NPK＋W1	87.56	55.8	143.34
NPK＋W2	111.30	59.3	170.62
NPK＋W3	112.17	64.1	176.25
NPK＋W4	81.16	66.8	147.94
NPK＋W5	79.97	61.3	141.23
CK	62.25	20.8	83.08

2.2.2 水稻籽粒产量构成因素

从水稻子粒产量构成因素表（表 4）可见，施用改性高炉渣通过保证有效穗数的百分率，增加每穗实粒数、增加水稻千粒重、降低空壳率（提高结实率）来提高 NPK＋W3 全年产量、NPK＋W2 早稻、NPK＋W4 晚稻的增产。所有施肥处理中，NPK 早稻、晚稻虽然有效穗数始终居高，但千粒重较配施改性高炉渣处理组普遍低，从而影响子粒产量。

表 4 水稻子粒产量构成因素表

处理	早稻				晚稻			
	有效穗数（盆）	实粒数（穗）	千粒重（g）	结实率（%）	有效穗数（盆）	实粒数（穗）	千粒重（g）	结实率（%）
NPK	56a	87a	22.54b	81.03ab	31cd	80a	25.99ab	82.75ab
NPK＋W1	42b	89a	23.67ab	80.83ab	29d	73ab	26.63ab	82.56ab

处理	早稻				晚稻			
	有效穗数（盆）	实粒数（穗）	千粒重（g）	结实率（%）	有效穗数（盆）	实粒数（穗）	千粒重（g）	结实率（%）
NPK＋W2	45ab	104a	23.84ab	84.08ab	31cd	76a	25.71abc	80.36ab
NPK＋W3	49ab	99a	23.23ab	82.36ab	31cd	78a	26.70a	83.50ab
NPK＋W4	43b	79a	23.70ab	75.38b	32bcd	79a	26.56ab	82.10ab
NPK＋W5	39b	87a	24.14a	79.17ab	35abcd	68ab	25.85ab	74.32bc
CK	28c	96a	23.79ab	89.13a	15e	57b	24.71c	67.30c

综合前述水稻分蘖规律来分析，配施改性高炉渣促进水稻早期的分蘖生长，提高节位较低处的分蘖数，利于茎蘖的生长，该类分蘖易于成穗，且穗形较大[14,15]。较早的成穗也保证孕穗期及灌浆结实期的完整，利于子粒干物质的积累。

2.2.3 水稻稻草产量

由水稻稻草干重表（表5）可以看出，配施改性高炉渣对水稻稻草干重影响不大，随改性高炉渣用量的增加表现出先上升后下降再上升的变化趋势。

表5 水稻稻草干重表

处理	早稻干草重（g）	晚稻干草重（g）	全年水稻稻草干重（g）
NPK	67.90	55.9	123.82
NPK＋W1	59.18	50.0	109.22
NPK＋W2	60.61	55.1	115.69
NPK＋W3	65.40	55.6	120.95
NPK＋W4	52.77	57.4	110.15
NPK＋W5	65.56	64.0	129.55
CK	34.95	22.3	57.22

3 水稻土壤 pH 值及有效硅变化

3.1 水稻土壤 pH 值

供试土壤初始 pH 值为 6.51，淹水处理后土壤 pH 值会呈趋中性的趋势，以 CK 的 pH 值来衡量淹水对土壤 pH 调节作用。从表6可以看出随高炉渣施用量的增加，早稻土壤 pH 值表现出递增趋势，与常规施用 NPK 处理相比，施用改性高炉渣可以显著提高土壤 pH 值，提高幅度为 $0.14 \sim 0.95$ 个单位（$P < 0.05$）。

表6 早、晚稻土壤 pH 值变化表

处理	早稻土壤 pH 值	晚稻土壤 pH 值
NPK	6.59±0.05g	6.80±0.06f
NPK＋W1	6.85±0.13de	7.14±0.09de
NPK＋W2	7.10±0.07c	7.28±0.04c
NPK＋W3	7.09±0.10c	7.44±0.04b
NPK＋W4	7.28±0.09b	7.73±0.06a
NPK＋W5	7.55±0.1a	7.82±0.03a
CK	6.64±0.08fg	6.49±0.29g

晚稻土壤 pH 值也表现出递增趋势，NPK＋W5 处理最高，为 7.82，NPK＋W1 最低，为 7.14。可见，早、晚稻随改性高炉渣施用量越多，土壤 pH 值提高的效果越明显，主要因为改性高炉渣的 pH 值、钙、镁等含量较高。

改性高炉渣的施用最高在基础土壤的 pH 值上提高 1.33 个单位。其通过两季水稻栽培相对缓和、长效地来实现土壤 pH 值调节。

3.2　水稻土壤有效硅

"硅"元素被认为是第四大植物营养元素。相对于仅施用石灰，施用改性高炉渣能够为土壤中补充大量的硅元素[16,17]。供试的基础土壤中有效硅的含量为 176.25mg/kg，取产量最好组 NPK＋W3 及 pH 调节效果最好组 NPK＋W5 进行土壤有效硅含量检测，其分别是 1068.08mg/kg，4025.01mg/kg，可见，添加改性高炉渣硅钙肥可显著增加土壤有效硅含量。

4　结论

本研究以改性高炉渣替代石灰施用于红壤中，通过两季盆栽水稻的试验考察改性高炉渣施用对水稻生长的影响，得出以下几点：

（1）改性高炉渣可以代替石灰用于酸性土壤的改良，随着施用量的增大，pH 值调节效果越显著。

（2）施用改性高炉渣的量要进行科学调控，用量过高或过低都会降低子粒产量。

（3）配施改性高炉渣通过影响水稻分蘖间接影响每穗实粒数、水稻千粒重来影响产量。

（4）施用改性高炉渣在调节土壤 pH 的同时，能够为土壤补充大量有效硅。

致谢

本研究受国家科技支撑计划课题《冶金废弃渣综合利用技术及装备研究与示范》（课题编号：2013BAB03B03）的支持，同时感谢课题组其他成员的工作及支持。

参考文献

[1] 刘广深，许中坚，戎秋涛．土壤酸化对华南红壤水土流失的加速效应［C］//全国环境地球化学学术讨论会．2002．

[2] 蔡泽江，孙楠，王伯仁，等．长期施肥对红壤 pH、作物产量及氮、磷、钾养分吸收的影响［J］．植物营养与肥料学报，2011，17（1）：71-78．

[3] 赵天龙，解光宁，张晓霞，等．酸性土壤上植物应对铝胁迫的过程与机制［J］．应用生态学报，2013，24（10）：3003-3011．

[4] 刘琼峰，蒋平，李志明，等．湖南省水稻主产区酸性土壤施用石灰的改良效果［J］．湖南农业科学，2014（13）：29-32．

[5] 何电源，朱应远，王昌燎．稻田施用石灰问题的研究［J］．湖南农业科学，1983（3）：30-33．

[6] 王筱留．钢铁冶金学（炼铁部分）［M］．北京：冶金工业出版社，2004：49-55．

[7] Geiseler J.，Kuehn M. 钢铁渣肥料［C］冶金渣处理与利用国际研讨会文集．北京：中国金属学会，1999．

[8] Crane，F. H. A comparison of some effects of blast furnace slag and of limestone on an acid soil［J］. I. Amer. Soc. Agron，1930，22：968．

[9] Carter，O. R.，Collier，B. L. Davis，F. L. Blast furnace slags as agriculture liming materials［J］. Agron. I.，1951，43：430．

[10] 张悦．由含钛高炉渣合成固态复合肥的研究［D］．沈阳：东北大学，2008．

[11] 吴志宏．利用钢铁渣合成无机微量营养元素肥料的应用基础研究［D］．沈阳：东北大学，2006．

[12] 中华人民共和国农业部．NY/T 2272-2012 土壤调理剂 钙、镁、硅含量的测定［S］．2013．

[13] 鲍士旦．土壤农化分析·3 版［M］．北京：中国农业出版社，2000．

[14] 于亚辉，刘郁，夏明，等．水稻分蘖角度对物质积累及产量的影响［J］．贵州农业科学，2014，42（4）：58-61．

[15] 宋云生，张洪程，戴其根，等．水稻机栽钵苗单穴苗数对分蘖成穗及产量的影响［J］．农业工程学报，2014，30（10）：37-47．

[16] 杨丹，张玉龙．施用高炉渣对土壤 pH、有效硅和水稻植株中硅的影响［C］//自主创新振兴东北高层论坛暨沈阳科学学术年会．2005．

[17] 杨丹，张玉龙．施用高炉渣对土壤的 pH 和有效硅以及水稻植株含硅量的影响［J］．农业环境科学学报，2005，24（3）：446-449．

辊磨在燃煤炉渣粉磨系统的应用

彭凌云[1]，聂文海[2]

（1. 中材装备集团有限公司，天津，300400；

2. 天津水泥工业设计研究院，天津，300400）

摘 要 本文详细介绍了 TRMWF 炉渣辊磨的技术特点，并简单介绍了燃煤炉渣粉磨系统的工艺流程。介绍了 TRMWF36.3 炉渣立磨在宁海铭洲文具有限公司的使用情况，在产量和质量上均超额完成了合同指标，取得了废渣粉磨领域的又一重大突破，填补了国内辊磨在处理燃煤炉渣领域的空白。

关键词 炉渣；立式辊磨；料床粉磨

Abstract The article introduced the technical feature of TRWF coal slag roller mill, as well as the technological process of the grinding system. TRWF36.3 coal slag roller mill has putted into operation successfully in Ninghai plant which is in the Zhejiang province. We outperformed contract target in the capacity and quality. This means that significant accomplishment in the field of grinding waste residue, and filling up the blank of disposing coal slag in China.

Keywords coal slag; roller mill; material bed grinding

1 前言

近年来我国火力发电发展较快，电力行业年度煤耗量自 2009 年的 16.1 亿 t 增长至 2013 年的 20.7 亿 t，年平均增长率 6.3%。煤粉燃烧后的固体副产品除粉煤灰之外，有些熔融物结块形成炉渣和炉底灰。三者的比例与所用锅炉、收尘器的类型有很大关系。煤粉炉的灰渣中，粉煤灰高达 80%～90%，其余为炉底灰；液态炉的灰渣中，粉煤灰占 50% 左右，其余为液态渣；旋风炉的灰渣中，粉煤灰仅占 20%～30%，液态渣却占据 70%～80%。炉渣常被视为废物，堆积存放将会占用大量土地，并且堆放过久会发生化学反应，一旦生成有害物质渗入地下水，将会直接污染地下水资源，危及人体健康，同时还会产生灰尘污染空气。

因此，炉渣综合利用面临的形势十分严峻。合理利用炉渣不仅能变废为宝、减少占地、降低污染，还能为社会和企业带来巨大的经济效益。经粉磨处理的炉渣微粉现在已成为配制高性能混凝土、大体积混凝土、高强混凝土的重要矿物掺合料之一，掺有炉渣的水泥和混凝土制品具有水化热低、耐腐蚀性好、流动度好、后期强度高、微膨胀性等优点，且在淡水和硫酸盐介质环境中具有很好的抗侵蚀性，因此被广泛用于地下、水工、海工建筑工程中。

中材装备集团有限公司多年来一直致力于物料粉磨技术的研究开发工作，由该公司开发、设计、供货的年产 30 万 t 炉渣粉磨系统于 2014 年 3 月在浙江宁海铭州文具有限公司正式投产，是国内首条采用立式辊磨处理燃煤炉渣的生产线，投产后经过短期调试，各项技术指标达均到设计要求，产品性能良好，实际产量远超设计能力，为业主创造了良好的经济效益。

2 TRWF36.3 炉渣辊磨的技术特点

TRWF36.3 炉渣辊磨在结构、使用、维护等方面的技术特点总结如下：

（1）磨机烘干能力强，可实现含水率 25% 物料的粉磨、烘干与高效选粉。

（2）采用螺旋铰刀输送装置，既保证高湿物料的流畅喂料，又能严密锁风。

（3）磨机机械部件耐高温能力强，入磨气体温度可达 450℃。

（4）研磨部分采用平磨盘加锥形磨辊。

（5）分选部分采用动静态结合的组合式高效笼型选粉机。

（6）每个磨辊相对独立地对磨盘上的物料施压，可实现空载启动，具有自动抬辊功能。

（7）风环面积和档料圈高度可根据现场情况进行调整。

（8）磨辊密封采用骨架油封和 V 型尘封组合的形式，既能防止漏油，又能防止粉尘进入轴承室。

（9）磨辊轴承采用稀油循环润滑方式，有效降低轴承温度，维护方便。

（10）磨辊可以靠油缸作用自动翻出机壳外，维修方便。

（11）辊套与衬板采用复合堆焊材质，可以实现现场的在线堆焊修复。

3 系统简介

3.1 系统流程

炉渣辊磨粉磨系统的流程相对简单，属单风机的辊磨粉磨系统（图 1）。炉渣由铲车从堆场运送至卸料坑内（卸料坑两边有仓壁振动器，防止结料），开启卸料坑下的棒闸阀，炉渣向前输送，经过皮带秤的计量和三条胶带输送机，喂入至螺旋铰刀输送装置。在期间还需要经过除铁器和振动筛的分选，符合入磨粒度的物料将喂入磨内。物料经过下料管被喂入旋转磨盘的中心，在离心力的作用下被甩至磨盘边缘，经过液压系统单独加压的磨辊下方时被粉磨，磨盘的旋转使粉磨后的物料从磨辊甩至磨盘外；在磨盘外的风环区域，向上的高速热气流将粉磨后和待粉磨的混合料带至选粉机处进行分选，合格细粉被带出磨机，粗粉落至选粉机下方的落料锥斗再落回磨盘，与新物料一起再进行粉磨。风环处没被带起的大颗粒和难磨物料会被排出磨外，通过吐渣口进入外循环系统，再被喂入螺旋铰刀与新物料一起进入磨内。物料中的水分在物料与热气流的充分接触过程中被蒸发。物料烘干所需的热量主要由热风炉提供，热风通过管道进入磨机，出磨气体经收尘器净化后由系统风机一部分排入大气，一部分再循环入磨加以利用。选粉机分选出的合格细粉被袋收尘器收集作为成品，出收尘器的成品通过空气输送斜槽，再经斗式提升机被输送至成品库内。

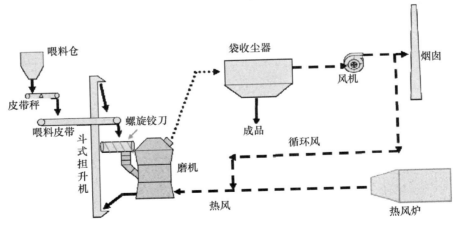

图 1 系统流程图

3.2 系统的主要设备及参数

系统的核心设备为 TRMWF36.3 辊磨，由中材（天津）粉体技术装备有限公司自主研发，基于料床粉磨原理，集粉磨、烘干、分选为一体，结构紧凑。针对原料中含水率高的特点，在风环角度、中壳体与选粉机结构上均有针对性设计，增大通风面积，确保成品的含水率<1%。表1为宁海铭洲文具有限公司年产30万t炉渣粉磨系统的主要配置

表1　系统主要设备参数表

主要设备	性能	参数
辊式磨 TRMWF36.3	磨盘直径（mm）	3600
	生产能力（t/h）	55
	出磨水分（%）	小于1%
	主电机功率（kw）	1400
袋收尘器	处理风量（m³/h）	300000
	压力损失（Pa）	<1500
	入口含尘浓度（g/Nm³）	<1300
	出口含尘浓度（mg/Nm³）	<30
主排风机	风量（m³/h）	315000
沸腾炉	供热能力（kJ/h）	1800×10⁴

4　TRMWF36.3炉渣辊磨系统运行情况

炉渣辊磨系统的运行稳定性决定了成品产量和质量的高低。主要的影响因素包括：入磨原料炉渣的粒度和水分；磨机的研磨压力；选粉机的密封效果和转速；系统的风量和风温，磨机各点的风速；磨辊与磨盘的磨损情况和档料圈的高度。在实际生产中应合理控制上述因素，通过加强生产管理和不断探索，优化各个参数，达到产量和能耗的最优组合。

4.1　原料炉渣特性、粒度与水分

宁海铭洲文具有限公司的炉渣主要来源于附近的国华浙能发电厂和象山县大唐乌沙山发电厂，在实验室对上述两种炉渣原料进行了分析，见表2和图2。

表2　炉渣的化学成分和物性分析

样品	含水率（%）	体积密度（g/L）	L.O.I	SiO₂	TiO₂	Al₂O₃	Fe₂O₃	CaO	MgO	TiO₂	K₂O	Na₂O	SO₃	Cl
大唐	24.47	673	2.12	52.26	0.71	31.39	5.49	5.04	0.79	1.12	0.72	0.37	0.24	0.182
国华	20.8	830	3.23	51.62	0.56	25.70	7.72	7.90	0.88	0.88	1.04	0.56	0.36	0.029

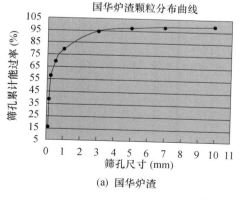
(a) 国华炉渣

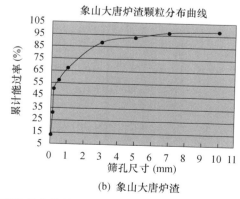
(b) 象山大唐炉渣

图2　两种炉渣的颗粒分布特性

从化学成分检测结果来看，其主要成分为 SiO_2，Al_2O_3，CaO，Fe_2O_3，CaO 含量低于 10％。与 GB/T 1596—2005《用于水泥和混凝土中的粉煤灰》规定的二级粉煤灰要求烧失量＜8.0％，SO_3 含量＜3.5％相比较，这两种炉渣均符合要求。炉渣中的水含量高，粉磨过程中需要更多的热量蒸发其水分。

从上图可以看出，炉渣颗粒较细小，$R3mm\%<15$，$R5mm\%≈5$，是料床粉磨技术比较理想的喂料粒度。由于原料含水率高，新物料进入磨内后经过磨辊挤压后较易形成密实料层，而且根据成品细度要求控制要求，磨内循环次数较少，不会存在磨内物料水分降低的情况，故实际生产时不需要在料床上喷水。

4.2 系统操作参数

液压系统通过油缸、摇臂、磨辊将压力传递给物料，合适的压力是辊磨实现稳定料床粉磨的前提。如果压力过低，辊磨的产量降低，料床厚度增加，循环负荷增大，粉磨效率低下；如果压力过高，主电机电流增加，料层变薄，极易引起磨机的振动。TRMWF36.3 辊磨采用对 3 个磨辊独立加压的模式，每个磨辊彼此间的影响较小，磨机运行稳定。

出磨成品的细度主要由选粉机的转速和磨内风量决定，当增加产量时，需要提高磨内的通风量，这时需要将选粉机的转速提高，否则会造成成品细度过粗。如果降低产量时，这时需要降低磨内通风量，防止成品质量跑粗。由于原料含水率高，需要将磨机的出口温度控制在 85～95℃，低于 85℃ 会引起辊磨内的循环负荷增大，降低粉磨效率，如果长时间出口温度过低甚至会造成磨机饱磨和收尘器布袋结露等后果。

由于炉渣易磨性较好，较易形成密实料层，为了提高粉磨效率，可将档料圈高度调整至 150mm，料层厚度在 15～20mm，实际运行主电机电流理想。

表 3 磨机操作参数

编号	喂料量（t）	研磨压力（MPa）	主机电流（A）	垂直振动（mm/s）	热风炉温度（℃）	磨机入口温度（℃）	磨机出口温度（℃）	原料含水率（％）
1	84.5	10.5	69.5	1.0	801	397	88.8	21.98
2	92	10	69	1.2	705	405	84.5	21.8

由表 3 可以看出，TRMWF36.3 辊磨运行稳定，干基产量可达 72.5t/h，大大超过了设计产量 55t/h，磨机烘干能力强，水分蒸发率高达 19.87t/h，这体现了物料在磨内与热气流进行了充分接触。辊磨振动小，能够保证磨盘和磨辊以及其他重要部分的机械部件不被损坏，设备运转率高。

4.3 系统产量及电耗

由于燃煤炉渣颗粒小，易磨性比水泥熟料好，对应于表 3 中两种不同运行工况条件下的电耗情况及其所得产品质量见表 4。

表 4 磨机电耗、产品细度和比表面积

编号	主电机（kW·h）	主排风机（kW·h）	选粉机（kW·h）	系统主机电耗（kW·h）	系统干基产量（t/h）	45μm 筛余（％）
1	18.14	9.08	0.44	27.66	65.9	23.15
2	16.46	8.85	0.42	25.73	72.5	19.57

结果显示：燃煤炉渣粉磨所需电耗较低，产品质量较好，对比两种工况下的生产情况可以看出，提高产量后，不仅电耗有所降低，产品质量也有所改善，这说明，系统运行情况优化能够降低生产成本，提高经济效益。

4.4 产品性能

试验室对粉磨后的炉渣微粉的物理性能进行了检测，并根据 GB/T 1596—2005《用于水泥和混凝土中的粉煤灰》对炉渣的活性指数和需水量比进行检测，结果见表 5。

表 5　燃煤炉渣粉的性能

编号	比表面积	$R45\mu m$（%）	均匀性系数	含水率	掺量（%）	需水量比（%）	7d 活性指数（%）	28d 活性指数（%）
1	4718	20.16	0.98	0.32	30	112.8	68.1	76.6
2	4321	27.05	1.0	0.28	30	110.2	65.1	72.7

　　试验结果可以看出，立式辊磨产品的均匀性系数介于 0.98~1.0，需水量比高于 GB/T 1596—2005《用于水泥和混凝土中的粉煤灰》中二级粉煤灰的要求，强度活性指数均达到了粉煤灰的技术要求，炉渣活性指数随着比表面积的增加而增大。

　　混凝土的抗压强度试验方法按 GB/T 50081—2002《普通混凝土力学性能试验方法标准》规定进行，配合比及其性能检测结果见表 6。

表 6　混凝土配合比及其性能检测结果

编号	混凝土配合比（kg/m³）						初始坍落度（mm）	保水性	含气量（%）	抗压强度（MPa）		
	水泥	炉渣粉	水	河砂	碎石	减水剂				7d	28d	60d
KB	400	0	172	817	1000	6.4	150	良好	2.8	39.8	47.9	56.0
1	280	120	172	817	1000	6.4	145	良好	2.5	27.8	37.3	44.7
2	280	120	172	817	1000	6.4	146	良好	2.6	26.5	35.8	42.9

　　使用炉渣微粉等质量取代水泥，对混凝土初始坍落度影响不大，能够改善胶凝材料的级配，提高混凝土密实性，改善浆体与骨料之间的界面结构。但力学性能下降，这是由于炉渣的活性较低，对强度起主要作用的 C-S-H 凝胶、钙矾石和氢氧化钙等物质的生成量减少。

5　结论

　　通过近一年宁海铭洲文具有限公司年产 30 万 t 燃煤炉渣粉磨生产线的生产实践证明：TRMWF36.3 无论在质量方面还是产量方面均超额完成了指标，且在应对高湿水分物料的处理方面，辊磨优势明显，水分蒸发率高达 19.87t/h。炉渣微粉的强度活性指数可以达到国家标准二级粉煤灰的指标，较好地起到改善水泥和混凝土性能的作用，获得了很好的经济效益和社会效益，填补了国内辊磨在处理燃煤炉渣领域的空白。这一项目的成功将成为固体废弃物处理的工程典范，它不仅有利于改善环境，实现固体废弃物的减量化、无害化和资源化，还可以扩大国家资源量，拓宽就业渠道，发展清洁生产、建立循环经济模式以及走可持续发展道路也具有积极意义。

参考文献

[1] 刘爱新．粉煤灰混凝土的性能及其应用 [J]．混凝土 2001，12：6-8．

[2] 王仲春．水泥工业粉磨工艺技术 [M]．北京：中国建材工业出版社，2000．

[3] 陆金驰等．煤粉炉渣/粉煤灰-石灰体系反应特性及差异 [J]．硅酸盐通报．2013，7：1410-1416．

风淬钢渣砂替代细集料在沥青
混合料中的应用研究

张　浩[1]，秦鸿根[1]，赵永利[2]，庞超明[1]，陶有华[3]

（1. 东南大学材料科学与工程学院，江苏南京，211189；

2. 东南大学交通学院，江苏南京，211189；

3. 马钢股份有限公司资源分公司，安徽合肥，243000）

摘　要　利用风淬钢渣替代沥青混合料中的玄武岩细集料，制备沥青混合料，研究其对沥青混合料的高温稳定性、低温抗裂性、水稳定性等性能的影响，并通过 SEM 及 X-CT 等材料检测技术对试验结果进行分析。试验结果表明，风淬钢渣替代细集料极大地降低了油石比，显著改善了低温性能及水稳性能，从而表明风淬钢渣可以替代细集料生产沥青混合料，为钢渣的处理提供了一条有效的途径，同时极大地降低了沥青混合料的生产成本。

关键词　风淬钢渣；沥青混合料；细集料；路用性能；微观检测分析

Abstract　The air quench steel slag is selected as fine aggregate to prepare bituminous mixture in order to study its impact on the high temperature performance，the low temperature performance and the stability in the water，and the test results are analyzed by means of SEM and X-CT. The results show that air quench steel slag being the fine-aggregate has significantly reduced the oil/gravel ratio and improve the low temperature performance and water thermal performance，which can indicate that it can be applied as a replacement of fine aggregate when producing the bituminous mixture. It provides a way of reusing of the steel slag and reducing the production cost of bituminous mixture.

Keywords　airquench steel slag；bituminous mixture；fine aggregate；road performance；microscopic detection and analysis

　　我国高速公路正迅猛发展，每年以近 4000km 的速度在建设，需要大量的玄武岩资源。在沥青混合料中，玄武岩细集料所占比例一般为 10%～40%。由于很多地区缺乏相应的矿产资源，但日益增长的交通需求又导致了玄武岩等矿产的过度开采，价格飞涨，其对环境造成的影响已经不容忽视。

　　近年来我国已有数亿吨钢渣堆积，而且每年还在持续不断地增加，其利用率却很低（约为 10%）。若不加以处理或利用，钢渣会占用越来越多的土地，污染环境并造成资源和能源的浪费。因此有必要对钢渣进行减量化、资源化和高价值综合利用的研究[1-3]，加快提高钢渣的综合利用率成为钢铁企业的一项重要课题。

　　风淬钢渣是马钢利用新型钢渣处理工艺的产物。其颗粒呈球形，粒径在沥青混合料细集料级配范围内，如果能将风淬钢渣应用于沥青混合料，将为钢渣处理提供一条有效的高利用价值的处理途径，因此本研究具有重要的现实意义。

1　原材料与试验方法

1.1　原材料

考虑到沥青混合料用于夏季炎热地区的表面层，故采用 SBS 改性沥青作为结合料，其性能列于表 1。

表 1　SBS 改性沥青常规指标值

样品	25℃针入度（0.1mm）	软化点（℃）	延度（cm）
SBS 改性沥青	60	72	35

试验制备的沥青混合料细集料采用马钢转炉风淬粒化高炉钢渣砂（简称风淬钢渣砂或钢渣砂），粗集料采用玄武岩，集料颗粒级配列于表 2，其表观密度和体积密度列于表 3，风淬钢渣砂表观相对密度为 3.278g/cm^3，细度模数为 2.9～3.1。

表 2　集料的筛分通过率

集料规格（mm）	通过下列筛孔（mm）的质量百分数（%）										备注
	16.0	13.2	9.5	4.75	2.36	1.18	0.6	0.3	0.15	0.075	
10～16	100.0	89.4	10.51	1.06	0.4	0.3	0.3	0.3	0.3	0.3	
5～13	—	100.0	83.0	1.1	0.1	0.1	0.1	0.1	0.1	0.1	玄武岩
1.18～10	—	—	100.0	92.7	5.6	1.1	0.5	0.5	0.4	0.3	
0.08～5	—	—	—	100.0	81.9	52.3	28.0	12.6	5.7	1.74	风淬钢渣
矿粉	—	—	—	—	—	—	—	100.0	97.0	86.0	玄武岩

表 3　集料密度

项目	10～15 玄武岩	5～13 玄武岩	1.18～5 玄武岩	钢渣砂	矿粉
表观相对密度（g/cm^3）	2.900	2.912	2.883	3.278	2.675
毛体积相对密度（g/cm^3）	2.846	2.856	2.818	3.205	—

1.2　试验方法

（1）通过等效体积法设计矿料级配与油石比，按照 JTG E20—2011《公路工程沥青及沥青混合料试验规程》进行马歇尔试验，确定最佳油石比。

（2）按照 JTG E20—2011《公路工程沥青及沥青混合料试验规程》对制备好的沥青混合料进行相应路用性能检测，包括高温车辙试验、小梁弯曲试验和水稳定性试验。

（3）按照 JTG F40—2004《公路沥青路面施工技术规范》对钢渣替代细集料的沥青混合料进行性能评定，并修正得到最佳掺入比例。

2　试验结果与分析

2.1　矿料级配设计

按玄武岩设计矿料级配并绘制 AC-13 矿料级配曲线，利用等体积原则将玄武岩换算为钢渣。

设计级配 3 最接近中值选择，故矿料级配选用设计级配 3，见表 4 和图 1。

表 4　矿料级配设计

设计百分比	1 号料	2 号料	3 号料	风淬钢渣砂	矿粉
设计百分比 1（%）	20	28	18	30	4
设计百分比 2（%）	19	24	21	32	4
设计百分比 3（%）	22	24	17	31	6

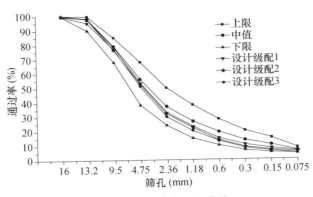

图 1　钢渣混合料级配曲线

2.2　最佳油石比确定

利用马歇尔试验确定配置 AC-13 沥青混合料的最佳油石比，马歇尔试验得到的试验结果见表 5。

表 5　风淬钢渣沥青混合料马歇尔试验结果

油石比（%）	毛体积密度（g/cm³）	稳定度（kN）	流值（0.1mm）	空隙率（%）	饱和度（%）	矿料空隙率（%）
3	2.634	7.82	10.8	7.20	41.85	12.42
3.5	2.645	8.13	13.4	6.01	50.07	12.11
4	2.684	7.82	14.5	3.85	62.71	10.30
4.5	2.673	7.57	14.7	3.59	67.92	10.75
5	2.657	7.26	15.9	3.27	70.37	11.04

从表 5 分析得到，毛体积密度最大值对应的油石比为 4.0%，稳定度最大值对应的油石比为 3.5%，空隙率中值对应的油石比为 4.0%，饱和度中值对应的油石比为 4.0%，从而得到最佳油石比 OAC1 为 3.9%。在性能要求范围对应油石比确定了最佳油石 OAC2 比为 3.6%，确定最终的最佳油石比为 3.7%。

以玄武岩细集料配制的 AC-13 沥青混合料油石比一般都是从 4%～6% 进行马歇尔试验来确定油石比。以钢渣砂为细集料进行马歇尔试验，最终确定油石比为 3.7% 制备试件。相对于普通钢渣，由于表面粗糙多孔易于吸油，一般得到的油石比将大于 5%[4]，将大大提高沥青混合料的成本，这也是普通钢渣无法用于路面的重要原因之一。

2.3　钢渣沥青混合料水稳定性

JTG F40—2004《公路沥青路面施工技术规范》中规定的水稳定性试验残留稳定度最高要达到 85% 以上。由于一般钢渣其成分含有 Fe 元素，因此在浸水后膨胀会导致体积不稳定性，因此在试验过程中将钢渣浸水 96h 检测其残余稳定度。钢渣砂替代细集料沥青混合料的水稳性能在 48h 为 88.3%，96h 达到 83.6%。水稳定性能相比于玄武岩细集料沥青混合料提升较大，动稳定度满足技术要求，但有所降低。

2.4　钢渣沥青混合料高温稳定性

对钢渣砂替代细集料沥青混合料进行高温试验得到的结果列于表 6。所测各项性能指标均满足技术要求。

表 6　钢渣砂密级配混合料高温性能

项目	浸水残留稳定度（kN）	流值（0.1mm）	马歇尔模数（kN/mm）	动稳定度（次/mm）
实测值	88.10	25.5	4.43	2171
技术要求	>80	—	—	>2000

2.5 钢渣沥青混合料低温抗裂性能

采用最佳油石比 3.7%制备车辙试件，用切割法制作棱柱体试件，每组 5 块进行弯曲试验，试验结果见表 7。平均弯拉应变为 5726$\mu\varepsilon$，满足设计检验指标低温破坏应变不小于 2500$\mu\varepsilon$ 的要求，可以看出其具有较好的低温抗裂性能。

表 7 钢渣沥青混合料低温弯曲试验结果

项目	抗弯强度（MPa）	弯拉应变（$\mu\varepsilon$）	劲度模量（MPa）
钢渣-1	8.12	5733	1417
钢渣-2	8.00	5584	1433
钢渣-3	8.91	6204	1436
钢渣-4	8.25	5922	1393
钢渣-5	8.12	5188	1565
平均值	8.28	5726	1449

3 微观分析

普通钢渣砂作为集料通常出现油石比偏高、水稳定较差的问题[4]，使用风淬钢渣砂极大地降低了油石比，并保持沥青混合料良好的水稳定性，但高温稳定性有所降低，为此，对沥青混合料微观结构进行分析。

3.1 SEM 分析钢渣表面结构

SEM 对钢渣的分析试验结果如图 2 所示，可以清晰地观察到钢渣的表面形貌是密实且平整的，没有明显的孔洞，这和普通钢渣完全不同，平整无孔的钢渣表面为较小的油石比提供了有利的条件。

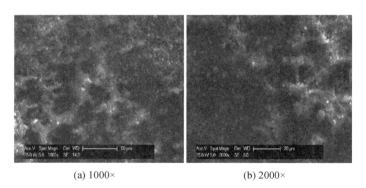

(a) 1000×   (b) 2000×

图 2 钢渣在 SEM 下的表面形态

3.2 X-CT 对沥青混合料微观结构分析

为了观察沥青混合料内部的空隙以及钢渣与粗集料的结合情况，使用 X-CT 进行测试分析，结果如图 3 与图 4 所示。由图 3 和图 4 可以观察到钢渣呈现球状，较为均匀地分布在粗集料留下的空隙中。在高温条件下，当沥青软化球易于滚动并带动了粗集料的滚动从而使动稳定性小，主要原因在于"等效体积法"替代玄武岩时未考虑细集料的粒形和拌和时球形颗粒的形态效应，从而在替代时会出现粗细集料咬合不够紧密的现象，没有达到集料紧密堆积于沥青空隙填充的最佳情况。

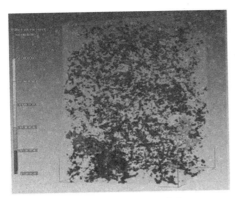

图 3　低温试验后孔分布

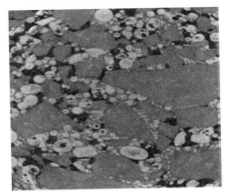

图 4　低温试验后 X-CT 横截面

4　经济效益分析

从材料角度出发，风淬钢渣砂沥青混合料成本列于表 8。使用玄武岩作为细集料时按照合理配合比进行核算，生产 1m³ 沥青混合料所需要成本大约为 800 元。分析表明，采用风淬钢渣砂的沥青混合料原材料成本可减少 30%，其经济效益非常可观。

表 8　风淬钢渣砂沥青混合料成本

原料	钢渣砂	1 号料	2 号料	3 号料	矿粉	沥青
配比（kg/m³）	466	293	320	226	78	96.3
单价（元/t）	20	100	100	100	780	5000
单项成本（元/m³）	9.3	29.3	32	22.3	61	481.5
总计（元/m³）	580.8					

5　结论

（1）X-CT 及 SEM 检测试验表明，风淬钢渣呈球形，表面光滑无孔，并且钢渣化学性质较稳定。

（2）风淬钢渣作为细集料用于沥青混合料中，经高温、低温及水稳定性能等试验，结果表明：其性能满足《公路沥青路面施工技术规范》要求，风淬钢渣可以替代沥青混合料中的细集料生产制备沥青混凝土路面磨耗层。

（3）利用风淬钢渣替代玄武岩细集料制备出的沥青混合料，其低温与水稳定性能显著提高，高温稳定性有所降低。风淬钢渣砂可以极大地降低油石比，减少了沥青用量，进而降低了生产成本。

（4）风淬钢渣砂是高炉炼钢的副产品，其价格低廉。应用于公路面层时，将成本降低约 30%，并且实现了钢渣的有效处理和节能减排，具有较大的社会效益。

对于钢渣应用于沥青混合料的高温稳定性有待于进一步研究，现阶段可以复合玄武岩细集料进行复合使用或者在不重要的道路施工段进行试点，待其工程实践鉴定后可逐步推广使用，具有广阔的工程前景。

参考文献

[1] 陈盛建，高宏亮．钢渣综合利用技术及展望 [J]．南方金属，2004（5）：1-4.

[2] 朱文琪，何雄伟，朱继东，等．钢渣沥青混合料施工工艺研究 [J]．武汉理工大学学报，2003，25（12）：2-3.

[3] 杨奇竹，吴旷怀．以钢渣为粗集料的密断级配磨耗层沥青混合料设计及评价 [J]．广州大学学报，2007，6（2）：91-94.

[4] 周启伟．公路钢渣基层与钢渣沥青混合料路用性能研究 [D]．重庆：重庆交通大学，2007.

低温环境下赤泥地聚合物抗硫酸盐侵蚀机理研究

吴　萌[1,2,3]，姬永生[1,2,3]，展光美[2]，张领雷[2]，胡亦杰[2]

（1. 中国矿业大学深部岩土力学与地下工程国家重点实验室，江苏徐州，221116；
2. 中国矿业大学力学与建筑工程学院，江苏徐州，221116；
3. 江苏建筑节能与建造技术协同创新中心，江苏徐州，221116）

摘　要　通过将内掺不同质量分数硫酸镁和硫酸钠的赤泥地聚合物和普通硅酸盐水泥试件在（5±1）℃的条件下长期浸泡，定期观测试件外观变化，并对长期浸泡后的试件取样进行 XRD 衍射和 FT-IR 光谱分析，研究了内掺不同种类和不同质量分数硫酸盐对赤泥地聚合物的侵蚀破坏过程与作用机理，并与同等条件下普通硅酸盐水泥抗硫酸盐侵蚀性能及机理进行了对比。结果表明：当试件内掺硫酸镁和硫酸钠时，赤泥地聚合物发生了石膏型硫酸盐膨胀破坏，而普通硅酸盐水泥则分别发生了 TSA 型硫酸盐侵蚀破坏和石膏型硫酸盐膨胀破坏。赤泥地聚合物内部孔隙液 pH 值高，水化产物中 C-S-H 凝胶钙硅比低和水化生成的铝硅酸盐类物质化学性质稳定是其在长期低温硫酸盐侵蚀环境下未发生 TSA 型硫酸盐侵蚀破坏的主要原因。

关键词　碱激发；赤泥地聚合物；硫酸盐；碳硫硅钙石

Abstract　The specimens of red mud geopolymer and ordinary Portland cement mixed with different mass-fractions of magnesium sulfate and sodium sulfate were immersed in water at（5±1）℃ for a long time. The appearance of specimens was observed regularly，and the samples from the corroded specimens were analyzed by X-ray diffraction and FT-IR spectral analysis. Research was carried out on the corrosion process and mechanism of different sulfates with different mass fraction sin red mud geopolymer，and comparison was carried out on red mud geopolymer and ordinary Portland cement in terms of their performances and mechanisms for resisting sulfate attack under the same condition. The results indicated that when mixed with magnesium sulfate and sodium sulfate，the red mud geopolymer suffered sulfate attack by gypsum but the ordinary Portland cement suffered TSA-t ype sulfate attack and the sulfate attack by gypsum. Red mud geopolymer didn't suffer TSA-type sulfate attack at low temperature on a long term basis，which was mainly caused by the high pH of its internal porefluid，the low calcium-silicate ratio of C-S-H gel and stable chemical properties of aluminosilicate in hydration products.

Keywords　alkali-activated；red mud；geopolymer；sulfate；thaumasit

0　引言

近年来，碳硫硅钙石型硫酸盐侵蚀破坏（简称 TSA 型硫酸盐破坏）已成为水泥基材料耐久性研究的热点问题之一。已有研究表明[1-4]：通常当环境温度低于 15℃，且在有充足的 SO_4^{2-} 和 CO_3^{2-} 及水存在的条件下，硅酸盐水泥基材料极易遭受 TSA 破坏。TSA 型硫酸盐破坏主要使硅酸盐水泥基材料中的 C-S-H 凝胶转变成一种灰白色、无胶凝能力的烂泥状物质，从而导致硅酸盐水泥基材料强度大幅度降低甚至完全丧失。

地聚合物材料是近年来新发展起来的一类新型无机非金属材料，与传统的硅酸盐水泥相比，其生产利用了工业固体废弃物同时对环境无污染，显示出良好的生产与利用前景，如利用赤泥、矿渣、石灰石粉等工业废料制备的赤泥地聚合物已具有较高的强度和良好的施工性能。但是由于这类新型材料开发的时间不长，对其耐久性研究尚不充分，大大制约了地聚合物胶凝材料的推广和使用。因此，如何有效评价赤泥地聚合物的耐久性能，尤其是对赤泥地聚合物材料抗 TSA 型硫酸盐侵蚀破坏性能进行评估和研究是建筑材料研究领域亟须解决的重要问题。

　　硫酸盐对混凝土的侵蚀破坏可分为 SO_4^{2-} 在混凝土内的物理传输扩散和混凝土水化产物化学侵蚀破坏两个过程。本工作仅对其化学侵蚀破坏过程进行了研究，即对低温环境下赤泥地聚合物内部水化产物抗硫酸盐侵蚀性能及破坏机理进行了研究。为了消除 SO_4^{2-} 在赤泥地聚合物和普通硅酸盐水泥两种材料中物理传输扩散性能的差异，本实验采用内掺不同种类及不同质量分数硫酸盐的方法，在低温环境下对赤泥地聚合物进行硫酸盐侵蚀试验，并在同等条件下与普通硅酸盐水泥抗硫酸盐侵蚀性能进行对比分析。

1　实验

1.1　原材料

　　赤泥（Red mud）：洛阳龙门煤业有限公司提供烧结法赤泥，密度为 2.42g/cm³，过 0.08mm 方孔筛筛余量为 8.3%，比表面积 1212m²/kg，碱性极高，pH 值约为 13。矿粉（Slag）：徐州诚意水泥厂提供的磨细粒化高炉矿渣粉，密度为 2.89g/cm³，过 0.08mm 方孔筛筛余量为 0.82%，比表面积 416m²/kg。水泥：采用徐州淮海中联水泥集团生产的 P.O42.5 水泥。石灰石粉：徐州市铸本混凝土公司生产，密度约为 2.7g/cm³，比表面积 650m²/kg。各材料化学成分见表 1。水玻璃：佛山中发水玻璃厂生产，模数为 3.0，波美度为 41，试验中用东莞市汇欣工贸有限公司生产的纯度 99% 片状氢氧化钠将水玻璃模数调整为 1.2，调整后的水玻璃在试验中作为赤泥地聚合物碱性激发剂使用，掺量为胶凝材料质量分数的 20%。硫酸盐：天津市永大化学试剂有限公司生产，为无水分析纯。砂：厦门艾思欧标准砂有限公司生产的 ISO 标准砂。此外，C 为水泥，LP 为石灰石粉，Mg 为无水硫酸镁，Na 为无水硫酸钠。

表 1　原材料的化学组成（质量分数%）

原材料	SiO₂	Al₂O₃	Fe₂O₃	CaO	MgO	Na₂O	K₂O	SO₃	Loss
赤泥	16.98	13.35	7.43	30.29	1.5	2.82	0.38	—	24.96
矿渣	36.51	15.65	1.08	33.93	8.52	0.81	1.11	0.07	1.33
水泥	24.55	7.77	3.62	54.59	2.68	0.31	1.50	2.24	1.20
石灰石粉	6.03	1.15	0.48	49.48	2.92	0.20	1.04	0.02	38.13

1.2　试件的制备及试验方法

　　赤泥地聚合物低温硫酸盐侵蚀试验采用水泥胶砂强度检验方法（ISO 法）制作成型 40mm×40mm×160mm 胶砂试件进行硫酸盐侵蚀试验，同时成型养护 P.O42.5 水泥胶砂试件做抗硫酸盐侵蚀破坏性能对比，具体试验配合比见表 2（水灰比为 0.5）。

表 2　赤泥地聚合物硫酸盐侵蚀试验配合比（g）

Code	Slag	Red mud	C	LP	Mg	Na	Sulfate（质量分数）	Sand
N1	—	—	360	90	45	—	10	1350
N2	—	—	360	90	67.5	—	15	1350
N3	—	—	360	90	—	45	10	1350
N4	—	—	360	90	—	67.5	15	1350
F1	270	90	—	90	45	—	10	1350
F2	270	90	—	90	67.5	—	15	1350
F3	270	90	—	90	—	45	10	1350
F4	270	90	—	90	—	67.5	15	1350

　　试件在标准养护条件下养护 24h 后拆模并养护至 28d，标准养护结束后将试件浸泡在内装清水的养护槽（清水与试件体积比为 1.5：1），在冰柜中进行低温（5±1）℃养护，定期观察记录试件外观变化情况，并对破坏试件取样进行 XRD 衍射和傅里叶变换红外光谱（FT-IR）分析。XRD 衍射分析采用德国 Bruker 公司的 D8AdvanceX 射线衍射仪，FT-IR 光谱分析采用德国 Bruker 公司的 VERTEX80v 红外光谱仪。

2　结果与讨论

2.1　试件外观变化

　　试件长期浸泡外观变化如图 1 所示。内掺不同质量分数硫酸镁的赤泥地聚合物 F1，F2 试件在浸泡 140d 和 160d 后，棱角四周及表面有细微裂纹产生；浸泡 180d 和 210d 后，试件发生胀裂破坏。而对比组水泥 N1，N2 试件在浸泡 160d 和 180d 后，表面开始松软并有起皮剥落现象，棱角处产生细微裂纹；浸泡 240d 后试件强度极低且失去胶凝能力，试件边角部分开始剥落，无法维持整体性并呈灰白色烂泥状，具有典型的 TSA 型硫酸盐侵蚀破坏特征[5]。内掺不同质量分数硫酸钠的赤泥地聚合物 F3，F4 试件在浸泡 80d 和 60d 后发生胀裂破坏，而对比组高硫酸钠掺量水泥 N4 试件浸泡 70d 后胀裂破坏，低硫酸钠掺量水泥 N3 试件浸泡 300d 后外观形貌仍无明显变化。

N1：immcrsed 180 days　　N1：immcrsed 240 days　　F1：immcrsed 160 days　　F1：immcrsed 210 days

N2：immcrsed 160 days　　N2：immcrsed 240days　　F2：immcrsed 140 days　　F2：immcrsed 180 days

N3：immcrsed 300 days　　N4：immcrsed 70 days　　F3：immcrsed 80 days　　F4：immcrsed 60 days

图 1　试件在硫酸盐侵蚀过程的外观变化

2.2　微观表征

2.2.1　FT-IR 光谱测试结果

（1）普通硅酸盐水泥

　　普通硅酸盐水泥试件硫酸盐侵蚀 300d 时腐蚀产物的 FT-IR 光谱如图 2（a）所示。从图 2（a）中可以看出，内掺硫酸镁的 N1，N2 试件在 $500cm^{-1}$，$669cm^{-1}$ 以及 $750cm^{-1}$ 附近明显出现了振动特征峰。有文献指出[6]，红外光谱中 $500cm^{-1}$，$669cm^{-1}$ 以及 $750cm^{-1}$ 附近的振动特征峰，表明腐蚀破坏产物中存在 $[Si(OH)_6]^{2-}$ 硅氧八面体基团，分别对应〔Si（OH）₆〕²⁻基团的弯曲振动和收缩振动，即有碳硫硅钙石生成。由此可以判断 N1，N2 试件均有较多碳硫硅钙石生成，且 N2 试件振动特征峰更为明显，说明碳硫硅钙石的数量随着内掺硫酸镁含量的提高而增加。

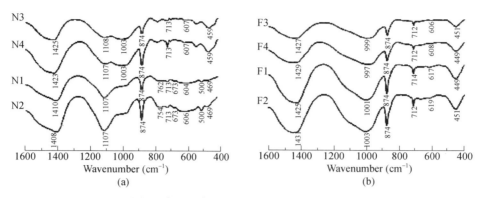

图 2　各组试件浸泡 300d 后的 FT-IR 光谱

内掺硫酸钠 N3 和 N4 试件在 FT-IR 光谱中 $460cm^{-1}$，$600cm^{-1}$，$1005cm^{-1}$ 和 $1115cm^{-1}$ 附近出现明显振动特征峰，表明有石膏物相生成[7]。此外光谱图中 $713cm^{-1}$，$874cm^{-1}$ 和 $1425cm^{-1}$ 附近振动特征峰分别为 $CaCO_3$ 中 C-O 键弯曲振动和伸缩振动，这说明试件中还有较多石灰石粉存在。

（2）赤泥地聚合物

赤泥地聚合物试件硫酸盐侵蚀 300d 时腐蚀产物的 FT-IR 光谱如图 2（b）所示。由图 2（b）分析可知，F 组试件未发现碳硫硅钙石振动特征峰，但在 $460cm^{-1}$，$600cm^{-1}$ 和 $1005cm^{-1}$ 附近出现石膏物相的振动特征峰。此外，与普通硅酸盐水泥 FT-IR 光谱图相同，$713cm^{-1}$，$874cm^{-1}$ 和 $1425cm^{-1}$ 附近出现振动特征峰说明试件中有较多石灰石粉存在。

2.2.2　XRD 衍射测试结果

（1）普通硅酸盐水泥

普通硅酸盐水泥试件硫酸盐侵蚀 300d 时侵蚀产物的 XRD 衍射结果如图 3（a）所示。由图 3（a）可知，内掺硫酸镁的 N1 和 N2 试件的 XRD 衍射图均出现了碳硫硅钙石的强衍射峰值，结合 FT-IR 光谱结果可知有较多碳硫硅钙石生成；内掺硫酸钠的 N3 和 N4 试件也出现了钙矾石或碳硫硅钙石衍射峰，但其 FT-IR 光谱中并未出现碳硫硅钙石的振动特征峰。有研究指出[8]：FT-IR 光谱灵敏度不够高，物质含量小于 1% 就难以测出，故 N3 和 N4 试件可能生成了极少量的碳硫硅钙石。同时，XRD 衍射图谱中 N3 和 N4 试件出现了石膏物相的衍射峰，且峰值较 N1 和 N2 试件有所增大，证明内掺硫酸钠主要生成了石膏。此外，随着硫酸镁掺量的提高，N2 试件中的氢氧化钙在硫酸盐侵蚀破坏中被大量消耗，并伴随有水镁石生成。

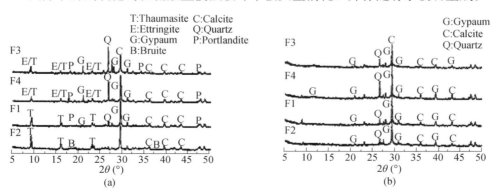

图 3　各组试件浸泡 300d 后的 XRD 衍射图谱

（2）赤泥地聚合物

赤泥地聚合物试件硫酸盐侵蚀 300d 时侵蚀产物的 XRD 衍射结果如图 3（b）所示。由图 3（b）可知，在硫酸盐侵蚀条件下，赤泥地聚合物出现了石膏物相的特征峰，且随着硫酸镁和硫酸钠掺量的提高，试件中石膏物相的衍射峰面积有所增大，即生成了更多的石膏，但均未出现碳硫硅钙石衍射峰，即没有碳硫硅钙石生成，这与 FT-IR 光谱分析结果一致。此外，衍射图谱中均出现了 $CaCO_3$ 强衍射峰，证明腐蚀产物中还有较多石灰石粉存在。结合试件长期浸泡中外观变化、腐蚀产物 FT-IR 光谱和 XRD 衍射分析结果可以判定，在低温硫酸盐侵蚀环境下，赤泥地聚合物试件发生了石膏型硫酸盐膨胀破坏。而对比组普通硅酸盐水泥 N1、N2 试件中均有较多的碳硫硅钙石生成，发生了典型的 TSA 破坏；N3 与 N4 试件中的主要硫酸盐侵蚀产物是钙矾石及石膏，其中 N4 试件直接发生胀裂破坏。

3 机理分析

3.1 普通硅酸盐水泥

3.1.1 成型养护期硫酸盐对水泥水化的影响

有研究认为[9]，一定掺量的硫酸钠可以提高水泥的水化速率及放热量，促进水泥早期水化并提高试件 3d 强度。当水泥-石灰石粉胶凝体系掺入一定量硫酸盐时，部分硫酸盐在水泥浆体中溶解，SO_4^{2-} 与水泥矿物中铝酸三钙（$3CaO \cdot Al_2O_3$）水化生成的水化铝酸钙（$3CaO \cdot Al_2O_3 \cdot 6H_2O$）反应，生成钙矾石（AFt：$3CaO \cdot Al_2O_3 \cdot 3CaSO_4 \cdot 32H_2O$），发生反应如式（1）所示。而随着水泥继续水化生成 $Ca(OH)_2$ 后，$Ca(OH)_2$ 会与掺入的硫酸盐反应生成石膏，发生反应如式（2）和式（3）所示。

$$3SO_4^{2-}+3Ca^{2+}+3CaO \cdot Al_2O_3 \cdot 6H_2O+26H_2O \Longrightarrow 3CaO \cdot Al_2O_3 \cdot 3CaSO_4 \cdot 32H_2O \tag{1}$$

$$Na_2SO_4+Ca(OH)_2+2H_2O \Longrightarrow 2NaOH+CaSO_4 \cdot 2H_2O \tag{2}$$

$$MgSO_4+Ca(OH)_2+2H_2O \Longrightarrow Mg(OH)_2+CaSO_4 \cdot 2H_2O \tag{3}$$

由于试验中硫酸盐直接在胶凝材料中掺入且相对过量，仅有少量硫酸盐溶解在水泥浆体并在试件凝结硬化前参与反应，当试件凝结硬化进入标准养护期后，大部分硫酸盐颗粒胶结在水泥石中。当试件进入低温浸泡期充分饱水后，硫酸盐逐渐溶解在水泥石孔隙液中，作为硫酸盐侵蚀源参与反应。

3.1.2 低温浸泡期硫酸盐对水泥产生的侵蚀破坏

在低温浸泡期，内掺硫酸钠的普通硅酸盐水泥试件有钙矾石及石膏物相生成，硫酸钠掺量较高的试件甚至直接胀裂破坏。这是因为试件在低温浸泡期充分饱水后，胶结在水泥石内的硫酸钠颗粒逐渐溶解在孔隙液中继续反应生成钙矾石及石膏晶体，使水泥石固相体积增大并产生膨胀应力，而当膨胀应力达到抗拉极限强度就会导致水泥石膨胀开裂破坏。

在低温浸泡期，内掺硫酸镁的普通硅酸盐水泥试件有较多碳硫硅钙石生成，最终发生了 TSA 破坏，而水泥基材料中的碳硫硅钙石主要有两种形成机理：溶液直接反应机理和钙矾石转变（Woodfordite）机理[10-12]。Crammond 等[10]认为：在硫酸盐侵蚀条件下，溶液中的 SO_4^{2-}，CO_3^{2-} 与水泥石中的 C-S-H 凝胶在溶液中直接反应生成碳硫硅钙石，即发生溶液中的离子反应。试件 N1 和 N2 在内掺硫酸镁时，发生反应如式（4）所示[11]。Bensted 等[12]认为，由于钙矾石和碳硫硅钙石结构极其相似，在低温条件下 C-S-H 凝胶中的 Si^{4+} 取代钙矾石中的 Al^{3+}，CO_3^{2-} 取代钙矾石中的 SO_4^{2-} 和结合水分子，形成钙矾石与碳硫硅钙石固溶体（硅矾钙石），最终转化为碳硫硅钙石，反应如式（5）所示。

$$Ca_3Si_2O_7 \cdot 3H_2O+2MgSO_4+2CaCO_3+Ca(OH)_2+28H_2O \longrightarrow$$
$$Ca_6[Si(OH)_6]_2 \cdot [(SO_4)_2 \cdot (CO_3)_2] \cdot 24H_2O+2Mg(OH)_2 \tag{4}$$

$$Ca_6[Al_xFe(1-x)(OH)_6]_2 \cdot (SO_4)_3 \cdot 26H_2O+Ca_3Si_2O_7 \cdot 3H_2O+2CaCO_3+4H_2O \longrightarrow$$
$$Ca_6[Si(OH)_6]_2 \cdot [(SO_4)_2 \cdot (CO_3)_2] \cdot 24H_2O+CaSO_4 \cdot 2H_2O+$$

$$2x\mathrm{Al(OH)_3}+2(1-x)\mathrm{Fe(OH)_3}+4\mathrm{Ca(OH)_2} \tag{5}$$

在长期低温养护中，由于 N1 和 N2 试件中 Mg^{2+} 和 SO_4^{2-} 复合侵蚀，消耗水泥水化形成的 Ca（OH）₂ 致使孔溶液 pH 值降低。最终，由于孔溶液 pH 值降低导致 C-S-H 凝胶脱钙分解，在溶液中产生更多的 ［Si（OH）₆］²⁻ 基团作为反应物，加速了碳硫硅钙石的形成。

3.2　赤泥地聚合物

3.2.1　成型养护期硫酸盐对赤泥地聚合物水化的影响

赤泥地聚合物在强碱溶液环境下水化时，OH^- 的极化作用使赤泥及矿渣颗粒中的 Ca-O 键，Si-O 键和 Al-O 键断裂，按照 Peter 提出的反应机理模型[13]，赤泥和矿渣的硅铝相溶出释放出离子态的硅铝单体，同时赤泥及矿渣颗粒中的 Ca^{2+} 溶解在浆体中，在较短时间内经过离子交换、水解、解聚、硅铝单体释放，逐渐形成地聚合物的三维网络结构，最终脱水聚合形成地聚合物。当掺入一定量硫酸盐时，在强碱环境下赤泥及矿渣水化生成的水化铝酸钙与 SO_4^{2-} 反应，生成钙矾石［式（1）］，不仅提高了胶凝材料的早期强度，同时加速了赤泥及矿渣颗粒的水化。而与内掺硫酸盐的水泥试件水化情形相似，由于地聚合物反应凝结较快，仅有少量硫酸盐溶解在浆体内参与反应，而大部分硫酸盐颗粒胶结在赤泥地聚合物内部。当试件进入低温浸泡期充分饱水后，硫酸盐逐渐溶解在地聚合物孔隙液中，作为硫酸盐侵蚀源参与反应。

3.2.2　低温浸泡期硫酸盐对赤泥地聚合物产生的侵蚀破坏

由微观检测结果可知，在低温硫酸盐侵蚀环境下赤泥地聚合物主要发生了石膏型硫酸盐膨胀破坏，这是由于赤泥地聚合物水化产物被硫酸盐侵蚀破坏生成了石膏晶体，最终导致试件膨胀破坏，但并没有发生 TSA 型硫酸盐破坏，其原因分析如下。

（1）赤泥地聚合物水化产物 pH 值对其抗 TSA 破坏的影响

赤泥地聚合物由于采用水玻璃和氢氧化钠进行碱激发，同时赤泥本身也具有极高的碱性，故其水化产物内部孔隙液碱性极高。试验中按表 2 将赤泥地聚合物制成净浆试件，标准养护 28d 后研磨成粉末，取一定量粉末放入 25mL 小烧杯，按液固比 1∶1 加入蒸馏水搅拌均匀，用 pH 酸度计多次测量，其水化产物 pH 值在 13.0～13.5 之间。目前研究普遍认为[14-16]，碳硫硅钙石一般在 pH 值为 10.5～13.0 的环境下产生，且 pH 值在 10.5 左右时更易生成，pH 值过高则反而难以生成甚至无法生成。丁天[16]将 NaOH 加入水泥净浆拌合用水研究 pH 值对碳硫硅钙石生成的影响，认为碳硫硅钙石在适宜的碱度环境下才能生成，而净浆碱度越高，越不利于碳硫硅钙石生成。同时 Schmidt 等[17]通过热力学计算研究发现：低温环境中 pH 值越高，生成的碳硫硅钙石越不稳定，这是赤泥地聚合物在硫酸盐侵蚀条件下没有发生 TSA 破坏的重要原因。

（2）赤泥地聚合物水化产物结构对其抗 TSA 破坏的影响

前期赤泥地聚合物胶凝材料制备技术研究中发现，赤泥地聚合物水化产物主要为低钙硅比无定形的水化硅酸钙 C-S-H 凝胶和铝硅酸盐类反应产物，如水钙沸石及少量的钙黄长石、托贝莫来石、羟基硅钙石等难溶性沸石类矿物。由于赤泥地聚合物水化产物不含有氢氧化钙，C-S-H 凝胶钙硅比约为 1.0，而水化的普通硅酸盐水泥浆体中的 C-S-H 凝胶钙硅比为 1.5～1.8[18]。Bellmann[19]研究认为，C-S-H 凝胶钙硅比越低，其抗 TSA 破坏的能力就越强，且当钙硅比降低至 1.1 时，即使在高浓度硫酸盐侵蚀环境中也难以生成碳硫硅钙石。因此，赤泥地聚合物水化产物 C-S-H 凝胶低钙硅比结构具有较强的抗 TSA 破坏能力。同时，赤泥地聚合物水化产物中的铝硅酸盐属于难溶类物质，化学性质较为稳定，不与硫酸盐发生反应。因此，赤泥地聚合物水化产物中 C-S-H 凝胶钙硅比低和水化生成的铝硅酸盐类物质化学性质稳定也是其未发生 TSA 破坏的重要原因。

4　结论

（1）在长期低温浸泡条件下，内掺硫酸镁和硫酸钠的赤泥地聚合物试件发生了石膏型硫酸盐膨胀破坏；

而普通硅酸盐水泥试件则分别发生了 TSA 型硫酸盐侵蚀破坏和钙矾石-石膏型硫酸盐膨胀破坏。

（2）在低温硫酸盐侵蚀条件下赤泥地聚合物产生膨胀型硫酸盐破坏而非 TSA 型硫酸盐破坏，与普通硅酸盐水泥相比其破坏前有明显迹象，实际工程中应用更为安全可靠，值得推广使用。

（3）与普通硅酸盐水泥相比，赤泥地聚合物内部孔隙液 pH 值高，水化产物中 C-S-H 凝胶钙硅比低，以及水化生成的铝硅酸盐类物质化学性质稳定是其未发生 TSA 型硫酸盐侵蚀破坏的主要原因。

参考文献

[1] Ramezanianpour AM，Hooton RD. Thaumasite sulfate attack in Portland and Portland-limestone cement mortar sexposed to sulfate solution ［J］. Construction Building Mater，2013，40（3）：162.

[2] Schmidt T，Lothenbach B，Romer M，etal. Physical and microstructural aspects of sulfate attack on ordinary and limestone blended Portland cements ［J］. Cem Concr Res，2009，39（12）：1111.

[3] 杨长辉，刘本万，向晓斌，等. 碱矿渣水泥石抗碳硫硅钙石型硫酸盐腐蚀性能 ［J］. 建筑材料学报，2015，18（1）：44.

[4] 肖佳，吴婷，孟庆业，等. 碳硫硅钙石在不同阳离子作用下的形成研究 ［J］. 功能材料，2014，45（19）：45.

[5] Tosun K，Felekoglu B，Baradan B，etal. Effects of limestone replacement ratio on the sulfate resistance of Portland limestone cement mortars exposed to extra ordinary high sulfate concentrations ［J］. Construction Building Mater，2009，23（7）：2534.

[6] Barnett SJ，Macphee DE，Lachowski EE，etal. XRD，EDX and IR analysis of solid solutions between thaumasite and ettringite ［J］. Cem ConcrRes，2002，32（5）：719.

[7] 彭文世，刘高魁. 石膏及其热转变产物的红外光谱 ［J］. 矿物学报，1991，11（1）：27.

[8] 张颖，任耕，刘民生. 无机非金属材料研究方法 ［M］. 北京：冶金工业大学出版社，2011：218.

[9] 张路. 熟料中原生硫酸盐对水泥体积稳定性的影响 ［D］. 上海：同济大学，2014.

[10] Crammond NJ. The thaumasite for mofsulfate attack in the UK ［J］. Cem ConcrCompos，2003，25（8）：809.

[11] Hartshorn SA，Sharp JH，Swamy RN. Thaumasite form ationin Portland-limestone cement pastes ［J］. Cem ConcrRes，1999，29（8）：1331.

[12] Bensted J. Thaumasite–Direct，woodfordite and other possible formation routes ［J］. Cem ConcrCompos，2003，25（8）：873.

[13] Peter D，Provis JL. designing precursors for geopoly mercements ［J］. Jam CeramSoc，2008，91（91）：3864.

[14] Gaze ME，Crammond NJ. Formation of thaumasite in acement：lime：sand mortar exposed to cold magnesium and pot assium sulfate solutions ［J］. Cem ConcrCompos，2000，22（3）：209.

[15] 张靖. 水泥基材料碳硫硅钙石型硫酸盐侵蚀影响因素研究 ［D］. 重庆：重庆大学，2009：37.

[16] 丁天. 碳硫硅钙石结构鉴别及特性研究 ［D］. 烟台：烟台大学，2014：52.

[17] Schmidt T，Lothenbach B，Romer M，etal. A ther modynamic and experimental study of the conditions of thaumasite formation ［J］. Cem ConcrRes，2008，38（3）：337.

[18] Bensted J. Early hydration of Portland cement-Effects of water/cement ratio ［J］. Cem ConcrRes，983，13（4）：493.

[19] Bellmann F，Stark J. Prevention of thaumasite formation in concrete exposed to sulphate attack ［J］. Cem ConcrRes，2007，37（8）：1215.

文章来源：《材料导报B：研究篇》2016 年 9 月（B）第 30 卷第 9 期。

钢渣粉磨制备方式对 **RO** 相气力选别性的影响

侯新凯，刘柱燊，杨洪艺，董跃斌，马孝瑜

（西安建筑科技大学材料与矿资学院，陕西西安，710055）

摘 要 选用三种粉磨设备制备的 5 种钢渣粉，从粉体粒度分布均匀性和 RO 相的粒级分布差异性两方面，探索适合 RO 相气力分选的钢渣粉磨方式。5 种钢渣粉粒度分布均符合 RRB 分布和分形维数方程，由均匀性系数 n 和分形维数 D 表明粉体粒度越粗均匀性越好，RO 相的密度分离效应高。粉磨方式对 RO 相的密度分离效应高低次序为立磨＞辊压机＞球磨。钢渣粉在 $-55\mu m$ 粒级范围内，5 种钢渣粉中 RO 相含量随粒度增大而提高，表现出 RO 相的粒度分离效应。钢渣粉在 $+55\mu m$ 粒级范围内，RO 相含量随粒度增大而下降且含量较低，该粒级中大部分 RO 相与脉石以矿粒集合体形式存在。立磨和辊压机选择性粉磨作用比球磨强，粉磨方式对 RO 相的粒度分离效应高低次序为辊压机＞立磨＞球磨。实际 RO 相气力分选作业并存有密度分离效应和粒度分离效应，前者作用更大。

关键词 RO 相；气力分选；钢渣粉；粉磨；粒度均匀性

Abstract For the purpose of optimizing grinding process for separating the RO phase from steel slag solids by pneumatic classification, five kinds of micron steel slag powder prepared by three kinds of common grinding equipments were examined for the uniformity of size distribution and the divergence of RO phase concentration in size fractions. It is found that the size distribution of micron steel slag powder conforms to RRB model and the fractal dimension equation. Observations indicate that more uniform distribution exists in coarser powder with greater value of uniformity coefficient n and less value of fractal dimension D so that the RO phase density separation effect is better. The superior RO phase density separation effect in samples resulted from three grinding processes can be listed in the order: vertical roller mill, roller press mill, ball mill. For ground steel slag solids with $-55\mu m$ size fraction, the content of RO phase increases with particle size increasing which shows the RO phase granularity separation effect. For the solids with $+55\mu m$ size fraction, the content of RO phase decreases depending on particle size increasing, in which a majority of RO phase maintain in mineral aggregate with gangue. In comparison with ball mill, vertical roller mill and roller press mill possess better preferential fracture along the mineral boundaries. According to the efficiency of the RO phase granularity separation effect resulted from three grinding processes, an order can be ranged as roller press mill, vertical roller mill, ball mill. The pneumatic classification of RO phase from steel slag powder by industrial facilities coexists of density separation effect and granularity separation effect, and the former is larger than the latter role.

Keywords RO phase; pneumatic separation; steel slag powder; grinding; uniformity of particle size

　　钢渣含有硅酸钙、铁酸钙和铁铝酸钙等水化活性矿物（简称活性矿物），主要用作水泥生产的混合材[1]，同时钢渣还伴生 RO 相、Fe_3O_4 等水化惰性矿物，它们对钢渣粉的水化活性有负面作用[2]。除去 RO 相后钢渣中活性矿物的相对含量增加[3]，使钢渣粉产品的活性指数[4]提高 10% 以上；选出的 RO 相物料经提纯可用作炼铁原料或选矿用重介质粉。气力分选是根据矿物密度或粒度的差异，在空气介质的外力场中因运动效果不同实现密度、粒度不同矿物分离的目的。气力分选作业不破坏钢渣粉胶凝性，还具有分选设备和工艺技术成熟、操作调节简单的优点，是钢渣中 RO 相分选的最基本方式。

　　磨矿作用是将目标矿物单体解离并使矿粒达到适合分选的粒度，粉磨方式对矿物单体解离度[5]、矿粒粒度分布[6]和目标矿物粒级分布差异性[7,8]等矿物选别特征产生深刻影响。辊压机、立磨和卧辊磨这类高压料床粉磨技术，比传统的球磨粉磨节能50％以上[9]，已经广泛地用于水泥工业以及钢渣粉磨中，它们能提高矿物解离度、改善物料粒度分布也逐渐被人们所认识。如Celik I测定辊压机粉磨的水泥熟料比球磨料中C_3S、C_2S的矿物解离度高，并且粉体的粒度分布窄[5]，因此影响水泥强度发展、需水量和水化热等质量指标。辊压机粉磨锡矿石等金属矿石时目标矿物解离度高，在矿物界面有显著的优先解离效应[10,11]。从有利于RO相分选的角度，钢渣应采用哪种粉磨方式以及粉磨工艺参数的选择，这个问题未引起人们的关注。论文采用3种粉磨方式制备的5种细度钢渣粉，从RO相气力分选作业要求出发，对比分析粉磨方式、粉磨操作参数对RO相密度分离效应和粒度分离效应的影响；然后以气力分选实验评价钢渣粉中RO相气力分选效果。

1 钢渣粉的制备和气力分选原理分析

1.1 钢渣粉制备及粒度特征

采用太原钢铁有限公司的碳钢转炉钢渣，钢渣块料由3种粉磨工艺制成5种钢渣粉。（1）辊压钢渣粉：钢渣块料经破碎、除铁后，采用辊压机闭路粉磨，经O-Sepa选粉机分选收集细粉产品，标记为G。（2）球磨钢渣粉：辊压机生产的细粉产品，再经过工业化开路球磨机粉磨，生产出粗、细两个钢渣粉，分别标记为Q_1和Q_2。（3）立式辊磨钢渣粉：钢渣块料由细颚式破碎机破碎至-3mm，除铁后由小型闭路立式辊磨机（简称立磨）粉磨，制备出粗、细两个钢渣粉，分别标记为L_1和L_2。测定5种钢渣粉比表面积范围226～400m²/kg见表1。采用Malvern Mastersizer2000激光粒度分析仪测试5种钢渣粉粒度分布，它们特征粒径d_e范围23.5～39.0μm见表1。

表1 5种钢渣粉的细度、均匀性系数n和分形维数D

Table 1 The fineness, uniformity coefficient and fractal dimension of 5 kinds of steel slag powder

Sample	G	L_1	L_2	Q_1	Q_2
Specific surface area （m²/kg）	226	309	345	243	400
Characteristic diameter d_e （μm）	39.0	29.0	26.5	38.5	23.5
Uniformity coefficient n	1.13	1.08	1.04	1.11	0.98
Fractal dimension D	2.04	2.10	2.11	2.06	2.19

1.2 气力分选原理

气力分选的基本原理，是在空气介质中利用矿粒间密度或粒度的差异来分离矿物。气力分选作用的两种最基本外力场是重力场和离心力场，钢渣粉粒度小且重力场强度低，在重力场中沉降运动属于层流状态，在离心力场中径向运动则属于过渡区状态。矿粒处于重力场中自由沉降速度V_g和离心力场中径向运动速度V_c为[12]：

$$V_g = d^2(\rho_s - \rho)g/18\mu, V_c = d[2\omega^2 r(\rho_s - \rho)/15\rho]^{2/3}(\rho/\mu)^{1/3} \qquad (1)$$

式中，ρ_s，ρ为矿粒、空气密度；d为矿粒粒度；r，ω为颗粒旋转运动半径和旋转角速度；μ为空气黏度。

考察矿粒运动速度公式（1），钢渣粉中RO相分选过程并存有如下两类分离效应。

（1）密度分离效应。如式（1）所示在重力场或离心力场中，矿粒运动速度都与其密度成正关系，两类所分离矿粒的密度差值越大，它们在气流中运动速度以及运动轨迹的分歧越大，分离效果越好。太钢钢渣中RO相的密度为4.42g/cm³[13]，脉石矿物（活性矿物）以β-C_2S为代表，密度为3.33g/cm³[14]。由RO相、β-C_2S与空气密度差的比值，计算可选性判别准则E值为1.33，属于分选比较困难类型[12]。矿粒以密度效应分离时，有矿粒粒度因素的干扰作用，如式（1）所示在重力场或离心力场中，矿粒运动速度与粒度成正关系，即大粒度运动速度快。RO相气力分选过程中，存在β-C_2S大矿粒（密度小）与RO相小矿粒（密度大）等速运动情形，扰乱了矿粒密度分离的基本规则。矿粒粒度分布均匀性越低，这种粒度干扰作用越大。

当颗粒及流体的物理性质（ρ_s，ρ，μ）和选粉机结构及操作参数（r，ω）既定时，RO 相按密度分离精度由所制备钢渣粉的粒度均齐性确定，故以钢渣粉粒度分布均匀性表征密度分离效应。

（2）粒度分离效应。钢渣中各种矿物抗粉磨性差异，引起 RO 相的粒级分布不均匀性。RO 相是钢渣中硬度最大的非金属矿物[13]，抗粉磨性最强，在钢渣粉的粗粒级中富集；β-C_2S 等活性矿物硬度小、抗粉磨性差，在钢渣粉的细粒级中富集。式（1）中矿粒运动速度与粒度成正关系，粗粒级（富含 RO 相）比细粒级（富含 β-C_2S）运动速度快，重力场或离心场中粗、细粉分离时，就实现 RO 相成分分选。RO 相的粒度分离效应由钢渣粉的粗、细粒级中 RO 相含量的差异性确定，通常以钢渣粉粗、细粒级中 RO 相含量比值表征，体现粉磨设施的矿物选择性粉磨作用特征。

目前工业上常用的 O-Sepa 系列涡流选粉机，其切割粒径 d_{50} 定义为该粒径颗粒在分离界面处（转笼外柱面），所具有的离心力与所受气流的径向黏性力达到平衡，该粒径颗粒进入粗粉和细粉的概率都是 50%。颗粒切割粒径的表达式[15]为

$$d_{50} = 3C_D\rho Rv_r^2 / 4v_\theta^2\rho_s \qquad (2)$$

式中，C_D 为颗粒绕流阻力系数；R 为选粉机转笼外径；v_r，v_θ 分别为该点处气流径向、切向速度；ρ_s，ρ 仍为矿粒、空气密度。

涡流选粉机分选作业时，在转笼外柱面即分离界面犹如有一个筛网，将在气流中分散的粉体以 d_{50} 为分界线切割分离为粗粉、细粉，这个筛网称为"空气动力筛"，d_{50} 就是这个"空气动力筛"的筛网孔径。RO 相富集在钢渣粗粒级中被"空气动力筛"筛分到粗粉料，以选粉机"空气动力筛"的粒度分离效应实现了钢渣粉矿物成分的分选。（2）式 d_{50} 值与矿粒密度成反比，高密度矿粒比低密度矿粒的 d_{50} 值小，用"空气动力筛"筛分密度不同的两种矿粒，能将高密度矿粒筛分到粗粉中。RO 相的密度比脉石矿物大，能用"空气动力筛"筛分到粗粉中，"空气动力筛"的密度分离效应实现了钢渣粉矿物成分的分选。"空气动力筛"的粒度分离效应和密度分离效应，都是将钢渣中 RO 相矿物筛分到粗粉中，钢渣粉的气力分选作用是两种效应的正向叠加。

2 RO 相气力选别性分析

2.1 密度分离效应

2.1.1 RRB 均匀性系数 n

粉体粒度分布符合 Rosin-Rammler-Bennett（RRB）方程时，粉体粒度分布均匀性以均匀性系数 n 表征，n 值越大粒度分布越均匀。RRB 分布函数式为：

$$R(d) = 100\exp[-(d/d_e)^n] \qquad (3)$$

式中，$R(d)$ 为累计筛余百分数；d 为颗粒的粒度；d_e 为特征粒径；n 为粒度分布均匀性系数。将式（3）取双对数，得：

$$\ln[\ln(100/R(d))] = n \cdot \ln d + c \qquad (4)$$

分别以 $\ln d$、$\ln[\ln(100/R(d))]$ 为横坐标和纵坐标，将 5 种钢渣粉粒度分布数据标注在坐标中，观察每种粉体数据点大致呈一条直线，且线性拟合相关性系数 r 均大于 0.96，表明 5 种钢渣粉粒度均符合 RRB 分布。拟合线的斜率即为 n 值见表 1，钢渣粉 n 值大小顺序为：$G > Q_1 > L_1 > L_2 > Q_2$。粉体粒度分布均匀性不仅与粉磨方式有关，还与粉体细度有关，5 种粉体的细度（比表面积）有明显差异，还应分析细度水平对 n 值的作用规律。

钢渣粉比表面积 S 与均匀性系数 n 的关联性标示在图 1 中，n 与 S 总体趋势上呈负相关性，线性拟合方程为 $n = -8.2 \times 10^{-4} S + 1.3$。三种常用粉磨设备制成微米级钢渣粉，比表面积越大粒度分布均匀性越低，即钢渣粉粒度越小粒度分布均匀性越差，RO 相密度分离效应越低。上述现象可能的机理是，当钢渣磨至微米级时，粉体粒度小以受直接冲击产生整体破坏的体积粉碎模型成为次要方式，在原颗粒表面切削出更微细颗粒的表面粉碎模型成为主要粉碎方式，表面粉碎作用直接导致粒度分布宽、均匀性差。粉体在磨细过程

中颗粒表面还会产生明显擦痕，粗糙度增加，颗粒粒度分布更复杂，均匀性越差[16]。

从图 1 分析粉磨设施对 n 的影响，球磨产品 Q_1，Q_2 点均位于拟合线的下方，立磨产品 L_1，L_2 点均位于拟合线的上方。这表明粉磨相同细度时，立磨钢渣粉 n 值比球磨大，粒度均匀性高，以密度分离效应分选钢渣粉 RO 相的分选效率高。辊压机产品 G 点位于拟合线上，钢渣粉 n 值介于球磨和立磨之间，密度分离效应分选效果也介于两者之间。

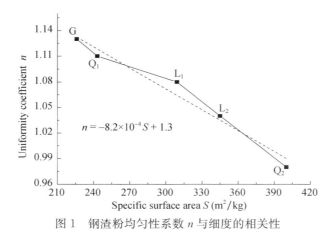

图 1　钢渣粉均匀性系数 n 与细度的相关性

Fig. 1　The correlation between uniformity coefficient n and fineness of steel slag powder

粉磨方式对 n 值影响涉及两方面因素。（1）粉磨方法。尽管三种粉磨设施都是冲击法、挤压法、磨剥法和劈裂法结合起来进行粉碎，但球磨机中抛落钢球的冲击粉碎为主导方法，而辊压机和立磨在两个相向运动的磨辊之间或磨辊与磨盘挤压物料为主导方法。两种方法破碎时物料应力状态和断裂方式有显著的差异，挤压法是在两个表面之间的一个或两个面高压应力挤压物料做功，粉碎时物料内有残余内应力，粉磨颗粒表面粗糙、微裂纹多，沿着晶粒表面选择性解离程度大；冲击法是物料受到急剧猝发地撞击时，能量传递速度快，晶格来不及吸收应变能，破碎时物料内无残余内应力，粉磨颗粒无弛豫效应而形成新裂纹核，矿物解离度低[17]。辊压机或立磨粉碎（挤压法）比球磨（冲击法）不仅能耗低、矿物解离度高，而且产品中细粉含量少，且细粉粒度均齐[5]。（2）粉磨流程结构。球磨是开路粉磨结构，其他两种都是闭路粉磨结构。物料在开路粉磨结构中粉磨时，产品须达到细度要求才能出磨，合格细粉仍可能滞留在磨内被过粉磨；在闭路工艺中，磨内粉碎物料全部被强制性排出磨外经选粉机分选，只有粗颗粒才返回磨内再粉磨，合格细粉作为成品避免过细粉磨，故产品粒度分布均匀。出磨物料经选粉机分选，细粉颗粒粒度的均匀性总比原粉体高[18]。

2.1.2　分形维数 D

分形维数 D 作为描述粉体粒度分布特征的一个序参量，它是粉体粒度分布均匀性另一种表征方法，D 值越小粒度均匀性越高。与传统的粒度分布模型相比，分形维数模型可建立在粒度分布是离散区间的基础上，也适用于颗粒群平均粒径和最大粒径不同的情况，定量描述粉体粒度分布均匀性[19]。粒度分布分形维数表达式为：

$$F(d)=kd^{3-D} \tag{5}$$

式中，$F(d)$ 为粒度分布函数；d 为颗粒粒度；k 为常数；D 为颗粒群分形维数。将式（5）数学变换，得

$$\ln F(d)=(3-D)\ln d+\ln k \tag{6}$$

分别以 $\ln d$、$\ln F(d)$ 为横、纵坐标，将 5 种钢渣粉粒度分布数据标注于图 2 中。若数据点大致呈一条直线，表明粒度分布都具有分形特征。由粒度分布数据拟合线性方程的斜率，计算 5 种料的分形维数 D，见表 1。钢渣粉分形维数 D 大小次序为 $G<Q_1<L_1<L_2<Q_2$，这与 n 值表征粒度均匀性的结果一致。

钢渣粉比表面积 S 与分形维数 D 的关联性曲线如图 2 所示，总体趋势上 D 值与 S 值呈良好的正相关性，线性拟合方程为 $D=7.15×10^{-4}S+1.87$。随着微米级钢渣粉粒度减小（比表面积增加），分形维数 D 增大，即粉磨作用是分形维数 D 增大的过程。D 值越大粒度均匀性越低，RO 相密度分离效应越差，这与 n 值表征粉磨

作用的结论相一致。因此钢渣粉磨细度达到 RO 相基本解离指标时，应避免将钢渣粉碎过细而降低分选效率。

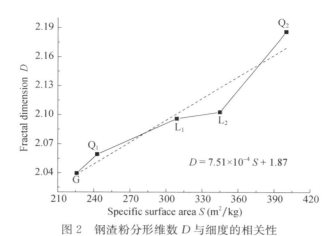

图 2 钢渣粉分形维数 D 与细度的相关性

Fig. 2 The correlation between fractal dimension D and fineness of steel slag

从图 2 中分析粉磨方式对分形维数 D 的影响，球磨产品 Q_1，Q_2 位于拟合线上方，立磨产品 L_1，L_2 位于拟合线下方，辊压机产品 G 处于拟合线上。同一粉磨细度，D 值从小到大从次序为：立磨＜辊压机＜球磨。D 值越小粒度均匀性越高，这与 n 值表征结果一致。钢渣粉粒度均匀性高，有利于 RO 相密度分离，粉磨方式优选次序是立磨＞辊压机＞球磨。

2.2 粒度分离效应

2.2.1 钢渣粉粒度分级和 RO 相含量测定

将 G，L_1，Q_1，Q_2 共 4 种钢渣粉各取 1000g 烘干，用标准方孔筛机械振动筛分，将每个试样筛分为以下 6 个粒级（μm）：-18，$18 \sim 38$，$38 \sim 45$，$45 \sim 55$，$55 \sim 65 > 65$。

钢渣中 RO 相含量测定采用化学物相分析法[20]，钢渣在 EDTA-DEA-TEA 溶剂中未溶磁性残渣量即为惰性矿物总量，减去 Fe 和 Fe_3O_4 含量就是 RO 相含量。

2.2.2 结果分析

表 2 中列出每种钢渣粉原试样以及试样各粒级中 RO 相含量的测定值，括号内数据是筛分粒级产率。

表 2 钢渣粉原试样以及各粒级的 RO 相含量和产率 （%）

Table 2 The RO phase content in original and each fraction samples and the yield of each fraction （%）

Sample	original steel slag	$-18\mu m$	$18 \sim 38\mu m$	$38 \sim 45\mu m$	$45 \sim 55\mu m$	$55 \sim 65\mu m$	$>65\mu m$
G	25.72	14.86 (39.4)	25.22 (18.5)	42.77 (10.8)	44.01 (9.3)	35.32 (8.0)	26.15 (14.0)
L_1	21.15	17.11 (50.7)	21.73 (15.1)	36.84 (10.8)	39.00 (3.7)	23.63 (10.9)	13.72 (8.9)
Q_1	22.17	16.32 (43.5)	32.19 (12.5)	30.24 (12.9)	27.49 (10.5)	23.91 (12.4)	15.90 (8.1)
Q_2	23.02	20.39 (57.5)	35.76 (13.3)	30.04 (14.2)	17.90 (8.7)	12.35 (5.1)	5.93 (1.2)

Note：The yield of each fraction denoted in parentheses.

尽管 4 种钢渣粉采用同源钢渣原料，因破碎及粉磨加工时磁选除铁效果不同，钢渣粉产品中 RO 相含量值存在差异。为消除原钢渣粉 RO 相含量因素的影响，采用富集系数定量表征 RO 相的粒级富集作用[21]，富集系数 P 是粒级 RO 相含量与原试样中 RO 相的比率。P 值越大该粒级 RO 相的富集程度越大，计算 4 种钢渣粉各粒级 RO 相的富集系数，如图 3 所示。

图 3 中 4 种钢渣粉的 P（d）函数总趋势是先逐渐上升达到最大值后再逐渐下降。将 P 值上升区间或保持 P 值＞1 区间划分为第一阶段，该阶段是 RO 相粒度分离效应的有效区间；P 值下降区间及 P 值＜1 粗粒级区间

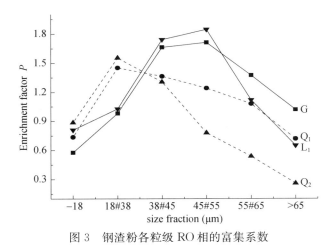

图 3　钢渣粉各粒级 RO 相的富集系数

Fig. 3　The enrichment factor of size fraction RO phase of steel slag powder

为第二阶段，该阶段是 RO 相粒度分离效应的无效区间。第一阶段粗粒级比细粒级（$-18\mu m$）RO 相含量高，表现出 RO 相硬度大、抗粉磨性强，在粗粒级中富集的粒度分离效应。尽管 4 种钢渣粉第一阶段 $P(d)$ 函数曲线总趋势相似，但在细节上存在差异。（1）两种高压挤压粉碎产品 G 和 L_1 第一阶段粒级范围宽，在 $18\sim55\mu m$ RO 相含量均比原钢渣粉高，两个球磨产品特别是细料 Q_2 只在 $18\sim45\mu m$ 区间 RO 相含量比原钢渣粉高。辊压机、立磨钢渣粉第一阶段区间宽度是球磨的 1.4 倍，较宽粒度范围内表现出 RO 相的粒度分离效应。（2）富集系数 P 值的大小也存在差异，以 P 的最大值表征 RO 相粒级富集程度。两种高压挤压粉碎产品 G 和 L_1 在 $45\sim55\mu m$ 粒级 P 值高达到 $1.71\sim1.84$，而球磨产品在 $18\sim38\mu m$ 粒级 P 值最大仅为 $1.45\sim1.55$。辊压机、立磨钢渣粉该阶段 P 最大值是球磨的 1.2 倍，表明 RO 相在粗粒级中富集度大，有利于 RO 相的粒度分离效应。第一阶段粒度区间宽度和 P 最大值数值，立磨和辊压机钢渣粉中 RO 相在粗粒级富集作用比球磨好，RO 相粒度分离效应优于球磨。

粉磨设备的粉磨方法造成 4 种钢渣粉 RO 相粒度分离特征的差异性。球磨机以冲击粉碎为主，物料各部位并不是均匀地受到研磨体作用力，从矿界面断裂的选择性粉磨作用弱，在强受力部位晶粒易产生穿晶破碎[5]，使硬度大、难磨的 RO 相粉碎进入到细粒级中，RO 相在粗粒级的富集效果变差；立磨和辊压机的料床粉碎过程中整个颗粒受力均匀，达到矿物颗粒界面间应力极限时即产生粉碎[17]，促进 RO 相的选择性解离，因此 RO 相保持其工艺粒度（$31\sim45\mu m$）[13]富集在粗粒级中的几率高。球磨采用开路粉磨工艺，出磨物料粒度小，RO 相过粉磨几率大，使单体解离的 RO 相矿粒再粉碎进入更细粒级；而立磨、辊压机闭路粉磨系统物料出磨粒度大，能将单体解离的 RO 相矿粒及时排出到磨外，削弱了 RO 相过粉磨细化现象。

$P(d)$ 函数的第二阶段随 d 增大呈下降趋势，图 3 中 4 种钢渣粉从 $55\mu m$ 粒级 P 值显著减小，并且有 3 种钢渣粉 $+65\mu m$ 粒级 P 值小于 1。显微镜观察 $+65\mu m$ 粒级中 RO 相与硅酸盐矿物等脉石矿物呈矿物集合体形式，粉磨过程只是将矿物集合体粒度减小，还未充分涉及晶粒本身的粉碎，不能体现 RO 相本体抗粉磨性强，在粗粒级中富集的特征。$P(d)$ 函数的第二阶段对 RO 相粒度分离效应不利，以该阶段粒级区间宽度和 P 值大小评价。（1）由于辊压机产品 G 在 $P(d)$ 函数下降阶段 P 值均大于 1，不能由 P 值大小统一定义第二阶段的起点。两种挤压粉碎产品 G 和 L_1 以 P 值下降点为第二阶段起点，球磨钢渣粉以细料 Q_2 中 P 值小于 1 为第二阶段起点，均以 $65\mu m$ 为第二阶段终点。辊压机、立磨产品粒级宽度均为 $10\mu m$，球磨产品粒级宽度为 $20\mu m$，两种挤压粉碎产品第二阶段宽度为球磨的一半。（2）4 种料第二阶段共有区间为 $55\sim65\mu m$ 和 $>65\mu m$ 两个粒级，以这两个粒级 P 值算数平均值作为 P 特征值。辊压机、立磨产品 P 特征值分别为 1.20、0.88，两个球磨产品平均 P 特征值为 0.65，两种挤压粉碎产品 P 特征值是球磨的 $1.4\sim1.9$ 倍。从 RO 相的粒度分离效应的上述两个指标，确定钢渣粉磨方式优选次序为辊压机>立磨>球磨。

为综合评定 RO 相在整个粒级区间的粒度分离特征，以 $38\mu m$ 为中位分离径将 4 种钢渣粉分为粗、细两种产品，以粗细产品中 RO 相含量比值 Z 来表征 RO 相的粒度分离效应。粗产品包含 $38\sim45\mu m$、$45\sim55\mu m$、

$55\sim65\mu m$、$>65\mu m$ 四个粒级，细产品包含$-18\mu m$、$18\sim38\mu m$ 两个粒级，粗、细产品中 RO 相含量以其所包含的粒级产率为权重计算加权平均值。Z 值越大，RO 相在粗细产品中质量分布差异越大，粒度分离效应越高。

钢渣粉比表面积 S 与 Z 之间的关联性曲线如图 4 所示，Z 值与 S 值之间大致呈负关联性，拟合线性方程为 $Z=-0.4\times10^{-2}S+2.7$。钢渣粉比表面积在 $226\sim400m^2/kg$ 范围时，随着钢渣粉粒度减小（比表面积增加），Z 值变小，即粉磨作用是 Z 值减小的过程。钢渣粉越细，RO 相在 $+38\mu m$ 粗产品与 $-38\mu m$ 细产品中分布差异越小，RO 相的粒度分离效应越低。粉磨作用对 RO 相的粒度分离效应和密度分离效应结果一致，钢渣粉的过粉碎现象对两者均不利。

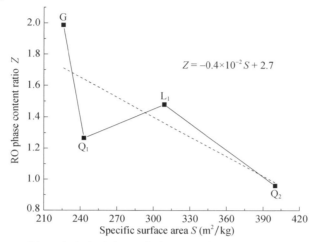

图 4　粗细产品中 RO 相含量比 Z 与细度的相关性

Fig. 4　The correlation between coarse and fine products RO phase content ratio Z and fineness of steel slag powder

从图 4 中试样在 S-Z 关系拟合线上下方位置，综合评价粉磨方式对 Z 值的影响。辊压机产品 G 点和立磨产品 L_1 点均处于拟合线上方，相同粉磨细度钢渣粉的 Z 值高，且远大于 1。这表明 RO 相在粗细产品中质量分布差异大，RO 相粒度分离效应高。相反，球磨产品 Q_1、Q_2 点处于拟合线下方，相同粉磨细度下钢渣粉的 Z 值低。当 Z 值最小接近 1 时，粗、细产品中 RO 相含量几乎相同，不能通过粒度分离效应实现 RO 相成分的分选。G 与 Q_1 细度相当 Z 值却提高了 57%；L_1 比 Q_2 比表面积小 $91m^2/kg$ 但 Z 值提高了 54%，因此辊压机和立磨钢渣粉的 RO 相粒度分离效应高于球磨，钢渣粉磨方式优选次序是辊压机＞立磨＞球磨。

2.3　气力分选模型检验

上述从密度分离效应和粒度分离效应两个方面，期望钢渣粉磨制备性能朝有利于 RO 相分选方向改变，这些理论分析还需要以实际分选效果来检验。用 Q_1 和 L_1 两种钢渣粉，在小型工业化超细粉 O-Sepa 选粉生产线上，分别以 $19.7\mu m$，$19.2\mu m$ 为中位分谷径进行气力分选。Q_1 钢渣粉分选的粗、细产品中 RO 相含量分别为 37.1%，9.3%，RO 相含量比 Z 值为 4.0。L_1 钢渣粉分选的粗、细产品中 RO 相含量分别为 35.1%，7.4%，RO 相含量比 Z 值为 4.7。上述气力分选实验所得粗细产品 RO 相含量比 Z 值为 4.0 以上，是单纯粒度筛分分级（图 4）最高 Z 值的 $2.1\sim2.4$ 倍。钢渣粉中 RO 相气力分选效果是密度分离效应与粒度分离效应的正向叠加，实际分选 Z 值是单纯粒度筛分分级最高 Z 值 2 倍以上，可能密度分离效应比粒度分离效应的作用大。

粉体气力分选的基本作用是将同类粉体以粒度特征分选，钢渣中 RO 相气力分选的根本目标是 RO 相矿物成分的分离。这种以粒级分选手段最终实现矿物成分分离的效果，引进牛顿分离效率 η 来表征。η 的物理含义是指被选物料进入理想分离器的百分数，η 值越高分选效果越好。上述钢渣粉 Q_1 和 L_1 的粒度牛顿分离效率 η_d 分别为 91.1%，80.8%，RO 相成分牛顿分离效率 η_c 分别为 38.5%，41.4%，采用气力分选能实现钢渣中 RO 相成分的有效分离。继续提高粒级分选作业 η_d 的精度，成分分离效果 η_c 还有提升的空间。

3 结论

（1）辊压机、立磨和球磨制备钢渣粉的粒度分布符合 RRB 分布和分形维数方程，微米级钢渣粉粉磨粒度越细，粒度均匀性越差，对 RO 相气力分选的密度分离效应干扰越大。粉磨方式对 RO 相的密度分离效应高低次序为立磨＞辊压机＞球磨。

（2）钢渣粉在 -55μm 粒级，RO 相富集系数 P 值是粒径 d 的增函数或高 P 值区间，表现出 RO 相气力分选的粒度分离效应。立磨和辊压机产品高 P 值粒级宽度是球磨的 1.4 倍，P 最大值是球磨的 1.2 倍，RO 相粒度分离效应比球磨高。

（3）钢渣粉在 $+55\mu$m 粒级，RO 相富集系数 P 值是粒径 d 的减函数及低 P 值区间，颗粒大多以矿粒集合体形式存在，并未体现 RO 相抗粉磨性强、在粗粒级中富集的特征。立磨和辊压机选择性粉磨作用强，该区间 P 值是球磨的 1.4～1.9 倍。

（4）粉磨方式对 RO 相的粒度分离效应高低次序为辊压机＞立磨＞球磨。实际 RO 相气力分选并存有密度分离效应和粒度分离效应，甚至前者作用更大。

基金项目： 陕西省自然科学基础研究计划项目（2016JM5010），山西省科技创新项目（2013101038），陕西省教育厅专项科研计划项目（15JK1396）。

参考文献

[1] Kourounis S, Tsivilis S, Tsakiridis PE, et al. Properties and hydration of blended cements with steelmaking slag [J]. Cement and Concrete Research, 2007, 37: 815-822.

[2] 侯贵华，李伟峰，郭伟，等. 转炉钢渣的显微形貌及矿物相 [J]. 硅酸盐学报，2008，36（4）：436-443.

[3] 侯新凯，袁静舒，李虎森，等. 一种提高钢渣水化活性的方法：中国，ZL 2013 1 0299049.7 [P]. 2015-05-20.

[4] GB/T 20491—2006. 用于水泥和混凝土中的钢渣粉 [S].

[5] Celik I, Oner M. The influence of grinding mechanism on the liberation characteristics of clinker minerals [J]. Cement and Concrete Research, 2006, 36: 422-427.

[6] 张育才，林宗寿，周惠群，等. 不同粉磨方式矿粉颗粒特性的研究 [J]. 武汉理工大学学报，2008，30（5）：42-46.

[7] ZhaoYunliang, Zhang Yimin, Liu Tao, et al. Pre-concentration of vanadium from stone coal by gravity separation [J]. International Journal of Mineral Processing, 2013, 121: 1-5.

[8] 张千新. 高压辊终粉磨条件下含铜银多金属矿的分选及其机理研究 [J]. 金属矿山，2015，470（8）：137-142.

[9] Namık A. Aydoğan, Hakan Benzer. Comparison of the overall circuit performance in the cement industry: High compression milling vs. ball milling technology [J]. Minerals Engineering, 2011, 24: 211-215.

[10] A. J. Clark, B. A. Wills. Technical Note Enhancement of Cassiterite Liberation by High Pressure Roller Comminution [J]. Minerals Engineering, 1989, 2 (2): 259-262.

[11] M. J. G. Battersby, H. Kellerwessel, G. Oberheuser. High pressure particle bed comminution of ores and mineralss-A challenge [J]. World Cement, 1993, 19.

[12] 魏德州. 固体物料分选学 [M]. 北京，冶金工业出版社，2009：179-186.

[13] 侯新凯，贺宁，袁静舒，等. 钢渣中二价金属氧化物固溶体的选别性研究 [J]. 硅酸盐学报，2013，41（8）：1142-1150.

[14] Harold F. W. Taylor. Cement Chemistry [M]. London: Academic Press, 1990: 15-32.

[15] 刘家祥，何廷树，夏靖波. 涡流分级机流场特征分析及分级过程 [J]. 硅酸盐学报，2003，31（5）：485-489.

[16] 贺图升，赵旭光，赵三银，等. 转炉钢渣粉粒度分布的分形特征 [J]. 硅酸盐通报：2013，32（11）：2356-2351.

[17] Ozgur Ozcan, Hakan Benzer. Comparison of different breakage mechanisms in terms of product particle size distribution and mineral liberation [J]. Minerals Engineering, 2013, 49: 103-108.

[18] Namık A. Aydoğan, Levent Ergün, Hakan Benzer. High pressure grinding rolls (HPGR) applications in the cement industry [J]. Minerals Engineering, 2006, 19 (2): 130-139.

[19] 郁可，郑中山. 粉体粒度分布的分形特征 [J]. 材料研究学报：1995，9（6）：539-542.

[20] 侯新凯，袁静舒，杨洪艺，等. 钢渣中水化惰性矿物的化学物相分析 [J]. 硅酸盐学报：2016，44（5）：651-657.

[21] C. Sierra, C. Ordóñez, A. Saavedra, et al. Element enrichment factor calculation using grain-size distribution and functional data regression [J]. Chemosphere, 2015 (119): 1192-1199.

铜渣中铁组分的直接还原与磁选回收

杨慧芬，景丽丽，党春阁

（北京科技大学土木与环境工程学院，北京，100083）

摘　要　以褐煤为还原剂，采用直接还原-磁选方法对含铁 39.96％（质量分数）的水淬铜渣进行回收铁的研究。在原料分析和机理探讨基础上，提出影响铜渣中铁回收效果的主要工艺参数，并进行试验确定。结果表明：在铜渣、褐煤和 CaO 质量比为 100：30：10，还原温度为 1250℃，焙烧时间为 50min，再磨细至 85％ 的焙烧产物粒径小于 43μm 的最佳条件下，可获得铁品位为 92.05％、回收率为 81.01％ 的直接还原铁粉；经直接还原后，铜渣中的铁橄榄石及磁铁矿已转变成金属铁，所得金属铁颗粒的粒度多数在 30μm 以上，且与渣相呈现物理镶嵌关系，易于通过磨矿实现金属铁的单体解离，从而用磁选方法回收其中的金属铁。

关键词　铜渣；直接还原；磨矿；磁选；金属铁

Abstract　In order to recycle iron from copper slag with total iron content (TFe) of 39.96％ (mass fraction), a technique with lignite-based direct reduction followed by magnetic separation was presented. After analysis of chemical composition and crystalline phase, according to experimental mechanism, the tests for studying the effects of different parameters on the recovery of iron were carried out. The results show that the optimum parameters are proposed as follows: the mass ratio of copper slag/lignite/CaO is 100：30：10, the reduction temperature is 1250℃, the time is 50min, and the particle size of 85％ roasted product is smaller than 43μm, under which the direct reduction iron powders with TFe of 92.05％ and iron recovery rate of 81.01％ are obtained. After reduction, the fayalite (Fe_2SiO_4) and magnetite (Fe_3O_4) in copper slag are reduced to metallic iron. The metallic iron particles whose sizes are mainly larger than 30μm, are loosely supported on the surface of slag particles. So the monomer dissociation of metallic iron particles is easily achieved by grinding, then the dissociated metallic iron particles are recovered via magnetic separation method.

Keywords　copper slag; direct reduction; grinding; magnetic separation; metallic iron

我国作为世界主要铜生产国，每年铜渣排放量约八百多万吨，渣中含有 Fe，Cu，Zn，Pb，Co 和 Ni 等多种有价金属和 Au，Ag 等少量贵金属，其中 Fe 含量远高于我国铁矿石可采品位（TFe＞27％）[1]，然而我国的铜渣利用率仍很低，大部分铜渣被堆存在渣场中，既占用土地又污染环境[2]，也造成巨大的资源浪费。目前，铜渣除少量用作水泥混凝土原料[3-5]和防锈磨料[6]外，主要利用集中在采用不同方法从铜渣中回收 Cu，Zn，Pb 和 Co 等有色金属[7-13]。铜渣中 Fe 含量虽然很高，但关于回收 Fe 的报道却很少，原因主要是铜渣中的 Fe 大多以铁橄榄石（Fe_2SiO_4）[14-17]形式存在，而不是以 Fe_3O_4 或 Fe_2O_3 形式存在，因此，利用传统矿物加工方法[15,18]很难有效回收其中的 Fe。要回收铜渣中的 Fe 就需要先将铜渣中以 Fe_2SiO_4 形式存在的 Fe 转变成 Fe_3O_4[16-17]或金属铁，然后经过磨矿-磁选工艺加以回收。高温熔融氧化法[16]或加入调渣剂方法[17]是两种常见的将铜渣中的 Fe_2SiO_4 转化为 Fe_3O_4 而磁选回收的有效方法，而关于将铜渣中的 Fe_2SiO_4 直接还原成金属铁，再通过磨矿-磁选回收金属铁的方法至今未见报道。为此，本文作者拟对这种回收 Fe 的方法进行可行性试验和回收效果研究，以期为回收利用铜渣中的 Fe 提供一种新途径。

1　实验

1.1　原料

试验原料为国内江西某炼铜厂的水淬铜渣。该铜渣呈颗粒状，大部分颗粒粒径在 2～3mm 以下，单个颗粒有不规则棱角，玻璃光泽，质地致密。铜渣的化学成分用 ARL-ADVANT′XP 波长色散 X 荧光光谱仪测定，共获三十多种可检出成分，表 1 所列为其主要化学成分。由表 1 可见，铜渣中含有较高的 TFe，Cu，Zn 和 Pb，有害杂质 S 和 P 的含量也较高。铜渣碱度为 0.12，即 m（CaO＋MgO）/m（Al2O3＋SiO2）＝0.12，为酸性渣。

表 1　铜渣的主要化学成分（%）

Table 1　Main chemical composition of received copper slag（mass fraction,%）

TFe	SiO₂	Al₂O₃	CaO	MgO
39.96	20.16	2.99	2.0	0.76
Cu	Pb	Zn	S	P
1.45	0.77	0.85	0.72	0.30

图 1 所示为铜渣的 XRD 谱。由图 1 可见，铜渣中含 Fe 的晶相矿物主要有铁橄榄石（Fe_2SiO_4）及少量磁铁矿（Fe_3O_4），其他铁矿物的衍射峰很难发现。

直接还原过程所用还原剂为褐煤。该褐煤的固定碳含量（质量分数）为 37.09%，挥发分含量为 43.52%，水分含量为 13.18%，灰分含量为 6.21%，全硫含量为 0.19%。

由于铜渣为酸性渣，为促进铁橄榄石的还原，在直接还原过程加入碱性氧化物 CaO。

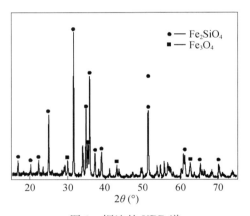

图 1　铜渣的 XRD 谱

Fig. 1　XRD pattern of received copper slag

1.2　试验原理

铜渣中的铁矿物 Fe_2SiO_4 和 Fe_3O_4 在煤基直接还原过程中的还原行为有所不同。在温度高于 843K 时，Fe_3O_4 按下列顺序逐级还原：$Fe_3O_4 \rightarrow FeO \rightarrow Fe$。而 Fe_2SiO_4 一般在 298～1600K 范围内先分解成 FeO，然后再还原为金属铁。Fe_2SiO_4 和 Fe_3O_4 直接还原的主要反应[19]如下：

$$Fe_3O_4 + 2C = 3Fe + 2CO_2 \tag{1}$$

$$Fe_2SiO_4 + 2C = 2Fe + SiO_2 + 2CO \tag{2}$$

$$Fe_2SiO_4 + CaO + 2C = CaSiO_3 + 2Fe + 2CO \tag{3}$$

图 2 所示为根据反应式（1），（2）和（3）计算的 $\Delta G^{\ominus}$ 与温度的关系。

由图 2 可见，直接还原温度越高，$\Delta G^{\ominus}$ 越小，表示还原反应进行的可能性越大。铜渣中的 Fe_3O_4 很容易还原成金属铁，Fe_2SiO_4 在直接还原温度大于 1045K 时，也可以还原成金属铁。如果在直接还原过程中加入 CaO，则可降低 Fe_2SiO_4 的直接还原温度，提高 Fe_2SiO_4 的直接还原能力，促进 Fe_2SiO_4 直接还原。

通过上述对 Fe_3O_4 和 Fe_2SiO_4 直接还原过程的热力学分析可推断，在确保还原气氛的前提下，控制好还原温度和还原时间，并加入 CaO 可实现 Fe_3O_4 和 Fe_2SiO_4 的直接还原。

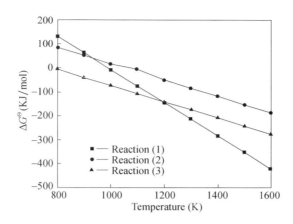

图 2　反应（1）～（3）的 $\Delta G^{\ominus}$ 与温度的关系

Fig. 2　Relationship between standard free energy（$\Delta G^{\ominus}$）
and temperature for reactions（1）～（3）

1.3　试验方法

称取 100g 铜渣，配以设计质量比的褐煤和 CaO，完全混合后置于石墨坩埚内，在马弗炉中一定温度下进行还原焙烧。到给定时间后，取出进行水淬冷却，然后湿磨至一定细度，在磁场强度为 111kA/m 下磁选，丢弃尾矿，获得最终产品——直接还原铁粉。所得直接还原铁粉中的全铁品位用化学方法测定，并根据式（4）计算 Fe 的回收率，以直接还原铁粉的全铁品位和 Fe 的回收率作为试验过程的评价指标。

$$R_{Fe} = w（Fe_r）m_r / \left[w（Fe_s）m_s \right] \tag{4}$$

式中，R_{Fe} 为 Fe 的回收率；$w（Fe_r）$ 为直接还原铁粉的 Fe 含量；m_r 为直接还原铁粉的质量；$w（Fe_s）$ 为铜渣的 Fe 含量，39.96%；m_s 为铜渣质量，100g。

在此基础上，采用光学显微镜分析焙烧产物中金属铁和渣相的可单体解离性以及通过磨矿-磁选工艺分离回收金属铁的可能性。采用 XRD 技术分析最佳试验条件下焙烧产物及直接还原铁粉的物相，分析条件如下：CuK_{α} 靶，40kV，100mA，扫描速度 8（°）/min，扫描范围 10°～100°。

2　结果与分析

根据试验原理，铜渣煤基直接还原过程需控制的重要工艺参数有 4 个：褐煤配比（褐煤与铜渣的质量比）、CaO 配比（CaO 与铜渣的质量比），焙烧温度和焙烧时间。另外，焙烧产物的磨细度也是影响金属铁磁选回收效果的重要因素。

2.1　褐煤配比对 Fe 回收率的影响

在 CaO 配比 15%、焙烧温度 1200℃、焙烧时间 40min、磨细度（50% 的颗粒粒径）小于 43μm 的条件下进行试验，考察褐煤配比对铜渣中 Fe 回收率的影响，结果如图 3 所示。

由图 3 可见，随着褐煤配比的增大，直接还原铁粉的 Fe 含量先大幅上升而后趋于平稳，Fe 回收率则先大幅上升而后有所降低，最佳褐煤配比为 30%。褐煤配比过低，铜渣中的铁矿物不能被充分还原成金属铁。褐煤配比过高，则还原析出的金属铁往往难以逾越疏松多孔的褐煤表面而聚集、生长成粒度较大的金属铁颗粒。只有当褐煤配比适当时，才能既保证铜渣中的 Fe 被充分还原，又保证还原析出的金属铁颗粒足够大，以便通过磨矿实现单体解离再磁选回收。

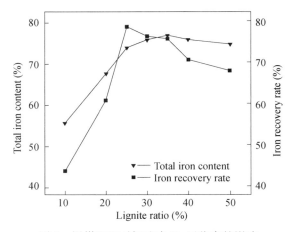

图3 褐煤配比对铜渣中 Fe 回收率的影响

Fig. 3 Effects of lignite ratio on iron recovery rate

2.2 CaO 配比对 Fe 回收率的影响

在褐煤配比 30%、焙烧温度 1200℃、焙烧时间 40min、磨细度（50%的颗粒粒径）小于 $43\mu m$ 的条件下进行试验，考察 CaO 配比对铜渣中 Fe 回收率的影响，结果如图4所示。

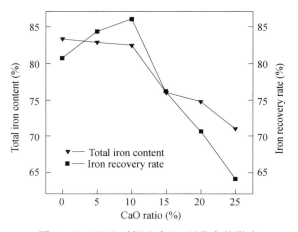

图4 CaO 配比对铜渣中 Fe 回收率的影响

Fig. 4 Effects of CaO ratio on iron recovery rate

由图4可见，随着 CaO 配比的增大，直接还原铁粉的 Fe 含量呈下降趋势，CaO 配比越大，下降趋势越明显；Fe 回收率则随 CaO 配比的增大先略有增大而后迅速下降。最佳 CaO 配比为 10%。CaO 的加入提高了渣相的熔点，使原本有利于金属铁扩散凝聚的液相减少，同时大量 CaO 的存在使得固态渣相呈现疏松结构，从而不利于金属铁扩散聚集成大的金属铁颗粒。因此，CaO 配比一定要适当，必须既能满足 CaO 促进 Fe_2SiO_4 直接还原的需要，又能使直接还原生成的金属铁易于扩散聚集而形成有利于磨矿-磁选回收的大颗粒金属铁，这样才能保证有良好的分选指标。

2.3 焙烧温度对 Fe 回收率的影响

在褐煤配比 30%、CaO 配比 10%、焙烧时间 40min、磨细度（50%的颗粒粒径）小于 $43\mu m$ 的条件下进行试验，考察焙烧温度对铜渣中 Fe 回收率的影响，结果如图5所示。

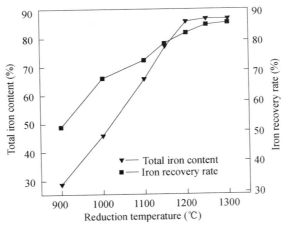

图 5　焙烧温度对铜渣中 Fe 回收率的影响

Fig. 5　Effects of reduction temperature on iron recovery rate

由图 5 可见，随着焙烧温度的升高，直接还原铁粉的 Fe 含量和 Fe 回收率均迅速上升，但焙烧温度为 1200℃后，Fe 回收率的增大幅度有限。根据图 2 所示，焙烧温度越高，直接还原反应（1），（2）和（3）的 $\Delta G^{\ominus}$ 值越小，越有利于 Fe_3O_4 和 Fe_2SiO_4 的还原；同时，温度越高，生成的金属铁扩散聚集成大颗粒金属铁的可能性越大。但温度太高，如 1300℃时，生成的金属铁会与部分渣相互相烧结混杂，从而增加后续磨矿-磁选分离的难度。最佳焙烧温度为 1250℃。

2.4　焙烧时间对 Fe 回收率的影响

在褐煤配比 30%、CaO 配比 10%、焙烧温度 1250℃、磨细度（50% 的颗粒粒径）小于 $43\mu m$ 的条件下进行试验，考察焙烧时间对铜渣中 Fe 回收率的影响，结果如图 6 所示。

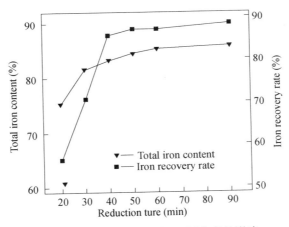

图 6　焙烧时间对铜渣中 Fe 回收率的影响

Fig. 6　Effects of reduction time on iron recovery rate

由图 6 可见，焙烧时间过短，铜渣中铁矿物得不到充分的还原，Fe 回收率低。焙烧时间过长，则因铁矿物已被充分还原而不可能大幅提高 Fe 回收率。因此，最佳焙烧时间为 50min。

2.5　焙烧产物磨细度对 Fe 回收率的影响

在褐煤配比 30%、CaO 配比 10%、焙烧温度 1250℃、焙烧时间 50min 的条件下进行试验，考察焙烧产物磨细度对铜渣中 Fe 回收率的影响，结果如图 7 所示。

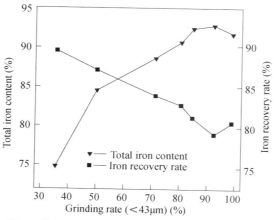

图 7 焙烧产物磨细度对铜渣中 Fe 回收率的影响
Fig. 7 Effects of grinding rate (<43μm) of boasting product on iron recovery rate

由图 7 可见，随着焙烧产物磨细度的增大，直接还原铁粉的 Fe 含量先迅速增加而后变化不大，Fe 回收率则先迅速减小而后变化较小。随着磨细度增加，金属铁颗粒的单体解离度增大，Fe 含量增加；但磨细度过大时，细粒互相夹带易造成 Fe 含量降低。同时，磨细度的增加，易造成细粒金属铁颗粒的损失而降低 Fe 回收率。最佳磨细度为 85％ 的颗粒粒径小于 43μm，此时直接还原铁粉的 Fe 含量为 92.05％，Fe 回收率为 81.02％。

3 产品分析

3.1 焙烧产物的物相与显微结构

将铜渣在褐煤配比 30％、CaO 配比 10％、焙烧温度 1250℃、焙烧时间 50min 的最佳焙烧条件下进行焙烧，对所得焙烧产物进行 XRD 分析和显微镜分析。图 8 所示为最佳条件下焙烧产物的 XRD 谱。

由图 8 可见，铜渣经直接还原焙烧后，其原本大量存在的结晶相物质——铁橄榄石和磁铁矿已不复存在，已全部转变成金属铁、硅灰石和钙铁辉石等存在于焙烧产物中。因此，铁矿物的还原效果很明显。

图 9 所示为该焙烧产物的显微结构。由图 9 可见，焙烧产物中不但有还原生成的金属铁颗粒，也存在还原析出的金属铜颗粒。金属铁颗粒粒度多数在 30μm 以上，而金属铜颗粒粒度多数在 5μm 以下。金属铁颗粒粒度大，且与渣相呈现物理镶嵌关系，易于通过磨矿实现单体解离，再通过磁选回收其中的金属铁。金属铜颗粒，由于没有磁性，即使单体解离，磁选后仍与渣相混在一起而进入磁选尾矿。

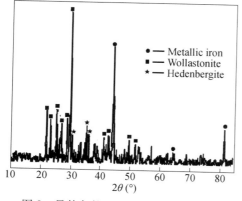

图 8 最佳条件下焙烧产物的 XRD 谱
Fig. 8 XRD pattern of roasted product under optimized reduction conditions

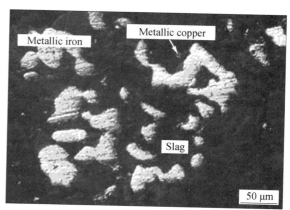

图 9 最佳条件下焙烧产物的显微结构
Fig. 9 Microstructure of roasted product under optimized reduction conditions

3.2　直接还原铁粉的物相与主要化学成分

图 10 所示为最终产品——直接还原铁粉的 XRD 谱。由图 10 可见，铜渣经还原焙烧，再经磨矿-磁选所得到的直接还原铁粉，其主要成分是金属铁，另含极少量硅灰石，这与表 2 的化验结果非常一致。因此，铜渣采用直接还原—磨矿—磁选方法回收其中 Fe 是可行的，而且回收效果很好。

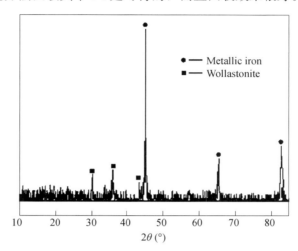

图 10　直接还原铁粉的 XRD 谱

Fig. 10　XRD pattern of obtained direct reduction iron powders

表 2　直接还原铁粉的主要化学组成（%）

Table 2　Main chemical composition of obtained direct reduction iron powders（mass fraction，%）

TFe	SiO$_2$	Al$_2$O$_3$	CaO	MgO
92.05	3.65	0.67	1.58	0.57
Cu	Pb	Zn	S	P
0.16	0.021	0.005	0.001	0.028

4　结论

（1）铜渣中 Fe 含量很高，主要含铁矿物为铁橄榄石和少量磁铁矿。研究证明：煤基直接还原—磨矿—磁选方法适合从该铜渣中回收铁组分。最佳工艺条件为：褐煤配比 30%，CaO 配比 10%，焙烧温度 1250℃，焙烧时间 50min，焙烧产物磨细度（85% 的颗粒粒径）小于 43μm。在最佳工艺条件下，可获得 Fe 含量为 92.05%、Fe 回收率为 81.02% 的直接还原铁粉。

（2）铜渣经煤基直接还原后，其中的铁橄榄石和磁铁矿转变成了金属铁和硅灰石等，金属铁颗粒粒度多数大于 30μm，且与渣相呈现物理镶嵌关系，易于通过磨矿单体解离，再通过磁选回收其中的金属铁颗粒。

参考文献

[1] 曹洪杨，付念新，王慈公，张力，夏风申，隋智通，冯乃祥. 铜渣中铁组分的选择性析出与分离 [J]. 矿产综合利用，2009（2）：8-11.

[2] ALTER H. The composition and environmental hazard of copper slag in the context of the Basel convention [J]. Resources，Conservation and Recycling，2005，43（4）：353-360.

[3] SHI C J，MEYER C，BEHNOOD A. Utilization of copper slag in cement and concrete [J]. Resources，Conservation and Recycling，2008，52（10）：1115-1120.

[4] KHANZADI M，BEHNOOD A. Mechanical properties of high-strength concrete incorporating copper slag as coarse aggregate [J]. Con-

struction and Building Materials，2009，23（6）：2183-2188.

［5］JABRI K S A，HISADA M，ORAIMI S K A，SAIDY A H A. Copper slag as sand replacement for high performance concrete［J］. Cement & Concrete Composites，2009，31（7）：483-488.

［6］KAMBHAM K，SANGAMESWARAN S，DATER S R，KURA B. Copper slag：optimization of productivity and consumption for cleaner production in dry abrasive blasting［J］. Journal of Cleaner Production，2007，15（5）：465-473.

［7］BANZA A N，GOCK E，KONGOLO K. Base metals recovery from copper smelter slag by oxidizing leaching and solvent extraction［J］. Hydrometallurgy，2002，67（1/3）：63-69.

［8］ARSLANA C，ARSLANA F. Recovery of copper，cobalt，and zinc from copper smelter and converter slag［J］. Hydrometallurgy，2002，67（1/3）：1-7.

［9］RUDNIK E，BURZ. SKA L，GUMOWSKA W. Hydrometallurgical recovery of copper and cobalt from reduction-roasted copper converter slag［J］. Minerals Engineering，2009，22（1）：88-95.

［10］MAWEJA K，MUKONGO T，MUTOMBO I. Cleaning of a copper matte smelting slag from a water-jacket furnace by direct reduction of heavy metals［J］. Journal of Hazardous Materials，2009，164（2/3）：856-862.

［11］SARRAFI A，RAHMATI B，HASSANI H R，SHIRAZI H H A. Recovery of copper from reverberatory furnace slag by flotation［J］. Minerals Engineering，2004，17（3）：457-459.

［12］CARRANZA F，ROMERO R，MAZUELOS A，IGLESIAS N，FORCAT O. Biorecovery of copper from converter slag：Slag characterization and exploratory ferric leaching tests［J］. Hydrometallurgy，2009，97（1/2）：39-45.

［13］邓彤，文震，刘东. 硫酸介质中氯化物参与下氧化浸出铜渣过程［J］. 中国有色金属学报，2001，11（2）：302-306.

［14］邓彤，凌云汉. 含钴铜转炉渣的工艺矿物学［J］. 中国有色金属学报，2001，11（5）：881-885.

［15］韩伟，秦庆伟. 从炼铜炉渣中提取铜铁的研究［J］. 矿冶，2009，18（2）：9-12.

［16］刘纲，朱荣，王昌安，王振宙，高峰. 铜渣熔融氧化提铁的试验研究［J］. 中国有色金属，2009（1）：71-74.

［17］曹洪杨，付念新，张力，夏凤申，隋智通，冯乃祥. 铜冶炼熔渣中铁组分的迁移与析出行为［J］. 过程工程学报，2009，9（2）：284-188.

［18］王珩. 从炼铜厂炉渣中回收铜铁的研究［J］. 广东有色金属学报，2003，13（2）：83-88.

［19］郭汉杰. 冶金物理化学教程［M］. 二版. 北京：冶金工业出版社，2006.

煤泥对浸锌渣的直接还原作用

杨慧芬，蒋蓓萍，王亚运，苑修星，张莹莹

（北京科技大学土木与环境工程学院，金属矿山高效开采及
安全教育部重点实验室，北京，100083）

摘　要　以煤泥为新型还原剂，探索了煤泥用量、CaO/SiO₂摩尔比、焙烧温度和焙烧时间等工艺参数对浸锌渣中铅、锌、铁化合物直接还原的影响，分析了不同直接还原温度下还原产物——焙砂中所含矿物的种类及铁的存在物相，观察了最佳还原条件下焙砂中铁颗粒的形貌，最后进行了焙砂的磨矿-磁选试验。结果表明：在煤泥用量45％、CaO/SiO₂摩尔比1.2、1250℃直接还原90min，浸锌渣中Zn，Pb的挥发率分别达到96.69％，97.65％，焙砂中Fe的金属化率达到97.78％。铁在焙砂中主要以金属铁颗粒形式存在，其嵌布粒度多数＞20μm，且与其他相界面分明，表明可通过磨矿实现单体解离。采用二段磨矿-磁选流程，可同时获得含铁90.80％的金属铁粉和含铁65.00％的铁精矿，铁的总回收率为81.19％。因此，证明煤泥是一种还原效果优良的浸锌渣还原剂。

关键词　煤泥；还原剂；浸锌渣；直接还原；有价金属

Abstract　The effect of technical parameters such as the ratio of coal slim to zinc-leaching residue，the mole ratio of CaO/SiO₂、reduction temperature and time on the direct reduction of zinc-leaching residue，which contains zinc，lead and iron compounds，was explored using coal slime as a new reducing agent. The types of minerals and iron phase in roasted products generated in different temperatures were analyzed. The morphology of iron particles in calcine were observed under the optimum reduction condition. Finally the grinding-magnetic separation tests of the calcine were carried out. The results showed that evaporation rate of zinc 96.69％ and lead 97.65％ in the zinc-leaching residues，metallization rate of iron 97.78％ in roasted product were obtained under optimum conditions of the ratio of coal slim to zinc-leaching residues 45％，mole ratio of CaO/SiO₂ 1.2，direction reduction at 1250℃ for 90 min. The iron in calcine was basically metallic iron. The most size of metallic iron particles were more than 20μm. The obvious boundaries can be observed between the particles of metallic iron and other phase，showing the feasibility of monomer dissociation of metallic iron particles. The metallic iron powder with iron grade of 90.80％ and iron concentrate with iron grade of 65.00％ were synchronously recovered by two stage grinding-magnetic separation process，and the total iron recovery was 81.19％. Therefore，coal slime is proved to be a good reducing agent for the direct reduction of zinc-leaching residue.

Keywords　coal slime；reducing agent；zinc leaching residue；direct reduction；valuable metals

　　我国是煤炭生产和消费大国，2013年煤炭产量达到36.8亿t，原煤入洗率为55.4％。煤泥产量一般为入洗煤炭量的10％～20％[1]，按此计算，2013年我国煤泥年产量已超过2亿吨。随着煤炭产量的不断上升和洗选比例的不断提高，煤泥产量将继续增大。但目前，我国煤泥的利用率却很低。据调查，我国190座洗煤厂的煤泥约70％没有利用，仅进行就地排放和堆积处理[2]。煤泥的堆积形态极不稳定，自流而不成形，遇水即流失，风干即飞扬，其堆积所造成的环境污染问题远比洗煤矸石严重得多。因此，开发利用煤泥已成为解决环境问题和寻找煤泥综合利用途径的迫切需要。

　　煤泥目前主要用于锅炉燃烧、制作型煤、型焦及其他用途，其中锅炉燃烧是目前国内最普遍的煤泥利用方法[3]。煤泥作为还原剂未见任何应用研究报导，目前常用的还原剂主要为褐煤、烟煤、无烟煤、焦炭、焦

粉等[4]。如，黄柱成等分别以焦粉[5]和煤[6]为还原剂对浸锌渣中有价元素 Zn，Ga，Ag，Fe 通过还原焙烧进行了综合回收。YAN Huan 等[7]以混合气体（CO＋CO₂＋Ar）为还原剂对浸锌渣采用直接还原—酸浸—磁选联合法回收了其中的 Fe，Zn，获得的 Fe，Zn 回收率分别为 61.3％和 80.90％。LI Mi 等[8]以碳为还原剂对浸锌渣进行了铁的还原回收，获得了铁品位 58.6％、铁回收率 68.4％的铁精矿。李光辉等[9]以褐煤为还原剂采用造块—还原焙烧—磁选方法，通过直接还原将浸锌渣中含锌、镓、锗、铁的化合物转变成金属锌、镓、锗、铁，金属锌生成蒸汽进入烟气收集回收，而金属镓、锗、铁则以合金形式通过磁选回收。除浸锌渣外，樊计生等[10]以无烟煤为还原剂采用转底炉工艺直接将红土镍矿中的含铁、镍矿物还原成金属铁、镍，获得了金属铁、镍含量分别为 80％，8％的金属化球团。胡文韬等[11]以褐煤为还原剂直接将高铁铝土矿中的铁还原成金属铁而磁选回收。杨慧芬等[12]以褐煤为还原剂直接将铜渣中的的 Fe₃O₄，Fe₂SiO₄还原成金属铁而磁选回收。徐承焱等[13]考察了活性炭、焦炭、无烟煤、褐煤对高磷鲕状赤铁矿直接还原同步脱磷的影响，认为当还原剂用量相同时，褐煤的还原脱磷效果优于无烟煤和焦炭，更优于活性炭。Maweja K 等[14]以焦炭为还原剂直接将铜渣中含 Cu，Co，Pb，Zn，Fe 等金属矿物还原成金属 Cu，Co，Zn，Pb，Fe，还原生成的金属 Zn，Pb 呈气态挥发，金属 Cu，Co，Fe 则留在焙砂中，借此实现铜渣中有价金属 Cu，Co，Pb，Zn，Fe 的分离回收。CHENG Xiang-li 等[15]以焦炭为还原剂直接将高铁水淬渣中的铁矿物还原成 Fe 金属化率为 88.43％的焙砂。GUO Yu-hua 等[16]以褐煤为还原剂直接将高铁赤泥中的铁矿物熔融还原成金属铁含量高于高炉产品的铁水。LI Chao 等[17]以焦煤为还原剂将含 Fe 17.38％的铁尾矿进行磁化焙烧-磁选，获得了铁品位、回收率分别为 61.3％，88.2％的铁精矿。PARK J W 等[18]以焦粉为还原剂直接将含铁 67.7％的热轧污泥还原成金属铁，通过磨矿-磁选获得了金属化率 90％的还原铁粉。

虽然目前的研究和工业应用还没有用煤泥作为还原剂的先例，但煤泥具有的价廉、较高含碳量和热值等特点，使煤泥具有作为还原剂使用的先天条件和竞争优势。鉴于此，本文拟以煤泥为还原剂对浸锌渣进行直接还原，将浸锌渣中的有价金属化合物还原成有价金属进行回收，以期为煤泥的利用探索一条新途径，也为浸锌渣的直接还原提供新的还原剂。

1 原料和方法

1.1 原料

所用主要原料包括浸锌渣和煤泥，分别取自河南和山西某地。浸锌渣经 X 荧光光谱分析（XRF），可检出 34 种化学成分，其中主要化学成分见表 1。

表 1 浸锌渣的主要化学成分（质量分数）（％）
Table 1 Chemical composition of zinc leaching residue （％）

TFe	Zn	Pb	CaO	MgO	Al₂O₃	SiO₂	MnO	S	P
23.24	17.31	3.47	3.24	1.13	1.73	10.20	4.78	7.92	0.05

可见，浸锌渣中，铁、锌、铅含量均较高，分别为 23.24％，17.31％，3.47％，具有较高的回收利用价值。X 射线衍射分析（XRD）表明，浸锌渣中含铁、锌、铅的主要化合物包括铁酸锌（ZnFe₂O₄）、硅酸锌（Zn₂SiO₄）、硫酸铅（PbSO₄）、硅酸铁（Fe₂SiO₄）和硫酸铁（Fe₂（SO₄）₃）等五种。

表 2 为所用煤泥的主要理化性能。可见，煤泥中碳含量高达 54.36％，还含有 3.44％氢，因而煤泥具有较高的热值，其热值相当于标准煤热值的 71.76％（标准煤热值 29.306 MJ/kg）。此外，煤泥灰分的软化温度 ST＞1500℃，焦渣特性为 1～2，表明煤泥灰分不会影响直接还原过程金属矿物的还原、金属的析出和析出金属粒度的凝聚长大以及焙砂的外排。因此，煤泥有作为还原剂使用的先天优势。

表 2　煤泥的理化性能分析

Table 2　Physical and chemical performance analysis of coal slime

Industrial analysis (arb)（%）	Moisture	Ash	volatile	Fixed carbon	carbon	sulfur	hydrogen
	3.40	26.99	2651	43.10	54.36	1.13	3.41
Ash composition （%）	SiO_2	Al_2O_3	Fe_2O_3	CaO+MgO	K_2O+ Na_2O	TiO_2	S
	55.98	32.58	3.07	2.10+0.39	1.68+0.14	1.12	1.14
Metallurgical properties	DT/℃		ST/℃		CRC		Net heat value (MJ/kg)
	1410		>1500		1~2		21.03

由于浸锌渣和煤泥灰分中，酸性氧化物（SiO_2＋Al_2O_3）的比例明显高于碱性氧化物（CaO＋MgO＋K_2O＋Na_2O）的比例，因此，在直接还原过程为保证体系的碱性，常在体系中加入碱性调渣剂（最常用的是 CaO），以通过 CaO 置换 Fe_2SiO_4 中的 FeO，促进硅酸铁（Fe_2SiO_4）中铁的直接还原以及避免硅酸铁的再次生成。

1.2　原理

浸锌渣中含有的铁酸锌（$ZnFe_2O_4$）、硅酸锌（Zn_2SiO_4）、硫酸铅（$PbSO_4$）、硅酸铁（Fe_2SiO_4）和硫酸铁（$Fe_2(SO_4)_3$）等化合物在煤泥直接还原过程中可发生如下反应：

$$ZnFe_2O_4 (s) +2C (s) == Zn (g) +2Fe (s) +2CO_2 (g) \tag{1}$$

$$Zn_2SiO_4 (s) +C (s) +CaO (s) == 2Zn (g) +CaSiO_3 (s) +CO_2 (g) \tag{2}$$

$$PbSO_4 (s) +2.5C (s) +CaO (s) == Pb (g) +CaS (s) +2.5CO_2 (g) \tag{3}$$

$$Fe_2(SO_4)_3 (s) +7.5C (s) +3CaO (s) == 2Fe (s) +3CaS (s) +7.5CO_2 (g) \tag{4}$$

$$Fe_2SiO_4 (s) +CaO (s) +C (s) == 2Fe (s) +CaSiO_3 (s) +CO_2 (g) \tag{5}$$

图 1 为根据反应式（1）～（5）计算的 ΔG^{θ} 与温度关系。

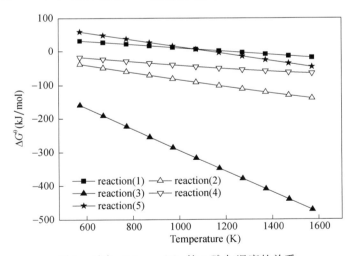

图 1　反应（1）～（5）的 ΔG^{θ} 与温度的关系

Fig. 1　Relation of standard free energy（ΔG^{θ}）with temperature for reactions（1）～（5）

可见，反应（1）～（5）的 ΔG^{θ} 均小于 0，说明在还原温度＞900℃的碱性体系中，五种化合物均可按各自的反应式还原出相应的金属。而直接还原的温度一般大于 1000℃，可充分保证含 Zn，Pb，Fe 五种化合物的直接还原。据资料[19,20]，金属铅的熔点为 600.4K（327.4℃），在 773～823K（500～550℃）显著挥发。金属锌的熔点为 692K（419℃），沸点 1180K（907℃），在 1180K（907℃）挥发显著。金属铁的熔点为

1808K（1535℃），沸点 3930K（2750℃），很难挥发。因此，可以判断，直接还原过程生成的金属 Zn，Pb 应以气态方式挥发而直接进入烟气，通过烟气收集而分离回收，还原生成的金属铁则仍留在焙砂中可利用金属铁的磁性通过磨矿-磁选回收。

1.3　试验方法

称取 50g 浸锌渣，配以设计比例的煤泥、CaO，完全混合后置于石墨坩埚内，在实验室管式炉中一定温度下直接还原一定时间。取出，自然冷却后制样，测定焙砂中 Zn，Pb、全铁以及金属铁的含量，计算 Zn，Pb 的还原挥发率、Fe 的金属化率，得出最佳的直接还原条件。计算公式如下：

$$\text{金 Zn 或 Pb 的率（\%）} = \left(1 - \frac{\text{焙砂中 Zn 或 Pb 的含量} \times \text{焙砂重量}}{\text{浸出渣中 Zn 或 Pb 的含量} \times \text{浸出渣重量}}\right) \times 100 \tag{6}$$

$$\text{Fe 的金化率（\%）} = \frac{\text{焙砂中金的含量}}{\text{焙砂中全含量}} \times 100 \tag{7}$$

采用 XRD 方法比较浸锌渣及最佳还原条件下焙烧所得焙砂的物相差异，以判断直接还原的效果。采用 SEM 方法分析焙砂中还原生成的金属铁颗粒的粒度，以判断采用磨矿法使金属铁颗粒单体解离的可能性，最后采用磨矿-磁选试验确定金属铁的回收流程、条件和指标。

2　结果及分析

2.1　直接还原工艺参数对浸锌渣中铅、锌挥发及铁金属化的影响

通过热力学分析，影响浸锌渣中含 Zn，Pb，Fe 化合物直接还原的主要工艺参数包括：还原剂用量（煤泥质量/浸锌渣质量）、体系碱度（用 CaO/SiO₂摩尔比表示）、还原温度和还原时间。

2.1.1　煤泥（还原剂）用量

图 2 为煤泥用量对浸锌渣中铅、锌挥发率及铁金属化率的影响。固定条件：CaO/SiO₂ 摩尔比＝1.20，1200℃还原焙烧 60min。

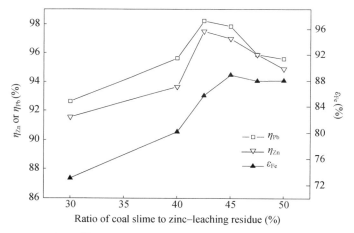

图 2　煤泥用量对铅锌挥发率及铁金属化率的影响

Fig. 2　Effect of coal slime ratio on metallization ratio and volatilizing rates of lead and zinc

可见，煤泥用量为 30％时，Zn，Pb 的还原挥发率即达 90％以上。随着煤泥用量的增大，Zn，Pb 的还原挥发率虽呈增大趋势，但增幅很小。用量超过 45％后，Zn，Pb 的还原挥发率略有下降。而 Fe 的金属化率则随着煤泥用量的增大呈现快速增大后趋于平稳的趋势，煤泥用量 45％时，Fe 的金属化率达到最高。继续增大煤泥用量，铁的金属化率变化不再明显。因此，选定煤泥用量为 45％，此时 Zn，Pb 还原挥发率分别

为 97.85%，96.98%，Fe 金属化率为 88.90%。

2.1.2　CaO/SiO₂ 摩尔比的影响

图 3 为 CaO/SiO₂ 摩尔比对铅锌挥发率及铁金属化率的影响。固定条件：煤泥用量 45%，1200℃还原焙烧 60min。

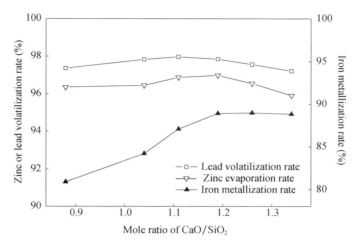

图 3　CaO/SiO₂ 摩尔比对铅锌挥发率及铁金属化率的影响

Fig. 3　Effect of CaO/SiO₂ mole ratio on iron metallization rate and volatilizing rates of lead and zinc

可见，CaO/SiO₂ 摩尔比对 Zn，Pb 挥发率的影响不大，对 Fe 金属化率的影响较大。随着 CaO/SiO₂ 摩尔比增大，Zn，Pb 挥发率变化幅度很小，Fe 的金属化率则随着 CaO/SiO₂ 摩尔比增大而逐渐增大再趋于平缓。当 CaO/SiO₂ 摩尔比 >1.2 时，Fe 的金属化率基本稳定在 89%。因此，选择 CaO/SiO₂ 摩尔比为 1.2。

2.1.3　还原温度

图 4 为还原温度对铅锌挥发率及铁金属化率的影响。固定条件：煤泥用量 45%，CaO/SiO₂ 摩尔比＝1.2，还原焙烧 60 min。

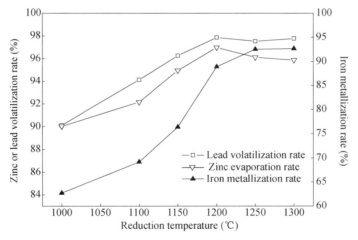

图 4　还原温度对铅锌挥发率及铁金属化率的影响

Fig. 4　Effect of roasting temperature on metallization ratio and volatilizing rates of lead and zinc

可见，还原温度对金属 Zn，Pb 的挥发率和 Fe 的金属化率均有较大影响。随着还原温度的升高，Zn，Pb 的挥发率和 Fe 的金属化率均逐渐增大再趋于平缓。但 Zn，Pb 的挥发率的幅度较 Fe 的金属化率增幅明显小很多。随着还原温度从 1000℃升高到 1250℃，Fe 的金属化率从 62% 快速增大到 92%，增大 30 个百分点。而 Pb 挥发率的增幅不到 8 个百分点，Zn 挥发率增幅仅 7 个百分点。继续增大还原温度，Pb，Zn 和 Fe

的金属化率不再明显变化。因此，选择还原温度为 1250℃。此时，Pb，Zn 挥发率和 Fe 金属化率分别为 97.52％，96.11％和 92.53％。

2.1.4 还原时间

图 5 为还原时间对铅锌挥发率及铁金属化率的影响。固定条件：煤泥用量 45％，CaO/SiO$_2$ 摩尔比＝1.2，还原温度 1250℃。

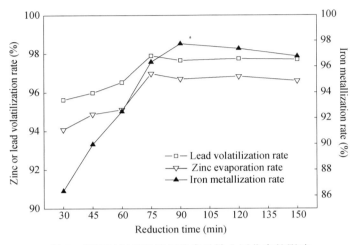

图 5　还原时间对铅锌挥发率及铁金属化率的影响

Fig. 5　Effect of roasting time on metallization ratio and volatilizing rates of lead and zinc

可见，还原时间对 Zn，Pb 挥发率和 Fe 的金属化率均有影响。随着还原时间的延长，Zn，Pb 挥发率逐渐增大，还原 75min 后基本稳定。而 Fe 的金属化率则随着还原时间的延长增幅较大，从 30min 到 90min，Fe 的金属化率增大了约 10 个百分点，还原 90min 后 Fe 的金属化率趋于恒定。因此，要保证含铁矿物的充分还原，提高 Fe 的金属化率，还原时间必须控制在 90min 以上。

综上试验，以煤泥为还原剂，在煤泥用量 45％、CaO/SiO$_2$＝1.2、还原温度 1250℃、还原时间 90min 的最佳工艺条件下，通过直接还原可使浸锌渣 Zn，Pb 的挥发率分别达到 96.69％，97.65％，Fe 的金属化率达到 97.78％。说明煤泥作为浸锌渣还原剂直接还原 Zn，Pb，Fe 化合物的效果是明显的，还原生成的 Zn，Pb 烟化挥发进入烟气收集回收，而生成的金属铁则留在焙烧产物——焙砂中，从而证明煤泥是一种优良的浸锌渣还原剂。

2.2 焙砂中金属铁的回收

留在焙砂中的金属铁能否实现高效回收，取决于焙砂中金属铁颗粒的大小，也取决于焙砂中含铁化合物的还原程度。根据直接还原工艺参数试验，还原温度对 Fe 的金属化率影响最明显，为此进行了还原温度对焙砂中 Fe 金属化率影响的 XRD 分析，结果如图 6 所示。

可见，随着还原温度的升高，焙砂中金属铁的衍射峰逐渐增高，Fe$_3$O$_4$ 和 Fe$_2$SiO$_4$ 衍射峰逐渐降低，直至 1250℃消失。FeO 则伴随着金属铁衍射峰的增高而产生，1250℃出现。浸出渣中具有明显衍射峰的铁酸锌及硫酸铁（图 7）在焙砂中不复存在，硅酸铁的衍射峰在还原温度较低的焙砂中出现，当还原温度＞1250℃时，硅酸铁消失。这些结果均表明浸锌渣中的含 Fe 矿物直接还原成金属铁的效果是明显的，煤泥是一种有效的还原剂。

焙砂中除明显可见的金属铁衍射峰外，还出现了 2CaO·Al$_2$O$_3$·SiO$_2$ 的明显特征峰，这是煤泥、浸锌渣中的 SiO$_2$，Al$_2$O$_3$ 结合外加的 CaO 所生成。煤泥、浸锌渣中具有的任何衍射峰，在焙砂中均未出现，说明直接还原已破坏了浸锌渣、煤泥中原有的矿物组成，生成了新的矿物相，其中最典型的新矿物为焙砂中大量存在的 2CaO·Al$_2$O$_3$·SiO$_2$，还有少量的 CaS。

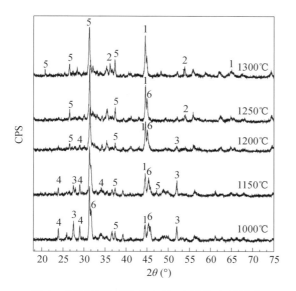

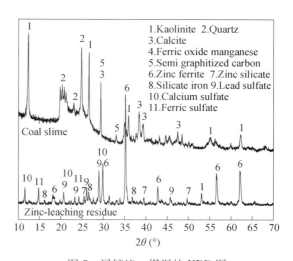

图 6 还原温度对焙砂中 Fe 金属化率的影响

Fig. 6 Effect of roasting temperature on metallization ratio in calcine

1—MFe（金属铁）；2—FeO；3—Fe_3O_4；

4—Fe_2SiO_4；5—$2CaO \cdot Al_2O_3 \cdot SiO_2$；6—CaS

图 7 浸锌渣、煤泥的 XRD 图

Fig. 7 XRD patterns of zinc leaching residues and coal slime

另外，焙砂中未见任何含 Zn，Pb 矿物及其生成的金属 Zn，Pb 的明显衍射峰，说明浸锌渣中含 Zn，Pb 矿物经直接还原已基本得到烟化挥发，这与图 4 所得结果非常一致，也因此进一步证明煤泥是一种优良的浸锌渣还原剂。

图 8 为原始浸出渣和最佳还原条件下所得焙砂的 SEM 图。

可见，浸锌渣中的矿物颗粒，不仅粒度非常细小，而且组成成分非常复杂。但经过煤泥直接还原获得的焙砂，出现了颜色不同的分相，其中，颜色较浅的 1 相为金属铁相，其他为渣相。金属铁颗粒，大部分粒度大于 $20\mu m$，分布在渣相中。渣相与金属铁相具有明显且清晰的界面，有利于金属铁颗粒通过磨矿实现单体解离，进而采用磁选法回收。

图 9 为以煤泥为还原剂直接还原浸锌渣，在最佳还原条件下所得的焙烧产物——焙砂，经过磨矿-磁选条件试验，得到的最佳工艺流程、条件和指标。

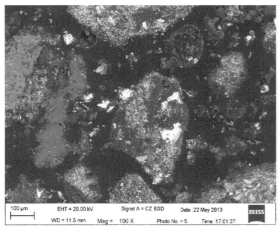

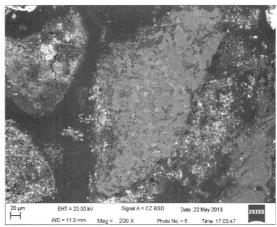

(a) Zinc-leaching residue

(b) Enlarge figure of (a)

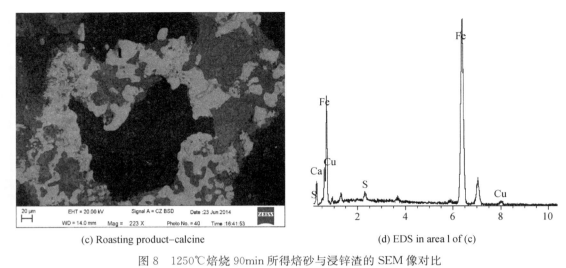

(c) Roasting product–calcine　　　　　　　　(d) EDS in area l of (c)

图 8　1250℃焙烧 90min 所得焙砂与浸锌渣的 SEM 像对比

Fig. 8　SEM-EDS comparison of zinc leaching residues and calcine roasted at 1250℃ for 90min

可见，焙砂经过二段磨矿磁选，可获得两种产品——金属铁粉和铁精矿。金属铁粉的品位和回收率分别为 90.80％和 36.88％，铁精矿的品位和回收率分别为 65.00％和 44.31％。所得尾矿含铁品位 4.47％，铁损失率 18.18％。

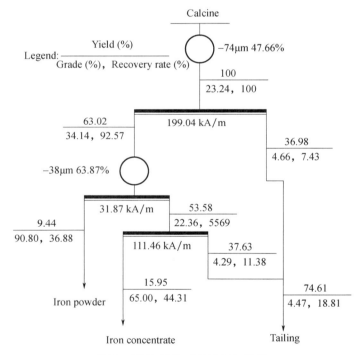

图 9　磨矿-磁选工艺流程与指标

Fig. 9　Flow sheet of ball-grinding-magnetic separation process

3　结论

（1）以煤泥为还原剂，获得浸锌渣直接还原的最佳工艺参数为：煤泥用量 45％，CaO/SiO₂ 摩尔比＝1.2，还原温度 1250℃、还原时间 90min。在最佳工艺参数下，金属 Zn，Pb 的烟化挥发率分别为 96.69％，

97.65%，焙砂中 Fe 的金属化率为 97.78%。

（2）通过还原焙烧，浸锌渣中含 Zn，Pb，Fe 化合物得到了较好的还原，其中还原生成的金属 Zn，Pb 由于挥发温度低而烟化进入烟气，生成的金属铁则留存在焙砂中。

（3）焙砂中的主要有价金属为金属铁，且金属铁颗粒多数大于 $20\mu m$，与渣相具有明显、清晰的界面，有利于金属铁颗粒通过磨矿实现单体解离。

（4）焙砂经过二段磨矿-磁选，可同时获得金属铁粉和铁精矿两种产品，其品位分别为 90.80% 和 65.00%。

（5）首次证明煤泥是一种优良的浸锌渣还原剂，这为煤泥还原剂的推广使用提供了技术支撑。

参考文献

[1] 寇建玉，刘丰，王振华. 大型洗选煤中心废弃物综合利用分析 [J]. 电力勘测设计，2010，4（2）：36-39.

[2] 李宁，雷宏彬，田忠文，路旭，马星民. 煤泥资源化利用关键技术研究分析 [J]. 煤炭工程，2011（12）：100-105.

[3] 程川，何屏. 煤泥利用现状及分析 [J]. 新技术新工艺，2012（9）：66-69.

[4] WANG Guang, DING Yin-Gui, WANG Jing-Song, SHE Xue-Feng, XUE Qing-Guo. Effect of carbon species on the reduction and melting behavior of boron- bearing iron concentrate/carbon composite pellets [J]. International Journal of Minerals, Metallurgy and Materials, 2013, 6（20）: 522-528.

[5] 黄柱成，杨永斌，蔡江松，郭宇峰，李光辉，姜涛，邱冠周. 浸锌渣综合利用新工艺及镓的富集行为 [J]. 中南工业大学学报，2002，33（2）：134-136.

[6] 黄柱成，张元波，姜涛，李光辉，杨永斌，郭宇锋. 浸锌渣中银、镓及其他有价元素综合利用研究 [J]. 金属矿山，2007（3）：81-84.

[7] YAN Huan, CHAI Li-yuan, PENG Bing, LI Mi, PENG Ning, HOU Dong-ke. A novel method to recover zinc and iron from zinc leaching residue [J]. Minerals Engineering, 2014（55）: 103-110.

[8] LI Mi, PENG Bing, CHAI Li-yuan, PENG Ning, YAN Huan, HOU Dong-ke. Recovery of iron from zinc leaching residue by selective reduction roasting with carbon [J]. Journal of Hazardous Materials, 2012（237-238）: 323-330.

[9] 李光辉，黄柱成，郭宇峰，杨永斌，姜涛. 从湿法炼锌渣中回收镓和锗的研究 [J]. 金属矿山，2004（6）：61-65.

[10] 樊计生，郭明威，郭亚光，朱荣，王永威. 红土镍矿金属化球团直接还原工艺研究 [J]. 工业加热，2013，42（4）：36-42.

[11] 胡文韬，王化军，孙传尧，佟广凯，季春伶，王翠玲. 高铁铝土矿直接还原-溶出工艺 [J]. 北京科技大学学报，2012，34（5）：506-512.

[12] 杨慧芬，景丽丽，党春阁. 铜渣中铁组分的直接还原与磁选回收. 中国有色金属学报，2011，21（5）：1166-1168.

[13] 徐承焱，孙体昌，祁超英，李永利，莫晓兰，杨大伟，李志祥，邢宝林. 还原剂对高磷鲕状赤铁矿直接还原同步脱磷的影响 [J]. 中国有色金属学报，2011，21（3）：680-689.

[14] MAWEJA K, MUKONGO T, MUTOMBO I. Cleaning of a copper matte smelting slag from a water-jacket furnace by direct reduction of heavy metals [J]. Journal of Hazardous Materials, 2009, 164（2-3, 30）: 856-862.

[15] CHENG Xia-Li, ZHAO Kai, Qi Yuan-Hong, SHI Xue-Feng, ZHEN Chang-Liang. Direct reduction experiment on iron-bearing waste slag [J]. Journal of Iron and Steel Research, International, 2013, 20（3）: 24-29, 35.

[16] GUO Yu-Hua, GAO Jian-Jun, XU Hong-Jun, ZHAO Kai, SHI Xue-Feng. Nuggets production by direct reduction of high iron red mud [J]. Journal of Iron and Steel Research, International, 2013, 20（5）: 24-27.

[17] LI Chao, SUN Heng-Hu, JING Bai, LI Long-Tu. Innovative methodology for comprehensive utilization of iron ore tailings [J]. Journal of Hazardous Materials, 2010, 174（1-3）: 71-77.

[18] Park J W, AHN J C, SONG H, PARK K, SHIN H, AHN J S. Reduction characteristics of oily hot rolling mill sludge by direct reduced iron method [J]. Resources, Conservation and Recycling, 2002, 34（2）: 129-140.

[19] 翟秀静. 重金属冶金学 [M]. 北京：冶金工业出版社，2011：106-172.

[20] 邱竹贤. 冶金学·下卷 [M]. 沈阳：东北大学出版社，2001：132-165.

熔融钢渣在线改性的研究与实践

张亮亮，张艺伯，卢忠飞，郭　冉

（中冶建筑研究总院有限公司，北京，100088）

摘　要　针对钢渣水硬胶凝活性差，难以实现在水泥和混凝土中的大规模应用等现状，分析了钢渣水硬胶凝活性差的原因，研究了添加钙质和硅铝质材料对钢渣矿物组成和活性改善的影响，设计了适用于现有钢渣辊压处理生产线的熔融钢渣在线改性螺旋给料试验装置，并进行了熔融钢渣在线改性，取得了28d活性指数提高10％的良好改性效果。

关键词　钢渣；辊压；活性；改性

1　前言

钢渣是转炉、电弧炉或精炼炉冶炼钢水时加入的造渣剂与钢水中的杂质、炉衬等形成的以硅酸盐、铁酸盐等为主要矿物的渣。国外的德国、日本、美国等主要将钢渣作骨料广泛用于道路工程、水利工程及铁路工程中，基本实现了排用平衡。目前我国的综合钢渣利用率约35％，主要作骨料用作道路和回填材料等，也将钢渣用于水泥生料配料、返回钢厂作烧结原料等用途。另外和国外显著不同的是，我国自20世纪70年代开始利用钢渣的水硬胶凝性尝试将钢渣作水泥混合材生产水泥，80年代国内建设了几十条钢渣水泥生产线，但由于早期强度低、凝结时间长等原因使得钢渣水泥生产陷于停滞，如今也有企业将钢渣单独磨细作混凝土掺合料使用。但钢渣粉生产规模多年来并无突破，主要原因是钢渣中含有非活性含铁相导致粉磨制备能耗居高不下、活性尤其是早期活性较差、体积安定性存在隐患等。我国每年产生的钢渣量惊人，按吨钢产生0.12～0.14吨钢渣计算，2016年产生的钢渣量已超过1亿吨，国内大很多钢厂仅是将钢渣中的金属资源简单回收，剩下的尾渣无法完全实现资源化利用和"零排放"，已成为钢铁厂难以处理的头号废渣。

我国的钢铁产量和水泥混凝土产量均超过世界产量的一半，一直面临着结构调整、实现低碳生产和可持续发展的减排压力，为实现钢铁行业钢渣的"零排放"和水泥混凝土行业多用废渣的双重目的，改善钢渣的体积安定性和提高其水硬胶凝活性，提高其在水泥混凝土中的用量一直是国内诸多研究学者研究的重点。

2　试验理论基础

钢渣的化学成分、矿物组成随炼钢的方法（转炉、电弧炉、精炼炉）、熔炼的钢种等因素的不同而变化，但主要化学成分有：CaO、SiO_2、Al_2O_3、FeO、Fe_2O_3、MgO、MnO、P_2O_5、$f\text{-}CaO$、Fe 等，有的还含有 V_2O_5、TiO_2 等，钢渣与常用的胶凝材料如硅酸盐水泥熟料、矿渣和粉煤灰的主要化学成分对比见表1[1]。

表1　硅酸盐水泥熟料、钢渣、高炉矿渣和粉煤灰化学成分对比
Table 1 Chemical composition contrast between Portland clinker, steel slag, blast furnace slag and fly ash　质量分数

类别 category	CaO	SiO$_2$	Al$_2$O$_3$	Fe$_2$O$_3$	MgO	FeO	P$_2$O$_5$
硅酸盐水泥熟料 Portland clinker	62～68	20～24	4～7	2.5～6.5	1～2	—	微量
钢渣 steel slag	30～55	8～20	1～6	3～9	3～13	7～20	1～4
矿渣 blast furnace slag	30～50	26～42	7～20	—	1～18	0.2～1	—
粉煤灰 fly ash	2～7	40～60	15～40	4～20	0.2～5	—	—

从表 1 中可见，钢渣中的酸性氧化物 SiO_2 和 Al_2O_3 含量不仅低于矿渣和粉煤灰，也低于硅酸盐水泥熟料，因此相比矿渣和粉煤灰而言，较低的 SiO_2 和 Al_2O_3 含量难以形成网络结构的玻璃体；相比硅酸盐水泥熟料，钢渣中的 CaO 含量也较低，这也导致钢渣中的硅酸盐矿物含量低于水泥熟料。钢渣中的 Fe_2O_3 含量较高，这导致钢渣中含有较多的含铁相，密度较大，熔融时液相较多。另外不同于矿渣中含量较高但无害的 MgO，钢渣需要保持较高的 MgO 含量以实现溅渣护炉及减少熔融炉渣对炉衬 MgO-C 砖的侵蚀，一般为 $7\%\sim9\%$，不仅使得熔融态钢渣变得黏稠，也导致了钢渣冷却后存在方镁石，体积安定性存在隐患。

我国转炉钢渣或电弧炉钢渣在矿物组成上基本属于硅酸二钙或硅酸三钙渣，主要含有硅酸二钙（$2CaO \cdot SiO_2$）、硅酸三钙（$3CaO \cdot SiO_2$）、RO 相、铁酸二钙（$2CaO \cdot Fe_2O_3$）等。其中前二者的含量约 60%，是钢渣水硬胶凝性的主要来源，但相比硅酸盐水泥熟料而言，经过了更高温度的煅烧，晶粒粗大，液相侵蚀严重，导致水化活性差。

因此就化学成分而言，就是 CaO、SiO_2 和 Al_2O_3 含量偏低，Fe_2O_3 含量偏高。为提高钢渣的水硬胶凝活性，就必须提高钢渣中的 CaO、SiO_2 和 Al_2O_3 含量。硅酸盐水泥生料配料中常用 3 率值法作为生产控制指标，另外有研究者根据钢渣的实际特点，采用碱度系数和钢渣石灰饱和系数反应钢渣中各化学成分之间的比例，其中钢渣石灰饱和系数表征的是 SiO_2 被 CaO 饱和的比例[2]。这 5 种率值计算公式和所表达的基本含义如下：

石灰饱和系数 KH：

硅率 SM：

$$IM = \frac{Al_2O_3}{Fe_2O_3}$$

铝率 IM：

$$R = \frac{CaO}{SiO_2 + P_2O_5}$$

碱度系数 R：

钢渣石灰饱和系数

本文也采用这 5 种率值表征方法计算加入的改性材料对钢渣化学成分的变化。

3　改性材料对钢渣改性效果的试验研究

在试验室采用各类钙质、硅铝质材料掺入钢渣中进行改性试验研究。钙质改性材料选择石灰及石灰石，硅铝质改性材料选择高岭石，复掺选择石灰和高岭石双掺、石灰石和高岭石双掺。各改性材料掺加比例及计算的率值见表 2。

表 2　改性材料添加比例和率值

| 编号 | 各材料比例/% | | | | 硅率 SM | 铝率 IM | 碱度系数 R | 石灰饱和系数 KH | 钢渣石灰饱和系数 KHs |
	钢渣	石灰	高岭石	石灰石					
Y0	100	—	—	—	0.71	0.07	2.23	0.74	0.86
SC1	95	5	—	—	0.71	0.07	2.44	0.83	0.95
SC2	90	10	—	—	0.71	0.08	2.67	0.93	1.05
SC3	85	15	—	—	0.71	0.08	2.93	1.04	1.17
SC4	80	20	—	—	0.71	0.08	3.22	1.29	1.29
SC5	75	25	—	—	0.71	0.08	3.55	1.31	1.43
SC6	70	30	—	—	0.71	0.08	3.93	1.47	1.60
SHC1	85	—	—	25	0.72	0.12	2.70	0.91	1.02

编号	各材料比例/%				硅率 SM	铝率 IM	碱度系数 R	石灰饱和系数 KH	钢渣石灰饱和系数 KHs
	钢渣	石灰	高岭石	石灰石					
SHC2	90	—	—	17	0.72	0.10	2.54	0.85	0.97
GC1	95	—	5	—	0.82	0.13	1.89	0.58	0.69
GC2	90	—	10	—	0.83	0.13	1.87	0.57	0.68
GC3	85	—	15	—	1.04	0.24	1.39	0.35	0.45
GC4	80	—	20	—	1.15	0.31	1.21	0.27	0.36
GC5	75	—	25	—	1.26	0.39	1.05	0.20	0.29
GC6	70	—	30	—	1.34	0.45	0.95	0.16	0.25
HC1	80	15	5	—	0.84	0.14	2.46	0.81	0.92
HC2	80	—	5	15	0.84	0.16	2.11	0.65	0.76
HC3	75	—	10	15	0.96	0.23	1.79	0.50	0.60
HC4	85	—	5	10	0.83	0.15	2.03	0.62	0.73
HC5	85	—	10	5	0.94	0.20	1.67	0.47	0.57

从表 2 中可以看出，未改性的钢渣硅率和铝率仅分别为 0.71 和 0.07，而硅酸盐水泥熟料的硅率和铝率一般为 1.7～2.7 和 0.8～1.7，因此改性试验中必须加入硅铝质材料。对于石灰饱和系数，硅酸盐水泥熟料一般为 0.82～0.94，未改性钢渣为 0.74，加入石灰质材料后，石灰饱和系数进一步提高。

3.1 单掺石灰作为改性材料

单掺石灰改性钢渣的 XRD 图谱如图 1 所示。随着石灰掺量的增加，钢渣中 RO 相优先与 CaO 反应，生成 CF、C_2F，此反应结束后，多余的 CaO 与 Si 元素反应生成 C_2S，如果 CaO 足够多，C_2S 可继续转变为 C_3S。

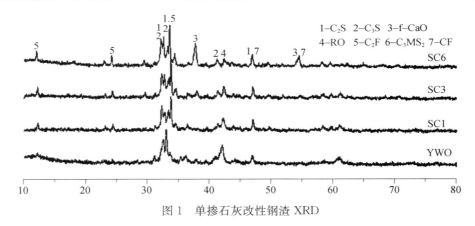

图 1 单掺石灰改性钢渣 XRD

3.2 单掺石灰石作为改性材料

单掺石灰石改性钢渣的 XRD 图谱见图 2。改性钢渣 SHC1 中主要矿物为 C_3S、C_2S、C_2F 和 CF，改性钢渣 SHC1 胶凝性矿物对应衍射峰的强度、衍射峰面积均不低于添加相同 CaO 含量的 SC3。改性钢渣 SHC2 胶凝性矿物对应衍射峰的强度和面积明显强于添加相同 CaO 含量的 SC2，C_3S 和 C_2S 的含量增势最为明显。

3.3 单掺硅铝质材料作为改性材料

单掺硅铝质材料改性钢渣的 XRD 图谱见图 3。其主要矿物组成为 C_3A、C_2AS、C_2S 和 C_2F。随着高岭石掺量的增加，C/S 减小，可能抑制了 C_3S 的形成，XRD 中未发现 C_3S。当高岭石掺量为 15% 时，C_3A、

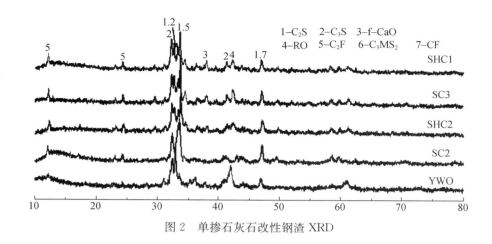

图 2　单掺石灰石改性钢渣 XRD

C_2F 和 C_2AS 的衍射峰逐渐增强，铝含量增加使液相数量增多，离子扩散速率加快，有利于 C_3A 等矿物生成。当高岭石掺量为 30％时，硅酸盐矿物衍射峰几乎消失，随着硅铝含量增加，改性钢渣 C_2AS 和 C_3A 的衍射峰增强。

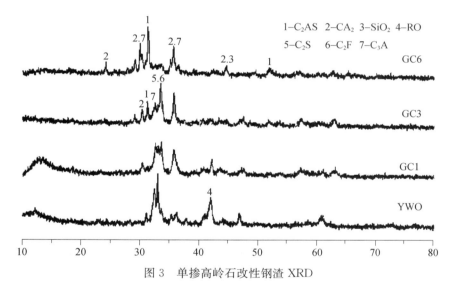

图 3　单掺高岭石改性钢渣 XRD

3.4　复掺石灰和高岭石作为改性材料

复掺石灰和高岭石改性钢渣的 XRD 见图 4 和图 5。图 4 中可以看出 HC1 和 HC2 改性钢渣的主要矿物组成是 C_2S、C_3S、C_3A、C_2A 和 C_2AS 等，并且胶凝性矿物对应的衍射峰的面积和峰强相差不大，证实石灰石可以代替石灰对钢渣进行高温改性；HC3 比 HC2 多添加 5％的高岭石，改性钢渣的主要矿物组成是 C_2S、C_3A、C_2A 和 C_2AS，并且 C_2S 特征峰的面积减少了很多，硅酸盐体系发生了变化。

图 5 是掺量 15％改性钢渣 HC4 和 HC5（10％石灰石和 5％高岭石、5％石灰石和 10％高岭石）以及掺 15％石灰 SC3、掺 15％高岭石 GC3、钢渣 YW0 的 XRD。与钢渣相比，SC3 改性钢渣含有胶凝性矿物 C_2S 和 C_3S 对应的衍射峰变强，RO 相对应的衍射峰强度变弱，而 CF 和 C_2F 对应衍射峰的强度显著增强，衍射峰包含的面积亦明显增加；GC3 组改性钢渣中 C_3A、C_2F 和 C_2AS 的衍射峰增强，高岭石的掺入使钢渣的 C/S 降低，抑制了 C_3S 的生成，因此 XRD 图谱中未检测到 C_3S，并且 C_2S 特征峰的面积减小、强度变弱。这表明钙质改性材料有利于硅酸盐矿物的生成，硅铝质材料有利于铝盐矿物的生成。HC4 和 HC5 矿物生成种类和数量介于 SC3 和 GC3 之间。

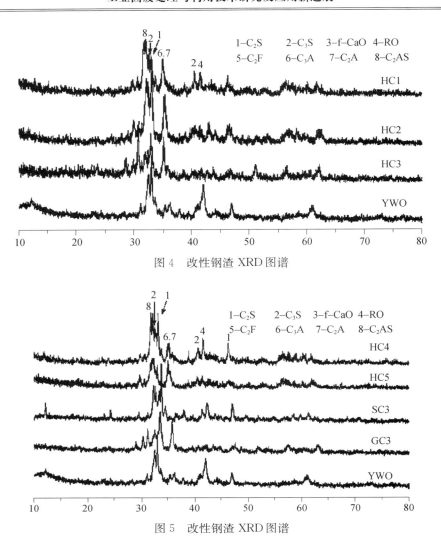

图 4　改性钢渣 XRD 图谱

图 5　改性钢渣 XRD 图谱

3.5　改性钢渣中 f-CaO 含量以及胶凝性能分析

图 6 为原渣和掺加各类改性材料改性钢渣中的 f-CaO 含量。可见在石灰掺量不大于 15% 时，f-CaO 含量均小于 2%，最高为 HC1（掺加 15% 石灰和 5% 高岭石）的 1.25%。相比单掺石灰和石灰石，复掺改性材料明显降低了改性钢渣中的 f-CaO 含量，有效保证了改性钢渣的体积安定性。

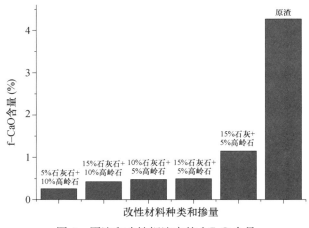

图 6　原渣和改性钢渣中的 f-CaO 含量

表3是原渣和改性钢渣各龄期活性指数。可见,与原渣相比,改性钢渣的活性指数明显提高。对于7d活性指数,以掺加5%石灰石+10%高岭石钢渣最高,15%石灰石+10%高岭石次之;28d活性指数,以掺加15%石灰+5%高岭石钢渣最高,10%石灰石+5%高岭石次之。总的来说,高岭石掺量为10%时提高7d活性效果好于5%掺量,石灰或石灰石的掺量以10%、15%提高28d活性效果优于5%掺量。

表3　原渣和改性钢渣各龄期活性指数%

7d		28d	
原渣	59	原渣	78
15%石灰+5%高岭石	71	5%石灰石+10%高岭石	80
15%石灰石+5%高岭石	72	15%石灰石+10%高岭石	84
10%石灰石+5%高岭石	73	15%石灰石+5%高岭石	86
15%石灰石+10%高岭石	74	15%石灰+5%高岭石	87
5%石灰石+10%高岭石	74	10%石灰石+5%高岭石	88

4　熔融钢渣在线改性的设备开发和实践

4.1　熔融钢渣在线改性需要解决的主要问题

熔融钢渣在线改性与试验室研究存在很大不同,拟在现有的熔融钢渣辊压生产线上实现在线改性,需要解决的主要问题有:

(1) 开发出合适的改性材料加料装置,确定合理的加料方式;

(2) 针对辊压破碎车间倒入的每罐高温钢渣,准备相当数量的改性材料;

(3) 确定合适的加料改性温度;

(4) 钢渣辊压破碎期间保证改性材料按时加入预期数量;

(5) 改性材料加完后,如何取样进行后续的检验和试验研究。

4.2　熔融钢渣改性试验装置的设计和制造

熔融钢渣改性试验装置的加料方式以螺旋输送和机械推动的方式推出粉体改性材料,改性材料落至渣床上。改性试验装置主要包含5部分:料仓、旋转给料阀、脉冲送料装置、螺旋给料装置、控制系统组成。

4.3　改性材料的选择和热工计算

改性材料确定为石灰和高岭石。

自渣罐中倒入钢渣辊压区的钢渣绝大部分为液态,温度约1500℃。钢渣改性的目的是促使熔融钢渣与改性材料生成更多的硅酸三钙、硅酸二钙等硅酸盐矿物,而活性最好的硅酸三钙大量生成的温度需要在最低共熔温度(约1250℃)以上,在1250℃以上,液相大量出现,硅酸二钙和氧化钙在液相中可以大量合成硅酸三钙。因此保持改性温度在1250℃以上是改性反应得以进行的热力学条件。但加入的改性材料温度一般在20℃～30℃之间,若加入量过多,可能会造成反应温度低于1250℃,为此必须根据各材料的比例、初始温度和比热容计算混合后的温度。

其他研究者提供的钢渣比热容基本在(1.01～1.34)J/(g·℃)之间[3]、[4]、[5]、[6]、[7],为此取平均值1.135J/(g·℃)。其他几类材料如石灰石、生石灰和高岭石的比热容分别为0.858J/(g·℃)、0.786J/(g·℃)和0.837J/(g·℃)。

熔融钢渣初始温度在1500℃时,高岭石和生石灰合计掺量不超过20%,混合后的温度均在1250℃以上;但生石灰替换为石灰石后,因石灰石在890℃分解需要较多热量,导致混合后的温度较低,因此若掺加石灰石，建议掺量不超过 5%。熔融钢渣初始温度在 1400℃时，改性材料合计掺量降为 10%，混合后的温度方能达到 1250℃以上。

4.4 熔融钢渣在线改性实践

钢渣辊压车间的工作情况是：熔融钢渣倒入辊压车间后，辊压机往复行走、碾压，将钢渣压碎。进行在线改性时改性材料自螺旋给料装置中卸出，混入熔融钢渣中，在辊压机往复碾压、搅拌中与熔融钢渣充分混合，完成与熔融钢渣的反应。图 7 是熔融钢渣在线改性的工作流程。

图 7 熔融钢渣在线改性工作流程

图 8 是安装完毕的螺旋给料机。图 9 是辊压机往复碾压时改性材料自螺旋给料机中卸出，落入熔融钢渣中。图 10 是改性后的钢渣。

图 8 安装完毕的螺旋给料装置　　图 9 改性材料落入熔融钢渣中　　图 10 改性后的钢渣

在线改性过程中测温结果表明，即使辊压和添加改性材料完毕，钢渣温度仍在 1000℃左右，辊压后推至渣槽内的钢渣温度也在 800℃～900℃，保持较高温度是实现钢渣改性反应的热力学前提条件。

在线工业化改性试验持续 4 昼夜，期间除改性试验外，其余时间均在持续倒渣作业，钢渣改性试验装置一直在稳定运行，且螺旋给料机筒体保护外壳并未出现翘曲、破损情况。该钢渣辊压生产线处理规模为 32 万吨/年，可见这套 32 万吨/年规模的钢渣改性试验装置的设计制造和在线改性是成功的。

5　改性钢渣胶砂活性试验研究

将改性钢渣和未改性钢渣分别磨细至 400m²/kg 左右，与基准水泥复掺（钢渣粉占 30％）进行 7d 和 28d 胶砂活性试验，试验结果见表 4。

表 4　改性钢渣和未改性钢渣的胶砂活性试验结果

试验编号	样品编号	样品种类	抗折强度（MPa）		抗压强度（MPa）		活性指数（％）		活性指数平均值（％）	
			7d	28d	7d	28d	7d	28d	7d	28d
H-0	基准水泥	/	8.2	8.7	45.1	52.6	100	100	100	100
H-1	1#	15％CaO100 目	6.8	7.5	31.0	46.1	69	88	69	88
H-2	2#	10％高岭石 100 目	6.7	7.4	32.4	46.7	72	89	72	89
H-3	3-1#	5％CaO 和 10％高岭石 100 目	6.7	7.6	33.3	47.5	74	90	73	90
H-4	3-2#		6.5	7.8	32.5	47.4	72	90		
H-5	3-3#		6.5	7.6	32.5	47.9	72	91		
H-6	4-1#	5％CaO 和 10％高岭石 200 目	5.4	7.0	25.8	41.5	57	79	66	85
H-7	4-2#		6.5	7.8	34.0	47.7	75	91		
H-8	5#	10％CaO 和 5％高岭石 100 目	5.0	7.4	25.0	42.7	55	81	55	81
H-9	6#	10％CaO 和 10％高岭石 100 目	5.9	7.8	32.3	45.1	72	86	72	86
H-10	7#	15％CaO 和 5％高岭石 100 目	5.6	7.2	30.1	42.8	67	81	67	81
H-11	8#	10％CaCO₃ 和 10％高岭石 100 目	5.4	7.2	25.7	41.2	57	78	57	78
H-12	A#	未改性钢渣	4.9	7.1	23.7	42.0	53	80	57	80
H-13	B#		4.4	7.3	20.0	43.8	44	83		
H-14	C#		5.3	7.2	25.6	41.4	57	79		
H-15	D#		6.2	6.9	32.5	44.4	72	84		
H-16	E#		4.6	7.5	24.5	37.7	54	72		
H-17	F#		4.7	7.5	28.5	42.0	63	80		

从胶砂活性试验结果看，相比未改性钢渣，添加 5％CaO 和 10％高岭石（100 目）的改性钢渣的活性改善效果最好，7d 和 28d 活性指数分别提高 16％和 10％；而添加 10％高岭石（100 目）的改性钢渣活性改善效果次之，7d 和 28d 活性指数分别提高 15％和 9％；其他活性改善效果较好的还有添加 15％CaO（100 目）的改性钢渣和添加 10％CaO 和 10％高岭石（100 目）的改性钢渣，7d 和 28d 活性指数分别提高 12％以上和 6％以上。活性改善效果最差的为添加 10％CaCO₃ 和 10％高岭石（100 目）的改性钢渣，相比未改性钢渣活性指数几乎没有变化，说明添加 CaCO₃ 改善效果对硅酸盐矿物的组成提高并无帮助。

6　结论

（1）钢渣虽具有水硬胶凝性，但对生成具有水硬胶凝性矿物有利的 CaO、SiO_2 和 Al_2O_3 含量较低，Fe_2O_3 含量较高，因此为提高钢渣的水硬胶凝活性，需要增加钢渣中的 CaO、SiO_2 和 Al_2O_3 含量。

（2）复掺钙质和硅铝质材料对钢渣进行改性，可以很明显地降低改性钢渣中 f-CaO 含量，有效保证了改性钢渣的体积安定性，且钙质改性材料有利于更多硅酸盐矿物的生成，硅铝质材料有利于铝酸盐矿物的生成。

（3）针对 32 万吨/年规模钢渣辊压处理生产线设计和制造了添加改性材料的熔融钢渣改性试验装置，并进行了熔融钢渣在线改性。

（4）在线改性钢渣胶砂活性试验结果表明：相比未改性钢渣，添加 5％CaO 和 10％高岭石（100 目）的改性钢渣的活性改善效果最好，7d 和 28d 活性指数分别提高 16％和 10％；而添加 10％高岭石（100 目）的改性钢渣活性改善效果次之，7d 和 28d 活性指数分别提高 15％和 9％。

（5）利用现有 32 万吨/年规模钢渣辊压处理生产线的熔融钢渣（1500℃）的热力学条件和辊压机往复碾压的搅拌条件对熔融钢渣进行在线改性的实践是成功的。

参考文献

［1］王强．钢渣的胶凝性能及在复合胶凝材料水化硬化过程中的作用［D］，北京：清华大学，2010.

［2］郭辉．钢渣重构及其组成、性能的基础研究［D］，广州：华南理工大学，2010.

［3］王韬．攀钢钢渣作为地基回填料的试验研究与初步模拟［D］，昆明：昆明理工大学，2008.

［4］刘勋赛．回收炉渣显热提高环境质量．江苏冶金［J］．1995（1）：27-28.

［5］王晓娣．液态钢渣气淬过程换热分析与计算［D］，唐山：河北理工大学，2009.

［6］张宇 陈媛 张天有等．高温熔融钢渣热闷平衡分析及余热回收利用［J］．冶金能源 2014，33（1）：62-64.

［7］邢宏伟，王晓娣，龙跃等．粒化钢渣相变传热过程数值模拟［J］．钢铁钒钛 2010，31（1）：79-82.

酸度系数对调质高炉渣析晶行为的影响

任倩倩[1]，张玉柱[1,2]，龙　跃[2]，陈绍生[2]，李智慧[2]

（1. 东北大学冶金学院，辽宁沈阳，110819；

2. 华北理工大学冶金与能源学院，河北唐山，063009）

摘　要　以高炉渣和铁尾矿的混合物为研究对象，采用 Factsage 热力学软件对调质高炉渣冷却过程中矿物的初始析晶温度、析晶种类及含量进行了模拟；采用 X 射线衍射仪（XRD）和场发射扫描电子显微镜（SEM）研究了酸度系数对调质高炉渣的矿物组成和显微形貌的影响。研究结果表明：调质高炉渣冷却过程中析出的主要矿物为钙铝黄长石和镁黄长石，黄长石的含量会随着酸度系数的增加而逐渐减少。当酸度系数为 1.4～1.6 时，调质高炉渣在冷却过程中不会有矿物析出，满足成纤的要求。

关键词　调质高炉渣；酸度系数；纤维化；析晶

Abstract　Fact sage simulation was performed to explore the initially crystallization temperatures，crystallization types and contents of a mixture of blast furnace（BF）slag and iron ore tailings during the cooling process. To explore the influence of acidity coefficient on the mineralogical compositions and microstructure of the modified BF slag，X-ray diffraction（XRD）and field emission scanning electron microscope（SEM）analysis were carried out. It indicated that the main precipitations of the modified BF slag are gehlenite and akermanite during the cooling process. The crystallization content of the melilite decreased gradually with an increase of the acidity coefficient. The precipitation of the modified BF slag was not observed during the cooling process when the acidity coefficient ranged from 1. 4 to 1. 6 that meets the requirement of the fiber formation.

Keywords　modified blast furnace slag；acidity coefficient；fibrosis；crystallization

　　高炉渣是炼铁生产过程中产生的副产品，据统计，每生产 1t 铁约产生 350kg 左右的高炉渣[1-3]。由于高炉渣的出渣温度高达 1450℃，因此，熔融态的高炉渣含有大量的熔渣显热[4]。目前，高炉渣经空冷和水淬处理后主要用作生产水泥、混凝土骨料、微晶玻璃和路基材料，其资源利用价值较低，显热未能得到有效利用[5-7]。因此，高炉渣的高附加值利用和显热利用已经成为了刻不容缓的难题，并受到了科研工作者的广泛关注[8]。熔融高炉渣直接纤维化制备矿渣棉的提出，不仅可对高炉渣的显热进行高效利用，还促进了保温材料和钢铁行业节能减排的发展，具有十分重要的意义[9-11]。

　　高炉渣主要由 CaO，MgO，SiO_2 和 Al_2O_3 四种氧化物组成，其化学组成与矿渣棉较为相似[12]，具有较好的可回收利用价值。矿渣棉是高温熔化的矿渣熔融体，经蒸汽或压缩空气喷吹及多辊离心甩丝处理后制得的一种短纤维[13]。近年来，许多学者对高炉渣直接制备矿渣棉进行了深入研究。孙彩娇等[14]对高炉熔渣制备矿渣棉的调质剂进行了研究。杨爱民[15]研究了高炉渣纤维化过程中的传热规律。熔融高炉渣所制备的矿渣棉具有高效隔热、保温、吸声的特点，广泛用于钢铁、石油、化工、建筑以及交通运输等行业[16,17]。由此可知，高炉渣经离心甩丝后制备的矿渣棉是实现高炉渣高附加值利用的有效途径，其不仅可对高炉渣进行高效且合理的处置，还可以产生巨大的经济效益以及社会效益[18]。

　　调质高炉渣成纤过程中，酸度系数的变化会导致调质高炉渣中晶体的析出，使得纤维质量降低，纤维长度变短，抗拉强度减小。目前，国内外学者对高炉渣制备微晶玻璃的析晶机理进行了大量研究，但对调质高炉渣成纤过程中的析晶行为研究较少。本文采用 FactSage 模拟与实验相结合的方法，对调质高炉渣在冷却过程中的析晶行为进行了探析，以期为高炉渣的高效综合利用提供理论以及实验基础，具有一定的理论以及实用价值。

1 实验材料和实验方法

1.1 样品制备

实验所用原料为唐山某钢厂高炉渣和某矿区铁尾矿调质而成，高炉渣和铁尾矿的化学成分见表1。

表1 高炉渣和铁尾矿的化学组成（%，ω）
Table 1 Chemicalcompositions of blast furnace slag and iron ore tailings（%，ω）

组分	SiO_2	CaO	MgO	Al_2O_3	Fe_2O_3	TiO_2	K_2O	Na_2O	MnO	S	P
高炉渣	33.53	36.25	8.64	15.82	1.57	1.38	0.54	0.32	0.17	0.84	0.012
铁尾矿	67.78	2.50	2.58	13.50	6.56	0.28	3.90	2.21	0.098	0.048	0.046

采用直流电弧炉对试样进行了制备，实验方法为将电炉预加热到800℃左右时加入高炉渣，每隔10min观察高炉渣熔化情况，当高炉渣全部熔化后添加不同比例的铁尾矿进行调质，成分均匀后，倒渣取样，使样品快速冷却，研究样品的析晶情况，调质渣的主要化学成分见表2。

表2 调质高炉渣的主要化学组成
Table 2 Main chemical compositions of modified blast furnace slag

酸度系数（M_k）	化学组成（%，ω）			
	SiO_2	CaO	MgO	Al_2O_3
1.2	35.59	34.23	8.28	15.68
1.3	37.30	32.54	7.97	15.56
1.4	38.84	31.02	7.70	15.46
1.5	40.38	29.50	7.43	15.36
1.6	41.58	28.32	7.22	15.27

1.2 软件模拟

以酸度系数为1.2至1.6的$CaO\text{-}SiO_2\text{-}MgO\text{-}Al_2O_3$四元渣系为研究对象。采用FactSage热力学软件中的平衡模块对不同温度下酸度系数对析晶温度和种类的影响进行了研究。

1.3 矿物组成及显微形貌

采用行星式球磨机（QM-1 sp）将制备好的试样磨成粉末，并过200目筛，将筛出的试样在D/MAX2500PC型XRD衍射仪上进行矿相组成分析，XRD分析采用Cu Kα辐射，工作电压为40kV，电流为40mA，扫描速度0.01°/min。采用场发射扫描电镜对不同温度下调质高炉渣的显微形貌进行了分析。

2 结果与讨论

2.1 调质高炉渣 FactSage 软件模拟

采用FactSage热力学软件的Equilib模块对不同酸度系数调质高炉渣冷却过程中矿物析出的种类及含量进行了模拟研究，模拟结果如图1所示。

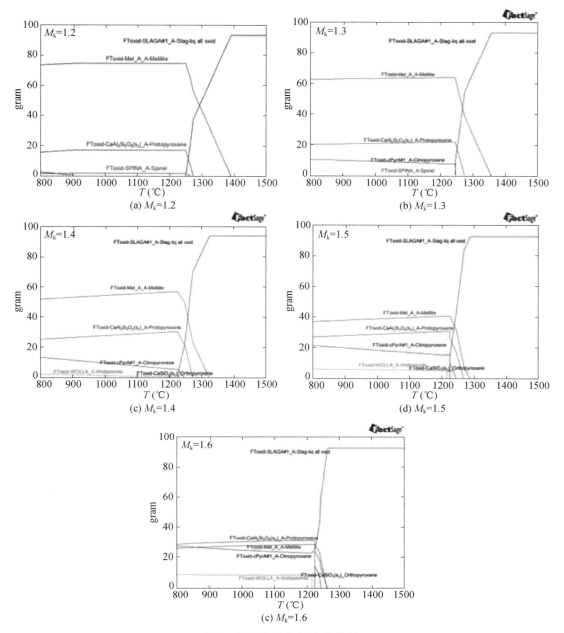

图 1　温度与矿物析出的关系

Fig. 1　The relationship between cooling temperature and mineral precipitation in the process of cooling temperature

由图 1 可知，调质高炉渣在冷却过程中会有黄长石（Melilite）、钙长石（$CaAl_2Si_2O_8$）、尖晶石（Spinel）、斜辉石（Clinopyroxene）、硅灰石（Wollastonite）和硅酸钙（$CaSiO_3$）的析出，且随着酸度系数的增加，冷却过程中析出黄长石和尖晶石的含量会逐渐减少，钙长石和斜辉石的含量会逐渐增加，当酸度系数大于 1.3 时，尖晶石将不会析出。这主要是由于随着调质高炉渣酸度系数增加，CaO，MgO 和 Al_2O_3 的含量相对减少，SiO_2 的含量相对增加，导致了钙铝黄长石（C_2AS，$2CaO \cdot Al_2O_3 \cdot SiO_2$）逐渐转变为钙长石（$CaO \cdot Al_2O_3 \cdot 2SiO_2$），镁黄长石（$C_2MS_2$，$MgO \cdot 2CaO \cdot 2SiO_2$）逐渐转变为硅灰石（$CaO \cdot SiO_2$）。当酸度系数达到 1.3 时，硅灰石和硅酸钙开始析出，且硅酸钙的含量会随着酸度系数的增加而逐渐增加。温度的降低会导致硅酸钙转变为硅灰石结构（Wollastonite），使得硅酸钙最终会以硅灰石（Wollastonite）的形式存在于样品中。

以 CaO-Al₂O₃-SiO₂-MgO 四元渣系为基础，采用 FactSage 热力学软件的 Phase Digam 模块，绘制了该四元渣系相图，模拟结果如图 2 所示。

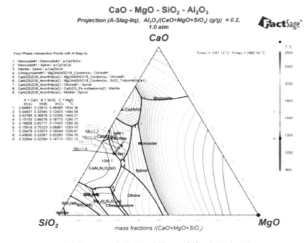

图 2 不同酸度系数调质高炉渣相图

Fig. 2 Phase diagram of the modified blast furnace slag at different acidity coefficient

由图 2 可知不同酸度系数调质高炉渣的析晶趋势。随着酸度系数的增加，矿物析出的初晶区逐渐从黄长石初晶区向黄长石和钙长石初晶区边界线方向移动，矿物析出温度从 1400℃ 左右降低到 1300℃ 左右，当酸度系数达到 1.6 时，矿物析出温度最低，会形成黄长石和钙长石的低熔点固溶体，析晶趋势减小，有利于调质高炉渣生产纤维。

2.2 调质高炉渣矿物组成分析

由图 3 可知，酸度系数为 1.2 和 1.3 时，调质高炉渣冷却过程中会有晶相析出，不利于高质纤维的生产，其主要矿相组成均为钙铝黄长石以及镁黄长石。此外，酸度系数为 1.2 和 1.3 时的调质高炉渣 XRD 图谱所示的晶相种类基本一致，表明酸度系数的变化对析晶种类的影响较小。酸度系数为 1.4 至 1.6 时，调质高炉渣的矿物主要由玻璃体组成，有利于矿渣纤维的生产。这是由于随着酸度系数的增加，调质高炉渣的黏度逐渐增加，渣的流动性能变差，导致离子重排困难，不易于晶体析出。

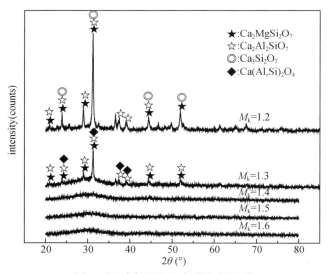

图 3 调质高炉渣 X 射线衍射图谱

Fig. 3 X-ray diffraction spectra of modified blast furnace slag

2.3　调质高炉渣显微结构分析

由图4可知，图4（a）中充满了羽毛状结构的晶体；图4（b）中存在大量细小的星状晶体；图4（c）～图4（e）均为光滑的玻璃体结构。这些结果与图3中的析晶情况相一致。说明酸度系数为1.2和1.3的调质高炉渣在冷却过程中会有晶体析出，晶体会导致纤维断裂，减少纤维长度不利于纤维生成。酸度系数为1.4到1.6的调质高炉渣在冷却过程中几乎全部形成玻璃体，有利于形成高质量纤维。

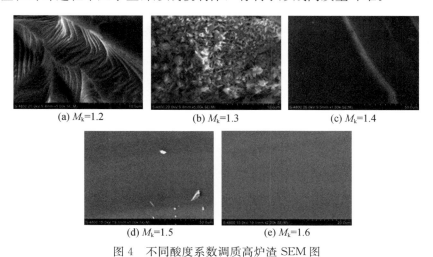

(a) M_k=1.2　　　　　　　(b) M_k=1.3　　　　　　　(c) M_k=1.4

(d) M_k=1.5　　　　　　　(e) M_k=1.6

图4　不同酸度系数调质高炉渣 SEM 图

Fig. 4　SEM images of modified blast furnace slag with different acidity coefficient

3　结论

（1）调质高炉渣冷却过程中析出的两个主晶相分别为钙铝黄长石和镁黄长石，次要晶相为钙长石（$CaAl_2Si_2O_8$），尖晶石（Spinel），斜辉石（Clinopyroxene），硅灰石（Wollastonite）和硅酸钙（$CaSiO_3$）。

（2）酸度系数增加将促进钙长石（$CaAl_2Si_2O_8$），斜辉石（Clinopyroxene）和硅灰石（Wollastonite）析出，抑制黄长石和尖晶石析出。

（3）酸度系数为1.4至1.6的调质高炉渣在冷却过程中主要形成玻璃体，满足成纤的要求。

基金项目： 国家自然科学基金面上项目（51474090）。

参考文献

[1] LiJie, Liu Wei-xing, Zhang, Yu-zhu, et al. Research on modifying blast furnace slag as a raw material of slag fiber [J]. Materials and Manufacturing process，2015，30：374-380.

[2] GanLei, Zhang Chun-xia, Zhou, Ji-cheng, et al. Continuous cooling crystallization kinetics of a molten blast furnace slag [J]. Journal of Non-Crystalline Solids，2012，358：20-24.

[3] Wang Hai-feng, Zhang Chun-xia, Qi Yuan-hong. Quantitative analysis of non-crystalline and crystalline solids in blast furnace slag [J]. Journal of Iron and Steel Research International，2011，18（1）：08-10.

[4] WangZhong-jie, Ni Wen, Jia Yan, et al. Crystallization behavior of glass ceramics prepared from the mixture of nickel slag, blast furnace slag and quartz sand [J]. Journal of Non-Crystalline Solids，2010，356：1554-1558.

[5] Kashiwaya Yoshiaki, Nakauchi Toshiki, Pham, Khanh-son, et al. Crystallization behaviors concerned with TTT and CCT diagrams of blast furnace slag using hot thermocouple technique [J]. ISIJ International，2007，47（1）：44-52.

[6] Tang Xu-long, Zhang Zuo-tai, Guo Min, et al. Viscosities behavior of CaO-SiO$_2$-MgO-Al$_2$O$_3$ slag with low mass ratio of CaO to SiO$_2$ and wide range of Al$_2$O$_3$ content [J]. Journal of Iron and Steel Research International，2011，18（2）：01-06.

[7] LiuJun-xiang, Yu Qing-bo, Li Peng, et al. Cold experiments on ligament formation for blast furnace slag granulation [J]. Applied Thermal Engineering，2012，40：351-357.

［8］ Erol M，Küçükbayrak S，Ersoy-Meriçboyu A. Influence of particle size on the crystallization kinetics of glasses produced from waste materials ［J］. Journal of Non-Crystalline Solids，2011，357：211-219.

［9］ 蔡爽，张玉柱，李俊国，等. 酸度系数对调质高炉渣成纤质量的影响［J］. 钢铁钒钛，2015，36（5）：47-52.

［10］ Xiao Yongli，Liu Yin，Li Yongqian. Status and development of mineral wool made from molten blast furnace slag ［J］. Baosteel Technical Research，2011，5（2）：3-8.

［11］ 李杰，刘卫星，张玉柱，等. 尾矿改性高炉渣的凝固行为与黏度行为［J］. 东北大学学报，2015，36（11）：1601-1604.

［12］ 张耀明，李巨白，姜肇中. 玻璃纤维与矿物棉全书［M］. 北京：化学工业出版社，2001.

［13］ 裴晶晶，邢宏伟. 高炉渣制备矿棉工艺的比较分析及发展趋势［J］. 河南冶金，2013，21（6）：26-29.

［14］ 孙彩娇，张玉柱，李杰，等. 高炉熔渣制备矿渣棉调质剂的研究［J］. 钢铁钒钛，2015，36（2）：68-72＋83.

［15］ 杨爱民. 高炉熔渣纤维化过程中的传热规律研究［D］. 河北：燕山大学，2015.

［16］ 杜培培，龙跃，李智慧，等. 熔渣酸度系数对矿渣棉性能的影响［J］. 过程工程学报，2015，15（3）：518-523.

［17］ 李杰，张玉柱，刘卫星，等. 高炉渣调质作为矿渣纤维原料［J］. 环境工程学报，2013，7（12）：4971-4977.

［18］ 张玉柱，张遵乾，邢宏伟，等. 熔渣纤维化机理研究进展［J］. 钢铁，2015，50（1）：66-68.

高 MgO 镍铁渣作为活性混合
材使用的可行性研究

杨慧芬，苑修星，王亚运，谭海伟，孟家乐

（北京科技大学土木与环境工程学院，北京，100083）

摘　要　我国镍铁渣排放量很大，但目前尚未找到大量利用途径。本文在镍铁渣组成、性能分析基础上，对镍铁渣作为活性混合材使用的可能性及效果进行了研究。结果表明：镍铁渣中非晶体矿物的含量为 88.1%，含量高达 27.07% 的 MgO 主要以顽辉石和镁铁橄榄石两种晶体矿物形式存在。镍铁渣的比表面积影响其活性和在水泥中的掺量。作为活性混合材，镍铁渣比表面积需 ≥454.6m²/kg。比表面积越大，活性指数越大，掺量越大。镍铁渣水泥的压蒸安定性合格，即使在水泥中掺入 50% 比表面积 842.9m²/kg 的镍铁渣，水泥的压蒸膨胀率仅 0.11%，大大低于 0.5% 的 GB/T 750—1992 要求。因此证明镍铁渣不会因为 MgO 含量高而影响其作为活性混合材的使用。

关键词　镍铁渣；MgO；活性混合材；掺量；压蒸安定性

Abstract　A large of ferronickel slags are discharged a year in China，but they have not been utilized efficiently. The feasibility and effects were investigated using ferronickel slag containing high MgO composition as an active mixed material on the basis of the determination of its composition and performance in the study. The results showed that amorphous mineral content in the slag is 88.1%. And the MgO with the content 27.07% existed in two crystal minerals of enstatite and hortonolite. The activity and dosage used in the cement of ferronickel slag were affected by the specific surface area of the slag. As an active mixing material，its specific surface area should be not less than 454.6m²/kg. The bigger the specific surface area of the slag，the higher the active index，the larger the dosage in the cement. Autoclave soundness of cement mixed with high-MgO ferronickel slag is qualified. Even if usage of the slag with specific surface area of 842.9m²/kg is up to 50%，the autoclave expansion rate of the new cement only is 0.11%，significantly lower than GB/T 750—1992 requirements of 0.5%. Therefore，it is proved that the use of ferronickel slag as an active mixed material will not be affected by its high MgO composition.

Keywords　ferronickel slag；MgO；active mixed materials；dosage；autoclave soundness

　　活性混合材已被广泛地应用在水泥和高性能商品混凝土中用于改善水泥、混凝土的性能，调节水泥、混凝土强度等级，增加水泥、混凝土产量，降低水泥及以水泥为胶凝材料制备的商品混凝土的生产成本。目前使用的活性混合材首选是高炉渣微粉和粉煤灰。为了高附加值地利用高炉渣的显热和成分，钢铁企业已逐渐从高炉渣生产活性混合材转向生产高附加值的矿岩棉材料[1]。粉煤灰则除了作为活性混合材外，更多的用于生产轻质混凝土[2]、免烧砖[3]、陶粒[4]等。这为性质类似高炉渣、粉煤灰的其他工业废物作为活性混合材使用提供了市场空间。

　　镍铁渣的排放量很大，仅我国每年排放产量已超过 2500 万 t[5]，目前主要以堆存、填埋方式处置，不仅造成资源浪费，也对环境具有潜在危害[6]。至今，镍铁渣仅见到少量用于制备镍铁渣微粉[7]、微晶玻璃[8]、辅助胶凝材料[9]、水泥[10,11]、混凝土隧道衬里[12]、固定水中重金属离子[13]、水泥混合材料[14]等研究报导，工艺应用很少。

　　镍铁渣虽与高炉渣、粉煤灰等工业废物具有类似的 SiO_2，Al_2O_3 等活性成分，但由于冶炼原料和工艺的不同，所产镍铁渣的成分与高炉渣、粉煤灰有所不同。我国普遍以硅镁镍矿型红土镍矿为原料采用回转窑-

电炉（RKEF）工艺冶炼镍铁，导致排放的镍铁渣 MgO 含量普遍高于 15%[5-9、14]，大大高于高炉渣、粉煤灰中的 MgO 含量。而 GB/T 175—2007《通用硅酸盐水泥》对 MgO 含量严格限定为≤6%，除非经 GB/T 750—1992《水泥压蒸安定性试验方法》检验的压蒸安定性合格，才可放宽至 MgO>6%。因此，高 MgO 镍铁渣作为活性混合材使用不像低 MgO 高炉渣、粉煤灰那样容易被市场认可，导致其应用量受到限制。

活性混合材市场需求量很大，如果能将高 MgO 镍铁渣广泛用作活性混合材，则不但可为高 MgO 镍铁渣寻找大量利用的途径，也为活性混合材提供来源广泛的原料。因此，本研究拟在高 MgO 镍铁渣组成、性能分析基础上，分析高 MgO 镍铁渣作为活性混合材使用可能性、效果和掺量、水泥压蒸安定性等，为高 MgO 镍铁渣作为活性混合材使用提供技术支持。

1 原料与方法

1.1 原料

所用原料包括镍铁渣、GSB14—1510 强度水泥、中国 ISO671 标准砂、饮用纯净水以及二水石膏。镍铁渣取自广西金源镍业有限公司，为水淬渣。经测定，其密度为 2.97g/cm³。粒度较粗，−10μm+0.45mm 粒级占 95.41%，−10μm+1mm 占 73.39%，−10μm+2mm 占 45.57%。表 1 为其主要化学成分。

表 1 镍铁渣的主要化学成分（%）
Table 1 Main chemical composition of received ferronickel slag（%）

SiO₂	Al₂O₃	FeO	MgO	CaO	Na₂O	K₂O	TiO₂	P₂O₅	Cr₂O₃	MnO	SO₃
54.65	3.70	10.50	27.07	1.66	0.15	0.20	0.29	0.013	1.42	0.33	0.0083

可见，镍铁渣中主要成分为 SiO_2，MgO，FeO，占总量的 92.22%，其中 MgO 含量高达 27.07%。如果 MgO 是以方镁石的形式存在，则可能由于方镁石转化成水化硅酸镁的速度较慢，导致镍铁渣微粉在水泥中的使用范围受到限制。

图 1 为镍铁渣的矿物组成分析。

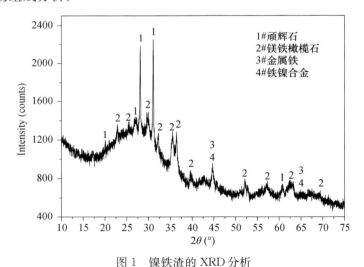

图 1 镍铁渣的 XRD 分析
Fig. 1 XRD patterns of received ferronickel slag

可见，镍铁渣中的矿物，主要为非晶态矿物，仅少量以镁铁橄榄石（Mg，Fe）SiO_4、顽辉石 $MgSiO_2$ 及金属铁、铁镍合金等晶体矿物存在。经对其 XRD 图谱处理、计算，得到的非晶体矿物含量 88.1%，说明镍铁渣具有较大的潜在活性，且镍铁渣中高含量的 MgO 不是以方镁石（MgO）的形式存在。这对镍铁渣作为活性混合材使用具有重要价值。

图 2 为镍铁渣的形貌分析。可见，镍铁渣为碎屑状物质，放大后明显可见其凝胶状的内部结构，进一步说明镍铁渣具有较大的活性。

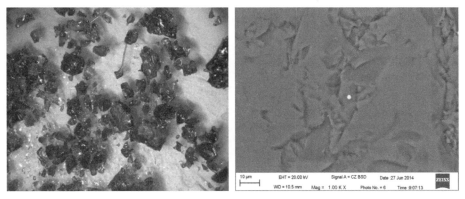

图 2　镍铁渣形貌分析

Fig. 2　Morphology analysis of the ferronickel slag

1.2　方法

根据 JC/T 134—2005《水泥原料易磨性试验方法》测定镍铁渣的粉磨功耗指数以确定其可磨性，并采用 SMφ500mm×500mm 试验磨获得镍铁渣比表面积与其粒度的关系。选择合适粒度和比表面积的镍铁渣按 GB/T 12957—2005《用于水泥混合材的工业废渣活性试验方法》检验镍铁渣的活性，包括其潜在水硬性、火山灰性和活性指数。表 2 为活性指数检验用镍铁渣胶砂试块所用原料及其质量配比。原料在胶砂搅拌机中充分搅拌混匀，获得砂浆，维持水灰（胶）比为 0.5。

表 2　镍铁渣粉活性指数检验时胶砂试块的质量比

Table 2　weight ratio of mortar for the activity determination of ferronickel slag

胶砂种类	GSB14-1510 强度水泥（g）	活性煤矸石粉（g）	中国 ISO 标准砂（g）	水（mL）
镍铁渣胶砂	315	135	1350	225
对比胶砂	450±2	—	1350±5	225±1

砂浆用 40mm×40mm×160mm 三联模成型，放入标准养护箱养护 28d，并按公式（1）计算镍铁渣活性指数。

$$渣活性指 = \frac{渣砂的\ 28d\ 抗度}{度水泥砂的\ 28d\ 抗度} \times 100\% \tag{1}$$

根据 GB/T 2419—2005《水泥胶砂流动度测定方法》测定镍铁渣胶砂的流动度，根据 GB/T 1346—2011《水泥标准稠度用水量、凝结时间、安定性检验方法》检验镍铁渣胶砂的煮沸安定性。在此基础上确定镍铁渣掺量对水泥性能的影响，并根据 GB 175—2007《通用硅酸盐水泥》对火山灰质水泥活性混合材掺量的限定，计算镍铁渣作为活性混合材的极限用量。最后根据 GB/T 750—1992《水泥压蒸安定性试验方法》检验极限掺量下新水泥的压蒸膨胀率。

2　结果与分析

2.1　镍铁渣的功耗指数和可磨性分析

表 3 为镍铁渣粉磨功指数测定过程所得数据。根据公式（2）计算镍铁渣的粉磨功耗指数：

$$W_i = \frac{176.2}{P^{0.23} \times G^{0.82} \times \left(\frac{10}{\sqrt{P_{80}}} - \frac{10}{\sqrt{F_{80}}}\right)}$$

(2)

式中　W_i——粉磨功指数，MJ/t；

　　　P——成品筛的筛孔尺寸，μm；本试验定为 74μm。

　　　G——平衡状态下三个 G_i 的平均值，g/r；

　　　P_{80}——成品 80％通过的粒度，μm。

　　　F_{80}——试样 80 ％通过的粒度，μm

表 3　镍铁渣粉磨功指数测定过程的试验数据
Table 3　Test data obtained in determination of grinding work index for ferronickel slag

堆积密度（kg/m³）	700mL 质量（g）	试样小于 74μm 含量（％）
1591	1113.65	0.30
F_{80}/μm	P_{80}/μm	平衡状态每转产量 G（g/r）
3030	62.35	0.427

将表 3 中数据带入公式（2）计算获得：$W_i = 121.28$MJ/t $= 33.69$kW·h/t，说明镍铁渣具有较好的可磨性。

图 3 为镍铁渣比表面积与其粒度的关系。可见，随着镍铁渣比表面积的增大，其 80μm 筛余率降低，d_{10}，d_{50}，d_{90} 逐渐减小。当比表面积 $\geq$464.4m²/kg 时，镍铁渣 80μm 筛余率＜3％，达到国标 $\leq$1％～3％ 的要求，此时，d_{10}，d_{50}，d_{90} 分别 $\leq$4.39μm，10.47μm，50.29μm。

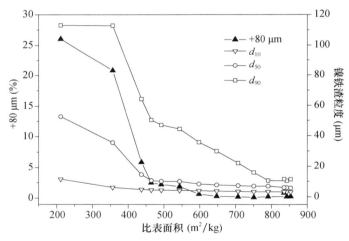

图 3　镍铁渣比表面积与其粒度的关系
Fig. 3　Relationship between specific surface area and its particle size of ferronickel slag

2.2　镍铁渣粒度对其使用性能的影响

表 4 为镍铁渣粒度对其使用性能的影响。可见，随着镍铁渣粒度的减小、比表面积的增大，其活性指数逐渐增大、流动度逐渐减小，潜在水硬性、火山灰性、煮沸安定性均合格。要使活性指数达到 $\geq$65％ 的 GB/T 12957—2005 要求，镍铁渣的比表面积需 $\geq$454.6m²/kg。要使流动度＞95％，镍铁渣的比表面积不能太大。说明镍铁渣可通过粒度减小获得更高的活性，但由于流动度的限制，镍铁渣的粒度并非越小越好。因此，只有控制适当的比表面积，镍铁渣可满足作为活性混合材使用性能的要求。

表 4 镍铁渣粒度对其使用性能的影响

Table 4 Effect of grinding fineness of ferronickel slag on its application performance

镍铁渣粒度				比表面积 (m²/kg)	潜在水硬性	火山灰性	活性指数 (%)	流动度 (%)	煮沸安定性 (mm)
+80μm/%	$d_{10}/\mu m$	$d_{50}/\mu m$	$d_{90}/\mu m$						
5.86	4.72	14.38	64.15	437.2	合格	合格	62.46	111.76	0.75
2.50	4.39	10.47	50.29	464.4	合格	合格	66.31	110.55	0.75
2.21	4.28	10.01	46.92	492.5	合格	合格	69.80	108.35	0.5
1.87	4.14	9.89	44.39	543.3	合格	合格	72.07	104.41	0.5
0.25	3.18	5.89	10.35	842.9	合格	合格	82.04	95.88	1.0

镍铁渣作为活性混合材使用，其放射性也不能超标。表 5 为镍铁渣根据 GB 6566—2010《建筑材料放射性核素限量》检验的放射性数值。可见，镍铁渣的放射性很低，符合国标关于建筑主体材料放射性核素限量的要求，可作为活性混合材使用。

表 5 镍铁渣的放射性检验数值

Table 5 Radioactive inspection value of ferronickel slag

检测项目	实测值	限量值
镭-226 放射性比活度（Bq/kg）	6.7	—
钍-232 放射性比活度（Bq/kg）	4.7	—
钾-40 放射性比活度（Bq/kg）	33.3	—
内照射指数（I_{Ra}）	0.03	≤1.0
外照射指数（I_r）	0.04	≤1.0

2.3 镍铁渣掺量对水泥性能的影响

图 4 为镍铁渣掺量对镍铁渣活性指数的影响。可见，随着镍铁渣掺量的增大，其活性指数逐渐降低。掺量相同时，比表面积越大，活性指数越大。活性指数相同时，镍铁渣比表面积越大，掺量越大。如果同样获得 65% 的活性指数，比表面积 437.2m²/kg，543.3m²/kg，842.9m²/kg 的镍铁渣，其极限掺量分别为 28.2%，38.0% 和 52.5%。

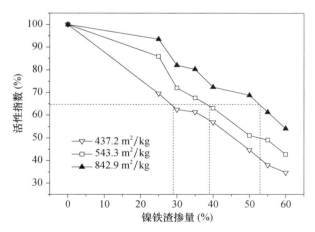

图 4 镍铁渣掺量对镍铁渣活性指数的影响

Flg. 4 Effect of the amount of ferronickel slag on its active index

镍铁渣属于一种火山灰质水泥活性混合材，其在水泥中的掺量在 GB/T 175—2007 中有明确限定，其在普通硅酸盐水泥、火山灰质硅酸盐水泥、复合硅酸盐水泥中掺量分别限定为"＞5% 且≤20%""＞20% 且

≤40％""＞20％且≤50％"。根据计算，以上三种比表面积镍铁渣在上述不同水泥中的实际掺量及由其带入的 MgO 含量见表6。

表6　比表面积对镍铁渣在水泥中实际掺量及带入 MgO 的影响

Table 6　Effect of specific surface area of ferronickel slag on its amount and MgO content in cement

水泥种类	不同比表面积时实际掺量（％）			不同比表面积时实际 MgO 含量（％）		
	437.2m²/kg	543.3m²/kg	842.9m²/kg	437.2m²/kg	543.3m²/kg	842.9m²/kg
普通硅酸盐水泥	—	5～20	—	—	1.35～5.41	—
火山灰质硅酸盐水泥	20～28.2	20～38	20～40	5.41～7.55	5.41～10.29	5.41～10.83
复合硅酸盐水泥	20～28.2	20～38	20～50	5.41～7.55	5.41～10.29	5.41～13.54

可见，只有普通硅酸盐水泥在实际掺量范围，其 MgO 含量＜6％。其他两种水泥 MgO 含量＜6％的极限掺量均为 22.16％。否则，水泥中 MgO 含量必定＞6％。而 GB/T 750—1992《水泥压蒸安定性试验方法》说明，当 MgO＞6％，如果压蒸安定性检验合格，仍可满足要求。

表7 为水泥中掺入 50％比表面积 842.9m²/kg 的镍铁渣获得的新水泥的压蒸膨胀率。可见，掺比表面积 842.9m²/kg 的镍铁渣 50％时获得的新水泥，其压蒸膨胀率仅 0.11％，大大低于 0.5％或 0.8％的国家标准值。因此，该镍铁渣虽含有很高的 MgO，但作为水泥混合材使用时不会因为 MgO 含量高而影响其所制备的水泥的体积安定性，镍铁渣可作为水泥活性混合材使用，使用量可采用表6中实际掺量的高限值。

表7　掺入 50％比表面积 842.9m²/kg 的镍铁渣获得的新水泥的压蒸膨胀率

Table 7　Autoclave expansion rate of cement added by 50％ ferronickel slag with specific surface area of 842.9m²/kg

标准水泥种类	GB/T 750 膨胀率（％）	新水泥的压蒸膨胀率（％）	是否合格
普通硅酸盐水泥、矿渣硅酸盐水泥、火山硅质硅酸盐水泥、粉煤灰硅酸盐水泥	≤0.5	0.11	合格
硅酸盐水泥	≤0.8		

3　结论

（1）镍铁渣的主要化学成分是 SiO_2，MgO，FeO，其中 MgO 含量高达 27.07％。但镍铁渣中 MgO 主要以镁橄榄石和顽辉石等晶体矿物形式存在。镍铁渣中非晶体矿物含量约 88.1％，具有较大的潜在活性。

（2）镍铁渣的可磨性较好，其功耗指数 W_i 仅 33.69kW·h/t。

（3）镍铁渣的使用性能合格。当镍铁渣比表面积 ≥454.5m²/kg，其活性指数 ≥65％。比表面积 437.2m²/kg，543.3m²/kg 和 842.9m²/kg 镍铁渣，其在水泥中的极限掺量分别不能超过 28.2％，38.0％ 和 52.5％。

（4）掺入 50％比表面积 842.9m²/kg 的镍铁渣制备的新水泥，其压蒸膨胀率仅 0.11％，大大低于 0.5％ 或 0.8％ 的国标要求。

参考文献

[1] 王晓磊，刘晓鹏. 利用高炉渣制造岩矿棉工程化技术研究 [J]. 新技术新工艺，2014（1）：110-111.

[2] NIYAZI UGUR KOCKAL，TURAN OZTURAN. Effects of light weight fly ash aggregate properties on the behavior of lightweight concretes [J]. Journal of Hazardous Materials，2010，179（1-3）：954-965.

[3] ALAA A. SHAKIR，SIVAKUMAR NAGANATHAN，KAMAL NASHARUDDIN MUSTAPHA. Properties of bricks made using fly ash quarry dust and billet scale [J]. Construction and Building Materials，2013，41：131-138.

［4］沈阳，刘红梅，杨恒亮. 粉煤灰陶粒保温砌块的制备工艺及应用现状［J］. 新型建筑材料，2012（10）24-27.

［5］马明生，裴忠冶. 镍铁冶炼渣资源化利用技术进展及展望［J］. 中国有色冶金，2014（6）：64-70.

［6］孔令军，赵祥麟，刘广龙. 红土镍矿冶炼镍铁废渣环境安全性能研究［J］. 铜业工程，2014，125（1）：61-64.

［7］石光，刘箎，聂文海，等. 辊磨在电炉镍铁渣制备镍铁微粉系统中的应用［J］. 水泥技术，2014（4）：37-40.

［8］张文军，李宇，李宏，等. 利用镍铁渣及粉煤灰制备 CMSA 系微晶玻璃的研究［J］. 硅酸盐通报，2014，33（12）：3359-3365.

［9］万朝均，孟立. 镍铁合金矿热炉渣辅助胶凝材料的制备与性能［J］. 重庆大学学报，2010，33（1）：119-123.

［10］KOSTAS KOMNITSAS, DIMITRA ZAHARAKI, VASILLIOS PERDIKATSIS. Effect of synthesis parameters on the compressive strength of low-calcium ferronickel slag inorganic polymers［J］. Journal of Hazardous Materials，2009，161（2-3）：760-768.

［11］LEMONIS N. , TSAKIRIDIS P. E. , KATSIOTIS N. S. , etal. Hydration study of ternary blended cements containing ferronickel slag and natural pozzolan［J］. Construction and Building Materials，2015，81（15）：130-139.

［12］SAKKAS K. , PANIAS D. , NOMIKOS P. P. , etal. Potassium based geopolymer for passive fire protection of concrete tunnels linings［J］. Tunnelling and Underground Space Technology，2014，43（5）：148-156.

［13］KOSTAS KOMNITSAS, DIMITRA ZAHARAKI, GEORGIOS BARTZAS. Effect of sulphate and nitrate anions on heavy metal immobilisation in ferronickel slag geopolymers［J］. Applied Clay Science，2013，73：103-109.

［14］段光福，刘万超，陈湘清，于延芬. 江西某红土镍矿冶炼炉渣作水泥混合材［J］. 金属矿山，2012（437）：159-162.

大型散装电石渣仓储装备的技术研发与应用

武冶海，刘栓金

（山东华建仓储装备科技有限公司，山东聊城，252000）

摘　要　本文从电石渣的特性、使用等方面通过案例的具体实施过程，论述了采用大型散装仓储装备进行储存时所具有的技术优势和特点，以及在设计、施工、调试过程中的注意事项。

关键词　电石渣；大型散装仓储；技术研发；应用

电石渣作为建材行业水泥的主要应用原料之一和优质的钙元素的存在者，已为广大的水泥生产单位所青睐，其使用量也随着生产工艺的不断更新而增加。据统计，采用新型干法水泥生产工艺后的使用最低占比为15%，采用新技术的掺比有的可达50%以上。该种材料的储存也随着国家环保政策的加强和低碳节能降耗的实施，成为制约企业发展的重要环节。为此，山东华建仓储装备科技有限公司作为专业的研发设计、制造大型散装粉体物料仓储装备的主导单位，对此种原料的储存和输送做了较为详细的研究和开发。以下从几个方面进行论述，供同行和需求单位参考。

1　电石渣特点

电石渣是电石与水反应生成乙炔气体的过程中产生的工业废弃物，含有大量的氧化钙和少量的硅、铁、铝、钙、镁及碳渣，其溶液中一般还含有硫化物、磷化物、镁、乙炔等其他杂质，可广泛用于材料生产，如水泥、陶瓷、涂料等。

碱性的电石渣具有黏度高、粒度细、易流淌等物理特性，传统利用方式不仅基建费用高、占地面积大，而且滴、淌、黏、挂，严重污染周围环境。

2　电石渣的利用过程及工艺

脱水后的电石渣经搅拌、均浆、除杂等预处理工艺后进入储料仓中缓存；然后通过正压给料、泵送等工艺环节将电石渣送入水泥窑尾，经水泥窑高温煅烧，从而达到利用电石渣中Ca、Si等成分制备水泥的目的。电石渣制水泥工艺流程图如图1所示。

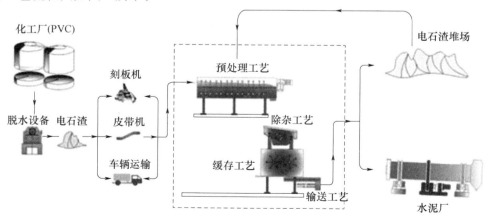

图1　电石渣制水泥工艺流程图

3　电石渣储存现状

据统计，2003 年我国电石产量为 530 万 t，2004 年为 650 万 t，电石渣的年排放量逾 1000 万 t，截至 2012 年，我国有 PVC 生产企业一百余家，产量 1318 万 t，其中电石法 PVC 产量约为 981 万 t。按电石渣产排污系数 1.78（干基）计，2012 年我国电石渣的产生量为 1757 万 t 左右。同时了解到，由于今后几年国内电石法 PVC 产量及对电石的需求将进一步增长，国家在鼓励电石渣应用方面也出台了一些新的配套措施。其中包括：新建、改扩建电石法 PVC 项目必须同时配套建设电石渣生产水泥等电石渣综合利用装置，其电石渣生产水泥装置单套生产规模必须达到 2000t/d 及以上；利用电石渣生产水泥的企业，经国家循环经济主管部门认定后，可享受国家资源综合利用税收优惠政策；电石渣制水泥企业继续享受资源综合利用税收减免优惠政策。为此，对电石渣的应用在不断增加的同时，其储存也成为实现环保生产的重要环节。

电石废渣属Ⅱ类一般工业固体废物；若直接排到海塘或山谷中，采用填海、填沟的有规则堆放时，根据 HG/T 20504—2013《化工危险废物填埋场设计规定》，对Ⅱ类一般工业固体废（物）渣，必须采取防渗措施并作填埋处置。传统电石渣的储存方式，已由最初的挖坑填埋逐渐转变为封闭式储仓储存，但储仓的结构形式一般选用了钢筋混凝土结构，主要考虑的因素为将电石渣进行了封闭式储存，不至于对土壤、大气产生二次污染，而未考虑仓体本身的建设所采用的材料也具有不经济性和不环保性，主要表现在混凝土本身具有循环使用性，其产生具有高能耗、高污染的特点。随着技术的发展和创新，钢结构仓出现改变了人们的储存意识，也促使了人们采用低碳经济、循环环保技术实现经营的效益最大化、环保利益的最大化。

大型散装仓储装备的产生正是在此背景下应运而生，其最初的应用为水泥的储存，而后发展为粉煤灰、矿粉、生料粉以及电石渣粉的储存。

4　电石渣储存装备的工艺流程

据了解，采用大型钢板仓储存电石渣的项目非常少，且有的在调试或使用中由于操作不当导致了非常严重的事故发生。我公司研制的电石渣仓储装备主要应用于某国电企业，其主要技术指标为：

仓体规格：ϕ30m×34m（H）；仓储容量：21000m³；电石渣体积密度：0.5t/m³；含水率：≤10%。

出料布置方式：采用多廊道出料。

主要工艺流程图如图 2 所示。

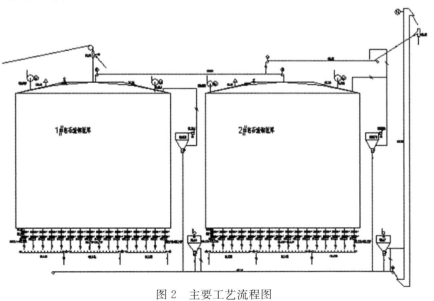

图 2　主要工艺流程图

　　具体流程为：电石渣储存钢板库每个库底有三排卸料斗口，每个卸料口设有高压空气助流装置，由料斗和卸料设备卸出；库顶进料采用皮带机卸料，库顶设有轴流风机和排气孔强制通风，电石渣储存钢板库收尘器设在两库之间独立框架上不放在库顶。另外电石渣储存钢板库设有倒库系统。

　　主要工艺线路为：充分了解和掌握电石渣的特性和特点，有针对性进行入仓的工艺设计（如本项目采用提升和皮带入料）、结构设计（减少仓内结构构架布置，尽量避免物料产生的挂壁）、出料设计（采用气化的方式将物料进行充分流化、根据仓内可燃性气体的浓度实时开启供风通过流化装置进行通风）、采用气力卸料方式而非机械卸料，减少物料对设备的磨损，避免由于磨擦而发生爆炸几率，采用自动化控制系统，系统性的检测设备的运转及时采取有效措施。其出料工艺流程图如图3所示。

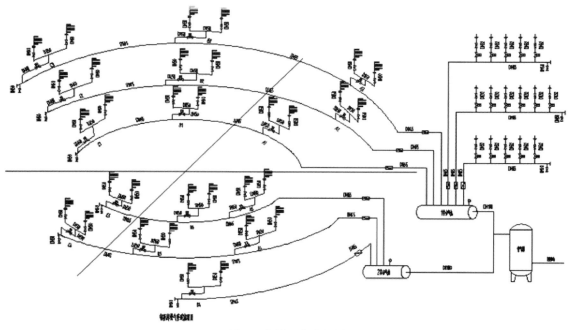

图3　出料工艺流程图

　　本项目的主要技术创新点即是采用流化装置和气力卸料装置。

　　结构形式的布置又是保证仓内物料储存和卸出发挥最大效益的重要组成，因为电石渣物料的特性是黏性大，很容易挂壁，所以在结构上将影响挂壁的因素将为最小。如图4所示。

图4　结构布置

安全方面的设计是保证仓内运行的首要条件,为此本项目在安全设计主要采取如下方面的措施:

(1) 所有设备均采用防爆型产品,尤其是运行过程中已产生火花的设备如控制柜、气体检测设备以及灯具等。

(2) 仓顶设置了防爆安全阀,解决了重大险情时的压力释放。

5 施工技术

施工的过程是产品的形态和功能实现的前提。好的技术和规范的操作又是产品质量实现的重要保证。为此,施工过程的技术素质是非常重要的环节,包括人员的素质、水平和实际动手能力以及质量的把控能力等。所以在本次施工过程中主要的控制点为:

(1) 主体结构的材料的检测是产品的质量基础控制点,严格按照国标的要求控制材料的公差、材质性能,确保合格材料的使用。

(2) 仓体焊接的全方位的检测(包括按规范要求的无损检测等):采用合理的焊接方式和方法是保证仓体受力发挥最大性能的根本保证,本项目的焊接采用了连续性焊接为 CO_2 保护焊,减少了焊接应力或残余应力的产生;分段对称焊、同一方向的施焊又较好地释放应力集中。施焊人员的能力考核具备相应的焊接能力和证书保证,质检人员严格按照 GB 50017—2003《钢结构设计规范》及 GB 50205—2001《钢结构工程施工质量验收规范》的要求的无损检测条款进行焊接检测和缺陷处理,保证了仓的焊接质量。

(3) 库内通风点的设置以及仓内物料产生的气体的监测点的设置:由于电石渣中会存在微量的乙炔气体,在外界条件如温度增加、通风不畅的条件下极容易引起乙炔气体的燃烧和爆炸,所以在仓内设置气体浓度和温度检测点是十分必要的。为此,本项目特别设置了 8 套仓体乙炔气体的检测装置,通过在线的乙炔气体检测系统实时地启动供风系统保证仓内的降温和通风,确保仓的使用安全。

检测技术的应用对于电石渣钢板库来说是非常重要的环节,也是钢板仓在维护过程中的焊接工作的重要实施依据。没有此项技术,以及相应的技术操作规程的前提下极易发生安全事故。2010 年 10 月份发生在四川某一电石渣钢板库爆炸一案恰好说明了这一技术的重要性。具体发生的过程和原因概括为:

库内存余料大约 5000t。入料 600t 时,某公司安装人员在库顶违章焊接收尘器管道,致使电火花进入库内,引起电石气遇明火猛然爆炸,造成 1 死 3 伤的严重后果。顶盖炸飞后落入库内,天桥炸塌砸坏库体顶部 6 节钢板,库顶施工人员炸飞后被塌落天桥砸死。

其采取的防爆措施有:

a 库顶设有 2 台收尘器,收尘风量 5000m³/h,全压 3407Pa。b 库顶设有 ϕ280mm,4 个排气管。c 库顶设有 2 根高压空气管道,伸进库内 1.5m(将库内乙炔气置换排挤出库)。

没有及时安装仓内乙炔气体的在线实时监测设备,人员在明知由规定禁止明火操作要求仍进行焊接作业。

造成的直接损失:1 死 3 伤已赔付及治疗费一百多万元,设备及修复要约 200 万元,总计损失三百余万元。

现场现状如图 5 所示。

(4) 出料施工中出料系统的安装控制:本环节的主要控制要点为连接处的密封性和连接的牢固性。主要检测方法是采用肥皂水或煤油涂刷外观检测密封性,采用查丝扣和扭力扳手检查牢固性。

(5) 调试验收时的出料台时检测是项目能否满足设计要求的重要步骤,通过风机电流的变化和散装的出料来测试出料量。由于处于调试阶段,可能会发生局部改造的情况(如增加元器件或改变管路走向)等内容,涉及动火的地方应特别注意仓内物料与管道物料的完全隔开,同时保证良好的内部通风以稀释仓内可燃气体的浓度(乙炔气体爆炸的极限浓度为 2.5%～87%,在空气中的体积比例)。

控制设备虽采用了防爆性能的产品,但其安放位置仍建议保持良好的通风。

图 5　爆炸仓库现场现状

6　施工完成的项目实例照片

施工完成的项目实例照片如图 6 所示。

图 6　施工完成的项目实例照片

7　结论

大型仓储装备具有储量大，占地面积少，节能环保的特点。其在水泥、粉煤灰、矿渣粉等行业已具有了较为成熟的经验，在煤粉项目上也有成熟的应用。所以在电石渣方面的应用也将会带来新的前景，成为电石渣应用领域的重要的环节被广大业主所关注。

实验参数对固废基发泡混凝土
试块性能的影响研究

周冬冬，廖洪强，宋慧平，程芳琴，刘会军，李　薇，张美霞

（山西大学资源与环境工程研究所，国家环境保护煤炭废弃物资
源化高效利用技术重点实验室，煤电污染控制及废弃物资源化
利用山西省重点实验室，山西太原，030006）

摘　要　以超细粉煤灰和钢渣超微粉为主要原料，配加少量水泥和铝粉发泡剂制备发泡混凝土试块。实验系统考察了不同水灰比、发泡剂掺量、发泡温度对发泡混凝土试块的绝干密度、抗压强度、吸水率和孔隙率的影响。结果表明，铝粉发泡剂掺量从 1‰ 增加到 7‰，所得试块的绝干密度和抗压强度分别降低 36％ 和 84％；而对应的吸水率和孔隙率增加幅度分别高达 79％ 和 30％。水灰比从 0.65 增加到 0.95，所得试块的绝干密度和抗压强度分别降低 26％ 和 82％；而对应的吸水率和孔隙率均出现"先增后减"趋势，其中吸水率增加幅度为 34％，降低幅度为 24％；孔隙率增加幅度为 18％，降低幅度为 9％。发泡温度从 25℃ 增加到 90℃ 时，试块的绝干密度和抗压强度整体上呈"先降后升"趋势，绝干密度降幅约为 30％，升幅约为 61％；抗压强度降幅为 50％，升幅高达 140％。优化后的实验条件为：铝粉掺量 1‰～3‰、水灰比 65％～75％、发泡温度 40℃ 左右。试块抗压强度与绝干密度随制备条件变化幅度不一致，这说明有可能通过制备工艺优化获得"高强度、低密度"的发泡混凝土产品。

关键词　工业固废；发泡混凝土；绝干密度；抗压强度；孔隙率

Abstract　Solid waste foamed concrete was prepared by using the ultrafine fly ash and the steel slag as the main raw material with amount of cement and a little of aluminum powder. The influence of some factors including water-solid ratio, aluminum powder content and foaming temperature on the product properties such as dry density, compressive strength, water absorption and porosity were investigated. The results showed that with the content of aluminum powder varying from 1‰ to 7‰, the change rate of dry density and compressive strength decreased by about 36％ and 84％, respectively, while the decreasing rate of water absorption and porosity are about 79％ and 30％ respectively; when the water-solid ratio increased from 0.65 to 0.95, the change rate of dry density and compressive strength decreased by about 26％ and 82％; while, it showed a trend of increased first and then decreased for water absorption and porosity, the increasing rate of 34％ at first and then with a decrease of 24％ for water absorption, the increasing rate of 18％ at first and then with the decreasing rate about 9％ for the porosity. With the foaming temperature increasing from 25℃ to 90℃, it showed a trend of decreased first and then increased for dry density and compressive strength, the decreasing rate by about 30％ at first and then with increasing rate of 61％ for the dry density, the decreasing extent by about 50％ at first and then with the increasing extent of up to 140％. The optimized conditions: the content of aluminum powder of 1‰～3‰, the water-solid ratio of 65％～75％, the foaming temperature is about 40℃. The otherness of the change rate between the compressive strength and the dry density with preparation conditions indicated that it was possible to obtain the foamed concrete products with higher strength and lower density by optimization the preparing condition.

Keywords　solid waste; foamed concrete; dry density; compressive strength; porosity

1 引言

近年来，在我国墙体材料的改革与建筑节能政策的推行下，节能保温建筑材料的开发和应用受到越来越多的关注[1]。在现有墙体建筑保温材料中，具有节能效果好、价格相对较低、便于施工等优点的有机保温材料仍占据市场主导地位，占整个建筑保温材料市场的90%以上[2]。但是，在使用过程中，有机保温材料日渐暴露出其缺点：主要包括防火性差、与无机墙体之间的粘结处易剥离，影响其使用寿命等问题。有专家预言，建筑保温即将进入有机保温到无机保温的重大转折期[3-4]。发泡混凝土是一种新型的节能环保型建筑保温材料，与有机发泡材料相比，其最大的优势在于具有防火阻燃特性，已有产品成功应用于建筑保温隔热工程[5-7]。

关于发泡混凝土制备及产品特性，国内外学者开展了大量研究工作，取得一定的研究成果[8-11]，同济大学崔玉理[12]等研究了水和养护环境温度对泡沫混凝土的凝结时间、干密度、抗压强度、导热系数和内部形貌的影响。结果表明：养护温度为5～50℃时，泡沫混凝土浆料的初、终凝时间对数与养护温度呈线性关系；水温为35～40℃时，泡沫混凝土内部孔径分布均匀，连通孔少，导热系数较小，且试块具有较好的抗压强度。杨奉源[13]等以普硅水泥为主要原料，研究表明浆体性能在很大程度上决定了泡沫混凝土性能；容重的增加会使泡沫混凝土强度呈幂函数关系增加、干燥收缩率降低，导热系数快速增加。但发泡混凝土制备工艺影响因素较多，包括温度、发泡剂添加量、水灰比、原料配方等，各工艺参数之间的关联性尚缺乏系统研究，尤其是制备工艺参数与材料性能之间的关联影响还需要开展系统深入探讨。本文以粉煤灰、钢渣、水泥为原料，考察了发泡温度、水灰比、发泡剂添加量对试块抗压强度、绝干密度、吸水率、孔隙率的影响，以期为发泡混凝土制备工艺生产提供基础数据。

2 实验部分

2.1 实验原料

实验原料包括：水泥来自市售普通硅酸盐水泥；粉煤灰取自山西朔州煤矸石电厂循环流化床锅炉粉煤灰，经过超微粉化加工后，$D_{50} = 3\mu m$；钢渣取自攀枝花钢铁有限公司，经过超微粉化加工后，$D_{50} = 2.5\mu m$；发泡剂来自市售铝粉，银灰色松散颗粒状。原料的化学成分数据见表1。

表1 原料化学成分（质量百分比，%）
Tab. 1 Chemical composition of raw materials（%）

项目	SiO$_2$	Al$_2$O$_3$	CaO	Fe$_2$O$_3$	TiO$_2$	MgO	SO$_3$	其他
粉煤灰	42.4	35.2	5.38	4.25	1.36	0.86	3.27	7.28
钢渣	12.3	2.59	46	13.9	2.61	9	0.99	12.61
水泥	21.4	4.75	48.7	2.02	0.34	5.65	4.64	12.5

2.2 实验方法

利用分析天平（北京赛多斯仪器公司，BS214D）分别称取水泥60g、粉煤灰45g、钢渣粉45g加入500mL烧杯中，并用玻璃棒先将水泥、粉煤灰、钢渣粉搅拌均匀；将一定配比的水加入混合好的干粉物料中，并置于实验室分散机（上海环境工程技术公司，FS-400）中搅拌制浆，搅拌速度为120 r/min，搅拌时间为3 min；向烧杯中迅速加入一定配比的铝粉发泡剂，再持续搅拌约30s；将玻璃杯中的料浆迅速倒入事先准备好的模具内完成注浆，并将注浆后的模具置于养护箱（绍兴市虞道城墟鑫科仪仪器设备厂）中，在一定温度条件（25℃，40℃，60℃，80℃，90℃）下发泡12h，之后取出拆模，再常温养护28d；最后测试不同实验条件下试块绝干密度、抗压强度、孔隙率和吸水率指标。本文固定水泥、粉煤灰、钢渣为原料，主要考查发泡混凝土随发泡剂添加量、水灰比、养护温度变化对试块性能的影响规律。

2.3　试块性能测试

试块的绝干密度、抗压强度、吸水率测定方法参照建材行业标准 JC/T 1062—2007《泡沫混凝土砌块》规定进行测试。试块的孔隙率采用相同实验条件下材料密度与材料体积密度差值占材料密度的百分数，即采用下式表示：

$$P = \frac{V_0 - V}{V_0} \times 100\% = \left(1 - \frac{\rho_0}{\rho}\right) \times 100\% \tag{1}$$

式中，P 为材料孔隙率（%）；V_0 为材料在自然状态下的体积，或称表观体积（cm³ 或 m³）；ρ_0 为材料体积密度（g/cm³ 或 kg/m³）；本实验条件下，V_0 和 ρ_0 均为发泡条件下的实测值。V 为材料的绝对密实体积（cm³ 或 m³）；ρ 为材料密度（g/cm³ 或 kg/m³）。本实验条件下，V 和 ρ 均为不添加发泡剂条件下的实测值。

3　结果与讨论

3.1　发泡剂铝粉掺量对试块性能的影响

实验在水灰比为 0.75（112.5g），发泡温度 40℃ 的条件下，考察不同铝粉掺量对试块 28d 绝干密度、抗压强度、孔隙率、吸水率的影响。其实验结果如图 1～图 3 所示。

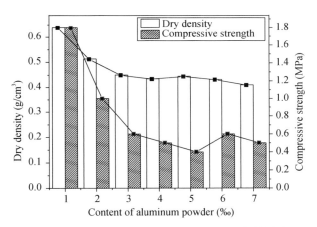
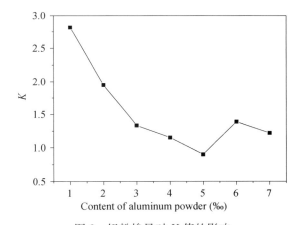

图 1　铝粉掺量对试块绝干密度和抗压强度的影响

Fig. 1　The influence of aluminum powder on dry density and compressive strength

图 2　铝粉掺量对 K 值的影响

Fig. 2　The influence of aluminum powder on K value

由图 1 可知，在铝粉掺量为 1‰～7‰ 之间，试块绝干密度和抗压强度整体上随铝粉掺量增加而降低，整体降低幅度（降低量/初始量100%）分别高达 36% 和 84%。当铝粉掺量从 1‰ 增加到 3‰ 时，试块绝干密度和抗压强度均随铝粉掺量增加而显著降低，其降低幅度分别高达 31% 和 67%。这说明，本实验条件下，铝粉掺量在 1‰ 到 3‰ 区间内，铝粉发泡剂掺量成为试块抗压强度和绝干密度的显著影响因素；当铝粉掺量从 3‰ 增加到 7‰ 时，试块绝干密度和抗压强度随铝粉掺量增加而较缓降低，其降低幅度分别约为 5% 和 17%。这说明，在此区间内发泡剂铝粉掺量对试块绝干密度影响较小，对抗压强度的影响较大。铝粉掺量分别为 1‰，2‰ 和 3‰ 时，其对应绝干密度分别为 700kg/m³，500kg/m³ 和 450kg/m³，其抗压强度分别约为 1.8MPa，1.0MPa 和 0.6MPa；上述绝干密度和抗压强度指标满足中华人民共和国建筑工业行业标准 JG/T 266—2011《泡沫混凝土》泡沫混凝土制品绝干密度 A04～A07，所对应抗压强度 C0.5～C2 的质量标准。铝粉掺量对试块抗压强度和绝干密度影响程度的不一致性，说明试块抗压强度不仅与绝干密度有关，而且还与其他因素有关[14]；在获得相同绝干密度的条件下，有可能通过工艺优化获得较高抗压强度的发泡混凝土试块，从而实现发泡混凝土的"低密度、高强度"。

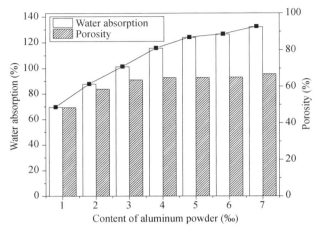

图 3　铝粉掺量对试块吸水率和孔隙率的影响

Fig. 3　The influence of aluminum powder on water absorption and porosity

　　通常发泡混凝土产品质量要求原则是获得"高强度、低密度"产品，为了更好表示试块的强度和密度之间的关系，将强度与密度的比值用 K 表示，再考察 K 值随铝粉发泡剂掺量变化规律，如图 2 所示。从图 2 可以看出，随着铝粉掺量的增大，K 值整体呈降低趋势，整体降幅约为 57%；当铝粉掺量从 1‰增加到 3‰时，K 值的降幅度为 53%，当铝粉掺量从 3‰增加到 7‰时，K 值的降低幅度为 4%。且 K 值随铝粉添加量的变化规律与抗压强度的变化规律类似，整体降低趋势比较明显，降低幅度都比较大（>60%）。从图 2 分析可以看出，在本实验条件下铝粉掺量在 1‰～3‰时，可以获得较高的 K 值，可用于指导生产。

　　由图 3 可知，在铝粉掺量为 1‰～7‰之间，试块吸水率和孔隙率整体上随铝粉掺量增加而增加，且整体增加幅度分别高达 79%和 30%。当铝粉掺量从 1‰增加到 3‰时，试块吸水率和孔隙率随铝粉掺量增加的幅度分别高达 50%和 24%。这说明，本实验条件下，铝粉掺量在 1‰到 3‰此区间内，铝粉发泡剂掺量成为试块吸水率和孔隙率的显著影响因素，尤其是对吸水率的影响更大；当铝粉掺量从 3‰增加到 7‰时，试块吸水率和孔隙率随铝粉掺量增加幅度分别为 29%和 6%。这说明，在此区间内发泡剂铝粉掺量对吸水率和孔隙率的影响相对较小，尤其是对孔隙率影响更小。孔隙率与吸水率的变化幅度不一致，这说明吸水率不仅与孔隙率有关，而且还可能与孔的大小、孔的结构等因素有关。图 4 至图 7 为利用高清相机对试块截面进行定距离拍摄的截面图，并用Photoshop软件对截面图进行分析，其中绿色表示孔壁，得出 1‰，3‰，5‰，7‰时孔所占截面比例分别为 0.51，0.66，0.69，0.76。表示随着发泡剂铝粉掺量的增大，孔面积所占比例逐渐增大，这与前面所测孔隙率的变化趋势基本一致，并且从下图可以看出随铝粉掺量增大，孔径逐渐增大，即孔间壁更薄，这说明其对应的绝干密度更低，抗压强度也较低。

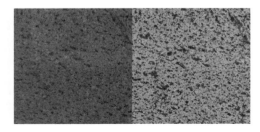 

图 4　铝粉掺量为 1‰时试块的剖面图　　　　图 5　铝粉掺量为 3‰时试块的剖面图

Fig. 4　The aluminium content of 1‰ test block section　　Fig. 5　The aluminium content of 3‰ test block section

图 6　铝粉掺量为 5‰ 时试块的剖面图
Fig. 6　The aluminium content of 5‰ test block section

图 7　铝粉掺量为 7‰ 时试块的剖面图
Fig. 7　The aluminium content of 7 ‰ test block section

3.2　水灰比对试块性能的影响

实验在铝粉掺量 3‰（0.45g），发泡温度 40℃ 的条件下，考察不同水灰比对试块 28d 绝干密度、抗压强度、孔隙率、吸水率的影响。其结果如图 8 至图 10 所示。

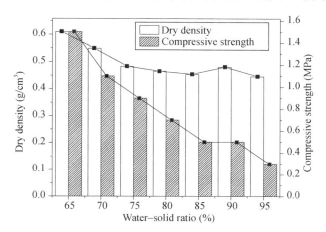

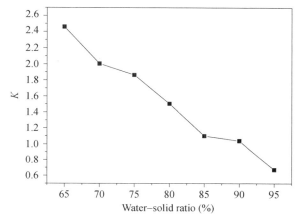

图 8　水灰比对绝干密度和抗压强度的影响
Fig. 8　The influence of water-solid ratio on dry density andcompressive strength

图 9　水灰比对 K 值的影响
Fig. 9　The influence of water-solid ratio on K value

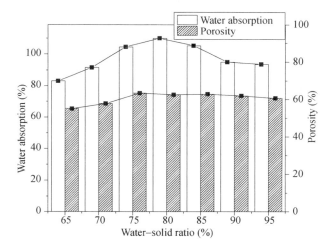

图 10　水灰比对吸水率和孔隙率的影响
Fig. 10　The influence of water-solid ratio on water absorption and porosity

由图 8 可知，在水灰比为 65%～95% 之间，试块绝干密度和抗压强度整体上随水灰比增加而降低；对抗压强度而言，随水灰比增加几乎成线性降低，水灰比每升高 1%，抗压强度就降低 0.04MPa，整体降幅高达 82%；对绝干密度而言，随水灰比增加出现先显著降低、后缓慢降低的趋势，整体降幅约为 26%，其中当水灰比从 65% 增加到 80% 时，绝干密度降低幅度高达 23%；当水灰比从 80% 增加到 95% 时，绝干密度降低幅度仅为 3%。这说明，本实验条件下，水灰比是试块抗压强度的显著影响因素；在低水灰比条件下，绝干密度受水灰比影响显著，而在较高水灰比条件下，绝干密度受水灰比影响较小，成为次要影响因素。水灰比为 65%，70% 和 75% 时，其对应干密度分别为 $600kg/m^3$，$550kg/m^3$ 和 $500kg/m^3$，其抗压强度分别约为 1.5MPa，1.2MPa 和 0.9MPa；上述绝干密度和抗压强度指标满足中华人民共和国建筑工业行业标准 JG/T 266—2011《泡沫混凝土》泡沫混凝土制品绝干密度 A05～A06，所对应抗压强度 C0.8～C1.5 的质量标准。水灰比对试块抗压强度和绝干密度的影响程度不一致，也说明通过工艺优化获得"高强度、低密度"发泡混凝土制品的可能性。

K 值随水灰比变化趋势如图 9 所示。可以看出，随着水灰比的增大，K 值整体呈线性降低趋势，整体降幅高达 70% 以上。从图 9 分析可以看出，在本实验条件下，水灰比在 65%～75% 之间，可以获得较高的 K 值，可用于指导生产。

图 10 给出了吸水率和孔隙率随水灰比的变化关系。由图 10 可知，在 65%～95% 期间，随水灰比增加，试块吸水率出现"先增后减"趋势，而孔隙率则出现"先增加后平稳"的变化趋势。当水灰比从 65% 增加到 80% 时，试块吸水率增加幅度为 34%，随后水灰比从 80% 增加到 95% 时，吸水率降低幅度为 24%；当水灰比从 65% 增加到 75% 时，孔隙率增加幅度为 18%，随后水灰比从 75% 增加到 95% 时，孔隙率降低幅度为 9%。试块孔隙率和吸水率随水灰比增加而增加，可能与发泡成孔有关；试块孔隙率和吸水率随水灰比增加而减少，可能与孔破灭有关，且在实验中也发现，当水灰比较大时，难以稳泡，容易出现塌模现象[15]。图 11 至图 14 所示各截面图经过 Photoshop 分析的得出水灰比分别为 65%，75%，85%，95% 时孔所占截面比例分别为 0.61，0.63，0.72，0.69，变化趋势与孔隙率的趋势基本一致，这也使孔隙率的结论得到论证，水灰比为 95% 时比例变小应是由塌模引起的，水灰比太大导致料浆偏稀，浆体稠化速度明显滞后于发泡速度，最终导致塌模引起孔隙率增大。

图 11　水灰比为 65% 时试块的剖面图
Fig. 11　The water-solid ratio of 65%
test block section

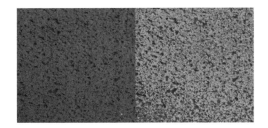

图 12　水灰比为 75% 时试块的剖面图
Fig. 12　The water-solid ratio of 75%
test block section

图 13　水灰比为 85% 时试块的剖面图
Fig. 13　Thewater-solid ratio of 85%
test block section

图 14　水灰比为 95% 时试块的剖面图
Fig. 14　The water-solid ratio of 95%
test block section

3.3 发泡温度对试块性质的影响

实验在铝粉掺量 3‰（0.45g），水灰比 0.75（112.5g）的条件下，考察不同发泡温度对试块 28d 绝干密度、抗压强度、孔隙率、吸水率的影响。其实验结果如图 15 至图 17 所示。

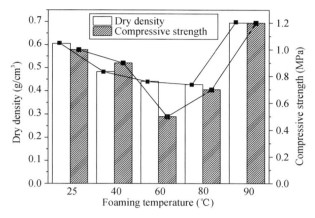

图 15　发泡温度对绝干密度和抗压强度的影响

Fig. 15　The influence of foaming temperature on dry density and compressive strength

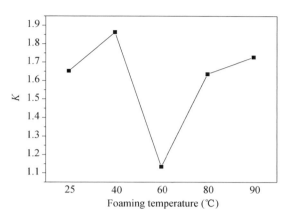

图 16　发泡温度对 K 值的影响

Fig. 16　The influence of foaming temperature on K value

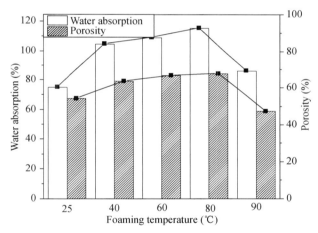

图 17　发泡温度对吸水率和孔隙率的影响

Fig. 17　The influence of foaming temperature on water absorption and porosity

由图 15 可知，在发泡温度为 25～90℃之间，试块绝干密度和抗压强度整体上随发泡温度增加出现"先降低后升高"趋势。其中，当发泡温度从 25℃升至 80℃，升温 55℃时，绝干密度从 0.61g/m³ 降至0.43g/m³，降幅约为 30%；当发泡温度从 80℃升至 90℃，升温 10℃时，绝干密度从 0.43g/m³ 升至 0.69g/m³，升幅约为 61%；对试块的抗压强度而言，当发泡温度从 25℃升至 60℃，升温 35℃时，其数值从 1.0MPa 降至 0.5MPa，降幅为 50%；当发泡温度从 60℃升至 80℃，升温 20℃时，其数值从 0.5MPa 升至 0.7MPa，升幅高达 40%；当发泡温度从 80℃升至 90℃，升温 10℃时，其数值从 0.7MPa 升至 1.2MPa，升幅高达 71%。上述结果表明，发泡温度对试块的性能影响较大，尤其是在大于 80℃以后的发泡温度，对试块性能的影响幅度更大。从发泡温度对试块密度和强度对应值来看，发泡温度在 40℃时，试块干密度为 470kg/m³，对应抗压强度为 0.9MPa，满足国家行业标准 JG/T 266—2011 干密度 A04～A05，对应抗压强度 C0.5～C1.2，且干密度和对应的强度指标接近标准的中间值；发泡温度在 25℃，80℃和 90℃时，试块干密度分别为 610kg/m³、430kg/m³ 和 690kg/m³，对应抗压强度分别为 1.0MPa，0.7MPa 和 1.2MPa，满足国家行业标准 JG/T 266—2011 干密度 A04～A07，对应抗压强度 C0.5～C2，但强度指标接近下限值；发泡温度在 60℃时，试块干密度为 450kg/m³，对应抗压强度为 0.5MPa，不能满足国家行业标准 JG/T 266—2011 有关干密度和抗压强度对应指标；从工业应用而言，发泡温度为 40℃可获得较低的干密度和较高的抗压强度，适于工业应用。此外，获得最低绝干密度和最低抗压强度的温度值不一致，这说明可以通过优化发泡温度获得较高抗压强度和较低绝干密度的胶凝试块。

有关发泡温度对发泡混凝土试块密度和强度性能的影响规律较为复杂，有文献报导[16-17]，温度是影响发泡速度的重要因素，在一定温度范围内，温度升高可加速发泡；发泡速度直接影响试块的绝干密度，适宜的发泡速度有利于降低试块密度，但发泡速度过快则容易导致气泡破裂甚至塌模，反而增加试块密度。按照文献所述机理，上述实验结果可以解释为：发泡温度对密度的影响，在较低温度（25℃）条件下，试块密度较大，这说明其发泡速度较低，发泡不充分；随温度逐渐升高至 80℃，试块密度逐渐降低，且降低幅度逐渐减小；随温度继续升高，此时发泡加剧，导致部分气泡破裂，反而增加试块密度。发泡温度对抗压强度的影响相对较为复杂，主要是通过试块密度的变化直接影响强度，通常是密度越大，强度也越大；但是，密度只是影响强度的因素之一，强度大小还与胶凝物质的生成数量和种类有关，而胶凝物质生成数量和种类又主要与浆体化学组成密切相关[18]，这需要通过系列实验做具体分析判断。

K 值随发泡温度变化如图 16 所示。可以看出，在 40℃左右出现了最大 K 值，约 1.85；在 90℃左右出现了第二大 K 值，约 1.75；在 25℃和 80℃附近出现相近的 K 值，约 1.65；而在 60℃附近出现了最小 K 值，约 1.13。综合经济成本考虑，则发泡温度在 40℃左右是比较合理的，可以取得相对比较高的抗压强度和较低的绝干密度。

由图 17 可知，在发泡温度为 25～90℃之间，试块吸水率和孔隙率整体上随发泡温度的增加先增加后降低，且吸水率与孔隙率整体变化趋势一致。当发泡温度从 25℃升至 80℃时，试块吸水率和孔隙率逐渐增加，其增加幅度分别约为 53% 和 21%；当发泡温度从 80℃升至 90℃时，试块吸水率和孔隙率逐渐降低，其降低幅度分别约为 39% 和 38%。根据吸水率和孔隙率测试原理，吸水率的大小不仅与试块物质组成有关，而且与孔径大小、孔结构密切相关；在相同物质组成的条件下，吸水率与应由孔的数量、孔径大小以及是否开孔来决定，大孔和开孔数量越多，吸水率就会越大，反之，小孔和闭孔数量越多，吸水率就会越小；孔隙率的大小主要与总孔容积大小有关，可以通过密度来间接表征，也就是，密度越低，孔隙率越大，密度越大，孔隙率越小[19]。本实验所得吸水率和孔隙率随发泡温度变化幅度不同，应该是与发泡成孔的性质和结构有关。图 19 至图 21 各截面图经过 Photoshop 分析得出发泡温度分别为 25℃，60℃，80℃，90℃时孔所占截面比例分别为 0.59，0.63，0.72，0.69。趋势也与孔隙率变化趋势一致，80℃时由截面图可以看出孔径明显增大，孔数量相对较多，孔所占截面比例最高，而 90℃时可能由于发泡温度过高导致浆体发气速度过快，使得浆体发气速度和稠化速度不匹配，同样出现塌模现象导致孔隙率增大、密度变大。

图 18　发泡温度为 25℃时试块的剖面图

Fig. 18　The foaming temperature is 25℃ block section

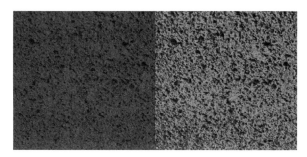

图 19　发泡温度为 60℃时试块的剖面图

Fig. 19　The foaming temperature is 60℃ block section

图 20 发泡温度为 80℃时试块的剖面图　　　　　图 21 发泡温度为 90℃时试块的剖面图
Fig. 20 The foaming temperature is 80℃ block section　　Fig. 21 The foaming temperature is 90℃ block section

4 结论

（1）本实验条件下，随铝粉掺量和水灰比增加，所得试块的抗压强度和绝干密度整体上均降低；但是，绝干密度和抗压强度随铝粉掺量和水灰比变化幅度差别较大，抗压强度的变化幅度约为绝干密度的 2～3 倍；随发泡温度增加，试块的绝干密度和抗压强度均出现"先降后升"现象，但其降低和升高的幅度差异较大，抗压强度的变化幅度约为绝干密度的 2 倍。绝干密度和抗压强度随工艺条件的变化趋势的一致性和变化幅度的差异性，表明了绝干密度与抗压强度的关联性，即通常密度越大强度越大；但同时也说明抗压强度与绝干密度变化的不一致性，即在相当绝干密度条件下可能对应获得高强度制品，也就是说通过工艺条件优化可能制备出"高强度、低密度"的高性能发泡混凝土制品。

（2）试块的吸水率和孔隙率随工艺条件的变化表现出相近的变化趋势，即随铝粉掺量增加而增加，随水灰比和温度增加，出现"先增加后降低"的趋势。但是，吸水率和孔隙率随工艺条件而变化的幅度差异较大，吸水率的变化幅度约为孔隙率的 2～2.5 倍。吸水率和孔隙率随工艺条件的变化趋势的一致性和变化幅度的差异性，表明了吸水率与孔隙率的关联性，即通常孔隙率越大吸水率越高；但同时也说明吸水率与孔隙率变化的不一致性，也就是说，吸水率不仅与孔隙率相关，还与孔结构有关。

（3）从实验结果优化出各工艺参数为铝粉掺量应在 1‰～3‰、水灰比应在 65%～75%、发泡温度应在 40℃左右。

参考文献

[1] 廖洪强，何冬林，郭占成，等. 钢渣掺量对泡沫混凝土砌块性能的影响 [J]. 环境工程学报，2013，7 (10)：4044-4048.

[2] 高萍. 解析我国建筑保温材料之困 [J]. 建筑·建材·装饰，2012 (2).

[3] 吴兆春. 泡沫混凝土——未来建筑节能重要的保温材料发展方向 [J]. 砖瓦，2012 (1)：58-60.

[4] 陈兵，刘睫. 纤维增强泡沫混凝土性能试验研究 [J]. 建筑材料学报，2010，13 (3)：286-290.

[5] 张朝辉，张菁燕，王沁芳，等. 泡沫混凝土的特点及应用 [J]. 砖瓦，2008 (6)：49-52.

[6] 冯勇. 浅谈泡沫混凝土的应用 [J]. 中州建设，2006 (1)：65-65.

[7] 高倩，王兆利，赵铁军. 泡沫混凝土 [J]. 青岛理工大学学报，2002，23 (3)：113-115.

[8] 徐芬莲，赵晚群，姜雷山，等. 泡沫混凝土在国内的研究与应用现状 [J]. 商品混凝土，2011，11：023.

[9] 蒋晓曙，李芬. 泡沫混凝土的制备工艺及研究进展 [J]. 混凝土，2012 (1)：142-144.

[10] Zhang J, Wang Q, Wang Z. Optimizing design of high strength cement matrix with supplementary cementitious materials [J]. Construction & Building Materials，2016，120：123-136.

[11] Dahou Z, Castel A, Noushini A. Prediction of the steel-concrete bond strength from the compressive strength of Portland cement and geopolymer concretes [J]. Construction & Building Materials, 2016, 119：329-342.

[12] 崔玉理，贺鸿珠. 温度对泡沫混凝土性能影响 [J]. 建筑材料学报，2015，18 (5)：836-839.

[13] 杨奉源. 泡沫混凝土性能的影响因素研究 [D]. 重庆：西南科技大学，2012.

[14] 方永浩，王锐，庞二波，等. 水泥-粉煤灰泡沫混凝土抗压强度与气孔结构的关系 [J]. 硅酸盐学报，2010，38 (4)：621-626.

[15] 陈海彬. 化学发泡泡沫混凝土孔结构的调控研究 [D]. 唐山：华北理工大学，2015.

[16] 崔玉理，贺鸿珠. 温度对泡沫混凝土性能影响 [J]. 建筑材料学报，2015，18 (5)：836-839.

[17] 张雨笛，何峰，戚昊，等. 利用废旧CRT屏制备泡沫玻璃的工艺与性质研究 [J]. 硅酸盐通报，2013 (8).

[18] 陈益，卢琦淮. 泡沫陶粒混凝土强度影响因素综合研究 [J]. 建筑节能，2013 (2)：44-47.

[19] 关凌岳. 泡沫混凝土孔结构表征与调控方法及其性能研究 [D]. 武汉：武汉理工大学，2014.

南京联衡大宗物料称重销售系统

朱嘉诚，孙登峰，刘　备

（南京联衡电子有限公司）

摘　要　本文根据一个具体实例描述了南京联衡大宗物料称重销售管控系统的组成和功能并对系统的软硬件结构进行了论述。

关键词　电子汽车衡；自动控制；防作弊；数据共享

Abstract　In this paper，according to a concrete example，describes the composition and function of Nanjing Lianheng Bulk Material Weighing Sales Control System，and the hardware and software structure of the system are discussed.

Keywords　electronic truck scale；automatic control；anti-cheating；data sharing

1　背景

随着国内经济发展和国内企业规范管理的要求，大宗物料，包括煤炭，矿石，水泥，粉煤灰等物料的称重和管理变得越来越重要和迫切。一直以来，电子衡器在大宗物资行业得到了广泛的应用。但这些电子计量设备信息，却一直停留在辅助手工计量、人工读数、专人再汇总的层面上，严重滞后于企业整体的信息化管理进程。

在手工记录计量下，如何有效的监控整个计量过程，防止舞弊行为，更大的提升应用及管理效率成为企业领导人十分关心的问题。有的企业采取频繁更换司磅员、设置监磅员、安装电子监控设备等办法来监控计量过程，却不能从根本上杜绝舞弊行为。

通过磅房计量的物资大多采用露天堆放，或筒仓存放，不易二次准确计量，且存在一定的损耗，一旦司磅过程中出现问题，很难及时发现，往往会给企业造成巨大损失。

司磅业务量巨大，单据繁多，出现问题很难及时进行查找核对。如果根据货物质量进行结算，结算工作量十分巨大，而且易处现差错。司磅数据量巨大，且保存在磅房内，各级领导无法全面监控司磅业务。同时在称重具体的过程中可能存在着：司磅员及监磅员在计量数量上作弊，人为修改数据，无法监控；一车货物多次称量，虚增重量；司机在车辆皮重上作弊；车辆不上磅，或上半磅进行称量，无法追查；车主不过磅而直接出场，逃避检查。

针对此问题我公司现已研发出 LH-3000 大宗物资销售采购管控系统。该系统已经投入运行，目前系统运行稳定，完美解决了某电厂粉煤灰销售和常用材料采购的业务问题。

2　系统结构

该系统包括四大功能模块：称重管理模块，后台管理模块，合同管理模块，财务管理模块。如下图所示：

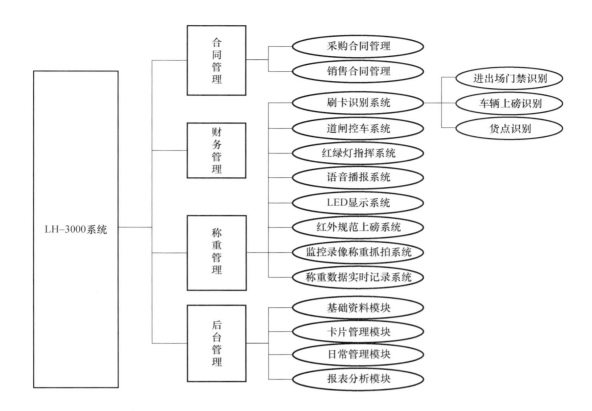

3 系统硬件

3.1 电子汽车衡配置

根据该电厂的场地和运输量综合考虑，称重现场配备了一台数字式电子汽车衡。该台汽车衡可以进行双向毛重和皮重称重。系统本身可以根据具体需要配置多台汽车衡单向、双向、毛重、皮重或者混合称重。多台汽车衡之间可以进行联动，数据共享，满足客户的多元化需求。

3.2 称重系统硬件及功能介绍

跟据该电厂的实际需求，并与电厂相关负责人充分沟通的情况下，该电厂LH-3000硬件配置如下：

两台工控机、八台刷卡器、两台栏杆机、两套红绿灯、两台摄像机、两对红外对射、一套语音提示系统、两套屏幕显示系统。两台工控机通过交换机并入电厂办公局域网，称重数据保存到磅房工控机（作为数据库服务器使用），通过局域网实现数据共享。磅房工控机作为系统的服务器，另一台工控机安装于数公里远的办公室内，作为远程终端使用，可以实时监控磅房状态、查看和维护称重数据信息。

3.2.1 信息识别

刷卡识别系统和监控系统共同实现了信息识别功能。在该电厂中，根据拉货或者送货方运输车辆多、货种多，单一车辆可能为多家提供运输服务的特点。本系统采用双卡模式，车辆统一配备防拆信息卡，储存车辆信息，为拉货或供货企业提供货物卡。系统将车辆与公司信息进行关联，保证只有车辆只有在与该公司有关联的情况下才能为该公司提供运输服务，防止司机之间偷换信息进行作弊。

货车司机根据需要在称重不同环节刷对应信息卡，实现称重过程的自动信息记录。称重过程无人为干预，减少人工成本，避免人工计量出现的失误和人为舞弊问题。通过信息卡记录称重相关信息，并支持合同或计划结算。先编辑销售合同或供货计划，系统通过统计称重相关信息计算客户的供货完成情况，并自动扣减，完成时自动提示。

进出场门禁，保证只有车辆在系统允许的情况下才可刷卡入场，规范管理车辆入场秩序。车辆刷卡出厂，保证车辆只有在完成整个系统的流程的情况下才可允许出厂，防止车辆不过磅直接出场，逃避检查。车辆上磅读车辆卡、刷企业货物卡，自动识别车辆信息，保证整个称重过程的自动信息录入，避免人工录入出现的误录、错录。货点刷卡，系统根据点位信息，根据系统记录判断车辆所要装载或卸载货位位置是否正确，防止车辆偷拉高质量货物，以好充次，或者车辆偷懒半道卸货。

在电厂原有监控的基础上，在汽车衡的两侧加装监控，全区域监控，重点区域抓怕。所有监控录像通过硬盘录像机存储，车辆在上磅称重时系统自动抓拍，抓拍信息可随称重信息一起查看。对称重信息有异议时，可随时查看包括称重时间在内的所有称重信息，根据时间调取录像信息，让作弊行为无处可逃。

3.2.2 车辆上下磅管控

栏杆机（道闸）、红绿灯、红外对射都是车辆管控设备，引导车辆有序、正确上磅称重及下磅。其中栏杆机、红绿灯起到对车辆上下磅进行引导的作用，红外对射起到对车辆是否正确规范上磅称重的检测功能，拒绝车辆未完全上磅的称重行为。

该电厂栏杆机由控制器控制，通过继电器的触点控制栏杆机的起落。栏杆机下埋设地感线圈和汽车衡两端的红外对射一起用以感应车辆，当感应到车辆完全通过后，栏杆机自动落杆，防止栏杆机砸车。

红绿灯和栏杆机一起对车辆进行引导，车辆读卡，栏杆机抬杆红绿灯亮绿灯，友好的交通引导功能，引导司机上下磅，避免司机抢上磅、强上磅、强下磅行为，防止司机错误操作而毫无所觉，保证上磅称重行为的有效性。

红外对射有发射端和接收端成对组成，发射端发射多路红外光束与接收端一起构成防范平面，当车辆通过防范平面时，一旦遮挡相邻的两束红外线，接收器就会发出报警信号，这样可以对车辆的位置进行检测。在该电厂系统中，分别在汽车衡的两端安装一套红外对射，当称重车辆上磅称重时，红外对射实时检测车辆位置，接收器输出开关量信号给系统。当车辆没有完全上磅，会对某侧红外光束产生遮挡，系统根据时间间隔报警提示司机调整位置、正确上磅，此时系统不能进行称重和存储数据信息，防止司机未完全上磅的作弊行为的影响。

3.2.3 语音播报和屏幕显示

语音播报系统由室内功放、麦克风和室外全天候音响构成。系统会自动控制语音播报系统在称重不同的环节播放不同的语音提示或者称重信息，也可以由工作人员通过麦克风进行喊话提示。

LED 显示系统由室外 LED 显示屏构成。系统可自动控制显示屏在称重不同的环节显示不同的文字提示或者称重信息，与语音播报系统一起多方位引导驾驶员。显示系统还可以发布客户自定义信息。

4 系统软件

软件是整个系统的灵魂，通过软件把各种外部硬件设备集成到一起构成了一个完整的 LH-3000 系统。系统采用 C/S 前台控制数据采集＋B/S 后台管理混合模式，系统通过 Windows IIS 发布 WEB 程序，服务器端安装了 Microsoft SQL Server 2008 数据库，客户计算机可以通过浏览器输入 WEB 服务器的 IP 地址实现称重数据信息的远程查询和维护。

4.1 前台控制流程

该电厂系统预先录入货物信息、企业信息、车辆信息，进场刷企业货物卡确定当天是否允许该企业运货以及运货次数是否达到上限，拉货企业增加预存款判断，只有满足条件才可以允许入厂。入厂后车辆首先进行首次称重，上磅前刷车辆卡，确定上磅车辆信息。正确上磅后，刷企业货物卡确定车辆本次服务企业和所要运输货物信息，同时系统自动记录当前称重数据信息、抓拍信息，留下证据，之后车辆下磅，去货点拉货。

到达货点在进库拉灰过程中，灰库口刷卡器自动读取固定在车辆上的车辆卡，比对称量首次称重刷卡信息确定车辆是否在正确货点拉货，一旦有误系统通过灰库音箱和 LED 显示屏进行报警提示，车辆装载完货物需进行二次称重。

依旧是刷车辆卡上磅，之后刷企业货物卡进行系统解绑表示本次为该企业运货服务已经拉到货，可以二次称重，系统自动记录当前称重数据信息、抓拍信息，并根据首次称重记录计算出净重，自动打印车辆、企业、毛重、皮重、净重、时间等信息，车辆凭此打印信息出厂。

4.2　后台管理功能

包括基础资料模块、卡片管理模块、日常管理模块、报表分析模块。

4.2.1　基础资料模块

包括管理员资料、企业资料、车辆资料、货物资料的录入和更改。超级用户拥有本系统的所有权限。超级用户负责合理分配管理员权限，管理员在权限范围内负责对系统数据的查看和维护。对数据的修改等维护操作会在记录中留下该管理员的信息，这样对系统的维护可以责任到人，操作透明化。

4.2.2　卡片管理模块

包括车辆卡和企业货物卡的发放，已发放信息卡的信息查看和维护。实时的对车辆卡、企业卡的有效期进行管理，规范信息卡的使用时限。

4.2.3　日常管理模块

包括对称重信息的查询、当前系统内未完全完成流程的车辆信息的查询和维护、对有异议称重数据的更改和对历史称重信息的打印。

可根据时间、企业、货种等相关信息组合查询，导出所有历史称重数据。信息化的数据整合，有利于管理层的决策。

4.2.4　报表分析模块

可按时间段、企业、货种查询条件统计分析各企业、货种的净重，并可导出该报表。方便快捷的报表生成，有利于相关业务的结算和数据信息的快速统计、分析。

4.3　合同管理模块

在合同管理模块中，结合刷卡子系统中的门禁管理，当车辆进厂时先和合同进行比对，判断该单位是否已经签合同，账户余额是否充足，车辆是否合法。

合同管理模块包括对采购和销售合同的管理。通过相关管理员将单个合同所对应的企业、相关货物信息、拉货车辆信息录入系统。系统开始对合同相关信息进行对接管理。每次车辆的进出系统，系统都会根据车辆相关信息比照合同相关信息，统计合同进度。

针对采购合同，可以统计合同相关货物的到位情况及到位时间，是否符合合同规定，预定货物重量和已送货物重量进行对比，确定合同完成情况。

针对销售合同，可以统计当前合同相关货物的出售情况，每天的销量对比，将信息统一比对，实现合同信息的信息化管控。

系统根据合同相关信息，可以对合同相关的车辆、企业进行管理。只有合同上企业相关的车辆才能为该企业服务，为该企业送货或者拉货，而且货物必须为合同内相关货物。这样对整个合同各个环节进行规范化管理，保证整个过程的秩序。

4.4 财务管理模块

可以实现对各种货物单价的制定、更改、查询。相关负责人针对相关货物对对应单价提出制定或更改的申请，再由决策者负责审批或者驳回。整个过程各管理者各司其职，各项信息操作者都在系统中留有记录，系统可以实时查询各项记录信息，各操作对决策者透明。

针对特殊企业可以单独设置该企业对应货物单价，实现特殊情况特殊对待。

针对销售环节，可以对企业预付金进行充值，系统在车辆拉货的同时，根据相关信息包括车辆信息、对应企业信息、所拉货物、货物相关单价、称重信息，计算出货物对应价格，之后对预付款进行相应扣除。当企业预付款不足或者低于所设下限时，系统将禁止对应企业的相关货物交易活动，并实时生成相关信息，提供给相应人员。

系统还有给相关企业的超限额度的设定功能，在相关企业预付款不足时，可以在额度范围内给以企业先拉货再补齐相关货款的权利。保证相关业务的持续运行。

5 系统扩展

针对生产场地分散在全国各地，为了便于总部对于核心称重数据的管控，LH-3000 大宗物资销售管控系统又拓展了新功能；

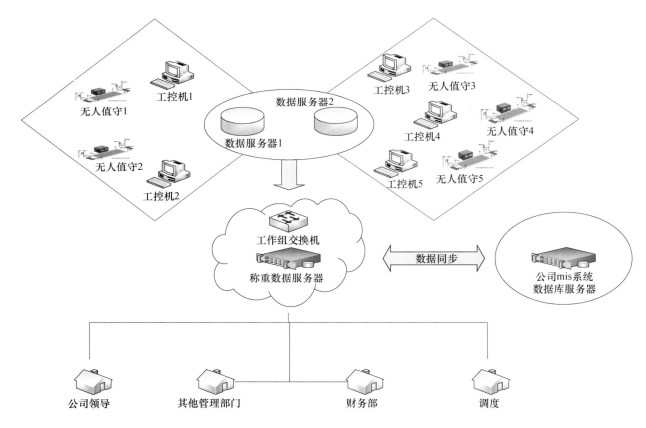

现场安装数套系统组成一个模块进行统一管理，通过网络统一汇总数据信息至数据服务器，可供区域部门对数据信息进行查询分析。

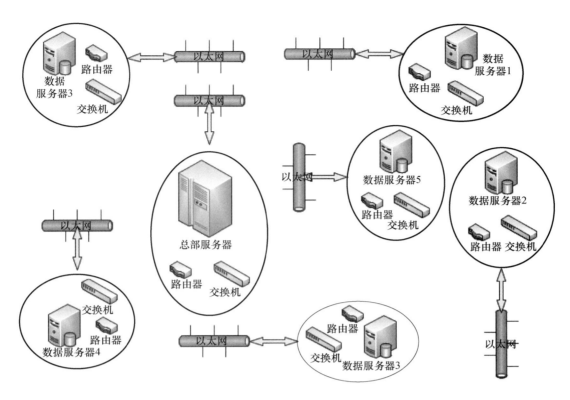

各区域数据信息通过网络和总部服务器进行对接，总部通过服务器可以查阅各区域汇总信息或者单一区域数据信息。数据的集合分散，方便集团对全国物资称重数据，合同数据的统一管理。为集中决策提供依据，提高管理效率。

6　结论

系统从硬件配置到软件功能上满足了当前环境下的称重销售管控需求，在该电厂 LH-3000 系统已经稳定运行一年了，运行状态良好，简洁的流程、规范化的称重管理、友好的查询维护界面，解决了用户的需求，受到了用户的好评。

时代在发展，技术在进步，随着新的技术的引入和应用，改变了我们的称重理念，新的称重之窗正在不断的向我们打开，把握机会开发技术，我们衡器行业的前景必将更加美好。

硅灰对废弃物基地质聚合物强度的影响

王金邦，周宗辉，杜　鹏，谢　宁

（济南大学，山东济南，250022）

摘　要　地质聚合物材料是一种环境友好型建筑材料，近年来，已经引起广泛研究兴趣。本文以钢渣、矿渣、粉煤灰、硅灰为硅铝质原料，氢氧化钠为激发剂，制备了废弃物基地质聚合物。探讨了硅灰掺量对废弃物基地质聚合物强度影响规律，采用 XRD、SEM 等测试手段分析了硅灰对废弃物基地聚物的作用机理。结果表明：随着硅灰掺量的增加，地质聚合物的 Si/Al 比增加，凝结时间缩短，地质聚合物的 1d 强度降低，28d 强度先增加后降低。

关键词　硅灰；废弃物；地质聚合物；强度

Abstract　Geopolymer is an environment-friendly building materials，which has gained significant interest amongst the research community in last few decades. In this paper，waste based geopolymer was prepared by using steel slag，slag，fly ash and silica fume as silica-alumina materials，which activated by using sodium hydroxide. The effects of silica fume on waste based geopolymer strength was investigated and the mechanism was analyzed by testing XRD，SEM and other testing means. The results show that with the increasing content of silica fume，the Si/Al ratio of geopolymer increased and the setting time of geopolymer is reduced. The compressive strength of 1 days reduced and that of 28 days first increased and then decreased with the increasing content of silica fume.

Keywords　silica fume；waste；geopolymer；compressive strength

1　前言

建筑材料是材料领域消耗大户，不仅能源消耗大，自然资源消耗也较多。且排放的固体废弃物的数量也急剧增加。例如，每生产一吨钢铁，将伴随着产出矿渣、钢渣等其他废渣数十吨[1,2]。工业废渣的排放与堆积，不仅占用大面积的土地资源，而且对生态环境造成严重污染，损害人体健康[3]。如何充分利用工业废渣，使其变废为宝，以减少对自然资源的依赖与消耗，已经成为摆在材料学者面前急需解决的问题。

地质聚合物材料的出现是为充分利用钢渣、粉煤灰、矿渣、煤矸石等工业废渣的资源化利用，以及减轻对自然资源的依赖提供一条合理、有效的途径。一方面，地质聚合物材料具有制备工艺简单[4]，能耗低[5]、污染少等优点，且地质聚合物材料的性能优异[6-8]。另一方面，我国坚持以节能、节土和利废、改善建筑功能为基本方针[9]，且欲逐渐取代传统建材以改善生态平衡，使自然资源得到合理的使用和保护[10]，符合我国的绿色可持续发展战略。

利用固体工业废渣制备地质聚合物材料是一项经济效益、环境效益和社会效益都十分好的新兴产业。但地质聚合物制备过程中由于其原材料来源广泛，原材料组分变化易造成其强度的波动性。研究表明[11-15]，地质聚合物强度与硅铝质原料的 Si/Al 比、Na/Al 比紧密相关，但其影响机理仍不明确。本文以钢渣、矿渣、粉煤灰等工业废渣作为硅铝质原料，以硅灰作为硅质校正原料，以分析纯氢氧化钠为激发剂，制备了废弃物基地质聚合物。在原材料组分分析基础上采用试凑法，研究了原料中 Si/Al 比对废弃物基地质聚合物强度的影响规律。采用 XRD、SEM 等测试手段分析了硅灰对废弃物基地聚物的作用机理。

2 试验过程

2.1 试验原料

钢渣来源于山东省济钢转炉罐闷钢渣，经粉磨后测定其比表面积为 371m²/kg，矿渣微粉来源于莱芜鲁碧建材有限公司，其比表面积为 436m²/kg，粉煤灰取自于山东电厂，其比表面积为 415m²/kg，硅灰来自天津威林特有限公司，其比表面积为 1150m²/kg。采用 X 射线荧光光谱分析仪，测定其组分含量，见表 1。采用激光粒度分析仪，对试验原料粒径分布测定，如图 1、图 2、图 3、图 4 所示。

表 1 原材料组分测定结果表（%）

名称	SiO₂	Al₂O₃	Fe₂O₃	CaO	MgO	K₂O	Na₂O	其他成分
钢渣	14.09	5.03	19.00	45.19	6.53	0.04	0.11	10.01
粉煤灰	50.65	32.40	8.09	4.47	0.75	0.14	0.07	3.43
矿渣	31.60	16.61	0.32	35.77	10.06	0.36	0.46	4.82
硅灰	97.33	0.27	0.17	0.08	0.12	0.45	0.17	1.41

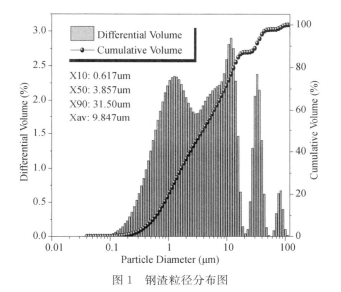

图 1 钢渣粒径分布图

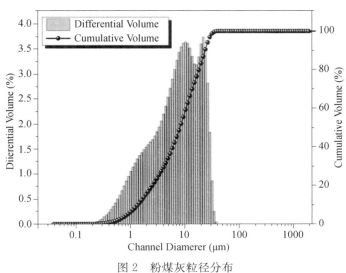

图 2 粉煤灰粒径分布

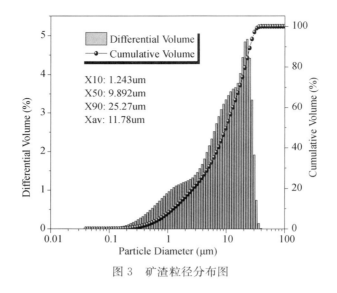

图 3　矿渣粒径分布图

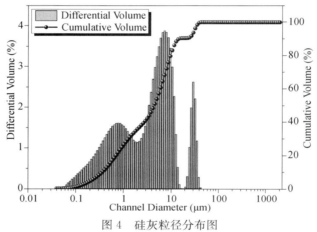

图 4　硅灰粒径分布图

2.2　试验方案

氢氧化钠含量为 5.0%，水灰比为 0.30，试验方案见表 2。

表 2　废弃物基地质聚合物配比表

试验号	钢渣（%）	粉煤灰（%）	矿渣（%）	硅灰（%）	Si/AL
F1	25.0	25.0	48.5	1.5	3.0
F2	25.0	25.0	43.5	6.5	3.5
F3	25.0	25.0	38.5	11.5	4.0
F4	25.0	25.0	34.0	16.0	4.5
F5	25.0	25.0	30.0	20.0	5.0
F6	25.0	25.0	26.0	24.0	5.5
F7	25.0	25.0	23.0	27.0	6.0
F8	25.0	25.0	19.5	30.5	6.5
F9	25.0	25.0	16.5	33.5	7.0

2.3　制样及测试

将各原材料按照表 2 配合比混合后，于混料机中充分混合 8h。碱溶液提前一天配制后冷却至 20℃备用。

混合后的物料置于净浆搅拌锅中边搅边加入碱溶液，成型至 2cm×2cm×2cm 的净浆。用塑料薄膜覆盖后置于水泥养护箱中，养护至 24h 脱模，脱模后试件在养护箱中养护至测定龄期，测定其抗压强度。其凝结时间测定按照 GB/T 1346—2011《水泥标准稠度用水量、凝结时间、安定性检测方法》执行。

测定其抗压强度后，收集碎块置于无水乙醇中浸泡 3d，将碎块破碎干燥后测定 SEM，研磨、干燥后，进行 XRD 测试。

3 结果与分析

3.1 硅灰掺量对废弃物基地聚物凝结时间的影响

硅灰掺量的改变，增加了地质聚合物材料的 Si/Al 比，对地质聚合物的矿物组成及性能有一定的影响，通过测定其反应过程中凝结时间进行表征。硅灰掺量对废弃物基地质聚合物凝结时间的影响规律如图 5 所示。

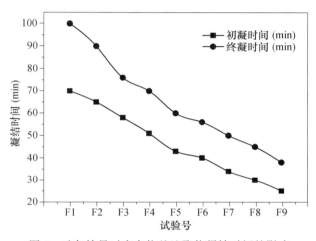

图 5　硅灰掺量对废弃物基地聚物凝结时间的影响

从图 5 可以看出，随硅灰掺量的增加，废弃物基地质聚合物的初凝时间及终凝时间急剧下降。其主要原因为硅灰粒径为微米级，且具有高比表面积特点，水灰比一定（0.3）时，硅灰掺量的增加导致水分被物理吸附于硅灰颗粒表面，导致废弃物基地质聚合物浆体的流动度降低，是造成废弃物基地质聚合物凝结时间降低的主要原因。

3.2 硅灰掺量对废弃物基地聚物抗压强度的影响

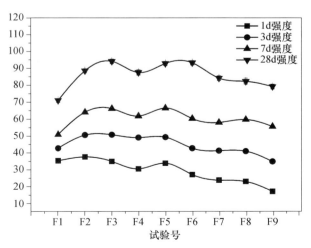

图 6　硅灰掺量对废弃物基地聚物强度的影响

从图6可以看出，随着养护龄期的延长，废弃物基地聚物强度不断增长。随硅灰掺量的增加，废弃物基地质聚合物的1d强度逐渐降低，1d强度最高值为37.8MPa，具有快硬早强的优异性能。这与Si/Al比直接相关，当地质聚合物组分中铝含量较多时，即Si/Al比较低时，其早期强度较高[16,17]。废弃物基地聚物的3d强度呈先增加后降低的趋势，其最高值出现在硅灰掺量为11.5%时（F3），此时Si/Al比为4.0。废弃物基地聚物的7d强度随硅灰掺量增加而先增加后降低，峰值出现在Si/Al比为5.0（F5）时。废弃物基地聚物的28d强度呈现先升高后降低趋势，峰值出现在Si/Al比为4.0（F3）时，其28d强度为94.3MPa。以强度数据作为参考标准，硅灰的最佳掺量为11.5%（F3），废弃物基地聚物的早期强度与后期强度较优，此时Si/Al比为4.0。

3.3 微观分析

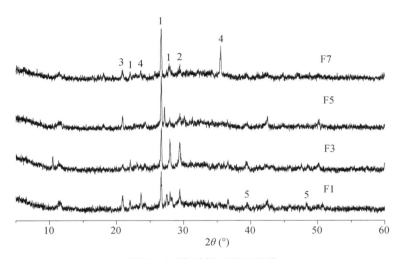

图7 个别试样的XRD图谱

1—斜方钙沸石；2—堇青石；3—钠长石；4—钙长石；5—C-S-H

从图7的XRD图谱分析可知，不同硅灰掺量的废弃物基地聚物试样内部的水化产物主要为弥散状的无定形的凝胶类物质以及少量的晶体，晶体基本上为斜方钙沸石、堇青石、钠长石和钙长石等。不同硅灰掺量的废弃物基地聚物试样内部的晶体种类相差不多，所不同的是晶体的结晶程度不同，由图7可以看出F3组试样其晶体的衍射峰相对来说比较尖锐，说明晶体发育的较好，这也是其强度相对来说较高的主要原因。

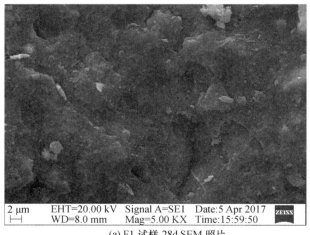

(a) F1试样28d SEM照片

(b) F3 试样 28d SEM 照片

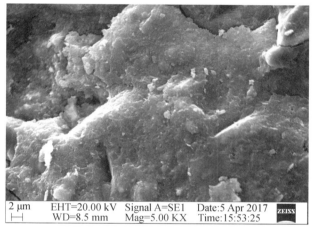

(c) F5 试样 28d SEM 照片

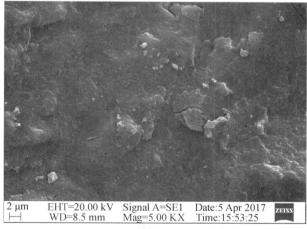

(d) F7 试样 28d SEM 照片

图 8　个别试样养护 28 天的 SEM 照片

从图 8 可以清晰看出，废弃物基地质聚合物的主要水化矿物形貌为无定形凝胶类物质。随着硅灰掺量的增加，废弃物基地质聚合物形貌无明显变化。从图 8（a）中我们可以看出试样内部的晶体结构较少，其内部结构比较致密，无明显孔洞；图 8（b）试样较图 8（a）试样拥有更为致密的结构，这与其抗压强度最高相一致。图 8（c）试样出现少许较大孔洞，多为致密的凝胶类结构，图 8（d）试样整体较为平整、致密，但出现了较多的细孔。结合图 3 所示的 XRD 矿物分析，试样中的无定形凝胶组分推断为 C-S-H 凝胶。

4 结论

（1）采用工业废渣钢渣、矿渣、粉煤灰及硅灰，制备了快硬早强的废弃物基地质聚合物，确定了最佳配比为钢渣 25.0%、粉煤灰 25.0%、矿渣 38.5%及硅灰 11.5%，此时 Si/Al 比为 4.0。

（2）废弃物基地聚物凝结时间随硅灰掺量的增加而降低。

（3）废弃物基地聚物的抗压强度随养护龄期延长而不断增长，1d 强度随硅灰掺量的增加而降低，3d，7d，28d 强度均呈现先增加后降低的趋势，其 28d 抗压强度可达 94.3MPa。

（4）废弃物基地聚物的水化产物主要为弥散状的无定形的凝胶类物质以及少量的晶体。

参考文献

[1] Lee S，Jou H T，Riessen A V，et al. Three-dimensional quantification of pore structure in coal ash-based geopolymer using conventional electron tomography [J]. Construction & Building Materials，2014，52（2）：221-226.

[2] 邹惟前，邹菁. 利用固体废物生产新型建筑材料：配方、生产技术、应用 [M]. 化学工业出版社材料科学与工程出版中心，2004.

[3] Juenger M C G，Winnefeld F，Provis J L，et al. Advances in alternative cementitious binders [J]. Cement & Concrete Research，2011，41（12）：1232-1243.

[4] Alzeer M I M，Mackenzie K J D，Keyzers R A. Porous aluminosilicate inorganic polymers (geopolymers)：a new class of environmentally benign heterogeneous solid acid catalysts [J]. Applied Catalysis A General，2016，524：173-181.

[5] Rui M N，Buruberri L H，Ascensão G，et al. Porous biomass fly ash-based geopolymers with tailored thermal conductivity [J]. Journal of Cleaner Production，2016，119：99-107.

[6] Abdel-Ghani N T，Elsayed H A，Abdelmoied S. Geopolymer synthesis by the alkali-activation of blastfurnace steel slag and its fire-resistance [J]. Hbrc Journal，2016.

[7] Cai L，Wang H，Fu Y. Freeze-thaw resistance of alkali-slag concrete based on response surface methodology [J]. Construction & Building Materials，2013，49（6）：70-76.

[8] Davidovits P J. 30 Years of Successes and Failures in Geopolymer Applications. Market Trends and Potential Breakthroughs. [C] // 2002.

[9] 徐琦. 把生态文明建设放在突出地位——党的十八大报告新意解读 [J]. 化工管理，2014（34）：26-27.

[10] 徐永平. 理念国策方针制度——简论中共十八大报告中的生态文明思想 [J]. 2013 中国生态经济建设杭州论坛，2013.

[11] He P，Wang M，Fu S，et al. Effects of Si/Al ratio on the structure and properties of metakaolin based geopolymer [J]. Ceramics International，2016，42（13）：14416-14422.

[12] Soutsos M，Boyle A P，Vinai R，et al. Factors influencing the compressive strength of fly ash based geopolymers [J]. Construction & Building Materials，2016，110：355-368.

[13] Ye N，Yang J，Liang S，et al. Synthesis and strength optimization of one-part geopolymer based on red mud [J]. Construction & Building Materials，2016，111：317-325.

[14] Yuan J，He P，Jia D，et al. Effect of curing temperature and SiO₂/K₂O molar ratio on the performance of metakaolin-based geopolymers [J]. Ceramics International，2016，42（14）：16184-16190.

[15] Phetchuay C，Horpibulsuk S，Arulrajah A，et al. Strength development in soft marine clay stabilized by fly ash and calcium carbide residue based geopolymer [J]. Applied Clay Science，2016，s 127-128：134-142.

[16] Zhou W，Yan C，Duan P，et al. A comparative study of high and low-Al₂O₃，fly ash based-geopolymers：The role of mix proportion factors and curing temperature [J]. Materials & Design，2016，95：63-74.

烧结电除尘灰循环经济与绿色利用一体化的必要性及工业研究

刘耀驰[1]，张小宁[1]，马洪斌[2]

(1. 湖南隆洲驰宇科技有限公司，湖南长沙，410006；
2. 永钢集团，江苏张家港，215628)

摘　要　本文介绍了烧结电除尘灰循环经济与绿色利用的必要性及工业研究，其减少了烧结烟气二噁英排放量，减少了对高炉耐材、焦炭及矿石性能的破坏，减少了对高炉煤气管道及设备的腐蚀，在经济方面以综合利用收益维持项目持续运转，是钢铁行业固体废弃物处理的典范。

关键词　烧结；电除尘灰；二噁英；雾霾

0　前言

钢铁生产过程中，烧结工序除尘灰包括工艺除尘灰和环境除尘灰两大类，工艺除尘灰又分为机头除尘灰和机尾除尘灰，机尾除尘灰和环境除尘灰的全铁含量在50%左右，有害元素较少，可直接循环使用。机头除尘灰是烧结粉尘的主要来源，机头除尘以电除尘为主，电场数量从3个到5个不等，但烧结电除尘灰中有害元素含量的规律是越往后越高。数据统计表明，烧结机头电除尘器所捕集的粉尘中 Cl、K、Na、S、Pb 等化合物的平均组成占除尘灰总量的50%以上，除尘灰中富含易溶于水的钠盐、钾盐及重金属，不宜堆存和深埋，并且易产生扬尘，不符合国家环保政策要求，尤其是2015年新环保法实施后，钢铁企业除尘灰的外卖存在环保连带责任风险。部分钢铁企业以直接用于烧结配料的方式对其进行利用，但因 KCl、NaCl 含量较高，增加烧结烟气二噁英排放，碱金属进入高炉后，破坏高炉耐材、破坏焦炭及矿石性能，增加了生产成本，腐蚀高炉煤气管道及设备，烧结电除尘灰直接循环利用的负面作用极大，得不偿失。

近年来国内雾霾现象严重，环保工作的焦点集中在钢铁行业，钢铁生产过程中污染物的源头治理、过程控制、末端减排更显重要，其中过程控制、末端减排在经济方面基本为环保投入，但源头治理可以通过综合利用，在经济方面以综合利用收益维持项目持续运转，实现环保项目在经济方面的良性循环。

烧结电除尘灰循环经济与绿色利用一体化工艺，无废水、废气排放，获得农用复混肥产品，去除有害元素的铁精粉直接作为烧结工序的原料，实现烧结电除尘灰的无害化处理与有价元素的综合利用，符合国家环保产业政策倡导的方向，实现了钢铁企业的绿色无污染发展，对钢铁企业的环保、降本作用明显，具有非常强的示范效应。以国内钢铁企业年产烧结矿8亿t、每吨烧结矿副产1.3kg电除尘灰，电除尘灰平均K含量15%计算，氧化钾年总量为18.8万吨，约替代2016年中国氯化钾进口总量的5%，项目发展前景广阔。

烧结电除尘灰绿色利用符合国家发展改革委员会发布的《产业结构调整指导目录》，属于国家鼓励类发展项目，同时该技术属于《资源综合利用企业所得税优惠目录》《国家鼓励发展的环境保护技术目录》以及《国家先进污染治理技术推广示范项目名录》所列项目，可以申报国家政策奖励基金和实行税收减免。

表1　某钢铁厂烧结工序电除尘灰化学成分（%）

	TFe	CaO	SiO$_2$	MgO	Al$_2$O$_3$	K	Na	Cl	Zn
一电场	36.96	7.94	3.99	1.68	2.02	6.76	4.57	10.87	0.13
二电场	13.58	3.56	1.00	0.35	0.62	20.53	8.79	29.77	0.43
三电场	4.57	1.38	0.32	0.11	0.25	26.98	9.07	38.03	0.61

1　烧结电除尘灰绿色利用的必要性

1.1　削减源头氯量，降低烧结烟气二噁英排放量

烧结工序是钢铁生产中主要工序，也是主要的二噁英排放源之一，二噁英是目前发现的无意识合成的副产品中毒性最强的化合物，它的毒性相当于氰化钾（KCN）的1000倍以上，只要1盎斯（28.35g）二噁英，就能将100万人置于死地。烧结工序二噁英排放浓度为0.07-2.86ng-TEQ/Nm^3。2012年我国环保部公布的《钢铁烧结、球团工业大气污染物排放标准》GB 28662—2012首次规定了烧结工序二噁英的排放标准（现有厂：1.0ng-TEQ/Nm^3；新建厂：0.5ng-TEQ/Nm^3），如何经济、高效的脱除二噁英成为烧结工序污染治理的紧迫任务。

烧结烟气中污染物种类较多，其中烟粉尘、SO$_2$、NO$_x$、氟化物和二噁英规定了排放限值。单一的污染物减排技术不仅投资大，而且效果也不一定理想。针对烧结烟气特点，实行污染物协同控制，从源头治理—过程控制—末端减排综合治理才是最佳途径，仅仅通过末端烟气处理装置很难实现二噁英经济、高效治理。

元素Cl、Cu是二噁英生成的重要条件，因此Cl、Cu等元素含量高的物料将造成烧结烟气中二噁英排放量成倍增加，应尽量减少或避免元素Cl、Cu含量高的返回料直接在烧结工序中使用，通过对烧结电除尘灰绿色利用，脱除其中的KCl、NaCl以及微量重金属元素后，烧结工序二噁英生成量减少50%以上。

1.2　控制入炉碱金属量，降低对高炉冶炼、高炉长寿的破坏性危害

K、Na等碱金属对焦炭起着降解作用，造成炉内焦炭粉化，影响高炉的透气性和高炉顺行。焦炭反应性对高炉内焦炭的劣化及高炉冶炼有明显的影响。焦炭的反应性与焦比有关，而且认为焦炭的反应性是控制高炉透气性的重要因素，焦炭的反应性越低，料柱的透气性越好。而碱金属是焦炭溶损反应C+CO$_2$=2CO的催化剂，在850~1100℃范围内起着促进反应的作用，含碱量越高，促进反应的作用越强，而且K的破坏作用比Na还要大。

K、Na等碱金属能降低矿石的软化温度，引起球团矿异常膨胀而严重粉化，使烧结矿的还原粉化加剧。

K、Na等碱金属与高炉砖中的Al$_2$O$_3$、SiO$_2$生成硅酸盐低熔物，砖被损坏。K、Na等碱金属氧化物还是析碳反应2CO=CO$_2$+C的催化剂，更加速了砖衬的损坏。

为保证高炉的正常冶炼并获得良好的技术指标，有效的办法是控制入炉料中K、Na等碱金属的含量。

1.3　降低入炉氯量，减缓干法除尘高炉煤气管道设备的腐蚀

传统高炉煤气除尘净化工艺是湿法水洗，高炉煤气中的HCl等酸性气体绝大部分被水吸收，由于水量大，因此污水pH值达到6以上，氯根浓度小于300mg/L，对排水系统和煤气管道系统都未构成较严重的腐蚀。高炉煤气干法除尘工艺取代湿法除尘后，高炉煤气所含HCl及其他酸性气体因冷凝析出而对煤气管道及设备产生了严重的腐蚀，还在余压发电装置的末级叶片上形成白色NH$_4$Cl结晶，局部位置结晶物掉落导致叶片受力不均而产生振动，影响了TRT的正常运行。因此，降低入炉氯量，是减缓干法除尘高炉煤气管道设备腐蚀的主要手段。

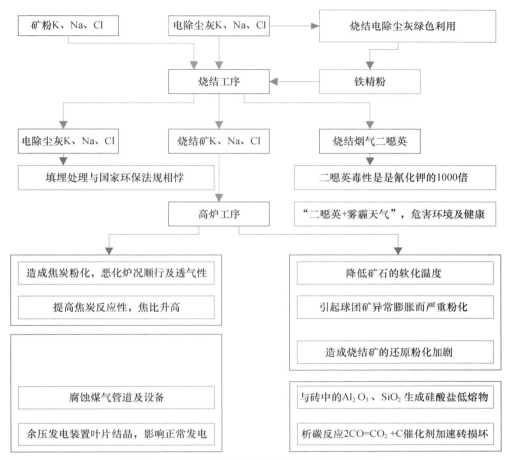

图1　烧结电除尘灰循环经济与绿色利用的必要性

2　烧结电除尘灰绿色利用方案

2.1　技术路线

烧结电除尘灰绿色利用，工艺路线分六个步骤，即浸出、除杂、pH调节、转化、高温脱钠、冷却结晶。

1. 浸出：烧结电除尘灰中Fe不溶性水，而K、Na以水溶性盐存在，该工艺将烧结电除尘灰与水混合搅拌、浸出、过滤后，滤渣为铁精粉，可以在烧结工序回用，而K、Na则进入滤液中，从而实现K、Na与Fe的分离。

2. 除杂：浸出滤液除含有K、Na外，还含有Ca、Mg、Pb等杂质离子，这将影响后续K、Na的回收利用。工艺通过加入除杂剂将杂质离子以沉淀的形式析出、过滤，实现除杂的目的。

3. pH调节：调整pH值。

4. 转化：精制含钾溶液与硫酸钠混合、转化，同时蒸发部分水分，冷却后过滤得到钾芒硝固体1和溶液A。

5. 高温脱钠：溶液A与循环溶液B混合，同时蒸发部分水分，趁热过滤，得到粗氯化钠固体和高温溶液B100。

6. 冷却结晶：高温溶液B100中加入部分水并冷却，过滤得到钾芒硝固体2和循环溶液B。

钾芒硝1、钾芒硝2与尿素、重过磷酸钙混合、造粒、干燥后得到复混肥产品；将粗氯化钠固体和水按一定比例混合、洗涤、过滤、干燥后得到精制工业盐。

2.2 产品方案

（1）复混肥，总养分（N+P_2O_5+K_2O）≥40%，Cl^- 含量≤3.0%，颗粒状。

（2）工业盐，符合工业盐合格品标准，NaCl≥97.5%，粉末结晶状。

（3）铁精粉，Fe 含量≥50%（干基含量），其他成分以 CaO 为主。

2.3 经济分析

烧结电除尘灰绿色利用以解决烧结电除尘灰的环境污染为首要任务，充分利用压缩成本费用的措施（主要措施：利用闲置场地、废旧厂房，利用现有的水、电、蒸汽配套，缩短烧结电除尘灰、铁精粉运输流程、减少运输费用，申报国家环保政策奖励、税收减免等），在经济方面以综合利用收益维持项目持续运转，实现环保项目在经济方面的良性循环，彻底解决烧结电除尘灰的环境污染及其对炼铁生产的破坏性影响。

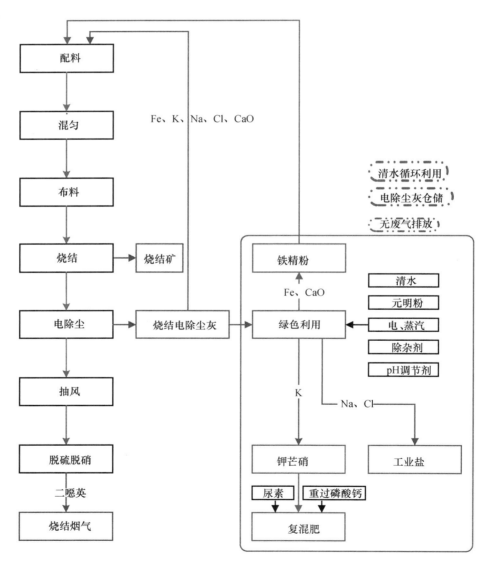

图 2　烧结电除尘灰循环经济与绿色利用一体化示意

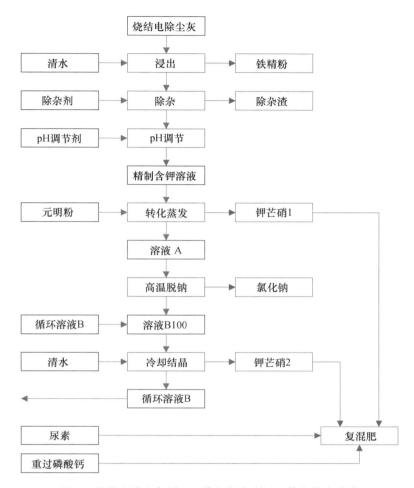

图 3　烧结电除尘灰循环经济与绿色利用一体化技术路线

3　烧结电除尘灰循环经济与绿色利用一体化的工业研究

3.1　浸出

来自储灰仓的烧结电除尘灰经螺旋定量给料机计量进入一浸槽，加入适量的水搅拌一定时间。经一浸浓密机沉降分离，提取烧结电除尘灰中的可溶性钾盐进入一浸浓密机上清液，一浸浓密机固体底流进入二浸槽；在二浸槽中加入适量的水继续搅拌一定时间后进入二浸浓密机进行沉降分离，上清液经溢流清液槽及溢流清液输送泵返回至一浸槽，固体底流经板框过滤机过滤，滤液经溢流清液槽及溢流清液输送泵返回至一浸槽，滤渣运至烧结工序。

3.2　除杂

除杂剂配制槽中配置好的除杂剂和上清液按一定比例加入到除杂槽中，搅拌一定时间后，上清液中的杂质离子与除杂剂生成不溶性盐，再经除杂槽输送泵送入除杂板框过滤机进行固液分离，得到除杂液。

3.3　pH 调节

除杂液在 pH 调节罐，调节 pH 值。

3.4 转化

精制含钾溶液和硫酸钠按一定的比例加入到转化槽中,搅拌一定时间后经转化料浆泵输送至多效蒸发器中,蒸发一定水分后,经蒸发料浆输送泵输送至冷却槽中,待冷却至一定温度后,经冷却料浆输送泵输送至离心机,过滤分离得到湿钾芒硝固体 1 和溶液 A。

3.5 高温脱钠

将溶液 A 和循环溶液 B 按一定比例加入到兑卤槽中,搅拌一定时间后经混合液输送泵输送至多效蒸发器中,蒸发一定的水分后,经高温氯化钠料浆输送泵输送至离心机,趁热过滤分离得到粗氯化钠固体和高温溶液 B100。粗氯化钠固体经洗涤槽加水洗涤、过滤、干燥,得到精制工业盐。

3.6 冷却结晶

将高温溶液 B100 和水按一定比例加入至冷却槽中,搅拌一定时间,待物料冷却至一定温度后,经冷却料浆输送泵输送至离心机,过滤分离得到湿钾芒硝固体 2 和循环溶液 B。循环溶液 B 返回高温脱钠工序。

将湿钾芒硝固体 1、湿钾芒硝固体 2 与尿素、重过磷酸钙混合、造粒、干燥后得到复混肥。

4　结论

根据《"十三五"节能减排综合工作方案》(国发〔2016〕74 号),节能减排作为优化经济结构、推动绿色循环低碳发展、加快生态文明建设的重要抓手和突破口,国家将大力发展循环经济,加强大宗固体废弃物综合利用,完善支持节能减排的价格收费、财税机理、绿色金融等政策,建立和完善节能减排市场化机制,推行合同能源管理、绿色标识认证、环境污染第三方治理、电力需求侧管理。统筹推进大宗固体废弃物综合利用,推动冶炼废渣等工业固体废弃物综合利用,开展大宗产业废弃物综合利用示范基地建设,到 2020 年工业固体废物综合利用率达到 73% 以上。

烧结电除尘绿色利用面临前所未有的契机,在国家产业政策支持下,项目以源头治理方式,大幅减少烧结烟气二噁英排放,推动钢铁行业的绿色循环发展,在经济方面以综合利用收益维持项目持续运转,实现环保项目在经济方面的良性循环,有望彻底解决烧结电除尘灰的环境污染及其对炼铁生产的破坏性影响,并诞生一个年产值在十亿元级别的固体废弃物综合利用的专业细分市场——烧结电除尘灰循环经济与绿色利用专业细分市场。

大型落地式钢筒仓结构破坏模式、原因分析及措施

张义昆

（山东省元丰节能装备科技股份有限公司，山东聊城，252700）

摘　要　根据目前已建成的落地式钢筒仓的使用状况，对其破坏模式进行了分析。主要包括：大象脚、热棘轮、褶皱屈曲、基础沉降、腐蚀、极寒地区钢筒仓被冻裂倒塌、地震导致钢筒仓倒塌等。并分析总结了其破坏原因。主要包括：局部失稳、整体失稳、钢板腐蚀、不均匀沉降、焊缝质量不合格、钢材选用不合格等。

关键词　筒仓；粉煤灰；水泥；矿渣粉；氧化铝粉；钛白粉；煤粉；熟料；石灰石

1　引言

近年来，国家大力实施绿色环保和循环经济的可持续发展策略，要求我们建造大型落地式储备库，提高粉煤灰利用率，减少湿排对环境的破坏。

大型落地式钢筒仓是一种用于储存粉煤灰、水泥、矿渣粉、氧化铝粉、钛白粉、煤粉及熟料、石灰石等粉粒状物料的构筑物，作为一种薄壳结构，其受力及破坏准则都相当复杂。尤其是筒仓上部钢结构部分，利用有限元分析钢筒仓内部原有储料的刚度对新加入散料后的钢筒仓受力影响进行了分析。钢筒仓内部原有储料增大了该钢筒仓的刚度，继续入料后会在交界处发生刚度突变，造成应力集中现象。我公司专门成立针对各种破坏模式及原因的专家小组进行研究归纳总结，提出措施并及时应用与项目施工中。

2　典型案例分析

1. 局部失稳

钢筒仓是一种薄壳结构，主要承受储料对仓壁的竖向摩擦力和水平压力。筒仓内部压力过高时，会导致基础附近的仓壁发生严重的局部弯曲，局部屈服会加速筒仓过早地进入弹塑性屈曲。这种破坏模式俗称"大象脚屈曲"，如图 1 所示。

钢筒仓内部原有储料会增大筒仓的刚度，经过一定时间储存后，继续入料后会在交界处发生刚度突变，造成应力集中现象，有可能致使钢筒仓由常见的"大象脚屈曲"模式转变为该交界处的褶皱屈曲破坏模式。褶皱屈曲是轴向屈曲和环向屈曲的联合作用发生的一种沿环向周围的叠状凸曲现象，如图 2 所示。

图 1　大象脚屈曲

图 2　褶皱屈曲

2.整体失稳

钢筒仓的仓壁在白天会随着气温的升高而膨胀，在夜晚会随着气温的降低而收缩。在白天钢筒仓膨胀的时候，仓内储料会自由地流动，然后填充在钢筒仓向外膨胀的部位。但是当夜晚仓壁收缩的时候，却很难把储料挤回去，从而导致仓壁增加了额外的拉应力。这种破坏模式称为"热棘轮现象"。热棘轮现象可能会导致钢筒仓发生整体失稳，最终倒塌，如图3所示。

(a) 倒塌前 (b) 倒塌后

图 3　钢筒仓裂缝与倒塌

3.焊缝质量不合格

现场施工人员的焊接技术不成熟，可能会导致焊缝质量不合格，焊缝缺陷将削弱焊缝的受力面积，而且在缺陷处形成应力集中，裂缝往往先从那里开始，并扩展开裂，成为连接破坏的根源，对结构非常不利，如图4所示。

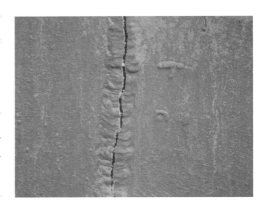

4.不均匀荷载

钢筒仓在卸料过程中，储料对仓壁产生的拉力和周向压力可能会出现非对称分布和局部应力集中的现象，最终导了钢筒仓发生收缩式凹陷屈曲破坏。现在大多数地钢筒仓采用高压气力输送储料，仓顶配备高风量除尘器，并且仓底中心出料的工艺方式。在卸料过程中筒仓内产生负压，负压会对仓壁产生较大的不均匀侧向水平力，从而导致筒仓上部分仓壁产生收缩式凹痕屈曲，如图5所示。

图 4　焊缝开裂

(a) 整体凹陷 (b) 整体凹陷

图 5　卸料产生的凹曲现象

5. 不均匀沉降

储料和筒仓的自重荷载使基础承受了相当大的轴向压力，储料的不均匀填充可能会导致在基础上产生不均匀的压力。当储料的自重产生的竖向荷载偏离中心时，筒仓底部的地基将要变形。基础下地基土的局部压力过大可能导致筒仓倾斜，相对沉降甚至倒塌，如图6所示。

(a) 基础沉降　　　　　　　　　　　　(a) 基础倾斜

图6　钢筒仓沉降

6. 钢板腐蚀

钢筒仓的外壁特别容易受到外界环境的腐蚀，如果不采取预防措施，会导致筒仓结构的仓壁腐蚀，紧接着筒仓破坏。有些油漆与钢筒仓仓壁发生酸性反应，从而加速了钢板的腐蚀。随着钢板的腐蚀，钢板的厚度减小，钢板的承载力逐渐降低，从而导致筒仓屈曲破坏，如图7所示。

图7　钢筒仓倒塌

7. 钢材型号选用不合格

钢结构有一种特殊情况，即在特定条件下低应力状态的脆性断裂。材质不合格和低温等因素都会促成这种断裂。目前，钢筒仓一般都采用高速气压来进行入料和卸料，钢筒仓承受着往复的冲击荷载。在某些寒冷地区，冬季最低温度接近 −40℃。对于需要验算疲劳的焊接结构，当这类结构冬季处于温度较低的环境时，若工作温度在0℃和−20℃之间，Q345应选用具有0℃冲击韧性合格的B级钢。若工作温度≤−20℃，则钢材的质量级别还要提高一级，Q345选用D级钢或E级钢。因此，位于寒冷地区的钢筒仓的钢板材质选择错误会导致其发生破坏甚至倒塌，如图8所示。

(a) 钢筒仓倒塌图一　　　　　　　　　　(a) 钢筒仓倒塌图二

图8　钢筒仓倒塌

8. 风荷载作用

满仓时钢筒仓主要承受轴向力和竖向摩擦力，但当钢筒仓内部没有储料或者有部分储料时，横向风荷载可能会导致圆柱壳失稳。作用在圆柱壳表面的径向风压沿着周向和高度方向都是变化的，其中周向的占主导地位。在横向风荷载作用下，圆柱壳中起控制作用的是周向应力。由于风压关于迎风面对称分布，应力和应变也关于该平面对称。径向位移绝对值最大发生在迎风面顶点，向内凹陷，且变形主要集中在迎风范围内，如图9所示。

图 9　钢筒仓上部发生整体失稳

9. 地震作用

地震动会对筒仓在竖直方向和两个水平方向等这三个方向产生荷载作用。竖直方向的地震荷载对筒仓的作用较小，而水平地震荷载尤其对储存较重物料的深仓产生严重的影响。水平地震作用大小与筒仓的自重成正比。随着筒仓高度增加筒仓的质心高度也随之增加。水平地震荷载大致作用在质心，水平荷载的力臂和相应地基础的弯矩也随之增加。弯矩增加后会导致在筒仓底部的压力分布不均匀，它要高于重力荷载引起的压力。如果在地震过程中筒仓内部的储料发生震动，则地震能使钢筒仓的上部结构发生破坏，如图10所示。

(a) 钢筒仓倒塌　　　　　　　(b) 钢筒仓倾斜

图 10　钢筒仓倒塌与倾斜

3　应对措施

为避免以上情况的发生，保证大型钢板仓结构整体安全性与经济合理性，我公司分别对设计和施工提出以下措施：

1. 工艺设计

根据工艺要求选择合适风量的收尘器、库顶安全阀及其他配套设备，使钢筒仓内外空气相互流通，根据当地气候条件及物料特性选择合适的供风设备，充分考虑卸料过程中储料作用于钢筒仓仓壁的动态压力值，要求客户严格按照我公司提供的操作与维护说明书进行工作。

2. 结构设计

1）地基处理

传统的钢筒仓和现有的很多厂家还在使用原有的不科学的基础形式，在地质情况较差的环境下，不进行地基处理，造成基础沉降远远超过国家现行的相关规范规定。在原有的钢板筒仓技术基础上，经过深入论证和研究，结合国家相关的规范，以产品安全可靠为基础，保证用户利益不受损失为前提，因地制宜采用不同的地基处理方案，确保基础沉降在规范要求范围内，保证产品的安全可靠。

2）解决钢结构低温脆裂及底部连接变形

由于大型钢板筒仓用于粉状物料储存在中国的发展应用走向市场只不过有几年时间，面向全国市场的时间更是不长，因此出现了地域钢板筒仓使用适应问题，尤其在北方严寒地区，如东北、新疆北部、内蒙古等地区出现了由于冬季温度低造成钢板仓筒仓产生低温脆裂，造成钢板筒仓倒塌事故。公司通过考察研究，经过计算论证优化设计从以下几方面彻底地解决了这一大安全隐患问题：

（1）根据结构特点和受力情况，选用力学性能好的 Q345 系列材质钢材，在南方地区一般采用 Q345B 型，在北方严寒地区采用 Q345D\E 型钢材。

（2）优化仓壁与基础的连接方式，传统做法为库壁直接与基础预埋件焊接，造成在低温状态下库壁钢板与基础混凝土收缩变形不一致，容易造成结构损坏。为解决这一问题，在筒仓基础上优化设计为预埋螺栓与库壁法兰进行连接，螺栓孔为椭圆形，是库壁在温度变化时有温度变形空间，彻底地解决了钢板库的热胀冷缩问题。

（3）在库内填充与库壁之间增加弹性苯板等弹性材料，保证库壁在低温状态下的变形空间。

3）提高筒仓整体稳定性

（1）筒仓顶部球壳采用球形网架结构，该结构为空间受力体系，较传统的二维桁架式结构更加合理。

（2）筒仓周圈内侧增设独立的加强立柱，间距为 6～7m（46m 直径库周圈设计不少于 20 根），与库顶加强环梁形成相对独立竖向支撑称重结构，有效地分担库壁的竖向受力，大幅度地提高库体结构的安全稳定性。

（3）仓壁合理设置竖向加强劲和环向加强劲，竖向加强筋间距一般控制在 0.9m 到 1.5m，环向坚强筋间距不大于 1.5m，使竖向加强筋与环向加强筋有效地形成区格小于 1.5m×1.5m 的有限单元。按照有限元设计理论更加提高了结构的整体稳定性。

（4）在仓壁顶端增设环向组合加强钢梁，有效地加强仓壁顶端的最薄弱部位，同时有效地使库顶荷载均匀地分配到库内加强立柱上，使结构受力更加的明确合理，有效地保证了结构的安全可靠性。

3. 施工质量

选择优秀的施工队伍，严格按照施工蓝图施工，遵守《钢结构工程施工质量验收规范》以及相关的验收规范规定，做好过程控制与监督工作，时时检查钢筒仓的外形、焊缝质量等是否合格。做到安全出质量，质量保安全。

4　结论

通过以上工程案例较为系统地介绍了国内外钢筒仓的各种破坏模式，并分析总结了导致破坏模式的原因以及提出避免出现事故的建议。这项研究具有一定的意义，能够为以后钢筒仓的设计、建造及使用提供参考。

高硫煤气化燃烧后废渣的可利用性初步评价

岳汉威，郭春霞，王文卓，王　清，高杨春

（中国建材检验认证集团股份有限公司，北京，100024）

摘　要　采用高硫煤作为原料进行有价组分的提取后产生了大量废渣。为了降低废渣对环境可能产生的危害，拟对该废渣进行二次利用。由于该渣的处理和二次利用在国内尚无报道，故对其利再用的可行性进行了初步的研究。研究表明，该废渣对环境构成的危害程度符合国家相关标准，具备再利用的基础要求；无论进行常规的激发工艺处理与否，废渣均无火山灰活性，不能作为混合材或掺合料使用；废渣替代细骨料配制的混凝土和砂浆抗压强度较天然砂略低，理论上具备替代砂子生产低标号混凝土和普通建筑砂浆的可行性；该废渣经简单的低温煅烧后生成了大量长石类物质，下阶段将对产生的长石种类及工艺进行进一步研究，以评价其实际意义。

关键词　废渣；火山灰活性；骨料；煅烧；长石

Abstract　During the process of useful components extraction used high-sulfur coal, a huge number of bottom ash was produced after gasification combustion in high temperature and pressure environment. In order to reduce pollution to environment, recycling plans for the bottom ash was proposed. This study is a first evaluation to determine the recycling feasibility of bottom ash formed by high sulfur coal during the process of gasification combustion in high temperature pressure environment. It was observed that some test results (such as limits of radionuclides and leaching limit of toxic elements) of bottom ash met national environmental requirements. Due to the extremely low pozzolanic activity by means of activation, bottom ash was not used for cementing materials. Compared with natural sand, compressive strengths of concrete and mortar, which fine aggregate was replaced by bottom ash, were slightly lower. There was a theoretical possibility that bottom ash could be used for low-grade concrete or building mortar. In addition, different feldspars were generated when bottom ash was calcined at low temperature.

Keywords　bottom ash; pozzolanic activity; aggregate; calcine; feldspar

1　概述

工业废渣由于排放量大、占地广、污染环境，与环境的矛盾日益凸显，如何实现其快速高效、大量利用已成为发展循环经济的重点之一[1]。在可实现废渣二次利用的领域中，建材由于消耗量大，使用要求相对较低，能够对废渣进行高效利用。目前，利用某些废渣生产墙体材料、胶凝材料、水泥原料等产品技术较为成熟，部分工艺已实现工业化，取得了良好效果[2-6]。但是工业废渣种类繁多，二次利用前需对其进行全面评价后才能确定应用方向。

某厂毗邻华北平原，该地域煤品质普遍较低、含硫量较大，燃烧热值偏低。为了使资源得到最大化利用，故将其作为原材料进行有价组分的提取，并引进了相关生产线。在对有价组分提取后，生产线产生了大量废渣急需处理，为了避免污染环境，拟对废渣进行二次利用。该废渣的产生过程如下：煤粉磨细并混合水蒸气、空气后喷入燃烧炉进行高压气化燃烧，燃烧结束后残渣流入急冷装置并被分解成颗粒后排至收集单元。收集单元收集后，残渣排入放料单元，而后经脱水后运往堆放处。纵观整个关系，残渣的产生实际上经历了可燃物吹入、可燃物高压燃烧、燃烧后产物急冷、脱水以及储存的过程。本文主要对储存状态的废渣能否应用于建材领域的可行性进行了初步评价研究。

2　性能表征

2.1　放射性及毒性

不对环境和生物产生危害是二次利用的前提条件。依据 GB 6566—2010《建筑材料放射性核素限量》，废渣放射性测试结果满足用于建筑材料的要求，可应用于建筑材料领域，其内照射指数 0.5，外照射指数 0.7。

依据 GB 5085.3—2007《危险废物鉴别标准 浸出毒性鉴别》：重金属元素及有毒元素毒性浸出结果表明废渣不属于危险废物（表 1）。

表 1　废渣毒性浸出测试结果

	Cd	Pb	总 Cr	Hg	As	Zn	Cu	Ni	Se	Be
标准要求	≤1	≤5	≤15	≤0.1	≤5	≤100	≤100	≤5	≤1	≤0.02
测试结果	<0.003	<0.05	<0.01	<0.01	<0.1	0.219	<0.01	<0.01	<0.01	<0.005
结论	符合	符合	符合	符合	符合	符合	符合	符合	符合	符合

2.2　形貌特征

废渣由大量黑色球状、不规则状、少量类玻璃丝透明杆状和其他杂色颗粒共同组成（图 1）。在微观尺度下，颗粒表观特征的异相性更加明显（图 2）：废渣颗粒组成杂乱不均，不同形貌颗粒表观特征完全不同，这可能意味着废渣由不同类别的颗粒混杂而成，在生成过程中由于各组分反应活性的不同，在同一生成环境下产生的表观形貌差异较大的不同生成产物共同构成了最终的废渣。

图 1　废渣外观

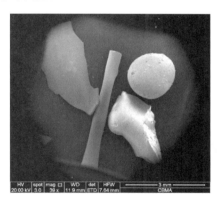

×40(球、杆、异形颗粒)

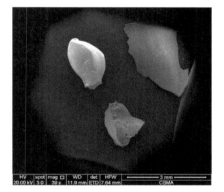

×40(异形颗粒)

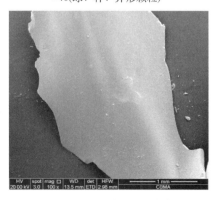

×100(异形颗粒，表面封闭密实)

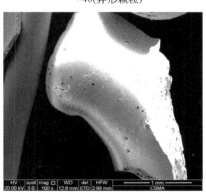

×100(异形颗粒，表面有分部不均匀孔)

×150(球形颗粒，表面粗糙)

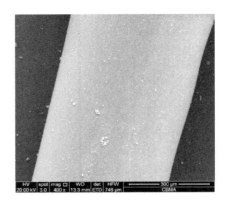
×400(杆形颗粒，表面封闭密实。)

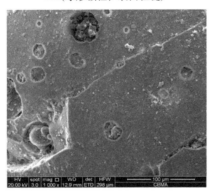
×1000(表面有不均匀孔的异形颗粒)

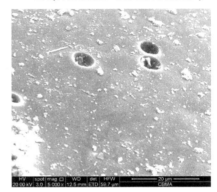
×5000（球形颗粒）

图 2　废渣颗粒的 SEM 照片

2.3　化学组成

在进行 SEM 测试时对不同形貌的废渣颗粒进行了 EDS 能谱分析，结果见表 2。不同形貌的废渣颗粒，元素组成及比例区别较大，尤其以 Mg、Al、Si、Ca 元素最为明显。这表明废渣经历了高压气化燃烧及急冷湿排等过程后，没有形成比较均匀的体系。当然，限于 EDS 分析的局限性，不能排除测试误差存在，故对其进行了 X 射线衍射分析测试。

表 2　废渣颗粒 EDS 能谱测试结果

EDS 分析结果	C	O	Na	K	Mg	Al	Si	Ca	Ti	Fe
球形颗粒	14.95	55.28	0.46	0.30	0.78	7.08	13.43	5.86	0.29	1.58
密实异形粒	8.49	44.18	0.58	0.54	0.62	11.24	19.06	12.00	0.43	2.87
带孔异形颗粒	9.59	41.02	/	/	3.92	6.17	13.60	25.19	0.50	/
杆状颗粒	6.82	52.81	0.37	0.51	/	0.51	37.34	0.88	/	0.75

废渣 X 射线衍射分析测试结果见图 3：谱图中未见明显特征峰，可初步断定废渣组成多以非晶态成分为主；另外一个值得注意的是，该谱图与粉煤灰的 XRD 谱图具有高度的相似性（为了对比，对粉煤灰样品也进行了测试，见图 4），这对于废渣二次利用是积极的信号。

废渣和粉煤灰化学成分全分析结果见表 3。可以发现，废渣与粉煤灰的化学成分具有相似之处，并且 Al、Ca 含量较粉煤灰高。

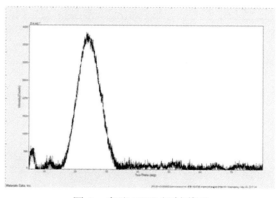

图 3　废渣 XRD 衍射谱图

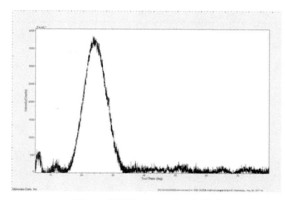

图 4　粉煤灰 XRD 衍射谱图

表 3　废渣和粉煤灰的化学组成

	SiO$_2$	Al$_2$O$_3$	CaO	MgO	Fe$_2$O$_3$	Na$_2$O	K$_2$O	MnO$_2$	TiO$_2$	P$_2$O$_5$	Loss
废渣	44.94	24.14	16.81	1.25	2.55	0.61	0.43	0.02	0.77	0.14	5.34
粉煤灰	55.28	14.77	11.41	1.25	4.62	0.53	1.63	0.058	0.97	0.98	0.80

上述测试结果表明，废渣对环境危害较小，具备再利用的环保要求。废渣表观形貌与砂子相似，化学组成及 XRD 谱图与粉煤灰相似，同时废渣颗粒组成又具有多相复合特性，因此拟采取作为细骨料和混合材的方向进行测试研究，同时探索新的应用可能。

3　再利用研究

3.1　作为细骨料的研究

参照 GB/T 14684—2011《建设用砂》对废渣部分性能进行了测试，结果见表 4。由表 4 可知性能测试结果均符合标准的最低要求。

表 4　废渣作为细骨料的性能测试结果

测试项目	指标	测试值	测试项目	指标	测试值
表观密度	≥2500	2642	碱活性	<0.10%	0.01%
颗粒级配	—	II 区	细度模数	3.0～2.3	2.7
氯化物	≤0.02%	0.0035%	空隙率	≤44	39.5%

	单级最大压碎指标								
粒径范围	指标			测试值	粒径范围	指标			测试值
	I	II	III			I	II	III	
0.3～0.6	≤20	≤25	≤30	4.2	0.6～1.18	≤20	≤25	≤30	9.9
1.18～2.36	≤20	≤25	≤30	22.2	2.36～4.75	≤20	≤25	≤30	无筛余

为了评价作为细骨料使用的可行性，参照 GB/T 17671—1999《水泥胶砂强度检验方法（ISO 法）》进行了废渣取代天然砂配制水泥砂浆和普通标号混凝土的对比试验。

表 5 是胶砂强度测试结果，随着废渣掺量增加，砂浆的抗折抗压强度逐渐降低，初步分析可能是由于粒径范围在 1.18～2.36 的废渣压碎值偏大导致。

表 5　废渣替代标准砂的 28d 胶砂强度

废渣掺量（%）	标准砂用量（%）	28d 抗折强度		28d 抗压强度	
		强度值（MPa）	强度比（%）	强度值（MPa）	强度比（%）
0	100	9.8	100	57.8	100
20	80	9.6	98	56.7	98
40	60	9.5	97	53.9	93
60	40	9.0	92	52.2	90
80	20	8.7	89	51.2	89
100	0	8.4	86	49.4	85

　　按照废渣等量替代砂子的思路，采用基准水泥、细度模数同为 2.7 的 II 区中砂和 5～20mm 碎石试配了强度等级为 C30 的混凝土，对坍落度和抗压强度性能进行了测试，结果见表 6 和表 7。随着废渣量的增加，混凝土拌合物坍落度小范围增加，表明废渣的掺入未对混凝土和易性产生不良影响，相反由于废渣存在较多球形颗粒，进一步提高了混凝土拌合物的和易性。对抗压强度结果的分析发现，废渣替代量在 40% 时，混凝土试块 28d 内龄期的抗压强度基本未受到影响，当替代量超过 40% 时，抗压强度出现下降趋势，且随着替代量的增加而降低。这可能是由于当替代量较低时，废渣与砂的混合掺入一定程度上改进了骨料级配，对提升混凝土的密实性起到了一定效果，而压碎值较大的问题影响没有完全体现出来；掺量较大时，压碎值对抗压强度的影响越来越明显。

表 6　用废渣替代细骨料的混凝土配合比

废渣取代量（%）	单方用量					坍落度（mm）
	水泥	砂	废渣	石	水	
0	330	816	0	1037	217	185
20	330	653	163	1037	217	190
40	330	490	326	1037	217	200
60	330	326	490	1037	217	210
80	330	163	653	1037	217	215
100	330	0	816	1037	217	215

表 7　废渣替代细骨料的混凝土力学性能测试结果

废渣取代量（%）	3d 抗压强度		7d 抗压强度		28d 抗压强度	
	强度值（MPa）	强度比（%）	强度值（MPa）	强度比（%）	强度值（MPa）	强度比（%）
0	19.0	100	28.4	100	37.2	100
20	18.7	98	28.7	101	37.4	101
40	18.9	99	28.0	99	37.2	100
60	17.6	93	26.9	95	36.2	97
80	16.3	86	25.5	90	35.7	96
100	15.9	84	24.7	87	34.6	93

3.2　作为混合材的研究

　　将废渣磨细后，参照 GB/T 1596—2005《用于水泥和混凝土中的粉煤灰》进行了性能测试，结果见表 8。由表 8 可知，磨细废渣的细度、烧失量及安定性均能满足标准要求，但是活性指数测试结果不能满足标准中 ≥70% 的要求，因此，从测试结果来看，简单机械工艺处理后的废渣不能作混合材用于水泥和混凝土要求。

表 8　磨细废渣性能测试结果

	比表面积（m²/kg）	细度（%）	烧失量（%）	安定性（mm）	活性指数（%）
实测值	414	21.4	5.3	0.5	64.7

为了验证磨细废渣的火山灰特性，采用 GB/T 2847—2005《用于水泥中的火山灰质混合材料》进行了火山灰性的测试：当氢氧根离子浓度为 54.24mmol/L 时，氧化钙浓度高达 10.46mmol/L，基本可判定磨细废渣无火山灰性，不能作为混合材掺入水泥熟料当中进行利用。另外，采用复合激发的方法，依据 GB/T 17671—1999 标准，利用磨细废渣作为胶凝材料，内掺 30% 氢氧化钙、外掺 4% 硫酸钠进行了化学激发试验，制得的样品不能正常脱模，带模养护至 28d 龄期仍无强度，这表明化学激发对该废渣的活性激发无效。考虑到单独地磨细处理无法激发活性，专门的激发技术在时间、产品长期耐久性以及工业化应用方面短期不易不确定，这已经无法满足废渣处理的紧迫性和投入产出比，因此不再对激发工艺进行研究。

进行烧失量测试时，煅烧后样品外观形貌发生了明显的变化：废渣明显呈现出熔融痕迹，疏松多孔，且具有一定的硬度；与煅烧前相比，体积增大了约两倍，颜由黑色色变为土黄色，盛放废渣的坩埚被胀裂（见图 5）。这表明废渣经历煅烧后发生了明显的相变。为此，对该样品进行了 SEM 和 XRD 分析测试。SEM 测试结果（图 6）表明，经过煅烧后，废渣的确发生了物相的转变，且各位置的形貌不完全相同，这在图 6A 得以体现：同一样品，其局部为多孔结构，而其他部分则是封闭结构。对多孔位置放大观察发现，孔周围物质的构成形态主要是纤维状、层状，而封闭位置处仔细观察可见层状物质。

图 5　烧失量试验后废渣的外观

选取图 6C 和图 6D 层状位置进行了元素分析，分析结果见表 9。结合表 2 可知，废渣煅烧后元素分部依然不均匀，但相比煅烧前有明显改进。因此，选取适当的煅烧温度有助于废渣组成成分的均匀化。

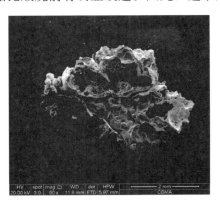

A(×50 煅烧后外观，熔融痕迹明显)

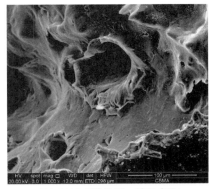

B(×1000 多孔位置，疏松多孔)

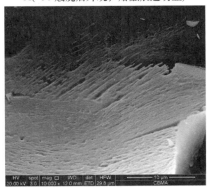

C(×10000 多孔处放大，可见层状物)

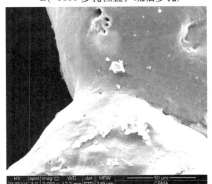

D(×2000 密实处放大，可见层状物)

图 6　煅烧后废渣的 SEM 照片

表 9　煅烧后废渣颗粒 EDS 能谱测试结果

EDS 分析结果	C	O	Na	K	Mg	Al	Si	Ca	Ti	Fe
多孔结构	14.25	46.67	0.59	0.37	—	10.23	16.24	10.08	0.32	1.25
封闭结构	11.07	41.97	0.61	0.35	1.19	7.17	18.68	13.05	0.84	5.06

与煅烧前相比，废渣煅烧后 XRD 谱图（图 7）发生了明显的变化，出现了多个衍射峰，主要分部在 20°～40°之间。分析表明，煅烧后的废渣主要由钙铝黄长石、钠长石、钾长石等多种长石类物质组成，依然是多种物质共存的存在状态，这可能与煅烧前废渣颗粒的异相性有较大的关系。

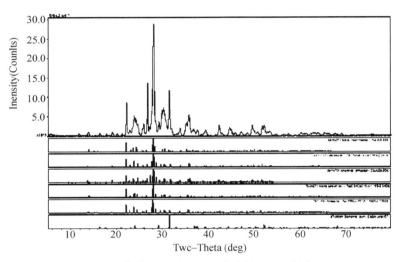

图 7　烧失量试验处理后废渣的 XRD 谱图

4　可用性评价

目前，国内对高硫煤气化燃烧提取有价组分的工业化应用处于初步开展阶段，由于产生的废渣与常见工业废渣区别较大，因此针对回收利用仍有很多工作要开展。限于生产线未正式运行，得到的废渣样品数量稀少，使得许多研究工作无法深入（如其他力学特性和长期耐久性、不同煅烧工艺等）。尽管如此，通过初步研究，可认为该废渣能够再利用与建材领域。

废渣的 XRD 谱图和成分分析结果与粉煤灰高度相似，但活性激发的难度远远高于粉煤灰。尽管 28d 活性指数测试结果为 64.7%，但是该测试结果不能确定废渣是否具备活性，因为掺入的磨细废渣降低了水泥用量的同时有可能起到了填料的作用；参照 GB/T 1596—2005 和 GB/T 2847—2005 的测试结果及基本机械激发、化学激发测试结果可知，即使在激发作用后废渣几乎仍没有胶凝性。若采取活性激发的方式对其利用，需进一步探索专门的激发工艺，这对于急需解决废渣量而言实际意义不大。

与天然砂相比，采用废渣作为细骨料配制混凝土和砂浆，流变性能（如坍落度）不受影响，但限于废渣特定粒径压碎指标较低，导致了抗压强度的损失，但损失程度相对可接受，这意味着废渣除了生产砖瓦墙材外，还能够配制某些混凝土和砂浆，从而缓解砖瓦的属地化和使用饱和度问题。由于耐久性方面的研究正在进行当中，目前的测试结果仅意味着通过筛分，采用压碎值较低的废渣混凝土浇筑某些强度要求较低的部位（如垫层、底板等）、性能要求不高的普通砂浆具有理论可行性，限于早期研究样品过少，耐久性研究结果将另文专述。

低温煅烧的废渣发生了明显相变，XRD 结果可以确定相变后出现了大量的长石类物质，相比替代细骨料的局限性、生产砖瓦建材的属地化要求以及激发工艺工业化应用的不确定性，长石同样具有广阔的再利用价值。本研究中煅烧生成的长石彼此胶结，无法进一步分离，因此无法进一步评价其利用价值，该现象似乎与废渣不同形态颗粒的化学组成有必然的关系（图2、表2）。因此，采取相关的筛分和分相处理，对处理后废渣进行不同煅烧工艺的研究将在下阶段开展，相关成果另文专述。

参考文献

[1] 黄弘，唐明亮，沈晓冬，钟白茜。工业废渣资源化及其可持续发展（Ⅱ）——与水泥混凝土工业相结合走可持续发展之路 [J]，材料导报，2006，5，20（Ⅵ）：455～458.

[2] 刘苏文。工业废渣混凝土多孔砖的生产技术 [J]，新型建筑材料，2010，7：47～50，81.

[3] 朱洪波，董容珍，马保国，胡利民。利用多种工业废渣制备新型水泥混凝土膨胀剂 [J]，新型建筑材料，2005，1：19～21.

[4] 霍冀川，卢忠远，吕淑珍，易显华。工业废渣代替粘土生产普通硅酸盐水泥的研究 [J]，矿产综合利用，2001，10，5：36～40.

[5] 肖志彦。工业废渣在混凝土中的应用 [J]，中国建材科技，2015，1：32～33.

[6] 刘凤东，耿国良，王冬梅。工业废渣在干混砂浆中的应用 [J]，中国建材科技，37～42.

利用工业固废制备无土栽培水气自动平衡植物育苗器皿技术及应用

郭 洪

（德州先科地质聚合物研究所，德州万聚建材有限公司，山东德州，253000）

目前全球性的环境污染问题越来越严重，人们为提高饮食质量绞尽脑汁。尽管采取多种措施，还是不可避免的造成病从口入的结果。无论国内还是国外，食品安全是头等大事，只有自己亲手种植，才能保证不使用任何肥料和药品，生产出有机生态的蔬菜。

本技术可利用粉煤灰等工业固废为原料，生产用于蔬菜无土栽培的水气自动平衡植物育苗器皿。采取的技术方案如下：利用粉煤灰等工业固废或泥土、页岩、陶土、瓷土、高岭土、观音土、麦饭石、火山灰等自然资源为原料，将原料磨细，添加水、膨胀剂，搅拌，然后倒入 340 厘米长、22 厘米宽、9 厘米厚的塑料盒内膨胀定型，从塑料盒内取出定型的半成品晾晒后进入窑炉内烧结，取出后经机械加工开凿出长 5 厘米，宽 3.5 厘米，高 2～4 厘米的方形空穴，即得到植物水气温度自动平衡育苗器皿产品。

该产品为国内首创，国内外均没有同类产品。

产品技术特征与性能：网状结构，吸水率百分之五十以上，容重 400～600 千克/立方米，抗压强度 2 兆帕～15 兆帕，酸碱度稳定（pH 值 5.5～6.5），可重复使用、能立体种植。

产品用途：利用该产品可使植物种子通过器皿内部的网壁吸收水分，通过器皿网孔吸收氧气，器皿容重低通透性高，内部比表面积大，水通过该器皿蒸发，起到降低温度作用，始终产生不了高温，并保持温度均衡，从而实现植物水和氧自供，温度自调节。器皿方孔提供适合植物生长的空间，不需要再借助任何其他设施就能使种子发芽正常生长。

该产品能够实现无土栽培，将菜园直接搬进千家万户，生产周期 8～15 天一茬，不限季节，可生产无公害蔬菜、花卉、药材等。生产成本低，绿色环保且能够重复使用。该产品进入的家庭不分国籍，不分种族，不分地域等具有全球性产业发展的产品开发前景。岛屿种植，可提高岛屿生存空间；轮船种植，可提高蔬菜保鲜程度。

该产品目前尚没有进行果实类产品的试验及应用，由于果实类的周期长，需要的营养多，需要创建的环境和增加的设施复杂，还需要进一步的探索和试验。

作者简介

郭洪（Guo Hong），邮编：253000；联系电话：0534-2609939/13396273558；E-mail：527945636@qq.com；微信：dz19690203。